Olivia Mitscherlich

Natur *und* Geschichte

Helmuth Plessners in sich gebrochene Lebensphilosophie

Philosophische Anthropologie Band 5

Herausgegeben von Hans-Peter Krüger und Gesa Lindemann

Was bisher Leben und Bewusstsein, Sprache und Geist genannt wurde, steht in den neuen biomedizinischen, soziokulturellen und kommunikationstechnologischen Verkörperungen zur Disposition. Diese neuen Sozio-Technologien führen zu einer tief greifenden anthropologischen Entsicherung, die eine offensive Erneuerung der Selbstbefragung des Menschen als vergesellschaftetes Individuum und als Spezies herausfordert.

Die philosophische Anthropologie reflektiert die Grenzen sowie die interdisziplinären Grenzübergänge zwischen den verschiedenen erfahrungswissenschaftlichen Disziplinen und ihren jeweiligen Anthropologien. Sie behandelt diese Grenzfragen philosophisch im Hinblick auf die Fraglichkeit der Lebensführung im Ganzen.

Diese Reihe ist ein Ort für die Publikation von Texten zur philosophischen Anthropologie. In ihr werden herausragende Monographien und Diskussionsbände zum Thema veröffentlicht.

Olivia Mitscherlich

Natur *und* Geschichte

Helmuth Plessners in sich gebrochene Lebensphilosophie

Akademie Verlag

Gedruckt mit Unterstützung der FAZIT-Stiftung

Der Einbandgestaltung liegt eine Graphik zugrunde, die sich in einem Brief Helmuth Plessners an Josef König vom 8.4.1926 findet. Plessner skizziert hier den Einheitstyp der „Verschränkung", den er von König übernimmt (rechts). Er stellt die „Verschränkung" als Einheit zweier heterogener Entitäten dar, die sich in ihrer Divergenz gegenseitig fordern. Die „Verschränkung" grenzt er sowohl gegen die Kantische Synthesis heterogener Entitiäten (links), als auch gegen die Hegelsche Synthesis homogener Entitäten (Mitte) ab. Vgl. Josef König und Helmuth Plessner, Briefwechsel 1923–1933, hrsg. von Hans-Ulrich Lessing und Almut Mutzenbecher, Freiburg u.a. 1994, S. 131.

Wir danken Frau Dr. Monika Plessner für die freundliche Genehmigung zum Abdruck.

Bibliografische Information der Deutschen Nationalbibliothek

Die Deutsche Nationalbibliothek verzeichnet diese Publikation in der Deutschen Nationalbibliografie; detaillierte bibliografische Daten sind im Internet über http://dnb.d-nb.de abrufbar.

ISBN: 978-3-05-004248-0

Das eingesetzte Papier ist alterungsbeständig nach DIN/ISO 9706.

Lektorat: Mischka Dammaschke
Satz: Veit Friemert, Berlin
Druck und Bindung: Druckhaus „Thomas Müntzer", Bad Langensalza
Einbandgestaltung: Petra Florath, Berlin

Printed in the Federal Republic of Germany

Für Markus Kartheininger

in Dankbarkeit

Inhaltsverzeichnis

Einleitung

Meine Beschäftigung mit der Plessnerschen Philosophie steht unter der Frage, ob genuin philosophische Orientierung unter den Bedingungen der Moderne noch möglich ist. Unter genuin philosophischer Orientierung verstehe ich das Bestreben, den Sinnhorizont, innerhalb dessen sich das eigene Denken und Handeln bewegt, vernünftiger Überprüfung zu unterziehen. Meine Frage zielt damit auf das Verständnis von vernünftiger Orientierung, das die philosophische Tradition geprägt hat: die eigenen Meinungen unter dem Maßstab der Wahrheit zu überprüfen. Obwohl dem Streit um das bessere Argument zweifellos eine zentrale Rolle innerhalb der philosophischen Selbstverständigung zukommt, kann er hier nicht weiterhelfen. Es soll vielmehr nach der Möglichkeit gefragt werden, den Sinnhorizont noch zu überprüfen, der den Argumenten erst ihre Evidenz vermittelt.

Freilich gibt es gute Gründe dafür, Distanz zu diesen metaphysischen Gefilden zu halten und das Philosophieren auf den Streit um das bessere Argument zu beschränken. Der wichtigste Einwand gegen das philosophische Streben nach Wahrheitserkenntnis besteht im Verweis auf die Endlichkeit der Philosophie. Wenn man das Wissen um die Endlichkeit der Philosophie ernst nehmen will – und alles spricht dafür, es ernst nehmen zu müssen –, dann ist der neuzeitliche Anspruch auf sich selbst tragende philosophische Erkenntnis nicht mehr haltbar. Diese Auffassung teile ich und frage deswegen nach der Möglichkeit von genuin philosophischer Orientierung unter den Bedingungen der Moderne – und das heißt in erster Linie im Wissen um die Endlichkeit von Philosophie. Ich stelle damit eine Frage, die in der letzten Zeit in Vergessenheit geraten zu sein scheint. Während noch vor einigen Jahrzehnten die Zumutung deutlich erfahren wurde, die von der Reflexion auf die Endlichkeit der Vernunft ausgeht, haben wir uns heute daran gewöhnt. Auch wird die Rede von vielen Wahrheiten im Unterschied zu der *einen* Wahrheit kaum noch als Provokation erfahren. Es scheint vielmehr evident zu sein, daß jede kulturelle Sphäre – und so auch Philosophie und Religion – über ihre eigene Wahrheit verfügt.

Warum will ich also an diesem veralten Anspruch des philosophischen Strebens nach Wahrheitserkenntnis festhalten, anstatt mich mit dem keineswegs anspruchlosen Streit um das bessere Argument zufrieden zu geben? Warum soll, anders gefragt, Philosophie von Kultur unterschieden werden? Kurz gesagt, halte ich die häufig gezogene Konsequenz, aufgrund der Einsicht in die Endlichkeit von Philosophie auf die Frage nach dem

Wahrheitsgrund zu verzichten, nicht nur für nicht notwendig sondern sogar für problematisch.

Die Endlichkeit von Philosophie besagt zunächst allein, daß sich die philosophische Selbstverständigung nicht im luftleeren Raum des reinen Begriffs bewegt, sondern ihrerseits in die Wirklichkeitszusammenhänge des Lebens eingelassen ist. Damit ist der neuzeitliche Weg, in der Philosophie im Ausgang von einem archimedischen Standpunkt der Wahrheit notwendige oder zumindest allgemeingültige Erkenntnisse zu erreichen, versperrt. Weitere Konsequenzen folgen aus der Einsicht in die Endlichkeit von Philosophie jedoch nicht. Gegen das philosophische Streben nach Wahrheitserkenntnis kann die Endlichkeit von Philosophie nicht ins Feld geführt werden. Das Streben nach Wahrheits*erkenntnis* würde nur dann sinnlos, wenn die endlichen Lebensvollzüge den unübersteigbaren letzten Horizont menschlicher Wirklichkeit überhaupt ausmachten. In solcher Bedingtheit durch die Zusammenhänge der Endlichkeit könnte allein noch eine Haltung der Wahrhaftigkeit als Ziel erscheinen. Es ist jedoch eines, auf die Integration der Vernunft bzw. der philosophischen Erkenntnis in die Zusammenhänge des Lebens zu reflektieren, und ein anderes, die endlichen Lebensvollzüge als Grundschicht bzw. letzten Horizont von menschlicher Wirklichkeit überhaupt zu behaupten. Nur wenn man sich zu diesem zweiten Schritt gezwungen sieht und damit den Anfang in der Philosophie bei der *dogmatischen* Behauptung der Endlichkeit als letzten Sinnhorizont macht, muß das philosophische Streben nach Erkenntnis der Wahrheit (im Singular) als eine von vornherein ad acta zu legende Option erscheinen.

Diese bloß negative Verteidigung des Strebens nach Wahrheitserkenntnis gibt jedoch noch keinen positiven Grund dafür an, sich nochmals diesem etwas in Vergessenheit geratenen Unternehmen zuzuwenden. Es mag allerdings dann an Attraktivität gewinnen, wenn man sich die problematischen Konsequenzen bewußt macht, die mit der Aufgabe des Bezugs auf den letzten Wahrheitsgrund einhergehen. Die Frage nach der Wahrheit in der Philosophie nicht mehr zu stellen, bedeutet nämlich weder eine Geste der Bescheidenheit noch eine Haltung der Neutralität in bezug auf die letzten Fragen. Vielmehr wird das Leben hier und jetzt unter der Hand für das Ganze und damit für den letzten Sinnhorizont genommen. Damit verhält man sich in bezug auf die metaphysischen Fragen nicht neutral, sondern hat sich für eine bestimmte Haltung, nämlich für die junghegelianische Verabsolutierung des endlichen Lebens, entschieden. Selbst wenn man den keineswegs abwegigen Schritt Marxens über Feuerbach hinaus nicht mitgehen und die Theorie nicht zum Mittel für das politische Handeln erklären will, gibt man doch den Anspruch auf philosophische Überprüfung der eigenen Weltanschauung auf. Der Philosophie wird damit eine Grenze gegenüber den privaten Meinungen über die letzten Dinge gezogen. Sie kann dem Einzelnen höchstens noch im Sinne Max Webers Klarheit über die Götter verschaffen, denen er dient. Mit dieser Aufgabe der philosophischen Selbstüberprüfung geht jedoch der Verlust spezifisch geistiger Freiheit einher, sich in Richtung auf den Endzweck der Wahrheit auch noch von sich selbst und den eigenen Grundüberzeugungen freimachen zu können. Es droht die Gefahr, daß die Grenzen der eigenen Partikularität unübersteigbar werden, wenn es dem Einzelnen nicht mehr möglich ist, sich selbst und die Überzeugungen des eigenen Zeitgeistes unter dem Maßstab der Wahrheit zu überprüfen.

Helmuth Plessners in den späten 20er und frühen 30er Jahren des 20. Jahrhunderts ausgearbeitete in sich gebrochene Lebensphilosophie weist einen zu unserem heutigen Selbstverständnis alternativen Umgang mit der Erfahrung der eigenen Endlichkeit. Plessner steht in der deutschen Moderne mit dem Wissen nicht allein, daß man sich nach dem Auseinanderbrechen der Versöhnung von Vernunft und Wirklichkeit nicht einseitig auf eine der beiden Seiten schlagen darf, wenn man am Anspruch auf philosophische Lebensorientierung festhalten will: weder auf die Seite wertneutraler Wirklichkeitserkenntnis noch auf die Seite normativer Selbstverständigung aus reiner Vernunft. Er ist auch nicht der Einzige, der das Problem, wie im modernen Wissen um die Endlichkeit von Philosophie an ihrem Anspruch auf vernünftige Orientierung festzuhalten sei, mit einem Ansatz negativer Metaphysik zu lösen sucht. In der methodischen Anlage und inhaltlichen Ausrichtung seines Projekts negativer Metaphysik geht er allerdings einen genuin eigenständigen Weg. Der Plessner der späten Weimarer Republik vertritt das Doppelprojekt einer Natur- *und* Geschichtsphilosophie, die in ihrer Brechung den Bezug auf den vakanten Wahrheitsgrund präsent hält.

Hans-Peter Krüger markiert im Jahr 1996 in seinem ausführlichen Literaturbericht zur Plessnerforschung, daß in den bis dato publizierten Gesamtdarstellungen der Plessnerschen Philosophie Überlegungen zum Verhältnis der natur- zur geschichtsphilosophischen Achse seines Denkens fehlten.[1] In den letzten zehn Jahren ist die Bearbeitung dieser Fragestellung nicht zuletzt durch Krügers eigene Arbeiten in Gang gebracht worden. In der philosophischen Diskussion im Umkreis um die Plessnersche Philosophie zeichnen sich inzwischen grob zwei Argumentationsrichtungen ab, um das Verhältnis von Natur- und Geschichtsphilosophie zu bestimmen. In beiden Richtungen wird das natürliche Sein und das geschichtliche Selbstentwerfen in den Blick gebracht. Wesentlich differieren sie jedoch in der Bestimmung des Verhältnisses von Natur und Geschichte. Die eine Richtung bestimmt das Verhältnis seinerseits als natürlich, die andere als geschichtlich.

Die eine Richtung – in deren Zentrum Joachim Fischer und Hans-Peter Krüger stehen – geht von der exzentrischen Positionalität als einer *natürlichen* Struktur menschlicher Existenz aus, die dem geschichtlichen Selbstentwerfen vorgelagert ist.

Joachim Fischer versucht in verschiedenen Aufsätzen, das Verhältnis von Plessners Natur- und Sozialphilosophie im Ausgang von der exzentrischen Positionalität zu bestimmen.[2] Fischer geht mit der exzentrischen Positionalität von einer Brechung aus,

---

[1] Vgl. Hans-Peter Krüger, Angst vor der Selbstentsicherung – Zum gegenwärtigen Streit um Helmuth Plessners philosophische Anthropologie, in: Deutsche Zeitschrift für Philosophie, 44 (1996) 2, 271–300, hier: 289.

[2] Vgl. Joachim Fischer, Exzentrische Positionalität – Plessners Grundkategorie der Philosophischen Anthropologie, in: Deutsche Zeitschrift für Philosophie, 48 (2000) 2, 265–288, hier: 265: „Diese artifizielle, kunstvolle Kategorienbildung (der exzentrischen Positionalität; O. M.) zeigt Plessner auf dem Höhepunkt seiner philosophischen Kraft und leitet zugleich alle seine späteren materialen Analysen in der Sphäre des Menschen."

die dem Menschen *von Natur aus* zukommt und versteht von dort aus die dem Menschen möglichen Typen sozialer Organisation.[3]

Hans-Peter Krüger knüpft in seiner zweibändigen Studie: „Zwischen Lachen und Weinen“ systematisch an Plessners Gedanken menschlicher Doppelaspektivität an. Diese *anthropologische* Einsicht in die konstitutive Ambivalenz von unmittelbarer Leiberfahrung und soziokulturell vermittelter Körpererfahrung macht den systematischen Ausgangspunkt seiner eigenen Philosophischen Anthropologie aus.[4] Im Rückgriff auf den „methodischen Viererschritt der Philosophischen Anthropologie“ (a.a.O., 28ff.) leistet Krüger einen Durchgang durch das Spektrum der menschlichen Phänomene, in denen Körperliches und Geistiges verschränkt ist.

Die zweite Richtung in der Plessnerforschung – von Jan Beaufort, Gesa Lindemann und Volker Schürmann repräsentiert – geht von der *Reflexion auf die Geschichtlichkeit* menschlicher Wesensbestimmungen aus.

Der Titel „Die gesellschaftliche Konstitution der Natur“ enthält die These von Jan Beauforts Studie zu den „Stufen“.[5] Die Voraussetzung, von der Plessner in seiner Naturphilosophie ausgehe, findet Beaufort im „zeitlos *politischen*, d.h. in Machtkämpfen sich aufreibenden und durchsetzenden, erst im vermittelt unmittelbaren Mitweltverhältnis sich befriedenden Menschen“. (a.a.O., 236) Die „Stufen“ versteht Beaufort darauf ausgerichtet, diese Voraussetzung einzuholen. Ihr Ziel sei es insofern, Natur bzw. die Welt des Menschen als gesellschaftlich und d.h. als durch die politische Brechung der Wertgemeinschaft konstituiert zu begreifen. (Vgl. ebenda)

---

3 Vgl. Ders., Panzer oder Maske – „Verhaltenslehre der Kälte“ oder Sozialtheorie der „Grenze“, in: Wolfgang Eßbach u.a. (Hg.), Plessners „Grenzen der Gemeinschaft“ – Eine Debatte, Frankfurt/M. 2002, 80–102, hier: 95: „Von der Körper/Seele/Geist-Disposition sind den Menschen sozial folgende Möglichkeiten wahrscheinlich: als beseelte konkrete Körper fühlen sie sich einander verbunden und in dieser Vertrauensgemeinschaft als existentielle, unverwechselbare Lebewesen gewürdigt; [...]. Andererseits, als in Seelen verankerte Vernunftwesen, können sie mit Bezug auf die Anteilnahme an der Sache mit jedermann verbunden sein; [...] Wenn die Seele nun aber ambivalent ist, beides wollte, nämlich konkret unverwechselbar erscheinen und zugleich unbestimmt verborgen bleiben, dann kennt sie nicht nur soziale Situationen, in denen weder der reine Sachbezug noch der reine Vertrauensbezug greifen, sondern sie sucht diese Situationen auch. Dieses ‚Zwischenreich zwischen Familiarität und Objektivität‘ fokussiert die sozialtheoretische Aufmerksamkeit von Plessners Systematik.“

4 Vgl. Hans-Peter Krüger, Zwischen Lachen und Weinen, Bd. I: Das Spektrum menschlicher Phänomene, Berlin 1999, 25: „Gegenüber solchen Gegenständen, die sich klar unter entweder materiell oder ideell einordnen lassen, handelt die Philosophische Anthropologie von Phänomenen, für die der ‚Doppelaspekt‘ konstitutiv ist: Sie offenbaren sich in ihrer Eigenart nur, wenn man sie als Verschränkungen von Körperlichem und Geistigem ernst nimmt.“ Sowie 26: „Wir werden [...] sehen, daß alle menschlichen Phänomene ihre irreduzible Spezifik gerade dieser Ambivalenz des Lebendigen verdanken, ja, daß sie diesen Ausgang vom Doppelaspekt zwischen Materiellem und Ideellem von Selbststufe zu Selbststufe in immer höheren Spielformen entfalten müssen [...].“

5 Vgl. Jan Beaufort, Die gesellschaftliche Konstitution der Natur – Helmuth Plessners kritisch-phänomenologische Grundlegung einer hermeneutischen Naturphilosophie in *Die Stufen des Organischen und der Mensch*, Würzburg 2000.

Gesa Lindemann geht diesen von Beaufort eingeschlagenen Weg weiter.[6] Sie begreift die exzentrische Positionalität als Sphäre personalen Miteinanders und koppelt sie vom menschlichen Dasein ab. (Vgl. a.a.O., 36) Lindemann erhält damit die Idee einer freischwebenden Sphäre sozialer Interaktion, in deren Vollzug die Grenze festgelegt werden, welche Körper zu ihr – als menschliche Personen – zugelassen würden und welche Körper von ihr – als nicht-menschliche Dinge – ausgeschlossen würden. Diese Grenzziehung will Lindemann in empirischer Soziologie erforschen. (Vgl. a.a.O., 44ff.)

Volker Schürmann setzt zur Beantwortung der Frage nach dem Verhältnis zwischen Natur- und Geschichtsphilosophie Plessners auf methodischer Ebene an.[7] Er richtet den Fokus seiner Überlegungen darauf, daß Philosophie immer schon in einer bestimmten geschichtlichen Perspektive steht. Sein Kernargument lautet, daß das Wesen des Menschen umkämpft ist und gegenüber diesem Kampf keine neutrale Position eingenommen werden kann.[8] In der Hypothese menschlicher Unergründlichkeit als dem Prinzip von Plessners Geschichtsphilosophie findet Schürmann das europäische Menschentum ausgedrückt, das den Menschen in seinem Wesen als historisch relativ begreift. Damit zugleich versteht er es als Ausdruck der geschichtlichen Wirklichkeit, in die die Plessnersche Naturphilosophie eingelassen ist.[9] Plessners naturphilosophischer Begriff exzentrischer Positionalität ist für Schürmann „lediglich Ausdruck dessen, das Menschsein auch weiterhin als offene Frage behandeln zu wollen“. (Volker Schürmann, Unergründlichkeit und Kritik-Begriff, a.a.O., 353.)[10]

Aufschlußreich ist es, diese beiden hier skizzierten Argumentationsrichtungen zu einander in Verhältnis zu setzen. Implizit oder explizit wirft die „sentimentalische“ bzw. geschichtlich reflektierte Richtung dem anthropologischen Vorgehen naturphilosophische Naivität vor.[11] Umgekehrt können die „Naiven“ den „geschichtlich Reflektierten“

---

[6] Vgl. Gesa Lindemann, Die Grenzen des Sozialen – Zur sozio-technischen Konstitution von Leben und Tod in der Intensivmedizin, München 2002.

[7] Vgl. Volker Schürmann, Unergründlichkeit und Kritik-Begriff – Plessners Politische Anthropologie als Absage an die Schulphilosophie, in: Deutsche Zeitschrift für Philosophie, 45 (1997) 3, 345–361, sowie ders., Das Wesen des Menschen als Politikum. Was philosophische Anthropologie sein könnte, in: Matthias Koßler u.a. (Hg.), Von der Perspektive der Philosophie – Beiträge zur Bestimmung eines philosophischen Standpunkts in einer von den Naturwissenschaften geprägten Zeit, Hamburg 2002, 83–99.

[8] Vgl. ders., Das Wesen des Menschen als Politikum, a.a.O., 90.

[9] Vgl. ders., Unergründlichkeit und Kritik-Begriff, a.a.O., 352f.

[10] In Anschluß an dieses Verständnis politischer Anthropologie entwickelt Schürmann seinen eigenen Ansatz phyrronischer Skepsis in der Moderne. Er versteht darunter eine Haltung heiterer Gelassenheit, die „sich selbst als Position im Streit erkennt. Sie kann dann für ihre eigene Sache streiten, ohne eigene skeptische Einsichten zu verleugnen.“ (Vgl. Volker Schümann, Heitere Gelassenheit – Grundriß einer parteilichen Skepsis, Magdeburg 2002, 16.)

[11] Vgl. Gesa Lindemann, Der methodologische Ansatz der reflexiven Anthropologie Helmuth Plessners, in: Gerhard Gamm u.a. (Hg.), Zwischen Anthropologie und Gesellschaftstheorie – Zur Renaissance Helmuth Plessners im Kontext der modernen Lebenswissenschaften, Bielefeld 2005, 83–98, hier: 95, sowie Volker Schürmann, Natur als Fremdes, in: Gerhard Gamm u.a. (Hg.), Zwischen Anthropologie und Gesellschaftstheorie, a.a.O., 33–52, hier: 46f.: „Man kann die *Stufen* durchaus

zwar nicht vorwerfen, daß deren Verabsolutierung des Geschichtlichen ihrerseits bloß ein geschichtliches Konstrukt sei. Zumindest Volker Schürmann reflektiert dies explizit. Allerdings können sie gegen sie einwenden, daß die exzentrische Positionalität nicht nur die Akzeptanz des politisch gesetzten europäischen Menschentums bedeutet, sondern auch eine theoretische Erkenntnis ausmacht. Daraus folgt nun, daß wir mit Plessner zugleich reflektiert *und* naiv sein müssen und die Geschichtlichkeit unseres eigenen Verstehens weder überspringen noch absolut setzen dürfen.

In ihrer exegetischen Anlage geht meine Studie dementsprechend davon aus, daß es sich bei Plessners Natur- und Geschichtsphilosophie um *einen* philosophischen Ansatz handelt. Dies verschafft den Vorteil, keinen Bruch zwischen den „Stufen“ und „Macht und menschliche Natur“ behaupten zu müssen und zugleich die „Verspätete Nation“ in ihrem philosophischen Gehalt erschließen zu können.[12] Ich will auf diese Weise nicht nur die Gesamtbreite des Plessnerschen Denkens zwischen Mitte der 20er und Mitte der 30er Jahre berücksichtigen; v.a. möchte ich die These vertreten, daß sich die Natur- und

---

so lesen, als sei Exzentrizität das Ergebnis des Durchlaufens der Stufen der Natur.“ Diese Lesart ziele darauf, „dass dieser Text einen Primat der Naturphilosophie vor der (politisch gesetzten; O. M.) Anthropologie formuliert. Das wäre im historischen Kontext der strikte Gegensatz zu Heidegger: die vermeintliche begründungstheoretische Notwendigkeit einer allgemeinen Ontologie vor einer Ontologie des Daseins. Die *Stufen* wären dann quasi unbekümmerte Naturontologie, um nicht zu sagen: vorkantisches Ablauschen der ontisch gedachten Natur auf hohem Niveau.“

12 Ich gehe dementsprechend davon aus, daß es keine – je nach Blickwinkel positiv oder negativ zu bewertende Verschiebung in der Grundausrichtung der Plessnerschen Philosophie von den naturphilosophischen „Stufen“ zur geschichtsphilosophischen „Macht“-Schrift gibt, wie dies meist angenommen wird. Joachim Fischer interpretiert „Macht und menschliche Natur“ als Produkt lebensgeschichtlicher Verunsicherung, die Plessner durch den Konflikt mit Scheler, durch die eigenen akademischen Mißerfolge und die allgemeine Begeisterung für die Heideggersche Existenzphilosophie erlebt hat. Vgl. Joachim Fischer, Philosophische Anthropologie – Zur Bildungsgeschichte eines Denkansatzes, Göttingen 2000, 58f.: „Was auch immer es mit diesem Buch auf sich hat: als Replik in einer diskursiv krisenhaften Konstellation führte es nicht zur Verstetigung des Ansatzes der Philosophischen Anthropologie. Das Publikum spürte im Vergleich zur Klarheit der zwar schwierigen, aber gediegenen kritisch-ontologischen Analysen der ‚Stufen des Organischen‘ eine bis in die – an die hermeneutische Lebensphilosophie und Heideggers Daseinsanalyse angelehnte – Sprache hineinreichende deutliche Verunsicherung Plessners.“ Von der anderen Seite her sieht Volker Schürmann den „Macht“-Aufsatz als grundlegende Weiterentwicklung des Plessnerschen Ansatzes an und spricht davon, daß diese Schrift die Zweideutigkeit der „Stufen“, daß sie „als quasi unbekümmerte Naturontologie“ gelesen werden könnte, vereindeutigt habe. Mit „ein wenig Wohlwollen“ seien die „Stufen“ im Rückblick vom „Macht“-Aufsatz als in einer politischen Anthropologie fundiert zu lesen. Vgl. Volker Schürmann, Natur als Fremdes, a.a.O., 46f. Gesa Lindemann geht in dieser Richtung noch einen Schritt weiter und behauptet, Plessner formuliere „eine Theorie personaler Vergesellschaftung, von der aus Anthropologie reflexiv in den Blick genommen werden kann. Dass Plessner seine Theorie auch selbst anthropologisch einordnet, ist nicht systematisch, sondern nur historisch zu verstehen: Plessner geht von der geschichtlichen Tatsache aus, dass zu seiner Zeit (ebenso wie heute) nur Menschen Personen sein können, und legt deshalb seine Konzeptualisierung gesellschaftlichen Personseins zunächst als Anthropologie an.“ (Vgl. Gesa Lindemann, Der methodologische Ansatz der reflexiven Anthropologie Helmuth Plessners, a.a.O., 84.)

Geschichtsphilosophie, obwohl sie sich zu widersprechen scheinen, gegenseitig fordern. Um zu betonen, daß es sich um *einen* Ansatz handelt, in dem weder der Natur- noch der Geschichtsphilosophie der Primat zukommt, spreche ich von Plessners *in sich gebrochener Lebensphilosophie.*

Die Gebrochenheit von Plessners Lebensphilosophie hat ihren Grund in der Sache. Sie ist durch die Situation der Philosophie in der Moderne gefordert. In bezug auf die historische Herausforderung, vor die die Philosophie zu Beginn des 20. Jahrhunderts gestellt ist, ist in erster Linie an die Begeisterung für das Leben zu denken. Im Leben findet die Plessnersche Zeit den sie orientierenden Sinnhorizont. Dies impliziert, daß philosophische Erkenntnis als in die übergreifenden Wirklichkeitszusammenhänge des natürlichen und geschichtlichen Lebens eingelassen erfahren wird. Aufgrund dieser Reflexion auf die Endlichkeit von Philosophie steht sie in ihrem spezifischen Anspruch auf *vernünftige* Orientierung infrage.

In der vorliegenden Studie möchte ich zeigen, daß sich Plessner in bezug auf diese Herausforderung im Kontext der philosophischen Diskussion seiner Zeit positioniert.[13] Er grenzt sich sowohl gegenüber dem neukantianischen Festhalten an einer formalisierten Vernunft als einem vorgängigen Wahrheitsfundament als auch gegenüber dem existentialistischen Philosophieren aus dem Lebensvollzug ab. Josef König weist Plessner den Weg auf diesem Grad zwischen der Skylla einer verwissenschaftlichten Philosophie, die den Rückbezug auf die Probleme ihrer Zeit abgeschnitten hat und deswegen nicht mehr orientiert, und einer Charybdis orientierender Deutungen, die zwar den Zeitgeist widerspiegeln, jedoch keinen Anspruch auf Erkenntnis erheben.

Von König lernt Plessner, daß die Philosophie dann den Bezug auf Wahrheit festzuhalten vermag, wenn sie keinen letzten Horizont – weder der Ewigkeit noch der Zeitlichkeit – behauptet, in dessen Licht auf die je andere Dimension zurückgegriffen wird. Um den Wahrheitsbezug nicht von vornherein zu verstellen, soll der Anfang in der Philosophie gleichermaßen beim Ewigen *und* beim Zeitlichen gemacht werden. Von hier aus wird gefragt, wie das Ewige und das Zeitliche in ihrer prinzipiellen Divergenz zusammen bestehen können. Ihre *Verschränkung* bedeutet damit gerade keine Versöhnung in einer dritten umfassenden Sphäre, die ihrerseits nur eins sein könnte: ewig oder endlich. Wie Plessner selbst mehrfach erwähnt, verdankt er dieser Königschen Überlegung die Einsicht in die Hiatusgesetzlichkeit, die das Zentrum seiner eigenen Lebensphilosophie bildet.

Mit Königs Hilfe begegnet Plessner den Herausforderungen der Moderne. Um *unter* dem Lebensparadigma am Rationalitätsanspruch von Philosophie festzuhalten, distanziert er sich von diesem in seiner Zeit geltenden Sinnhorizont *von innen* heraus. Dies gelingt ihm, indem er im Sinne der Verschränkungsidee innerhalb des Lebensparadigmas an dessen *Brechung* als natürlichen Sein *und* geschichtlichen Lebensvollzug ansetzt. Plessner konzipiert dementsprechend eine in sich gebrochene Lebensphilosophie,

---

[13] Ich interessiere mich dabei nur für Plessners Selbstverständigung und abstrahiere von der Frage, ob er den historischen Positionen des Neukantianismus und des Existentialismus, gegen die er sich abgrenzt, gerecht wird.

die er in vertikaler Richtung als Naturphilosophie und in horizontaler Richtung als Geschichtsphilosophie durchführt. Es ist entscheidend, an Plessners Lebensphilosophie die Distanzierung und die Rückbindung an den historischen Sinnhorizont seiner Zeit zu berücksichtigen. Indem Plessner bei der Brechung von natürlichem Sein und geschichtlichem Lebensvollzug ansetzt, unterläuft er die Verabsolutierung des Lebensparadigmas und hält damit am Wahrheitsbezug bzw. am Erkenntnisanspruch von Philosophie fest. Zugleich bricht er den Bezug auf das „Wovon" seiner Distanzierung – das Lebensparadigma – nicht ab. Allein indem er diesen Rückbezug festhält, vermag er solche Erkenntnisse in der Philosophie zu erlangen, die in seiner vom Leben begeisterten Zeit orientieren. Es macht die Stärke von Plessners in sich gebrochener Lebensphilosophie aus, diese Spannung von Distanzierung und Rückbeziehung nicht mehr versöhnen zu wollen. Dies bedeutete nämlich, den Anspruch von Philosophie wiederum zu vereinseitigen: in Richtung entweder des Schulberufs verwissenschaftlichter Erkenntnis oder der Weltanschauung bloßer Selbstdeutungen.

Der Interpretationsansatz als in sich gebrochene Lebensphilosophie ermöglicht es, Plessners Natur- und Geschichtsphilosophie je in ihrer Problemstellung und in ihrer methodischen Anlage zu rekonstruieren. Seine *Naturphilosophie* stellt Plessner unter die Frage nach dem Lebendigen als einem Ganzen bzw. als einem lebendigen physischen Ding. Um in bezug auf diese Frage Erkenntnis zu erlangen, reflektiert Plessner im Sinne der Verschränkungsidee zunächst auf die Umbruchstelle, in der die prinzipiell divergenten Aspekte dinghaften Bestehens und selbstbezüglicher Erscheinung des Lebendigen ineinander umschlagen. Er macht es sich damit zur Aufgabe, sowohl die mechanistische Reduktion des Lebendigen auf seine empirische Gestalt- bzw. Dinghaftigkeit als auch die vitalistische Auflösung des tatsächlichen Lebewesens in die übergreifenden Zusammenhänge des Lebens überhaupt zu unterlaufen. Plessner fragt nicht nur danach, wie das dinghafte Bestehen und die Selbstbezüglichkeit des Lebendigen in ihrer prinzipiellen Divergenz nebeneinander bestehen können, sondern auch danach, wo sie in re am lebendigen physischen Ding ineinander umschlagen. Diesen Umschlagspunkt findet er in der Grenze des Lebendigen. Diese macht wie bei allen physischen Dingen ihre räumliche Umrandung aus, *zugleich* wird sie aber vom Lebendigen *vollzogen*. In der Grenzrealisierung besondern sich die lebendigen Dinge in sich und gegen Anderes und erscheinen dadurch als selbstbezüglich und insofern als übergestalthaft. Plessners Hypothese besagt dementsprechend, daß die Grenzrealisierung den Grund dafür ausmacht, daß ein physisches Ding als selbstbezügliches Lebewesen erscheint.

Auch methodisch verfolgt Plessner den Verschränkungsansatz und stellt sich dementsprechend der Anforderung, seine Grenzhypothese in ihrem Erkenntnisstatus zu rechtfertigen. In begrifflicher Überlegung läßt sich nämlich zwar auf die Verschränkung des lebendigen Seins in der prinzipiellen Divergenz seines dinglichen Bestehens und seiner selbstbezüglichen Erscheinung reflektieren, offen ist damit jedoch noch, ob die Grenzrealisierung auch *wirklich* ist. Das spiegelbildliche Problem weist die alltagsweltliche Schau der Wesensmerkmale lebendigen Seins auf. Die Wirklichkeit der Lebensmerkmale ist unmittelbar gewiß, offen ist jedoch ihr Status in bezug auf das lebendige Sein. Ob es sich bei den erschauten Qualitäten nämlich um Merkmale handelt, die lebendiges Sein bloß anzeigen oder aber verbürgen, läßt sich in reiner Anschauung nicht entscheiden. Hierfür bedarf es eines begrifflichen Maßstabs. Dieser kann nun jedoch in nichts anderem als der Grenzrealisierung bestehen, soll diese doch den Grund dafür ausmachen, daß ein Ding als lebendig erscheint. Damit verschränken sich die Deduktionsaufgaben. Wenn die begriffene Grenzrealisierung wirklich sein soll, muß sie am lebendigen physischen Ding in seiner Tatsächlichkeit und d.h. genauer in den Eigenschaften stattfinden, die seine Lebendigkeit auszeichnen. Wenn die erschauten Qualitäten Wesensmerkmale lebendigen Seins ausmachen sollen, müssen sie als konstitutive Bedingungen für das Stattfinden der Grenzrealisierung fungieren. Diese Doppelseitigkeit bildet die Pointe von Plessners Naturphilosophie in ihrer methodischen Anlage. Indem Plessner die Grenzrealisierung (in bezug auf ihre Tatsächlichkeit) und die Lebensmerkmale (in bezug auf ihre Wesensnotwendigkeit) *aneinander* aufweist, unterläuft er gleichermaßen die Verabsolutierung der begreifbaren Bedeutungszusammenhänge und der erschaubaren Faktizität. Vor diesem Hintergrund läßt sich verstehen, daß die „Stufen" in ihren systematischen Kapiteln keine bloße Phänomensammlung, sondern die Durchführung der doppelseitigen Deduktion darstellen.

Plessners Naturphilosophie erreicht (mit der exzentrischen Positionalität) ein solches Verständnis des menschlichen Lebens, das sich einer Bestimmung des menschlichen Wesens bzw. des Sinnhorizonts, unter dem alles menschliche Denken und Handeln stattfindet, enthält. Die naturphilosophische Einsicht in die Heterogenität menschlichen Lebens hält die Grundschicht menschlicher Wirklichkeit überhaupt gegenüber begrifflicher Bestimmung offen. Die exzentrische Positionalität bezeichnet nämlich nicht den Grund menschlichen Seins überhaupt, sondern allein die Bedingung, die es einem physischen Ding möglich macht, als menschliches Lebewesen zu erscheinen. Aufgrund der methodischen Anlage seiner Naturphilosophie gelingt es Plessner darüber hinaus, den Umschlag der exzentrischen Heterogenität zum Wahrheitsgrund menschlicher Wirklichkeit überhaupt zu unterlaufen. Die doppelseitige Deduktion seiner Naturphilosophie hat nämlich allein zum Ziel, die Wirklichkeit und nicht die Notwendigkeit der Grenzrealisierung – und ihrer Unterfunktion der exzentrischen Positionalität – nachzuweisen. Nur wenn sie in ihrer Notwendigkeit nachgewiesen werden könnte, eignete sie sich jedoch als normatives Fundament, um historisch wirkliche Entwürfe des Menschseins zu bewerten. Indem die Naturphilosophie eine begriffliche Bestimmung des menschlichen Wesens sowohl auf inhaltlicher als auch auf methodischer Ebene unterläuft, hält sie sich im Rahmen der in sich gebrochenen Lebensphilosophie und läßt neben sich Platz für eine gleichberechtigte Geschichtsphilosophie. Zugleich ist damit jedoch die Frage nach dem Wesen des Menschen noch offen.

Der anthropologischen Frage nach dem Menschentum stellt sich Plessner in seiner *Geschichtsphilosophie*. Bereits der Umstand, daß Plessner das menschliche Wesen in der Geschichtsphilosophie behandelt, macht auf die wesentliche Selbstbegrenzung seines Ansatzes aufmerksam: er fragt nicht nach dem menschlichen Wesen überhaupt sondern allein nach dem Menschentum in seiner historischen Wirklichkeit. Die Frage nach dem menschlichen Wesen überhaupt hält er auf diese Weise gerade offen. Infolge dieser Selbstbegrenzung fragt er in seiner Geschichtsphilosophie auch nicht nach der

Bestimmtheit von Geschichte überhaupt. Er weiß vielmehr um die Einseitigkeit sowohl der Ansätze, die versuchen, die Weltgeschichte teleologisch auf einen letzten Zweck ausgerichtet zu behaupten, als auch der Positionen, die die Geschichte ganz in die Kontingenz der Geschichtlichkeit auflösen wollen. Gegenüber diesen apriorischen Festlegungen betont Plessner die Unergründlichkeit menschlicher Wirklichkeit überhaupt und fragt nach dem Menschentum in seiner historischen Wirklichkeit. Um eine Antwort auf die systematische Frage der Philosophie nach dem Wesen des Menschen zu finden, legt Plessner seine Geschichtsphilosophie infolgedessen als empirische Geistesgeschichte an. (Vgl. MmN, 174)

Plessner stellt seinen empirischen Ausgriff auf das historische Menschentum unter das methodische Prinzip menschlicher Unergründlichkeit. Auf diese Weise gelingt es ihm, die Frontstellung von Empirismus und Apriorismus zu unterlaufen. Plessners methodische Selbstbestimmung geht von dem Umstand aus, daß der Historiker immer schon in einer bestimmten Perspektive auf die Wirklichkeit steht – nämlich in der Perspektive auf das geschichtliche Selbstentwerfen bzw. auf das menschliche Schöpfertum. Wenn nun in dieser Perspektive nicht bloß weltanschauliche Deutungen sondern Erkenntnis vom historischen Apriori in seiner Wirklichkeit erreicht werden soll, dann kommt alles darauf an, die Verabsolutierung der geschichtlichen Macht zu unterlaufen. Ansonsten verabsolutierte man nämlich das moderne europäische Menschentum, dem eine substantielle Bestimmtheit entzogen und das deswegen darauf verwiesen ist, sich geschichtlich hervorzubringen, zur eigentlichen bzw. wahren Bestimmtheit menschlicher Wirklichkeit überhaupt. Damit geriete man in einen formalen Apriorismus und wäre mit der Bestimmung des menschlichen Wesens schon vor der geistesgeschichtlichen Erkenntnis fertig. Plessner unterläuft die Steigerung des geschichtlichen Lebens zur Grundschicht von Wirklichkeit überhaupt, indem er sich in der Geschichtsperspektive unter den Gesichtspunkt menschlicher Unergründlichkeit stellt. Auf diese Weise gelingt es ihm, die von der geschichtlichen Macht verdeckte Dimension der natürlichen Ohnmacht mitzusehen.

Unter der Unergründlichkeitshypothese verschafft sich Plessner die Möglichkeit, in geistesgeschichtlicher Forschung auf die historischen Menschentümer als die Modi auszugreifen, in denen die Verschränkung der geschichtlichen Macht *und* der natürlichen Ohnmacht des Menschen stattfindet. Unter dem Prinzip menschlicher Unergründlichkeit zeigen sich die historisch wirklichen Menschentümer in ihrer Bestimmtheit und damit zugleich in ihrer Begrenztheit: sowohl gegenüber dem menschlichen Wesen überhaupt als auch gegenüber dem einzelnen Menschen, der an ihnen teilhat. Sie stellen sich als die historisch wirklichen Sinnhorizonte dar, unter denen die Menschen einer bestimmten Kultur und Epoche ihre Leben führen, ohne darin jedoch ganz aufzugehen. In dieser doppelten Begrenztheit weisen die historischen Menschentümer immer auch über sich hinaus. In ihrer Abfolge erscheinen sie solcherart als Reaktionen auf die Defizienz des ihnen je vorausgehenden Selbstverständnisses. Das Über-Sich-Hinaus-Treiben der Menschentümer erweist sich auf diese Weise als Grund für das Vorwärtsstreben der menschlichen Geschichte. In ihrer inhaltlichen Bestimmtheit erscheint die menschliche Geschichte unter dem Plessnerschen Unergründlichkeitsprinzip als *mittel-*

bar durch die historischen Menschentümer in ihrer Abfolge konstituiert. Jeder Epochenschritt ist damit nicht a priori durch einen letzten Zweck der Geschichte festgelegt, sondern ein unter den konkreten Bedingungen des tradierten Menschentums sowie der aktuellen Lebensbedingungen politische ausgekämpftes Verschränkungsgeschehen.

Um in dieser historisch gebrochenen Frage nach dem menschlichen Wesen dennoch philosophische Selbsterkenntnis und keine neutrale Gesamtschau menschlicher Geschichte zu erreichen, fokussiert Plessner seine Geistesgeschichte auf die Frage nach dem *Menschentum*, das *in seiner Zeit* wirklich ist. Vor diesem Hintergrund erweist sich „Die verspätete Nation" als Studie nicht bloß über die Ursprünge des Nationalsozialismus, sondern vielmehr über das Menschentum, über das Plessners eigene Zeit zu entscheiden hat. Plessner findet das Menschentum, das sich in Deutschland seit der Neuzeit herausgebildet hat und dessen Tradierung nach dem Ersten Weltkrieg umkämpft ist, im Streben, durch bildende Erkenntnis zum ganzen Menschen zu werden. Er zeigt, daß sich das deutsche Bildungsideal mit der philosophischen Orientierung als Zentrum in der Neuzeit hat herausbilden können, da dem deutschen Menschentum durch Glaubensspaltung und ausbleibende Nationbildung ein religiöser und politischer Rückhalt der Lebensorientierung gefehlt hat. Seit dem 19. Jahrhundert wird das deutsche Bildungsideal Plessner zufolge jedoch immer grundlegender infragegestellt. Von außen gerät das Ideal, durch bildende Erkenntnis zum ganzen Menschen zu werden, in den Konflikt zwischen moderner Wissenschaft und industrieller Zivilisation einerseits und antizivilisatorischen Kräften andererseits. Es wird von beiden Seiten aufgegeben: sowohl durch den substanzlos gewordenen Betrieb von Zivilisation und Wissenschaft, der dem teilhabenden Menschen den Schritt über seine individuelle Partikularität hinaus nicht mehr ermöglicht, als auch durch die antizivilisatorischen Revolutionsbewegungen, die mit ihrer politischen Setzung von (egal welcher) substantieller Bindung, den Raum für Erkenntnis und Selbstbestimmung verschließen. Die innere philosophische Selbstverständigung mündet nach Plessner in eine analoge Spannung von subjektiver Offenheit und substantieller Bindung. Er stellt die innerphilosophische Entwicklung im 19. Jahrhundert als Verweltlichungsprozeß dar, an dessen Ende die historische Relativierung aller überzeitlichen Autoritäten steht, die der Philosophie als Wahrheitsgrund gedient hatten. Die Philosophie wird mit dem Wissen um die eigene Endlichkeit bzw. um ihr Stehen an einem konkreten historischen Ort konfrontiert. Als einziges von der nihilisierenden Historisierung nicht betroffenes Fundament bleibt das natürliche Leben. Wenn das natürliche Leben jedoch zum Sinnhorizont erklärt wird und natürliche Determination orientieren soll, dann ist die Offenheit aufgegeben, in der allein philosophische Lebensorientierung möglich ist. Nach dem Ersten Weltkrieg und den damit zusammenhängenden Entsicherungen sieht Plessner seine Zeit „in die Entscheidung für oder gegen die Tradition als Ganzes gestoßen". (VN, 179) Aufgrund der zentralen Stellung, die die philosophische Orientierung einnimmt, wird über das deutsche Bildungsideal, Plessner zufolge, im Kampf zwischen philosophischer Orientierung und politischer Weltanschauung entschieden.

Hierin bestehen nun die Grenzen der geschichtsphilosophischen Erkenntnis. Mit seiner Geschichtsphilosophie gelingt es Plessner zwar, Einsicht in das in seiner Zeit umkämpfte Menschentum zu erreichen; eine normative Auszeichnung einer der Positionen guten Lebens vermag er jedoch nicht mehr zu leisten. Zugleich hält er sich nur aufgrund dieser Selbstbegrenzung der Geschichtsphilosophie innerhalb der Schranken des Verschränkungsansatzes und läßt damit Raum für die gleichursprüngliche Achse der Naturphilosophie.

Die *Orientierung* in bezug auf die Herausforderung der Plessnerschen Zeit, die weder von der Natur- noch von der Geschichtsphilosophie erwartet werden darf, muß vom Gesamtansatz der in sich gebrochenen Lebensphilosophie allerdings verlangt werden. Gerade da Plessner auf die Endlichkeit von Philosophie, und d.h. zugleich auf die Gebundenheit des Philosophierens an vorphilosophische Voraussetzungen reflektiert, fordert er, entschlossen für das tradierte deutsche Menschentum einzutreten. (Vgl. MmN, 219) An keiner Stelle des Plessnerschen Gesamtansatzes findet sich allerdings ein positiver Entwurf einer Lebensführung, die darauf ausgerichtet ist, durch bildende Erkenntnis zum ganzen Menschen zu werden. Dies ist jedoch von Plessner auch gar nicht zu erwarten, setzte solch ein positiv entfalteter Entwurf guten Lebens doch ein normatives Fundament voraus. Eine derartige Bestimmung des Wahrheitsgrundes von Wirklichkeit überhaupt zu unterlaufen, war jedoch gerade das ausgemachte Ziel von Plessners in sich gebrochener Lebensphilosophie. Indem er den letzten Wahrheitsgrund offenhält, kann er im Wissen um die Endlichkeit von Philosophie beanspruchen, Distanz von der Bindung an die politischen Meinungen seiner Zeit zu erreichen und am Rationalitätsanspruch von Philosophie festzuhalten. Wenn die in sich gebrochene Lebensphilosophie dennoch im Konflikt um das künftig geltende Menschentum für das deutsche Bildungsideal eintreten soll, so kann dies folglich allein negativ bzw. mit Bezug auf den entzogenen Wahrheitsgrund geschehen.

Da die Naturphilosophie keine Bestimmung des menschlichen Wesens bzw. der menschlichen Natur erreicht, verweist sie auf den Schritt in die Geschichtsphilosophie und d.h. konkret in die normative Auszeichnung eines bestimmten geschichtlichen Menschentums; sie kann diesen Schritt, ein bestimmtes geschichtliches Menschensein als gutes Leben auszuweisen, jedoch nicht mehr vollziehen. Umgekehrt weist die Geschichtsphilosophie hinter die geschichtlichen Menschentümer auf die Natur des Menschen zurück. Ihr bleibt es jedoch ebenfalls verwehrt, hinter die historisch geltenden Menschentümer zurückzutreten, um solcherart ein bestimmtes geschichtliches Menschentum als gutes Leben zu fundieren. Mit ihrer gemeinsamen Einsicht in die Entzogenheit eines letzten Wahrheitsgrundes legen sie allerdings beide solch einen Lebensentwurf nahe, der dieser Bedingung gerecht wird. Auf diese Weise zeichnen sowohl die Natur- als auch die Geschichtsphilosophie das philosophische Streben nach Einsicht in den letzten Wahrheitsgrund als Entwurf guten Lebens aus. Beide stimmen darin überein, daß sie diese Konzeption guten Lebens nicht mehr philosophisch fundieren können. Die Rechtfertigung, an der die Natur- und die Geschichtsphilosophie je für sich scheitern, gelingt ihnen allerdings in ihrem Miteinander. In ihrer gemeinsamen Einsicht in die menschliche Bezogenheit auf einen letzten Wahrheitsgrund, der zugleich vakant bleibt, verweisen sie nämlich aufeinander und rechtfertigen sich insofern *gegenseitig*.

Diese gegenseitige Rechtfertigung darf selbstverständlich weder als Ableitung noch als Rückschluß von natürlichem Leben und historisch realisiertem Menschentum verstanden werden, wodurch je eine Seite als normatives Fundament der je anderen Seite vorausgesetzt würde. Die Pointe der wechselseitigen Rechtfertigung von Natur- und Geschichtsphilosophie durcheinander besteht gerade darin, eine Deduktionsstrategie unter den Bedingungen der Endlichkeit von Philosophie darzustellen. In dieser Situation, die einen apriorischen Entwurf guten Lebens unmöglich macht, kommt dem *wechselseitigen Verweis aufeinander* und der *Parallelität* der natur- und der geschichtsphilosophischen Einsichten besondere Bedeutung zu. Indem das philosophische Streben nach Wahrheitserkenntnis im Rahmen der heterogenen und eigenständigen Ansätze der Natur- und der Geschichtsphilosophie als bester Umgang mit der Situation des entzogenen Wahrheitsgrundes erscheint, bestärken sie sich durcheinander. Selbstverständlich kann dadurch der Sinnhorizont der Moderne nicht übersprungen werden. Die gegenseitige Stabilisierung der Plessnerschen Natur- und Geschichtsphilosophie in ihrer gemeinsamen Einsicht in das philosophische Streben nach Wahrheitserkenntnis als bester Lebensform bleibt an das Lebensparadigma rückgebunden. Unter den Bedingungen der Moderne, und d.h. unter dem Lebensparadigma, erscheint die philosophische Wahrheitssuche als beste Lebenshaltung. Es ist folglich keine apriorische und deswegen immer und überall geltende Erkenntnis, sondern die Einsicht in das gute Leben, die an den modernen Sinnhorizont des Lebens rückgebunden bleibt. Unter den Bedingungen der Moderne kann die in sich gebrochene Lebensphilosophie mit ihrer Einsicht in das philosophische Wahrheitsstreben als Konzeption guten Lebens allerdings Gültigkeit beanspruchen.

Der Aufbau der vorliegenden Studie resultiert aus der Frage nach dem Plessnerschen Anspruch, mit seiner in sich gebrochenen Philosophie vernünftig zu orientieren. In einem ersten Kapitel stelle ich die Herausforderungen dar, denen das Projekt philosophischer Orientierung Plessner zufolge in der Moderne begegnet. Am Ende des ersten Kapitels steht das Projekt einer in sich gebrochenen Lebensphilosophie als Plessners Antwort auf diese Herausforderungen. Die Kapitel zwei und drei stellen die natur- und geschichtsphilosophischen Achsen der Plessnerschen Lebensphilosophie dar. Der Schluß schlägt den Bogen zur Ausgangsfrage und versucht eine Antwort darauf zu geben, inwiefern Plessners gedoppelte Lebensphilosophie in ihrer Zeit genuin philosophische Orientierung erreicht. Von dort aus läßt sich das in dieser Arbeit entwickelte Philosophieverständnis innerhalb der Entwicklung des Plessnerschen Gesamtwerks situieren. Es handelt sich dabei um den Ansatz, den Plessner nach der Lektüre von Josef Königs „Begriff der Intuition" im Frühjahr 1926 und bis in die Anfangszeit seines holländischen Exils vertritt. In seiner Antrittsvorlesung an der Universität von Groningen im Januar 1936 entwirft er eine „Philosophische Anthropologie" und hat damit den Ansatz einer in sich gebrochenen Lebensphilosophie aufgegeben.

Zum Ende dieser Einleitung soll nochmals ein Blick auf unsere heutige Situation geworfen werden, von der wir ausgegangen sind. Plessners in sich gebrochene Lebensphilosophie ist als Alternative zum heute verbreiteten Selbstverständnis in der Philosophie eingeführt worden, insofern Plessner unter den Bedingungen moderner Reflexion auf die Endlichkeit der Philosophie am Bezug auf den vakanten Wahrheitsgrund festhält.

Da Plessners in sich gebrochene Lebensphilosophie in bezug auf das Lebensparadigma *ihrer* Zeit orientieren will, kann sie allerdings nicht *unmittelbar* in die zeitgenössische philosophische Diskussion eingeführt werden. Von der Begeisterung, die die Plessnersche Zeit für das Lebensparadigma empfand, ist nach dem Zweiten Weltkrieg nichts mehr zu spüren. Unsere Zeit erfährt das Leben nicht mehr als den Sinnhorizont, der den Dingen erst ihre Bedeutung verleiht. Ein Versuch heute *direkt* an Plessners Lebensphilosophie anzuschließen, würde ihre Rückbindung an das Lebensparadigma des beginnenden 20. Jahrhunderts überspringen. Indem man die Plessnersche Lebensphilosophie solcherart als überhistorischen Ansatz in Anspruch nähme, verlöre sie ihre Pointe, in bezug auf den spezifischen historisch geltenden Sinnhorizont der eigenen Zeit zu orientieren, indem sie zu dessen Brechung durchfragt. Wenn Plessners in sich gebrochene Lebensphilosophie eine Alternative zur postmodernen Verabsolutierung der Pluralität weisen soll, so kann es sich dabei allein darum handeln, seine in sich gebrochene Haltung zu tradieren, *zugleich* die Rückbindung an die eigene Zeit zu übernehmen *und* sich vom historisch geltenden Sinnhorizont zu distanzieren. Die Durchführung dieser philosophischen Haltung mit Blick auf die heutige Situation wäre die Aufgabe einer anderen Arbeit. Meine vorliegende Studie verstehe ich allein als *historische Rekonstruktion* von Plessners in sich gebrochener Lebensphilosophie in ihrer systematischen Anlage. Nur weil ich auf eine unmittelbare Inanspruchnahme Plessners für die zeitgenössische Diskussion verzichtet habe, war es mir möglich, dem Plessnerschen Anspruch Rechnung zu tragen, bezogen auf seine spezifische historische Situation philosophisch zu orientieren.

Die vorliegende Studie wurde im Dezember 2005 als Dissertationsschrift an der Universität Potsdam angenommen. Hans-Peter Krüger, meinem Doktorvater, und Volker Schürmann möchte ich an dieser Stelle für die Betreuung meiner Arbeit danken. Zu danken ist außerdem der Rosa-Luxemburg-Stiftung, die meine Arbeit finanziell unterstützt hat. Besonderen Dank schulde ich Markus Kartheininger. Ihm ist diese Arbeit gewidmet.

I. Philosophische Orientierung als Grundproblem der Plessnerschen Philosophie

1. Das Problem eines Anfangs in der Philosophie unter den Bedingungen der Moderne

„Bei der Metaphysik besteht eine unendliche Schwierigkeit darin, daß man dieses Gebiet nicht ohne weiteres angeben kann. [...] Die eigentümliche Schwierigkeit dieser Disziplin beruht darin, daß wir sie nicht einem menschlichen Vermögen zuordnen können." (EdM, 27) Mit diesen Sätzen eröffnet Plessner im Wintersemester 1931/32 in Köln seine Metaphysikvorlesungen. Weder kann der Metaphysik ein Gegenstandsgebiet, noch kann ihr ein Erkenntnisvermögen als Fundament gesetzt werden, von dem sie ihre Erkenntnisse herleiten könnte. Dies ist deswegen nicht möglich, weil wir, egal welche der beiden Seiten – das Sein oder das Bewußtsein – wir als unseren philosophischen Ausgangspunkt wählen, uns der je anderen Dimension als vorgängiger Voraussetzung nicht entledigen können.[14] Zum Sein scheinen wir immer nur als Gegenstand des Bewußtseins zu kommen. Zugleich können wir umgekehrt schlecht ignorieren, daß unsere Bewußtseinsakte immer schon in Wirklichkeits- bzw. Seinsbezüge integriert sind. Dieser Zirkel gegenseitiger Voraussetzung scheint dem Erkennen den Boden unter den Füßen zu entziehen. Damit wäre dann jeder Anfang in der Philosophie verbaut, wenn man Philosophie bezüglich ihres Erkenntnisanspruchs von den historisch und individuell bedingten Meinungen unterscheiden will.

Inwiefern steht die Philosophie hier nun genau vor einem Problem? Warum verfügt die Philosophie an dem Gesamtbereich des Seins über kein Gegenstandsgebiet, von dem sie Erkenntnis herleiten könnte? Diese Fragen zwingen dazu, das Verhältnis präziser zu fassen, in dem die philosophische Erkenntnis zu ihrem Gegenstand steht. Hierfür müssen wir berücksichtigen, daß alles, was als Gegenstand in unserem Bewußtsein vorkommt, von diesem vermittelt ist. Infolgedessen sind die Aussagen, die wir über das machen, das wir vor unserem inneren oder äußeren Auge haben, von den individuellen und kulturellen Auffassungen mindestens gefärbt, die wir uns von uns und der Welt machen. Wie man die Möglichkeit von philosophischer Erkenntnis einschätzt, hängt

[14] Vgl. EdM, 37ff.: Plessner unterscheidet hier zwischen dem naiven und dem Reflexionsaspekt, wobei ersterer den Bewußtseinskreis als vom Weltkreis, zweiterer den Weltkreis als vom Bewußtseinskreis umschlossen behauptet.

offensichtlich davon ab, für wie grundlegend man die Prägung der Dinge durch unser Bewußtsein annimmt. In jedem Fall gerät in dem Moment, in dem auf die Vermitteltheit der Seinserkenntnis durch das Bewußtsein reflektiert wird, der philosophische Anspruch ins Wanken, sich mit der Schau der ewigen Ideen den Aufstieg aus der Höhle der von den weltlichen Bezügen geprägten Meinungen zu bahnen. Damit stehen die Ansprüche der Philosophie auf Wahrheitserkenntnis und auf vernünftige Orientierung infrage. Der Anspruch, die Lebensführung vernünftig zu orientieren, gerät dadurch ins Wanken, daß die Philosophie nicht mehr darauf vertrauen kann, Einsicht in den natürlichen Ort zu erreichen, an den der Mensch in der Welt gestellt ist und von dem er seine Bestimmung erfährt.

Selbst wenn die Philosophie nicht den direkten Weg zum Sein gehen kann, um Erkenntnis und nicht nur Meinungen über Wirklichkeit zu erreichen, so bleibt ihr noch die spiegelbildliche Möglichkeit beim Bewußtsein anzusetzen. Sie kann versuchen, ihrem Anspruch auf Orientierungswissen dadurch zu genügen, daß sie an der Vernunft selbst die Grenze zwischen Wissen und bloßen Vorstellungen bestimmt. Auf diese Weise wird in der Neuzeit versucht, das brüchig gewordene ontologische Fundament der Antike auf idealistischer Grundlage wiederzuerrichten. Vernunft soll das Fundament darstellen, das der Philosophie ihren Erkenntnisanspruch sichert. Hierfür sollen an der Vernunft solche Prinzipien entdeckt werden, die die Allgemeingültigkeit der Wirklichkeitserfahrung sichern. Werden diese Prinzipien dagegen im Ausgriff auf Wirklichkeit nicht beachtet, verstrickt sich der Mensch in die Schimären seines eigenen Bewußtseins. Der Anspruch geht also darauf, hinter unseren individuellen Standpunkt in seiner Verstricktheit in die weltlichen Bezüge zurück in eine Perspektive treten können, die unseren Einsichten Allgemeingültigkeit zusichert. Dies soll deswegen möglich sein, weil wir mit unserem individuellen Bewußtsein an der Vernunft überhaupt teilhaben, deren Prinzipien gleichermaßen unser Bewußtsein und die äußere Wirklichkeit strukturieren. Philosophische Wahrheitserkenntnis wird dementsprechend als Selbsterkenntnis der Vernunft verstanden. Dieses Vorgehen, die Vernunft selbst als ein Fundament bzw. orientierendes Prinzip philosophischer Erkenntnis anzunehmen, kann nur überzeugen, wenn es gelingt, der Vernunft eine aus der Wirklichkeit herausgehobene Stellung zu sichern. Als fragwürdig muß es dagegen der Moderne erscheinen, deren Vertrauen in die Vernunft gestört ist und die die Vernunft als pragmatisch in die Wirklichkeitszusammenhänge integriert wahrnimmt. Damit ist die Moderne in bezug auf das Problem eines das philosophische Erkennen tragenden Fundaments wieder auf die Perspektivität alles menschlichen Ausgreifens auf Wirklichkeit zurückgeworfen. Die Prinzipien der Vernunft eröffnen nicht mehr den Schritt aus unserer bedingten Individualperspektive zu allgemeingültiger Erkenntnis. Vielmehr erscheint nun auch die von den Vernunftprinzipien angeleitete Sicht als eine Perspektive, neben der andere Vernunftperspektiven gleichberechtigt möglich sind. Infolgedessen erweist sich nun der Versuch, die Vernunftprinzipien aufzufinden, weniger als vernünftige Selbsterkenntnis denn als eine kulturell und sozial verortbare Weltanschauung.

Mit dem Verlust eines Fundaments steht zu Beginn des 20. Jahrhunderts der Schritt in die Philosophie selbst infrage. Ohne Fundament am Sein oder am Bewußtsein scheint von der Philosophie nicht mehr als ihr Name und eine Vielheit historischer Positionen zu bleiben, die alle mit gleichem Recht Anspruch auf diesen Namen erheben. Eine bestimmte Sicht auf und Haltung zur Welt scheint selbst nicht mehr aufgrund philosophischer Einsicht möglich. Vielmehr scheinen die zufälligen Bezüge und Einflüsse, in denen sich das Individuum befindet, über dessen philosophische Haltung zu entscheiden. Nicht nur scheint es damit illusorisch, zwischen Philosophie und dem Gespräch in der Eckkneipe einen qualitativen Unterschied in bezug auf die Wahrheit der Einsichten und nicht bloß eine habituelle Differenz in bezug auf die Weise, wie gesprochen und sich benommen wird, aufrecht erhalten zu können. Zugleich scheint sich damit auch die Funktion der Philosophie für das Leben aufzulösen. Wenn keine vernünftige Orientierung mehr möglich ist, wird das individuelle Leben zum Provisorium, das von Entscheidungen bestimmt ist, die immer mit gleichem Recht auch hätten anders ausfallen können. Diese individuellen Brechungen erfahren dadurch noch an Brisanz, daß die Instanzen, vermittels derer sich der Einzelne bestimmt, in der Moderne grundsätzlichen geschichtlichen Veränderungen unterliegen.

2. Wodurch ist jegliches Fundament philosophischer Erkenntnis infragegestellt?

Die entscheidende Frage, die sich uns hier stellt, muß sich auf die Einwände richten, die dem Denken sein Fundament und damit die Bedingung der Möglichkeit wahrer oder zumindest allgemeingültiger Erkenntnis unterminieren. Sollte sich herausstellen, daß die Einwände gegen den fundierenden Charakter von Vernunft nicht tragen, würde sich die oben skizzierte skeptische Position selbst relativieren. Kann die Philosophie nicht einfach zum Gegenangriff blasen und dem Skeptizismus entgegenhalten, daß er selbst immer schon, wenn man ihm überhaupt Beachtung schenken soll, eine gemeinsame verbindliche Basis der Vernunft voraussetzt? Will er nicht selbst argumentativ, und d.h. im Rahmen der Vernunft, von der wahren Beschaffenheit von Wirklichkeit überzeugen? Erscheint vielleicht nur dem historisierenden Blick von außen die Vielheit der philosophischen Positionen als Einwand gegen den Anspruch auf Wahrheitserkenntnis?[15]

Welche Gründe hatte Plessner also vor Augen, aufgrund derer er sich zu der Aussage gezwungen sah, daß die Philosophie über kein Fundament ihrer Erkenntnisse verfüge? Eine ausführliche Antwort auf diese Frage findet sich in Plessners geistesgeschichtlicher Studie, die uns heute unter dem Titel „Die verspätete Nation“ vorliegt.[16]

---

[15] Vgl. Hegels Einwand gegen die „geschichtliche Ansicht philosophischer Systeme“ in der Differenzschrift sowie seine Diskussion der „Geschichte der Philosophie als Vorrat von Meinungen“ in den Vorlesungen über die Geschichte der Philosophie. G. W. F. Hegel, Differenz des Fichteschen und Schellingschen Systems der Philosophie, in: Ders., Jenaer Schriften I, Hamburg 1979, hier: 6ff., sowie ders., Vorlesungen über die Geschichte der Philosophie, in: Ders., Werke Bd. 18, Frankfurt/M. 1971, hier: 28ff.

[16] In seiner Inhaltsübersicht (VN, 45ff.) gibt Plessner an, daß er dem Vorgang der Verdrängung der idealistischen Philosophie und der darauf einsetzenden Selbstausschaltung der Philosophie deswe-

In der Ausdifferenzierung des Systems der Einzelwissenschaften seit der Neuzeit vollzieht sich nach Plessner ein grundlegender Wandel im menschlichen Verhältnis zu sich und zur Wirklichkeit, der tiefgreifende Konsequenzen für die Philosophie hat. (Vgl. VN, 93) Nicht nur entstehen aus dem Wissen, das die Einzelwissenschaften vermitteln, grundsätzlich neue Fragen an die Philosophie, zugleich bildet sich mit dem Ensemble der Einzelwissenschaften ein gegenüber Philosophie und Theologie eigenständiger Rahmen der Plausibilisierung von Erkenntnis. Die empirischen Wissenschaften interessieren sich nämlich nicht mehr für das Wesen der Dinge sondern für die Gesetze, die zwischen und in ihnen herrschen. Den Erkenntnisanspruch ihrer Einsichten rechtfertigen die Erfahrungswissenschaften, indem sie die Wirklichkeit, die dargestellt werden soll, selbst hervorbringen. Diese Einsicht in die Gesetze der Natur wird als hartes empirisch überprüfbares Wissen der Erfahrung von der qualitativen Beschaffenheit der Dinge gegenübergestellt.

Die Ausbildung der empirischen Wissenschaften bedeutet zunächst als faktische Realität eine Kontingentsetzung der philosophischen Erkenntnis. Philosophie muß sich jetzt gegenüber den Wissenschaften und deren Unterscheidung von Erfahrungs- und Notwendigkeitswissen in bezug auf ihren Erkenntnisanspruch rechtfertigen. Erst diese Situation der Konkurrenz mit den Einzelwissenschaften stellt sie unter die Anforderung, für ihre eigene Erkenntnis ein Fundament vorzuweisen. Darüber hinaus ist die Philosophie mit den Erfolgen der empirischen Forschung in ihrem Aneignen, Umformen und Hervorbringen von Wirklichkeit eröffnet sie den Menschen immer neue Möglichkeiten, ihr Leben zu gestalten und sich von den Schranken zu emanzipieren, die ihnen von der Natur und den Konventionen unumstößlich gesetzt zu sein schienen. Die grundlegendste Veränderung des Sinns von Philosophie ging Plessner zufolge jedoch vom Prozeß der Ausdifferenzierung der Wissenschaften selbst aus. Dieser fortwährende Prozeß wissenschaftlicher Arbeitsteilung gliederte immer weitere Gegenstandsbereiche aus dem Universalwissen der Philosophie aus. Nicht nur sind der Philosophie diese Gegenstandsbereiche seitdem nur noch wissenschaftlich vermittelt gegeben; vor allem entreißt der wissenschaftliche Prozeß der Philosophie Plessner zufolge alle Inhalte, bis ihr schließlich als genuines Gegenstandsgebiet für ihre Frage nach dem Ganzen der Wirklichkeit allein noch das formale Gebiet der logischen Gesetze blieb. (Vgl. VN, 96f.)

Den wichtigsten Rettungsversuch sieht Plessner von Seiten der kritischen Philosophie vollzogen. (Vgl. VN, 175) Indem Kant mit der kopernikanischen Wende das Verhältnis der Philosophie zum Seienden auf Mittelbarkeit begrenzt, gelingt ihm – so Plessner – ein dreifacher Schachzug. Kant verschafft der Philosophie mit den Prinzipien der Vernunft ein ihr eigentümliches, der wissenschaftlichen Forschung zugrundeliegendes und damit nicht von ihr einnehmbares Gegenstandsgebiet. Gerade aufgrund ihrer indirekten Beziehung zum Seienden gewinnt die kritische Philosophie zweitens eine sichere Distanz vor den Entscheidungskämpfen der Einzelwissenschaften und der

---

gen den größten Teil der Studie widmet, „weil hier die inneren Entscheidungen über Deutschlands politisches Weltbild fallen, das sich nicht religiös oder historisch sondern immer wieder nur philosophisch rechtfertigen kann". (VN, 47)

praktischen Selbstbestimmung. Und schließlich kann Kant auf die Vernunft als das Fundament zurückgreifen, das es dem Menschen ermöglicht, sich selbst aus freier Einsicht (und nicht durch äußeren Zwang des positiven Rechts oder der Moral) die letzten Grundsätze des eigenen Denkens und Handelns zu geben. Kant kann damit erklären, wie selbstbestimmte Lebensführung in einer von den Wissenschaften geprägten Welt möglich ist.[17]

Der Prozeß der wissenschaftlichen Spezialisierung geht jedoch nach Kant weiter. (Vgl. VN, 150ff. sowie 176f.) Bis ins 18. Jahrhundert sind die Grenzen der Aufgaben und des Gegenstandsgebiets von Philosophie und Wissenschaft nicht scharf gegeneinander abgegrenzt. Zum einen ist eine umfassende wissenschaftliche Bildung noch möglich, zum anderen sind wesentliche Wissensgebiete noch im philosophischen Gegenstandsgebiet belassen. Dies ändert sich im Laufe des 19. Jahrhunderts. Die Wissenserweiterung sprengt die Möglichkeit des Einzelnen, sich noch einen Überblick über das gesamte verfügbare Wissen zu verschaffen. Ein Durchgang durch die Wissenschaften zur abschließenden Ansicht des Ganzen der Wirklichkeit übersteigt seitdem die Möglichkeiten des Einzelnen. Aber auch die umgekehrte Reflexionsrichtung der kritischen Philosophie hinter die Wissenschaften zurück zu den Vernunftprinzipien, die Wissenserwerb überhaupt erst ermöglichen, wird infragegestellt. Der wesentliche Schlag gegen die kritische Philosophie geht Plessner zufolge von den empirischen Kultur-, Geistes- und Geschichtswissenschaften sowie der empirischen Biologie aus, die sich im Laufe des 19. Jahrhunderts herausbilden und die spezifisch menschlichen Wirklichkeitsdimensionen der Philosophie „abspenstig" machen. Durch spezialwissenschaftliche Erforschung des Menschen löst sich die emphatische Vorstellung vom ganzen Menschen als materiale Bezugsgröße auf. Mit dieser letzten Emanzipation der spezialisierten Wissenschaften von der Philosophie verliert auf der einen Seite die wissenschaftliche Forschung ihre Ausrichtung auf den ganzen Menschen als Endzweck ihrer Arbeit. Ihr Wissen wird instrumentell. (Vgl. VN, 99ff.) Auf der anderen Seite bedeutet dieselbe Entwicklung für die Philosophie, daß ihr bloß noch ein inhaltlich entleerter Vernunftbegriff bleibt. Nun wird es fragwürdig, ob die bedeutungsentleerte Vernunft, die der Philosophie als Gegenstandsgebiet ihrer Erkenntnisse Lebens geblieben ist, noch als Grund dienen kann, um letzte Prinzipien des Denkens und Handelns zu bestimmen, wie dies bei Kant angelegt ist.

Parallel zu diesem Prozeß der Entmachtung der Vernunft vermitteln die neuen empirischen Geisteswissenschaften und die Biologie Einsichten in die Integration der Vernunft in das geschichtliche und natürliche Leben. Die neuen Disziplinen der empiri-

[17] Vgl. Immanuel Kant, Was heißt: sich im Denken orientieren? In: Ders., Werke Bd. 5, Frankfurt/M. 1977, 267–283, hier: 282f. (A 328ff.): „Freunde des Menschengeschlechts und dessen, was ihm am heiligsten ist! Nehmt an, was euch nach sorgfältiger und aufrichtiger Prüfung am glaubwürdigsten scheint, es mögen Fakten, es mögen Vernunftgründe sein; nur streitet der Vernunft nicht das, was sie zum höchsten Gut auf Erden macht, nämlich das Vorrecht ab, der letzte Probierstein der Wahrheit zu sein. Widrigenfalls werdet ihr, dieser Freiheit unwürdig, sie auch sicherlich einbüßen, und dieses Unglück noch dazu dem schuldlosen Teile über den Hals ziehen, der sonst wohl gesinnt gewesen wäre, sich seiner Freiheit *gesetzmäßig* zum Weltbesten zu bedienen!"

schen Soziologie, der Ethnologie und der Geschichtswissenschaften vermitteln einen bis dahin unbekannten Zuwachs an empirischem Wissen über andere Kulturen und Epochen. Damit wird historisches und soziologisches Wissen über Typen von Erfahrung verfügbar, die prinzipiell anders strukturiert sind als das europäische Vernunftsystem. Die Vielheit der Vernunftsysteme wird nun deswegen als Kontingentsetzung des europäischen Selbstverständnisses verstanden, weil die teleologische Geschichtsbetrachtung mit ihrer Vorstellung von der Verwirklichung der Vernunft im Gang der Epochen und durch die Kulturen angesichts der grundsätzlichen Verschiedenheit der Kulturen und Epochen zerbricht. Das Fortschrittsparadigma, das den herausgehobenen Status der europäischen Vernunft hätte retten sollen, erwies sich unter der Perspektive der Kultursoziologie als spezifisches Produkt der Selbstverständigung und -rechtfertigung der industrialisierten, bürgerlichen Gesellschaft. (Vgl. VN, 153)

Damit steht die Vernunft als Fundament philosophischer Erkenntnis auf objektiver wie subjektiver Ebene infrage. Auf objektiver Ebene kann die Vernunft nicht mehr als das Prinzip ausgewiesen werden, das die Ordnung der menschlichen Dinge bestimmt. Eine Bestimmung des Ganzen der Geschichte bzw. der Vernunft als des Zwecks der Geschichte ist nicht mehr möglich. Die kulturellen Selbstverständigungsleistungen bzw. Vernunftsysteme – nun im Plural – erscheinen damit selbst wiederum in eine umfassende Wirklichkeit integriert, die in ihrer Strukturiertheit nicht mehr mit der Logik des Denkens parallelisiert werden kann. Die Vernunft ist folglich in eine ihr fremde Wirklichkeit eingelassen. Damit greift die Historizität auf die subjektive Ebene der Vernunft über. Die Prinzipien der Vernunft taugen weder als Bedingungen der Möglichkeit allgemeingültiger Erkenntnis noch als Fundament selbstbestimmter Lebensführung. Vielmehr zeigt sich die Zufälligkeit der europäischen Vernunftprinzipien, die, indem sie eine bestimmte Ansicht von Wirklichkeit vermitteln, zugleich andere gleich mögliche Zugriffsarten verstellen. Mit dieser Einsicht in die Kontingenz geht die Einsicht in die Relativität des europäischen Vernunftideals einher. Jetzt stellt sich nämlich die historische Wirklichkeit als die Schicksalsmacht dar, die über die Strukturen entscheidet, in und mit denen zu einem bestimmten Zeitpunkt und an einem bestimmten Ort gedacht und gehandelt wird. Die Gedanken allgemeingültiger Erkenntnis und freier Selbstbestimmung vom Standpunkt der Vernunft erscheinen damit als relativ auf die europäische Entwicklung mit deren Eigentümlichkeiten der zurückgedrängten Religion, der politischen Nationalstaatlichkeit, dem freigesetzten Wirtschaften und dem sich ausdifferenzierenden Wissenschaftssystem. Sie erweisen sich damit in ihrer Gültigkeit auf diesen historischen Kontext begrenzt.[18]

In bezug auf unsere Ausgangsfrage nach der Vernunft als Fundament des Philosophierens bedeutet die historische Relativierung von Vernunft die pragmatische Zurück-

---

[18] Vgl. VN, 155: „Falsch ist das Bewußtsein, weil es sein In-Relation-Stehen zu einem bestimmten Existenztyp und Standort nicht in seiner Weltbildung selber mit zum Ausdruck bringen kann. Es verdeckt in seinem formalen Zug nach Unabhängigkeit und Selbständigkeit nicht nur die eigene Verantwortung für den von ihm erzeugten Weltverband seiner Werte und Dinge, sondern auch die faktisch begrenzte Verantwortungsfähigkeit."

stellung philosophischer Erkenntnis in ihren lebensweltlichen Kontext. (Vgl. VN, 188ff.) Nicht mehr zur Wirklichkeit überhaupt scheint die Vernunft dem Philosophieren Zugang zu vermitteln, sondern allein zu dem historischen Bild einer bestimmten Epoche, das sich in keiner Weise aus der Vielheit anderer historischer Bilder abzuheben vermag. Als Instanz vernünftiger Orientierung kann diese historisierte Vernunft nicht mehr dienen. Auch haben damit die sittlich tradierten Lebensformen keinen vernünftigen Geltungsgrund mehr für sich. Ihre Verbindlichkeit scheint sich allein aus ihrem faktischen Bestehen zu speisen.

Mit der pragmatischen Relativierung der Vernunfterkenntnis auf die Wirklichkeit, in der sie vollzogen wird, steht die Bestimmung des menschlichen Wesens infrage. (Vgl. VN, 153ff.) Überlegungen, das menschliche Wesen in die organische Natur zu setzen, werden durch die Erkenntnisse der modernen Biologie genährt. Damit wird die Gattungsspezifik des Menschen auf einer den anderen Lebewesen vergleichbaren Ebene angesiedelt. Sowohl die Evolutionsbiologie als auch die Verhaltensbiologie (Köhler) und die biologische Umweltforschung (Uexküll) stellen die Sonderstellung des Menschen unter den Lebewesen und die herausgehobene Stellung der menschlichen Vernunft infrage. Sie beziehen sich hierfür auf die Genese der menschlichen Gattung, den praktischen Umgang mit der Welt und die Eingespieltheit der menschlichen Organfunktionen mit den Erfordernissen seiner Lebensführung. Die naturgesetzliche Erklärung des Menschen versteht Plessner insofern als Antwort auf den Historismus, als sie beansprucht, die Vielheit der kulturellen Perspektiven auf die einheitliche Dimension der Vitalität rückführen und damit anstelle standortgebundener Deutungen objektive Erklärungen des menschlichen Lebens anbieten zu können. (Vgl. VN, 132) Mit seiner Hypostasierung der Vitalität zur Grundschicht menschlicher Wirklichkeit überhaupt stellt der biologische Naturalismus den Eigenwert des Bewußtseins infrage. Das menschliche Bewußtsein erscheint in diesem Verständnis nur noch als eine Richtung, die das Leben genommen hat, um den eigenen Erhalt zu sichern. In dieser Reduktion des menschlichen Seins auf den Horizont des biologischen Lebens bedeutet die Zugehörigkeit zur menschlichen Gattung keine normative Auszeichnung mehr, die zu besonderen Rechten und Pflichten sich und Anderen gegenüber verbindet.[19] Rationale Orientierung hat im Zusammenhang dieser Bestimmung des menschlichen Wesens keinen Platz mehr. An die Stelle der Vernunft, die dem Verständnis rationaler Entscheidung als „letzter Prüfstein" der Prinzipien zugrundeliegt, treten nun andere Entscheidungsmächte, die ihre Legitimation aus dem Zweck des biologischen Überlebens ziehen. Philosophische Orientierung durch Erkenntnis soll dementsprechend durch politische Ideologie abgelöst werden, die sich auf die Notwendigkeit beruft, in bezug auf die konkrete Situation,

---

[19] Vgl. PA, 42: Seit der Aufklärung „ist jede außernatürliche, geistige, sittliche Basis in Fortfall gekommen, die allem, was Menschenantlitz trägt, Einheit gewährte. Bis auf die Basis der Natur sind alle Ebenen unverbindlich geworden, von wo aus und woraufhin der Mensch sich in seinem Gattungscharakter verstehen muß. [...] Ist es mit diesem Glauben vorbei, dann hat das naturwissenschaftliche Interesse einer sauberen Abgrenzung der Species Homo gegen andere Anthropoiden nur noch problematischen Wert. Die natürliche Daseinsbasis, welche die Weltgeschichte des Verdachts gegen jede Autorität am Ende allein übriggelassen hat, ist von sich aus ohne verpflichtenden Charakter."

in der das eigene Volk überleben muß, zu entscheiden. An die Stelle der vernünftigen Orientierung unter dem Maßstab der übergeschichtlichen Vernunftgrundsätze wird die faktische Entscheidung gesetzt, die sich allein noch politisch rechtfertigen will.[20]

Aufgrund der obigen Darstellung kann man eine erste Bestimmung des Verhältnisses von Philosophie und Wirklichkeit innerhalb Plessners Denken erreichen. Daß in der Philosophie kein Fundament am Sein oder am Bewußtsein vorausgesetzt werden kann, ist mit Plessner – wie gesehen – zunächst geistesgeschichtlich zu verstehen.[21] Dies bedeutet nun nicht nur, daß die politischen Meinungen den Horizont ausmachen, von dem das Philosophieren seinen Ausgang nimmt. Derart könnte man noch davon ausgehen, daß zwar die politischen Meinungen dem historischen Wandel unterworfen sind, das eigentliche Philosophieren jedoch davon ausgenommen ist. Darüber hinaus zeigt Plessner, daß die Vernunft als das Fundament, das der Philosophie ihren überzeitlichen Status zu gewähren schien, selbst in den historischen Wandel hineingerissen wird. Damit steht Philosophie folglich auf einer Ebene mit der politischen Selbstbestimmung. Damit ergeben sich die Herausforderungen an die Philosophie aus der historischen Situation, in der sie steht.[22] Wenn Philosophie jedoch mit ihrem Fundament als in die Wirklichkeit des historischen Wandels integriert verstanden werden muß, hat dies nicht nur Konsequenzen für die Herausforderungen, mit denen sie konfrontiert ist. Vor allem steht philosophische Erkenntnis, die sich hinsichtlich ihres Wahrheitsanspruchs von den Alltagsmeinungen unterscheidet, dadurch grundsätzlich infrage.

Wenn Plessner in seinen Metaphysikvorlesungen mit der Unmöglichkeit einsetzt, für die Metaphysik ein Fundament auszuweisen, so stellt er sich damit folglich den Herausforderungen, die in der Moderne vom Glaubwürdigkeitsverlust der Vernunft an das Philosophieren ausgehen. Die These vom fehlenden Fundament der Metaphysik in der Moderne ist damit keine historische Diagnose, die dem Projekt der Philosophie äußerlich bleibt. Vielmehr erscheint die Philosophie bei Plessner in dem fundamentalen Sinn durch die Moderne herausgefordert, ihren Weltberuf bzw. ihre Orientierungsfunktion ausweisen

---

[20] Vgl. VN, 168: „Die normlos gewordene Entscheidung hat nichts mehr über sich, sondern nur noch etwas vor sich: eine konkrete Lage, die gemeistert sein will. Und sie hat hinter sich keine allgemeinen Rückgriffsmöglichkeiten und Rechtfertigungen aus abstrakten Idealen mehr, sondern nur noch eine massive Realität: das Volk und seinen Selbsterhaltungstrieb. Als nach ihrer Absicht letzte und wahre Antwort auf den Nihilismus gerät die politische Ideologie in Widerstreit mit der Philosophie. In dem Anspruch auf den Charakter einer Weltanschauung stößt die politische Ideologie der normlosen Entscheidung auf die Domäne der Philosophie."

[21] Vgl. VN, 178f.: „Denn wir können nicht mehr so einfach von ewigen Bedürfnissen und Anlagen der menschlichen Natur sprechen, wie es unhistorischen Köpfen bequem war, und ihnen ‚die' Philosophie mit ihren einzelnen Fächern zuordnen. [...] Selbst wenn die von der Zeit überholte klassische Position im Recht wäre, ist sie ungeeignet, diese Zeit, die nicht mehr an sie glaubt, zu verstehen."

[22] Vgl. MmN, 165: „Denn das Zeitbewußtsein geht mit anderen als nur wissenschaftlichen Maßstäben an die großen Themen der Welt und des menschlichen Lebens heran. Es kann einer Zeit in keinem Augenblick verborgen bleiben, daß sie vor Aufgaben gestellt ist, die gerade ihre Generation, die Alten, die Reifen, die Jungen zu lösen haben, Aufgaben gewiß theoretischer Art, an die Mittel des Denkens appellierend, Erkenntnisprobleme, die sie nach sachlichen Kriterien entscheiden müssen, damit sie mit den Anforderungen des Lebens fertig werden."

zu müssen.[23] Fragt man folglich nach dem Anfang, der in der Philosophie zu machen sei, so ist dies unter den Bedingungen der Moderne, wie Plessner sie zeichnet, mit der Frage gleichbedeutend, ob der Schritt in die Philosophie überhaupt noch zu schaffen sei.[24]

Selbst wenn man zugibt, daß das Vertrauen in die Vernunft als Fundament europäischer Kultur seit dem 19. Jahrhundert und dem Aufkommen des Historismus an selbstverständlicher Überzeugungskraft verloren hat, hat die Philosophie – das 20. Jahrhundert zeigt es – verschiedene Möglichkeiten, sich zu dieser Situation zu verhalten. In den folgenden Überlegungen will ich darstellen, daß Plessners Antwort auf diese Herausforderung in Abgrenzung sowohl von den neukantianischen Fundierungsversuchen als auch vom existentialistischen Vollzug des Philosophierens verstanden werden muß. Auf den ersten Blick scheinen Neukantianismus und Existentialismus die einzigen zwei Möglichkeiten darzustellen, auf die Zwangssituation, in der sich die Philosophie in der Moderne befindet, zu reagieren. Entweder versucht man mit dem Neukantianismus an der traditionellen Ausrichtung der Philosophie auf Wahrheitserkenntnis festzuhalten und dafür am historischen Wandel transhistorische Strukturen der Vernunft herauszuarbeiten; oder man stellt sich mit dem Existentialismus in die Geschichtlichkeit und begreift Philosophie nicht mehr im traditionellen Sinne als Erkenntnis von Wahrheit sondern als den Vollzug des Philosophierens. Demgegenüber wird sich herausstellen, daß sich Plessner der Alternative von Wahrheitserkenntnis und Philosophieren aus dem Horizont des Lebens widersetzt. Dafür kritisiert er zunächst den Neukantianismus, indem er – ähnlich wie Heidegger – den Finger in die Wunde dessen eigener Geschichtlichkeit legt. Mit dem Abbau der Philosophie auf den Horizont des geschichtlichen Lebensvollzugs hat Plessner jedoch noch nicht das letzte Wort gesprochen. Er wendet vielmehr gegen Heidegger – als Gewährsmann des Existentialismus – ein, daß die Verabsolutierung der Geschichtlichkeit als Sinnhorizont der Philosophie nur aufgrund einer implizit vorausgesetzten Theorie über die menschliche Wirklichkeit überhaupt zwingend erscheine. Damit ergibt sich für Plessner das Paradox, daß Wahrheitserkenntnis gleichermaßen auf Entscheidung aufsitzt, wie der entgegengesetzte Ansatz des Philosophierens aus der Geschichtlichkeit Theorie voraussetzt. Dieses Paradox weist allerdings die Richtung zu Plessners dritten Weg, die Frage nach dem Primat von Theorie und Praxis offenzuhalten.[25]

---

23 Vgl. VN, 178: „Ein Verständnis zeitgenössischer Philosophie, besonders wenn es sich auf Deutschland beschränkt, muß diese Selbstunsicherheit der Philosophen, die auf der Suche nach ihrem verlorenen Beruf sind, als eine treibende Kraft des Philosophierens in heutiger Zeit in Ansatz bringen."

24 Jürgen Friedrich hat bereits darauf aufmerksam gemacht, daß Plessners Philosophie im Ausgang vom Infragestehen der Philosophie in der Moderne zu verstehen ist. Allerdings sind seine Überlegungen zu assoziativ, als daß sie Licht auf das Gesamtprojekt der Plessnerschen Philosophie werfen könnten. Seine Hauptthese, daß die Moderne die Auflösung und die Realisierung der Philosophie in ihrem klassischen Verständnis darstelle, da sich in ihr die ewigen Wiederkehr des Gleichen ereigne, schiebt er Plessner unter. Vgl. Jürgen Friedrich, Überlegungen zu: Plessner und Moderne, in: Ders. u.a. (Hg.), Unter offenem Horizont – Anthropologie nach Helmuth Plessner, Frankfurt/M. 1995, 36–48.

25 Mein Vorgehen, den Zugang zum Plessnerschen Verständnis philosophischer Orientierung über die alternativen Ansätze des Neukantianismus und des Existentialismus zu bahnen, ist heuristi-

3. Die Rückstellung der Vernunft in die Wirklichkeit – Plessners Kritik am Neukantianismus

Im Anschluß an die Analyse des Glaubwürdigkeitsverlusts der Vernunft in der Moderne drängt sich zunächst die Frage nach der Überzeugungskraft des modernen Skeptizismus auf. Verstrickt er sich nicht notwendigerweise in Selbstwidersprüche, indem er einerseits die Vernunft infragestellt und andererseits für dieses Urteil beanspruchen muß, eine wahre Aussage über Wirklichkeit getroffen zu haben? Plessner diskutiert diese Strategie, dem modernen Skeptizismus mit Verweis auf die Unhintergehbarkeit der Vernunft beizukommen, in verschiedenen Schriften am Beispiel des Neukantianismus.

In der verwissenschaftlichten Welt des 19. Jahrhunderts ist der Neukantianismus angetreten, die Vernunft als Fundament philosophischer Erkenntnis zu sichern. Zunächst scheint es für die Philosophie keine Alternative zu diesem Unternehmen zu geben. Will sie ihrem Anspruch auf Erkenntnis genügen, braucht sie einen Leitfaden, der sie darin anleitet, das gegebene Material zu ordnen, und der sie so zu sicherer Erkenntnis führt. In der historischen Notwendigkeit eines solchen Sicherungsunternehmens sieht Plessner die wesentliche Differenz des Neukantianismus zu Kant. (Vgl. VN, 203) Kant konnte gerade deswegen sein kritisches Unternehmen der Harmonisierung der theoretischen und praktischen Bedürfnisse der Vernunft als Selbstkritik der Vernunft begreifen, weil es ihm noch möglich war, auf die Vernunft als unanzweifelbare Wirklichkeit zu rekurrieren. Demgegenüber haben im Neukantianismus die Fragen nach der Bedingung der Möglichkeit von Erfahrung, genauer von wissenschaftlich vermittelter Erfahrung, die Aufgabe, eine von den Wissenschaften ausgehöhlte und infragegestellte Vernunft zu sichern. Auf diese Weise soll der Philosophie das Fundament ihrer Erkenntnis und damit sie selbst vor der Überflüssigkeit bewahrt werden. Die entscheidende Frage ist also, ob dieses Vorgehen vor den Herausforderungen der Gegenwart und d.h. angesichts der Infragestellung jedes philosophischen Fundaments durch den Historismus und den Naturalismus, bestehen kann. Der Neukantianismus konzentriert sich auf den Aufweis der Unhintergehbarkeit der Vernunftstrukturen angesichts der geschichtswissenschaftlichen Einsichten in die kulturelle Vielheit. Die Philosophie könnte auf diese Weise das Umkippen der Verhältnisse (daß die geschichtliche Wirklichkeit die Vernunft umgreift)

---

scher Natur. Es handelt sich dabei weder um eine Aussage über die wichtigsten zeitgenössischen Einflußquellen für die Plessnersche Philosophie noch um eine kritische Überprüfung der Plessnerschen Darstellung des Neukantianismus und des Existentialismus an den historischen Positionen. Die Entscheidung, das Plessnersche Philosophieverständnis in Abgrenzung gegen den Neukantianismus und den Existentialismus – als den beiden zu Beginn des 20. Jahrhunderts vorherrschenden Strömungen der Philosophie – darzustellen, ist meiner Ausgangsfrage nach der Möglichkeit spezifisch philosophischer Orientierung in der Moderne geschuldet. Auf der Folie der Alternative von neukantianischer Verwissenschaftlichung oder existentialistischer Lebensorientierung soll Plessners eigener Ansatz an historischer Plausibilität gewinnen, insofern er beide klassischen Ansprüche an Philosophie – auf Erkenntnis und auf Orientierung in der Welt – festzuhalten vermag.

abweisen und weiterhin die logische Vorgängigkeit der Vernunft vor der von ihr fundierten Erfahrung behaupten. Sollte die historische Relativität aller geistigen Selbstverständigungsleistungen widerlegt werden können, wäre mit dem Naturalismus leicht fertig zu werden. Dann hätte man nämlich die Grundlage für das Zirkelargument gesichert, daß er die Vernunftstrukturen, die er auf die Gesetze des natürlichen Lebens abbauen will, selbst immer schon in Anspruch nimmt.

Plessner unterscheidet zwischen den „Altkantianern" (Cohen), die der zweiten und dritten Kantischen Kritik die Prinzipien geisteswissenschaftlicher Erkenntnis entlehnen wollen, und den „Neukantianern" im engeren Sinne (Windelband und Rickert), die die Logik selbst so reformieren wollen, damit diese nicht nur die naturwissenschaftliche sondern auch die geisteswissenschaftliche Erfahrung begreifen kann. (Vgl. SOM, 54f.) Entscheidend ist, daß sich beide Ansätze des Neukantianismus darin einig sind, hinter die Vielheit kultureller Erscheinungen zurücktreten und ein in ihnen herrschendes gemeinsames Prinzip aufdecken zu wollen. Plessner behauptet, daß von Cohen bis Cassirer nicht auf die Gebundenheit an den eigenen Standort reflektiert wird.

Plessner konfrontiert die Ansätze des Neukantianismus mit der Frage nach dem Sein des Bewußtseins und macht auf diese Weise die Integration der Vernunft in die Zusammenhänge des natürlichen und geschichtlichen Lebens geltend. Er wendet sich damit gegen die neukantianischen Versuche, Vernunft zu dekontextualisieren, um sie der Philosophie als vorgängiges Fundament zu bewahren. Vielmehr sind nach Plessner die wissenschaftlichen Erkenntnisse, die die moderne Biologie und die modernen Geschichtswissenschaften von der Integration der Vernunft in die Lebenszusammenhänge vermitteln, auf die wissenschaftliche Erkenntnis selbst rückzubeziehen.

In bezug auf den leiblich vermittelten Horizont des Lebensvollzugs bezieht sich Plessner auf die von Jacob v. Uexküll entwickelte Umwelttheorie. (Vgl. SOM, 107ff.) Uexküll behauptet die spezifische Eingepaßtheit des Lebewesens in seine Umwelt. In seinem Lebensplan, d.h. in der Weise, wie es gattungsmäßig in das äußere Medium gestellt ist, ist dem Lebewesen der Horizont gegeben, innerhalb dessen es mit seiner spezifischen Umwelt interagiert. (Vgl. SOM, 314ff.) Das eigene Bild des Naturforschers von der Wirklichkeit, in der sich ein Lebewesen befindet, darf damit gerade nicht unmittelbar für dessen Umwelt gehalten werden. Insofern sich die Lebenspläne der unterschiedlichen Tierarten qualitativ von einander unterscheiden, muß vielmehr mit Uexküll von einer Vielheit tierischer Wirklichkeiten ausgegangen werden. Die Eingepaßtheit eines Lebewesens in die Umwelt reicht von größtmöglicher gattungsmäßiger Festlegung des Reiz-Reaktionsschemas bis zur größtmöglichen Freigabe der Reaktion an das einzelne Lebewesen. Im Ausgang vom Lebenskreismodell versteht Plessner mit Uexküll die Integration des tierischen Bewußtseins in den Lebenszusammenhang. Abhängig von der Art der Eingepaßtheit wird das Bewußtsein möglichst umgangen oder aber möglichst ausgebildet. Wenn das Ineinandergreifen von Umweltreiz und tierischer Reaktion weitestgehend durch die Gattungsspezifik festgelegt ist, sind dem Individuum von der Umwelt nur einzelne Signale gegeben, die es mit festgelegter Reaktionsweise beantwortet. Wenn die Reaktionsweise dagegen weitestgehenst dem Individuum anheimgestellt wird, dann kommt ihm ein möglichst umfassendes Bild der Umwelt zu

Bewußtsein, das es ihm ermöglicht, zwischen einer Vielzahl von Reaktionsweisen auszuwählen.[26]

Diese Uexküllsche Theorie der Lebenskreise macht nun nach Plessner die zeitgenössische Herausforderung aus, der sich ein philosophisches Eintreten für die Irreduzibilität des menschlichen Geistes bzw. der menschlichen Weltoffenheit stellen muß. Nur indem man die leibliche Integration des Menschen in seine Umwelt reflektiert, kann man in einem nächsten Schritt die Frage beantworten, wie es dem Tier „Mensch" möglich ist, hinter die leiblich vermittelte Perspektive zurückzutreten und einen Blickpunkt jenseits des eigenen Leibes einzunehmen. Gerade an dieser Herausforderung sieht Plessner nun jedoch die Ansätze des Neukantianismus scheitern, insofern diese sich von Anfang an in den Horizont des aus dem natürlichen Lebens herausgehobenen menschlichen Bewußtseins stellen. Damit umschiffen sie die eigentliche Herausforderung, vor der die Philosophie durch die moderne Biologie gestellt ist: dem Zugleich des Stehens in und jenseits des eigenen Leibes gerecht zu werden. Allen Verweisen auf das Sein des menschlichen Bewußtseins bzw. auf dessen Integration in die Zusammenhänge des natürlichen Lebens bleibt der Neukantianismus damit eine Antwort schuldig. Vor diesem Hintergrund bezeichnet Plessner die Einsicht in die Rückstellung des Bewußtseins in die Natur als „Revolutionsprinzip der philosophischen Methode" (SOM, 42).

Dieses Versagen in bezug auf die eigentliche Herausforderung, vor die die moderne Biologie die Philosophie stellt, zeigt sich noch an Cassirers Spätwerk, dem „Versuch über den Menschen"[27]. Cassirer lehnt hier den Begriff der Vernunft als philosophisches Fundament deswegen ab, weil er ihn als zu eng befindet, um der Vielheit der Kulturen gerecht zu werden. Zur Formulierung *seines* philosophischen Fundaments – des menschlichen Symbolverhaltens – kommt Cassirer in scheinbarer Anlehnung an das Uexküllsche Lebenskreisschema.[28] Um so erstaunlicher ist, daß er in der weiteren

---

[26] Vgl. SOM, 112: „Bewußtsein ist eben nicht notwendig die in der Identifikation des Ichs mit sich selbst gestiftete Bezugsform des Subjekts zur Gegenwelt, wie sie dem Menschen wesentlich ist. Bewußtsein braucht nicht Selbstbewußtsein zu sein. Ebensowenig ist Bewußtsein, sphärische Einheit von Subjekt und Gegenwelt, eine in dem Körper des lebendigen Subjekts steckende Größe. [...] Es zeigt sich eingebettet in jene Sphäre der Existenz [...]. Die Strukturgesetzlichkeit des Bewußtseins gehorcht streng den umfassenderen Strukturgesetzen der Lebenspläne."

[27] Ernst Cassirer, Versuch über den Menschen – Einführung in eine Philosophie der Kultur, Hamburg 1996. Vgl. zu Plessners Kritik an Cassirer: Helmuth Plessner, Immer noch Philosophische Anthropologie? In: Ders., GS VIII, Frankfurt/M. 1983, 235–246, hier: 242f.

[28] Ernst Wolfgang Orth nimmt an, „daß Cassirer erst durch Plessner zu Uexkülls Theorie gefunden hat, denn in der ‚Philosophie der symbolischen Formen III' wird Uexküll noch nicht genannt". (Ernst Wolfgang Orth, Philosophische Anthropologie als Erste Philosophie. Ein Vergleich zwischen Ernst Cassirer und Helmuth Plessner, in: Dilthey-Jahrbuch Bd. 7, Göttingen 1990/91, 250–271, hier: 263.) Der Vergleich von Orth liefert noch weitere interessante Informationen, die v.a. die expliziten Bezüge Cassirers auf Plessner betreffen, die sich in dem posthum veröffentlichten Manuskript finden, das Cassirer als vierten Band der „Philosophie der symbolischen Formen" geplant hatte. Orths Vergleich gerät jedoch dadurch in Schieflage, daß er das Verhältnis nicht reflektiert, in das Plessner und Cassirer ihr eigenes philosophisches Vorgehen zur Wirklichkeit des (natürlichen und geschichtlichen) Lebens stellen. Ihm bleibt deswegen der entscheidende epistemische Unterschied zwischen Cassirer und

Durchführung seines Ansatzes in der alten Gegenüberstellung des tierischen und des menschlichen Erleben verharrt. Während sich das tierische Erleben im Konkreten und unmittelbar Faktischen vollziehe, sei demgegenüber das menschliche Erleben durch die Abstrakta der Symbole vermittelt. Deswegen könne allein der Mensch zum Sinn von Wirklichkeit vordringen. (Vgl. ebenda, 50f. sowie 71) Die Frage, wie es denn dem Tier „Mensch" gelingt, aus dem Faktischen, und d.h. aus der konkreten Lebenssituation, in der er sich körper-leiblich befindet, in die Symbolsphäre zu treten, interessiert Cassirer nicht. Er nimmt vielmehr einen theoretischen Standpunkt an, der sich immer schon in der Dimension der Symbole befindet – und kann dementsprechend auf die Frage nach dem Sein der Symbole auch weiter keine Antwort geben. Damit wird aber die Ortlosigkeit der „Vernunft", die die ideologiekritische Skepsis herausfordert, nur perpetuiert.

Plessner zieht jedoch neben dem natürlichen Leben gleichermaßen das geschichtliche Leben als zweite Achse der Wirklichkeit in Betracht, in die das menschliche Bewußtsein integriert ist. Er erkennt mit Blick auf die empirischen Geistes- und Geschichtswissenschaften des 19. Jahrhunderts die Entdeckung der Geschichtlichkeit an, die von den Neukantianern gerade nicht berücksichtigt wird. Seit der „Einheit der Sinne" stellt es Plessner in allen seinen Schriften als Verdienst Diltheys dar, die Rückstellung der Vernunft in die Geschichtlichkeit eingesehen und vollzogen zu haben. Den zweiten Teil seiner Kritik am Neukantianismus formuliert er daher aus einer an Dilthey und Misch geschulten Perspektive.[29] Sein Haupteinwand gegen den Neukantianismus lautet, daß dieser nicht auf die Geschichtlichkeit des eigenen Standpunkts reflektiere. Er trägt diesen Einwand sowohl auf inhaltlicher als auch auf epistemischer Ebene vor.

Auf inhaltlicher Ebene schneidet die neukantianische Annahme einer invarianten Grundschicht aller Wirklichkeit den Ernst der Geschichte ab. Plessner formuliert diesen Einwand gegen die Rickertsche Kulturphilosophie. (Vgl. MmN, 168ff.) Zwar habe Rickert im Unterschied zu den „Altkantianern" den Schritt von der Kritik der Wissenschaft zur Kritik der Kultur getan und darin dem Umstand Rechnung getragen, daß die Wissenschaft vom Sinnhorizont der Kultur getragen wird; jedoch ging das Rickertsche Eintreten für die Selbständigkeit der Geschichte gegenüber den Wissenschaften Plessner zufolge auf Kosten der Offenheit von Geschichte.[30] Indem Rickert die historische

Plessner verborgen, so daß er behauptet, beide suchten in der Bedrohung durch den Relativismus eine „neue tragfähige Fundierung". „Hatte Cassirer die Konkretisierung des transzendentalen Motivs in der Kulturwirklichkeit gefunden, [...] so scheint Plessner das Strukturgesetz einer neuen Fundamentalphilosophie im Leben selbst zu suchen [...]." (253) Plessner würde – so Orth – die Exzentrizität als transzendentales Fundament verstehen, das zu allen Zeiten gilt, jedoch erst in der Krisenzeit des beginnenden 20. Jahrhunderts hätte entdeckt werden können. (267f.)

[29] Zum Verhältnis von Plessner und Dilthey vgl. Salvatore Giamusso, „Der ganze Mensch" – Das Problem einer philosophischen Lehre vom Menschen bei Dilthey und Plessner, in: Dilthey-Jahrbuch Bd. 7, Göttingen 1990/91, 112–138. Zum Einfluß Mischs auf Plessner vgl. Stephan Pietrowicz, Helmuth Plessner. Genese und System seines philosophisch-anthropologischen Denkens, Freiburg u.a. 1992.

[30] Vgl. MmN, 169f.: „Rickert hatte die Geschichte auf Kosten ihrer Geschichtlichkeit, d.h. ihrer grundsätzlichen Wandelbarkeit und Lebendigkeit gerettet. Sie war um der reinen Trennung der für

Dynamik als Abfolge zeitlicher Gestaltungen eines zeitlosen Transzendentalsubjekts begreife, könne sich in der Geschichte nämlich nichts wirklich Neues ereignen. Wenn die historischen Sinnbilder Gestaltungen des ewigen Transzendentalsubjekts ausmachen sollen, so können sie allein verschiedene Selbstbilder der Menschen darstellen. Dieser „Maskerade" hält Plessner entgegen, daß die Zumutung, die von der Geschichte an die Philosophie ausgeht, gerade darin bestehe, daß sich der Mensch nicht nur immer anders versteht, sondern damit zugleich auch immer ein Anderer *ist*.[31] Plessner betont derart gegen den Neukantianismus, daß Geschichtsphilosophie der Offenheit von Geschichte allein dann genügen kann, wenn sie keine apriorische Grundschicht von Wirklichkeit überhaupt voraussetzt. Nur wenn sie auf solch einen apriorischen Rückhalt verzichtet, kann sie zur Gleichrangigkeit fremder Sinnhorizonte mit dem eigenen Selbstverständnis vordringen und in der Geschichte nicht nur Versinnbildlichungen dessen finden, was sie selbst als apriorisches Fundament in sie hineingelegt hat.

Die neukantianische Blindheit gegenüber der eigenen Geschichtlichkeit setzt sich Plessner zufolge auf epistemischer Ebene fort. Selbst wenn der „altkantianische" Umbau der Kantischen Logik oder die Rickertsche Kulturkritik gelängen, wären sie damit immer noch dem ideologiekritischen Verdacht ausgesetzt, bloßes Produkt der europäischen, bürgerlichen Verhältnisse zu sein. Die neukantianische Position verschließt sich schon im Ansatz jeder Handhabe, die diesem Verdacht begegnen könnte. Von Marx, Nietzsche und Kierkegaard sieht Plessner die Entschleierung der nachchristlichen Kultur und insbesondere der Philosophie als säkularisierter Weltfrömmigkeit vorangetrieben. (Vgl. VN, 185ff.) Der Aufweis des Vernunftgrundes erscheint angesichts dieser Entwicklung, hinter deren Ernüchterung es Plessner zufolge kein Zurück mehr gibt, nicht mehr als Sicherung denn vielmehr als Korruption des Anspruchs auf Erkenntnis. (Vgl. VN, 188) Als Ergebnis der neukantianischen Bemühungen kann insofern immer nur herauskommen, daß ein bestimmtes historisches Selbstverständnis als allgemeingültig hypostasiert wird.

Dieses politische Moment wird gut erkennbar, wenn man sich an die historische Ausgangssituation erinnert, in der die neukantianische Verteidigung der Vernunft stattfindet. Als wesentlicher Unterschied der Ausgangssituationen von Kant und den Neukantianern wurde oben der Umstand benannt, daß zwischen ihnen das 19. Jahrhundert mit seiner mehrdimensionalen Infragestellung der Vernunft liegt. Treten nun die Neukantianer für die Vernunft ein, tun sie dies angesichts deren Infragestehens. Insofern sie diese Fraglichkeit nun gerade nicht zum Thema ihrer Überlegungen machen, ver-

sie konstitutiven Kategorien von den Naturkategorien willen aus dem konkreten Lebensverband mit der Natur und der Psyche gelöst und zugleich in ihrer Rolle eines bloßen Schauplatzes für die Verwirklichung an sich zeitloser Werte zu einer (im Vergleich mit ihrem ewigen System sekundären) ‚nur' empirischen Größen geworden."

31 Vgl. ebenda in Anschluß an das obige Zitat: „Was den wahrhaft aufwühlenden Sinn der Geschichte ausmacht, daß sie nicht nur die Bühne ist, auf der nach irgendeinem Zusammenhang Träger außerzeitlicher Werte kommen und gehen, einen gewiß einsinnig gerichteten, einmaligen Ablauf dramatischer Zuspitzung vollbringend, daß sie vielmehr Ort der Erzeugung und Vernichtung der Werte, des Unerzeugbaren, Unzerstörbaren selber ist, wird bei Rickert in ein friedliches Verhältnis zwischen Ewigkeit und Zeitlichkeit unter dem Bild der Trägerschaft umgedeutet."

schieben sie diese Entscheidung vor die Theorie. Mit ihrer vortheoretischen Selbstbestimmung zur Vernunft exemplifizieren sie auf performativer Ebene die Webersche Schicksalsmacht, die über der Wahl zwischen den Weltanschauungen schwebt.[32] Der neukantianische Anspruch auf eine gegenüber der Sphäre politischer Entscheidungen neutrale Stellung der Philosophie wendet sich damit gegen sich selbst.[33]
Daß die Ebene des Apriori selbst in die geschichtliche Wirklichkeit zurückgestellt ist, hält Plessner für die entscheidende von den Geschichtswissenschaften vermittelte Einsicht, „welche in Wirklichkeit an die Wurzeln der ganzen Philosophie rührte" (SOM, 55). Dies ist durch eine neukantianische Wurzelbehandlung nicht zu beseitigen. In ihrer Bedeutung für die Philosophie entsprechen sich die Einsichten in das geschichtliche bzw. natürliche Leben. Beide konfrontieren die Philosophie mit dem Paradox, daß die Vernunft in die Wirklichkeit, die sie sich zum Gegenstand machen kann, zugleich selbst integriert ist.[34]

Analog zu Plessners naturphilosophischer Kritik am Neukantianismus ist auch im Zusammenhang der Geschichtsphilosophie festzustellen, daß dieser mit seiner Hypostasierung der Vernunft von vornherein die Chance verspielt, philosophische Erkenntnis in der Moderne zu verteidigen. Um diesem Anspruch gerecht werden zu können, darf das Problemniveau des modernen Skeptizismus nicht unterlaufen werden. Es muß in der Moderne darum gehen, angesichts des Wissens um die Endlichkeit von Philosophie zu begreifen, wie philosophische Orientierung dennoch möglich ist. Eine Antwort auf diese Frage hat sich der Neukantianismus jedoch verbaut, indem er mit der Vernunft das eigene Apriori universalisiert.

Daß Plessner mit der Einsicht in das historische Gelten des Apriori ernst macht, zeigt die Anlage seiner geistesgeschichtlichen Studie „Die verspätete Nation", auf die ich in den bisherigen Überlegungen zurückgegriffen habe. Plessner macht es sich dort zur Aufgabe, das Menschentum bzw. den Sinnhorizont einzusehen, um den in seiner Epoche – d.h. in Deutschland nach dem Ersten Weltkrieg – gekämpft wird.[35] Damit zu-

---

[32] Vgl. Max Weber, Wissenschaft als Beruf, Stuttgart 1995, 39.

[33] Vgl. MmN, 141: „Wissen wir denn, ob es möglich ist, voraussetzungslos zu denken, ohne uns damit bereits für ein politisches Kategoriensystem: die politische Diskussionsbasis des Liberalismus entschieden zu haben, dessen polemisches Apriori eben diese naiv zum Ansatz genommene Voraussetzungslosigkeit ist? Man sollte sich um der *Theorie* willen hüten, in einer Epoche, in der die Diktatur eine lebendige Macht ist, in der Rußland und Italien den Tod der Göttin der Freiheit verkündet haben, nach den Prinzipien des klassischen Liberalismus über Politik zu denken."

[34] Volker Schürmann macht in mehreren Veröffentlichungen darauf aufmerksam, daß Plessner mit seiner Reflexion auf die Geschichtlichkeit des je gewählten philosophischen Anfangs in der Tradition der Junghegelianer (insbesondere Feuerbachs) steht. Vgl. insb. Volker Schürmann, Anfangs-Erfahrung – Eine Serie mit 11 Folgen in Anschluß an Feuerbach, in: Kurt Röttgers u.a. (Hg.), Anfänge und Übergänge, Essen 2003, 84–98, hier: 93f., sowie Ders., Natur als Fremdes, in: Gerhard Gamm u.a. (Hg.), Zwischen Anthropologie und Gesellschaftstheorie – Zur Renaissance Helmuth Plessners im Kontext der modernen Lebenswissenschaften, a.a.O., 33–52, hier: 41ff.

[35] Das dritte Kapitel dieser Arbeit stellt in seinen Unterkapiteln zwei und drei das Plessnersche Projekt einer geistesgeschichtlichen Erforschung der historisch geltenden Menschentümer sowie dessen Durchführung in der „Verspäteten Nation" dar.

gleich gelingt es ihm die Herausforderung zu konkretisieren, in bezug auf die Philosophie in der Moderne orientieren muß.

4. Das Sein des Existenzvollzugs – Plessners Kritik am Existentialismus

Wenn wir im Anschluß an die Plessnersche Auseinandersetzung mit dem Neukantianismus unser Ausgangsproblem nochmals rekapitulieren, nimmt es langsam konkretere Züge an. Hinter Plessners Problematisierung des Anfangs, der in der Philosophie nicht mehr mit einem bestimmten Fundament gemacht werden kann, zeigt sich nun die Einsicht in die Perspektivität eines solchen Fundaments. Wir hatten festgestellt, daß die wesentliche Entscheidung bereits mit der Setzung eines bestimmten Fundaments gefallen ist. Alle Versuche, das derart gesetzte Prinzip als Bedingung der Möglichkeit von Erkenntnis auszuweisen, müssen infolgedessen notwendigerweise zu kurz greifen. Das Moment der Setzung relativiert „hinterrücks" den jeweiligen Ansatz auf die Entscheidung, die solcher Fundierung vorausgeht. Jeder Fundierungsversuch kehrt sich folglich geradezu gegen seinen Zweck, der Philosophie ihren Anspruch auf Erkenntnis zu sichern. Der Unterschied zwischen der Philosophie und den Meinungen, die durch ihren jeweils vorgängigen Vorstellungskreis bestimmt sind, kollabiert. Aus der Auseinandersetzung mit dem Neukantianismus gilt es folglich festzuhalten, daß sich das setzende Moment, das den Erkenntnisanspruch des Philosophierens bedroht, in den Versuchen es zu unterlaufen, je nach hinten verschiebt und sich so der Thematisierung entzieht. Die Frage, wie der Anfang in der Philosophie zu machen sei, kann insofern in die Frage umformuliert werden, wie es sich gegenüber dieser Dialektik der Grenze zu verhalten gilt.

Die Herausforderung an die Philosophie kehrt sich geradezu um. Sie besteht nicht mehr darin, den Anfang philosophischen Erkennens in einem Fundament zu sichern, als vielmehr die Fundamentsetzung einzuholen. Hat man erst einmal eingesehen, daß das wesentliche Problem für die Philosophie vor der Fundierung anfängt, liegt der existentialistische Schritt in den Vollzug der Setzung selbst nahe. Philosophie ist derart auf den Vollzug der Existenz ausgerichtet, der die apriorischen Strukturen des Denkens und Handelns selbst hervorbringt. Damit stellt sich die Philosophie in den Horizont der Situation, zu deren Bewältigung die apriorischen Strukturen gesetzt werden und in bezug auf welche diese ihre Bedeutung erhalten.

Plessners diverse Stellungnahmen zum Existentialismus und dessen herausragendem Vertreter Martin Heidegger zielen im Grunde stets auf einen Punkt.[36] Die Heideggersche

[36] Vgl. MmN, 154–159, 202–216 und 233f., sowie SOM, 16–22, sowie VN, 198f. Zum Vergleich von Plessner und Karl Jaspers vgl. Helmut Fahrenbach, „Philosophische Anthropologie" und „Existenzerhellung". Ein nachträglicher Diskurs zwischen H. Plessner und K. Jaspers, in: Jürgen Friedrich u.a. (Hg.), Unter offenem Horizont – Anthropologie nach Helmuth Plessner, a.a.O., 75–94, sowie Hans-Peter Krüger, Existenz als exzentrische Lebensform? – Überlegungen zum Vergleich der Philosophien von Karl Jaspers und Helmuth Plessner, in: Anton Hügli u.a. (Hg.), Einsamkeit, Kommunikation und Öffentlichkeit, Basel 2004, 207–219.

Beschreibung des Existenzvollzugs entspricht, so Plessner, allein der Lebenssituation des modernen Europäers, für den die bestehende Tradition an Glaubwürdigkeit verloren hat und der derart vor der Herausforderung steht, sich selbst zu entwerfen. Die spezifische Struktur traditioneller Selbstverständigung kann von diesem Standpunkt ebensowenig verstanden werden wie außereuropäische Kulturen. (Vgl. MmN, 156ff.) Wie aber ist diese Kritik genau zu verstehen?

In bezug auf unsere Frage nach dem Fundament des Philosophierens kann man die Plessnersche Kritik zunächst derart reformulieren, daß die Ebene des Vollzugs zum Ganzen der Wirklichkeit hypostasiert wird, sobald das Philosophieren sie zum eigenen Ausgangspunkt macht. Damit ist die Philosophie in den Horizont des Lebensvollzugs gebannt, da sich dessen Grenzen nach hinten verschieben, wenn auf die Wirklichkeit ausgegriffen werden soll, innerhalb deren sich dieser Lebensvollzug ereignet. Hat Plessner die geschichtliche Entscheidung gegen den Neukantianismus gewandt, so kritisiert er den Existentialismus umgekehrt aufgrund dessen Scheiterns an der Theorie.

Allerdings muß Plessners Kritik so präzisiert werden, daß sie auch das Selbstverständnis des Existentialismus trifft, der ja gar keinen Anspruch auf Theorie bzw. auf Erkenntnis der Wirklichkeit überhaupt erhebt. Im Vorwurf, die Ebene des Vollzugs nicht in Richtung auf die Erkenntnis von Wirklichkeit übersteigen zu können, kann der Existentialismus nur eine Bestätigung des eigenen Ansatzes sehen, daß wir immer schon im Lebensvollzug stehen und diesen nur je verschieden deuten können. Die Forderung nach Theorie erscheint dann als bloßes Unbehagen an einer Situation geschichtlicher Ernüchterung. Plessner unterläuft dieses Gegenargument, indem er nachweist, daß der Existentialismus selbst unter der Hand eine Theorie über die Beschaffenheit von Wirklichkeit überhaupt voraussetzen muß. Plessners Einwand, daß der Existentialismus blind gegenüber dessen eigenem Theoriestatus ist, bewegt sich derart auf einer Ebene vor den geschichtlichen Deutungen. „Einzig darum handelt es sich, ob ein Verfahren zur Ermittlung des Wesens der Philosophie sich auf Phänomene – und mögen sie noch so sehr im nächsten Gesichtskreis menschlich existentieller Selbstverständlichkeit liegen – einlassen darf. Solange nicht ausgemacht ist, *ob denn die Macht des Menschen zur Philosophie* die in dem harmlos und unverbindlich erscheinenden Worte Philosophieren als einem der Philosophie Ursprung gebenden Sein und Tun behauptet wird, *nicht selbst schon Ausdruck einer Philosophie, der Lebensphilosophie ist*, muß die Frage offen bleiben.“ (MmN, 212) Plessners Einwand gegen den Existentialismus richtet sich folglich gegen die unausgesprochene Theorie, die diesem im Rücken liegt. Nur scheinbar fände dieser seinen Anfang im Vollzug des Philosophierens. Tatsächlich beruhe der Schritt in das Philosophieren auf einer bestimmten Einsicht in das Ganze der Wirklichkeit, vor deren Hintergrund Philosophie nur im Vollzug zu denken ist. Nur die bestimmte Auffassung von der menschlichen Wirklichkeit als geschichtliches Selbstentwerfen zwingt nämlich dazu, den Lebensvollzug als den Horizont zu setzen, innerhalb dessen philosophiert wird.

Dies bedeutet nun für Plessner, daß die Glaubwürdigkeit der Heideggerschen Einsichten nicht weniger vom vorausgesetzten Sinnhorizont abhängen als beim Neukantianismus. Diese Abhängigkeit stellt für den Existentialismus im Unterschied zum Neukantianismus allerdings per se noch kein Problem dar. Plessners Einwand zielt deswegen auch nicht darauf, daß der Existentialismus eine bestimmte Weltauffassung voraussetzt, sondern darauf, daß diese vorausgesetzte Weltauffassung keine *bloße* Setzung sondern auch *Erkenntnis* der Wirklichkeit überhaupt ist. Dies übersieht der Existentialismus. Plessner sieht den Existentialismus nun deswegen an der Theorie scheitern, weil dieser mit dem geschichtlichen Selbstentwerfen die Grundschicht menschlichen Lebens in einer Weise versteht, die entscheidende Aspekte an der menschlichen Wirklichkeit abblendet. Er betont dementsprechend, daß die „ungeschriebene Lehre" im Rücken des Heideggerschen Philosophierens keineswegs unschuldig ist. Indem Heidegger die menschliche Wirklichkeit ausschließlich als geschichtlich begreift, unterschlägt er nämlich die gegenläufige Dimension menschlicher Wirklichkeit: daß der Mensch seine Wirklichkeit nicht nur geschichtlich entwirft, sondern auch umgekehrt in die ihm *fremde Wirklichkeit der Natur* eingelassen, von ihr bestimmt ist. Er ignoriert mit anderen Worten die natürliche Ohnmacht des Menschen als eines lebendigen physischen Dings. Damit ist Heidegger nach Plessner nicht weniger idealistisch als die Bewußtseinsphilosophie, gegen die er sich gerade abgrenzen will.[37]

In diesem existentialistischen Vorzug des Selbstentwerfens sieht Plessner nun den im christlichen Abendland überlieferten Primat der Innenperspektive tradiert.[38] Jetzt wird der oben zitierte Einwand Plessners gegen Heidegger, dieser verabsolutiere die Lebenssituation des modernen Europäers zur Wesensbestimmung des Menschen, verständlich. Die Heideggersche Bestimmung des Entwerfens der je eigenen Existenz erweist sich nun als säkularisierte christliche Innerlichkeit. Indem er das natürliche Sein des Menschen unterschlägt, verharrt er in der Tradition, die die Innerlichkeit absolut setzt. Die Verlegung des Selbst in den Vollzug bedeutet gerade keinen Schritt über diese Tradition hinaus. Vielmehr drückt sich in dieser Formalisierung die Lebenssituation des moder-

---

[37] Plessner formuliert diese Kritik an Heidegger in seinem Brief an Josef König vom 22. Februar 1928 in aller Deutlichkeit: Zwar sei „die Anthropologie philosophisch, aber nicht die Philosophie und nicht *die* Vorbereitung zur Philosophie. Sie ist überhaupt nicht ausgezeichnet dem Range nach oder der einzig legitime Ansatz zur Philosophie, auch sie selbst erfährt an sich das Schicksal der Exzentrizität. Hier finde ich den eigentlich schwachen Punkt Heideggers, der noch an einen ausgezeichneten Weg (der Ontologie) glaubt in der Rückinterpretation der Frage auf den angeblich sich Nächsten: den Fragenden (als ob wir fragen könnten, wenn wir nicht gefragt wären!) [...] Heidegger spottet über die Philosophen, welche es möglich machen wollten, ein weltloses Subjekt anzunehmen. Er gibt seinem Subjekt (= Dasein) Welt im Modus des Inseins mit; isoliert es aber und gliedert es wieder aus, indem er Existenz jedem anderen, etwa naturdinglichen, Sein mit derselben Verve gegenüberstellt, wie Rickert die Kultur- den Naturdingen. Dagegen wenden Sie sich ja auch scharf: auch der Mensch *ist.*" (KPB, 176f.)

[38] Vgl. SOM, 20: „Er (Heidegger; O. M.) durfte von den physischen Bedingungen der Existenz absehen, wenn er an der Existenz klarmachen wollte, was mit ‚Sein' gemeint ist. Verhängnisvoll wird dieses Absehen erst – und da zeigt sich der Pferdefuß –, wenn es sich mit der These rechtfertigt und verknüpft, daß die Seinsweise des Lebens, des körpergebundenen Lebens nur privativ, vom existierenden Dasein her zugänglich sei. Mit dieser These bekam die seit den Tagen des deutschen Idealismus der Philosophie zur lieben Gewohnheit gewordene Richtung nach innen wieder Oberwasser."

nen Europäers aus, der sich, obwohl er den Glauben an die Offenbarung verloren hat, allein von innen heraus versteht. Das Problem an Heideggers Existentialismus besteht nach Plessner folglich nicht darin, daß dieser ein bestimmtes Verständnis von Wirklichkeit überhaupt voraussetzt und deswegen von einer bestimmten politischen Entscheidung abhängig bleibt. Vielmehr attestiert er Heidegger ein Theoriedefizit, insofern dieser mit dem geschichtlichen Selbstentwerfen von einer Bestimmtheit von Wirklichkeit überhaupt ausgeht, die mit dem natürlichen Leben eine wesentliche Dimension des Seins übersieht.[39]

---

[39] Nachdem das Verhältnis von Plessner und Heidegger über Jahrzehnte nicht diskutiert wurde, wird dies in den letzten Jahren nachgeholt. Kai Hauke und Helmut Fahrenbach stellen die Parallelen und Unterschiede der von Plessner und Heidegger vertretenen Anthropologien dar. Hauke begreift das Fehlen der Leiblichkeit bei Heidegger als entscheidenden Divergenzpunkt zu Plessner. (Vgl. Kai Hauke, Plessner zur Einführung, Hamburg 2000, 103–106.) Demgegenüber betont Fahrenbach mit Verweis auf Sartre und Merleau-Ponty, daß nicht der subjektiv erfahrbare Leib sondern der physische Körper die entscheidende Schwierigkeit für den Existentialismus ausmache. (Vgl. Helmut Fahrenbach, „Lebensphilosophische“ und „existenzphilosophische“ Anthropologie? Plessners Auseinandersetzung mit Heidegger, in: Dilthey-Jahrbuch, Göttingen 1990/91, Bd. 7, 71–111, hier: 82.) Nach Fahrenbach gelingt es Plessner, beiden Aspekten zu genügen, indem er die menschliche Existenz (im Sinne Heideggers) als in natürliche Lebenszusammenhänge eingebettet erfasse. Insofern könne Plessners philosophische Anthropologie „als lebensphilosophisch umfassendere Anthropologie […] eine ‚Überlegenheit‘ gegenüber der einseitigen und naturblinden Zentralperspektive der existenzphilosophischen Daseinsauslegung beanspruchen. Das gilt gerade auch für die strukturelle Verschränkung der Aspekte.“ (96) Hans-Peter Krüger unterscheidet sich dadurch von Hauke und Fahrenbach, daß er mit Plessner nicht nur einen Aspekt am menschlichen Leben – die Leiblichkeit bzw. die Körperlichkeit – gegenüber Heidegger einklagt, sondern auf inhaltlicher und methodischer Ebene hinterfragt, „warum dieses Selbstverständnis selbstverständlich werden mußte, nämlich Sinn als Sein und Sein als Sinn zu verstehen“. (Vgl. Hans-Peter Krüger, Die Leere zwischen Sein und Sinn: Helmuth Plessners Heidegger-Kritik in „Macht und menschliche Natur“ (1931), in: Wolfgang Bialas u.a. (Hg.), Die Weimarer Republik zwischen Metropole und Provinz, Weimar u.a. 1996, 177–199, hier: 179.) Gegenüber Heideggers Frage nach dem Sinn von Sein betont Krüger Plessners Wissen um Heterogenität. Während Heidegger am „Vorrang subjektiven Selbstseins“ festhält, reflektiert Plessner – so Krüger – auf dessen Gebrochenheit „durch organismische Selbstorganisation“ und durch „die Wir-Rollen der Kulturgemeinschaft“. (183) Krüger zeigt, daß es Plessner auf diese Weise gelingt, zur Unbestimmtheit bzw. zur „‚Bodenlosigkeit der sogenannten Existenz‘ vorzudringen“. (184) Analog dazu wendet sich Krüger auf methodischer Ebene mit Plessner gegen Heideggers Verabsolutierung der Fundamentalontologie zur privilegierten Perspektive der Philosophie und hebt den Doppelaspekt des Plessnerschen Philosophierens hervor. (192 f) „In dem, was Plessner hier als das Leere (zwischen Macht und Ohnmacht; O. M.) anspricht, in der Hoffnung, in dieser doch noch eine Unverbindung gewinnen zu können, eröffnet sich das, was Lyotard später den *Widerstreit* zwischen den einander heterogenen Diskursarten nennen wird.“ (193) Vgl. zur Einschätzung der Antipoden Plessner und Heidegger durch ihre Zeitgenossen: Hans-Peter Krüger, Zwischen Lachen und Weinen. Bd. II: Der dritte Weg Philosophischer Anthropologie und die Geschlechterfrage, Berlin; 2001. 128–143. Vgl. zur Plessnerschen Heideggerkritik auch: Gerhard Arlt, Anthropologie und Politik – Ein Schlüssel zum Werk Helmuth Plessners, München 1996, 112ff.

Nun ist auch Plessners weiterer Einwand zu verstehen, Heidegger stelle die Philosophie unter den Primat der Anthropologie. (Vgl. MmN, 216) Verliert die Geschichtlichkeit derart den Status des Selbstverständlichen erweist sich Heideggers Vorgehen, Geschichtlichkeit als letzten Sinnhorizont zu setzen, in dem Sinne als Anthropologisierung der Philosophie, als die philosophische Erkenntnis von Wirklichkeit in die einseitige Perspektive geschichtlicher Deutungen gesperrt wird. Nur indem der Existentialismus die anthropologische Theorie von der geschichtlichen Verfaßtheit der menschlichen Wirklichkeit voraussetzt, erscheint der traditionelle Erkenntnisanspruch der Philosophie uneinlösbar. Nur wenn die menschliche Wirklichkeit in ihrer Grundschicht geschichtlich ist, geht der Einzelne ganz in der geschichtlichen Perspektive auf, in der er sich je vorfindet; nur dann ist die jeweilige geschichtliche Perspektive unübersteigbar.

Aufgrund der Gebundenheit der Heideggerschen Anthropologie an die neuzeitliche Perspektive der Innerlichkeit sieht Plessner den Existentialismus an der Herausforderung scheitern, die dieser zu bewältigen angetreten ist: angesichts der Demaskierung der europäischen Werte bzw. der europäischen Vernunftprinzipien philosophische Lebensorientierung zu bieten. Damit ereilt den Existentialismus in Plessners Sicht das spiegelbildliche Schicksal zum Neukantianismus. So wie der Neukantianismus von der praktischen Entscheidung für die Vernunft eingeholt wird, kehrt sich die anthropologische Theorie der Selbstverwirklichung gegen die existentialistische Begrenzung der Philosophie auf den Vollzug des Philosophierens. Die Aufgabe, in der Moderne zu orientieren, verkürzen Neukantianismus und Existentialismus somit aus entgegengesetzter Richtung. Während sich jenem in seiner Frage nach der Bedingung der Möglichkeit von wissenschaftlicher Konstitution der Wirklichkeit die Einsicht in die Entscheidung für die europäische Moderne verschließt, bekommt dieser im Ausgang vom Existenzvollzug kein Verhältnis mehr zur äußeren Wirklichkeit, innerhalb derer die Existenz entworfen wird. Rationale Orientierung ist folglich von der einen wie der anderen Seite aus aufgegeben. Während der Neukantianismus die Lebensorientierung der Sicherung von Rationalität opfert, gibt der Existentialismus die rationale Erkenntnis äußerer Wirklichkeit zugunsten der Lebensorientierung auf. (Vgl. VN, 198f.) Beide reduzieren die Herausforderung philosophischer Orientierung in der Welt auf eine ihrer Dimensionen: auf den Erkenntnisanspruch oder auf den Anspruch, in der eigenen Zeit zu orientieren. Beide unterbieten damit den spezifischen Anspruch von Philosophie, *durch* Erkenntnis *in* ihrer Zeit zu orientieren. Dies hat Plessner zufolge entweder die Politisierung von Philosophie oder ihren Rückzug aus der geschichtlichen Verantwortung zur Konsequenz.[40]

---

[40] Vgl. MmN, 234 sowie VN, 199: „Verzichtet die Wissenschaft auf ihren philosophischen Beruf, durch Erkenntnis das menschliche Leben im ganzen zu bestimmen, wird ihr dieser Verzicht von der eigenen inneren Geschichte und von der äußeren Lage aufgezwungen, so schalten sich andere lebensbestimmende Mächte dafür ein, welche den Glauben und auch den Mut haben, darüber zu entscheiden, was gut und böse ist."

5. Plessners Projekt einer „Neuschöpfung von Philosophie“ in der Moderne

Das folgende Unterkapitel soll eine erste Skizze von Plessners Verständnis philosophischer Orientierung geben. Der erste Abschnitt (unter a.) hat dabei zur Aufgabe, das Verhältnis zur Wirklichkeit zu untersuchen, in das sich die Plessnersche Philosophie in ihrem Anfang stellt. Er wird das Prinzip der Unergründlichkeit als Grundgedanken der Plessnerschen Philosophie herausarbeiten, vermittels dessen es Plessner gelingt, die Hypostasierung sowohl des Bewußtseins als auch des Seins bzw. die Primatsetzung sowohl der Theorie als auch der Praxis zu unterlaufen. In Anschluß daran soll ein zweiter Schritt (unter b.) die inhaltliche Ausrichtung dieses Plessnerschen Projekts einer Neuschöpfung von Philosophie rekonstruieren.

a. Der gedoppelte Anfang der Philosophie unter dem Prinzip der Unergründlichkeit

Wir sind in die merkwürdige Situation geraten, daß sich der philosophische Ausgriff auf Wirklichkeit überhaupt als bedingt vom Entscheidungs- bzw. Vollzugsmoment und umgekehrt die Selbstbegrenzung der Philosophie auf den Vollzug des Philosophierens als abhängig von einer Theorie von Wirklichkeit überhaupt erweist. Das theoretische Ausgreifen auf Wirklichkeit überhaupt und die Rückgestelltheit des Erkennens in übergreifende Wirklichkeitszusammenhänge scheinen folglich aufeinander zu verweisen. In bezug auf das Problem des Anfangs in der Philosophie scheinen wir damit in eine ausweglose Situation geraten zu sein. Offensichtlich weisen mit dem Neukantianismus und dem Existentialismus doch die scheinbar einzig möglichen Alternativen, auf die Herausforderungen der Moderne zu reagieren, in spiegelbildlicher Weise das gleiche Defizit auf, am Anspruch auf vernünftige Orientierung zu scheitern.

Plessners Kritik an beiden Ansätzen trifft sich im Einwand gegen den sowohl vom Neukantianismus als auch vom Existentialismus tradierten Primat der Innenperspektive und damit einhergehend der Abblendung des natürlichen Seins. Die inhaltliche Bestimmung des Apriori als Vernunft von Seiten des Neukantianismus strebt diesen Vorrang der Subjektivität explizit an. Der Existentialismus bildet nun – so Plessner – bloß scheinbar einen Gegenentwurf. Tatsächlich tradiere der Existentialismus die einseitige Perspektive von Innen gerade dadurch, daß er das Denken an den Lebensvollzug rückbindet und damit zugleich vom Horizont der Natur abstrahiert, in dem sich die geschichtliche Selbstbestimmung vollzieht.[41] Die Innenperspektive des Bewußtseins ist folglich allein

[41] Vgl. MmN, 209: „Trotz ihrer Entschränkung von den engen Blickbahnen einer extrem ichhaften Subjektivität behält diese Grundverfassung der Existenz den Gesichtskreis der spezifisch subjektiven Daseinsstellung zur Welt bei. Was nach seiner Verfassung als Dasein, Leben, Existenz die Konzentrierung zur Ichhaftigkeit in unserem Sinne wenigstens erlaubt, übernimmt damit unvermeidlich diejenigen Charaktere, welche dem Subjekt in der neueren Philosophie zu seinem Primat verholfen haben. An Stelle des relativistischen, des formalistischen und selbst des panspiritualistischen Idealismus tritt eine Philosophie des Lebens in den Perspektiven der Innerlichkeit.“

durch die Innenperspektive des Selbstentwerfens ersetzt. Für Plessner drückt sich das gemeinsame Scheitern des Existentialismus und des Neukantianismus, in der Moderne philosophisch zu orientieren, genau darin aus, in die christliche Tradition der Innerlichkeit verstrickt zu bleiben. Das Bewußtsein bzw. der Existenzvollzug werden im luftleeren Raum angesiedelt, die Frage nach ihrem Sein kann nicht mehr beantwortet werden, da die Natur abgeblendet wird.[42]

Wenn wir nochmals an unser Ausgangszitat aus den Metaphysikvorlesungen zurückdenken, läßt sich jetzt die Überlegung verstehen, die hinter Plessners abwehrender Haltung gegenüber den Fundierungsversuchen philosophischer Erkenntnis nicht nur im menschlichen Erkenntnisvermögen sondern auch in einem Gegenstandsgebiet bzw. einer Seinsauffassung steht. Verwehrt sich Plessner gegen derartige Fundamente als Anfang des Philosophierens, so hat er dabei den Verlust methodischer Selbstreflexion im Blick, der den Existentialismus gleichermaßen wie den Neukantianismus eingeholt hat: daß sich sowohl der Ausgang vom Horizont des Lebensvollzugs als auch der Ausgang von der Subjektivität „unter der Hand" zur Bestimmung von Wirklichkeit überhaupt hypostasieren. Beide sind damit je in die Schranken des eigenen Ansatzes gebannt. Distanz zum Eigenen bzw. zum Vorrang der Subjektivität kann folglich nicht – wie vom Existentialismus behauptet – durch die einfache Gegenposition erreicht werden, die den Primat des Objekts verkündet. Der Neukantianismus und der Existentialismus werden von der Tradition christlicher Selbstverständigung und dem darin zementierten Vorrang der Innerlichkeit gerade deswegen eingeholt, weil sie sich über diese historische Gebundenheit immer schon hinaus wähnen. Während der Neukantianismus sich der Gebundenheit an die Welt durch den Rückhalt an den für überzeitlich genommenen Vernunftstrukturen ein für alle Male entwunden meint, versucht der Existentialismus die Bindung an die Tradition der Innerlichkeit dadurch zu unterlaufen, daß er sich in das geschichtliche In-der-Welt-Sein stellt. Plessner hält dem existentialischen Sprung in das vom Idealismus her definierte Gegenteil die

---

[42] Wie Hans-Peter Krüger betont, setzt sich diese Auflösung sowohl des geschichtlichen als auch des natürlichen Seins in der Gegenwartsphilosophie fort. Er benennt die „systematische Problemlage der Gegenwartsphilosophie" im „bestimmungswürdigen Zusammenhang von Sprache und Leben". (Vgl. Ders., Zwischen Lachen und Weinen, Bd. II., a.a.O., 20–89, hier: 20.) Dem „linguistic turn" attestiert Krüger das Verbleiben in der Perspektive der Innerlichkeit, das Plessner dem Existentialismus entgegenhält: „Der *linguistic turn* befreit nicht von der Bewußtseinsphilosophie, wie seine Rückläufe in den Intentionalismus zeigen, sondern verschiebt die Selbstreferenz vom Selbstbewußtsein in die Sprache. [...] Man müsste schon selbst an die Reflexionsphilosophie glauben, um dem Fehlschluss zu erliegen, die Ersetzbarkeit des Selbstbewußtseins (als Paradigma) durch die Sprache zöge auch die Epiphänomenalität (Ableitbarkeit) des Bewußtseins aus der Sprache nach sich." (78) Demgegenüber fordert er, „die performative Spezifik der menschlichen Sprache" ernst zu nehmen, in der der „Zusammenhang zum Lebendigen im menschlichen Sinne enthalten (ist), und zwar von innen her, als *Teilnahme am Lebendigen, in der Ausübung von Sprache selbst*, nicht von außen her, als eine naturalistische Beschreibung [...]." (86) 2004 macht Krüger erneut auf das geschichts- und naturphilosophische Defizit der zeitgenössischen Philosophie aufmerksam. Vgl. Hans-Peter Krüger, Die Aussetzung der lebendigen Natur als geschichtliche Aufgabe in ihr, in: Deutsche Zeitschrift für Philosophie, 52 (2004), 1, 77–83.

Bindung der Endlichkeit als Endlichkeit an Transzendenz entgegen. Selbst vertritt Plessner demgegenüber einen „methodischen Atheismus" (EdM, 34), der darum weiß, in der christlichen Tradition zu stehen und diese konkrete Voraussetzung seines Denkens nicht einfach überspringen zu können.[43] Vielmehr muß es nach Plessner darum gehen, sich in die eigene Tradition zu stellen und sich zugleich von ihr zu distanzieren und in diesem Sinne den Anfang in der Philosophie bzw. den Schritt aus den Meinungen in die Philosophie zu machen.[44] Der von Plessner gewiesene Weg besteht darin, sich von der christlichen Tradition nicht als einem Anderen sondern als dem Eigenen zu distanzieren, d.h. zugleich an der Stelle dessen zu stehen, von dem man sich distanziert *und* derjenige zu sein, der Distanz nimmt.[45]

Mit der Idee der Selbstdistanz haben wir den Kern der Plessnerschen Überlegungen zum Anfang in der Philosophie erreicht.[46] Selbstdistanz muß deswegen den Anfang in

---

[43] Vgl. Helmuth Plessner, Das Ärgernis des Denkens – Zum Thema: Schuld und Aufgabe der Philosophie, in: Ders., GS IX, 320–324, hier: 324: „In der Besinnung auf die Prinzipien des Daseins, seiner Welt und seiner Normen steht Philosophie zwischen Wissen und Glauben, hat sie auch heute zwischen ihnen ihren Platz zu behaupten und muß sie, dieser Aufgabe getreu, das Risiko auf sich nehmen, in den Augen des einen oder anderen – und meistens beider – schuldig zu werden. Das Risiko zu vermeiden, bedeutete, an ihrer Aufgabe Verrat zu üben."

[44] Vor diesem Hintergrund kann ich der Darstellung nicht zustimmen, die Felix Hammer von dem Verhältnis gibt, in dem Plessner seit den 20er Jahren zur Religion stünde. Hammer begreift Plessners Distanz zur Religion im Ausgang von der *einfachen* Gegenüberstellung von Glauben und Wissen und kann deswegen die Pointe des „methodischen Atheismus" nicht begreifen. Vielmehr stellt er Plessner auf die Seite der naiven Wissenschaftlichkeit, die meint unmittelbar „bei Null" anfangen zu können. Gegen diese eigene Konstruktion wendet Hammer nun zurecht ein: „Die Gleichberechtigung von Natur und Geist im Menschen dürfte freilich, wenn schon kein Vorurteil, so doch wieder eine nicht mehr weiter begründbare Vorentscheidung sein." Vgl. Felix Hammer, Glauben an den Menschen. Helmuth Plessners Religionskritik im Vergleich mit Max Schelers Religionsphilosophie, in: Dilthey-Jahrbuch, Bd. 7, Göttingen 1990/91, 140–165, hier: 153.

[45] Vgl. EdM, 34: „Wir haben die Schwierigkeit, daß wir als Philosophen bestrebt sein wollen, wissenschaftliche Philosophie zu treiben, d.h. Metaphysik als Wissenschaft zu versuchen, voraussetzungslos zu sein, d.h. aber in der Methode von jeder Bindung frei zu sein, auch wenn wir sie als geistige Bindung durchaus erkennen. Wir müssen wissen, daß wir aus diesem historischen Rahmen nicht ohne weiteres herausspringen können. Eine Metaphysik kann nicht erwachsen in einem Milieu, das weder durch die Antike noch durch das Christentum geschaffen worden ist. Das müssen wir in den Ansatz unserer Fragestellung übernehmen. [...] Dieser Tatsache der Gebundenheit (sich) bewußt zu sein, ohne trotzdem daraus von vorneherein gewissermaßen das Sakrifizium zu leisten, ist freilich eine schwere Aufgabe. Deshalb haben wir das gefährliche Wort eines methodischen Atheismus ausgesprochen. Es wird damit ausgesprochen, daß wir von vorneherein bestrebt sein wollen, uns von dieser Bindung freizumachen."

[46] Vgl. Helmuth Plessner, Die Frage nach dem Wesen der Philosophie, in: Ders., GS IX, 96–121, hier: 97: „Erstes Gebot [...] ist Distanz der Philosophie zu sich selbst. Es muß ihr wieder möglich werden, entgegen allen ihren zeitgenössischen Biedermanns Allüren, sich als ein Wagnis zu begreifen, das mit der Nichtigkeit des eigenen Beginnens beständig rechnet. Als ein auf nichts gewagtes Denken hat sich das Philosophieren von allem gegenständlich gesicherten Forschen zu unterscheiden. Denn die Übernahme der Gefahr vollkommener Bodenlosigkeit des eigenen Beginnens angesichts einer so vieldeuti-

der Philosophie bilden – so kann man aus dem Obigen folgern –, weil es damit allein vermieden werden kann, in der Gegenüberstellung von Endlichkeit und Ewigkeit stecken zu bleiben. Plessners „Nein" zum Bewußtsein bzw. zum Sein als Fundament philosophischer Erkenntnis drückt folglich nicht nur die moderne Einsicht in die Endlichkeit von Philosophie sondern v.a. die positive Selbstbestimmung zur Unergründlichkeit als erkenntniseröffnenden Prinzip aus. Einer Antwort auf die Frage nach dem Grund bzw. dem Ursprung enthält sich die Philosophie also nicht deswegen, weil sie in den „Bewußtseinskasten" bzw. in die geschichtliche Perspektive gebannt und ihr jede Erkenntnis verwehrt wäre. Vielmehr verschafft sie sich umgekehrt, indem sie den Grund von Wirklichkeit überhaupt offenhält, erst die Möglichkeit nach philosophischer Erkenntnis von Wirklichkeit überhaupt zu streben.[47] Plessner verspricht sich diese erkenntniseröffnende Funktion vom *Prinzip der Unergründlichkeit*. Aufgrund seiner inhaltlichen Bestimmtheit unterläuft das Unergründlichkeitsprinzip nämlich seine eigene Hypostasierung zum Grund von Wirklichkeit überhaupt. Mit der methodischen Selbstbestimmung zur Unergründlichkeit verschreibt sich Plessner dem methodischen Atheismus bzw. der Selbstdistanzierung, die oben als Schritt aus den Meinungen in die philosophische Haltung gefordert wurde: sich unter einen Sinnhorizont zu stellen und zugleich Distanz von ihm zu erreichen. Die *Gebrochenheit des philosophischen Anfangs* ist folglich Plessners Antwort auf die moderne Einsicht, daß das Denken, das auf Wirklichkeit überhaupt ausgreift, zugleich selbst in eben diese Wirklichkeit zurückgestellt ist.

Wenn das philosophische Problem des Anfangs nicht bagatellisiert werden soll, bedeutet dies folglich mit Plessner im Anfang des Philosophierens zugleich die eigene Perspektive der Philosophie – und d.h. die gesamte Tradition der Philosophie – infragezustellen.[48] Nur indem das Philosophieren sich explizit in seine Perspektive stellt und sich *zugleich* davon distanziert, kann es ihm gelingen, die Begrenztheit dieser eigenen Perspektive zu unterlaufen. Im Beginnen der Philosophie muß folglich der skeptischen Perspektive, die philosophisches Erkennen infragestellt, indem sie es in pragmatische Handlungszusam-

---

gen Überlieferung, wie sie die Philosophie besitzt, darf nicht nur das Herz des Philosophen bewegen, sondern muß *das Prinzip des Philosophierens* (Herv.; O. M.) selber werden."

47 Vgl. MmN, 181: Die offene Frage „weist ins Unbestimmte und Unergründbare. Die Unerschöpflichkeit ihres Gegenstandes beruht jedoch nicht einseitig, wie man es gerne darstellt, auf seiner materialen Beschaffenheit, als ob seine Lebendigkeit und Geistigkeit unserer Begriffe spottete. Eine solche Begründung der Offenheit geisteswissenschaftlicher Problematik wäre einfacher Rückfall in eine (im Kantischen Sinne) vorkritische Denkweise, für welche in dem Verhältnis von Fragen und Gegenstand der Gegenstand die Führung hat, die Vorstellungen sich nach den Gegenständen richten. Vielmehr beruht die Unergründlichkeit der geistigen Welt auf dem methodischen Prinzip der ins *Verständnis* zielenden Frage."

48 Vgl. MmN, 214: „Wenn endlich die durch Kant und die ihm folgende Deutsche Bewegung errungene Wissenshaltung, frei gemacht von dem einengenden Gerüst aus dem 18. Jahrhundert: Vermögensschematik, Bewußtseinsontologie und theologischem Weltaspekt, als der Durchbruch in eine um ihre Selbstmächtigkeit wissende Haltung *des auf die Bodenlosigkeit des Wirklichen gewagten Wissens* begriffen ist, – dann ist kein Raum mehr für Streitigkeiten um ein legitimes, natürliches Vorgehen nach Maßgabe einer seienden Rangordnung der Probleme. Denn die natürliche Legitimität ist tot, auch in der Philosophie."

menhänge zurückstellt, das gleiche Recht eingeräumt werden. Während sich der Neukantianismus und der Existentialismus in der Spannung der Philosophie als theoretischer Erkenntnis und des Vollzugs des Philosophierens je auf eine Seite geschlagen und sich damit selbst vereinseitigt haben, vertritt Plessner gerade das Zugleich der philosophischen Erkenntnis von Wirklichkeit *und* ihrer Rückbeziehung in den Horizont des Lebensvollzugs. Jetzt läßt sich auch verstehen, warum Plessner an verschiedenen Stellen seiner Schriften immer wieder auf die Forschungspraxis Diltheys verweist, die Georg Misch als philosophischen Ansatz aufgearbeitet hat. In Anschluß an Misch betont Plessner dabei den Wechsel, den Dilthey zwischen seinen geistesgeschichtlichen Studien und seinen systematischen Arbeiten über die Kategorien geschichtlicher Wirklichkeit vollzogen hat.[49]

Gegenüber Josef König spricht Plessner den Grundgedanken seines Projekts einer „Neuschöpfung der Philosophie“ (SOM, 68) deutlicher aus als irgendwo sonst: „Es gilt die Irrelevanz des gleichwohl notwendig zu machenden Ansatzes, also die Faktizität des eigenen Philosophierens, die intelligible Zufälligkeit zu sehen, ohne sie zur Notwendigkeit werden zu lassen. In *dem* Sinne also keine innerliche Legitimation der Methode suchen – nicht, weil es nicht ginge, sondern weil es noch eine höhere Möglichkeit gibt, der Situation der Exzentrizität zu entsprechen: *zwischen* Ernst und Nichternst zu bleiben. Ironie – romantische Ironie? Also doch: Dialektik? Eben nicht. Sondern eine Ataraxie, die aus einer Distanz zum Ernst, zur Notwendigkeit, zum Legitimen *kein Kapital schlägt* wie der romantische Ironiker, für den – wie Hegel es dartut – das Übersteigungsprinzip zum Motor wird, immer höher zu kommen!“ (KPB, 179)[50] Das Zitat drückt Plessners

---

[49] Vgl. MmN, 173: „Wenn Dilthey ständig geistesgeschichtliche Analyse mit seinen anfänglich beschreibend-psychologischen, später um das Problem einer Kategorienlehre des die geschichtlichen Elemente geschichtlich […] ausbildenden ‚Lebens‘ zentrierten systematischen Arbeiten in Wechselwirkung hielt – ein tiefsinniges Verfahren, wenn man das Problem dahinter sieht (was freilich erst Misch gelungen ist) –, so bedeutet diese scheinbar nur unentschlossene, systematischen Aufgaben nicht gewachsene Haltung die konsequente Durchführung einer kritischen Grundlegung der Geschichtswissenschaften im Wege der Selbstrelativierung ihrer Elemente.“ Vgl. auch SOM, 55ff. sowie CH, 158.

[50] Volker Schürmann stellt die Ataraxie ins Zentrum seiner systematischen Darstellung einer Haltung phyrronischer Skepsis in der Moderne. Vgl. Volker Schürmann, Heitere Gelassenheit – Grundriß einer parteilichen Skepsis, a.a.O., hier: 16: „Wie immer solche Lebensweise positiv bestimmt sein mag, negativ ist sie dadurch definiert, daß sie die Grundidee des Menschen als Creator seiner selbst außer Kraft setzt bzw. auch und gerade in Zeiten blühender Biotechnologien erst gar nicht aufkommen lassen mag: Natur nicht einfach als das *Andere* unserer selbst, das derart immer noch nach eigenem Maß gemessen wäre, sondern als das *Fremde*, das ereignishaft unseren je gelebten Maßstäben noch auf die Pelle zu rücken vermag.“
Hans-Peter Krüger fragt in Anschluß an den oben zitierten Plessner-Gedanken danach, wann Ironie in Zynismus umschlägt. (Vgl. Hans-Peter Krüger, Zwischen Lachen und Weinen, Bd. II, a.a.O., 81ff.) Er will Ironie nicht mit Verweis auf den Ernst der Wirklichkeit abschaffen, sondern vielmehr ihren Spielraum ausloten. Er fragt nach solcher Ironie, die unter den Bedingungen moderner Selbstinfragestellung nicht ihrerseits nochmals letzte Bindungen entschleiern, sondern „neue Wege geschichtlich Lebbarens“ eröffnen will. (83) Die Grenzen, innerhalb derer Ironie neue Lebensspielräume eröffnet, sieht er von ungespieltem Lachen und Weinen gezogen.

Bestreben aus, sich von dem Sinnhorizont, unter dem er steht, zu distanzieren, ohne hierfür einen dritten Standpunkt der Versöhnung in Anspruch zu nehmen.

In der Moderne erscheint der Hegelsche Weg der Versöhnung von Vernunft und Wirklichkeit versperrt. Eine Zeit, die mit der Erfahrung der Pluralität der Weltanschauungen, über denen die Kontingenz politischer Entscheidung herrscht, konfrontiert ist, muß die Hegelsche Versöhnung als Ideologie im Namen bestimmter politischer Interessen erfahren. Der Sache nach wird gegen Hegel eingewendet, daß dieser mit seinem in sich geschlossenen System die Tatsächlichkeit des Bestehenden tilge. Wenn die Versöhnung von Vernunft und Wirklichkeit (bzw. von Sein und Vollzug) folglich nicht vorausgesetzt werden darf, dann kann philosophische Orientierung ebenfalls nicht bedeuten, die Gesetze auszuweisen, die sich in der Wirklichkeit durchsetzen. Im Unterschied zur Hegelschen Intention fände man derart nämlich nicht die Vernunft sondern allein instrumentelle Rationalität in ihrer Verwirklichung. Mit einer solcherart rein deskriptiv-wissenschaftlichen Beschreibung der Wirklichkeit erreicht man keine *vernünftige* Orientierung in bezug auf die Frage, wie wir denken und handeln *sollen*.

Ob Plessner selbst dem Anspruch auf philosophische Orientierung genügt, an dem hier die Strömungen seiner zeitgenössischen Philosophie gemessen werden, scheint folglich daran zu hängen, ob ihm der Drahtseilakt gelingt, in der prinzipiellen Divergenz von Sein und Vollzug ihr Zusammenbestehen aufzuweisen, ohne in den Strudel des Begründens gerissen zu werden und die Versöhnung der divergierenden Dimensionen des Seins und des Vollzugs als eigenständige Wirklichkeit zu behaupten. Und tatsächlich ist es Plessners Anspruch, mit seinem Projekt einer Neuschöpfung der Philosophie auf dieses Problem eine Antwort gegeben bzw. genauer: den Lösungsweg weiterverfolgt zu haben, den Josef König gewiesen hat. Und diese Lösung heißt: Exzentrizität.

Aus Königs Autorschaft macht Plessner besonders in den „Stufen" keinen Hehl.[51] Gleich im Vorwort (zur ersten Auflage) liest man, daß König der erste war, der die Exzentrizität als „Boden und Medium der Philosophie" (SOM, 12) bestimmt habe.[52] Noch ein zweites Mal verweist Plessner auf König: an einer der zentralsten Stellen des Buches. Im Zusammenhang mit den Problematiken der Lebensmodale (und des Todes) in ihrer Beziehung zum Leben muß es Plessner gelingen, den Kontakt dieser prinzipiell divergenten Sphären einzusehen, ohne dadurch ihre Divergenz zu unterminieren. (Vgl. SOM, 207ff.) Der dialektischen Einebnung der prinzipiellen Divergenz innerhalb des Ganzen des Lebens (bzw. des Ichs, des Geistes usw.) stellt Plessner die Einheit *per hiatum* entgegen. Diese zeichnet sich dadurch aus, daß sie im Zusammenbestehen der Lebensmodale und des Lebensvollzugs ihre prinzipielle Divergenz festhält.[53] Diese

---

[51] Volker Schürmann machte bereits 1997 auf diese Beerbung Königs durch Plessner aufmerksam. Vgl. Volker Schürmann, Unergründlichkeit und Kritik-Begriff – Plessners Politische Anthropologie als Absage an die Schulphilosophie, in: Deutsche Zeitschrift für Philosophie, 45 (1997) 3, 345–361, hier: 354, Anm. 7.

[52] Bei Josef König tritt die Idee der Exzentrizität unter dem Titel der „Verschränkung" auf.

[53] Vgl. SOM, 209: „Der Typus dort, der Tod hier sind nur als notwendige Möglichkeiten zu begreifen. Zu begreifen in strengem Sinne als die Gelegenheiten, die das Leben wesensgesetzlich aus sich heraussetzt, um den Typus, den Tod zu empfangen. Aber unbegreiflich bleibt, wie das jeweilige Schick-

Hiatusgesetzlichkeit markiert Plessner nun als „das Verhältnis der ‚*Verschränkung*', wie es [...] als erster Josef König beschrieben hat". (SOM, 211, Anm. 33) In der Abhebung der Lebensmodale (bzw. des Todes) vom Lebensvollzug können am Leben die Bedingungen aufgezeigt werden, die das Stattfinden der ideellen Bestimmung des Lebendigen (bzw. das Eintreten seines Todes) notwendigerweise möglich machen. Das tatsächliche Stattfinden des Typus gleichermaßen wie des Todes dagegen *geschieht*. Schließlich sei noch eine dritte Stelle in bezug auf Plessner, König und die Exzentrizität erwähnt. Sie findet sich in einem Brief, den Plessner am 8. April 1926 an König schreibt, nachdem er dessen „Begriff der Intuition" gelesen hat: „Ich bin", so heißt es dort, „heute schon sicher, daß Sie eine neue Möglichkeit von Philosophie mit Ihrer Verschränkung aufgewiesen haben. [...] Die Welt wahrhaft ohne Mittel*punkt* denken. Das Sein als pure Exzentrizität und eben *dadurch* als Einheit: Stimmt's?" (KPB, 131f.)

Was helfen diese Stellen nun in bezug auf die Frage nach der methodischen Anlage des Plessnerschen Strebens nach philosophischer Erkenntnis? Zunächst kann man diesem letzten Zitat zumindest so viel entnehmen, daß die Idee von Philosophie, der sich König und Plessner verschrieben haben, eine Antwort auf das Problem ist, wie das Verhältnis von Identität und Differenz zu bestimmen sei: als prinzipielle Verschiedenheit und *deswegen* als Einheit. Im Rahmen meiner Problemexplikation bedeutet dies, daß nicht nach der Versöhnung sondern nach dem Zugleich von Sein und Vollzug gefragt wird, in dem beider Divergenz erhalten bleibt. Die Neuschöpfung der Philosophie bedeutet derart ein Denken im Ausgang vom Hiatus der prinzipiell divergierenden Sphären des Seins und des Vollzugs, um an ihnen aufzuweisen, daß sie in der Brechung aufeinander bezogen sind und derart Einheit als Kontakt per hiatum irrationalem ermöglichen. (Vgl. SOM, 208) Plessner und König verstehen ihr Vorhaben nun insofern als Neuschöpfung der Philosophie, als sie sich damit gegen „das Verfahren der traditionellen Philosophie" wenden, „mit einem Generalnenner zu arbeiten, auf den alles Sein (sic!), alle Gegebenheit zu bringen ist" (SOM, 209) – und von welchem „Generalnenner" (sei er als Sein oder als Vollzug bestimmt) oben dargestellt wurde, daß er an der Herausforderung philosophischer Orientierung scheitert.[54] Vor diesem Hintergrund läßt sich nun das Plessnersche Verständnis

---

sal sich vollziehen kann, es sei denn, man versucht zu Unrecht wie die dialektischen Monisten, die beiden schicksalsbedingenden Komponenten, die Formidee bzw. den Tod einerseits und das Leben andererseits miteinander zu vermitteln, d.h. auf dasselbe Niveau des Seins zu bringen."

[54] Vgl. Königs briefliche Diskussion dieser Passage der „Stufen": „Ganz positiv natürlich stehe ich zu: daß das Sein nicht auf einen Generalnenner gebracht werden darf. Hier liegt ja für mich zweifelsohne ein wichtigster Indiz für ‚Verschränkung'." (KPB, 162) Vgl. auch Königs Darstellung des von ihm im „Begriff der Intuition" erarbeiteten Ansatzes: Josef König, Begriff der Intuition, Halle 1926, 6: „Und dies ist nun das Neue und das eigentliche Resultat dieses Buches, daß die Philosophien, seien es die des endlichen oder die des unendlichen Objekts eben nur *Aspekte*, nur ‚Seiten' des tiefer liegenden Ganzen der Welt oder auch der Philosophie dieses Ganzen sind: die *einfache* Beziehung auf ein endliches oder auch unendliches Objekt kann nur aus ihrer *wesentlichen Doppelheit* heraus begriffen werden. Die Einfachheit dieser Beziehung, gemäß der wir eben *entweder* auf ein endliches *oder* auf ein unendliches Objekt faktisch gerichtet sind, erweist sich *als Resultat* dieser wesentlichen Doppelheit. [...] Das Ganze der Welt ist *nur* ein endliches Daseiendes,

von philosophischer Orientierung in seiner methodischen Anlage konkretisieren. Daß sich die Philosophie unter das Prinzip der Unergründlichkeit stellt, bedeutet folglich, die Hypostasierung eines Generalnenners zu unterlaufen. Der Wahrheitsgrund soll nun dadurch offengehalten werden, daß sich die Philosophie in den Hiatus stellt und doppelt – beim Sein und beim Vollzug – ansetzt. Allein indem die Philosophie von den beiden Sphären in ihrer Divergenz ausgeht, kann sie nach Einsicht in ihre Verschränkung streben. Sie ist damit auf eine Einheit des Zugleichs beider Sphären ausgerichtet, die ihre Divergenz und darin beider Eigenständigkeit bestehen läßt. Die Ausrichtung auf das Ganze der Wirklichkeit überhaupt wahrt sie folglich mittelbar.[55]

Das Sein und der Vollzug (bzw. Plessners „Ernst" und „Nicht-Ernst") kommen in ihrer jeweiligen Bedeutung und ihrer Verschränkung nur in den Blick, wenn diese Verschränkung nicht ihrerseits als Ausgangspunkt philosophischer Erkenntnis bestimmt wird. Solche Bestimmung kann nämlich immer nur von einer Seite geschehen.[56] Statt

---

ist ebenso sehr aber *auch nur* ein unendlich Seiendes. Es wird sich dann wesentlich darum handeln, dieses ‚nur' als ein ‚sowohl als auch' und beides als eine Identität sichtbar zu machen." Vgl. zu Königs „Begriff der Intuition": Volker Schürmann, Zur Struktur hermeneutischen Sprechens – Eine Bestimmung in Anschluß an Josef König, Freiburg u.a. 1999, hier: Kapitel 0.1.: „Ausgangspunkt: Königs Begriff der Intuition". 30ff.

[55] Hans-Peter Krüger konzipiert seine Philosophische Anthropologie in Anschluß an das Plessnersche Bestreben, einen „Generalnenner" zu unterlaufen, auf den das menschliche Dasein zu relativieren sei. Er betont dementsprechend das „Primat der Fraglichkeit des Menschen über seine bisherige Antwortlichkeit". (Vgl. Hans-Peter Krüger, Die Fraglichkeit menschlicher Lebewesen – Problemgeschichtliche und systematische Dimensionen, in: Ders. und Gesa Lindemann (Hg.), Philosophische Anthropologie heute. Ein Streit über ihre Leistungsfähigkeit, Berlin 2006, 15–41.) Um den divergierenden Aspekten menschlichen Daseins methodisch gerecht werden zu können, entwickelt Krüger ein vierstufiges philosophisches Verfahren. (Vgl. Hans-Peter Krüger, Zwischen Lachen und Weinen, Bd. I, a.a.O., 28ff.) Krüger setzt mit der Suche nach einem *anschaulich* gegebenen Phänomen des menschlichen Körper-Leib-Doppelaspekts ein. Dies gelte es in einem zweiten Schritt „in Anschluß an den Common Sense und der für ihn relevanten Expertenkulturen *zu beschreiben*". (29, Herv.; O. M.) In einem dritten Schritt unternimmt Krüger die *begriffliche Rekonstruktion* des Angeschauten, indem er sich der quasitranszendentalen Frage nach demjenigen Medium stellt, „das uns praktisch die Anschauung dieses und keines anderen Phänomens ermöglicht". (ebenda) Damit verschafft er sich die Möglichkeit, sich in einem vierten Schritt *erneut der Anschauung zuzuwenden* und nach einem solchen Phänomen Ausschau zu halten, in dem sich das begriffliche Rekonstruierte zeigt. Auf diese Weise eröffnet er einen weiteren „Viererzyklus". Im Verfolg dieser Methode erreicht Krüger „eine erstaunliche *Tour d'horizon* durch den pluralen Verschränkungszusammenhang unserer *condition humaine*. Dieses Netzwerk von anschauungsbezogenen Perspektivenwechseln beugt sich keinem ‚Generalnenner' traditioneller Philosophie, weder einem monistischen noch dualistischen." (Hans-Peter Krüger, Das Spiel zwischen Leibsein und Körperhaben – Helmuth Plessners Philosophische Anthropologie, in: Deutsche Zeitschrift für Philosophie, 48 (2000) 2, 289–317, hier: 291f.) Vgl. auch: Ders., Ausdrucksphänomen und Diskurs – Plessners quasitranszendentales Verfahren, Phänomenologie und Hermeneutik quasidialektisch zu verschränken, in: Ders. und Gesa Lindemann (Hg.), Philosophische Anthropologie heute – Ein Streit über ihre Leistungsfähigkeit, a.a.O., 187–214.

[56] Im bereits zitierten Brief vom 22. Februar 1928 wehrt sich Plessner explizit gegen solche Anfragen von König. König schreibt am 20. Februar 1928: Er wolle keinen der Ansätze dem anderen vorzie-

dessen muß sie als Spannung gerade erhalten bleiben. Für die Architektur der Plessnerschen Philosophie bedeutet dies die Gedoppeltheit oder Brechung des philosophischen Anfangs – und damit sowohl eine Aufgliederung in Disziplinen, die in Spannung zu einander stehen, als auch den gedoppelten Anfang jeder dieser Einzeldisziplinen. Es wird sich zeigen, daß in dieser philosophischen Selbstbestimmung zur Unergründlichkeit der Schlüssel sowohl zu den Anfängen von Plessners Natur- und Geschichtsphilosophie als auch zu der scheinbaren epistemischen Widersprüchlichkeit des Nebeneinanderbestehens von Natur- und Geschichtsphilosophie liegt. Wer hätte sich nicht schon gefragt, ob zwischen der Konzeption der „Stufen“ und „Macht und menschlicher Natur“ ein Bruch in Plessners Denken stattgefunden hat, scheint doch die These von der Geschichtlichkeit als Horizont der Philosophie jedes Ausgreifen auf die Beschaffenheit von Natur unmöglich zu machen.

b. Die Plessnersche Neuschöpfung der Philosophie als in sich gebrochener Lebensphilosophie

Aufgrund der bisherigen Überlegungen zeigt sich die von Plessner neu zu schaffende Philosophie inhaltlich auf die Einsicht in die Verschränkung der heterogenen Sphären des Seins und des Vollzugs bezogen. Konkreter läßt sich dieser Fluchtpunkt, unter den sich die in sich gebrochene Philosophie stellt, begrifflich nicht bestimmen. Jede inhaltliche Bestimmung des Wahrheitsgrundes bedeutete nämlich den Generalnenner aller Wirklichkeit positiv festzulegen, den Plessner zu unterlaufen gerade angetreten ist. Nicht nur könnte eine solche inhaltliche Bestimmung nur als Sein oder als Vollzug (in welcher weiteren Konkretisierung auch immer) geschehen, wodurch die je andere Dimension als abhängig von dieser hypostasierten Grundschicht aller Wirklichkeit überhaupt gesetzt würde. Darüber hinaus wäre mit dieser Festlegung einer Grundschicht aller Wirklichkeit der Wahrheitsbezug geschluckt und damit der Anspruch auf *vernünftige* Orientierung *in der eigenen Zeit* aufgegeben.

Wenn man die Grenzen reflektiert, die einer *begrifflichen* Bestimmung der Verschränkungssphäre von Sein und Vollzug gezogen sind, zeigt sich, daß das Bisherige in bezug auf das Problem philosophischer Orientierung erst den ersten Schritt getan hat. Die Frage, wie das exzentrische bzw. das in sich gebrochene Philosophieren in seiner Zeit vernünftig zu orientieren vermag, kann allein auf materialer Ebene beantwortet werden, die ihrerseits nicht mehr begrifflich herleitbar ist. Hier scheiden sich nun die Wege von Plessner und König. Während König seine Verschränkung erkenntnistheoretisch als Zusammenhang von Erkenntnis und Wirklichkeit durchführt, macht Plessner den Schritt „nach draußen“. König versteht in seinem „Begriff der Intuition“ die Ver-

hen: weder Heideggers Ansatz des deutenden Ausgreifens auf Wirklichkeit (des Sich-Stellens) noch Plessners naturphilosophischen Ansatz (der zu dem damaligen Zeitpunkt allein erschienen „Stufen“). „Sondern zu *beidem zusammen* suche ich hinzukommen.“ (KPB, 171) Eine Woche später antwortet Plessner, daß es nicht gelte „gegen Heidegger-Fichte (das geschichtliche Sich-Stellen; O. M.) und Plessner-Schelling (das natürliche Gestellt-Sein; O. M.) die neue Synthese eines Hegel II zu setzen“. (KPB, 179)

schränkung allein als theoretische Einsicht in das Verhältnis von Bewußtsein und Wirklichkeit, das gleichermaßen als Differenz *und* als Einheit verstanden werden muß, ohne daß diese Verschränkung noch inhaltlich bestimmbar wäre. Plessner zieht aus der Einsicht, daß apriori kein Generalnenner aller Wirklichkeit festgelegt werden kann, die Konsequenz, mit seiner Kritik am Neukantianismus ernst zu machen und die neuzeitliche Gebundenheit der Philosophie an das Bewußtsein aufzugeben. Er versteht die Verschränkung als die philosophische Haltung, die oben bereits als „methodischer Atheismus" bezeichnet wurde: um das eigene Stehen in einer geschichtlichen Perspektive zu wissen und dennoch nach Erkenntnis zu streben, indem man den Wahrheitsgrund aller Wirklichkeit offenhält.[57]

Implizit war die inhaltliche Ausrichtung der Plessnerschen Neuschöpfung von Philosophie in seiner Auseinandersetzung mit dem Neukantianismus und dem Existentialismus bereits enthalten. So haben wir gesehen, daß Plessner gegen den Neukantianismus auf die Wirklichkeit des natürlichen und geschichtlichen Lebens verweist, in die das Bewußtsein integriert ist. Analog dazu hält Plessner dem Existentialismus entgegen, daß dessen Verständnis des Philosophierens auf der Hypostasierung der Geschichtlichkeit zur Grundschicht von Wirklichkeit überhaupt aufsitzt und fordert von ihm neben dem geschichtlichen Lebensvollzug die Dimension des natürlichen Seins ein. Um Plessners Verständnis philosophischer Orientierung schärfer zu fassen, kommt nun alles darauf an, zu verstehen, woher er das (geschichtliche und natürliche) Leben nimmt. Eine apriorische bzw. rein begriffliche Begründung und damit einhergehend den Nachweis des Lebens als Grundschicht aller Wirklichkeit dürfen wir nicht erwarten. Wenn Plessner vom Leben als Sinnhorizont ausgeht, so vielmehr deswegen, weil er es als den historischen Sinnhorizont begreift, der die deutsche Moderne orientiert. Plessner geht folglich nicht von der künstlichen Voraussetzungslosigkeit aus, im Nichts zu stehen und sich deswegen erst durch begriffliche Reflexion orientierende Maximen erarbeiten zu müssen. Wir hatten im Zusammenhang von Plessners Kritik am Neukantianismus gesehen, daß sich die Kluft zur Wirklichkeit, hat man sie einmal aufgerissen, nicht mehr überbrücken läßt. Das Sein des Bewußtseins (aber auch des geschichtlichen Selbstentwerfens) ist nicht mehr erreichbar. Der Umstand, immer schon in einer orientierenden Perspektive zu stehen, ist nun für Plessner erst der erste Schritt in bezug auf die Herausforderung, in der Moderne zu orientieren. Im Unterschied zum Existentialismus macht

---

[57] König spricht diese Differenz in bezug auf die Durchführung des exzentrischen Philosophierens direkt an, nachdem er die ersten vier Druckbögen der „Stufen" gelesen hat. So schreibt er am 6.7.27 an Plessner in bezug auf seine naturphilosophische Problemexposition, diese sei zwar „meisterhaft, knüppeldick klar", er persönlich „würde vielleicht die Gewichte noch etwas anders verteilen. Und das hängt freilich eng zusammen mit der Art Ihres Anfangs [...] über den ich endlich auch sachlich keinen Widerspruch äußern möchte (epoche), und der mir doch nicht gefällt. Sie werden mir antworten: ja aber darin dokumentiert sich doch gerade die ganze philosophische Wendung, daß hier der Inhalt den Anfang nicht widerlegt, daß man jetzt wirklich und tatsächlich seine eigene Stellung relativieren kann. ‚Exzentrizität'! Das ist ja gerade der Witz. Gewiß theoretisch ist das ganz richtig, aber praktisch halte ich es für unmöglich und ich bin gewiß, daß *diese* Konfrontation *hier* von Theorie und Praxis ihren eigenen singulären Sinn und Wert hat."

für Plessner das Stehen in einer orientierenden Perspektive nämlich nicht die Antwort sondern allererst das in bezug auf den *philosophischen* Orientierungsanspruch zu bewältigende Problem aus. Die Lösung für dieses Problem findet er in der Haltung der Exzentrizität bzw. der Verschränkung.

Nun ist es möglich, eine Skizze der inhaltlichen Ausrichtung von Plessners „Neuschöpfung der Philosophie“ zu geben. Plessner versucht den Anspruch auf philosophische Orientierung einzulösen, indem er im Ausgang von den geltenden Meinungen bzw. dem historisch geltenden Sinnhorizont seiner Zeit nach philosophischer Orientierung strebt. Als historischer Sinnhorizont, von dem seine Epoche – und d.h. die deutsche Moderne zu Beginn des 20. Jahrhunderts – ihre Orientierung erfährt, begreift er das *Paradigma des Lebens.*[58] Nach philosophischer Orientierung strebt Plessner nun, indem er sich in der Lebensperspektive von dieser distanziert und dadurch den Wahrheitsgrund aller Wirklichkeit offenhält.[59]

Die Distanzierung vom historisch geltenden Sinnhorizont seiner Zeit vollzieht Plessner von innen heraus. Er fragt derart am Lebensbegriff zu dessen *innerer Gebrochenheit als natürliches Sein und geschichtlicher Lebensvollzug* durch.[60] Indem er sich in den Hiatus von natürlichem Sein *und* geschichtlichem Vollzug stellt – in „Macht und menschlicher Natur“ spricht er auch von natürlicher Ohnmacht und geschichtlicher Macht – hält er beider Divergenz fest. (Vgl. MmN, 225ff.) Weder läßt sich das natürliche Sein in seiner Tatsächlichkeit in geschichtlich hervorgebrachte Selbstbestimmung

58 Vgl. SOM, 38: „Nur wovon läßt sich diese mißtrauisch und relativistisch gewordene Zeit noch bezaubern? Für eine Transzendenz großen Stils war man zu aufgeklärt und bewußt, für die Immanenz zu weltoffen, zu abenteuerlustig geworden. [...] Bezaubern konnte nur etwas Unbestreitbares, das diesseits aller Ideologien, diesseits von Gott und Staat, von Natur und Geschichte zu fassen war, aus dem vielleicht die Ideologien aufsteigen, von dem sie aber ebenso gewiß wieder verschlungen werden: das Leben. In diesem Wort vernimmt die Zeit ihre eigene Kraft, ihre Freude an der Dämonie der unbekannten Zukunft – und ihre eigene Schwäche, ihren Mangel an Ursprünglichkeit, Hingabe und Fähigkeit zu leben. Mit dieser neuen Zauberformel, die seit Nietzsche in steigendem Maße ihre Wirkung ausübt, folgt und verfolgt sich die Zeit.“

59 Vgl. ebenda in Anschluß an das obige Zitat: „Eine Philosophie des Lebens entstand, ursprünglich dazu bestimmt, die neue Generation zu bannen [...], nunmehr dazu berufen, sie zur Erkenntnis zu führen und damit aus der Verzauberung zu befreien.“

60 Vgl. EdM, 89: „Mit dem Begriff des Lebens ist noch etwas anderes gegeben! Die Möglichkeit, das Leben von außen und von innen zu betrachten, d.h. so zu charakterisieren als körperliche dingliche Welt, als bewußt seelisches bzw. seelisch-geistiges Wesen. Der Begriff der Situation des Lebens ist so, daß darin gesetzt wird eine eigentümliche Einheit der Sphäre. Das Merkwürdige ist nun, daß wir dadurch in die Lage versetzt werden, bestimmte Einsichten zu gewinnen, die von den Einzelwissenschaften her nicht zu gewinnen sind [...]. Wenn wir den Aufbau unserer Einzelwissenschaften ansehen, so werden wir immer sehen, daß dieser Schnitt zwischen körperlichem Sein und nicht körperlichem Sein, Bewußtsein, Seele und geistigem Sein besteht. Dieser Schnitt wird von keiner Wissenschaft überbrückt. Der Begriff des Lebens aber ist so angelegt, daß er nicht diesen Sprung von vorneherein auslöschen kann, aber wohl, daß er eine Betrachtung erlaubt, die gewissermaßen an diese zerrissene Wirklichkeit heranzukommen gestattet (und zwar gleichzeitig von beiden Seiten), und zwar einheitlich von allen Seiten.“

auflösen, noch ist umgekehrt der Vollzug geschichtlicher Selbstbestimmung auf das Sein im Gesamtzusammenhang des natürlichen Lebens abbaubar. Genausowenig aber – und darin liegt die entscheidende Pointe des Plessnerschen Ansatzes – lassen sich die Sphären der natürlichen Lebenssubstanz und des geschichtlichen Lebensvollzugs in eine umfassende Versöhnungssphäre des Lebens überhaupt aufheben. Vielmehr betont Plessner die Gebrochenheit des Lebensbegriffs. Dementsprechend können wir in „Macht und menschlicher Natur“ lesen: „Zwischen ihnen klafft Leere. Ihre Verbindung ist Unverbindung und Auchverbindung.“ (MmN, 225) Gerade indem Plessner an der Heterogenität des Lebensbegriffs festhält, gelingt es ihm, sich von dieser seine Zeit orientierenden Perspektive von innen heraus zu distanzieren. In der Lebensperspektive hat er folglich von dieser zugleich Distanz und kann damit die Hypostasierung des Lebens als Grundschicht von Wirklichkeit überhaupt unterlaufen und den Rationalitätsanspruch von Philosophie in der Moderne festhalten.[61]

Nachdem eingesehen ist, wie sich Plessner in der Lebensperspektive seiner Zeit von dieser distanziert, können wir nun auch eine erste Vorstellung davon bekommen, wie er *philosophische* Orientierung *in seiner Zeit* erreichen will. Indem Plessner am Lebensparadigma zu dessen Brechung durchfragt, unterläuft er von innen heraus dessen Hypostasierung zur Grundschicht von Wirklichkeit überhaupt. Auf diese Weise hält er den Wahrheitsgrund bzw. den Punkt der Versöhnung (des Seins und des Vollzugs) offen und kann deswegen den Rationalitätsanspruch von Philosophie aufrechterhalten. Er strebt folglich aus der Distanz nach Erkenntnis des seine Zeit orientierenden Lebensparadigmas. Dabei ist entscheidend, daß ihm Erkenntnis nur möglich ist, weil er die Bindung an den Sinnhorizont seiner Zeit unterläuft und sich darin unter den Maßstab der Wahrheit stellt. Zugleich erreicht er die Distanz vom historischen Vertrautheitshorizont seiner Zeit von innen heraus und damit nicht in einer Weise, die ein überzeitliches

---

[61] In einem sehr informativen Aufsatz zeigt Salvatore Giamusso, daß die Auseinandersetzung mit den Herausforderungen der Moderne auch den biographischen Ausgangspunkt von Plessners philosophischer Selbstverständigung gebildet hat. (Vgl. Salvatore Giamusso, Plessners Verständnis der Moderne. Geschichtsphilosophie und Anthropologie beim frühen Plessner, in: Jürgen Friedrich u.a. (Hg.), Unter offenem Horizont. Anthropologie nach Helmuth Plessner, a.a.O., 182–196, hier: 183.) Als Grundsätze der Moderne durchzögen – so Giamusso – die Prinzipien der Autonomie und der Offenheit alle frühen Texte Plessners. (Vgl. 185) Da die Moderne jedoch Pathologien ausgebildet habe, sieht Giamusso Plessner in Sinne der Moderne gegen ihre dialektische Selbstverkehrung kämpfen. (Vgl. 192) „Plessners Bemühungen kreisen in den verschiedenen Bereichen der Erkenntnistheorie, der praktischen Philosophie, der Sozialphilosophie um sinnanaloge Prämissen: Sie gehen davon aus, daß die Kluft zwischen Physis und Psyche, Theorie und Praxis, Anthropologie und Politik eine Pathologie der Moderne ist, die im Zusammenhang mit dem Säkularisierungs- und Auflösungsprozeß hervortritt. Die theoretischen und praktischen Konsequenzen der Autonomisierung von Natur und Geist gegen Gott sind offensichtlich: Sie heißen Verweltanschaulichung und zugleich Verwissenschaftlichung, ethisch-politischer Radikalismus und politisch indifferente, und deshalb reaktionäre Naturalisierung der Geschichte. […] Sie (die Pathologien der Moderne; O.M) sind keine metaphysische Wirklichkeit, sondern ein historisches Problem, für das Therapien nötig sind, die an der Geschichte, ja am Geist der Moderne festhalten. Die Kategorien der Autonomie und der Offenheit bilden den roten Faden, der alle seine theoretischen Vorschläge verbindet.“ (194)

Fundament hinter oder unter den geschichtlichen Selbstverständigungsleistungen behauptet und von dort allgemeingültige Maximen des Denkens und Handelns konstruieren will. In dieser Distanz von innen bleibt Plessner zugleich an die Lebensperspektive, deren Verabsolutierung er unterläuft, rückgebunden. Allein dieses Zugleich von Distanzierung und Rückgebundenheit an den historisch geltenden Vertrautheitshorizont ermöglicht es Plessner folglich, an dem doppelten Anspruch festzuhalten, der philosophische Orientierung auszeichnet: zum einen *in der Welt zu orientieren* und keinen verwissenschaftlichten Schulbetrieb zu konservieren; und zum anderen *durch Erkenntnis* und nicht durch bloße dem Zeitgeist entsprungene Weltanschauung zu orientieren. In der Rückgebundenheit hält Plessner die Beziehung zum Lebensapriori seiner Zeit, in der Distanzierung unterläuft er dessen Hypostasierung und ermöglicht es sich dadurch, nach philosophischer Erkenntnis zu streben. Begrifflich ist die Plessnersche Neuschöpfung der Philosophie folglich allein in Formulierungen des Zugleich bzw. des Sowohl-Als Auch zu fassen, da der Rationalitätsanspruch und der Weltbezug der Philosophie in der Moderne nur dann zugleich aufrechterhalten werden können, wenn der Wahrheitsgrund nicht apriori festgelegt wird.[62]

---

[62] Hier zeigt sich, daß die kritische Theorie in ihrer Bewertung von Plessner einem grundsätzlichen Mißverständnis aufgesessen ist. Bei Max Horkheimer ist zu lesen: „Die moderne philosophische Anthropologie entspringt demselben Bedürfnis, das die idealistische Philosophie der bürgerlichen Epoche von Anfang an zu befriedigen sucht: nach dem Zusammenbruch der mittelalterlichen Ordnungen, vor allem der Tradition als unbedingter Autorität, neue absolute Prinzipien aufzustellen, aus denen das Handeln seine Rechtfertigung gewinnen soll." (Vgl. Max Horkheimer, Bemerkungen zur philosophische Anthropologie, in: Kritische Theorie, Bd. I, Frankfurt/M. 1968, 203.) Theodor W. Adorno hält der philosophischen Anthropologie die Blindheit für ihre eigene Geschichtlichkeit entgegen: „als käme es jetzt und hier bereits auf die Menschen an, anstatt daß sie die vergesellschafteten Menschen heute vorweg als Moment der gesellschaftlichen Totalität – ja überwiegend als deren Objekt – bestimmte". (Vgl. Theodor W. Adorno, Soziologie und empirische Forschung, in: Klaus Ziegler (Hg.), Festschrift für Helmuth Plessner: Wesen und Wirklichkeit des Menschen, Göttingen 1957, 254–260, hier 249.) Jürgen Habermas schließlich entwirft in seinem Artikel: „Anthropologie" ein Gesamtbild der Philosophischen Anthropologie, das er im Gehlenschen Philosophieverständnis münden läßt und macht ihr zwei gewichtige Einwände: daß sie keine prima philosophia mehr sein wolle und die eigene Geschichtlichkeit überspränge. (Vgl. Jürgen Habermas, Anthropologie, in: A. Diemer u.a. (Hg.), Philosophie, Frankfurt/M. 1958, 18–35.) Die von Plessner und Scheler in den 20er Jahren begründete moderne philosophische Anthropologie sei – so Habermas – nur noch reaktiv auf die Erkenntnisse der empirischen Naturwissenschaften ausgerichtet, erhebe keinen Fundierungsanspruch mehr und betriebe deshalb „nicht mehr das Geschäft der prima philosophia". (20) Zugleich sei sie in ihren Bestimmungen des Menschentums blind für eigene Geschichtlichkeit. „Wer Anthropologie treibt, kann nicht für sich die Position der Engel, des ‚Bewußtseins überhaupt' beanspruchen, die er allen anderen abspricht; auch er lebt in einer konkreten Gesellschaft, [...] läßt seinen Begriff vom Menschen anleiten durch die objektiven Interessen der Lebenswelt, [...] die aus den geschichtlichen Tendenzen der gesellschaftlichen Entwicklung hervorgeht." (35) In bezug auf Plessner wird deutlich, was der gesamten kritischen Theorie entgeht. Adorno, Horkheimer und Habermas werden durch ein einseitig auf Gehlen fixiertes Bild der philosophischen Anthropologie in die Irre geleitet und übersehen, daß Plessner am Anspruch spezifisch philosophischer Orientierung festhält, indem er sich in die Lebensperspektive als den *historischen*

Schließlich ist es vor dem Hintergrund der inhaltlichen Ausrichtung von Plessners neuzuschaffender Philosophie nun möglich, eine erste Skizze von ihrer Architektonik zu geben. Zunächst erweist sich die Divergenz der Plessnerschen Texte zur Natur- und zur Geschichtsphilosophie als Durchführung des exzentrischen bzw. in sich gebrochenen Philosophierens unter dem Lebensparadigma. In den „Stufen" spricht Plessner in bezug auf die gedoppelte Anlage der von ihm konzipierten Lebensphilosophie von der vertikalen Richtung der Naturphilosophie und der horizontalen Richtung der Kulturphilosophie. (Vgl. SOM, 70)[63] Damit begrenzen sich die Natur- und die Geschichtsphilosophie in ihrer Gleichrangigkeit gegenseitig und verhindern die Hypostasierung des natürlichen Seins bzw. des geschichtlichen Lebensvollzugs zur Grundschicht von Wirklichkeit überhaupt. Die Plessnersche Lebensphilosophie stellt folglich aufgrund ihrer inneren Brechung sowohl einen Einspruch gegen den biologischen Naturalismus als auch gegen den historistischen Relativismus seiner Zeit dar.

In der Schnittstelle von natürlicher Ohnmacht und geschichtlicher Macht – und damit gleichermaßen von den beiden Achsen der Plessnerschen Lebensphilosophie – findet sich die Idee des ganzen Menschen. Aufgrund unserer bisherigen Überlegungen zu Plessners Streben nach philosophischer Orientierung in der Moderne können wir uns allerdings keine Illusionen über den Status machen, der dem Menschen innerhalb der von Plessner neuzuschaffenden Lebensphilosophie zukommt. Der Mensch kann allein als Fluchtpunkt auftreten, in dem sich die beiden divergenten Aspekte des natürlichen Seins und des geschichtlichen Lebensvollzugs verschränken.

Sollte der Mensch doch wieder zum Wahrheitsgrund und die in sich gebrochene Lebensphilosophie zur Philosophischen Anthropologie harmonisiert werden, ließe sich der Anspruch auf philosophische Orientierung nicht mehr halten. Nicht nur würde damit versucht, der Einsicht in das geschichtliche Gelten aller Sinnhorizonte dadurch zu begegnen, doch noch einen allerletzten Wahrheitsgrund auszugraben, der die Wirklichkeit zu einem Ganzen zusammenschließen soll. Man hätte damit sofort die historischen Argumente gegen sich, die empirisch nachweisen können, daß auch die Idee des Menschen nicht notwendig oder auch nur allgemeingültig ist, sondern allein historisch – nämlich im christlichen Europa – gilt. (Vgl. MmN, 186f.) Darüber hinaus verlöre Plessner mit einem solchen Vorgehen, das dem geltenden Lebensparadigma das neue Apriori des Menschen entgegenhalten wollte, die eigene Rückbindung an den Sinnhorizont, der seine Epoche orientiert. Den Menschen als Zweck von Wirklichkeit überhaupt zu behaupten, bedeutete folglich, einen neuen Vertrautheitshorizont zu lancieren. Hierfür mag es politisch gute Gründe gegeben haben (und eventuell auch noch heute geben), philosophische Orientierung *durch Erkenntnis* wäre dies allerdings nicht mehr. Auf

---

Sinnhorizont der Zwischenkriegszeit stellt, ihre Verabsolutierung unterläuft und auf diese Weise am *Wahrheitsbezug* und am Anspruch der Philosophie, *in ihrer Zeit* zu orientieren, festhält.

[63] Zu Beginn des dritten Kapitels (unter III.1.), das sich der Plessnerschen Geschichtsphilosophie widmet, werde ich die Gründe diskutieren, die Plessner dazu bewogen haben mögen, die horizontale Ebene seiner Lebensphilosophie als geschichtsphilosophisch und nicht anthropologisch angelegte Kulturphilosophie durchzuführen. Im jetzigen Zusammenhang genügt es, Kulturphilosophie und Geschichtsphilosophie synonym zu verstehen.

diese Weise würde nämlich politisch darüber entschieden, welcher Sinnhorizont die eigene Epoche in ihrem Denken und Handeln orientieren soll, wobei für eine solche Entscheidung über den letzten Wahrheitsgrund keine Gründe mehr gegeben werden können. Damit würde (parallel zum neukantianischen Vorgehen) gegen die eigene Intention der Vorrang der Entscheidung vor der Erkenntnis auf epistemischer Ebene bestätigt – und philosophische Orientierung *durch Erkenntnis* infragegestellt.

Plessner ist sich bewußt, daß philosophische Orientierung allein in der Spannung zum historisch geltenden Sinnhorizont seiner Zeit möglich ist und widersteht deswegen dem Versuch, im Menschen einen neuen Wahrheitsgrund aufzutun, der seinem philosophischen Vorgehen von seiner Zeit loslösbare Notwendigkeit verbürgte. Der Mensch bleibt bei ihm Flucht- bzw. Kreuzungspunkt, in dem sich die beiden heterogenen Aspekte seiner Lebensphilosophie verschränken. Im Streben nach Distanz vom historisch geltenden Vertrautheitshorizont hält Plessner seine Rückbindung an das Lebensparadigma fest. Er versucht folglich Erkenntnis zu erreichen, indem er sich vom Vertrautheitshorizont und den Meinungen seiner Zeit distanziert und seinen Blick auf das Bestehende in seiner Tatsächlichkeit entschränkt. Dem Status nach kann die Erkenntnis, die Plessner anstrebt, folglich allein Erkenntnis von Wirklichem und nicht Erkenntnis von Notwendigem sein. Diese Grenze, die der philosophischen Erkenntnis unter dem Lebensparadigma gezogen ist, thematisiert Plessner in „Macht und menschliche Natur" explizit: „Ding und Macht kollidieren, indem sie in der Undbeziehung das Kompositum Mensch bilden, das in Transparenz die durch Nichts vermittelte Einheit seines offenen Wesens ausmacht." (MmN, 227) Der Status des Menschen als Fluchtpunkt philosophischer Orientierung unter dem Lebensparadigma bedeutet schließlich auch seine Rückgebundenheit an diesen historisch geltenden Sinnhorizont. Unter einem anderen historisch geltenden Vertrautheitshorizont (etwa der Vernunft oder der Universalgeschichte) muß deswegen nicht notwendigerweise der Begriff und die Wirklichkeit des Menschen verschwinden, jedoch kommt ihm nicht der Status als Verschränkungspunkt zu.

Wir müssen in bezug auf die Architektonik der Plessnerschen Lebensphilosophie schließlich noch eine letzte Anforderung berücksichtigen. Es kann nämlich nicht ausreichen, die Lebensphilosophie einfach zweifach – als Philosophie des natürlichen und des geschichtlichen Lebens – auszuführen. Damit erreichte man nicht mehr als die Konstruktion eines Widerspruchs. Man behauptete zum einen das natürliche Leben als Grundschicht, das die Wirklichkeit zu einem Ganzen zusammenschlösse und die geschichtliche Selbstbestimmung als abhängigen Überbau; zum anderen und damit zugleich behauptete man das geschichtliche Leben als Grundschicht, die alle Wirklichkeit einschließlich des natürlichen Seins aus sich hervorbrächte. Wenn die innere Doppelung der Lebensphilosophie philosophische Erkenntnis nicht zerstören sondern ermöglichen soll, indem sie den Wahrheitsmaßstab offenhält, kann das Zusammenbestehen von Natur- und Geschichtsphilosophie folglich nicht genügen. Vielmehr müssen sich die beiden Dimensionen der Plessnerschen Lebensphilosophie nicht nur durcheinander sondern v.a. je von innen heraus selbst begrenzen und auf diese Weise jeweils ihren Wahrheitsgrund offenhalten. In den folgenden Kapiteln meiner Arbeit wird sich zeigen, daß Plessner diesem Anspruch genügt, indem er sich in der Naturphilosophie unter den

Gesichtspunkt der Grenzhypothese und in der Geschichtsphilosophie unter das Prinzip menschlicher Unergründlichkeit stellt.

Die Selbstbegrenzung beider Disziplinen drückt sich in bezug auf den Menschen als ihren gemeinsamen Fluchtpunkt darin aus, daß beide die Bestimmung des Menschen offenhalten. Es prallen folglich nicht eine biologistische und eine historistische Reduktion des Menschen aufeinander. Vielmehr gibt die Naturphilosophie die Bestimmung des menschlichen Wesen „von unten her" frei, indem sie das Lebewesen Mensch als in sich heterogen begreift. Als natürliches Lebewesen ist der Mensch derart auf eine künstliche Bestimmung seines Wesen angewiesen, die es ihm erst ermöglicht, sein Leben zu führen. Gleichermaßen gibt die Plessnersche Geschichtsphilosophie die Bestimmung des menschlichen Wesens „von oben her" frei. Sie erforscht geistesgeschichtlich die künstlich hervorgebrachte Bestimmtheit des menschlichen Wesens, das von Natur unbestimmt ist. Indem sie auf diese Weise die Menschentümer aufweist, die historisch gelten, hält sie zugleich das überhistorische Wesen des Menschen offen.

Plessner unterläuft in der Architektonik seiner in sich gebrochenen Lebensphilosophie folglich die Hypostasierung sowohl des seine Zeit orientierenden Lebensparadigmas als auch des Menschen zur Grundschicht, die die Wirklichkeit zu einem Ganzen zusammenschließt. Indem er den Wahrheitsgrund offenhält, strebt er *zugleich* danach, sich von dem seine Zeit orientierenden Lebensparadigma zu distanzieren *und* hält seine Rückbindung an diesen Vertrautheitshorizont fest. Auf diese Weise stellt er sich dem gedoppelten Anspruch philosophischer Orientierung als Orientierung durch *Erkenntnis* und in der *eigenen Zeit*. Wie die philosophische Orientierung konkret aussieht, die Plessners in sich gebrochene Lebensphilosophie in bezug auf die Herausforderungen seiner Zeit vermittelt, soll im Schluß der vorliegenden Studie gezeigt werden.

II. Die naturphilosophische Erkenntnis des Lebendigen als Ganzen

1. Die Fragestellung der Naturphilosophie

Das erste Kapitel hat das Plessnersche Projekt einer Neuschöpfung von Philosophie in Anbetracht der Herausforderungen der Moderne als in sich gebrochene Lebensphilosophie dargestellt. Es hatte sich gezeigt, daß Plessner nach philosophischer Orientierung strebt, indem er sich unter das seine Zeit orientierende Lebensparadigma stellt, zu dessen innerer Brechung durchfragt und dadurch dessen Hypostasierung zum Wahrheitsgrund von Wirklichkeit überhaupt unterläuft. Auf diese Weise stellt er sich dem Doppelanspruch, der traditionell mit philosophischer Orientierung als *rationaler* Orientierung *in der eigenen Zeit* verbunden wird. Das jetzige zweite und das kommende dritte Kapitel sollen die Plessnersche in sich gebrochene Lebensphilosophie rekonstruieren. Dabei stellt sich an seine Natur- bzw. an seine Geschichtsphilosophie die Anforderung, die Verabsolutierung des natürlichen Seins bzw. des geschichtlichen Lebensvollzugs und damit zugleich die naturalistische Festlegung bzw. die historistische Auflösung des Menschen zu unterlaufen. Indem die Natur- und die Geschichtsphilosophie je als Ansatz der Verschränkung eingesehen werden, wird sich vielmehr der allein mittelbare Bezug auf das Wesen des Menschen konkretisieren.

Das jetzige Kapitel soll entsprechend dieses Gesamtprojekts die Plessnersche Naturphilosophie als Ansatz der Verschränkung rekonstruieren. Der Verschränkungsansatz bekommt erste Konturen, wenn man ihn als Antwort auf das Problem versteht, vor das die nachhegelsche Naturphilosophie gestellt ist. Daß die Versöhnung von Vernunft und Wirklichkeit auseinander gebrochen ist, bedeutet im Kontext der Naturphilosophie konkret, daß am Lebendigen der Zusammenhang seines Bestehens als eines physischen Dings und seiner selbstbezüglichen Lebensvollzüge infragesteht. Hegel denkt diesen Zusammenhang durch den Chemismus gestiftet.[64] Er begreift die chemische Auflösung der

[64] Vgl. G. W. F. Hegel, Enzyklopädie der philosophischen Wissenschaften, in: Ders., Werke, Frankfurt/M. 1986, Bd. 9, hier: §§ 336f. Künftig zitiert als „Enz.". Am deutlichsten: Enz., § 336 Zusatz, a.a.O., 336: „Der chemische Prozeß ist das Höchste, wozu die unorganische Natur gelangen kann; in ihm vernichtet sie sich selbst und beweist die unendliche Form allein als ihre Wahrheit. So ist der chemische Prozeß durch den Untergang der Gestalt der Übergang in die höhere Sphäre des Organismus, in welchem sich die unendliche Form als unendliche Form reell macht, d.h. die unendliche

dinghaften Bestimmtheit als Schritt in die „selbstische und subjektive Einheit" des Lebendigen. (Vgl. Enz., § 337) Diese Idee vom Umschlag der chemischen Auflösung aller dinghaften Bestimmtheit ins Positive der lebendigen Selbstbezüglichkeit wird vom Gesamtzusammenhang der Selbsterkenntnis des Begriffs getragen. Genau gegen diesen vom Begriff gespendeten Versöhnungszusammenhang hat sich nun die Moderne mit dem Argument gewendet, daß dadurch die Tatsächlichkeit des Bestehenden entwirklicht werde. Dieser Einwand läßt sich für unseren Zusammenhang konkretisieren. Indem Hegel die chemischen Prozesse nämlich als Aufhebungsverfahren des dinghaften Bestehens in die höhere Stufe lebendiger Selbstbezüglichkeit begreift, begibt er sich des Rückhalts an der Tatsächlichkeit des Lebendigen als eines physischen Dings. Die Zusicherung, daß die Aufhebung in eine höhere Stufe – hier: der lebendigen Selbstbezüglichkeit – nicht nur die Überwindung des Früheren – hier: des dinghaften Bestehens – sondern zugleich dessen Bewahrung bedeutete, kann hier nicht recht überzeugen. Dieser Anspruch muß vielmehr so lange als leeres Versichern erscheinen, als das Bestehen des Lebendigen als eines physischen Dings nicht als gleichursprünglicher Aspekt neben der lebendigen Selbstbesonderung festgehalten, sondern als in die Lebensvollzüge integriert behauptet wird. Die Kontingentsetzung der Tatsächlichkeit zeigt sich darin deutlich, daß das einzelne Lebewesen allein als Repräsentant des selbstbezüglichen Lebens angesehen wird.

Mit der Reflexion auf die Unterschlagung der Tatsächlichkeit dinghaften Bestehens in der Hegelschen Idee von der Aufhebung in die lebendige Selbstbezüglichkeit werden zugleich die Ansprüche deutlich, denen sich die Plessnersche Naturphilosophie stellen muß. Die grundsätzliche Verschiebung in der Ausrichtung der Naturphilosophie von Hegel zu Plessner zeigt sich in der Fragestellung: daß Plessner nicht mehr nach dem Leben überhaupt sondern nach dem Lebendigen als einem Ganzen fragt. In der Beantwortung dieser Frage darf er das Niveau des Hegelschen Denkens selbstverständlich nicht unterbieten. Aus dem Ungenügen an der Aufhebung des dinghaften Bestehens in die lebendige Selbstbezüglichkeit darf nicht die Konsequenz gezogen werden, sich mit dem cartesianischen Dualismus von ausgedehnter Körperlichkeit und innerlichen Bedeutungen zu begnügen. Sofort stellte sich dann natürlich die Frage, wie beides zusammenhängt. Auch zeigt sich aufgrund der obigen Überlegung, daß es allein einen „Etikettenschwindel" bedeutet, wenn man die dritte Sphäre der Versöhnung nicht mehr im Geist sondern im Leben auffinden will. Schließlich wird auch deutlich, daß die naturwissenschaftliche Erforschung der chemischen und physikalischen Gesetze, die im Lebendigen wirken, keine Antwort auf die Frage nach dem Lebendigen als Ganzen geben kann. Von Hegel können wir lernen, daß der Blick auf die chemischen Gesetze die alles Lebendige auszeichnende Selbstbezüglichkeit noch nicht trifft. Wenn die Hegelsche Wendung der chemischen Auflösung des dinghaften Bestehens ins Positive der selbstbezüglichen Lebendigkeit fraglich geworden ist, offenbart sich das destruktive Potential des empirischen Blicks auf die chemischen Gesetze. Es ist nämlich keines-

Form ist der Begriff, der hier zu seiner Realität kommt. Dieser Übergang ist das Erheben der Existenz zur Allgemeinheit. Hier hat die Natur also das Dasein des Begriffs erreicht; der Begriff ist nicht mehr als in sich seiend, nicht mehr versunken in ihr Auseinanderbestehen."

wegs mehr ausgemacht, daß sich diese noch überformen bzw. in die Strukturen lebendiger Selbstbezüglichkeit rückbinden lassen. Vielmehr ist der Rückgriff auf teleologische Strukturen für die Erkenntnis des lebendigen Seins in der Moderne alles andere als unumstritten.

Im ersten Viertel des 20. Jahrhunderts tritt der moderne Mechanismus (Wolfgang Köhler) an, die alltagsweltlich für selbstverständlich genommene Ganzheitlichkeit des Lebendigen auf Gestalthaftigkeit zu reduzieren. Die Pointe dieses Vorgehens besteht darin, daß Gestaltcharaktere gleichermaßen bei belebten und unbelebten Körpern vorkommen und sich ohne Rückgriff auf teleologische Selbstbezüglichkeit verstehen lassen. Von dieser Infragestellung der teleologischen Selbstbezüglichkeit des Lebendigen ist der grundsätzliche Unterschied von belebten und unbelebten Körpern betroffen. Allerdings zielt Köhler mit seinem Gestaltansatz nicht darauf, lebendiges Sein in physikalische und chemische Gesetze aufzulösen, sondern mit unbelebten physischen Körpern gleichzusetzen. Es wird sich zeigen, daß Gestalthaftigkeit in bezug auf physische Körper ihre Dinghaftigkeit meint. Damit wird es im folgenden möglich, den Plessnerschen Verschränkungsansatz im Konflikt zwischen modernen Mechanismus und Vitalismus zu positionieren. Indem er auf die Verschränkung das Zusammenbestehen von physischer Dinghaftigkeit und lebendiger Selbstbezüglichkeit zielt, unterläuft Plessner sowohl die mechanistische Reduktion des Lebendigen auf seine Gestalt- bzw. Dinghaftigkeit als auch die vitalistische Auflösung des tatsächlichen Lebewesens in die übergreifenden Zusammenhänge des Lebens überhaupt. Auf diese Weise steht er für die alltagsweltlich gegebene Idee des Lebendigen als eines Ganzen ein.

Vor dem Hintergrund dieser Überlegungen ergibt sich, daß die Plessnersche Philosophie des natürlichen Lebens mit drei heterogenen Größen umgehen muß, deren harmonisches Zusammenbestehen vorab nicht vorausgesetzt werden kann: mit dem Bestehen des Lebendigen als eines einzelnen physischen Dings, mit den von den empirischen Naturwissenschaften untersuchten chemischen und physikalischen Gesetzen, die in und durch die Dinge hindurch wirken und schließlich mit der lebendigen Selbstbezüglichkeit, von der das Lebendige seine überding- bzw. übergestalthafte Besonderung in sich und gegen Anderes erfährt. In Abhebung von der Hegelschen Idee, daß die Dinghaftigkeit in die Lebendigkeit aufgehoben sei, bildet Plessners Naturphilosophie insofern einen Ansatz der Verschränkung, als sie am Lebendigen bei der Gleichursprünglichkeit des dinghaften Bestehens und der selbstbezüglichen Lebendigkeit ansetzt. Damit hält Plessner das Lebendige als Ganzes gegenüber seiner Bestimmung sowohl als physisches Ding als auch vermittels der selbstbezüglichen Lebensvollzüge offen. Eine solche Verabsolutierung der Dinghaftigkeit bzw. der Lebensvollzüge implizierte nämlich die Kontingentsetzung der je anderen Dimension: entweder könnte die Lebendigkeit allein noch als Eigenschaft des physischen Dings oder umgekehrt das dinghafte Bestehen allein noch als Verwirklichung des selbstbezüglichen Lebens vorkommen. Demgegenüber fragt Plessner erst im Ausgang von den divergenten Aspekten des dinghaften Bestehens und der selbstbezüglichen Lebensvollzüge nach ihrer Verschränkung bzw. nach ihrem Zusammenbestehen per hiatum. Indem er das Lebendige als Ganzes solcherart gegenüber einer letzten Bestimmung offenhält, gelingt es ihm, das Eigengewicht beider Aspekte der Dinghaftigkeit und der Lebensvollzüge zu bewahren. Damit einhergehend muß Plessner den weiteren Nachweis erbringen, daß die beiden Aspekten (der Dinghaftigkeit und der Lebensvollzüge), die das Alltagsverständnis des Lebendigen bestimmen, nicht in physikalische und chemische Gesetze auflösbar sind.

Aus den bisherigen Überlegungen ergeben sich zwei Folgeanforderungen an eine gemäß der Verschränkungsidee durchgeführte Naturphilosophie. Zum einen dürfen die Aspekte der Dinghaftigkeit und der selbstbezüglichen Lebensvollzüge nicht im Widerspruch zu einander stehen. Vielmehr muß sich zeigen lassen, daß sie sich in ihrer prinzipiellen Divergenz einander „entgegenlehnen". Zum anderen darf diese Verschränkung per hiatum nicht im luftleeren Raum angesiedelt werden. Es kann derart nicht darum gehen, die Verschränkung von zwei Erkenntnistypen einzusehen. Eine solche Ausrichtung auf Erkenntnis- bzw. Wissenstypen ist nur unter der idealistischen Annahme sinnvoll, daß sich die Wirklichkeit nach der Vernunft richte. Gegenüber dieser Verabsolutierung der Vernunft bzw. der Sinnstrukturen hatte sich aber im Obigen gerade gezeigt, daß Plessner auf der Tatsächlichkeit des Lebendigen als eines einzelnen Dings beharrt. Die Verschränkung muß dementsprechend mit Plessner am lebendigen physischen Ding selbst aufgewiesen werden.

Hieraus ergeben sich nun weitere Konsequenzen. In bezug auf das „Sich Entgegenlehnen" muß man sich fragen, unter welcher Bedingung es in Anbetracht der prinzipiellen Divergenz der Relata geschehen kann. Offensichtlich ist es nur dann möglich, wenn beide Dimensionen – das dinghafte Bestehen und die lebendige Selbstbezüglichkeit – ihrerseits nicht in sich homogen sind, sondern sich selbst in einem Spannungsverhältnis konstituieren. Wären sie nämlich in sich homogen, so wären sie in sich abgeschlossen und ihr Nebeneinander stellte einen unüberwindbaren Bruch dar. Die Forderung besteht aber gerade darin, einzusehen, wie sie sich in ihrer prinzipiellen Divergenz und d.h. über den Bruch hinweg entgegenlehnen. Dies ist nur dann möglich, wenn sie in sich heterogen sind. Im folgenden wird sich zeigen, daß Plessner dieser Anforderung nachkommt, indem er mit zwei Doppelaspekten – der physischen Dinghaftigkeit und der lebendigen Selbstbezüglichkeit – arbeitet. Vom physischen Ding zeigt er, daß es sich kraft des Doppelaspekts von Dingkern *und* Eigenschaftsseiten konstituiert. Vom lebendigen physischen Ding weist er nach, daß es im Doppelaspekt von lebendiger Selbstbesonderung in sich *und* gegen Anderes erscheint. (Vgl. SOM, 137)

Darüber hinaus lassen sich nun die Anforderungen an die zweite Fragerichtung nach dem Ort konkretisieren, an dem am lebendigen physischen Ding die Verschränkung seiner physischen Dinghaftigkeit und seiner selbstbezüglichen Lebendigkeit stattfindet. Es muß sich hierbei um den Punkt am lebendigen Ding handeln, an dem dessen Rückbezug auf sich – in den beiden Richtungen der Besonderung in sich und gegen Anderes – geschieht, der unbelebten Dingen fehlt. Zugleich darf diese Umbruchstelle keine dritte Sphäre der Versöhnung gegenüber den beiden Aspekten einnehmen. Wenn es sich folglich allein um die Umbruchstelle der divergenten Aspekte der physischen Dinghaftigkeit und der selbstbezüglichen Lebendigkeit handeln soll, dann muß sie selbst doppelt bestimmt bzw. in sich heterogen sein. Zum einen muß sie die äußerste Ausdehnung des physischen Dings ausmachen, bevor es auf sich zurückschlägt. Als solche muß sie eine Eigenschaft jedes belebten und unbelebten Dinges darstellen. Zum anderen und damit zugleich muß sie den Umschlag selbst bzw. den Vollzug der lebendigen Rückbezüglichkeit auf sich selbst ausmachen, in den die physische Dinghaftigkeit hineingezogen und dadurch besondert wird. Es wird sich im Laufe des folgenden Kapitels zeigen, daß Plessner diese Umbruchstelle in der Grenze des lebendigen physischen Dings findet, die – wie bei allen physischen Dingen – als Kontur an seiner Gestalt vorkommt *und* damit zugleich vom Lebendigen selbst vollzogen wird.

Hierbei darf nun nicht der Fehler begangen werden, von Plessner den Nachweis zu verlangen, den internen Umschlag innerhalb der Grenze des Lebendigen positiv zu bestimmen. Ein solches Ansinnen forderte nämlich – entgegen des Grundgedankens der Verschränkung – abermals einen „Generalnenner" für das lebendigen Sein und geriete damit notwendigerweise auf eine Seite: des Konturs, der die Gestalt umrandet, oder des lebendigen Grenzvollzugs, in dem sich das Lebendige besondert, und damit in den Aspekt entweder des dinghaften Seins oder des selbstbezüglichen Lebensvollzugs.

Eine Rechtfertigung seiner Grenzhypothese muß von Plessner allerdings verlangt werden. Zunächst hat Plessner nämlich die These, daß ein physisches Ding dann als lebendig erscheint, wenn es seine Grenze nicht nur als Gestaltkontur hat, sondern zugleich vollzieht, allein in begrifflicher Reflexion erreicht. Offen ist damit noch, ob die Grenzrealisierung auch wirklich ist. Es wird sich zeigen, daß Plessner die Hauptanstrengung seiner Naturphilosophie der Durchführung dieser Deduktion widmet. In der Rekonstruktion des Deduktionsverfahrens ist es entscheidend zu beachten, daß sich Plessner auch im Methodischen den Ansprüchen des Verschränkungsansatzes unterstellt. Er unterläuft gleichermaßen die Verabsolutierung des begrifflichen Denkens und der Phänomenschau. Während ersterem der Zugang zum Bestehenden in seiner Tatsächlichkeit fehlt, entbehrt letztere ein Wahrheitskriterium. Im begrifflichen Denken kann zwar auf die Grenzrealisierung als Grund reflektiert werden, der es einem physischen Ding ermöglicht, sich in sich und gegen Anderes zu besondern, die Wirklichkeit dieser Grenzhypothese kann jedoch nicht eingeholt werden. Umgekehrt kann die nicht empirisch restringierte Phänomenschau zwar charakteristische Qualitäten lebendigen Seins auflesen, deren epistemischen Status bzw. deren Wesenszugehörigkeit zum lebendigen Sein kann sie jedoch nicht mehr ausweisen. Es wird sich zeigen, daß Plessner dieses Problem löst, indem er seine Deduktion doppelseitig anlegt. Er macht es sich zur Aufgabe, die Grenzrealisierung in ihrer Wirklichkeit und die Wesensmerkmale lebendigen Seins in ihrem Erkenntnisstatus aneinander aufzuweisen. Des weiteren wird sich zeigen, daß die systematischen Kapitel der Plessnerschen Philosophie des natürlichen Lebens – die Kapitel vier bis sieben der „Stufen" – die Durchführung dieses Deduktionsunternehmens und keine bloße Phänomenansammlung darstellen, wie dies bisher in der Sekundärliteratur angenommen wurde.

Vor dem Hintergrund dieser einleitenden Überlegungen läßt sich nun der Argumentationsaufbau der Plessnerschen Naturphilosophie verstehen.[65] Das jetzige zweite Kapitel

[65] In den „Stufen" führt Plessner diese Auseinandersetzung in den Kapitels drei bis sieben. Die ersten beiden Kapitel widmen sich methodischen und philosophiehistorischen Problemen.

meiner Arbeit folgt dem Plessnerschen Argumentationsgang und unterteilt sich hierfür in acht Unterkapitel. In Anschluß an diese Einleitung soll (unter 2.) Plessners Aneignung von der zu seiner Zeit laufenden Diskussion zwischen dem modernen Mechanismus (Wolfgang Köhler) und dem modernen Vitalismus (Hans Driesch) rekonstruiert werden. Plessner wird zu dem Ergebnis jenseits von Mechanismus und Vitalismus gelangen, daß das Lebendige in seinem Bestehen empirisch als eine physische Gestalt unter anderen erklärt werden kann und dennoch für die nicht empirisch restringierte Alltagserfahrung rechtmäßigerweise als übergestalthafte Ganzheit erscheint. Nun beansprucht er, daß es allein Aufgabe der Philosophie sein kann, zu verstehen – und hier stoßen wir auf den Verschränkungsansatz –, wie das Lebendige als physische Gestalt bzw. als Ding bestehen und zugleich als übergestalthafte Ganzheit erscheinen kann. Die folgenden Unterkapitel widmen sich der Durchführung des Verschränkungsansatzes. Zunächst sollen (unter 3.) die beiden Doppelaspekte dargestellt werden, die das lebendige Ding auszeichnen: der Doppelaspekt physischer Dinghaftigkeit und der Doppelaspekt lebendiger Erscheinung als Besonderes in sich und gegen Anderes. In Anschluß daran gilt es (unter 4.) Plessners Hypothese nachzuvollziehen, daß ein physisches Ding dann als in sich und gegen Anderes besondertes Lebewesen erscheint, wenn es die Grenzen seiner Gestalt zugleich selbst realisiert. Dieses Unterkapitel endet mit der Rekonstruktion von Plessners Programm der doppelseitigen Deduktion von Grenzhypothese und Lebensmerkmalen. Die folgenden Unterkapitel folgen dem zweiten Teil der „Stufen“ in seiner Durchführung der doppelseitigen Deduktion. Im ersten (unter 5. dargestellten) Schritt der Deduktion zeigt Plessner, daß die Wesensmerkmale lebendiger Organisation und lebendiger Individualisierung das Stattfinden der Grenzrealisierung in ihren beiden Richtungen der Besonderung in sich und gegen Anderes am lebendigen physischen Ding ermöglichen. Der zweite (unter 6. rekonstruierte) Deduktionsschritt hat zur Aufgabe, das Verhältnis des einzelnen Lebewesens und des Lebensganzen als einen im Grenzvollzug gestifteten Kontakt per hiatum aufzuzeigen. Plessner leistet diesen Nachweis im Rückgriff auf die Wesensmerkmale des Lebenskreises und des besonderen Organismus sowie der Gattung und des lebendigen Individuums. In ihrem dritten (unter 7. vorgeführten) Schritt kümmert sich die Plessnersche Deduktion schließlich um die Frage nach dem Modus, in dem die Verschränkung des in sich besonderten Organismus und des gegen Anderes besonderten Individuums stattfindet. Es handelt sich bei diesem Modus um die Positionalität als dem Verhältnis, in das das Lebendige in seinem Grenzvollzug zu seinem Sein im Hier und Jetzt gestellt wird. Plessner unterscheidet zwischen drei Typen der Positionalität, deren Wirklichkeit er an den Wesensmerkmalen des pflanzlichen, tierischen und menschlichen Lebens aufweist. Abschließend soll (unter 8.) der Faden aus dem ersten Kapitel wieder aufgenommen und nach der philosophischen Orientierung gefragt werden, die die Plessnersche Naturphilosophie vermittelt.

2. Die Überwindung von Mechanismus und Vitalismus

Das jetzige Unterkapitel soll die Herausforderungen verdeutlichen, denen Plessners Naturphilosophie seitens der empirischen Biologie ausgesetzt ist. Es argumentiert hierfür in zwei Schritten.

In einem ersten Abschnitt (unter a.) rekonstruiert es Plessners Rezeption der Diskussion in der empirischen Biologie um den Einheitstypus des Lebendigen, die im ersten Drittel des 20. Jahrhunderts stattgefunden hat. Es wird sich zeigen, daß Plessner zu dem zunächst scholastisch anmutenden Ergebnis kommt, daß man als Naturwissenschaftler Mechanist, alltagsweltlich dagegen Vitalist sein müsse.

In einem zweiten Abschnitt (unter b.) soll diese Plessnersche Haltung als Projekt verstanden werden, den alltagsweltlichen Glauben an das Lebendige gegen den modernen Mechanismus zu verteidigen. Plessner stellt sich damit auf die Seite des Alltagsverständnisses und dessen Erfahrung, daß sich das Lebendige als Ganzes nicht auf seine Dinghaftigkeit reduzieren lasse. Im Unterschied zum modernen Vitalismus lehnt er jedoch die Einführung eines Entelechiefaktors bzw. eines telos ab. Der Rückgriff auf einen letzten Zweck lebendigen Seins würde der Verabsolutierung der lebendigen Selbstbezüglichkeit gleichkommen. Die Dinghaftigkeit des Lebendigen wäre damit nicht mehr festzuhalten. Am Ende dieses Kapitels zeigt sich der Verschränkungsansatz als Plessners philosophische Antwort auf die Infragestellung des Alltagswissens durch die empirische Biologie.

a. Plessners Darstellung des Streits zwischen Gestalttheorie und Neovitalismus um den Einheitstyp des Lebendigen

In der Diskussion mit Viktor v. Weizsäcker in den Jahren 1922 und 23, in den „Stufen" von 1928 und in den Metaphysikvorlesungen aus dem Wintersemester 1931/32 nimmt Plessner dieselbe ambivalente Haltung zu seinem Lehrer Driesch ein. Seine eigene Position ändert sich in den Jahren zwischen 22 und 28 – wohl nicht zuletzt aufgrund der Nachfragen Victors von Weizsäcker – allerdings grundlegend.[66] Dies zeigt sich u.a. daran, daß er zu Beginn der 20er Jahre die alltagsweltliche Phänomenschau und die Philosophie gleichsetzt, Ende der 20er Jahre dann die philosophische Reflexion von der Phänomenschau unterscheidet. Aber auch sein Bild des Mechanismus wird innerhalb dieser Periode differenzierter, erst in den „Stufen" stellt er den im mechanistischen Lager sehr unkonventionellen Gestalttheoretiker Köhler als Antipode zu Driesch dar.[67]

---

[66] Vgl. Helmuth Plessner, Vitalismus und ärztliches Denken, in: Ders., GS IX, Frankfurt/M. 1985, 7–27, und ders., Über die Erkenntnisquellen des Arztes, in: Ders., GS IX, Frankfurt/M. 1985, hier: 45–55, sowie Viktor von Weizsäcker, Über Gesinnungsvitalismus, in: Ders., GS II, Frankfurt/M. 1998, 359–367. Künftig zitiert als „v. Weizsäcker". Unter b. wird die Diskussion zwischen Plessner und v. Weizsäcker aufgegriffen.

[67] Vgl. Hans Driesch, Philosophie des Organischen. Grifford-Vorlesungen gehalten an der Universität Aberdeen in den Jahren 1907–1908, Leipzig 1921. Künftig zitiert als „Driesch".

In den „Stufen“ und den „Elementen der Metaphysik“ baut Plessner seine Argumentation in drei Schritten auf. Zunächst stellt er den Drieschschen Neovitalismus in seiner Überlegenheit nicht nur gegenüber dem klassischen Vitalismus sondern auch gegenüber dem klassischen Mechanismus der Keimplasmatheorie dar. In einem zweiten Schritt führt er den Gegenansatz der empirischen Gestalttheorie ins Feld und zeigt, daß Driesch gegen diese moderne Variante des Mechanismus nicht ankommt. Schließlich endet er mit der mißverständlichen Forderung, daß man es im Empirischen mit den Mechanisten, in der Alltagserfahrung aber mit den Vitalisten halten müsse. Schauen wir uns nun seine Argumentation im einzelnen an, erreicht Plessner darin doch die Konkretisierung der Ebene, auf der sich seine naturphilosophische Erkenntnis des lebendigen Seins allein bewegen kann.

Die Überzeugungskraft des Drieschschen Vitalismus führt Plessner auf zweierlei zurück: einerseits auf seine Distanz zum traditionellen Vitalismus und andererseits auf den Rückhalt an solchen Lebensphänomenen, die für den geltenden mechanistischen Ansatz der Keimplasmatheorie nicht mehr erklärbar waren. Gegenüber dem klassischen Vitalismus, der nach einer für das Lebendige charakteristischen Urkraft geforscht hat, betont Plessner, daß Driesch darum weiß, daß sich der Vitalismus mit dieser Argumentation selbst das Wasser abgräbt. Der klassische Vitalismus integriert das Lebendige damit nämlich ganz in die Sphäre der Wirkkausalität. Infolgedessen verbaut er sich die Möglichkeit, auf struktureller Ebene gegen die Reduktion des Organischen auf physische und chemische Ursachen vorzugehen. Es kann keine Einschränkung gegen das Aufsteigen von Ursachen zu grundlegenderen Ursachen geben, die erstere wiederum erwirkt haben – dabei kann deren Bestimmung als spezifisch organischer Ursachen nicht ins Gewicht fallen.[68] Gemäß dieser Einsicht sieht Plessner Driesch seine argumentativen Anstrengungen darauf richten, das Wirken physikalischer Gesetze zwar für das Organische anzuerkennen, davon zugleich jedoch spezifische Phänomene des Lebendigen abzuheben, die sich nicht mehr naturkausal erklären lassen. Nach Drieschs Auffassung könne die empirische Biologie das lebendige Sein als Gesamtphänomen nicht allein durch das Wirken physikalischer Gesetze (causa efficiens) erklären, sondern müsse darüber hinaus auf den sog. Entelechiefaktor als Lenkkausalität (causa finalis) zurückgreifen.[69]

Driesch führt seinen Kampf gegen den Mechanismus mit Verweis auf das Phänomen organischer Restitution.[70] Die damals geltende mechanistische Keimplasmatheorie (von

---

Vgl. Wolfgang Köhler, Die physische Gestalt in Ruhe und im stationären Zustand. Eine naturphilosophische Untersuchung, Erlangen 1924. Künftig zitiert als „Köhler“.

68 Vgl. EdM, 95 und SOM, 140f.

69 Vgl. Driesch, 139f.: „*Gewisse Geschehnisse an belebten Körpern sind von einer solchen Art, daß sie sich nicht aus einer Kenntnis der Koordinaten (Lagen), Kräfte und Geschwindigkeiten der einzelnen körperlichen Elemente herleiten lassen.* [...] So wollen wir denn unsere Terminologie dem *Aristoteles* entnehmen und wollen jenen Faktor im Bereich des Lebendigen, dessen Autonomie wir bewiesen haben, *Entelechie* nennen. [...] Das also ist unser letztes Resultat: *keine Evolution, sondern Epigenesis, aber eine vitalistische Epigenesis.*“

70 Vgl. ebenda, 137: „Jede Lageverrückung der verbleibenden Elemente bringt also notwendig die ‚Entwicklung‘ unseres Systems, wenn und so *wahr es ein ‚mechanistisches‘, nur aus eignen Kräf-*

August Weismann) beruht auf dem Gedanken, daß im Akt der Befruchtung eine bestimmte Anordnung der Molekülgruppen geschieht, die die weitere Entwicklung des Organismus bestimmt. Die Entwicklung des Organismus muß dann nur noch ablaufen. Plessner stimmt nun Driesch darin zu, daß er diese Theorie, die die Bestimmung der Zellen mit der Kopulation als festgelegt behauptet, dadurch widerlegt hat, daß er am Phänomen der Restitution aufzeigen konnte, daß eine Zelle in Abhängigkeit von der Gesamtsituation des Organismus ihre Bestimmtheit ändern kann.[71] Das Restitutionsphänomen konfrontiert die Biologie nämlich mit dem Problem, erklären zu müssen, daß eine Zelle aktuell im Ganzen des Körpers eine bestimmte Funktion erfüllt, potentiell jedoch genauso gut je nach der Notwendigkeit des Ganzen eine andere Funktion übernehmen könnte. Zur Lösung dieses Problems führt Driesch nun die Entelechie als eine solche Kausalität ein, die das aktuelle Geschehen vom Ziel des Zusammenstimmens der Teile untereinander bestimmt. (Vgl. Driesch, 63ff.) Wie der Entelechiefaktor wirke, bzw. wie sich die causa efficiens und die causa finalis zueinander verhalten, kann jedoch innerhalb des Drieschschen Ansatzes – so Plessner – nicht mehr bestimmt werden. (Vgl. EdM, 95f.) In den „Stufen“ reformuliert Plessner das Problem, an dem sich Driesch abarbeitet in dessen Terminologie von Summe und Ganzheit: der Mechanismus könne demnach nur Summen und d.h. das Zusammenwirken von (ursächlich hervorgebrachten) Teilen denken, während im Organismus auch ganzheitliches Geschehen, und d.h. die Ausrichtung der Teile auf das Ganze, vorkomme. (Vgl. SOM, 141f.)

Gegen diese These spezifisch lebendiger Ganzheitlichkeit, durch die sich Driesch genötigt und berechtigt fühlt, den Entelechiefaktor einzuführen, führt Köhler seinen Gegenschlag im Ausgang von der Gestalttheorie. Drieschs Theorie steht und fällt mit der Beschreibung der als spezifisch organisch angenommenen Differenz zwischen aktueller ursächlicher Bestimmtheit und potentiellen Möglichkeiten zur Bestimmung. Nur wenn man akzeptiert, daß diese Differenz erstens ausschließlich an Organismen vorkommt, und zweitens notwendig auf Ganzheitlichkeit verweist, wird man Driesch darin folgen, eine den ursächlich wirkenden Kräften entgegengesetzte teleologische Kausalität (Entelechie) anzunehmen. Plessner macht nun die Schlagkraft der Köhlerschen Argumentation daran fest, daß Köhler Driesch auf beiden Ebenen Paroli bietet, indem er im Anorganischen übersummenhafte Gestaltphänomene aufweist. Köhler übernimmt den Begriff der Gestalt von der sog. Gestaltpsychologie und will das zu Beginn des 20. Jahrhunderts am psychischen Erleben ausgewiesene Phänomen auch für Anorganisches nachweisen. Uns interessiert nicht die innerpsychologische Diskussion sondern einzig die Plessnersche Argumentation mit Hilfe Köhlers Gestaltforschung.

---

ten getrieben ist, zu Fall. Nun vertragen aber die biologischen harmonisch-äquipotentiellen Systeme nicht nur nach Zahl und Ort beliebige Entnahmen von Elementen, *sondern auch beliebige Zerrungen, Verlagerungen und Verrückungen der verbleibenden* [...]. Sie geben immer das proportional Richtige, das *Ganze. Also sind die biologischen harmonisch-äquipotentiellen Systeme keine ‚mechanischen' Systeme* im weitesten Sinne dieses Wortes.“

[71] Vgl. ebenda, 49ff. sowie Plessners Darstellung der empirischen Versuche mit den Eiern des Froschs (Roux) und des Seeigels (Driesch) zur Stützung der mechanistischen bzw. vitalistischen Theorie: EdM, 93

Dafür müssen wir zunächst einsehen, auf welche Art der Einheitsbildung sich der Gestaltbegriff bezieht, um dann in einem zweiten Schritt nachvollziehen zu können, weshalb Plessner mit Köhler den Aufweis von Gestaltbildung im Anorganischen für einen schlagenden Einwand gegen die Drieschsche Philosophie des Organischen hält.

In der Psychologie wurde im Anschluß an Christian v. Ehrenfels und Max Wertheimer der Gestaltbegriff für solche ganzheitliche Erfahrung benützt, die von rein summenhafter Merkmalsveränderung hervorgerufen wird. Zwei wesentliche Charakteristika zeichnen die Gestalt aus: zum einen ist die erwirkte Endgröße mehr als die Summe der sie verursachenden Teile und zum anderen ist sie transponierbar. Als Beispiel verweist Plessner (mit Köhler und v. Ehrenfels) auf die Musik, insofern die Zusammensetzung einzelner Töne als Melodie erfahren werden kann. Dabei bezeichnet die Melodie gerade das spezifische Surplus der Gestalt, das sie von der Ansammlung der einzelnen Töne unterscheidet und deren Eigenständigkeit so weit reicht, daß sie sich in eine andere Tonhöhe oder Tonart übertragen läßt. Köhler weist Gestaltcharaktere nun u.a. an Elektrolytenverbindungen (vgl. Köhler, 28f.), an der Elektronenverteilung auf Kugelkondensatoren, an der Magnetisierung von Körpern und an der elektrischen Strömung leitender Körper nach. (Vgl. Köhler, 114ff.) Unter dem Titel der Gestalt weist Köhler in all diesen Beispielen nach, daß sich die Gesamtgestalt nicht als bloße Summe der Teile verstehen läßt.[72] Plessner greift zur Veranschaulichung Köhlers Beispiel elektrischer Ladung auf einem Kugelkondensatorensystem auf. Wenn in einem Kugelkondensatorensystem an einem der angeschlossenen Kondensatoren die Ladung reduziert wird, müßte – sollte es sich denn um einen rein summativen Zusammenschluß handeln, wie Driesch behaupten muß – die Ladungsmenge der anderen Kondensatoren konstant bleiben und sich dadurch die Gesamtgestalt ändern. Dies widerspricht jedoch sogar den basalsten Schulphysikkenntnissen, da wir doch alle mit eigenen Augen gesehen haben, wie sich die elektrische Ladung sofort wieder gleichmäßig im Gesamtsystem verteilt – was nun aber nicht mehr als summativer Zusammenschluß sondern allein als Gestalteinheit verstanden werden kann.[73]

[72] Vgl. Köhlers Definition der reinen Summe bzw. der Und-Verbindung: Köhler, 42: „Ein *Zusammen* ist dann und nur dann eine reine *Summe* von *Teilen* oder *Stücken*, wenn es aus ihnen, und zwar einem nach dem anderen hergestellt werden kann, ohne daß infolge der Zusammensetzung einer der *Teile* sich ändert. Umgekehrt: Ein *Zusammen* ist dann eine reine *Summe*, wenn durch Ausscheiden von *Teilen* oder *Stücken* weder das zurückbleibende *Restzusammen* (das dann eine Teilsumme darstellt), noch die ausgeschiedenen *Teile* geändert werden."

[73] Vgl. ebenda, 168: „Der Gruppierung von Summanden in einer reinen Summe steht die Ausbreitung des Gestaltmaterials in örtliche Momente (d.h. seine Struktur) als sehr viel reicherer und vor allem als ganz *objektiv-sachlich* bestimmter Begriff gegenüber. Da dieses Material als endliche zusammenhängende Gesamtheit und in Abhängigkeit von einer endlichen Topographie im ganzen seine Struktur annimmt, so ist damit eine physisch-natürliche Ursache gegeben, welche uns veranlaßt und zwingt, *gerade eine solche Gesamtheit als Einheit hinzunehmen*. […] Das Gestaltgesetz, dem ein solches Material folgt, und die spezifische Struktur, welche jedesmal gerade diese Gesamtheit objektiv und spontan annimmt, *schreiben uns vor*, was wir da ‚als eines' anerkennen müssen."

Inwiefern ist nun jedoch der Aufweis von Gestaltphänomenen am Anorganischen ein Einwand gegen Drieschs Entelechie? Dies zeigt sich, wenn wir uns nochmals daran erinnern, was in bezug auf das tragende Fundament des Drieschschen Ansatzes gesagt wurde. Driesch muß davon überzeugen können, daß es erstens allein im Organischen Ganzheitsphänomene gibt. Zweitens muß er nachweisen können, daß die organischen Ganzheiten deswegen nicht mehr empirisch erklärt werden können, weil in ihnen die Teile in ihrer aktualen Bestimmtheit nicht aufgehen, sondern in Abhängigkeit von der Situation des Ganzen auch zur Erfüllung anderer Funktionen bestimmt sein könnten. Nur wenn diese beiden Bedingungen erfüllt sind, kann Driesch dazu bewegen, in der empirischen Biologie über die ursächlich wirkenden Gesetzmäßigkeiten hinaus die Geltung eines teleologischen Entelechiefaktors anzunehmen und damit den empirischen Erfahrungsrahmen zu sprengen. Wenn Plessner nun Köhler gegen Driesch stellt, wendet er sich damit gegen Drieschs Vorstellung von der Maschine als „Modell physikalischer Gesetzlichkeit *schlechthin*" (SOM, 142).[74] Indem Köhler mit dem Gestaltbegriff ein differenzierteres Verständnis von physikalischer Gesetzlichkeit anzubieten vermag, wird offensichtlich, an welcher Stelle Driesch in seinen Überlegungen voreilig war. Nur dann nämlich, wenn man Wirkursächlichkeit – wie Weismann und Driesch selbst – als Festgelegtheit jedes Teiles auf eine bestimmte Funktion versteht, kann man meinen, mit dem Aufweis von Funktionsveränderungen der Teile in Abhängigkeit vom Ganzen (etwa im Restitutionsphänomen) das physikalische Denken für die biologischen Belange als ungenügend aufgezeigt zu haben.[75] Dann kann man sich natürlich auch für berechtigt halten, wie Plessner schreibt, die Entelechie als „ein die empirisch nicht weiterkommende Erklärungsarbeit wieder flott machendes Restverfahren" (SOM, 223) einzuführen. In dem Moment jedoch, da Köhler im Anorganischen Gestalten und d.h. die Bestimmtheit der Teilchen durch das Gesamtsystem nachweisen konnte, offenbart sich Drieschs Gegenüberstellung von physikalischer Maschine und lebendiger Gestalt als Polemik.[76] Die negative Auszeichnung der Übersummenhaftigkeit kann nach der

---

[74] Vgl. Driesch, 131f.: „Wir werden das Wort ‚Maschine' in seinem allerallgemeinsten Sinne verstehen. *Eine Maschine ist uns also eine typische Anordnung physikalischer und chemischer Konstituenten, durch deren Wirkung ein typischer Effekt erreicht wird.* […] Man muß nun zugeben, daß eine Maschine in unserem Sinne des Wortes sehr wohl die Grundlage von Formbildung im allgemeinen sein *könnte, wenn* es nur normale, d.h. nur ungestörte Entwicklung *gäbe*, und *wenn* die Entnahme von Teilen bei unseren Systemen zu *fragmentaler* Entwicklung führen *würde*. Wir wissen aber, daß, wenigstens bei unseren harmonisch-äquipotentiellen Systemen, etwas ganz anderes geschieht: die Entwicklung ist nicht fragmental, sondern *ganz* in verkleinertem Maßstabe."

[75] In der einzigen systematischen Rekonstruktion des Driesch'schen Vitalismus, die mir bekannt ist, kommt Marcel Weber zu derselben Kritik an Driesch wie Plessner. Vgl. Marcel Weber, Hans Drieschs Argumente für den Vitalismus, in: Philosophia Naturalis 36 (1999), 263–293, hier: 288: „Die Maschinenmetapher hatte Driesch verführt. Er dachte aufgrund der Starrheit der ihm bekannten Maschinen, daß alle physikalisch-chemischen Systeme diese Eigenschaften haben müssen."

[76] Vgl. Köhler, 169: „In der Physik erzwingt die *Erfahrung*, daß man im gegebenen Fall gestaltmäßig denke (selbst wenn man nicht besonders darauf achtet). In Wissenschaften dagegen, welche sich entweder der Erfahrung, und besonders der naturwissenschaftlichen, fernhalten wie die gegenwärtige Philosophie, oder aber nur schwer sichere und deshalb unbefangene Beobachtung an ihren Ge-

Entdeckung von anorganischen Gestalten nicht mehr genügen, um die Annahme von organischen Ganzheiten zu rechtfertigen. Die Behauptung organischer Ganzheiten muß sich nun vielmehr im Vergleich mit anorganischen Gestalten rechtfertigen.

Wenn eine wesentliche Differenz von organischem und anorganischem Sein verteidigt werden soll, dann zwingt der Forschungsstand nach Köhler dazu, verständlich zu machen, inwiefern das Modell der Gestalt die Eigentümlichkeit organischen Seins verfehlt. In diese Richtung zielt der Rettungsversuch, den Driesch 1925 in dem Aufsatz „Physikalische Gestalten und Organismen“[77] unternimmt, dessen Argumentation Plessner jedoch ebenfalls zurückweist. Hier behauptet Driesch als qualitativen Unterschied zwischen physikalischen Gestalten und organischen Ganzheiten, daß die Organismen ihre Topographie selbst hervorbringen. Driesch gesteht zu, daß die Teile der Gestalten und der Ganzheiten in ihrer Bestimmtheit in Zusammenhang mit der Gesamtgestalt stehen. Die physikalische Topographie sei den anorganischen Gestalten jedoch vorgegeben, während die Organismen ihre Gestalt selbst hervorbrächten. Genau diese autonome Gestaltbildung zeichne sie als Ganzheiten aus. Alltagsweltlich leuchtet uns die Unterscheidung von Driesch ein, daß belebte Körper ihre physikalische Topographie bzw. die Grenzen ihrer Gestalt hervorbringen, während unbelebte Körper in ihren Gestaltgrenzen festgelegt sind. Allerdings – und darauf zielt Plessner – ist dieser Unterschied für den Naturwissenschaftler mit seiner empirisch restringierten Erfahrung irrelevant. Im Streit zwischen Driesch und Köhler ging es allein darum, die übersummenhafte physikalische Struktur des Lebendigen zu erklären und dies gelingt Köhler mit Rückgriff auf die Gestaltstruktur. Weitere Annahmen sind hierfür nicht notwendig. Plessner betont, daß Drieschs nachgeschobenes Argument Köhler deswegen nicht treffe, weil Driesch mit dem Verweis auf die Autonomie organischer Gestaltbildung die Erkenntnisebene gewechselt habe und nicht mehr als empirischer Biologe argumentiere. Driesch wirft mit seiner Frage nach dem Zusammenhang von Übersummenhaftigkeit und physischer Topographie das Problem auf, wie die lebendige Einheitsstruktur und die körperliche Ausgedehntheit zusammenhängen. Er fragt also danach, was das Leben-

---

genständen vornehmen können, wie Psychologie und Biologie, fehlt jener Druck undiskutierbarer Erfahrung, und mittlerweile wird das Denken, welches reinen Summen gegenüber am Platze ist, um einer vermeintlichen Strenge willen überall angewandt. [...] Fern von einer sicheren Erfahrung ist der Fehler leicht gemacht. Denn wer nicht konkretere Beispiele vor Augen hat, sondern im allgemeinen und blassen Vorstellen erwägt, wie wohl ein physisches Material sich verhalten und wie es gruppiert sein könnte, der operiert dabei unversehens nicht mit adäquaten Repräsentationen des Gemeinten, sondern mit Denkgegenständen, z.B. vom Range von Zahlen, der rein geometrischen Gegenstände, der ‚Dinge‘; *den örtlichen Beträgen des Gedachten fehlt also dabei der dynamische Einfluß an allen übrigen Systemstellen und umgekehrt*; alles postiert sich ohne viel Widerstand, wird zusammengefaßt und getrennt ‚nach unserem Belieben‘. So fällt aus dem Nachdenken gerade das heraus, was ein physikalisches System als solches auszeichnet, und es bleibt eine Art geometrische Ruhe oder geometrische Bewegung selbständiger Teile nach.“

77 Vgl. Hans Driesch, „Physikalische Gestalten“ und Organismen, in: Hans Vaihinger und Raymund Schmidt (Hg.), Annalen der Philosophie und philosophischer Kritik, Bd. 5, Heft 1, Leipzig 1925, 1–11.

dige im Unterschied zum Unbelebten im Innersten zusammenhält. Damit bewegt er sich auf einer Ebene, die empirisch weder erforschbar noch überhaupt als Problem thematisierbar ist.[78]

Wie steht Plessner nun zu der Auseinandersetzung um die Einheitsstrukturen des Lebendigen? Will er, anders gefragt, irgend etwas von Driesch festhalten? In den „Stufen“ kommt er in Anschluß an seine Darstellung der Diskussion zwischen Driesch und Köhler zu folgendem Resultat: „Vom Standpunkt empirischer Naturwissenschaft müßte Köhler recht, Driesch unrecht behalten. Vom Standpunkt der Anschauung, welcher bekanntlich mit dem der empirischen Forschung nicht voll zur Deckung zu bringen ist, behielte dagegen Driesch recht und Köhler unrecht.“ (SOM, 156f.)

Wenn sich Plessner im Feld empirischer Forschung zu Köhler und zum Mechanismus, in der Alltagserfahrung dagegen zu Driesch und dem Vitalismus bekennt, wirkt dies auf den ersten Blick weniger als ausgeglichen denn als Haarspalterei. Plessner scheint die Wahrheitsfrage dadurch umschiffen zu wollen, daß er eine säuberliche Aufteilung der Wissenschaften und der Alltagserfahrung hinsichtlich ihrer Gebiete vornimmt, ohne daß man noch verstünde, wie beider Erkenntnis in der Wirklichkeit des Lebendigen zusammengehen könnte.

Bevor die Plessnersche Naturphilosophie der „Stufen“ mit diesem Vorwurf konfrontiert werden soll, ist zunächst ein Schritt zurückzutreten, um diese Plessnersche Behauptung schärfer zu fassen. Daß Plessner die empirische Biologie auf den Mechanismus verpflichtet, kann nach seiner Darstellung der Köhler-Drieschschen Auseinandersetzung nicht verwundern. In dieser Diskussion hat sich gezeigt, daß, wenn man sich auf die empirische Methode einmal einläßt, der wirkkausalen Erklärung keine Grenze mehr an einem bestimmten Phänomen gezogen werden kann. Dementsprechend betont Plessner, daß „wir die restlose Zurückführbarkeit aller organischen Modale auf physikalisch-chemische Bedingungen für nicht nur theoretisch möglich und praktisch durchführbar, sondern geradezu für wesensnotwendig erklären“. (SOM, 158f.) Vielmehr muß dagegen erstaunen, daß Plessner nach dieser empirischen Widerlegung des Vitalismus Driesch dennoch zubilligt, richtig *geschaut* zu haben. Wie und was hat Driesch nun jedoch geschaut? Der Typ der Erfahrung, dem Driesch seine Einsicht verdankt, ist offensichtlich die empirisch nicht restringierte Alltagserfahrung. Was Driesch geschaut hat, das sich dem Empiriker verbirgt, hat sich in seiner Replik auf Köhler angedeutet: die Selbstbezüglichkeit lebendiger Einheitsbildung, die nicht in Gestalthaftigkeit aufgeht.

---

[78] Vgl. SOM, 145f.: „Ergibt sich diese tiefe Einsicht nicht jedoch aus einer etwas anfechtbaren Argumentation? Liegt nicht der Wesensunterschied zwischen toter und lebendiger Gestalt, wie ihn gerade Driesch sieht, eine Stufe höher und in einer Seinsebene anderer Ordnung als sie durch das Wesen der Gestalt bestimmt ist? [...] Für Köhler ist es kein Einwand, daß sich die zerbrochene Leidener Flasche nicht in zwei proportional richtige Fläschchen umwandeln kann, er vergleicht nicht das Gebilde ‚Physikalische Topographie + physikalische Struktur [...]‘, sondern nur die physikalische Struktur mit dem belebten Körperding. Das tertium comparationis ist die Gestaltetheit, d.h. Transportierbarkeit der Struktur bei Variation [...]. Auf Eingriffe stellt sich [...] von selbst die Gestalt wieder her, spontan aus innerer Dynamik, obwohl das Strukturmaterial räumlich gebunden, seine Ausbreitungsart durch die vorgegebene Topographie speziell bestimmt ist.“

Indem das Lebendige seine physikalische Topographie selbst bestimmt, bzw. die Grenzen der eigenen Gestalt realisiert, wie es Plessner ausdrücken wird, geht die lebendige Selbstbezüglichkeit nicht in Gestalthaftigkeit auf und ist insofern auch nicht vollständig empirisch erklärbar.

Wenn wir nun zugleich Plessners Plädoyer für Köhler und die mechanistische Verfaßtheit der empirischen Biologie berücksichtigen, dann wird der Status verständlich, der diesem Plessnerschen Eintreten für die allein alltagsweltlich gegebene Selbstbezüglichkeit des Lebendigen zukommt. Daß Köhler empirisch recht hat, besagt, daß sich nicht nur der traditionelle Vitalismus sondern auch der Neovitalismus in der empirischen Biologie nicht halten läßt. Die alltagsweltlich gegebene Selbstbezüglichkeit des Lebendigen rechtfertigt weder, eine bestimmte causa efficiens, noch eine causa finalis (bzw. einen Entelechiefaktors) als einen das lebendige Sein auszeichnenden Kausalitätstypus in die empirische Biologie einzuführen. Beides ließe sich nur dann begründen, wenn die empirische Erklärung des lebendigen Seins an Grenzen und d.h. auf Phänomene stieße, die sich ihrem methodischen Vorgehen prinzipiell widersetzten. Diesen Nachweis hat Driesch – wie wir gesehen haben – vergebens versucht, mit Verweis auf die Übersummenhaftigkeit des Lebendigen zu erbringen. Folglich kann die Selbstbezüglichkeit des Lebendigen genauso wenig einen Grund bzw. Zweck seiner Konstitution wie eine spezifische Ursache ausmachen, die sein physisches und chemisches Erwirktsein überböte. Driesch hat folglich insofern unrecht, als er sich über den Status seiner Anschauung lebendiger Selbstbezüglichkeit irrt. In dem Moment, wenn er seine alltagsweltlich erreichte Anschauung lebendiger Selbstbezüglichkeit (bzw. in seiner Terminologie: der Ganzheitlichkeit) in den Kontext der empirisch restringierten Erfahrung einführt, zählt nur noch ihr Gestaltcharakter. Mit der Möglichkeit, die Übersummenhaftigkeit des lebendigen Seins empirisch als Gestalt erklären zu können, bricht für Driesch der Phänomenbestand weg, der ihn dazu legitimierte, auf einen spezifischen Entelechiefaktor bzw. eine Teleologie des lebendigen Seins zu schließen.

b. Plessners Eintreten für das lebendige physische Ding jenseits von Vitalismus und Mechanismus

Um die Position schärfer vor Augen zu bekommen, die Plessner mit seinem „sowohl empirischer Mechanismus als auch alltagsweltlicher Vitalismus" vertritt, soll Plessner mit einem Einwand konfrontiert werden, den Viktor v. Weizsäcker bereits Anfang der 20er Jahre ihm gegenüber geltend gemacht hat. Weizsäcker bringt seine Kritik in einer Rezension des Plessnerschen Aufsatzes „Vitalismus und ärztliches Denken" aus dem Jahre 1922 vor. In seinem Aufsatz stellt sich Plessner die Frage, ob Drieschs Angebote, wie sich Entelechie und Wirkkausalität versöhnen lassen, überzeugen. (Vgl. VäD, 16f.) Er kommt – wie nicht anders zu erwarten – zu einem negativen Ergebnis. Hier begründet er seine Einschätzung damit, daß alle von Driesch vorgeschlagenen Weisen der Versöhnung mit dem Trägheitsgesetz kollidieren. Damit jedoch sei „die Voraussetzung naturwissenschaftlicher Betrachtungsweise außer Kraft gesetzt". (VäD, 17) Plessner wendet hier gegen Driesch ein, daß empirische Forschung methodisch an die Regeln eindeutiger wirkkausaler Bestimmbarkeit gebunden ist.[79] Wie in den „Stufen" unterscheidet Plessner auch hier schon zwischen der empirisch vorgehenden Naturwissenschaft und der Phänomenschau. Die Phänomenschau siedelt er damals allerdings noch nicht in der Alltagserfahrung an, sondern identifiziert sie mit philosophischer Erkenntnis. Dementsprechend spricht er die Fragen der Konstitution des lebendigen Seins der empirischen Wissenschaft, die Fragen seiner qualitativen Bestimmtheit dagegen der nicht empirisch restringierten philosophischen Phänomenschau zu.[80]

Weizsäcker versteht diese Plessnersche Haltung als Versuch einer Versöhnung von Mechanismus und Vitalismus, was ihn dazu veranlaßt den Finger in die Wunde einer solchen Versöhnungsposition zu legen. „‚Vitalismus gehört in die Philosophie' – ja, aber welche Philosophie? So etwas wie ‚die' Philosophie gibt es ja doch nicht; [...] Und weiter: damit, daß wir den Widerspruch zwischen der originalen Produktivität des Lebens und dem eindeutig bestimmenden Gesetz der Naturwissenschaft in die Philosophie verschieben, finden wir nicht allein zunächst keine Auflösung der Antinomie [...]. Daraus folgt aber sogleich, daß eine scholastische Problem*verteilung* auf Naturwissenschaft, Philosophie und ärztliche Praxis, wie sie Plessner vornimmt, nicht heilsam wird. Und nicht nur tritt durch dieses klassifizierende Verfahren keine Beruhigung und Erledigung des Streites ein (die Geschichte lehrt es), sondern es tritt vielleicht eine Scheinlösung ein, über welcher der besondere Sinn und die eigentliche Fruchtbarkeit des Zwiespaltes aus den Augen verloren wird." (Weizsäcker, 360f.)

---

[79] Anders als in den „Stufen" versteht Plessner das naturwissenschaftliche Vorgehen in diesem frühen Text nicht als mechanistisch, sondern als neutral gegenüber der Frage, ob das Lebendige vitalistisch oder mechanistisch verstanden werden soll. Hier versteht er den Vitalismus und den Mechanismus als zwei verschiedene Antworten auf die Frage nach dem Wesen des Lebendigen, die das methodisch gebundene Vorgehen der empirischen Wissenschaften übersteigt. In der grundsätzlichen Anlage ähneln sich das frühere und das spätere Vorgehen Plessners dennoch, weil Plessner beide Male versucht, den von Driesch ausgelösten Konflikt um die naturwissenschaftliche Erkenntnis des Lebendigen dadurch zu schlichten, daß er eine Differenz der Ebenen einzeichnet, auf die naturwissenschaftliche Erkenntnis bzw. die Phänomenschau ausgreift. Erstere wird der empirischen Konstitution, zweiteres der qualitativen Erscheinung zugerechnet. Erst in den „Stufen" gelingt ihm allerdings eine Durchführung des Programms, nachdem er grundlegende Umstellungen vorgenommen hat.

[80] Die Unterscheidung zwischen dem theoretischen Vitalismus der Philosophie und dem praktischen Vitalismus des Arztes, die Plessner in diesem Aufsatz außerdem einführt, ist für unsere Frage irrelevant.
Vgl. Zum Verhältnis von Philosophie und Naturwissenschaft: VäD, 19f.: „Man kann Vitalist sein, und der Schreiber dieser Zeilen ist es aus philosophischen Gründen, und muß doch das Ziel der exakten Biologie anerkennen, von dem wir freilich weit entfernt sind: Darstellung qualitativer Differenzierung nach quantitativen Funktionen." In seiner Antwort auf v. Weizsäckers Rezension verdeutlicht Plessner das Zusammenspiel von Naturwissenschaft und Philosophie nochmals. Vgl. Helmuth Plessner, Über die Erkenntnisquellen des Arztes, a.a.O.; 48: „Zur Lösung des Lebensproblems sind also zwei Wissenschaften nötig: Naturwissenschaft und Philosophie, jene zur Ermittlung des materiell-energetischen Substrats *quantitative* Sachverhalte, diese zum Verständnis der Erscheinungsweise des Substrats *qualitative* Sachverhalte in Grundrelationen von Subjekt und Objekt begründend."

Mit diesem Einwand hat Weizsäcker die Schwachstelle eines Versöhnungsversuchs aufgezeigt, der im Konflikt zwischen naturwissenschaftlicher Erklärung und phänomenologischer Schau des Lebendigen vermitteln will, indem er die Verschiedenheit der Erkenntnisse als Verschiedenheit der Perspektiven deutet. Wenn Plessner in seiner Reaktion auf Weizsäcker behauptet, Naturwissenschaft und Phänomenschau könnten gar nicht konfligieren, da sie sich auf verschiedenen Ebenen bewegen, muß dies als fade Beteuerung erscheinen, die dem Weizsäckerschen Einwand nur noch weitere Kraft verleiht.[81] Wenn Plessners Ansatz überhaupt Beachtung verdienen soll, so muß er sich zu der Alternative verhalten können, vor die er durch Weizsäcker gestellt wird: Ist die Wirklichkeit des Lebendigen in ihrer Grundschicht durch chemische und physikalische Wirkkausalität oder ist sie durch einen letzten Endzweck bestimmt, der dem einzelnen Lebendigen den Freiraum lebendiger Selbstbestimmung eröffnet? Um den Plessnerschen Lösungsvorschlag – den seine Naturphilosophie darstellt – vor Augen zu bekommen, müssen wir zunächst verstehen, weshalb er sich der Weizsäckerschen Alternative verweigert. Vor diesem Hintergrund soll in einem zweiten Schritt die positive Bedeutung seines „Sowohl-Als auch" eingesehen werden.

Um zu verstehen, warum sich Plessner nicht in die von Weizsäcker aufgemachte Alternative drängen läßt, soll die historische Situation berücksichtigt werden, in der die Diskussion zwischen Plessner und Weizsäcker stattfindet. Damit zugleich werden sich auf inhaltlicher Ebene die Schwierigkeiten konkretisieren, die sich an die beiden von Weizsäcker angebotenen Alternativen des Mechanismus und des Vitalismus knüpfen. Wenn man auf die historische Situation der 20er Jahre in Deutschland zurückblickt, so zeichnet sich die Gefahr ab, die die mechanistische Auflösung des Lebendigen in empirische Wirkkausalität bedeutet: daß sich ein an den empirischen Wissenschaften geschulter Mechanismus gegen die alltagsweltliche Gewißheit vom Selbstsein des Lebendigen richtet, um diese ideologiekritisch als historische Konstruktion des christlichen Europas zu entschleiern. Mit dem Verlust der selbstverständlichen Gewißheit, daß das Lebendige mehr als ein Produkt chemischer und physikalischer Ursachen ist, wird gleichfalls die normative Verbindlichkeit gegenüber dem Lebendigen untergraben. Soll diesem erneuten Ideologieverdacht im Ausgang von den vorvitalen Schichten physikalischer und chemischer Gesetze entgegengewirkt werden, so gilt es, die alltagsweltlich gegebene Selbstbezüglichkeit des Lebendigen zu verteidigen. Gegen den Mechanismus muß folglich für die Nichtobjektivierbarkeit des Lebendigen als eines Ganzen eingetreten werden.

Wollte man im Bestreben, der mechanistischen Vergegenständlichung eine Grenze zu setzen, mit Weizsäcker entscheiden: „na, dann wohl Vitalismus", so unterschätzte man allerdings die historische Problemkonstellation. Zunächst machte man sich Illusionen über die Situation der Philosophie zu Beginn des 20. Jahrhunderts. Wie wir in der Einleitung ins zweite Kapitel gesehen haben, fehlt einer Versöhnungsperspektive, die in Hegelscher Tradition behaupten wollte, daß die physikalischen Gesetze in den Gesetzen des Organischen aufgehoben sind, ein Erkenntnisfundament. Dies hat nun jedoch für

[81] Vgl. ebenda.

unser Problem zur Folge, daß auch der dialektische Umschlag der chemischen Auflösung der physischen Materialität ins selbstbezügliche organische Leben infragesteht. Wenn man diesen Schritt nicht mehr mitgeht, so bleibt man in der chemischen Auflösung aller qualitativen Bestimmtheit – und damit bei der mechanistischen Infragestellung des Lebens als „selbstische(r) und subjektive(r) Einheit" – stecken. (Vgl. Enz., § 337) Wenn man dagegen weiterhin die Aufhebung ins Leben behauptet, so schneidet man den Qualitäten des Lebendigen ihre Rückbindung an die Faktizität des physischen Bestehens ab. Innerphilosophisch offenbart sich die Weizsäckersche Alternative folglich als Zwang zur Entscheidung zwischen einem Mechanismus, der die Qualitäten des Lebendigen chemisch auflöst, und einem Vitalismus, der den Rückhalt am faktischen Bestehen aufgibt. Die mechanistische Auflösung lebendiger Selbstbezüglichkeit bedeutet allein die Zersetzung von alltagsweltlicher Orientierung, ohne daß sie noch eine neue Art von Orientierung versprechen könnte. Das vitalistische Festhalten an der Teleologie lebendigen Seins gibt den Rückhalt an der Wirklichkeit und damit den eigenen Erkenntnisanspruch preis.

Die Philosophie, die um ihre Endlichkeit weiß, kann den mechanistischen Reduktionismus folglich nicht widerlegen, indem sie unter Voraussetzung eines überzeitlichen Fundaments das lebendige Sein als Sphäre begreift, in der die physikalischen und chemischen Gesetze mit den Gesetzen der spezifischen Selbstbezüglichkeit versöhnt sind. Die einzige Möglichkeit, die der Philosophie bleibt, besteht offensichtlich darin, gegen die mechanistische Hypostasierung der physikalischen und chemischen Gesetze zur Grundschicht von Wirklichkeit überhaupt zu kämpfen. Die Philosophie muß dementsprechend darauf zielen, die Nichtobjektivierbarkeit des Lebendigen als Ganzen gegenüber den empirischen Wissenschaften zu verteidigen.[82] Hier stellt sich nun allerdings gleich das nächste Problem, insofern eine vitalistische Position innerhalb der empirischen Biologie nicht haltbar ist. Dies betont Plessner explizit nochmals in seiner Replik auf die Rezension von Weizsäcker.[83] Wie wir gesehen haben, tauchen innerhalb

[82] Vgl. VN, 207: „Eben weil heute wissenschaftliche Philosophie die Lebensführung aus der Hand geben muß, öffnet sich dem solcher Verantwortung Bewußten die letzte Alternative zwischen einer Bejahung seiner geschichtlichen Endlichkeit oder ihrer grundsätzlichen Verneinung. [...] Der erste Weg der Philosophie im Sinne und in der Richtung der noch offen gelassenen Möglichkeiten ihrer Tradition führt an den inneren Anfang menschlichen Daseins, in seine Situationsgebundenheit, in den Zwang, sich irgendwelchen Werten und Zusammenhängen auszuliefern, wenn es die Situation meistern will. [...] Gesehen auf dem Hintergrund der sich alles unterwerfenden Wissenschaft bedeutet die reservatio mentalis zugleich die Erkenntnis einer Grenze der Vergegenständlichung und Relativierung, eine äußerste Grenze für jede Zersetzung des geistigen Lebens [...]."

[83] Vgl. Helmuth Plessner, Über die Erkenntnisquellen des Arztes, a.a.O., 46: „Es gibt keinen naturwissenschaftlich darstellbaren Vitalismus. Denn eine theoretische Erfassung des Lebensphänomens gelingt nicht nach der Methode der Naturwissenschaften. Indem der Experimentator Schritt für Schritt das Bedingungssystem klarmacht, welches einer Lebenserscheinung, etwa der Atmung oder der Gastrulation, äquivalent ist, ordnet er die Erscheinung den allgemeinen Bedingungsverhältnissen materiellen Geschehens ein. Wir halten – im Gegensatz zu den Vitalisten – die Anwendung dieser Methode, des kritischen Naturbegriffs im Sinne Kants oder v. Weizsäckers, durch keine uns möglicherweise vorkommende Erscheinung begrenzbar. Wo Erscheinung, da ist auch zugleich in

des empirischen Vorgehens keine Phänomene auf, die sich prinzipiell der Erklärung durch Rückgriff auf physikalische und chemische Ursachen versperrten. Wenn man die empirische Erklärung des Lebendigen durch die wirkkausalen Ursachen seiner Konstitution bejaht, wie Driesch es tut, dann läßt sich nachträglich keine Schranke mehr ziehen, die nicht überstiegen werden darf.

In dieser historischen Situation bekennt sich Plessner nun zum Mechanismus innerhalb der empirischen Forschung und zum Vitalismus innerhalb der nicht restringierten Phänomenschau. Dieses Plessnersche „Sowohl-Als auch" stellt zunächst v.a. eine Forderung dar: Daß sowohl das faktische Bestehen als auch die Selbstbezüglichkeit des Lebendigen, die sich in seinen qualitativen Bestimmungen ausdrückt, berücksichtigt werden muß. In bezug auf dieses Programm wäre es philosophisch fragwürdig mit Weizsäcker zu fordern, sich für eine Dimension – das faktische Bestehen oder die qualitative Bestimmtheiten – als Grundschicht zu entscheiden; wohl aber sollte man in Anschluß an Weizsäcker verlangen, daß Plessner in re – d.h. am Lebendigen selbst – nachweist, daß beides von einander abgehoben ist und wie es per hiatum verschränkt ist. Plessners bloße Beteuerung, daß es zu keinem Konflikt zwischen den Erkenntnisperspektiven kommen kann, die das faktische Bestehen bzw. die qualitative Bestimmtheit erforschen, kann in bezug auf diese Anforderung freilich nicht befriedigen. Solange die Erforschung des faktischen Bestehens dem mechanistischen Abbau auf vorgängige Ursachen und die Erforschung der Qualitäten einer vitalistischen Phänomenschau überlassen wird, erreicht man keine Erkenntnis des lebendigen Seins in seiner Einheit sondern allein den Widerspruch seiner beiden Aspekte. Wie dieses Zugleich von faktischem Bestehen und qualitativer Bestimmtheit aussieht und wie es einzusehen ist, stellt Plessner indes erst fünf Jahre nach seiner Replik auf v. Weizsäcker – in den „Stufen" – vor.

Wie sieht nun der programmatische Vorschlag aus, den Plessner in den „Stufen" ausbreitet? Die entscheidende Einsicht, auf der die Anlage der „Stufen" beruht, kennen wir bereits aus dem ersten Kapitel: Plessners von Josef König übernommene These der Verschränkung. Das „Nein zu einem Generalnenner" zeigt nun den Weg an, den Plessner in den „Stufen" einschlägt, um sowohl das faktische Bestehen als auch die qualitativen Bestimmungen des lebendigen Seins in ihrer Irreduzibilität zu berücksichtigen. Zunächst bedeutet die Vorgabe, auf einen Generalnenner zu verzichten, daß Plessner weder die mechanistische Hypostasierung der empirischen Ursachen zur Grundschicht von Wirklichkeit überhaupt noch die vitalistische Hypostasierung eines Entelechiefaktors als Endzweck lebendiger Wirklichkeit und damit die Verabsolutierung der qualitativen Bestimmungen mitträgt. Um beide Dimensionen – sowohl das faktische Bestehen als auch die qualitative Bestimmtheit – berücksichtigen zu können, hält Plessner das Wesen des lebendigen Seins vielmehr von jeder apriorischen Festlegung frei. In bezug auf Weizsäckers Forderung, die Einheit des lebendigen physischen Dings einzusehen, bedeutet dies zunächst, daß sie nicht den Anfangs- sondern allein den Endpunkt philosophischer Erkenntnis ausmachen kann.

---

ihr die Bedingung *möglicher* Einordnung in ein Kettensystem von Bedingungen – naturwissenschaftlicher Erklärbarkeit – gegeben."

Die Durchführung des Verschränkungsansatzes erfordert von Plessner eine Vielzahl von Umstellungen gegenüber seinem früheren Vorschlag, daß sich die mechanistische Naturwissenschaft und die phänomenologische Philosophie zur Erforschung des lebendigen Seins insofern ergänzen könnten, als jene seine Konstitution durch physikalische und chemische Ursachen, diese seine erscheinenden Qualitäten erforscht. Die von Plessner vorgenommenen Umstellungen betreffen die Erkenntnis des faktischen Bestehens, der qualitativen Bestimmtheit des Lebendigen und ihrer Verschränkung.

Wenn das faktische Bestehen des Lebendigen mit seiner Erscheinung als übersummenhafte Besonderheit zusammengehen soll, dann darf bereits seine physische Körperlichkeit nicht als Produkt aus vorgängiger Wirkkausalität bestimmt werden. Wenn man nämlich die Körper in ihrem Bestehen ganz auf physikalische und chemische Ursachen abbaut, dann läßt sich auch die Erscheinung eines physischen Körpers als eines besonderen Lebewesens nicht mehr halten. Bereits die Erkenntnis des Lebendigen in seinem faktischen Bestehen muß folglich die mechanistische Hypostasierung der physikalischen und chemischen Gesetze zur Grundschicht von Wirklichkeit überhaupt unterlaufen. Zu fordern ist eine solche Erkenntnis des physischen Körpers, die dessen Einheitsstruktur als einzelnes Seiendes festhält. Genau dies erreicht Plessner nun in den „Stufen“, indem er seine Kritik an Driesch aus der Perspektive von Köhler formuliert. Indem Köhler nämlich den Gestaltbegriff auf Unbelebtes bezieht, erfaßt er damit gerade die übersummenhafte Einheit des Seienden, die durch den Abbau der Bestimmtheiten auf vorgängige Ursachen bedroht war. Plessner kann mit seinem affirmativen Verweis auf Köhler folglich innerhalb der empirischen Naturwissenschaft ein Verständnis übersummenhafter Einheit nachweisen, das den Abbau des faktischen Bestehens auf vorgängige Ursachen unterläuft.

Wenn Plessner sich in den „Stufen“ zum Mechanismus innerhalb der empirischen Naturwissenschaften bekennt, so meint er damit gerade nicht die Ideologie, die physikalische und chemische Gesetze zur Grundschicht von Wirklichkeit überhaupt hypostasiert. Vielmehr hat er einen Mechanismus vor Augen, der mit dem Gestaltbegriff bereits in der Sphäre des Anorganischen übersummenhafte Einheitsstrukturen kennt. Er drückt mit diesem Bekenntnis allein aus, daß sich ein teleologisches Verständnis der belebten Natur bzw. die Einführung eines Entelechiefaktors in die empirische Biologie nicht länger halten läßt. Alle Qualitäten von (belebten wie unbelebten) Dingen sind damit nach Plessner als Wirkungen aus physikalischen und chemischen Ursachen zu erklären. Dies bedeutet jedoch gerade nicht, daß das einzelne Ding in seinem Bestehen in das Geflecht empirischer Wirkkausalität auflösbar ist. Genau diese Unterscheidung lehrt der Gestaltbegriff. Es bedeutet nicht einmal, daß die spezifischen Qualitäten lebendigen Seins in ihrer jeweiligen Bestimmtheit ein bloßes Produkt vorgängiger Ursachen wären. Vielmehr betont Plessner, daß sie Wirkungen aus empirischen Ursachen und in ihrer jeweiligen Qualität dennoch irreduzibel sind.

Um das Zugleich von faktischem Bestehen und lebendiger Besonderung zu begreifen, stellt sich für Plessner in bezug auf das faktische Bestehen folglich die Aufgabe, den Gestaltcharakter am lebendigen Sein nachzuweisen. Dies gelingt ihm, wie das nächste Unterkapitel rekonstruieren wird, durch philosophische Reflexion auf die

Dinghaftigkeit als spezifischer Einheitsstruktur der anschaulich gegebenen physischen Körper. In diesem Zusammenhang wird sich auch zeigen, daß Plessner mit dem Verweis auf den Köhlerschen Gestaltbegriff den Konflikt zwischen der empirischen Erklärung durch physikalische und chemische Gesetze und der Phänomenschau nicht einfach nach unten verlagert hat. Dann wäre der Verweis auf den außergewöhnlichen Naturwissenschaftlicher, der Köhler zweifellos war, nur ein strategischer Trick, um das Auseinanderbrechen von wirkkausal hervorgebrachter Materialität und anschaulich gegebener Gestalthaftigkeit zu verdecken. Demgegenüber wird das nächste Unterkapitel nachweisen, daß die wirkkausal bedingte Materialität des physischen Körpers und die dinghafte Erscheinung in einander verschränkt sind.

Nun ist darüber hinaus von Plessner ebenfalls zu verlangen, daß er die spezifische Selbstbezüglichkeit des Lebendigen in einer Weise faßt, die ihre Rückbindung an das faktische Bestehen – und d.h. an die physische Dinghaftigkeit – nicht abbricht. Dies bedeutet zunächst, daß die Selbstbezüglichkeit des Lebendigen nicht als causa finalis bestimmt werden darf. Die Annahme einer causa finalis bzw. eines letzten Zweckes, der die Konstitution lebendigen Seins bestimmte, stellte das einzelne Lebewesen in den umfassenden Zusammenhang des teleologisch bestimmten Lebens zurück. Mit dieser Hypostasierung lebendiger Zweckhaftigkeit zur Grundschicht der lebendigen Wirklichkeit ist darüber hinaus das faktische Bestehen des Lebendigen als eines physischen Dinges nicht mehr zu halten. Die Lebewesen werden in die umfassende Sphäre des Lebens überhaupt zurückgestellt und dadurch entwirklicht. Wenn die alltagsweltlich gegebene Selbstbezüglichkeit des Lebendigen nicht seine teleologische Konstitution bedeuten kann, so bleibt als „Ort“ am lebendigen Sein allein die Ebene der erscheinenden Qualitäten. Die übergestalthafte Selbstbezüglichkeit des Lebendigen kann folglich allein in der Ebene der erscheinenden Qualitäten situiert sein. Diese Konsequenz hat Plessner bereits in seinen frühen Aufsätzen gezogen und dort deswegen verlangt, daß die lebendige Selbstbezüglichkeit von einer nicht empirisch restringierten Phänomenschau zu untersuchen sei. Plessners Bekenntnis zum Vitalismus bedeutet folglich nicht die Hypostasierung eines Entelechiefaktors als Endzweck der Konstitution lebendigen Seins. Er drückt mit seinem Bekenntnis zum Vitalismus in der nicht restringierten Alltagserfahrung vielmehr allein aus, daß sich die lebendige Selbstbesonderung nicht auf das faktische Bestehen abbauen läßt. Er hebt damit die Erscheinung des Lebendigen in seiner Besonderheit nicht nur von den vorgängigen physikalischen und chemischen Ursachen sondern ebenfalls vom faktischen Bestehen des Lebendigen als eines physischen Dings ab.

Die Situierung der Selbstbezüglichkeit auf der Ebene der erscheinenden Qualitäten unterläuft nun allein ihr Übergreifen auf die Ebene der Konstitution des Lebendigen als eines physischen Körpers. Damit ist jedoch noch nichts über das Zusammenbestehen beider Ebenen ausgesagt, was Weizsäcker zurecht moniert. In den „Stufen“ stellt sich Plessner diesem Problem im Sinne des Verschränkungsansatzes und d.h. unter Verzicht auf die Annahme einer letzten Versöhnungssphäre des lebendigen Seins überhaupt.

Hierfür muß er in einem ersten Schritt von beiden Dimensionen – dem Bestehen als physischem Ding und dem Erscheinen als selbstbezügliches Lebewesen – nachweisen, daß sie neben sich Platz für die je andere Dimension lassen. Wie bereits in der Einleitung ins zweite Kapitel erwähnt, stellt der Bruch zwischen dem dinghaften Bestehen und der lebendigen Erscheinung nämlich nur dann keinen schlichten Widerspruch dar, wenn beide Dimensionen nicht homogen und dadurch in sich abgeschlossen sind. Wie im folgenden (unter 3.) en détail rekonstruiert werden wird, weist Plessner die Heterogenität beider Dimensionen an ihrer spezifischen Doppelaspektivität auf. Jedes physische Ding konstituiert sich kraft des Doppelaspekts von Kern und Eigenschaften, die lebendigen Dinge erscheinen darüber hinaus, im Doppelaspekt der Besonderung in sich und gegen Anderes.

In einem zweiten Schritt muß Plessner von diesem Hintergrund das Miteinander bzw. den Umschlag der Ebenen des dinghaften Bestehens und der lebendigen Erscheinung ineinander begreifen. Es wird sich (unter 4.a.) zeigen, daß Plessner diese Umbruchstelle in der Grenze des Lebendigen findet, die nicht nur einen räumlichen Kontur ausmacht, sondern darüber hinaus vom Lebendigen selbst realisiert wird. Um vom Grenzvollzug als einer bestimmten Eigenschaft des lebendigen Dings zu begreifen, daß in ihr der Umschlag des dinghaften Bestehens in die selbstbezügliche Erscheinung stattfindet, stellt die Phänomenschau kein geeignetes Erkenntnismittel dar. In der Schau kann die qualitative Bestimmtheit von Eigenschaften – hier: die Grenze des Lebendigen als einer vollzogenen Grenze – erfaßt werden. Keine Erkenntnis kann jedoch mehr von ihrem epistemischen Status am lebendigen Ding erreicht werden. Die Grenzrealisierung kann vielmehr allein durch begriffliche Reflexion als der Grund dafür bestimmt werden, daß ein physisches Ding als selbstbezügliches Lebewesen erscheint. Dementsprechend unterscheidet Plessner in den „Stufen" im Unterschied zu seinen früheren Schriften zwischen begrifflicher Reflexion und Phänomenschau. Erst beides zusammen und nicht etwas schon die für sich genommene Phänomenschau bildet die vollständige naturphilosophische Erkenntnis, die Plessner in den „Stufen" erreicht.

Um Weizsäckers Herausforderung standzuhalten, muß Plessner seine Behauptungen vom lebendigen Sein schließlich noch rechtfertigen können. Zum einen muß er nachweisen, daß die erscheinenden Qualitäten lebendigen Seins im Unterschied zu den Qualitäten unbelebter Dinge nicht in das Geflecht chemischer und physikalischer Ursachen auflösbar sind. Nur wenn er das zeigen kann, kann er nämlich gerechtfertigterweise behaupten, daß die lebendige Erscheinung vom dinghaften Bestehen abgehoben ist. Zum anderen muß er die Hypothese rechtfertigen, daß die Grenzrealisierung den Grund dafür darstellt, daß ein physisches Ding als selbstbezügliches Lebewesen erscheint. In bezug auf die Grenzrealisierung muß er aufweisen können, daß sie in ihrer Funktion als Punkt, in dem sich das lebendige Ding auf sich rückwendet, kein bloßes Konstrukt aus begrifflicher Reflexion darstellt, sondern am lebendigen physischen Ding in seiner Tatsächlichkeit vorkommt. Es wird sich (unter 4.b.) zeigen, daß Plessner diese beiden Deduktionsaufgaben verschränkt, so daß er die Grenzrealisierung in ihrer Wirklichkeit und die Lebensmerkmale in ihrer Irreduzibilität durch einander rechtfertigt. Auf diese Weise unterläuft er auf epistemischer Ebene die Hypostasierung sowohl der begrifflichen Reflexion als auch der Phänomenschau zur ursprünglichen philosophischen Erkenntnisquelle.

3. Die beiden Doppelaspekte des Lebendigen

Das jetzige Kapitel beginnt mit der Durchführung des Verschränkungsansatzes. Es muß hierfür sowohl (unter a.) beim physischen Bestehen als auch (unter b.) bei der selbstbezüglichen Erscheinung des Lebendigen ansetzen. Wie oben bereits festgestellt, sprengt die Heterogenität beider Aspekte die Einheit des lebendigen physischen Dings nur dann nicht, wenn beide Aspekte ihrerseits in sich begrenzt sind und dadurch die Grundschicht lebendigen Seins offen halten. Plessner gelingt es, die Selbstbegrenzung beider Dimensionen des Lebendigen nachzuweisen, indem er ihre jeweilige Doppelaspektivität herausarbeitet. Das jetzige Kapitel rekonstruiert nacheinander die Doppelaspektivität des physischen Bestehens und der selbstbezüglichen Erscheinung. Damit leistet es den Nachweis, daß diese beiden Aspekte lebendigen Seins nebeneinander bestehen können. Die Frage, wie sie über ihre Heterogenität hinweg verschränkt sind, wird für das folgende vierte Kapitel aufgespart.

a. Die Dingstruktur physischen Bestehens

Die kommenden Überlegungen zum physischen Bestehen des Lebendigen haben einen zweifachen Anspruch zu bewältigen. Aus Plessners Auseinandersetzung mit Driesch und Köhler steht noch der Nachweis aus, daß das Bestehen des Lebendigen gestalthaft gegliedert ist. Wenn das Lebendige nämlich Gestaltstrukturen aufweist, dann ist es in seinem physischen Bestehen nicht auf physikalische und chemische Gesetze abbaubar. Als Gestalt bildet es vielmehr ein übersummenhaftes Einzelnes. Dieser Nachweis kann selbstverständlich nur dann als gelungen gelten, wenn gezeigt werden kann, daß die Gestaltstruktur sich ihrerseits nicht mehr auf die Gesetze der Wirkkausalität abbauen läßt. Es muß sich vielmehr begreifen lassen, wie beides – die gestalthafte Einheitsstruktur und die wirkkausal hervorgebrachte Körperlichkeit – ineinandergreifen, ohne aufeinander reduzierbar zu sein. Der zweite Anspruch an das jetzige Unterkapitel stammt aus dem Gesamtzusammenhang des naturphilosophischen Verschränkungsansatzes. Es kann im folgenden nämlich nicht nur darum gehen, den Gestaltcharakter des physischen Bestehens aufzuweisen, es müssen vielmehr zugleich die Grenzen der physischen Gestalt nachgewiesen werden. Wie wir oben gesehen haben, bleibt ja nur dann Raum für die übergestalthafte Erscheinung des Lebendigen, wenn sich die Gestaltstruktur nicht zur Grundschicht lebendigen Seins überhaupt ausdehnt. Plessner muß das Lebendige in seinem physischen Bestehen folglich als Gestalt ausweisen, ohne sich dadurch die Möglichkeit zu verschließen, an seiner übergestalthaften selbstbezüglichen Erscheinung festzuhalten. Er entspricht diesem doppelten Anspruch im Rückgriff auf die alltagsweltlich gegebene Dingstruktur physischer Körper.[84]

[84] Jan Beaufort macht darauf aufmerksam, daß in der Festkörperphysik seit längerem die These bejaht wird, daß alle festen Körper Gestalten darstellen. Vgl. Jan Beaufort, Die gesellschaftliche Konstitution der Natur – Helmuth Plessners kritisch-phänomenologische Grundlegung einer hermeneutischen Naturphilosophie in *Die Stufen des Organischen und der Mensch*, Würzburg 2000, 22.

Es kann sich bei der Dingstruktur um keine Bewußtseinskategorie handeln, die das sinnlich gegebene Material ordnet. Vielmehr zielt die Frage auf die Dinge selbst und d.h. auf ihre interne Struktur, vermittels derer sie sich als Dinge konstituieren.[85] Die Konzentration auf das Ding selbst gibt der Überlegung eine erste Richtung vor. Die spezifische Differenz von der Erscheinung und dem An-sich des Dings darf folglich nicht mehr auf die Seiten des Gegebenen und des Bewußtseins verteilt werden. Auf diese Weise könnten die Erscheinungen allein als sinnlich gegebene Daten verstanden werden, die durch den Verstand zur Substantialität geordnet werden. Die Spannung von Erscheinung und An-sich-Sein muß vielmehr als Konstitutionsprinzip der dinglichen Einheit selbst verstanden werden.

Plessner setzt in seinen Überlegungen beim Alltagsverständnis an, um am erscheinenden physischen Ding aufzuweisen, daß es sich weder auf den Status eines Produkts aus vorgängigen Ursachen noch auf den Status sinnlich gegebener Daten reduzieren lasse. Demgegenüber will er zeigen, daß das Erscheinende in der Erscheinung als Erscheinung *von etwas* selbst präsent ist. „Was von dem Dinge reell erscheint und als Baum, Tintenfaß sinnlich belegt werden kann, ist selbst nur eine von unendlich möglichen Seiten (Aspekten) dieses Dinges. Dieses Reelle ist durchaus für die Anschauung das Ding selbst –, aber von einer Seite, nicht das ganze Ding, welches reell überhaupt nie ‚auf ein Mal' sinnlich belegbar ist. Die reell präsente Seite *impliziert* nur das ganze Ding und erscheint ihm eingelagert, obwohl weder für das ganze Ding noch für die Art und Weise des Eingelagertseins ein sinnlicher Beleg beizubringen ist." (SOM, 129f.)

Plessner unterscheidet zwei Richtungen, in denen das Phänomen über sich hinausweist und auf diese Weise für die Anschauung Dinghaftigkeit konstituiert. Einerseits weist das Reelle bzw. das sinnlich gegebene Phänomen „in das Ding hinein". (SOM, 130) In dieser Spannung sind die Eigenschaften vom Dingkern zugleich abgehoben und auf ihn rückbezogen. Die erscheinenden Eigenschaften bzw. das Reelle machen damit die *aktuelle* Bestimmtheit *des* Dinges aus. Der Erscheinungsgehalt zeigt sich als dem Ding zugehörig. Zugleich bedeutet diese Abhebung des Phänomens bzw. der Erscheinung von dem Ding als dem Erscheinenden, daß das Phänomen nicht das Ganze ist. Das reelle Phänomen zeigt folglich das Ding an, ohne es damit zugleich vollständig zu bestimmen. Umgekehrt läßt sich das Zugleich von Beziehung und Distanz auch an dem Verhältnis nachweisen, in dem der Dingkern zu den Eigenschaften steht. Das Ding an sich selbst ist in seiner aktuellen Erscheinung präsent. Zugleich ist es nicht identisch mit seiner je aktuellen Erscheinung. Das Ding an sich selbst ist derart indirekt vermittelt durch seine aktuelle gegebenen Eigenschaften präsent. Das Ding geht mit anderen Worten nicht unmittelbar in der Aktualität seiner Erscheinung auf, sondern manifestiert sich in ihr.

Andererseits weist das Reelle „um das Ding herum". (SOM, 130) Das aktuelle Phänomen erscheint damit nicht als isoliert, sondern auf andere Aspekte des Dings bezogen, die ebenfalls in Erscheinung treten können. Damit hebt sich die je aktuelle Erscheinung als Bestimmtheit gegen andere Seiten des Dings ab. Die Vielheit der Aspekte

[85] Vgl. SOM, 134f.

des Dings sind derart nicht auf die verschiedenen Blickwinkel auf das Ding zurückzuführen. Die Pluralität der Seiten resultiert aus dem Erscheinungscharakter des Dings selbst, das als etwas erscheint, wodurch notwendigerweise andere Aspekte seiner abgeblendet sind. An dieser Vielheit der Aspekte zerbricht das Ding nun jedoch nicht. Vielmehr erfährt es darin erst seine jeweilige Aktualität, die gegen gleich mögliche Bestimmtheiten abgehoben ist.

In dieser doppelten Transgredienzrichtung über das Phänomen hinaus – der Tiefenhaftigkeit und der Seitenhaftigkeit – konstituiert sich Dinghaftigkeit für die Anschauung. Folglich sind uns in der Alltagserfahrung Dinge nicht als isolierte Daten gegeben, in die wir ihre Strukturiertheit erst hineinlegen. Vielmehr haben wir immer schon mit Dingen zu tun, die sich uns von einer bestimmten Seite her zeigen.[86] Kraft der Doppelaspektivität von Kern und anschaulich gegebenen Eigenschaften konstituiert sich nach Plessner die spezifisch dingliche Einheitsstruktur. (Vgl. SOM, 137) Damit hat Plessner ein Verständnis des physischen Bestehens erreicht, das dieses nicht auf vorgängige Ursachen abbaut, sondern gerade in seiner Tatsächlichkeit erfaßt. „D.h. gegen das faktische Vorkommen der anschauungsimmanenten Dingintention darf auf keinen Fall die Zweideutigkeit ihres Gegenstandes ins Feld geführt werden." (SOM, 136)

Indem Plessner am reellen Phänomen die Transgredienzstrukturen aufweist, hat er sein Projekt noch nicht ganz eingelöst, Dinghaftigkeit als übersummenhafte Einheitsstruktur von physischen Körpern nachzuweisen. Es besteht nämlich noch die Möglichkeit, daß die Dingstrukturen ihren Grund in der räumlichen Körperlichkeit haben. Sollten sich die dingkonstituierenden Strukturen auf Räumlichkeit zurückführen lassen, könnte die dinghafte Einzelheit in das rein quantitative Verständnis der res extensa aufgelöst werden. Infolgedessen wäre es möglich, das dinghafte Bestehen des räumlichen Körpers auf die empirische Ursachen seiner Konstitution abzubauen. Damit wäre Plessner an dem Anspruch gescheitert, Dinghaftigkeit als übersummenhafte Einheitsstruktur von physischen Körpern nachzuweisen. Wenn Plessner dies vermeiden will, so muß er zeigen können, daß Dinghaftigkeit nicht nur von Räumlichkeit verschieden, sondern auch nicht auf diese rückführbar ist. Zugleich muß er das Verhältnis bestimmen können, in dem beide zu einander stehen.

Für die Anschauung ist Dinghaftigkeit und Räumlichkeit untrennbar. In philosophischer Reflexion ist es jedoch möglich, zwischen ihnen zu unterscheiden.[87] Als Indiz für beider Differenz kann die Enttäuschung dienen, die das Kind erlebt, wenn es zum Kern seines Bären vordringen will und nur Holzwolle findet. Die Holzwolle ist wohl das räumlich Innere des Bären; damit stellt sie jedoch genauso wenig den Fluchtpunkt der

[86] Vgl. SOM, 128f.: „Der Baum vor meinem Fenster ist nicht bloß eine Summe von Farbdaten, zusammengehalten von einer Gestalt, er gewinnt nicht bloß summenhaft Tastdaten und Geruchsdaten, wenn ich an ihn herangehe, und das Rauschen in seinen Zweigen ist nicht nur eine vielleicht letzte Ergänzung zur Summe seiner Erscheinung. Zu allererst ist der Baum da draußen [...] eine selbständige Größe. *An* ihm hängen die Eigenschaften, *in* denen er selbst manifestiert ist."

[87] Vgl. SOM, 133: „Erst die Überlegung kann einen von der Sinnlosigkeit des Versuchs überzeugen, zu welchem trotzdem die Anschauung immer wieder verführt, durch reales Eindringen in das Ding, durch ein schichtmäßiges Entblättern seinem zentralen Kerngehalt näherzukommen."

Anschauung bzw. den Substanzkern wie die lebendige Seele des Bären dar. Der Substanzkern ist in der Anschauung zwar präsent, jedoch nur negativ als Fluchtpunkt der Phänomene. Er unterscheidet sich derart von der räumlichen Mitte. Hat man diesen Unterschied eingesehen, liegt die analoge Differenz zwischen der räumlichen Oberfläche und den Seiten des Dings auf der Hand. Offensichtlich geht das Merkmal des Dings nicht darin auf, räumliche Peripherie zu sein, sondern wird erst durch seine Beziehung auf den Substanzkern zur Eigenschaft des Dings. Plessner unterscheidet derart am räumlichen Ding die Dinghaftigkeit als sinnhafter Relation von der Räumlichkeit als material bedingter Daseinsweise. In ihrer Divergenz lassen sich die dinghafte Einheitsstruktur und die räumliche Materialität nicht aufeinander zurückführen. Insofern die dinghafte Sinnstruktur von der Räumlichkeit prinzipiell verschieden ist, macht sie kein Produkt vorgängiger physikalischer und chemischer Ursachen aus. Genauso wenig wie die allein reflexiv einsehbare Dingstruktur auf die in sinnlicher Anschauung gegebene Räumlichkeit eines physischen Dings abbaubar ist, läßt sich umgekehrt die räumliche Materialität von der dinglichen Sinnstruktur ableiten. Die dingliche Einheit kraft des Doppelaspekts von Kern und Qualitäten sagt nämlich nichts über die Schwere, Größe oder Dichte eines konkreten physischen Körpers aus. Dementsprechend betont Plessner, daß die sinnhafte Dingstruktur und die materiale Daseinsweise in ihrer Divergenz gleichursprünglich sind und sich gegenseitig durchdringen.[88] Der physische Körper erscheint als Ding; d.h. er ist zugleich material durch Naturkausalität hervorgebracht *und* sinnhaft als dingliche Einheit geordnet. Mit diesem Verständnis der Dingstruktur ist es Plessner gelungen, das Lebendige in seinem physischen Bestehen als Gestalt nachzuweisen. Das Ding erfüllt beide von Köhler für die Gestalt geforderten Charakteristika. Es läßt sich nicht auf seine körperliche Räumlichkeit abbauen und ist damit in seiner Einzelheit mehr als die Summe seiner Teile. Indem es von der materialen Beschaffenheit des Körpers unterschieden ist, erfüllt es außerdem das Kriterium der Transponierbarkeit. Infolgedessen kann Plessner gerechtfertigterweise behaupten, daß das Lebendige in seinem physischen Bestehen als einem einzelnen Ding aus dem anonymen Geflecht der Wirkkausalität herausgehoben ist.[89]

Allerdings scheint sich hier das oben mit Weizsäcker thematisierte Problem zu wiederholen. Wieder scheinen wir vor der Frage zu stehen, wie Naturwissenschaft und

---

[88] Vgl. SOM, 133: „Zwischen den die Dinglichkeit konstituierenden Momenten der Tiefen- und Seitenhaftigkeit einerseits, den die Räumlichkeit des Dinges konstituierenden Momenten der Tiefe und geschlossenen Oberfläche andererseits besteht [...] nicht ein Begründungs-, sondern ein rein gegenseitiges Bedingungsverhältnis. Insofern sind raumbedingten Charakteren raumbedingende, räumlichen Bestimmtheiten *raumhafte* in der Anschauung wesensnotwendig zugeordnet."

[89] Vgl. SOM; 134: „Die Unangemessenheit der rechnerischen Methode zu diesem zunächst bloß anschaulichen Sachverhalt von Substanzkern und Eigenschaft kommt immer wieder dadurch zum Vorschein, daß die Substanz des Dinges weder als Inbegriff ihrer Eigenschaften noch auch als Inbegriff dessen, worauf sie nach exakter Methode reduziert werden können, aufzufassen ist. Was mit der in den Eigenschaften manifest werdenden und zugleich unter und hinter ihnen verborgen bleibenden Substanz anschaulich erlebt wird, spottet jeder naturwissenschaftlichen Auflösung in Elemente: Elektronen und Energien."

Phänomenologie nebeneinander bestehen können. Jetzt hat Plessner dieses Problem jedoch im Griff. Daß die Spannung von naturkausal erwirkter Körperlichkeit und Dingstruktur weder die empirischen Naturwissenschaften noch die Alltagserfahrung infragestellen muß, deutet sich bereits dadurch an, daß mit Köhler ein empirischer Wissenschaftler die Gestalthaftigkeit von anorganischen Gebilden nachgewiesen hat.[90] Vor allem ist es aber entscheidend, daß die Alltagserfahrung die Durchdringung des physischen Körpers durch die dinghaften Einheitsstrukturen erlebt. Es handelt sich bei dieser Verschränkung folglich nicht um eine leere Aufteilung wissenschaftlicher Perspektiven, sondern genauer um ein Geschehen in der Wirklichkeit. Es muß jetzt allein noch darum gehen, zu verstehen, warum kein letzter Grund angegeben werden kann, der das Zusammenbestehen der phänomenal gegebenen Ding- bzw. Gestaltstruktur und der empirisch konstituierten Materialität begründete. Dies liegt nun aber nach den bisherigen Überlegungen auf der Hand. Ein solcher letzter Grund bildete nämlich einen Generalnenner, den Plessner gerade zu unterlaufen angetreten ist. Mit anderen Worten kann Plessner allein deswegen die beiden Dimensionen des räumlichen Dings – seine materialen Qualitäten und seine dinghafte Sinnstruktur – berücksichtigen, weil er sich der apriorischen Festlegung einer der Aspekte zum letzten Wahrheitsgrund enthält, wodurch der je andere Aspekt als kontingent gesetzt würde. Damit wird deutlich, daß es Plessner nicht als Schwäche sondern als Stärke angerechnet werden muß, daß er das Verhältnis von materialer Körperlichkeit und sinnhafter Dingstruktur als ein Verhältnis des Zugleich bestimmt und damit auf einen Generalnenner verzichtet, der die körperliche Materialität und die dinghafte Sinnstruktur versöhnen soll.

Abschließend läßt sich einsehen, wie Plessner das gestalthafte Bestehen des Lebendigen von innen heraus begrenzt. Dies gelingt ihm durch die Konkretisierung der lebendigen Gestalt als einzelnes Ding. Wie wir gesehen haben, macht die Dinghaftigkeit die Struktur der Erscheinung aus, die sich kraft des Doppelaspekts von Dingkern und Eigenschaftsseiten konstituiert. Damit ist die qualitative Bestimmtheit der Eigenschaften, in denen das Ding erscheint, offengelassen. Es ist folglich durchaus möglich, daß ein physisches Ding über solche Eigenschaften verfügt, die es qualitativ als übergestalthaftes Lebewesen auszeichnen.

b. Die Besonderung des Lebendigen in sich *und* gegen Anderes

Nachdem das letzte Unterkapitel am physischen Bestehen des Lebendigen angesetzt hat, müssen sich die jetzigen Überlegungen seiner selbstbezüglichen Erscheinung widmen. Wiederum muß es im Sinne des Verschränkungsansatzes darum gehen, die selbstbezügliche Erscheinung des lebendigen Seins in einer Weise zu begreifen, die sich von innen

[90] Vgl. SOM, 134: „Nur aus falscher Interpretation naturwissenschaftlicher Arbeit und Zielsetzung kommt das Interesse, schon der einfachen Anschauung des Wahrnehmungsdinges die Struktur Substanz-Eigenschaft abzustreiten und nach dem Prinzip des Sensualismus seine Eigenschaften als bloße Sinnesdaten gegeben sein zu lassen. Erst wenn man glaubt, die exakte Methode sei die einzige Art der Naturerkenntnis, will man im Gegenstande nichts da sein lassen, was sie nicht erklären kann."

begrenzt. Wir können erwarten, daß sich Plessner dieser Anforderung stellt, indem er die innere Brechung der lebendigen Selbstbezüglichkeit herausarbeitet. Auf diese Weise kann die Selbstabschließung der selbstbezüglichen Erscheinung unterlaufen und ihre Rückbindung an das Lebendige in seinem Bestehen als einem physischen Ding festgehalten werden.

In der Alltagserfahrung ist die Selbstbesonderung des Lebendigen ganz selbstverständlich präsent. Im Unterschied zu unbelebten Dingen vermitteln Lebewesen den Eindruck, daß sie solche Wesen sind, die ihren Körper haben und daß sie sich im Laufe ihres Lebens zu einem bestimmten Individuum entwickeln. Plessner zeigt die für das Lebendige spezifische Besonderung an dessen Verhältnis zu seinem Ort in Raum und Zeit auf.

Zunächst sind belebte wie unbelebte Körper an einem Ort in Raum und Zeit. In dieser räumlich-zeitlichen Bestimmtheit sind sie von den empirischen Wissenschaften bestimmbar. Während sich unbelebte Körper jedoch als gleichgültig gegenüber ihrem Ort in Raum und Zeit präsentieren, vermitteln die belebten Körper für die Alltagserfahrung den Eindruck, sich zu dem Ort, an dem sie sich als physische Körper befinden, in Beziehung zu setzen. Sie scheinen auf den Ort in Raum und Zeit, an dem sie sind, auszugreifen und sich seiner zu bemächtigen. Das Lebewesen zeigt sich derart als Träger des zeitlichen Veränderungsprozesses, in den es gestellt ist. Gleichermaßen erscheint es als Träger seines eigenen – räumlich verfaßten – Körpers.

Die Erscheinung des lebendigen Ausgreifens in Raum und Zeit impliziert, daß das Lebendige von seinem physischen Körper abgehoben ist und sich deswegen zu ihm in Beziehung setzen kann. Das Lebendige ist damit zugleich der physische Körper und jenseits des physischen Körpers. Erst in dieser Abhebung kann es sich besondern. Im letzten Unterkapitel haben wir gesehen, daß sich physische Dinge in der Spannung der erscheinenden Eigenschaften und des Dingkerns zur dinghaften Einheit konstituieren. Nun zeigt sich, daß sich lebendige Dinge offensichtlich dadurch von unbelebten Dingen unterscheiden, daß ihr Kern seinerseits als absoluter Bezugspunkt in Raum und Zeit erscheint. Der Kern der lebendigen Dinge macht damit nicht nur den Fluchtpunkt aus, der die erscheinenden Qualitäten trägt, sondern erscheint zugleich seinerseits in der qualitativen Bestimmtheit als absoluter Bezugspunkt lebendiger Selbstbesonderung.[91]

Hierbei muß nun berücksichtigt werden, daß diese lebendige Selbstvermittlung, aufgrund derer der Kern als gesetzt und damit als absoluter Bezugspunkt erscheint, in zwei Richtungen verläuft. Einerseits erscheint am Lebendigen ein Bezugspunkt „hinter" dem physischen Körper. Das Lebendige vermittelt den Eindruck, daß es seinen Körper *hat*.

[91] Vgl. SOM, 150: „Ausdrücklich ist in der These festgelegt, daß die Doppelaspektivität gegenständlich am Ding, in Eigenschaftsstellung also, auftreten muß, damit das Ding den Namen eines lebendigen verdient. Das bedeutet für die Anschauung, daß die erscheinende Gesamtheit des Dingkörpers als Außenseite eines *un*aufweisbaren Innern sich darbietet, welches Innere – wohlgemerkt – nicht die Substanz des Dinges ist, sondern mit zu seinen (sonst aufweisbaren) Eigenschaften gehört. Kernhaftigkeit der Dinglichkeit fällt als Trägerin aller möglichen Prädikate (Eigenschaften) des Dinges deshalb nie mit jener Zentralität zusammen, von welcher die spezifischen vitalen Äußerungen ausgehend und gehalten angeschaut werden."

Es zeigt sich in dieser Selbstabhebung als durch sich selbst bestimmt bzw. als Besonderes in sich. In diesem Selbstbezug erscheint es zugleich aus der Wirklichkeit herausgehoben, in der es sich als physischer Körper vorfindet. In dieser Richtung formt sich das Lebendige zum in sich vertretenen Organismus. Andererseits vermittelt das Lebendige den Eindruck, über sein körperliches Hier und Jetzt hinaus zu sein und den Prozeß zu lenken, in dem es sich als Besonderes (gegen Anderes) hervorbringt. Indem sich das Lebendige auf diese Weise in die Zukunft entwirft, scheint es seinen aktuellen Körper in einen umfassenden Lebensprozeß einzugliedern. In diesem Prozeß entwickelt sich das Lebendige zum besonderen Individuum, das sich von allen anderen Individuen unterscheidet. In diesen beiden Richtungen vom physischen Körper in ihn hinein und über ihn hinaus setzt sich das Lebendige folglich zu seinem Ort in Raum und Zeit in Beziehung. Es zeigt sich auf diese Weise als Fluchtpunkt, in bezug auf den sich sein Raum und seine Zeit gliedern. Plessner spricht in Anschluß an Aristoteles vom „natürlichen Ort" (SOM, 245), um diese Umkehr in der Bedingungsrichtung zu erfassen: vom Gestelltsein an einen bestimmten Raum-Zeit-Punkt zum doppelten Ausgreifen in Raum und Zeit.[92]

Dieser Plessnersche Ansatz gewinnt an Konturen, wenn man ihn sowohl gegen den neuzeitlichen Dualismus als auch gegen die Vorstellung der Versöhnung im Leben abgrenzt. Zunächst hält Plessner an der Divergenz der Besonderungsrichtungen fest, ohne sie in neuzeitlicher Tradition zum dualistischen Bruch von bloß ausgedehnter Außenwelt und der Innenwelt des Selbst zu steigern. Damit unterscheidet Plessner die Doppelaspektivität lebendiger Selbstbesonderung vom faktischen Bestehen des Lebendigen. Strukturell haben wir folglich mit zwei Doppelaspekten zu tun. Zum einen mit dem Doppelaspekt von Kern und Eigenschaften, kraft dessen sich die dinghafte Einheit konstituiert. Alle physischen Körper – ob belebt oder unbelebt – erscheinen im Alltag als physische Dinge. Darüber hinaus zeigen sich die *lebendigen* physischen Dinge nochmals in ausgezeichneter Weise auf sich bezogen.[93] Sie sind solche Dinge, deren Erscheinung von zwei Richtungen der Selbstbesonderung bestimmt wird: der organischen Selbstvertretung und der individuellen Entwicklung. Lebendige Dinge erscheinen folglich nicht nur *kraft* des Doppelaspekts von Kern und Eigenschaften, sondern zu-

---

[92] Vgl. SOM, 186f. sowie 241ff., hier insb. 244f.: „Der räumlich-zeitliche Körper ist somit ein in ihm selbst vermittelter, d.h. Raumform und Zeitform rücken aus der Stellung bedingender äußerer Formen in die Stellung bedingter ‚innerer' Seinscharaktere. Als in ihm selber ‚steckend', ihm selber vorweg zeigt der organische Körper mit der gleichen Deutlichkeit raumhaft-zeithafte Züge wie als der über ihm Hinausseiende, Werdende, Sichentwickelnde."

[93] Vgl. SOM, 138: „Ein Ding, das lebendig erscheint, fällt damit natürlich nicht total aus der Reihe der Dinge überhaupt heraus. Wesenscharaktere des Körperdings bleiben die gleichen, ob es sich um nichtbelebte oder belebte Dinge handelt. Frosch oder Palme unterliegen denselben Erscheinungsgesetzlichkeiten der Dinglichkeit (von der breiten Zone durchgehender physikalischer Gemeinsamkeiten zu schweigen) wie Stein oder Schuh. Nur haben die belebten Dinge gegenüber den unbelebten das Plus jener rätselhaften Eigenschaft des Lebens, die trotz ihrem Eigenschaftscharakter nicht nur material die Erscheinung des betreffenden Dinges, sondern darüber hinaus formal seine Erscheinungsweise verändert."

gleich *im* Doppelaspekt der organischen Selbstbesonderung in sich *und* der individuellen Selbstbesonderung gegen Anderes.

Genauso wenig wie Plessner die beiden Richtungen lebendiger Selbstbesonderung durch den neuzeitlichen Dualismus von res cogitans und es extensa überformt, versöhnt er sie in Anschluß an Hegel. Er bewahrt die Aspekte der organischen Selbstbesonderung in sich und der individuellen Selbstbesonderung gegen Anderes vielmehr in ihrer Divergenz. Nur auf diese Weise gelingt es ihm, sie in ihrem Status als Erscheinung festzuhalten. Würde man demgegenüber die beiden Besonderungsrichtungen identifizieren und behaupten, daß sich das Lebendige in der prozessualen Besonderung gegen Anderes als das realisiert, das es als Selbst bzw. als Besonderes in sich *immer schon* ist, so hypostasierte man das Selbst des Lebendigen zum Endzweck der lebendigen Existenz in Raum und Zeit. Eine solche teleologische Beschreibung griffe damit auf die Konstitution des Lebendigen in seinem faktischen Bestehen über. Damit geriete man nicht nur in Konflikt mit den Erkenntnissen von der Erwirktheit aller Eigenschaften des Lebendigen aus physikalischen und chemischen Ursachen; darüber hinaus setzte man die endliche Existenz des einzelnen Lebewesens kontingent. Integriert in den Gesamtzusammenhang des teleologisch strukturieren Lebens lässt sich das einzelne Lebewesen nämlich nur noch als Realisierung des Lebens überhaupt fassen. Daß das Lebendige auch ein physisches Ding ist, wäre nicht mehr zu verstehen. Diese Konsequenz kann Plessner vermeiden, indem er die innere Brechung der qualitativen Erscheinung des Lebendigen als eines Besonderen in sich *und* gegen Anderes offenhält. Indem er das Lebendige in seiner qualitativen Erscheinung als Organismus *und* Individuum herausarbeitet, kann er begreifen, daß sich das Lebendige im Rückbezug auf es als einem physischen Körper besondert. Damit hält er die Rückbindung der lebendigen Besonderung auf das Ding, das seine Besonderung zum lebendigen Organismus und Individuum erfährt, fest.[94] An dieser Stelle sind noch die beiden Fragen offen, wie sich die selbstbezügliche Erscheinung zum dinghaften Bestehen des Lebendigen verhält und wie die gedoppelte Selbstbezüglichkeit ihrerseits verschränkt ist. Im Ausgang von dieser zweiten Frage wird es Plessner gelingen, zwischen dem pflanzlichen, tierischen bzw. menschlichen Leben zu unterscheiden, die sich je durch einen spezifischen Modus auszeichnen, in dem die Richtungen der Selbstbesonderung in sich und gegen Anderes verschränkt sind.

4. Die Grenzhypothese als inhaltliches und methodisches Zentrum der Naturphilosophie

Nachdem sich das letzte Kapitel dem Lebendigen in seinem dinghaften Bestehen und in seiner selbstbezüglichen Erscheinung gewidmet hat, muß im folgenden das Weizsäckersche Problem angegangen und danach gefragt werden, was das Lebendige im Inneren

---

[94] Vgl. SOM, 183: „Das Über ihm Hinaus und das Ihm Entgegen – wie man deutlich erkennt, nichts anderes als die anschauliche Präzisierung der Doppelaspektivität – erscheint (sinnentsprechend) als *Rand*phänomen des physischen Systems."

zusammenhält. Wir müssen uns damit offensichtlich jenseits sowohl von Plessners „mechanistischer" Erklärung des Lebendigen als einer physischen Gestalt als auch von seinem „vitalistischen" Verständnis des Lebendigen als einer selbstbezüglicher Erscheinung bewegen. Vielmehr macht die Frage nach dem Lebendigen als einem Ganzen das Proprium philosophischer Erkenntnis aus, die sich weder mit dem faktischen Bestehen des Lebendigen noch mit seiner phänomenal gegebenen Erscheinung zufrieden gibt, sondern nach Einsicht in das Miteinander des Wirklichen und der Sinnstrukturen verlangt. Daß wir nach keiner Versöhnungssphäre des Lebens überhaupt als einem neuen Generalnenner zu suchen haben, versteht sich von selbst. Von der grundsätzlichen Anlage her haben wir ja einen Ansatz zu erwarten, der auf die Verschränkung der divergenten Aspekte des gestalt- bzw. dinghaften Bestehens und der selbstbezüglichen Erscheinung des Lebendigen zielt. Das vorangegangene Kapitel hat nachgewiesen, daß beide Aspekte in ihrer Divergenz nebeneinander bestehen können: indem einerseits die Dingstruktur in der Spannung von Kern und Eigenschaften die Dimension der qualitativen Bestimmtheit der Eigenschaften freigibt und indem andererseits die sinnkonstituierenden Richtungen der organischen Selbstvertretung und der individuellen Entwicklung in ihrer Heterogenität an das Lebendige als physisches Ding rückgebunden bleiben, das sich in sich und gegen Anderes besondert. Selbstverständlich kann dieser Aufweis eines möglichen Nebeneinander von physischer Dinghaftigkeit und lebendiger Selbstbezüglichkeit noch nicht befriedigen – darauf hat Weizsäcker eindringlich hingewiesen. Wir müssen jetzt folglich in re am lebendigen physischen Ding nach der Stelle fragen, an der die physische Gestalthaftigkeit und die selbstbezügliche Erscheinung in einander umschlagen.[95] Mit anderen Worten müssen wir nach der Bedingung fragen, die es dem physischen Ding ermöglicht, als besonderes Lebewesen zu erscheinen. Hierbei gilt es zu beachten, daß dieser Grund keinen Generalnenner darstellen darf, in dem die beiden Dimensionen des dinglichen Bestehens und der qualitativen Besonderheit des Lebendigen fundiert wären. Dann wäre man nämlich doch nur wieder bei einer vitalistischen Teleologie, die das tatsächliche Bestehen des Lebendigen als eines physischen Dinges kontingent setzte. Gefordert ist folglich ein Grund der Selbstbesonderung, der sich nicht zum Wahrheitsgrund des lebendigen Seins überhaupt verabsolutiert und es allein deswegen dem Lebendigen *als einem physischen Ding* ermöglicht, sich zu besondern.

Man kommt in der Frage nur dann weiter, wenn man das Kapital nicht verspielt, das mit der Doppelaspektivität in sich und gegen Anderes gewonnen ist: daß auf die Annahme eines vorgängigen Subjekts, das die Besonderung in beiden Richtungen (in sich und gegen Anderes) vollzieht, verzichtet wird. Wenn man das vor Augen behält, wird es möglich, die Frage nach dem Ermöglichungsgrund lebendiger Selbstbesonderung zu präzisieren. Wir müssen folglich am lebendigen physischen Ding den äußersten Punkt ausmachen können, an dem sein faktisches Bestehen in der Ding-Eigenschafts-

[95] Vgl. SOM, 150: „Die Untersuchung hat daher zunächst das Verhältnis von Gestalt einerseits, von Doppelaspektivität andererseits zu bearbeiten. Sie wird von selbst dahin gebracht werden, jene Grenze positiv anzugeben, welche überschritten werden muß, damit eine Gestalt die spezifischen Prädikate der Ganzheit zeigt."

Spannung in die Vollzüge der Selbstbesonderung umschlägt. Dabei darf diese Verschränkung nicht die Aufhebung des Faktischen in die Lebensvollzüge bedeuten. Die Verschränkung selbst darf folglich keine eigene Sphäre ausmachen, sonst wäre man wieder beim Generalnenner. Die Vereinseitigung des lebendigen physischen Dings auf sein faktisches Bestehen als physisches Ding oder seine lebendige Selbstbesonderung kann nur dann unterlaufen werden, wenn man annimmt, daß sich beider Divergenz in der Verschränkung erhält.

Plessner findet die Verschränkung von Dinghaftigkeit und lebendiger Selbstbesonderung am lebendigen Ding in der Spezifik seiner *Grenze.*[96] So können wir in den „Stufen" lesen: „lebendige Körper haben eine erscheinende, anschauliche Grenze." (SOM, 151) Dies bedeutet für uns zunächst nur so viel, daß Plessner die Grenze der lebendigen physischen Dinge doppelt bestimmt. Als anschauliche Grenze markiert sie die räumliche Begrenzung des physischen Dinges. Belebte und unbelebte Dinge haben gleichermaßen Konturen im Raum. Die Grenzen des Lebendigen sind nun nach Plessner zusätzlich dadurch ausgezeichnet, daß sie erscheinen. Sie werden wohl deswegen erscheinen – so können wir unsere Vermutungen fortspinnen –, weil sie nicht nur am Ding sind, sondern *vollzogen* werden. Der Grenzvollzug müßte dann den Lebensvollzug ausmachen, in dem das Lebendige seine Besonderung in sich und gegen Anderes erfährt. In der Alltagserfahrung ist uns der Unterschied zwischen diesen beiden Typen von Grenze geläufig. Wenn wir etwa davon sprechen, daß jemand die eigenen Grenzen verletzt habe, so meinen wir damit offensichtlich nicht die räumlichen Grenzen unseres Körpers. Wir wollen damit vielmehr ausdrücken, daß jemand in unseren Lebensraum eingedrungen ist.

Indem Plessner von der Grenze diese Schlüsselposition behauptet, kann er – wie sich im folgenden noch deutlicher zeigen wird – die Selbstbezüglichkeit lebendiger Erscheinung festhalten, ohne ein vorgängiges Zurechnungssubjekt zu behaupten. Er verschafft sich vielmehr im Ausgang vom Grenzvollzug die Möglichkeit zu verstehen, wie sich das Lebendige als eine solche übergestalthafte Ganzheit konstituiert. Im folgenden muß es um die philosophische Erkenntnis im engeren Sinne gehen, die Plessner in den „Stufen" entwirft. Zunächst soll (unter a.) Plessners philosophische Überlegung nachvollzogen werden, daß der Umbruch der physischen Dinghaftigkeit in die selbstbezügliche Erscheinung des Lebendigen im Grenzvollzug geschieht. In einem zweiten Schritt soll (unter b.) das Programm einer doppelseitigen Deduktion rekonstruiert werden, die die in begrifflicher Reflexion erreichte Grenzhypothese und die in alltagsweltlicher

---

[96] Vgl. SOM, 150f.: „Um an einem Gebilde die Richtung nach Innen von der Richtung nach Außen unterscheiden zu können, muß an ihm etwas gegeben sein, welches gegen den Richtungsunterschied selbst neutral ist und den Ansatz in der einen oder der anderen Richtung erlaubt. In dieser neutralen Zone stoßen, wie man sagt, beide Richtungen gegeneinander, von ihr gehen beide aus. Durch sie hindurch kommt man von dem einen Gebiet in das andere. Der Richtungsunterschied beider Gebiete gegeneinander bleibt dabei erhalten, wenn sich im Durchgang durch die neutrale Zone der Richtungssinn umkehrt. Insofern die richtungsneutrale Zone selbst kein Gebiet einnehmen darf, welches die Ausschließlichkeit des Richtungsgegensatzes an dem betreffenden Gebilde aufhöbe und neben das Außen und Innen ein real aufweisbares Zwischen setzte, ist sie *Grenze.*"

Phänomenschau aufgegriffenen Wesensmerkmale lebendigen Seins durcheinander rechtfertigen soll.

a. Die Grenzrealisierung als Hypothese, wie ein physisches Ding als besonderes Lebewesen erscheinen kann

Dieser Abschnitt soll die Plessnersche Hypothese rekonstruieren, daß die Grenze des Lebendigen die Stelle ausmacht, an der das physische Ding auf es selbst rückbezogen wird und dadurch als besonderes Lebewesen erscheint. Wenn die Grenze des Lebendigen tatsächlich allein eine Umbruchstelle und keine Versöhnungssphäre ausmachen soll, dann muß sie sich gleichermaßen am dinghaften Bestehen und an der selbstbezüglichen Erscheinung des Lebendigen aufweisen lassen. Plessner arbeitet infolgedessen mit einem mehrfach bestimmten Grenzbegriff. Wenn er den Grenzbegriff nun wiederum so sehr aufsplitterte, daß darüber seine Einheit verloren ginge, wäre nichts gewonnen. Die übergreifende Bezeichnung als Grenze wäre ein leerer Begriff, dem keine einheitsstiftende Funktion in re zukäme. Umgekehrt darf die Grenze – wie wir bereits gesehen haben – auch nicht als neuer Wahrheitsgrund in Anspruch genommen werden, in dem das dingliche Sein und die besondernden Lebensvollzüge versöhnt wären. Dann müßte man den Grenzbegriff selbst und infolgedessen auch das lebendige Sein auf einen Aspekt festlegen: auf seine Bestimmtheit als Kontur bzw. räumliche Begrenzung oder als Grenzrealisierung, in der sich die lebendige Selbstbesonderung vollzieht. Damit zugleich würde jedoch der je andere Aspekte lebendigen Seins als relativ auf diese hypostasierte Grundschicht gesetzt.

Man sieht, daß sich an der Grenze, sobald man sie vollständig bestimmen will, das Problem wiederholt, den Wahrheitsgrund des lebendigen Seins zu verdinglichen. Dieses Problem kann allein dann unterlaufen werden, wenn man die eigenen Ansprüche, die Grenze als inhaltliches Zentrum der Plessnerschen Naturphilosophie bestimmen zu wollen, überprüft. In das Dilemma, sich in bezug auf die Grenzhypothese auf eine Seite schlagen zu müssen, kommt man nämlich nur dann, wenn man einen festen Grund erwartet, in dem die Aspekte des lebendigen Seins fundiert sind. Wenn man dagegen darauf reflektiert, daß der Wahrheitsgrund lebendigen Seins offen gehalten werden muß, dann stellt man auch an die Grenzhypothese einen anderen Anspruch. Es kann dann allein darum gehen, von den beiden Aspekten zu ihrer äußersten Grenze vorzufragen, an der sie sich dem je anderen Aspekt entgegenlehnen. Auf das tatsächliche Geschehen der Verschränkung kann das philosophische Erkennen nur noch mittelbar verweisen. Die Grenze muß dementsprechend als *Fluchtpunkt* verstanden werden, auf den ihre Aspekte der räumlichen Begrenzung und der Grenzrealisierung verweisen. Die Verschränkung der anschaulichen Raumgrenze und des erscheinenden Grenzvollzugs ist ihrerseits nicht mehr zu bestimmen. Dennoch kann man sich nicht mit der bloßen Versicherung zufrieden geben, daß in der Grenze des Lebendigen diese Verschränkung stattfinden muß und die Grenzhypothese deswegen den Wahrheitsmaßstab ausmache, der es der philosophischen Erkenntnis ermöglicht, das lebendige physische Ding in seiner Ganzheit zu erschließen. Vielmehr muß vom Verschränkungsgeschehen nachgewiesen werden, daß es am lebendigen physischen Ding in seiner *Tatsächlichkeit* stattfindet. Das Auftreten des Konturs an einem physischen Ding stellt kein Problem dar. Der Nachweis muß sich folglich an die Grenzrealisierung richten und von dieser zeigen, daß sie am lebendigen physischen Ding stattfinden kann, ohne dessen physische Dinghaftigkeit infragezustellen. Dies kann freilich nur indirekt geschehen. Ein direkter Nachweis reduzierte entweder die lebendige Grenzrealisierung auf den Status einer Eigenschaft des physischen Dings oder umgekehrt das physische Ding zu einer Gestalt des lebendigen Grenzvollzugs.

Der Deduktion der Grenzrealisierung am lebendigen physischen Ding in seiner Tatsächlichkeit wird sich das folgende Unterkapitel (unter b.) widmen. Jetzt soll es zunächst darum gehen, die Bestimmungen der Grenze auf den verschiedenen Ebenen lebendigen Seins herauszuarbeiten. Hierfür ist in drei Schritten vorzugehen. Zunächst soll die Grenze (unter A.) als räumlicher Kontur des physischen Dinges dargestellt werden. In einem zweiten Schritt soll sie (unter B.) als Aspektgrenze verstanden werden, in der die Richtungen der Besonderung in sich und gegen Anderes in einander umschlagen. In einem dritten Schritt soll (unter C.) gezeigt werden, daß eine räumliche Grenze dann als Aspektgrenze fungiert, wenn sie vollzogen wird. In diesem Zusammenhang werden sich die Aspekte lebendiger Besonderung in sich und gegen Anderes als Funktionen des Grenzvollzugs herausstellen.

(A.) Die räumliche Begrenzung der Gestalt bzw. des physischen Dings

In der Ebene des dinghaften Bestehens fragt Plessner zum Kontur durch. (Vgl. SOM, 151f.) Plessner versteht unter dem Kontur zunächst die *anschaulich* gegebene Umrandung eines Dings, die dessen Anfangen und Aufhören markiert. Die Konturen schließen das sinnlich gegebene Ding ein und sind, indem sie sich an ihm befinden, für die Anschauung erfaßbar. Die Konturen stellen folglich eine Grenze im Raum dar. Diese Grenze scheidet keine Seinssphären verschiedener Art, sondern allein verschiedene Gebilde in Raum und Zeit. Seine Grenzen zeichnen das Ding für die sinnliche Anschauung als *dieses* Ding aus, das sich an einem bestimmten Ort und zu einer bestimmten Zeit befindet. Seine Konturen heben derart seine bestimmte Gestalt sowohl gegen Anderes als auch gegen seine Teile ab.[97]

Diese Beschreibung ermöglicht es nun zu verstehen, wie Plessner mit der anschaulichen Grenze auf die spezifische Übersummenhaftigkeit zielt, die das Verständnis der Gestalt auszeichnet. Die physischen Gestalten – und damit auch die Dinge – wurden im Vorangegangenen als Einheitstypus anorganischen und organischen Seins dargestellt. Sie lassen sich nicht – und darin besteht ihre Spezifik – auf die Bestimmtheit der Teile

---

[97] Vgl. SOM, 151: „Anschauliche Grenzen liegen bei allen Dingkörpern da, wo sie anfangen oder zu Ende sind. Die Grenze des Dinges ist sein Rand, mit dem es an etwas Anderes, als es selbst ist, stößt. Zugleich bestimmt dieses sein Anfangen oder Aufhören die Gestalt des Dinges oder den Kontur, dessen Verlauf man mit den Sinnen verfolgen kann. In den Konturen, innerhalb seiner Ränder ist der Dingkörper beschlossen und als dieser bestimmt, oder, was hier dasselbe heißt, *mit* den Konturen, *an* seinen Rändern ist das Ding als dieses bestimmt."

zurückführen, aus denen sie zusammengesetzt sind. Mit der Übersummenhaftigkeit geht die Transponierbarkeit der Gestalt einher: die Gestalt kann sich bei Veränderung des Körpers erhalten. Auf diese Ablösbarkeit der Gestalt von den sie konstituierenden Teilen zielt Plessners Begriff der räumlichen Begrenzung bzw. des Konturs. Die Anschauung vermag die Konturen, obwohl diese über kein eigenes Sein verfügen, von dem Ding abzuheben und an anderem Sein aufzuzeigen. Derart wird mit dem räumlichen Kontur die Transponierbarkeit und damit die spezifische Erscheinungsweise der Gestaltetheit erfaßt. Plessner kann also beanspruchen, im Ausgang von der räumlichen Begrenzung das Lebewesen in seinem faktischen Bestehen als physisches Ding bzw. als Gestalt zu erfassen.

Zugleich ist zu beachten, daß Plessner gegenüber Köhler die Perspektive auf das Phänomen der Gestalt verschiebt. Nicht nur hat er die Gestalt auf physische Dinghaftigkeit eingegrenzt, nicht-dinghafte Phänomene – wie z.B. die Melodie – interessieren ihn nicht. Diese oben vorgenommene Konkretisierung resultiert aus der Ausrichtung auf die Lebewesen, denen Gestaltcharakter in ihrem faktischen Bestehen als physische Dinge zukommt. Darüber hinaus nimmt Plessner jetzt eine entscheidende Präzisierung seiner Perspektive auf das physische Ding vor. Seine Perspektive auf die Gestalt zeichnet sich nämlich durch ihre spezifische Ausrichtung auf die Grenze des anschaulich gegebenen Dings aus. Den Begriff des Konturs übernimmt Plessner von Köhler. Mit der Fokussierung seiner Darstellung des physischen Bestehens auf die Gestaltgrenzen fragt Plessner jedoch nach dem äußersten Punkt, an dem sich die Gestalt der selbstbezüglichen Erscheinung annähert. Indem er seine Aufmerksamkeit nämlich auf den Kontur des Dings richtet, tritt die Begrenztheit der dinghaften Seinssphäre zutage. Auf diese Weise verschafft sich Plessner die Möglichkeit, die Grenze der Gestalt in bezug auf ihre Funktion für das Ding zu bestimmen, das sie umgrenzt. Hinsichtlich der Funktion ihrer Grenzen lassen sich unbelebte und belebte Dinge von einander unterscheiden. Während die Grenze unbelebter Dinge *allein* als Kontur fungiert, übt die Grenze von belebten Dingen darüber hinaus die Funktion einer Aspektgrenze aus. Für die unbelebte Gestalt hat ihre Grenze keine konstitutive Funktion. Wie wir gesehen haben, versteht Plessner die Gestalt bzw. das Ding durch die Spannung von Dingkern und Eigenschaften konstituiert. Die Grenze stellt dabei eine Eigenschaft unter anderen dar. Demgegenüber wird sich im nächsten Abschnitt zeigen, daß der Grenze der belebten Gestalt der Status einer Aspektgrenze zukommt, in der die Richtungen der Besonderung in sich und gegen Anderes in einander umschlagen. Zugleich läßt sich damit verstehen, daß Köhler mit seinem Begriff der Gestalt keinen Zugang zu der von Driesch erschauten Selbstbesonderung des Lebendigen haben kann. Die Funktion der Grenze für das lebendige physische Ding kann sich ihm nicht offenbaren.

Hier nimmt Plessner noch keine spekulative Perspektive ein. Von der Spekulation unterscheidet sich Plessners Zugriff auf die Konturen der Gestalt schon dadurch, daß er allein an äußere Anschauung appelliert. Plessners Verständnis der Grenze als Kontur zielt im Gegensatz zu einem spekulativen Grenzverständnis nicht auf die Funktion bzw. den Wert für das Ding sondern allein auf ihre Funktion als Begrenzung im Raum. Nur deswegen vermag sich Plessner (im Gegensatz zur Spekulation) auf der Ebene der empirisch gegebenen Gestalt zu halten. Alle weiteren spekulativen Behauptungen, die in den Grenzen eines lebendigen Körpers den Grund für seine Selbstbesonderung sehen, beziehen sich auf den Status der Grenze für die Selbstbesonderung des Lebewesens und sind derart von der räumlichen Begrenzung zu unterscheiden. Dazu gehören die Behauptungen, daß das lebendige Ding ein Besonderes in sich und ein Besonderes gegen Anderes sei. Darüber kann man sich klar werden, indem man sich unbelebte Dinge vor Augen führt. Von diesen kann man zurecht sagen, daß sie einen bestimmten Kontur haben, der sie als einzelne Dinge umgrenzt. Besondert werden unbelebte Dinge dagegen nicht durch ihre Grenzen. Insofern die Dinggrenzen allein räumliche Umgrenzungen sind, wird das physische Ding durch seine Grenzen nicht mit sich und zu Anderem in Beziehung gesetzt. Als bloß räumliche Begrenzung ist die Grenze des Dings folglich nicht reflexiv; sie übt keine Funktion für die Selbstbesonderung des Dings aus.

An der räumlichen Begrenzung der Gestalt kann dementsprechend die Aspektgrenze als spezifische Bedeutung der Grenze des Lebendigen nicht abgelesen werden; vielmehr zeigt sich ein Bruch zwischen der räumlichen Grenze und der Aspektgrenze, die zu verschiedenen Seinsebenen des lebendigen physischen Dings gehören. Plessner führt sich mit der räumlichen Begrenzung des physischen Dings folglich in sinnlicher Anschauung den der Spekulation nahestehendsten Punkt vor Augen, ohne jedoch den Sprung in die Spekulation zu machen. Die Begrenzung gehört zur Gestalt und bildet zugleich den „Absprungspunkt", an dem der spekulative Umschlag in die reflexive Ebene der Bedeutungen stattfindet.

(B.) Die Aspektgrenze des Lebendigen

Der Begriff der *Aspektgrenze* ist bereits als Negativfolie benützt worden, um an ihm den Begriff der räumlichen Begrenzung zu schärfen. Im Ausgang von der Aspektgrenze verschafft sich Plessner den Zugang zum Doppelaspekt, der die selbstbezügliche Erscheinung des Lebendigen auszeichnet: daß es sich in sich und gegen Anderes besondert. Wenn Plessner die selbstbezügliche Erscheinung des Lebendigen vor Augen hat, ist unmittelbar einleuchtend, daß er damit zugleich die Ebene der Gestalt verlassen hat. Die Aspektgrenze wird sich als der Punkt innerhalb der selbstbezüglichen Erscheinung des Lebendigen ergeben, der seinem gestalthaften Bestehen am Nächsten kommt.

Plessner bestimmt die Aspektgrenze als den Punkt, in dem der „Umschlag zweier wesensmäßig ineinander nicht überführbarer Richtungen" (SOM, 153) – und das sind die Richtungen der Besonderung in sich und gegen Anderes – geschieht. Um unser Verständnis von der Aspektgrenze des Lebendigen zu schärfen, soll es zunächst von der Grenze zwischen einem räumlichen Innen und Außen und dann von der dinglichen Doppelaspektivität in der Spannung von Kern und Eigenschaften unterschieden werden.

An räumlichen Gebilden lassen sich die Sphären eines Innen und eines Außen voneinander unterscheiden. Auch diese Grenze zwischen innen und außen läßt sich als Umschlagstelle bezeichnen. Wenn wir uns das Beispiel des Handschuhs vor Augen halten, so können wir an ihm dessen äußere Oberfläche von seinem Inneren unterscheiden, das wir normalerweise nicht sehen, sondern nur fühlen, wenn wir den Handschuh übergezogen haben. Wir können darüber hinaus die Grenze genau angeben, an der das Äußere und das Innere aneinanderstoßen: die Öffnung, in die wir unsere Finger stecken, wenn wir den Handschuh anziehen. Sehr klar tritt die Handschuhöffnung uns als die Grenze von seinem Inneren und Äußeren vor Augen, wenn wir den Handschuh umstülpen. Während dann das Äußere zum Inneren und das Innere zum Äußeren wird, bleibt die Öffnung als Grenze bzw. Umschlagort zwischen innen und außen bestehen. Die räumliche Grenze hebt am anschaulich gegebenen Ding folglich das Innere und das Äußere von einander ab. Allerdings machen die räumliche Innen- und Außenseite „zwar divergente, doch nicht ineinander unüberführbare Seiten eines Gegenstandes" (SOM, 127) aus. Dementsprechend unterscheidet Plessner die Aspektgrenze des Lebendigen von der räumlichen Grenze dadurch, daß letztere keine Grenze zwischen *prinzipiell* divergenten Seinssphären darstellt. Wenn wir es recht besehen, haben wir mit dieser Grenze zwischen einem räumlichen Inneren und einem räumlichen Äußeren nur einen Sonderfall des räumlichen Konturs erreicht, der ein physisches Ding umrandet.

Im Unterschied zum räumlichen Innen und Außen unterscheiden sich die Aspekte der Substanz und ihrer Eigenschaften tatsächlich prinzipiell voneinander. Dinglichkeit konstituiert sich – wie wir gesehen haben – in der Beziehung der nicht in einander überführbaren und damit prinzipiell verschiedenen Aspekte des Substanzkerns und der Eigenschaften. Vergeblich werden wir uns nun allerdings nach der Grenze zwischen den Aspekten des Kerns und den Eigenschaften umsehen. Dem entspricht die obige Feststellung, daß auch der Kontur für das Ding seinem Status nach nicht mehr als eine Eigenschaft unter anderen darstellt. Die Divergenz von der Substanz und den Eigenschaften kann selbst nicht in Erscheinung treten, wurde sie doch gerade als „Vorbedingung jeder dingkörperlich erscheinenden Einheit" (SOM, 137) begriffen. Daraus folgt nun aber die Unmöglichkeit, die Grenze, kraft derer sich das Substanzverhältnis ausbildet, in re anzugeben.

Vor diesem Hintergrund wird deutlich, daß die Aspektgrenze, die uns hier interessiert, weder mit dem räumlichen Kontur noch mit der Dingkonstitution identifiziert werden darf. Insofern sie als Umschlagspunkt von zwei prinzipiell divergenten Aspekten bestimmt ist, läßt sie sich weder auf Räumlichkeit noch auf Dinghaftigkeit zurückführen. In beiden Fällen wäre die Ebene lebendiger Erscheinung noch nicht erreicht. Wie muß man die Aspektgrenze nun bestimmen, daß sie innerhalb der Erscheinungen den „Umschlag zweier wesensmäßig ineinander nicht überführbarer Richtungen" (SOM, 153) – und das sind die Richtungen der Besonderung in sich *und* gegen Anderes – bildet?

Zunächst bezeichnet sie den Punkt der reflexiven Rückbeziehung des Lebendigen auf den eigenen physischen Körper. Diese Reflexivität kann, wie wir gesehen haben, in zwei Richtungen verlaufen und das Lebendige zum eigenen Körper oder zu Anderem in Beziehung setzen. In der Grenze geschieht damit zum einen die Rückwendung des Lebendigen als eines Ganzen auf den eigenen physischen Körper. Die Teile des Körpers erscheinen in ihrer qualitativen Bestimmtheit auf das Lebendige als Ganzes ausgerichtet und umgekehrt zeigt sich das Ganze in seinen Teilen verwirklicht. Auf diese Weise fungiert die Grenze als *Schranke* des Organismus gegen die äußere Wirklichkeit. Zum anderen strebt das Lebendige in der Grenze über seine aktuelle Gestalt hinaus. Die Grenze fungiert jetzt als *Brücke*, durch die die aktuelle Gestalt des Lebendigen in den umfassenden Zusammenhang seines Lebensprozesses integriert ist. Die Grenze markiert auf diese Weise den Punkt, an dem das Lebendige als aktuelle Gestalt in den Lebensprozeß eintritt, von dem es seine Besonderung zum Individuum erfährt.

Nun läßt sich die Aspektgrenze bestimmen. Sie macht die Umbruchstelle der Besonderungsrichtungen aus: in ihr verkehrt sich die individualisierende Richtung nach außen in die organisierende Richtung nach innen und umgekehrt. Als ein bloßer Wendepunkt fungiert die Aspektgrenze als Verschränkung, ohne ihrerseits eine eigene Sphäre qualitativer Bestimmtheit auszumachen.

Indem Plessner auf die Erscheinung des Lebendigen als einem selbstbezüglichen Besonderen unter dem Gesichtspunkt der Aspektgrenze ausgreift, nimmt er innerhalb der spekulativen Perspektive den zur sinnlichen Anschauung des Lebendigen nächsten Punkt ein. Indem er die selbstbezügliche Erscheinung des Lebendigen nämlich von der Aspektgrenze her begreift, hält er die Divergenz der lebendigen Besonderung in sich und gegen Anderes fest. Damit zugleich bindet er beide Selbstbesonderungsrichtungen an das Lebendige als einzelnes Ding zurück, dem die Besonderung widerfährt. Wie die räumliche Begrenzung den äußersten Punkt innerhalb der Sphäre physischer Dinghaftigkeit bildet, bevor diese in die Selbstbezüglichkeit umschlägt, stellt die Aspektgrenze umgekehrt den Punkt innerhalb der selbstbezüglichen Erscheinung des Lebendigen dar, „hinter" dem sich das physische Ding zeigt. Indem Plessner unter dem Gesichtspunkt der Grenze auf die Dinghaftigkeit und die Selbstbesonderung ausgreift, kann er das Einander-Entgegenlehnen beider Aspekte erfassen. Offen ist bisher allerdings noch die Frage geblieben, welche Bedingung es einem physischen Ding (bzw. einer Gestalt) ermöglicht, als selbstbezügliches Lebewesen zu erscheinen. Diesem Problem wird sich der kommende Abschnitt widmen.[98]

(C.) Die Grenzrealisierung des Lebendigen

Wie verhalten sich also die beiden Bestimmungen der Grenze als räumlicher Begrenzung und als Aspektgrenze zueinander? Es handelt sich bei dieser Frage um kein bloßes Folgeproblem der Plessnerschen Terminologie. Es geht vielmehr um die Frage nach der Bedingung, die den Umschlag innerhalb der Grenze ermöglicht. Wir stehen damit im Zentrum der Plessnerschen Strategie, das Lebendige als lebendiges physisches Ding zu begreifen. Wenn Plessner nämlich die Bedingung einsehen kann, unter der der räumli-

---

[98] Vgl. SOM, 153f.: „Wie kann ein Ding dem Verlangen nach Vereinigung der beiden Grenzfunktionen (dem Grenzkontur und der Aspektgrenze; O. M.) nachkommen? Äquivalent gefragt: unter welchen Umständen bildet der Kontur eines Körperdings die ausschlaggebende seiner Eigenschaften (und bestimmt insofern sein Wesen), so daß die Zugehörigkeit des Grenzkonturs zum Ding und seine bestimmende Bedeutung für das Ding sich nicht mehr gegenseitig aufheben können, wie es allgemein der Fall bei den sogenannten Eigenschaften eines Dinges ist? Welche Bedingung muß erfüllt sein, damit in einer relativen (räumlichen) Begrenzung das nichtumkehrbare Grenzverhältnis zwischen einem Außen und einem Innen vorliegt?"

che Kontur des lebendigen physischen Dings zugleich die Funktion einer Aspektgrenze erfüllt, dann hat er den Grund aufgefunden, der es einem physischen Ding ermöglicht, als sich besonderndes Lebewesen zu erscheinen.[99] Die indirekte Frageweise nach der Bedingung, die es dem räumlichen Kontur ermöglicht als Aspektgrenze zu erscheinen, ist der Reflexion auf die Grenzen philosophischer Erkenntnis geschuldet. Direkt kann auf die interne Verschränkung innerhalb der Grenze nicht zugegriffen werden, ohne sie zur Grundschicht lebendigen Seins zu verdinglichen. Die Frage nach der Bedingung, die es der räumlichen Dinggrenze ermöglicht, als Aspektgrenze der Selbstbesonderungsrichtungen zu fungieren, bezieht sich allein indirekt auf die Verschränkung innerhalb der Grenze und innerhalb des Lebendigen als Ganzen. Sie hält auf diese Weise die Ausrichtung auf das Lebendige als einem Ganzen fest, ohne dieses in bestimmender Aneignung zu verdinglichen. Bevor nun die Frage nach der Bedingung beantwortet werden soll, unter der die räumliche Begrenzung eines physischen Dings als Aspektgrenze lebendiger Selbstbesonderung erscheint, ist ein Blick auf die Erkenntnisart zu werfen, die diese Einsicht allein vermitteln kann.

Zunächst ist es offensichtlich, daß unsere Frage nicht durch sinnliche Anschauung einer Lösung zugeführt werden kann. Wie wir in der Rekonstruktion der Diskussion zwischen Driesch und Köhler gesehen haben, wird das Lebendige in sinnlicher Anschauung allein als Gestalt bzw. physisches Ding wahrgenommen. Für die sinnliche Anschauung kann die Grenze des lebendigen physischen Dings damit wie die Grenze des unbelebten physischen Dings allein als räumlicher Kontur wahrnehmbar sein. Das Übergestalthafte bzw. die Aspektgrenze, in der die qualitativen Besonderungsrichtungen des Lebendigen verschränkt sind, kann am physischen Ding, das für die sinnliche Anschauung gegeben ist, nicht aufgewiesen werden.[100] Es wäre jedoch ebenso vergeblich, sich unmittelbar an die Phänomenschau zu wenden, um eine Antwort auf die Frage zu erhalten, wann eine Grenze zugleich anschaulich als räumlicher Kontur wahrnehmbar ist und in der ideellen Ebene der qualitativen Bestimmtheiten als Aspektgrenze

[99] Vgl. SOM, 153: „*Verlangt wird aber eine gegenständlich als Eigenschaft aufweisbare Grenze, welche zugleich Ansatzzone der absoluten Richtungsdivergenz ist.* Diese Grenze muß sowohl Raumgrenze oder Kontur sein, weil sie ja gegenständlich in der Erscheinung auftreten soll, als auch Aspektgrenze, in welcher der Umschlag zweier wesensmäßig ineinander nicht überführbarer Richtungen erfolgt. Aus dieser Forderung geht hervor, daß die organische Formgrenze *als Gestalt* einen übergestalthaften, mit der Gestalt nicht erschöpften Charakter haben muß."

[100] Vgl. SOM, 153: „Schon die formale Überlegung zeigt, wie aus einer derartigen Situation die Schwierigkeit *für den Analytiker* (vgl. die Polemik zwischen Köhler und Driesch) erwächst, bei der organischen Form zu entscheiden, ob für sie die Charakteristik als Gestalt ausreicht oder nicht. Denn es kann ja nie der Fall eintreten, daß im anschaulichen Bilde der Erscheinung die organische Form anders manifest wird denn als Gestalt. Was der an sinnliche Wahrnehmung gebundene biologische Forscher feststellt, wird also immer wieder Gestalt und Gestaltgesetzlichkeit sein. Das außergestalthafte Moment an der sinnlichen Formgrenze, an der Konturgestalt, gewissermaßen ihr ‚Wert' als Aspektgrenze und zwar, wie sogleich dargetan wird, als ontisch zum belebten Ding selber gehörende, die Erscheinungsweise vom Ding aus bestimmende Aspektgrenze, kann selbst nicht sinnlich gegen das sinnliche Konturbild, den typischen Umriß abgehoben und als solches dargestellt werden."

fungiert. Die nicht empirisch restringierte Phänomenschau kann zwar die Eigenschaften auflesen, die das Lebendige qualitativ bestimmen, den Status dieser Eigenschaften in bezug auf das Lebendige als Ganzes vermag sie jedoch nicht zu bestimmen. Unsere Frage zielt nun aber genau auf solch eine qualitative Bestimmtheit des lebendigen Dings, der eine bestimmte Funktion in bezug auf das Lebendige als Ganzes zukommen soll: nämlich die interne Verschränkung der Grenze und damit des lebendigen physischen Dings als eines Ganzen zu ermöglichen. Diese gesuchte Bedingung kann allein in begrifflicher Reflexion aus dem alltagsweltlich gegebenen Bestimmtheiten lebendiger Selbstbezüglichkeit abgehoben werden.

Was läßt sich nun aber in begrifflicher Reflexion als die Bedingung begreifen, die es der räumlichen Begrenzung eines physischen Dings ermöglicht, zugleich als Aspektgrenze lebendiger Selbstbesonderung zu fungieren? Über welche Bestimmtheit muß die räumliche Grenze des lebendigen physischen Dings verfügen, damit sie als Aspektgrenze fungieren kann, in der die Selbstbesonderungsrichtungen lebendiger Erscheinung ineinander umschlagen? Plessners Antwort ist berühmt: wenn ein Ding seine Grenzen *vollzieht*, dann ist seine Grenze zugleich räumliche Begrenzung und Aspektgrenze. (Vgl. SOM, 154) Um diese Behauptung präziser zu fassen, sollen zunächst der räumliche Kontur und die realisierte Grenze in bezug auf ihr Verhältnis zum Ding als Ganzen verglichen werden. Vor diesem Hintergrund wird es leichter fallen, einzusehen, daß die realisierte Grenze reflexiv ist und in ihr die Selbstbesonderung des lebendigen physischen Dings stattfindet.

Die bloß räumliche Begrenzung zeigt sich in ihrem Verhältnis zum Körper als „das virtuelle Zwischen dem Körper und dem anstoßenden Medium, das Worin er anfängt (aufhört), insofern ein Anderes in ihm aufhört (anfängt)“. (SOM, 154) Die ausschließlich räumliche Begrenzung ist dem physischen Ding folglich äußerlich; sie hat in ihrer inhaltlichen Bestimmtheit – wie alle Eigenschaften des Dings – kein Verhältnis zum Ding als einem Ganzen. Ganz anders sieht dies jedoch aus, wenn die Grenze vollzogen ist. „Die Grenze gehört reell dem Körper an, der damit nicht nur als begrenzter an seinen Konturen den Übergang zu dem anstoßenden Medium gewährleistet, sondern in seiner Begrenzung *vollzieht* und dieser Übergang selbst ist.“ (Ebenda) Indem die Grenze vollzogen wird, stellt sie nicht nur die räumliche Begrenzung des physischen Dings dar, sondern übt zugleich die Funktionen aus, das physische Ding als Ganzes gegen sein Medium abzuschließen bzw. mit ihm in Verbindung zu setzen. Die vollzogene Grenze ist folglich nicht mehr allein als anschaulicher Kontur des physischen Dings gegeben, sondern erscheint am physischen Ding. Indem die Grenze nämlich im Vollzug die Funktionen ausübt, das physische Ding nach außen abzuschließen, bzw. zu öffnen, ist sie keine bloße – anschaulich gegebene – Eigenschaft des Dings mehr. Der gesetzten Grenze kommt vielmehr ein von der Dinghaftigkeit – und d.h. von der Spannung von Kern und Eigenschaften – unabhängiges Sein zu. Deswegen kann sie erscheinen.[101]

[101] Vgl. SOM 154f.: „Deshalb wird hier die Grenze seiend, weil sie nicht mehr das (als Linie oder Fläche vorgestellte und darin eigentlich verfälschte) Insofern der wechselweisen Bestimmtheit, der selbst nichts für sich bedeutende leere Übergang ist, sondern von sich aus das durch sie begrenzte

Jetzt wird es möglich, Plessners Behauptung nachzuvollziehen, daß die Grenze des Lebendigen nicht nur als räumliche Begrenzung des physischen Dings gegeben ist, sondern im Vollzug reflexiv wird und dadurch als Aspektgrenze fungiert. Zunächst läßt sich einsehen, daß die Grenzfunktionen des Ab- und Aufschließens bzw. der Eingrenzung und des In-Verbindung-Setzens im Grenzvollzug stattfinden. Das Setzen einer Grenze kann eine doppelte Funktion ausüben: einerseits kann die gesetzte Grenze eine Schranke bilden, die das eingegrenzte Gebilde gegen das ihm Äußere abschottet; andererseits kann die gesetzte Grenze auch als Brücke fungieren, die das umgrenzte Gebilde mit dem ihm Äußeren bzw. Anderen in Beziehung setzt. Im Vollzug der eigenen Grenzen geschieht dem lebendigen Ding beides: es wird gegen das ihm Andere abgeschlossen und geöffnet und erfährt dadurch seine Besonderung in sich und gegen Anderes.[102] Die Grenze fungiert zum einen als Ab- oder Eingrenzung, indem das lebendige physische Ding im Vollzug seiner Grenzen in es hinein gesetzt wird. Das Lebendige als Ganzes wird dadurch zum Bezugspunkt, in bezug auf den sich das physische Ding qualitativ bestimmt. Im In-Ihn-Hinein-Setzen geschieht folglich die Besonderung des Lebendigen in sich, in der es sich zum in sich vertretenen Organismus ausbildet. Die Grenze fungiert zum anderen als Verbindungsglied, indem das lebendige physische Ding im Vollzug seiner Grenzen über es hinaus gesetzt wird. Das Lebendige als Ganzes erscheint dadurch als ideeller Fluchtpunkt, auf den seine aktuelle Gestalt bezogen ist. Die Gestaltidee als Fluchtpunkt eröffnet dem lebendigen physischen Ding den Spielraum, in dem es sich zu seiner konkreten Besonderheit gegen andere ihm gleichfalls offenstehende Möglichkeiten individualisiert. Im Über-Ihn-Hinaus-Setzen ereignet sich derart die Besonderung des Lebendigen gegen Anderes, in der es sich zum besonderen Individuum entwickelt.

Nachdem sich die Doppelaspektivität der Besonderung in sich und gegen Anderes im Ausgang vom Grenzvollzug hat entwickeln lassen, läßt sich nun auch begreifen, daß die vollzogene Grenze nicht nur anschaulich als räumliche Begrenzung wahrnehmbar ist, sondern darüber hinaus als Aspektgrenze erscheint. Wie wir gesehen haben, wird die Grenze des physischen Dings im Vollzug reflexiv. Sie macht damit den Umschlagspunkt aus, an dem das physische Ding gegen außen abgeschlossen und damit in sich besondert bzw. nach außen aufgeschlossen und damit gegen Anderes besondert wird. Die Grenze stellt darüber hinaus den Punkt dar, in dem die Richtungen des In-Ihn-Hinein- und Über-Ihn-Hinaus-Setzens in einander umschlagen. In seiner Grenze schottet sich das Lebendige als in ihm selber seiender Organismus ab; zugleich geht das Lebendige in seiner Grenze über die eigene Aktualität hinaus und entwickelt sich zum

Gebilde als solches von dem Anderen als Anderem prinzipiell unterscheidet. Nicht insofern das anstoßende Medium aufhört, fängt der Körper an (oder umgekehrt), sondern sein Anfangen und Aufhören ist unabhängig von außer ihm Seiendem […].“

[102] Vgl. SOM, 155: „Man erkennt sofort, daß im zweiten Fall (d.i. die Grenzrealisierung; O. M.) der Körper jenen geforderten prinzipiellen Doppelaspekt zeigen muß, dem zufolge er als eine Einheit von Außen und Innen erscheint. Der Doppelaspekt trägt nicht nur das Gebilde und verleiht ihm dadurch den Charakter der Dinglichkeit, sondern er tritt als Eigenschaft, und zwar in Wesensverknüpfung mit der Gestalt (Kontur) des Körpers, auf.“

Individuum. Die räumliche Grenze erscheint derart als Aspektgrenze, in der die Richtungen lebendiger Selbstbesonderung ineinander umschlagen. Damit bestätigt sich die Plessnersche Behauptung, daß die räumliche Begrenzung eines physischen Dings dann als Aspektgrenze eines Lebwesens erscheint, wenn sie vollzogen wird. Abschließend müssen wir uns darüber Rechenschaft abgeben, was wir mit den bisherigen Überlegungen zum Grenzvollzug des lebendigen Dings erreicht haben. Zunächst verschafft der Gedanke der Grenzrealisierung die Möglichkeit zu verstehen, daß Lebendiges in sinnlicher Anschauung allein als Gestalt (bzw. als physisches Ding), in der Alltagserfahrung dagegen als lebendige Ganzheit bzw. selbstbezügliche Besonderheit gegeben ist. Das Obige hat gezeigt, daß sich belebte von unbelebten Dingen nicht auf der Ebene ihres sinnlich wahrnehmbaren Bestehens, sondern allein auf der Ebene ihrer qualitativ bestimmten Erscheinung unterscheiden. Hier verfügen die belebten Dinge nämlich nicht nur über das materiale Surplus ihrer spezifischen Eigenschaft der Grenzrealisierung; vielmehr bezeichnet diese Eigenschaft des Grenzvollzugs das reflexive Verhältnis, in dem die Eigenschaften zum lebendigen Ding als Ganzen stehen. (Vgl. SOM, 155) Dem entspricht, daß die Grenze des unbelebten Dings allein seine räumliche Begrenzung und damit eine bloße Eigenschaft darstellt, während die Grenze des lebendigen Dings – weil sie vollzogen ist – eine solche Eigenschaft ausmacht, die reflexiv auf das Lebendige als Ganzen bezogen ist. In ihr findet die Selbstbesonderung des physischen Dings zum Organismus und zum Individuum statt. Für die empirische Naturwissenschaft, deren Erfahrung auf sinnliche Anschauung begrenzt ist, muß an der Grenze des Lebendigen ihr Surplus der Reflexivität verborgen bleiben. In der sinnlichen Anschauung kann nämlich allein der räumliche Kontur, der das lebendige physische Ding umrandet, nicht jedoch die reflexive Selbstbezüglichkeit erfaßt werden, die der Grenze des Lebendigen aufgrund ihres Vollzugscharakters zukommt. Die übergestalthafte Ganzheitlichkeit, die die Erscheinung des Lebendigen prägt, muß sich der empirischen Naturwissenschaft infolgedessen entziehen.[103] Die Bedeutung als Aspektgrenze, die der räumlichen Begrenzung des lebendigen Dings zukommt, ist allein in der empirisch nicht restringierten Phänomenschau zu erfassen: als der Punkt, an dem die Richtungen der Besonderung in sich und gegen Anderes ineinanderumschlagen. In philosophischer Reflexion kann Plessner den Grund für diese divergierenden Erfahrungen in der empirischen Wissenschaft und in der alltagsweltlichen Phänomenschau am lebendigen Ding selbst begreifen: in ihrer Realisierung ändert sich der Modus der Grenze, die als gesetzte Grenze reflexiv wird.

Es wäre nun allerdings voreilig, die Grenzrealisierung aufgrund der bisherigen Überlegungen als bewiesen zu behaupten. Es ist nämlich noch nichts über ihre Wirklichkeit ausgemacht. Zur Hypothese der Grenzrealisierung kommt das Bisherige allein durch begriffliche Reflexion auf die Bedingung, unter der die räumliche Grenze

[103] Vgl. SOM, 155f.: „Zur Kennzeichnung der spezifisch organischen Einheitsform reicht der Begriff der Gestalt nicht aus. Er vermag nicht die Eigengegründetheit, Selbständigkeit, das In ihm selber Sein und Aus ihm selber Sein eines lebendigen Dinges ohne Anleihen bei anderen Begriffen verständlich zu machen. Er faßt gewissermaßen nur eine Dimension an diesem mehrdimensionalen Phänomen und vernachlässigt vollkommen die eigentümliche Autokratie des lebendigen Systems.“

begriffliche Reflexion auf die Bedingung, unter der die räumliche Grenze zugleich als Aspektgrenze fungieren kann. Wenn der Grenzvollzug positiv in seiner Wirklichkeit ausgewiesen werden soll, dann muß dies am lebendigen physischen Ding in seiner *Tatsächlichkeit* geschehen.

b. Die Herausforderung einer doppelseitigen Deduktion der Grenzrealisierung und der Lebensmerkmale

Die Forderung nach einer der Deduktion hat sich nun am Erkenntnisstatus der bisherigen Überlegung entzündet. Bisher ist die Grenzrealisierung allein in philosophischer Reflexion als Bedingung dafür begriffen wurden, daß ein physisches Ding als besonderes Lebewesen erscheinen kann. Damit ist jedoch noch nichts über die Wirklichkeit der Grenzrealisierung ausgemacht. Diese gilt es vielmehr an der Faktizität des lebendigen physischen Dings auszuweisen.

Das Unternehmen der Deduktion verkompliziert sich in bezug auf ihre methodische Anlage, da die Grenzrealisierung allein auf der Ebene der alltagsweltlich gegebenen Qualitäten lebendigen Seins stattfinden soll. Insofern diese allein für die nicht empirisch restringierte Alltagserfahrung gegeben sind, ist der Status ihrer Erkenntnis jedoch ungewiß. Um zwischen den Lebensmerkmalen in bezug auf ihren Erkenntnisstatus zu differenzieren, bedarf es eines begrifflichen Maßstabs. Bei diesem Maßstab kann es sich seinerseits nun um nichts anderes als um die Grenzrealisierung handeln, da sie doch als der alleinige Grund dafür begriffen wurde, daß eine empirische Gestalt als lebendige Ganzheit erscheint. Der erste Abschnitt dieses Unterkapitels soll (unter A.) nachweisen, daß sich Plessner dieser Verwobenheit von Grenzrealisierung und Lebensmerkmalen stellt, indem er seine Deduktion doppelseitig anlegt. Der zweite Abschnitt dieses Unterkapitels soll (unter B.) Klarheit über die inhaltliche Ausrichtung der Deduktion gewinnen und hierfür auf die Funktion der Grenzrealisierung als Aspektgrenze zurückgreifen.

(A.) Die gedoppelte methodische Anlage der Deduktion

Aus dem letzten Unterkapitel ist uns die Frage nach der Wirklichkeit der Grenzrealisierung geblieben.[104] Die Beantwortung dieser Frage wird sich daran messen lassen müssen, ob es ihr gelingt, die Grenzrealisierung am lebendigen physischen Ding nachzuweisen, ohne dessen Tatsächlichkeit aufzulösen.

Kommen wir zunächst zu der Frage, wo am physischen Ding die Grenzrealisierung vorkommen kann. Die Grenzrealisierung bedeutet den Vollzug der eigenen Grenzen.

---

[104] Vgl. SOM, 174: „Welcher Weg ist einzuschlagen, um die Wirklichkeit dieses Ordnungstypus der Ganzheit zu ermitteln, wenn der empirische Weg hierfür nicht gangbar sein soll? Formt man die Frage um, so wird die Beantwortung leichter erscheinen: Welche Bedingungen müssen erfüllt sein, damit der in Fall II (der Grenzrealisierung; O. M.) präzisierte Sachverhalt als Eigenschaft eines physischen, in Raum und Zeit bestimmten Körpers wirklich sein kann? Gefragt ist nach der Verwirklichung einer Wesenheit; gegeben sind [...] die Wesenheiten ‚Ganzheit' und ‚physisches Ding'."

Am physischen Ding und d.h. im Verhältnis von Substanzkern und Eigenschaften kann sie allein auf der Ebene der Eigenschaften angesiedelt sein.[105] Unter der Gesamtheit der Eigenschaften bzw. der Bestimmtheiten des Dings können wiederum nur solche von Interesse sein, die das lebendige Ding *als Lebendiges* charakterisieren. Wir müssen dabei an Wesensmerkmale des Lebens wie Entwicklung, Organisation, Anpassung oder Fortpflanzung denken.

Unsere Frage, nach der Wirklichkeit der Grenzrealisierung kann folglich in die präzisere Frage übersetzt werden, ob sich die Grenzrealisierung an den Wesensmerkmalen des Lebens aufweisen läßt. Die Grenzrealisierung ist eine Hypothese aus philosophischer Reflexion. Sie zielt auf die Erkenntnis, wie ein physisches Ding als lebendige Besonderheit erscheinen kann. Nun sollen die qualitativen Bestimmungen lebendigen Seins die Dimension am lebendigen Ding ausmachen, in der die Grenzrealisierung bzw. die lebendige Besonderung in sich und gegen Anderes stattfindet. Damit stehen wir vor der Frage, ob die Wesensmerkmale als Ermöglichungsbedingungen der Grenzrealisierung aufgewiesen werden können. Um die Grenzrealisierung an der Tatsächlichkeit des lebendigen physischen Dings nachzuweisen, muß Plessner folglich die Wesensmerkmale lebendigen Seins aufzeigen können, die ihr Stattfinden ermöglichen.

Plessner entwickelt sein indirektes Deduktionsverfahren in der kritischen Auseinandersetzung mit Kant. Zunächst stellt er Kant als sein Vorbild vor, insofern dieser darum gewußt habe, daß er seine Kategorien nicht ableiten dürfe. So wie Kant die Kategorien nicht aus der transzendentalen Einheit des Selbstbewußtseins deduziert, leitet Plessner die Wesensmerkmale nicht aus der Grenzrealisierung ab. Ein solcher spekulativer Deduktionsversuch löst nämlich die Tatsächlichkeit des Lebendigen in die Bedeutungszusammenhänge auf. Auf diese Weise erreichte man zwar ein Geflecht von Bedeutungen, dieses verfügte jedoch über keinen Rückhalt an den Lebewesen. Plessner stimmt der Beschreibung von Fichte und Hegel zu, Kant habe seine Kategorien nur aufgelesen und aus keinem sie rechtfertigenden Grund abgeleitet. Allerdings wendet Plessner diese Beschreibung ins Positive. Die Stärke Kants beruhe gerade darin, daß er die Kategorien aufgelesen und damit die Bindung an die Faktizität nicht durchtrennt habe. Ziel der Kantischen Deduktion kann es – so Plessner – allein sein, von den aufgelesenen Strukturprinzipien des Denkens zu zeigen, daß sie wissenschaftliche Erkenntnis ermöglichen.[106]

---

[105] Vgl. SOM, 182f.: „Dieses besondere Verhältnis zu seinen Grenzkonturen (muß sich; O. M.), wenn anders es überhaupt ontisch und nicht nur logisch möglich sein, wenn es real stattfinden soll, an dem Realen aussprechen und bemerkbar machen, in einer Art, die dem Realen als physischem Ding nicht zuwiderläuft und seinen ‚Mitteln‘ konform ist. Ein physisches Ding hat als Mittel, sich auszusprechen und bemerkbar zu machen, nur das, was man gemeinhin seine Eigenschaften nennt, die wiederum das Ganze seiner anschaulichen Erscheinung aufbauen.“

[106] Vgl. SOM, 165: „Kant begnügte sich nicht mit einfacher Aufzählung erfahrungsmäßig nicht ableitbarer Seinsformen, sondern suchte eine Ordnung in ihnen zu entdecken und einen Maßstab zu ihrer Entdeckung zu gewinnen. Fichte hat ihm dann den Vorwurf gemacht, mit seiner Deduktion aus der Urteilskraft die Kategorien doch nur aufgelesen zu haben, und Hegel ist darin noch weiter gegangen. Kant schwebte eben eine andere Art von Deduktion als die rational-emanatistische oder

Damit ist nun zugleich die Stelle benannt, an der Plessner vom Kantischen Deduktionsverfahren abbiegt. Kant hat die Verstandeskategorien als Bedingungen der Möglichkeit *wissenschaftlicher* Erfahrung aufgewiesen. Er konnte die Verstandeskategorien deswegen für gerechtfertigt halten, weil er sie als Ermöglichungsbedingungen der wissenschaftlichen Erfahrung nachgewiesen hat, an deren Erfolgen nicht zu zweifeln war. Zwischen Plessner und Kant liegt das 19. Jahrhundert, in dem das Vertrauen in die Wissenschaften an Selbstverständlichkeit verloren hat. So hält Plessner dem Vertrauen in die Wissenschaften – wie oben gesehen – nicht nur entgegen, daß die empirisch restringierte Erfahrung blind für die qualitative Bestimmtheit lebendigen Seins ist; er betont auch, daß die Wissenschaft in ihrer Begriffsbildung so autonom nicht sei. Vielmehr ist sie in ihrer Arbeit pragmatisch in die Alltagserfahrung eingelassen, die es ihr überhaupt erst ermöglicht, ihre Probleme zu formulieren.[107] Plessner richtet seine Aufmerksamkeit deswegen nicht auf die Kategorien der Biologie sondern auf die qualitativen Bestimmungen des Lebendigen, die in der Alltagserfahrung begegnen. Die hier aufgelesenen Wesensmerkmale sollen als die Bedingungen nachgewiesen werden, die das Stattfinden der Grenzrealisierung am lebendigen physischen Ding möglich machen.

Damit ergibt sich für Plessner jedoch eine Schwierigkeit, vor der Kant nicht stand. Während Kant in seiner Deduktion auf die Dignität wissenschaftlicher Erfahrung vertrauen konnte, fehlt Plessner solch eine Rücksicherung, weil er die Lebensmerkmale der Alltagserfahrung entnimmt. Indem er die empirische Restriktion der Erfahrung aufbricht, gibt er zugleich ihre methodische Kontrollierbarkeit auf. Darüber hinaus wissen wir aus den obigen Überlegungen, daß die Eigenschaften bzw. Qualitäten des Lebendigen empirisch vollständig durch physische und chemische Ursachen erklärt werden können. Bisher konnte das Lebendige allein in seinem physischen Bestehen als Ding gegenüber dieser Auflösung in Wirkkausalität gerechtfertigt werden. Die Eigenschaften haben sich in ihrer Funktion *als Eigenschaften* als wesensnotwendig für die Konstitution dinglicher Einheit ergeben. Darin ist jedoch noch nichts über die Eigenschaften in ihrer konkreten inhaltlichen bzw. qualitativen Bestimmtheit ausgemacht. Vielmehr hatte sich gerade gezeigt, daß sich sinnhafte Sinnstruktur und Materialität des physischen Körpers wechselseitig durchdringen, ohne aufeinander reduzierbar zu sein. Jetzt haben wir mit den bestimmten Eigenschaften zu tun, durch die die Alltagserfahrung das

---

metaphysisch-teleologische vor, die er als transzendentale bezeichnete und bewußt in Kontakt mit dem offenen System der Erfahrung hielt. Die transzendentale Einheit des Selbstbewußtseins ist zwar der Zentralpunkt aller Kategorien, nicht aber zugleich ihr Deduktionsort, Prinzip und Quelle ihrer Differenzierung. Ausdrücklich hält Kant an der Irrationalität der die Rationalität begründenden Kategorien fest und stellt der Deduktion dieser reinen Verstandesbegriffe nur die Aufgabe, sie als Prinzipien zu erweisen, wonach andere synthetische Erkenntnisse apriori möglich sind."

[107] Vgl. SOM, 166: „So sehr es demnach ein Rückfall in die vorkantische Deduktionsmanier wäre, die Wesensmerkmale aus irgendeinem Lebensbegriff zu deduzieren, in dem man sie vorher aufgenommen hat, so falsch wäre es, bei Kant stehen zu bleiben und nur das als Wesensmerkmal des Lebendigen gelten zu lassen – und darauf die Deduktion einzustellen –, was die Biologie als ‚Kategorien' ihrer empirischen Arbeit ausprägen muß. [...] die Kategorien der empirischen Biologie wurzeln in den Kategorien des Lebendigen selbst."

lebendige Sein als ausgezeichnet erfährt. Wenn dieses Alltagsverständnis nun keine Illusion (bzw. geschichtliche Konstruktion) darstellen soll, dann müssen die Eigenschaften des lebendigen Seins trotz ihrer empirischen Konstitution in ihrer *Qualität* als *irreduzibel* nachgewiesen werden können. Es muß sich folglich zeigen lassen können, daß die Eigenschaften lebendigen Seins trotz ihres empirischen Erwirktseins in ihrer inhaltlichen Bestimmtheit nicht in das anonyme Geflecht vorgängiger Ursachen aufgelöst werden können. Der Hinweis auf das Bestehen des Lebendigen als eines physischen Dings kann hierfür freilich nicht weiterhelfen.

In nicht empirisch restringierter Alltagserfahrung kann Plessner zwar nach den Merkmalen lebendigen Seins fragen; es ist dann aber noch nichts über den Wahrheitswert der erschauten Qualitäten entschieden. Folglich braucht er einen Maßstab bzw. ein Wahrheitskriterium, um beurteilen zu können, welche Merkmale, durch die wir lebendiges Sein im Alltag ausgezeichnet erfahren, für dieses wesensnotwendig sind. Gegenständlich unterscheidet Plessner dementsprechend zwischen solchen Wesensmerkmalen, die das Leben für die Anschauung bloß anzeigen und solchen, die es ihr verbürgen.[108] Indikative Wesensmerkmale erreichen zwar, daß etwas als lebendig erscheint, sie können Lebendigkeit aber auch vortäuschen. Als Beispiel indikatorischer Wesensmerkmale gibt Plessner u.a. Plastizität oder die Rhythmik lebendiger Bewegungen an.[109] Er verweist auf den zu seiner Zeit offenbar gängigen Streich, unter der Tischdecke einen Ball zu verstecken. Wurde an der am Ball befestigten Schnur gezogen, bewegte sich der Teller, unter welchem sich der Ball befand. Der Teller schien zu tanzen und damit eine spezifisch lebendige Bewegung auszuführen. Daß dieser Streich funktioniert und dem Teller scheinbar Leben eingeflößt wird, können wir auf das indikatorische Lebensmerkmal der lebendigen Bewegung zurückführen, das Leben anzeigt, ohne es zu verbürgen. (Vgl. SOM, 185f.) Konstitutive Wesensmerkmale lassen einen solchen Schein gerade nicht zu, insofern sie für das lebendige Sein in irgendeiner Weise wesensnotwendig sind.

Welchen einzelnen Wesensmerkmalen der Status zukommt, das Leben bloß anzuzeigen oder aber es zu verbürgen, kann nicht mehr in der Alltagserfahrung bzw. von der Phänomenschau geklärt werden. Hier sind die Grenzen der Phänomenologie bezeichnet. Um darüber zu entscheiden, welche Wesensmerkmale unablöslich zum Leben gehören, bedarf es vielmehr eines philosophischen Maßstabs.[110] Der philosophische Maßstab, der

---

[108] Vgl. SOM, 166f.: „Dabei sei ein häufig übersehener Unterschied gemacht zwischen solchen Wesensmerkmalen, die rein die Lebenserscheinungen *anzeigen*, und den Merkmalen, deren ‚vollständiges' Auftreten das *wirkliche* Vorhandensein eines Lebendigen (‚wirklich' nicht im Sinne der Kriterien der empirischen Naturwissenschaft, sondern im Sinne der *Anschauung*) phänomenal verbürgt. [...] Konstitutive Wesensmerkmale als die Kategorien des Lebendigen können (einzeln oder insgesamt) auch nur in der Anschauung voll erfaßt werden. Sie bestimmen das Leben, täuschen es niemals vor. Sie bestimmen aber das Leben als Sein für die Anschauung, haben dagegen mit jenen Seinsschichten, in denen physikalische und chemische Begriffsbildung zu Hause ist, unmittelbar nichts zu tun."

[109] Vgl. SOM, Kap. 4.1.: „Indikatorische Wesensmerkmale der Lebendigkeit". 171ff.

[110] Dementsprechend warnt Plessner ausdrücklich vor Seinsaussagen aufgrund phänomenal gegebener Wesensbestimmungen des Lebendigen. Vgl. SOM, 180: „Daraus (d.h. aus indikatorischen Wesensmerkmalen; O. M.) irgendwelche ontologischen Schlüsse zu ziehen, ist jedoch ein sehr gefähr-

die Erkenntnis der konstitutiven Wesensmerkmale anleiten muß, kann nun kein anderer als die Grenzhypothese sein, da diese doch gerade als der Grund dafür eingesehen wurde, daß ein physisches Ding als belebt erscheint.[111] Nur solche Qualitäten lebendigen Seins sind demnach konstitutiv und können als Lebenskategorien bzw. Lebensmodale gelten, in denen die Grenzrealisierung stattfindet. Die konstitutiven Wesensmerkmale lebendigen Seins müssen folglich die Modi darstellen, in denen die Grenze des lebendigen physischen Dings reflexiv wird.

Damit verschränken sich die Probleme. Die Grenzrealisierung muß an den qualitativen Bestimmungen lebendigen Seins aufgezeigt werden, wenn sie mehr als eine bloße Hypothese aus philosophischer Reflexion sein und am lebendigen Sein in seiner Tatsächlichkeit vorkommen soll. Zugleich können allein die Eigenschaften des Dings als konstitutive Wesensmerkmale angenommen werden, in denen sich die Grenzrealisierung vollzieht. Die Plessnersche Deduktion ist folglich doppelseitig angelegt, insofern Grenzrealisierung und Lebensmodale allein aneinander aufgewiesen werden können.[112] Die Lebensmodale müssen als die Bestimmungen des physischen Dings aufgewiesen werden können, die an diesem das Geschehen der Grenzrealisierung ermöglichen. Zugleich müssen die im Alltagswissen aufgegriffenen Lebensmerkmale dadurch als Kategorien lebendigen Seins gerechtfertigt werden, daß sie als Modi der Grenzrealisierung dargestellt werden.

Mit seinem verschränkten Deduktionsverfahren setzt Plessner sein philosophisches Ziel des in sich gedoppelten Philosophierens methodisch um. Auf diese Weise gelingt es ihm, die Aporien zu unterlaufen, die sich aus der Fundamentalisierung der Bedeutungszusammenhänge bzw. des positiven Seins ergeben. Erinnern wir uns in diesen Zusammenhang an das erste Kapitel dieser Arbeit. Dort wurde die Argumentation von Plessner und König rekonstruiert, daß sich jeder einseitige Anfang vom Sein oder von den Bedeutungszusammenhängen in seine Verwiesenheit auf die je andere Dimension verstrickt. Geht man spekulativ vom Sinnzusammenhang der Grenzrealisierung aus, mag man wohl Kategorien lebendiger Selbstbesonderung ableiten können, zugleich löst

liches Beginnen. Man sollte nie direkt aus phänomenologischen Sachverhalten in ontologische Aussagen übergehen. Das Sein, das erscheint, ist zwar auch Sein, aber nicht das ganze Sein, wie es an ihm selbst und in ihm selbst west und ist.“

[111] Vgl. SOM, 175: „Wesensnotwendig für das Leben heißt für es möglichkeitsbedingend zu sein. Wenn sich also herausstellt, daß ein physisches Ding das in Fall II bezeichnete Verhältnis zu seiner Grenze nur dann hat, wenn es die Weise der Entwicklung, der Reizbarkeit, der Vermehrung annimmt, so ist damit der Modalcharakter von Entwicklung, Reizbarkeit, Vermehrung erwiesen.“

[112] Vgl. SOM, 174f.: „[...] zu der in konkreter Anschauung gegebenen Größe ‚lebendiges physisches Ding‘ werden nach Maßgabe des Prinzips der Grenze (Fall II) die inneren Bedingungen ihres Stattfindens gesucht. [...] Es wird der Versuch gemacht, unter ausschließlicher Zugrundelegung der oben entwickelten Auffassung, daß das Phänomen der Lebendigkeit nur auf dem besonderen Verhältnis eines Körpers zu seiner Grenze beruht, die Beantwortung durchzuführen. Auf diesem Gang der Beantwortung muß zugleich die Frage, ob es wesensursprüngliche Charaktere des Lebens gibt, mit entschieden werden. Die Untersuchung übernimmt dadurch von selbst die Aufgabe einer Axiomatik des Organischen oder einer apriorischen Theorie der organischen Modale.“

sich damit jedoch die Tatsächlichkeit dessen auf, dem diese Selbstbesonderung geschehen soll.[113] So hatten wir gesehen, daß der spekulative Versuch, die Wesensmerkmale des Lebens aus der Grenzrealisierung abzuleiten, den Rückhalt am Lebewesen in seiner Tatsächlichkeit abbricht. Geht man umgekehrt von der Faktizität des lebendigen physischen Dings aus, gibt man den Wahrheits- bzw. Erkenntnisanspruch auf. Dementsprechend haben wir festgestellt, daß das Alltagsverständnis bzw. die Phänomenschau wohl angeben kann, welche Wesensmerkmale Leben anzeigen; in solcher Perspektive kann jedoch nicht mehr festgestellt werden, ob ein Merkmal Leben nur indiziert oder tatsächlich auch verbürgt. Um in bezug auf den Erkenntnisanspruch entscheiden zu können, bedarf es eines Maßstabs bzw. Wahrheitskriteriums, das seinerseits nicht mehr aus alltagsweltlicher Erfahrung stammen kann.

Aus dieser Überlegung ergibt sich der Anspruch an die philosophische Erkenntnis beidem zu genügen: der theoretischen Herausforderung nach einem Wahrheitsmaßstab und dem Wissen um die Wirklichkeit in ihrer irreduziblen Tatsächlichkeit. Um diesem Doppelanspruch zu entsprechen, macht es sich Plessner zur Aufgabe, die Grenzhypothese, wie sich lebendige Selbstbesonderung vollzieht, und die anschaulich gegebenen Qualitäten des lebendigen physischen Dings, in denen die Selbstbesonderung faktisch ist, zusammenzubekommen. Er kann dieser Aufgabe nicht anders als in einer *doppelseitigen* Deduktion genügen, die die konstitutiven Wesensmerkmale als Modi der Grenzrealisierung aufweist.[114] *Aneinander* will Plessner folglich die Wirk-

---

[113] Vor diesem Hintergrund ist Hans Heinz Holz nicht zuzustimmen, der in den „Stufen“ den Gesamtzusammenhang der Natur, „den Aufstieg vom anorganischen Stoff zu den höchsten Differenzierungen des Geistes als materiellen Prozeß“ dargestellt findet. (Vgl. Hans Heinz Holz, Mensch – Natur. Helmuth Plessner und das Konzept einer dialektischen Anthropologie, Bielefeld 2003, 45.) Indem er die qualitativen Bestimmungen des lebendigen Seins aus der Grenzhypothese ableiten will, wiederholt sich in bezug auf seine „dialektische“ Naturphilosophie das Problem der Hegelschen Geistesphilosophie: im Gesamtzusammenhang der naturphilosophischen Wechselbezüge wird das lebendige Ding in seiner Tatsächlichkeit aufgelöst. Vgl. ebenda, 124: „Vielmehr meint ‚Logik der Sache‘, dass aus der allgemeinsten Grundbestimmung des Seienden die besonderen Bestimmtheiten der höchsten Gattungen auf dem Wege der ‚bestimmten Negation‘ [...] – also mit dialektischer Notwendigkeit – als apriorische Möglichkeiten abgeleitet werden können [...].“

[114] Aufgrund dieser Überlegungen ist Mathias Gutmann darin zuzustimmen, daß Plessner das Verhältnis von Grenzrealisierung und lebendigen Sein nicht „begrifflich bestimmt“. Nicht zuzustimmen ist jedoch der Konsequenz, die Gutmann aus diesem Umstand zieht: daß Plessner den Zusammenhang von Grenzrealisierung und lebendigem Sein „schlicht behauptet“. (Mathias Gutmann, Der Lebensbegriff bei Helmuth Plessner und Josef König. Systematische Rekonstruktion begrifflicher Grundprobleme einer Hermeneutik des Lebens, in: Gerhard Gamm u.a. (Hg.), Zwischen Anthropologie und Gesellschaftstheorie – Zur Renaissance Helmuth Plessners im Kontext der modernen Lebenswissenschaften, a.a.O., 125–157, hier: 139) Wie gesehen, unterläuft Plessner eine apriorische Bestimmung des Verhältnisses von Grenzrealisierung und lebendigen Ding in seiner Tatsächlichkeit, um den der Wahrheitsbezug der Naturphilosophie nicht zu verstellen. Um die Grenzrealisierung in ihrer Tatsächlichkeit und die alltagsweltlich geschauten Lebensmerkmale in ihrem Erkenntnisstatus nachweisen zu können, ohne einen begrifflichen Wahrheitsgrund in Anspruch nehmen zu müssen, entwickelt er das methodische Vorgehen der doppelseitigen Deduktion.

lichkeit der Grenzrealisierung und die Wesensnotwendigkeit bestimmter Lebensmerkmale rechtfertigen.[115]

Die Durchführung der doppelseitigen Deduktion gliedert den Argumentationsaufbau der „Stufen" in ihren systematischen Kapiteln. (Vgl. SOM, Kap. 4–7) Dementsprechend kann Plessner seine methodische Selbstverständigung über die Durchführung seiner Lebensphilosophie mit folgenden Worten abschließen: „‚Damit' der in Fall II angegebene Sachverhalt (der Grenzrealisierung; O. M.) mit den Bedingungen raumzeitlicher Dinglichkeit übereinkommt oder wirklich werden kann, muß das raumzeitliche Körperding die Eigenschaften des Lebens annehmen. Eine derartige Deduktion der Kategorien oder Modale des Organischen – wohlgemerkt nicht *aus* dem Sachverhalt der Grenzrealisierung, denn den gibt es ja für sich nicht, sondern *unter dem Gesichtspunkt* seiner Realisierung – bildet den Zentralteil der Philosophie des Lebens. Gerade in dieser Hinsicht erweisen sich die Kategorien als selbst nicht ableitbare, nicht logisch zu begründende, ursprüngliche Weisen der Realisierung eines für sich und in sich nicht realisierbaren Sachverhaltes. Von Panlogismus und Rationalisierung der Kategorien darf also nicht gesprochen werden, wenn es gelingen sollte, *das Leben in seinen wesentlichen Erscheinungen als die Reihe der Bedingungen nachzuweisen, unter welchen allein eine Gestalt Ganzheit ist.*" (SOM, 175f.)[116]

(B.) Die inhaltliche Ausrichtung der Deduktion

Im letzten Abschnitt wurde allein die methodische Anlage des Plessnerschen Deduktionsverfahrens rekonstruiert. Um zu verstehen, wie Plessner in seiner Deduktion vorgeht, müssen wir darüber hinaus unser Verständnis von der inhaltlichen Ausrichtung

---

[115] Vgl. Plessners Auskunft an König in seinem Brief vom 8.4.1928: „Das Schematismus Kapitel hat für mich immer diesen Sinn gehabt: Einklang von Natur und Geist *als* Verschiedene. […] Vielleicht darf man den Satz wagen: die erste Aufgabe der theoretischen Philosophie besteht darin, die Schemafunktionen des Gegebenen darzustellen; […] (Vielleicht ist *das* der legitime Sinn der Naturphilosophie, sofern sie nur restitutio ad integrum der Anschauung sein will, – Licht, Farbe, Schall, Raum, Zeit, zerstücktes Dingsein verstehen als die Weise des Ermöglichens einer anderen Welt, als welche sie sich selbst vorweg ist, als Mensch der am ‚Geiste' teil hat.)." (KPB, 128f.)

[116] Hier wird deutlich, daß Ernst Wolfgang Orth die Plessnersche Naturphilosophie unter Wert verkauft, wenn er den „Stufen" eine regressive Methode attestiert. „Er (Plessner; O. M.) setzt die Leistungen der exzentrischen Positionalität, noch bevor er diese erörtert hat, voraus, um die Positionalität zu bestimmen, eine Bestimmung, die sich dann freilich im Nachhinein bewährt. […] Der Anfang ist sozusagen ein präparierter Anfang. Zwar wird die exzentrische Positionalität aus der Modifikation verständlich gemacht. Aber um dieses Verständnis zu erzielen, muß ihre Pointe schon vorausgesetzt werden." (Ernst Wolfgang Orth, Philosophische Anthropologie als Erste Philosophie, a.a.O., 266.) Indem Orth die Dinghaftigkeit auf diese Weise in die Exzentrizität hineinzieht, löst er das faktische Bestehen des Lebendigen als eines physischen Dings in die Ebene der Bedeutungsvollzüge auf. Auf methodischer Ebene verbaut er sich mit dieser Homogenisierung die Möglichkeit, die doppelseitige Anlage der Deduktion zu begreifen, in der die anschaulich gegebenen Lebensmerkmale und die reflexiv begriffene Grenzrealisierung in ihrer prinzipiellen Divergenz aneinander aufgewiesen werden.

dieses Nachweises schärfen. Wir müssen uns hierfür fragen, welche Aspekte der Grenzrealisierung am lebendigen physischen Ding in seiner Tatsächlichkeit aufgezeigt werden können müssen, damit sie als deduziert gelten kann. Um in bezug auf diese Frage weiterzukommen, müssen wir bei der Funktion der Grenzrealisierung als Aspektgrenze ansetzen, in der sich die Richtungen der lebendigen Selbstbesonderung verschränken. Wenn die Grenzrealisierung als Grund für die Erscheinung eines physischen Dings als lebendig gerechtfertigt werden soll, so muß sie folglich zunächst als Grund der Doppelaspektivität lebendiger Selbstbesonderung in sich und gegen Anderes nachgewiesen werden. Darüber hinaus muß sie sich allerdings auch als Verschränkungspunkt zwischen den Besonderungsrichtungen aufzeigen lassen.

In einem ersten Schritt muß Plessner an den aus der Alltagserfahrung gewonnenen Wesensmerkmalen des Lebendigen aufweisen können, daß in ihnen die beiden Besonderungsweisen gegen Anderes und in sich stattfinden. Die Lebensmerkmale müssen sich dementsprechend als die Bedingungen erweisen, die es dem lebendigen physischen Ding ermöglichen, sich über seinen physischen Körper hinaus und in ihn hinein zu setzen. Die Besonderung gegen Anderes wird sich als lebendige Entwicklung zum Individuum erweisen. Die Besonderung in sich wird sich als Organisation darstellen, in der das Lebendige in sich vertreten ist.

Wenn es sich bei der Grenzrealisierung nun tatsächlich um den Grund der ganzheitlichen Erscheinung des Lebendigen handeln soll, kann es allerdings nicht genügen, sie am einzelnen Lebewesen nachzuweisen. Eine derart isolierte Betrachtung kann am lebendigen Ding in seiner Tatsächlichkeit die Bedingungen nachweisen, die es diesem ermöglichen, seine eigenen Grenzen zu vollziehen und deswegen als selbstbezügliches Lebewesen zu erscheinen. Damit ist zwar die mechanistische Reduktion des Lebendigen auf sein gestalthaftes Bestehen widerlegt, möglich bleibt jedoch noch die vitalistische Auflösung des lebendigen Dings in den Gesamtzusammenhang des Lebens überhaupt. Auch in bezug auf das Lebensganze, an dem das einzelne Lebwesen teilhat, muß sich nachvollziehen lassen, daß das einzelne Individuum bzw. der einzelne Organismus seine Grenzen vollzieht. Im zweiten Schritt seiner Deduktion muß Plessner folglich wiederum an aus der Alltagserfahrung aufgegriffenen Lebensmerkmalen aufzeigen, daß das lebendige In-Ihn-Hinein- und Über-Ihn-Hinaus-Gestelltsein auch das Verhältnis strukturiert, in dem das besondere Lebewesen zu der umfassenden Lebenswirklichkeit steht. In der Richtung des In-Ihn-Hinein-Gesetztseins handelt es sich um das Verhältnis, in dem der Organismus zum Lebenskreis steht. In der Richtung des Über-Ihn-Hinaus-Gesetztseins geht es um das Verhältnis, das das Individuum zur Gattung bzw. zum Typus hat, zu dem es in der Entwicklung in Kontakt gesetzt ist. Auf beiden Ebenen – des Individuums und des Organismus – muß Plessner unter dem Gesichtspunkt der lebendiger Grenzrealisierung zeigen, daß das besondere Lebewesen per hiatum in die umfassende Lebenswirklichkeit integriert ist. Nur dann kann sich das besondere Lebewesen nämlich in seiner Integriertheit in das Lebensganze als selbiges Individuum bzw. als selbstbestimmter Organismus erhalten.

Die ersten beiden Deduktionsschritte haben folglich zur Aufgabe, unter der Grenzhypothese vom lebendigen physischen Ding nachzuweisen, daß es in seiner selbstbezüglichen Erscheinung – als Besonderes in sich und gegen Anderes – weder auf seine physische Dinghaftigkeit abbaubar noch in den Gesamtzusammenhang des Lebens überhaupt auflösbar ist. Wenn die Grenzrealisierung tatsächlich die Funktion der Aspektgrenze erfüllen soll, dann darf die Deduktion jedoch bei diesem Nachweis noch nicht stehen bleiben. Vielmehr muß darüber hinaus der Schritt zur Entfundamentalisierung des Doppelaspekts gemacht und gezeigt werden, daß sich das Lebendige in dieser Doppelaspektivität *zur Einheit formt* – ohne, daß die Einheitsbildung ihrerseits eine selbstbezügliche Sphäre lebendiger Besonderheit bildete. Der dritte Schritt der Deduktion hat folglich zur Aufgabe, die Wesensmerkmale des Lebendigen aufzuzeigen, in denen sich das Lebendige in der Brechung von sich entwickelnder Individualität und selbstbestimmter Organisation zur Einheit bildet. Da die Einheitsbildung als Aspektgrenze stattfinden soll, darf keine dritte Versöhnungssphäre des Lebensganzen unterhalb der Organisation und der Individualität erwartet werden. Es kann allein darum gehen, den Modus aufzuzeigen, in dem beide verschränkt sind. Der dritte Deduktionsschritt muß folglich solche Wesensmerkmale aufsuchen, in denen die Verschränkung der beiden Grenzfunktionen geschieht. Plessner wird hier zwischen drei Typen unterscheiden, in denen Individualität und selbstbestimmte Organisation verschränkt sind: die Positionalitätsmodi der Pflanze, des Tieres und des Menschen. Die Pflanze begreift er als durch eine strukturelle Einheitsbildung von Individuum und Organismus ausgezeichnet. Das pflanzliche Individuum schmiegt sich derart unmittelbar dem Verhältnis ein, in dem der Organismus zu seinem Medium steht. Die Einheitsbildung des Tieres kommt nach Plessner dadurch zustande, daß das Individuum als Zentrum seines Organismus gesetzt ist. Das tierische Individuum hebt sich auf diese Weise aus seiner organischen Verschränktheit mit seinem Medium heraus. Plessner bestimmt diese Einheitsbildung vermittels der Abhebung von Individuum und Organismus, wie sie das Tier auszeichnet, als Doppelaspektivität von Körpersein und Leibhaben. Den menschlichen Positionalitätstypus weist Plessner schließlich als dadurch ausgezeichnet nach, daß das Zentrum in sich heterogen bzw. gedoppelt ist. Plessner beschreibt dies als menschliches Stehen im Zentrum *und* im Nichts, das es dem Menschen ermöglicht, auch von seinem leiblichem Zentrum-Sein noch Distanz zu nehmen, so daß er im Doppelaspekt von Zentrum-Sein und Außerhalb-seiner-Stehen lebt.

Die folgenden Kapitel meiner Arbeit sollen diesem dreistufigen Argumentationsgang durchführen. Derart soll das kommende fünfte Kapitel den Doppelaspekt der lebendigen Besonderung gegen Anderes und in sich darstellen. Das darauf folgende sechste Kapitel soll das Verhältnis des besonderen Lebendigen zu der umfassenden Lebenswirklichkeit behandeln, in der es steht. Das letzte Deduktionskapitel soll sich schließlich mit der lebendigen Einheit im Doppelaspekt beschäftigen, die das pflanzliche, tierische und menschliche Leben auszeichnet.

Über diese inhaltliche Überlegungen dürfen wir nun allerdings die methodischen Anforderungen an die Deduktion nicht vergessen, die der letzte Abschnitt herausgearbeitet hat. Dort hatten wir gesehen, daß die Deduktion der doppelten methodischen Zielvorgabe verpflichtet ist, einerseits die Wirklichkeit der Grenzrealisierung an der Tatsächlichkeit des lebendigen physischen Dings – und d.h. konkret an den anschaulich gegebenen

Wesensmerkmalen des Lebendigen – nachzuweisen und andererseits den Wahrheitsanspruch eben dieser Wesensmerkmale des Lebendigen zu rechtfertigen, daß sie Lebendigkeit für die Anschauung nicht nur anzeigen sondern verbürgen. In der Rekonstruktion der Plessnerschen Deduktion muß es folglich darum gehen, die Grenzrealisierung *an* den Wesensmerkmalen des Lebendigen auszuweisen und darin die Gleichursprünglichkeit der begrifflichen Erkenntnis und der Anschauung zu wahren. Für alle drei Schritte von Plessners Deduktion bedeutet dies folglich, daß sie gleichermaßen von beiden Erkenntnisrichtungen ausgehen müssen: von der *begrifflichen Entfaltung der Grenzrealisierung* in ihren Funktionen der Besonderung des Lebendigen und seiner Einheitsbildung *und* von der *Anschauung des Lebendigen in seiner Tatsächlichkeit* als einem lebendigen physischen Ding.

In meiner Rekonstruktion versuche ich dem gedoppelten Vorgehen der Plessnerschen Deduktion dadurch gerecht zu werden, daß ich den Hiatus zwischen diesen beiden Erkenntnisrichtungen in jedem Schritt ausdrücklich markiere. Dementsprechend rekonstruiere ich im folgenden argumentativ Schritt für Schritt die Plessnerschen Überlegungen zu den funktionalen Strukturen der Grenzrealisierung *und* frage in jedem Schritt danach, auf welche allein anschaulich gegebenen Wesensmerkmale Plessner zurückgreift, die das Stattfinden der jeweiligen Funktion an der Faktizität des lebendigen physischen Dings ermöglichen. Dieses Vorgehen, den Argumentationsgang und die Phänomenschau von einander abzuheben, spiegelt mein Bemühen wider, der Plessnerschen Deduktion in ihrer gedoppelt anschaulich-begrifflichen Anlage gerecht zu werden. Allein die Anschauung kann die Wesensmerkmale liefern, die Plessner *unter* dem Gesichtspunkt der Grenzhypothese als Leben verbürgend ausweist. Daß Plessner im anschaulich vollzogenen Rückgriff auf die Wesensmerkmale des Lebendigen die Tatsächlichkeit des lebendigen physischen Dings nicht nach den theoretischen Ansprüchen seines Grenzansatzes zurechtbiegt und damit doch wieder nur *aus* der (begrifflich erstellten) Grenzhypothese ableitet, kann insofern nicht argumentativ ausgewiesen werden. Allerdings läßt sich feststellen, daß Plessner ausnahmslos solche Eigenschaften des belebten Dings heranzieht, die Lebendiges für die Alltagserfahrung auszeichnen wie z.B. Fortpflanzung, Anpassung (und Angepaßtheit), Entwicklung, Vererbung, Organisation, usw.

5. Erster Deduktionsschritt: Der Doppelaspekt der Besonderung in sich *und* gegen Anderes

In diesem ersten Schritt der Deduktion muß es darum gehen, an den alltagsweltlich gegebenen Lebensmerkmalen aufzuweisen, daß sich das Lebendige vermittels ihrer in es hinein und über es hinaus setzt und auf diese Weise als Besonderes in sich und gegen Anderes konstituiert. Auf diese Weise soll dieser erste Argumentationsschritt ein nichtdualistisches Verständnis der Doppelaspektivität entwickeln, durch die sich das Lebendige für die Alltagserfahrung auszeichnet. Die Herausforderungen, auf welche die Deduktion antwortet, geben darüber hinaus auch konkret vor, wie dieser erste Argumentationsschritt strukturiert sein muß, wenn er sein Argumentationsziel erreichen will. Wenn es sich nämlich um das Geschehen der Besonderung des physischen Dings handeln soll, so muß die selbstbezügliche Erscheinung des Lebendigen in einer Weise verstanden werden, die sein dingliches Bestehen nicht untergräbt, obwohl sie in Spannung zu ihm steht.[117] Würde die selbstbezügliche Erscheinung der Dinghaftigkeit widersprechen, so fehlte ihr der Rückhalt am physischen Bestehen und sie löste sich im wahrsten Sinne des Wortes in Luft auf. Zur Sicherung der Dinghaftigkeit genügt es nun nicht, die Doppelaspektivität der Reflexionsrichtungen nach außen und innen zu betonen. Vielmehr muß die Besonderung in beiden Richtungen als solche selbstbezügliche Erscheinung verstanden werden, die das Ding ganz ergreift und dennoch seine dingliche Einheit wahrt. Dann erst kann man zum Lebendigen als einem physischen Ding vordringen, das als Besonderes in sich und gegen Anderes und damit als selbstbezügliches übergestalthaftes Lebewesen erscheint.

a. Die Besonderung gegen Anderes vermittels der *dynamischen* Lebensmerkmale

Dieser Abschnitt hat die Deduktion der lebendigen Selbstbesonderung gegen Anderes am lebendigen physischen Ding in seiner Tatsächlichkeit zur Aufgabe. Er muß hierfür von der Grenzfunktion des Über-Ihn-Hinaus-Setzens ausgehen, vermittels derer die Besonderung des Lebendigen gegen Anderes stattfinden soll. Für den Nachweis des Über-Ihn-Hinaus-Setzens muß auf die alltagsweltlich gegebenen Lebensmerkmale ausgegriffen werden, die das Stattfinden dieser Grenzfunktion am Lebewesen in seiner Tatsächlichkeit ermöglichen. Der inhaltliche Einsatzpunkt der Argumentation ergibt sich aus dem Anspruch, daß die Selbstbesonderung aufgrund des Grenzvollzugs nicht mit dem Bestehen des Lebendigen als eines physischen Dings kollidieren darf. Dementsprechend gliedert sich der folgende Argumentationsgang in drei Schritte. Zunächst muß von der Grenzfunktion des Über-Ihn-Hinaus-Setzens ausgegangen und danach gefragt werden, wie sie bestimmt sein muß, daß sie am physischen Ding stattfinden kann. Ein zweiter Schritt muß umgekehrt vom Lebendigen als einem physischen Ding ausgehen und danach fragen, welche Eigenschaft es ihm ermöglicht, sich in einem Bestimmungsprozeß als Ding zu erhalten. Vor dem Hintergrund dieser Überlegungen soll schließlich drittens danach gefragt werden, wie die Entwicklung bzw. der spezifische Lebensprozeß zu bestimmen ist, in dem die Besonderung des Lebendigen gegen Anderes geschieht.

Wie – so müssen wir uns also als erstes fragen – kann die *Richtung Über-Ihn-Hinaus* am lebendigen physischen Ding stattfinden? Würde man diese Grenzfunktion unmittelbar ohne Rückbezug auf die physische Dinghaftigkeit bestimmen, so verabsolutierte

[117] Vgl. SOM, 182: „Verhält sich ein Körper entsprechend der Formel K ← K → M zu seinen Grenzen (d.h., wenn er seine Grenzen realisiert; O. M.), so daß ihm die Grenzen eigen sind, so muß er als ein Körper erscheinen, der sowohl über ihm hinaus als ihm entgegen ist. Jeder dieser Charaktere soll sich mit den Charakteren der Körperlichkeit vertragen, obwohl jeder von ihnen den feststellbaren Zügen eines begrenzten physischen Dingkomplexes zunächst zuwider ist."

man sie zur Grundschicht von Wirklichkeit überhaupt. Man bestimmte sie derart als stetiges Übergehen, innerhalb dessen sich alle Dinglichkeit bzw. alles Bestehen auflöste. Es handelte sich dabei um die Vorstellung eines ungegliederten Lebensvollzugs. Leben als bloßes Übergehen stünde infolgedessen im Konflikt mit dem Dasein.[118] Soll diese Konsequenz vermieden werden, muß offensichtlich am *Übergehen selbst* ein statisches Moment aufgewiesen werden. Plessner gelingt es, die Hypostasierung des Vollzugs zu unterlaufen, indem er das Übergehen als *Prozeß* konkretisiert. Vom Prozeß weist er nach, daß sich in ihm Werden und Beharren verschränken. Wenn man den Prozeß nun als versöhnendes Sein versteht, das Werden und Beharren umgreift, hätte man nichts gewonnen. Der Prozeß wäre wieder schöpferischer Vollzug und das dingliche Bestehen des Lebendigen wäre im Bestimmungsvorgang abermals nicht zu halten. Der Prozeß läßt sich jedoch anders, nämlich als Verschränkung bzw. als Einheit in der Brechung von Werden und Beharren verstehen. Der als Verschränkung verstandene Prozeß zeigt sich dadurch konstituiert, daß sich Werden und Beharren in ihrer Verschiedenheit gegenseitig tragen. Im Prozeß kreuzen sich derart zwei Begründungsrichtungen. Einerseits bezeichnet der Prozeß ein Werden, das ein Subjekt hat, bzw. von einem Seienden getragen wird. Ein Seiendes wird bzw. ändert sich im Prozeß. Andererseits und damit zugleich bezeichnet der Prozeß ein Werden, das selbst Subjekt ist und Seiendes aus sich gebiert. Das Werden bringt das Seiende hervor. Der Prozeß selbst bezeichnet *das Zusammenbestehen* beider Richtungen des „Werdens eines Etwas" und des „Etwas, das wird".[119] Mit der Konkretisierung des Übergehens als Prozeß gelingt es Plessner folglich die Grenzfunktion des Über-Ihn-Hinaus-Setzens in ihrem Vollzugscharakter solcherart zu bestimmen, daß sie die Verabsolutierung des Vollzugs unterläuft. Infolgedessen kann das das Lebendige besondernde Über-Ihn-Hinaus-Setzen geschehen, ohne mit dem Lebendigen als einem physischen Ding in Konflikt zu geraten. Ungeklärt ist an dieser Stelle jedoch noch, unter welcher Bedingung es dem Ding seinerseits möglich ist, sich im Prozeß zu erhalten.

Setzen wir nun also am Lebendigen als einem *physischen Ding* an, um nach der Bedingung zu fragen, die es ihm ermöglicht, den Prozeß als Eigenschaft zu besitzen. Da es um den Nachweis geht, daß Dinghaftigkeit überhaupt prozessualen Wandel ertragen kann, muß die gesuchte Bedingung an allen – und nicht nur an belebten – Dingen stattfinden. Dies entspricht dem Umstand, daß es auch unbelebte Dinge gibt, die in einen Prozeß begriffen sind. Es kann dementsprechend auch nicht verwundern, daß Plessner dieses Problem im Sinne der Gestalttheorie löst.

---

[118] Vgl. SOM, 188: „In dieser Reinheit gefaßt, zerstört aber das Werden als bloßes Übergehen jedes begrenzte Gebilde. Es ist seinem Sinne nach jeder Begrenzung entgegen."

[119] Vgl. SOM, 189: „Damit nun beide Seiten, deren Wesen doch einander entgegengesetzt ist, an einem und demselben physischen Ding zusammensein können, muß eine sinngemäße Verteilung auf diesem Ding stattfinden, was nur möglich ist, wenn die eine Seite gegen die andere zurücktritt. Das Werden bestimmt sich als das Werden eines Etwas (des Beharrenden) in dem Modus, daß das Beharren das Werden ‚trägt', oder das Beharren bestimmt sich als das Etwas eines Werdens, wobei das Werden das Beharren trägt. Jede Bestimmungsform ist ein Moment dessen, was *Prozeß* heißt."

Um die Bedingung einzusehen, unter der der Prozeß eine Eigenschaft des Dings darstellen kann, müssen wir auf die Spannung reflektieren, in der sich die dingliche Einheit und die inhaltliche Bestimmung des Prozesses befinden. Zunächst soll der Prozeß eine Eigenschaft des Dings sein; die Selbigkeit des Dings muß den Prozeß folglich tragen. Diese Anforderung verleitet leicht zu dem falschen „Bild eines realen Körperdings, das gewissermaßen von einem Prozeß überrieselt wird, ohne an ihm selbst beteiligt zu sein.“ (SOM, 197) Wenn der Dingkern als vorgängiges Sein angenommen wird, an dem der Prozeß abläuft, dann zeigt sich das Ding im Prozeß immer von einer anderen Seite. Diese Vorstellung ist deswegen falsch, weil sie die inhaltliche Bestimmtheit des Prozesses unterschlägt: das Ding grundsätzlich zu verändern. Die Selbigkeit des Dings kann folglich nicht im Sinne einer Substanz bzw. eines Fundaments gedacht werden, das die prozessuale Veränderung trägt. Vielmehr muß am Ding die Konstanz *und* die Veränderung aufgewiesen werden können. Das Ding muß im Prozeß folglich ein anderes werden *und* dasselbe bleiben.[120]

Die Herausforderung, im Prozeß immer anders zu werden und zugleich identisch zu bleiben, kann das Ding nur bestehen, wenn es *in* der Veränderung dasselbe bleibt bzw. sich als Selbiges verändert. Wenn sich die Selbigkeit *in* (und d.h. nicht vor oder unter) dem Prozeß erhalten soll, dann muß sich eine Konstante durch alle Phasen des Prozesses hindurch erhalten. Plessner bestimmt diese Konstante, die keine Substanz sein kann, im Sinne der Gestalttheorie als *Gestaltidee* bzw. als *Typus*.[121] Damit läßt sich verstehen, wie sich die dingliche Selbigkeit im prozessualen Wandel erhält. Indem ein physisches Ding unter einer Gestaltidee steht, eröffnet diese ihm den Spielraum, sich in seiner physischen Körperlichkeit zu verändern und sich zugleich als dieses selbige Ding zu erhalten. Unter der Gestaltidee ist die Form des physischen Dings nicht statisch, sie ist nicht an die bestimmte Form eines physischen Körpers gebunden. Vielmehr ist sie transponierbar bzw. dynamisch und vermag sich im Wandel des physischen Körpers zu

---

[120] Vgl. SOM, 191: „Die Wahrheit ist, daß der Prozeß weder ein reines zum Sein Kommen noch eine dem Seienden gleichgültig anhängende und ihm äußerliche Bestimmtheit bedeutet, sondern daß er als echte Eigenschaft des Dinges auftritt und sich damit in den Wesensgrenzen der Dinglichkeit hält. Nun heißt Prozeß allerdings: etwas werden. Im vorgegebenen Wesensrahmen der Dinglichkeit muß also das Ding etwas werden oder anders werden. Die Änderung darf die Dieselbigkeit dessen, was an dem Ding das Werden hergibt (das ‚es‘, Subjekt des Werdens) nicht in Frage stellen. Was sich als Resultat des Werdens (das ‚etwas‘) ergibt, muß anders sein als ‚es‘ *und* mit ihm identisch sein. *Wohlgemerkt: diese Forderung stellt der Prozeß als eine Eigenschaft des Dinges. Vom Ding muß sie erfüllt werden, im Rahmen der Bedingungen physikalischer Körperlichkeit, unter Respektierung also aufweisbarer Grenzkonturen* (Herv.; O. M.).“

[121] Vgl. SOM, 191f.: „Um die widersprechenden Momente zu vereinigen, müssen sie sinngemäß verteilt werden: Die Konturierung des Dinges bleibt dadurch gewahrt, daß keine Phase im Prozeß von der anderen prinzipiell unterschieden ist. In der wirklichen Konturierung müssen alle jemals feststellbaren Phasen des Prozesses eine durchgehende Konstante zeigen. Oder: die jeweils wirkliche, feststellbare Form einer Prozeßphase kann nur als variabler Ausdruck dieser durchgehenden Konstante erscheinen. Das durch alle Phasen der Konturierung reell durchgehaltene Identische bestimmt sich in Beziehung zu ihnen allen, in denen es in immer anderer Gestalt wirklich wird: als ihr *Typus* oder als *Gestaltidee*.“

erhalten. Die Gestaltidee gibt die Bandbreite vor, innerhalb derer die Veränderung des physischen Körpers möglich ist, ohne seine dingliche Selbigkeit zu gefährden. Indem die Form des physischen Dings unter der Gestaltidee dynamisch ist, kann das Ding den Prozeß als Eigenschaft ertragen. Die dynamische Form ist damit nicht identisch mit dem Prozeß, sondern vielmehr die Bedingung, die sein Stattfinden am physischen Ding ermöglicht.[122]

Schließlich können wir aus diesen Überlegungen erste Konsequenzen für das lebendige physische Ding ziehen. Wenn das lebendige physische Ding nämlich in der Grenzrealisierung in es hinein gesetzt werden soll, dann muß es sich in einem wie auch immer näher bestimmten Prozeß befinden. Damit sich das Lebendige in diesem Prozeß als Ding erhalten kann, muß es darüber hinaus unter einer Gestaltidee stehen und seine Form dynamisch sein.[123] Jetzt darf jedoch nicht vergessen werden, daß wir uns mit der Gestaltidee und dem Prozeß erst auf der Ebene dinglicher Einheit befinden. Wie bereits im Zusammenhang der Auseinandersetzung zwischen Driesch und Köhler erwähnt wurde, weist z.B. auch ein Kugelkondensatorensystem oder eine Melodie Gestaltcharakter auf. Beide vermögen sich als Gestalt im Wandel ihrer Teile zu erhalten. Mit der Grenzhypothese ist Plessner nun jedoch gerade angetreten, nachzuweisen, daß das Lebendige ein solches physisches Ding ist, das sich besondert und deswegen als übergestalthafte Ganzheit erscheint. Der Prozeß, in den das *lebendige* physische Ding integriert ist, muß folglich in seiner *inhaltlichen* Ausrichtung solcherart bestimmt sein, daß er das in ihn integrierte Ding nicht einfach verändert, sondern gegen Anderes besondert. (Vgl. SOM, 193)

Die Spezifik lebendiger Selbstbesonderung kann offensichtlich erst auf der Ebene der inhaltlichen Bestimmtheit prozessualer Veränderung begriffen werden. Folglich müssen wir nun verstehen, inwiefern die Grenzfunktion des In-Ihn-Hinein-Setzens einen solchen Prozeß ausmacht, in dem sich das lebendige physische Ding gegen Anderes besondert. Wir stehen damit vor den Fragen nach der inhaltlichen bzw. qualitativen Bestimmtheit des *lebendigen* Prozesses sowie nach der qualitativen Besonderung, die das *lebendige* physische Ding in diesem Prozeß erfährt. Alltagsweltlich erscheint der spezifisch lebendige Prozeß als *Entwicklung*. Die Entwicklung wird im Alltag als ein Prozeß erfahren, der nicht durch äußere Ursachen erwirkt, sondern durch das Ideal des Lebendigen als einem Ganzen gelenkt ist. Die Entwicklung zeigt sich damit als ein solcher Prozeß, der das in ihn begriffene Ding nicht nur verändert, sondern seiner Bestimmung zuführt. Damit erscheint die Entwicklung als der Lebensprozeß, in dem sich das lebendige Ding als *besonderes Individuum* konstituiert.

---

[122] Vgl. SOM, 192: „Für gewöhnlich werden ‚dynamische Form' und ‚Prozeß' miteinander identifiziert, obwohl sie verschiedenen Ebenen des Seins angehören. Die dynamische Form ist jedoch Bedingung der Möglichkeit des Prozesses, in welchem das Ding begriffen seine Identität als Ding und Gestalt behalten soll. Dagegen versteht sich die Notwendigkeit des modus procedendi wiederum aus der synthetischen Verbindung der Seiten des Werdens und des Beharrens, die ihrerseits, und zwar eine jede für sich, synthetische Verbindungen der Grenzmomente des Stehens und Übergehens, des Halt und des Weiter sind."

[123] Vgl. SOM, 192: „Um der Konstanz der Dinglichkeit willen, die im Prozeß verloren gehen müßte, ist die Körpergestalt des lebendigen Dinges typisch oder seine Form dynamisch."

Am Phänomen der lebendigen Entwicklung entzündet sich das klassische Problem der Teleologie. In Plessners Zeit stehen sich in bezug auf diese Frage seitens der Teleologie Driesch mit seinem Entelechiefaktor und seitens des Mechanismus Köhler mit seinem Gestaltbegriff gegenüber. Damit zeichnen sich die Anforderungen ab, denen dieser Argumentationsschritt zu genügen hat. Es muß sich nachweisen lassen, daß die Grenzfunktion des Über-Ihn-Hinaus-Setzens im Lebensmerkmal der *Entwicklung* stattfindet, in der das lebendige Ding zum *Individuum* besondert wird. Auf diese Weise muß es Plessner gelingen, die unbefriedigende Alternative von vitalistischer Teleologie und gestalttheoretischem Mechanismus zu unterlaufen.

Um sich der inhaltlichen Bestimmtheit des lebendigen Prozesses als einer *Entwicklung* zu nähern, müssen wir uns zunächst fragen, was am lebendigen physischen Ding dasjenige sein kann, von dem der prozessuale Wandel seine inhaltliche Bestimmtheit erfährt. Wie auch immer das Verhältnis zwischen der Entwicklung und ihrem inhaltlichen Bestimmungsgrund genauer aussieht, muß es sich bei Letzterem um das Ideal der Entwicklung handeln. Das Ideal der Entwicklung muß eine Bestimmtheit darstellen, die dem Ding in allen seinen Phasen der körperlichen Veränderung angehört, ohne in einer bestimmten Phase vollkommen aufzugehen. In bezug auf das Ideal der Entwicklung fragen wir folglich nach dem Lebendigen als Ganzem. Nun wissen wir aus der Diskussion zwischen Köhler und Driesch, daß das Lebendige als Ganzes nicht das telos des lebendigen Seins darstellen kann. Vielmehr hat sich gezeigt, daß sich die Ganzheit des Lebendigen empirisch als Gestalthaftigkeit erklären läßt. Das Ideal der Entwicklung kann folglich nichts anderes darstellen als die *Gestaltidee*, unter der sich das physische Ding prozessual verändert.[124] Wir wollen nun jedoch über die Überlegungen zum Ding im Prozeß hinausgehen. Die Entwicklung soll gerade mehr sein als ein bloßer Prozeß. Sie soll in ihrer Richtung inhaltlich durch das in sie begriffene lebendige Ding bestimmt sein. Durch diese inhaltliche Bestimmung wird der Prozeß allererst zur Entwicklung. Es kommt offensichtlich alles darauf an, in welchem Verhältnis der Prozeß und die Gestaltidee zu einander stehen.

In bezug auf diese Herausforderung gilt es, die gleichermaßen einseitigen Perspektiven des Vitalismus und der Gestalttheorie auf den lebendigen Prozeß zu unterlaufen. Zunächst scheint jedoch keine dritte Perspektive möglich zu sein. Der vitalistische Ansatz versteht die Gestaltidee als telos der Entwicklung und d.h. als apriori für sich bestehenden Zweck, der den Prozeß in Gang setzt und ihm seine inhaltliche Ausrichtung vorgibt. Die Entwicklung macht in dieser teleologischen Perspektive einen Kreisprozeß aus, in dem sich das Lebendige als das realisiert, was es der Idee nach – nämlich nach der ihm zugehörigen Gestaltidee – immer schon war. Indem die teleologische Betrachtung die lebendige Entwicklung als Realisierungsprozeß versteht, nimmt sie

---

[124] Vgl. SOM, 197: „Was aber kann allein am wirklichen Ding ihm selber vorweg sein? Nur dasjenige, welches mit dem, wozu es wird, dem Anderen also, identisch ist. In ihm stimmen Ausgangsetwas und Endetwas überein. Dasjenige, worin sie übereinstimmen, ist die Formidee. Am Ding, das in Entwicklung begriffen ist, ist also die Formidee ihm selber vorweg. Sie ist notwendigerweise das Ziel der Entwicklung."

dem prozessualen Geschehen sein Eigengewicht. Innerhalb des Prozesses kann sich nichts Neues ereignen. (Vgl. SOM, 197) Damit zugleich begeht das teleologische Verständnis in bezug auf das physische Ding den Fehler, die Ebene seiner inhaltlichen Besonderung durch die Entwicklung zu verabsolutieren. Auf diese Weise schneidet die teleologische Betrachtungsweise die Rückbindung des Lebendigen an sein Bestehen als physisches Ding ab. Infolgedessen kann nicht mehr verstanden werden, was die Entwicklung trägt, bzw. welchem Seienden sie geschieht. Die mechanistische Alternative besteht darin, den Unterschied im Verhältnis des belebten und des unbelebten Dings zur Gestaltidee zu verneinen. Für die mechanistische Perspektive ist der Prozeß, in den das lebendige physische Ding integriert ist, in seiner inhaltlichen Bestimmtheit nicht durch die Beziehung auf das Lebendige als Ganzes ausgezeichnet. Der Prozeß machte damit in seiner inhaltlichen Ausrichtung eine gerade Linie aus, die immer weiter führt und das Ding nicht mit ihm selbst in Beziehung setzt. Im Prozeß sieht der Mechanismus das lebendige Ding sich allein verändern, nicht jedoch besondern. Die Gestaltidee sichert damit allein die Selbigkeit des in den Prozeß integrierten lebendigen Dings, sie stellt jedoch keinen Bezugspunkt für seine Selbstbesonderung dar.[125] Mit einer solchen Reduktion der Entwicklung auf bloße Prozessualität kann weder deren ideelle Gerichtetheit noch die Individualisierung des lebendigen physischen Dings im lebendigen Prozeß begriffen werden, die für die Alltagserfahrung gegeben sind. Die qualitativen Bestimmungen des lebendigen Dings als Individuum und des Prozesses als Entwicklung wären damit auf das bloß dingliche Bestehen reduziert.

Vor dem Hintergrund des teleologisch-mechanistischen Widerstreits in bezug auf den lebendigen Prozeß kann die Anforderung konkretisiert werden, die der Plessnersche Grenzansatz erfüllen muß. Plessner muß nämlich offensichtlich die Hypostasierung sowohl der bloß prozessualen Veränderung seitens des Mechanismus als auch der teleologischen Selbstbezüglichkeit seitens des Vitalismus unterlaufen können. Damit ihm das gelingt, kommt offensichtlich alles darauf an, wie er das Verhältnis sowohl des Prozesses als auch des Dings zur Gestaltidee bestimmt.

In bezug auf das Verhältnis, in dem der *lebendige* Prozeß zur Gestaltidee steht, kann die im letzten Abschnitt erreichte Bestimmung nicht genügen. Daß die Gestaltidee die Bandbreite ausmacht, unter der die prozessuale Veränderung des physischen Körpers die Selbigkeit des Dinges nicht zerstört, sagt nämlich nichts über die Richtung des Prozesses aus. Um diese inhaltliche Ausrichtung muß es uns jedoch gehen, wenn wir den lebendigen Prozeß als Entwicklung verstehen wollen, in der das Lebendige seine

---

[125] Vgl. SOM, 195: „Vom Prozeß aus gefaßt: er soll nicht nur immer weiter führen und damit den Ausgangspunkt des kommenden Werdens in seine jeweils zuletzt erreichte Phase bringen, so daß das im Prozeß begriffene Ding sein Gewesensein an ihm trägt und – obzwar werdend – doch nur als das Gewordene dasteht (wobei eigentlich bloß das Vergangene Subjekt des Kommenden ist). Denn in dieser Hinsicht wäre das Ding allein das beständig über ihm Hinausseiende. Es selbst wäre gleichsam verteilt auf das, was es gewesen ist, und das, was es noch sein wird. Gegenwart bewahrte es nur als prozeßfremde Konstanz der Bedingungen, unter denen der Prozeß selbst steht, nämlich in dem Durchhalten der Körperlichkeit einerseits, der Formidee des Typus andrerseits. Das an ihm jetzt Wirkliche wäre pures Übergehen."

Individualisierung erfährt. Wenn die Gestaltidee der Bezugspunkt für die inhaltliche Bestimmung des lebendigen Prozesses sein soll, so scheint es zunächst nur zwei Möglichkeiten zu geben. Entweder realisiert der Prozeß die Gestaltidee oder die Gestaltidee ist im Prozeß unerreichbar, so daß das im Prozeß begriffene Ding immer gleich weit von der Gestaltidee entfernt ist. Man sieht sofort, daß wir damit nur wieder Spielarten des obigen Gegensatzes von Teleologie und Mechanismus erreicht haben. Im ersten Fall wäre die Gestaltidee der Zweck des Prozesses, dessen Ablauf wäre a priori durch die Gestaltidee bestimmt, und die Dinghaftigkeit des Lebendigen wäre abgeschnitten. Im zweiten Fall dagegen hätte man zwar einen Prozeß bestimmt, in dem das lebendige Ding verändert wird, nicht jedoch eine Entwicklung, in der es sich qualitativ besondert.[126]

Die Gestaltidee darf folglich weder vom lebendigen Ding in seiner körperlichen Aktualität in allen Etappen des Prozesses gleich weit entfernt sein, noch darf sie den apriorischen Zweck bedeuten, der sich prozessual am Ding verwirklicht. Dieser doppelten Forderung an die Gestaltidee kann nur dann entsprochen werden, wenn die lebendige Entwicklung als ein solcher Prozeß verstanden wird, der sich der Gestaltidee *annähert*. Diese Annäherung findet an der lebendigen Entwicklung im Wesensmerkmal der *Deklination* ihren Ausdruck, „nach welcher jede der aufeinander folgenden Phasen auf höherem Niveau als die vorhergegangene liegt". (SOM, 198)

Die Überlegung zur Entwicklung hängt noch in der Luft. Um zu verstehen, wie dieses Höhersteigen innerhalb der Entwicklung möglich ist, müssen wir uns an das *lebendige Ding* wenden. Wir müssen nach der Bedingung fragen, die es dem lebendigen Ding ermöglicht, sich der Gestaltidee anzunähern und dadurch die höhersteigende Entwicklung hervorzubringen. Wir müssen uns also das Verhältnis anschauen, in dem das lebendige physische Ding zur Gestaltidee steht. Wiederum kann auch hier die Bestimmung aus dem vorigen Abschnitt nicht genügen, daß das lebendige Ding *unter* der Gestaltidee steht. Jetzt suchen wir vielmehr die Bedingung, unter der es einem *lebendigen* physischen Ding möglich ist, eine Entwicklung zu erfahren bzw. sich der Gestaltidee anzunähern. Es muß sich folglich verstehen lassen, unter welcher Bedingung die Gestaltidee dem lebendigen Ding *als vorwegseiendes Ideal angehört*. In der Beantwortung dieser Frage dürfen wir das Bestehen des Lebendigen als eines physischen Dings nicht übergehen. Wir müssen folglich genauer nach der Bedingung fragen, die es dem Lebendigen ermöglicht, als ein solches Ding zu *erscheinen*, das sich der Gestaltidee in der prozessualen Veränderung seines Körpers annähert. Plessner findet diese Bedingung im anschaulich gegebenen Wesensmerkmal der *Unfertigkeit*.[127]

---

[126] Vgl. SOM, 197: „Ist das Ziel der Entwicklung für sie erreichbar oder unerreichbar? Wäre es unerreichbar –, mit welchem Recht spräche man da noch von Entwicklung? Und im Fall der Erreichbarkeit müßte der Entwicklungsprozeß ein Idealisierungsprozeß sein: die Formidee wäre am Ende Wirklichkeit. Das Ende unterschiede sich vom Anfang der Entwicklung nach Art des Unterschieds der Idealität und der Realität, – wenn nicht das Ende der Entwicklung eben doch real wäre und damit aus der Idealität fiele."

[127] Vgl. SOM, 198: „Was heißt mit Rücksicht auf die wirkliche Bestimmtheit des Dinges, daß etwas zu seinem Wesen Gehöriges ihm selber vorweg ist? Doch wohl nur, daß ihm noch etwas fehlt, eine

Das Wesensmerkmal der Unfertigkeit kann als die Bedingung am lebendigen Ding aufgewiesen werden, die es ihm ermöglicht, sich über seine Aktualität als physischer Körper hinaus zu setzen und sich dadurch zu entwickeln. Indem das lebendige Ding als unfertig bestimmt ist, hat es ein anderes Verhältnis zur Gestaltidee als das unbelebte Ding. Da sich das lebendige Ding als unfertig zeigt, schlägt die Abhebung der Gestaltidee vom physischen Körper auf dessen aktuelle Beschaffenheit zurück. Daß das Lebendige in seiner körperlichen Gegenwart nicht mit der Gestaltidee übereinstimmt, erscheint als ein „Noch-nicht". Das lebendige Ding zeigt sich folglich in seiner unfertigen Gegenwart auf die Gestaltidee als *vorwegseiendes Ideal* bezogen.

Im Unterschied zum Prozeß, der am unbelebten Ding abläuft, macht die Entwicklung des lebendigen Dings kein bloß äußerliches Geschehen aus. Die Entwicklung erscheint vielmehr als ein durch das lebendige Ding selbst gelenkter Prozeß. Ihre Richtung erfährt sie mittelbar durch die Veränderung des lebendigen Dings in der Spannung von je aktueller Unfertigkeit und dem Ideal der Gestaltidee. Jede Veränderung des lebendigen Dings erscheint als Schritt, der zur Überwindung der aktuellen Unfertigkeit in Richtung auf das Ideal der Gestaltidee getan wird.[128] In seiner Entwicklung besondert sich das Lebendige derart gegen Anderes bzw. in Abgrenzung von den als defizitär zurückgelassenen Gestaltungen seiner Wirklichkeit. Das lebendige Ding erscheint damit in seinem Über-Ihn-Hinaus-Setzen nicht nur als selbiges Ding sondern als *sich besonderndes Individuum*. Schließlich ist es vor dem Hintergrund dieser Überlegungen möglich, den Plessnerschen Grenzansatz als Alternative sowohl gegenüber der vitalistischen Hypostasierung eines telos lebendiger Entwicklung als auch gegenüber der gestalttheoretischen Reduktion der lebendigen Entwicklung auf ihre Prozessualität zu verstehen. Im Unterschied zur vitalistischen Teleologie unterläuft Plessner die Hypostasierung eines Entelechiefaktors bzw. eines telos lebendiger Entwicklung; er kann damit zugleich die Rückbindung der lebendigen Entwicklung an das Lebewesen in seinem Bestehen als einem einzelnen physischen Ding festhalten. Im Unterschied zum Vitalismus zeigt Plessner, daß die Gestaltidee das Ideal der lebendigen Entwicklung *allein mittelbar* ausmacht. Die Gestaltidee existiert nach Plessner nicht als Entelechie bzw. als eigenständiger Lenkfaktor, auf den die Entwicklung ausgerichtet ist. Plessner weist vielmehr nach, daß die Begründungsrichtung anders herum verläuft. Nicht die Gestaltidee existiert apriori als eigenständiges Ideal und das lebendige Sein strebt ihr deswegen entgegen, sondern umgekehrt strebt das lebendige Sein aufgrund seiner internen Spannung über seine jeweilige Gegenwart hinaus, wodurch die Gestaltidee mittelbar als Ideal seiner Entwicklung erscheint. Mit anderen Worten erfährt die lebendige Entwicklung ihre inhaltliche Ausrichtung vom lebendigen Ding in seinem Über-Ihn-Hinaus-Streben. Indem das lebendige Ding unter der Gestaltidee seine

---

Unfertigkeit, die im Laufe des Prozesses, ‚mit der Zeit' ausgeglichen werden kann. Vielleicht – das bleibt dabei noch offen – wird diese Unfertigkeit nie völlig beseitigt, wird das Ding faktisch nie das, was es sein soll, aber unter dem Vorwegsein einer wesenhaften Bestimmtheit kann es nicht anders als *immer fertiger* werden."

[128] Vgl. SOM, 198: „Entscheidend ist die Wesenzugehörigkeit des Vorwegseienden zu dem Ding, dem es vorweg ist. Damit bestimmt es das Ding als effektiv unfertig und den jeweils nächsten Schritt des Prozesses als einen solchen, der im Sinne des Ausgleichs dieser Unfertigkeit vollzogen wird."

Aktualität als dieser konkrete unfertige Körper immer aufs Neue transzendiert, gibt es dem Prozeß, in den es integriert ist, die inhaltliche Ausrichtung vor. Das lebendige Ding (und kein Ideal von außen) lenkt die Entwicklung. Die je konkrete Spannung zwischen seinem aktuellen Körper und seiner Gestaltidee, die ihn als *dieses besondere lebendige Ding* ausmacht, bestimmt die künftige Gestaltung seines physischen Körpers. Es handelt sich dementsprechend um eine *mittelbare* Selbstlenkung der Entwicklung. Die *konkrete* Spannung, als die das lebendige Ding je *aktuell* existiert, entscheidet über die Richtung des je nächsten Schrittes. Schritt für Schritt konstituiert sich die Entwicklung folglich mittelbar im Über-Ihn-Hinaus-Streben des lebendigen Dings. So erscheint die Gestaltidee auch nur mittelbar durch die je aktuelle Selbstüberbietung des lebendigen Dings als Ideal der Entwicklung.[129]

Die Hypostasierung der Gestaltidee zum für sich bestehenden Ideal der Entwicklung tilgt folglich die Mittelbarkeit und damit zugleich die Gegenwart des Lebendigen als eines physischen Dings. Dementsprechend darf auch die Deklination der Entwicklung nicht auf ihr Ideal zurückgeführt werden. Sie muß vielmehr im Ausgang vom lebendigen Ding verstanden werden, das über seine unfertige körperliche Gegenwart hinausstrebt. Indem das lebendige Ding seine je aktuelle Unfertigkeit immer aufs Neue überwindet, wird es Schritt für Schritt *fertiger*. Die Deklination der Entwicklung ergibt sich damit aus der Selbstüberbietung des lebendigen Dings. Unter dem Gesichtspunkt des Über-Ihn-Hinaus-Setzens erweist sich die Annäherung an die Gestaltidee, die in der Entwicklung stattfindet, als das Entgegenneigen zur Gestaltidee im Höhersteigen bzw. als Fertigerwerden des lebendigen physischen Dings. Indem das lebendige Ding immer aufs Neue über seine Aktualität in ihrer jeweiligen Unfertigkeit hinausstrebt, wird es folglich immer fertiger und die Entwicklung, die es aus sich heraussetzt, scheint dem Ideal der Gestaltidee entgegenzustreben und sich ihm anzunähern.[130]

Schließlich hat das Obige gegenüber dem gestalttheoretischen Mechanismus zeigen können, daß sich das lebendige Ding über seine jeweilige Aktualität hinaussetzt und sich derart zum besonderen Individuum entwickelt. Plessner widerspricht damit der

[129] Vgl. SOM, 198f.: „Dieser Prozeß hat sein Gefälle lediglich aus ihm selber, d.h. aus den Bedingungen, denen er selbst sein Dasein verdankt. Er bedarf keines ihn von außen lenkenden Faktors, sondern er lenkt sich selbst. Nur ist diese Selbstlenkung keine unmittelbare a tergo, sondern eine mittelbare a fronte, die deshalb auf nichts dem im Prozeß begriffene Ding selbst nicht Angehöriges, einen von außen ansetzenden Faktor, eine Lebenskraft oder eine Entelechie zurückgeführt werden darf."

[130] Vgl. SOM, 199: „Als Ausgleich einer Unfertigkeit zeigt der Prozeß ansteigende Richtung gegen das Ziel, die ihm vorwegseiende Formidee. Damit wird die Formidee unvermeidlich zum Ideal des Prozesses, d.h. zu jenem Fixpunkt der Annäherung, der um seiner Idealität willen unendlich fern bleibt, aber ein Näherkommen dabei doch nicht ausschließen soll. Wie ist das aber möglich, da wirkliches Näherkommen und unendliche Ferne einander direkt widersprechen? Dadurch, daß der Prozeß eine Veränderung in der *zweiten* Dimension zeigt. Das Näherkommen erreicht nur in dem *Höher*steigen des Prozesses die einzig sinnentsprechende Verwirklichung einer Annäherung ans Ideal. Deshalb erscheint der Prozeß selbst durch das bedingt, wohin er führt. In der Neigung gegen das Ziel ‚wird ihm' das Ziel zur Veranlassung seiner selbst."

Reduktion des Lebendigen auf seine Dinghaftigkeit und der Entwicklung auf ihren Prozeßcharakter. Indem der empirische Naturwissenschaftler allein auf sinnliche Anschauung verwiesen ist, entgeht ihm der spezifische Status des Vorwegseins, der der Gestaltidee am lebendigen Ding zukommt. Das Vorwegsein der Gestaltidee zeigt sich nämlich erst, wenn man sich unter dem Gesichtspunkt der Grenzrealisierung in ihrer konkreten Ausprägung als Über-Ihn-Hinaus-Setzen den erscheinenden Qualitäten bzw. den Wesensmerkmalen lebendigen Seins zuwendet. Nur in der ideellen Ebene der Qualitäten ist die Bedingung auffindbar, unter der die Gestaltidee für das lebendige Ding den Status eines vorwegseienden Ideals ausüben kann: die Unfertigkeit des Lebendigen. Indem dem Empiriker die spezifische qualitative Bestimmtheit des Lebendigen durch seine Wesensmerkmale verschlossen ist, muß ihm gleichermaßen die Reflexivität der Grenze – und d.h. hier: das Über-Ihn-Hinaus-Setzen – verschlossen sein. Infolgedessen entgeht ihm die Selbstbesonderung des lebendigen Dings zum Individuum. Damit zugleich kann er auch die inhaltliche Ausrichtung der Entwicklung auf das Ideal der Gestaltidee nicht erfassen, die diese mittelbar durch die Selbstüberbietung des lebendigen Dings erfährt.

b. Die Besonderung in sich vermittels der *statischen* Lebensmerkmale

Dieser Abschnitt hat parallel zum vorigen die Aufgabe, die lebendige Selbstbesonderung in sich am lebendigen physischen Ding in seiner Tatsächlichkeit nachzuweisen. Er muß hierfür von der Grenzfunktion des In-Ihn-Hinein-Setzens ausgehen, vermittels derer die Besonderung des Lebendigen in sich stattfinden soll. Für die Deduktion dieser Grenzfunktion müssen die alltagsweltlich gegebenen Lebensmerkmale aufgewiesen werden, die ihr Stattfinden am lebendigen Ding ermöglichen. Der inhaltliche Ausgangspunkt der Argumentation ergibt sich aus dem Anspruch, daß die Selbstbesonderung im Grenzvollzug nicht mit dem Bestehen des Lebendigen als einem physischen Ding kollidieren darf. Dementsprechend gliedert sich der folgende Argumentationsgang in drei Schritte. Zunächst muß von der Grenzfunktion des In-Ihn-Hinein-Setzens ausgegangen und danach gefragt werden, wie sie bestimmt sein muß, damit sie an einem physischen Ding stattfinden kann. Ein zweiter Schritt muß umgekehrt vom Lebendigen als physischem Ding ausgehen und nach der Eigenschaft fragen, die es ihm ermöglicht, diese Selbstbezüglichkeit zur Eigenschaft zu haben. Abschließend muß danach gefragt werden, wie der Organismus bzw. die spezifisch lebendige Ganzheitsstruktur bestimmt ist, in der die Besonderung des Lebendigen in sich geschieht.

Im folgenden müssen wir zunächst der Frage nachgehen, wie die Grenzfunktion des *In-Ihn-Hinein-Setzens* am Lebendigen als physischen Ding stattfinden kann. Während die Grenzfunktion des Über-Ihn-Hinaus-Setzens in Spannung mit der aktuellen Gestalt des lebendigen Dings steht, droht der Grenzfunktion des In-Ihn-Hinein-Setzens der Konflikt mit der räumlichen Körperlichkeit des lebendigen Dings. Würde man das In-Ihn-Hinein-Setzen unmittelbar und ohne Rückbezug auf die physische Dinghaftigkeit bestimmen, so erreichte man einen Zentralpunkt des Seins, der das lebendige Ding als räumlichen Körper schluckte. Es handelt sich dabei um die Vorstellung eines körperlosen *Selbst.* Leben als Selbst stünde infolgedessen im Konflikt mit dem körperlichen Dasein.

Dieser Konflikt von räumlichen Körper und Selbst scheint zunächst der Annahme des Cartesianismus zu entsprechen, daß das Selbst als Sphäre der Innerlichkeit der ausgedehnten Körperlichkeit entgegenzustellen sei. Derart bewegte man sich jedoch unversehens im neuzeitlichen Dualismus, gegen den sich das Plessnersche Projekt einer Lebensphilosophie unter dem Gesichtspunkt der Grenzrealisierung gerade richtet, um die Einheit des lebendigen physischen Dings zu retten. Gegenüber dieser übereilten Identifikation des In-Ihn-Hinein-Setzens mit der dualistischen Abschottung beseelter Innerlichkeit von der Sphäre räumlicher Körperlichkeit ist folglich Obacht geboten.

Wenn wir nicht in den cartesianischen Dualismus geraten, sondern verstehen wollen, wie das In-Ihn-Hinein-Setzen am Lebendigen als physischen Ding stattfinden kann, dann müssen wir an der unräumlichen Konzentration ihrerseits einen räumlichen Aspekt aufweisen. Dies erreicht Plessner, indem er das In-Ihn-Hinein-Setzen im Unterschied zum neuzeitlichen Dualismus als Doppelstruktur erarbeitet. Im Sinne der Verschränkung darf die gedoppelte Einheitsbildung ihrerseits nicht mehr begrifflich bestimmt werden. Plessner zeigt, daß die Abschießung eines Kernbereichs gegenüber der räumlichen Körperlichkeit mit dessen Aufschließung in diesen hinein einhergeht. Der Zentralpunkt ist damit nicht nur aus dem räumlichen Körper herausgehoben, sondern zugleich als sein Zentrum auf diesen rückbezogen. Damit ergibt sich eine doppelt gerichtete Einheitsbildung. Einerseits ist der mannigfaltige räumliche Körper im Zentralpunkt zur Einheit zusammengefaßt; andererseits durchdringt das Zentrum die räumliche Vielheit des Körpers. Die *systemhafte Ganzheit* bezeichnet das Zusammenbestehen bzw. das Zugleich der beiden Richtungen der Einheitsbildung in der Konzentration *und* in der Durchdringung.[131] In der Alltagswelt ist der ganzheitliche Systemcharakter des Lebendigen in der Erfahrung des Lebendigen als eines solchen Wesens präsent, das seinen eigenen Körper *hat.* (Vgl. SOM, 218)

Bereits der Begriff der systemhaften Ganzheit markiert Plessners Gegenposition zu Köhlers Mechanismus. Die doppelte Einheitsrichtung der Zusammenfassung und der Durchdringung entspricht zunächst dem gestalthaften Einheitstypus in seiner Übersummenhaftigkeit, den Köhler herausgearbeitet hat. Den Unterschied der lebendigen Ganzheitlichkeit und der Gestalteinheit findet Plessner im Status des Zentralpunkts. (Vgl. SOM, 217f.) In der Gestalteinheit ist der Zentralpunkt allein funktional in den Teilen des räumlichen Körpers wirklich. Demgegenüber zeigt sich der Zentralpunkt an den lebendigen Dingen alltagsweltlich als *Selbst* bzw. als *Realsubjekt* von eigenständigem Sein. Die lebendigen Dinge haben folglich wie alle Dinge einen Substanzkern, der

[131] Vgl. SOM, 216: „Es gibt nur eine Möglichkeit, dieses In ihm Sein am Körper manifest werden zu lassen: der Körper ist auf einen in ihm liegenden Zentralpunkt bezogen, der keine räumliche Stelle hat, wohl aber als Zentrum des umgrenzten Körpergebietes fungiert und damit das Körpergebiet zu einem *System* macht. Die Beziehung erstreckt sich auf alle den Körper aufbauenden Elemente (Teile) und auf den Körper als Ganzen. Insofern der Körper in ihm (gesetzt) ist, nimmt diese darin liegende Zentralbeziehung zugleich einen besonderen Charakter an. Es tritt dem Körper ein Punkt gegenüber, *in* dem von ihm eingenommenen Gebiet, der trotzdem von unräumlicher Art ist."

die Eigenschaftsseiten trägt; darüber hinaus verfügen sie allerdings aufgrund ihres In-Ihn-Hinein-Gesetzt-Seins mit dem Selbst über einen zweiten *erscheinenden* Kern neben dem funktionalen Zusammenschluß der körperlichen Vielheit. Daß der Zentralpunkt in der Erscheinung des Lebendigen „neben die Mannigfaltigkeitseinheit tritt" (SOM, 218), bedeutet eine grundsätzliche Veränderung des Einheitstyps gegenüber der funktionalen Gestalteinheit. Der eigenständige Zentralpunkt zeigt sich als Bezugspunkt für die *qualitative* Bestimmung des lebendigen Ganzen. Die *systemhafte Ganzheitlichkeit* des Lebendigen bezeichnet folglich kein bloß funktionales Wechselspiel von Einheitspunkt und räumlicher Vielheit, sondern vielmehr die qualitative Bestimmtheit des eigenständigen Selbst und des mannigfaltigen räumlichen Körpers. Mit der systemhaften Ganzheit ist die Grenzfunktion des In-Ihn-Hinein-Setzens solcherart konkretisiert, daß sie am lebendigen Ding als räumlichen Körper stattfinden kann.

Im folgenden Abschnitt müssen wir am Lebendigen als *physischen Ding* ansetzen und danach fragen, wie es ihm möglich ist, die systemhafte Ganzheit als Eigenschaft zu ertragen. Es müssen die Bedingungen herausgearbeitet werden, die es dem lebendigen Ding ermöglichen, sich nicht nur zur strukturellen Mannigfaltigkeitseinheit der Gestalt, sondern zur ganzheitlichen Einheit zusammenzuschließen, die durch den Bezug auf das eigenständige Realsubjekt vermittelt ist. Dieses Surplus an Selbstbezüglichkeit kann sich offensichtlich nur in den qualitativen Bestimmungen des Lebendigen zeigen. Wie wir aus der Auseinandersetzung zwischen Köhler und Driesch wissen, läßt sich das Lebendige von seinem physischen Bestehen her nämlich als Gestalt erklären.

Im folgenden ist also nach den qualitativen Bestimmungen bzw. den Lebensmerkmalen zu fragen, die es dem Lebendigen ermöglichen, in seiner körperlichen Beschaffenheit auf ein eigenständiges Realsubjekt bezogen zu erscheinen. Das Realsubjekt soll folglich als unräumliches Selbst das Zentrum des räumlichen Körpers bilden. Dies ist nur als *mittelbare Präsenz* bzw. als *mittelbarer Kontakt* denkbar. Solch ein mittelbarer Kontakt per hiatum über die prinzipielle Divergenz des unräumlichen Selbst und des räumlichen Körpers kann Plessner zufolge allein im Modus der Entfaltung geschehen, „weil Entfaltung der einzige Modus ist, nach welchem ein Unräumliches trotzdem als extensive Mannigfaltigkeit existiert". (SOM, 220f.) Plessner findet nun im Wesensmerkmal des *Vermögens* die qualitative Bestimmung des lebendigen Dings, die die Entfaltung des Realsubjekts in den räumlichen Körper hinein ermöglicht. (Vgl. SOM, 220f.) Die Entfaltung in das räumliche Körperganze hinein hat zur Voraussetzung, daß das sich räumlich entfaltende Realsubjekt vor der Entfaltung als Unräumliches am Körperganzen präsent war. Nur unter dieser Bedingung kann die funktionale Bestimmung der Körperelemente nämlich als der Beziehung auf das vom Körperganzen abgehobene Realsubjekt geschuldet erscheinen. Diese Wirklichkeit des Realsubjekts vor der Entfaltung findet im Lebensmerkmal des Vermögens statt. Indem das Realsubjekt im Vermögen allein als Möglichkeit am räumlichen Körper wirklich ist, bleibt seine räumliche Nichtfeststellbarkeit und damit sein eigenständiges Sein neben dem räumlichen Körperganzen gewahrt.

Bereits im Rahmen von Plessners Auseinandersetzung mit dem Köhlerschen Gestaltansatz hat sich gezeigt, daß die Aufbauelemente von (belebten und unbelebten) Gestalten in ihrer funktionalen Bestimmtheit *äquipotentiell* sind, d.h. die inhaltliche Ausrichtung ihrer Funktion in Abhängigkeit von den Bedürfnissen des Gestaltganzen erfahren. Mit dem Köhlerschen Gestaltansatz widerspricht Plessner damit dem Drieschschen Versuch, die übergestalthafte Ganzheitlichkeit des Lebendigen im Rückgriff auf die Äquipotentialität zu behaupten. (Man erinnere sich in diesem Zusammenhang an das Beispiel des Kugelkondensatorensystems, das Plessner von Köhler entlehnt hat.) Plessner situiert die systemhafte Ganzheitsstruktur des Lebendigen gegen Köhler und im Unterschied zu Driesch – wie gesehen – in der Ebene der qualitativen Erscheinung des Lebendigen. In bezug auf die *Aufbauelemente* des lebendigen Körpers gilt es dementsprechend nachzuweisen, daß sie in ihrer funktionalen Bestimmtheit nicht bloß Glieder einer gestalthaften Mannigfaltigkeit sind, sondern als auf das Lebendige als Ganzes und d.h. konkret als auf das Vermögen des Lebendigen bezogen erscheinen. Dieser Anforderung entspricht Plessner mit dem Nachweis, daß die Aufbauelemente des physischen Körpers in einer doppelten Beziehung zum Vermögen stehen. Einerseits zeigt sich das Vermögen als der Ort am lebendigen Ding, in dem dessen Teile zur unmittelbaren Einheit zusammengeschlossen sind. Andererseits erscheinen die Aufbauelemente in der Realität ihrer funktionalen Bestimmung innerhalb Körperganzen als „entfaltetes Vermögen". Aufgrund dieser doppelten Beziehung der Körperelemente auf das Vermögen macht ihr Miteinander nun nicht bloß eine gestalthafte Mannigfaltigkeitseinheit aus, sondern erscheint darüber hinaus als *harmonisch äquipotentielles System*. Das harmonisch äquipotentielle System bezeichnet damit über das funktionale Ineinandergreifen der Gestalteinheit hinaus solch eine Verschränktheit der Elemente, die in ihrer inhaltlichen Bestimmtheit stattfindet: daß sie in ihrer inhaltlichen Bestimmtheit durch das Lebendige *als Ganzes* vermittelt erscheinen.[132]

Um die alltagsweltlich erfahrene Ganzheitsstruktur des Lebendigen zu verteidigen, will Plessner nachweisen, daß die Bestimmung der Körperelemente nicht auf ihr funktionalen Miteinander als Gestalt beschränkt werden darf, sondern daß ihre qualitative Bestimmung durch das Lebendige als Ganzes vermittelt erscheint. Das bisherige hat einen ersten Schritt in diesem Nachweis geleistet und das harmonisch äquipotentielle System als das Wesensmerkmal aufgezeigt, in dem die Körperelemente als durch das Vermögen – und damit durch das Lebendige als Ganzes – vermittelt erscheinen. Offen ist damit noch die Frage, wie das äquipotentielle System am Lebendigen *als physischen Körper* stattfinden kann. Nur wenn sich das Zugleich von systemhafter Ganzheitlichkeit und physischer Körperlichkeit einsehen läßt, kann der Rückhalt der lebendigen selbstbezüglichen Erscheinung am dinghaften Bestehen des Lebendigen festgehalten werden. Genauer stehen wir vor einer doppelten Frage. Zum einen müssen sich die Lebensmerkmale einsehen lassen, in denen die Körperelemente als durch das Vermögen – und

[132] Vgl. SOM, 221: „Die *Inexistenz der Mitte* (des realen Kerns, des Subjekt des Habens) ist also allein als die wirkliche Möglichkeit des Körpers oder *sein Vermögen* (Potenz) real. In diesem Vermögen sind alle Elemente des Körpers gleichmäßig zur Einheit gebunden und als Einheit gewährleistet. Insofern das Vermögen die Einheit *gegenüber* den sie in Wirkeinheit bildenden Elementen gewährleistet, *vertritt* es die Einheit in jedem der durch sie verbundenen Elemente. Indem *in* jedem Element die Einheit als Vermögen vertreten ist, sind die Elemente äquipotentiell und bilden als Insgesamt ein *harmonisch äquipotentielles System*."

damit durch das Lebendigen als Ganzes – vermittelt erscheinen. Zum anderen muß sich von diesen Lebensmerkmalen nachweisen lassen, wie in ihnen die Selbstvertretung des lebendigen Körpers aktuell stattfinden kann. Bisher wurde die Möglichkeit lebendiger Selbstvertretung nämlich nur vom Selbst aus nachgewiesen: daß das unräumliche Selbst bzw. das Lebendige als Ganzes am räumlichen Körper – im Vermögen – als Möglichkeit wirklich ist. Damit ist noch nichts darüber ausgesagt, wie die Selbstvertretung vom *lebendigen Körper in seiner Wirklichkeit* vollzogen werden kann. Um das Geschehen der Selbstvertretung vollziehen zu können, müssen die Körperelemente beide Funktionen erfüllen: sie müssen als Objekt und als Subjekt der Vertretung bzw. als gehabter Körper und als habendes Selbst erscheinen.

Plessner findet im Lebensmodal des *Organs* die qualitative Bestimmung der lebendigen Körperelemente, aufgrund derer sie die Selbstvertretung des lebendigen Körpers vollziehen können. Die Organe bilden nämlich nicht nur im Miteinander ihrer funktionalen Bestimmtheit die Gestalt des lebendigen Dings; darüber hinaus zeigen sie sich in ihrer jeweiligen qualitativen Bestimmtheit als auf das Lebendige als Ganzes bezogen. Diese Beziehung auf das Lebendige als Ganzes ist in sich gedoppelt. Die Organe stellen sich einerseits als Glieder des Lebendigen als eines Ganzen dar; andererseits erscheinen sie als die Mittel, vermittels derer die Selbstvertretung des lebendigen Köpers in sich geschieht. Mittelbar sind sie damit am Vollzug der Entfaltung bzw. der Selbstvertretung des lebendigen Körpers beteiligt. In ihrer qualitativen Bestimmtheit als Organ stellen die Aufbauelemente folglich die Modi dar, in denen die Selbstvertretung des lebendigen physischen Körpers stattfinden kann. Die Organe erscheinen nämlich – wie gerade gesehen – sowohl an Objekt- als auch an Subjektstelle der Selbstvertretung: sowohl als gehabte Glieder des Lebendigen als auch mittelbar als das habende Lebendige selbst.[133] In bezug auf die Frage nach der Form der Teile, die zwischen dem Mechanismus und dem Vitalismus umkämpft ist, vertritt Plessner folglich eine in sich gedoppelte Position: in ihrem aktuellen Bestehen sind die Organe durch das Miteinander innerhalb der Gestalteinheit bestimmt; zugleich erscheinen sie jedoch in ihrer qualitativen Bestimmtheit auf das Lebendige als Ganzes bezogen und insofern als die Modi, in denen die übergestalthafte Selbstvertretung des Lebendigen stattfindet.[134] Der Körper des Leben-

[133] Vgl. SOM, 226f.: „Zum Tatbestand der Vertretung gehören Zwei, der Vertretene, das Objekt der Repräsentation, und der Vertreter, das Subjekt. Im vorliegenden Fall soll der physische Körper, wie er da ist, in ihm selber diese Verdoppelung durchmachen, Objekt und Subjekt der Repräsentation wirklich in Einem sein. Er muß Eigenschaften zeigen, die keine andere Auffassung als diese der Selbstvertretung zulassen. […] Nur auf eine Weise kann die Verbindung der Teilhaftigkeit im Ganzen mit der Stellung einerseits des habenden, andererseits des Gehabten am Körper selbst manifest werden: der Körper *gliedert* seine Gesamtheit in *‚Organe‘*, die an ihm 1. in bezug auf seine Gesamtheit einfache Teile, 2. in bezug auf ihn als Selbst Glieder sind, welche er hat […], und die 3. Mittel sind, *durch deren Vermittlung* seine Ganzheit *zur* Ganzheit er in den Teilen vertreten wird. Denn die ontische Form, die Kategorie, nach welcher ein und derselbe Gegenstand die Funktion des Habens in der Eigenschaft des Gehabtseins ausübt, ist die, daß er zum Mittel des Habens wird."

[134] Vgl. SOM, 227f.: „Sehr deutlich läßt sich hier der Unterschied der echten Ganzheit von der einfachen gestalthaften Wirkeinheit klarmachen. Einheit ist zwar mehr als die Summe ihrer Teile und

digen zeigt sich folglich als in seinen Organen vertreten und d.h., daß ihre inhaltliche Bestimmung für ein bestimmte Funktion als durch das Lebendige als Ganzes vermittelt erscheint, in dem die Elemente zur harmonischen Einheit zusammengefaßt sind. Aufgrund dieser durch das Lebendige als Ganzes vermittelten Bestimmtheit greifen die Organe in ihrer Divergenz ineinander.

Vor diesem Hintergrund ist es nun möglich, die Grenzfunktion des In-Ihn-Hinein-Setzens als das Geschehen einzusehen, in dem das Lebendige seine organische Selbstvertretung bzw. seine Besonderung in sich erfährt. Am Beginn der Selbstvertretung bzw. vor der Entfaltung steht das Vermögen, in dem das Lebendige als Ganzes der Potenz nach am räumlichen Körper präsent ist. Am Ende der Selbstvertretung bzw. der Entfaltung steht die inhaltliche Festlegung der Organe, in deren harmonischen Miteinander das Lebendige als Ganzes mittelbar vertreten ist. Dazwischen vollzieht sich das In-Ihn-Hinein-Setzen bzw. die Entfaltung aus der Möglichkeit der unmittelbaren Ganzheit des Lebendigen im Vermögen in die Wirklichkeit der durch die Selbstvertretung vermittelten harmonischen Divergenz der Organe. „Im Organ hat das Lebendige sein Mittel: zum Leben. In seinem Körper vermittelt sich das Ganze zum Ganzen. Die In ihm Gesetztheit des organischen Körpers ist wirklich *vermittelte Unmittelbarkeit*: das Ganze ist in allen seinen Teilen durch ihre in divergenter Spezialität gegebene Übereinstimmung zum Ganzen gegenwärtig, die Teile *dienen* dem Ganzen. Oder kurz gefaßt: der wirkliche Körper ist in jeder seiner faktisch erreichten Phasen in ihm selbst *Zweck*.“ (SOM, 229)

Vor diesem Hintergrund wird zugleich verständlich, daß der Organismus *altert*. Indem die Selbstvertretung als Entfaltung von Möglichkeiten geschieht, ist sie in sich begrenzt. Das Altern hat seinen Grund folglich nicht in der Erschöpfung der Lebenskraft bzw. des Vermögens sondern in der Festgelegtheit des Organismus. Mit der inhaltlichen Bestimmung der Organe zu bestimmten Funktionen realisiert das Lebendige folglich Lebensmöglichkeiten und erfährt zugleich seine Festlegung auf eine bestimmte Gestalt.[135]

Schließlich wird es nun auch möglich, den Plessnerschen Ansatz als Gegenprojekt zum Drieschschen Vitalismus zu extrapolieren. Im Rückgriff auf die Grenzfunktion des In-Ihn-Hinein-Setzens verteidigt Plessner nämlich die organische Selbstvertretung gegen die Köhlersche Reduktion des Lebendigen auf dessen Gestalthaftigkeit, ohne hierfür auf einen Entelechiefaktor bzw. auf ein telos lebendigen Seins zurückgreifen zu müssen. Wie wir gesehen haben, steht eine solche apriorische Zweckstruktur jedoch

---

von ihren Teilen abhebbar und transponierbar. Aber sie ist nicht überdies in den Teilen vertreten. Die funktionelle und morphologische Differenzierung erfolgt dagegen in Rücksicht auf die Einheit des Zusammenhangs, so daß ein Verlust der unmittelbaren oder potentiellen Repräsentation des Ganzen in jedem Teil durch dessen aktuelle Spezialisierung zum Organ wieder wettgemacht wird und nichts anderes als die Erhaltung der Repräsentation, als die Vergegenwärtigung des Ganzen (obzwar auf vermittelte Weise) bedeutet.“

[135] Vgl. SOM, 231: „In seinem Durch ihn Hindurchsein ‚verliert‘ der lebendige Körper seine ungeteilte Zentralität (die er allerdings nicht reell, sondern nur für die abstrakte Erwägung besitzen ‚konnte‘), er ist sie nur in Vermittlung durch Organe, ohne die er nicht ‚mehr‘ zu leben vermag.“

zum naturkausalen Erwirktsein der Qualitäten und zum dinghaften Bestehen des Lebendigen in Widerspruch. Im Unterschied zum Vitalismus nimmt Plessner keine a priori bestehende Zweckstruktur an und hält daran fest, daß das Lebendige in seiner unmittelbaren Aktualität bzw. in seinem körperlichen Bestehen eine physische Gestalt darstellt. Im Rückgriff auf die Lebensmerkmale des Vermögens, des harmonisch äquipotentiellen Systems und der harmonischen Divergenz der Organe gelingt es ihm allerdings, die Qualitäten des lebendigen Dings nachzuweisen, in denen die gestalthafte Mannigfaltigkeitseinheit als organische Selbstvertretung erscheint. Im Vermögen und im Organ verfügt das lebendige Ding nämlich über die Selbstabhebung von seinem räumlichen Körper aufgrund derer das gestalthafte Miteinander seiner Teile als eine durch das Lebendige selbst vermittelte Ganzheit erscheint. Die Zweckstruktur geht dem lebendigen Ding folglich nicht a priori voraus. Vielmehr ist dieses aufgrund seiner Selbstabhebung in die Lage versetzt, das zweckhafte bzw. selbstbezügliche Miteinander seiner Organe Schritt für Schritt in der Entfaltung seines Vermögens hervorzubringen. Jenseits von Mechanismus und Vitalismus versteht Plessner Organisation dementsprechend als „die Daseinsweise des lebendigen Körpers, der sich differenzieren muß und in und mit der Differenzierung jene innere Teleologie *heraus*bringt, *nach* der er zugleich geformt und funktionierend erscheint". (SOM, 229)

c. Individuelle Selbstlenkung *und* organische Selbstvertretung

Nachdem die vorangegangenen Abschnitte (a. und b.) rekonstruiert haben, in welchen Lebensmodalen Plessner die Grenzfunktionen des In-Ihn-Hinein- und des Über-Ihn-Hinaus-Setzens am lebendigen Ding in seiner Tatsächlichkeit nachweist, kann nun nach diesen beiden Grenzfunktionen als Bestimmungen des lebendigen Doppelaspekts gefragt werden. Genauer stellt sich uns hier eine zweifache Frage. Zunächst müssen wir verstehen, inwiefern es sich bei der Divergenz des In-Ihn-Hinein- und des Über-Ihn-Hinaus-Setzens um eine Korrektur am neuzeitlichen Verständnis der Körper-Geist-Differenz handelt. Zweitens muß begriffen werden, inwiefern es sich bei dieser Differenz um *prinzipiell* verschiedene Aspekte lebendigen Seins handelt, da sie nur dann überhaupt einen Doppelaspekt darstellt. Es geht hier allein darum, zu verstehen, inwiefern das Bisherige den Doppelaspekt als Grundstruktur lebendiger Erscheinung ausgewiesen hat. Offen ist damit noch, ob (und wie) Plessner auch das explizite Hauptziel seiner Naturphilosophie erreicht, den Doppelaspekt zu entfundamentalisieren, indem er die Einheitsstrukturen angibt, die im Doppelaspekt enthalten sind.

In der neuzeitlichen Tradition wird – unter Berufung auf Descartes – die alltagsweltlich gegebene Doppelaspektivität des Lebendigen als Divergenz der ausgedehnten Körperlichkeit und der Innerlichkeit der Bedeutungen interpretiert. Die vielerlei Konsequenzen, die diese dualistische Erkenntnishaltung hervorruft, sind allgemein bekannt. Sie reichen über die Schwierigkeit, das tierische Bewußtsein zu begreifen, zu dem Auseinanderbrechen der wissenschaftlichen Welt in die erklärenden Natur- und die verstehenden Geisteswissenschaften und bis zur Gefahr, daß die Idee des Menschen vom Antagonismus seiner ausgedehnten Körperlichkeit und seiner Innerlichkeit zerrieben wird. Wir waren (im ersten Kapitel) von der Zwangssituation ausgegangen, in der sich die Philosophie selbst aufgrund des Auseinanderbrechens der vernünftigen Sinnstrukturen und des Wirklichen in der Moderne befindet. Diese Infragestellung der Philosophie hatte sich daran gezeigt, daß der Anfang in der Philosophie (bzw. der Schritt aus den Meinungen in die Philosophie) unter den Bedingungen der Moderne im Ausgang von den Strukturen weder des Seins noch des Bewußtseins gemacht werden kann, ohne den Anspruch auf vernünftige Orientierung aufzugeben. Als Plessners Antwort auf diese Herausforderung an die Philosophie war sein gedoppelter zugleich natur- und geschichtsphilosophischer Ansatz dargestellt worden. Der Gefahr des Auseinanderbrechens der Wirklichkeit in sinnentleerte bloß faktische Äußerlichkeit und geschichtlich hervorgebrachte Bedeutungen ohne Rückhalt an den Dingen wollte Plessner – so meine Interpretation – auf diese Weise die Erfahrung der Kovarianz von Natur und Geschichte entgegenstellen.

Der Naturphilosophie kommt dabei die Aufgabe zu, ein nicht-dualistisches und d.h. ein solches Naturverständnis zu liefern. Sie begreift die alltagsweltlich gegebene Doppelaspektivität des Lebendigen nicht als Gegensatz von res extensa und res cogitans sondern als Divergenz zweier Weisen der lebendigen Selbstbezüglichkeit. In beiden Richtungen muß verstanden werden, wie die sinnstiftende Selbstbezüglichkeit das dinghafte Bestehen des Lebendigen durchdringt. Diese Strategie kann nur dann erfolgreich sein, wenn es gelingt, das dualistische Verständnis des lebendigen Doppelaspekts, das in der Neuzeit vorherrscht, einer Korrektur zu unterziehen. Die besondere Schwierigkeit, vor der ein solches Vorgehen steht, besteht darin, daß die lebendige Selbstbesonderung als eine Erscheinung verstanden werden muß, die von einem physischen Ding getragen ist. Wenn diese Rückbindung an die physische Dinghaftigkeit abgeschnitten wird, dann konstruierte man eine frei flottierende Bedeutungssphäre lebendiger Selbstbezüglichkeit, deren Sein sich nicht mehr ausweisen ließe. Plessner muß sich folglich eine solche Korrektur am Dualismus lebendigen Seins erarbeitet haben, die nicht mit der Doppelaspektivität konfligiert, in der sich dingliches Sein konstituiert. Seine Verteidigung der lebendigen Selbstbezüglichkeit verläuft deswegen in re allein auf der Ebene der erscheinenden Qualitäten des Lebendigen, das von seinem faktischen Bestehen her ein physisches Ding ist.

Plessner vollzieht seine Korrektur am Dualismus, indem er den Doppelaspekt, der das Lebendige auszeichnet, als Divergenz der Besonderung gegen Anderes *und* in sich bzw. der Individualisierung *und* der selbstbestimmten Organisation begreift. Das Lebendige ist derart ein physisches Ding und erscheint als (gegen anderes besondertes) Individuum und zugleich als (in sich besonderter) Organismus. Weder das Individuum noch der Organismus sind dabei dualistisch auf der Ebene der nach außen gerichteten Körperlichkeit oder der Innerlichkeit der Ideen situiert. Vielmehr drücken sie zwei Weisen beider Verschränkung aus. Während sich das Individuum in der Spannung von Gestalt und Gestaltidee konstituiert, bezeichnet der Organismus die Vertretung des Selbst im physischen Körper. Auf diese Weise gelingt es Plessner die alltagsweltliche Erscheinung des Lebendigen als Besonderes in sich und gegen Anderes gegen seine Reduktion zur physischen Gestalt seitens des Mechanismus zu verteidigen.

Damit zugleich rechtfertigt Plessner die alltagsweltlich gegebenen Wesensmerkmale lebendigen Seins, in denen diese lebendige Selbstbesonderung stattfindet, als wesensnotwendig für die lebendige Erscheinung. So gelingt es ihm, die qualitativen Bestimmungen der Unfertigkeit, der Individualität und der Entwicklung einerseits und des Vermögens, des Organs, der harmonischen Äquipotentialität, der harmonischen Divergenz und des Alterns andererseits trotz ihres empirischen Erwirktseins durch physikalische und chemische Gesetze in ihrer Irreduzibilität als *Qualitäten* zu begreifen. Darüber hinaus kann Plessner sich auf diese Weise zugleich vom Irrationalismus der Vitalisten fern- und die Rückbindung der lebendigen Erscheinung an das dingliche Bestehen festhalten.

Schließlich entgeht Plessner auch der Gefahr, den Dualismus von Ausgedehntheit und Wesensbestimmtheit nur durch den Dualismus von dinglicher und erscheinender Schicht am lebendigen Sein zu ersetzen. Der Unterschied von empirisch darstellbarer Gestalthaftigkeit und allein anschaulich zugänglichen Qualitäten stellt deswegen keinen neuen Dualismus dar, weil die Ebenen ineinander verschränkt sind. So haben wir innerhalb des Über-Ihn-Hinaus-Setzens gesehen, daß die Gestaltidee *zugleich* die dingliche Einheit innerhalb des prozessualen Wandels sichert *und* in der Erscheinung des Lebendigen als Ideal auftritt, das dem Lebendigen in seiner aktuellen Unfertigkeit seines physischen Körpers vorweg ist. Das Stehen des Dings unter der Gestaltidee erscheint damit in der Ebene der Qualitäten als Vorwegsein und allein deswegen erscheint der Prozeß, den das lebendige Ding erfährt, als selbstbestimmte Entwicklung. Gleichermaßen haben wir innerhalb des In-Ihn-Hinein-Setzens gesehen, daß die Teile des physischen Körpers die Aufbauelemente der Gestalt ausmachen *und zugleich* qualitativ als Organe bestimmt sind. Die Teile bilden in ihrem Zusammenbestehen die Aufbauelemente der übersummenhaften Gestalteinheit. In ihrer qualitativen Bestimmtheit als Organ findet in ihnen die Selbstvertretung des Lebendigen statt. Die dingliche Einheit erscheint damit in den Organen als selbstbezügliche und d.h. übergestalthafte Ganzheit. In den beiden Grenzfunktionen des Über-Ihn-Hinaus- und des In-Ihn-Hinein-Setzens wird die Grenze des physischen Dings reflexiv. Im ersten Fall wird mit der Gestaltidee der Grund dinghafter Selbigkeit zugleich zum Bezugspunkt lebendiger Individualisierung. Im zweiten Fall wird mit dem Organ das Aufbauelement physischer Körperlichkeit zugleich zum Mittel organischer Selbstvertretung. Unter dem Gesichtspunkt der Grenzrealisierung – hier in ihren Funktionen des In-Ihn-Hinein- und Über-Ihn-Hinaus-Setzens – kann Plessner folglich zeigen, daß sich das Lebendige *als physisches Ding* zugleich in sich und gegen Anderes besondert. Plessner kann damit die überdinghafte Einheitsstruktur lebendiger Individualisierung bzw. Organisation begreifen, ohne dualistisch den Rückhalt des Lebendigen an seinem faktischen Bestehen als einem physischen Ding abzuschneiden.

Wenn sich Individualisierung und ganzheitliche Organisation tatsächlich dafür eignen sollen, den Doppelaspekt zu formen, in dem das Lebendige alltagsweltlich erfahren wird, müssen sie zwei *prinzipiell* divergente Seinssphären bezeichnen. Nur dann kann Plessner sie zu Recht als Korrektiv des neuzeitlichen Dualismus anbieten. Plessner gelingt dies, indem er sie als zwei Richtungen darstellt, in denen das Lebendige zu ihm in Beziehung gesetzt ist: in ihn hinein und über ihn hinaus. Im Ausgang vom Über-Ihn-Hinaus-Setzen greift Plessner auf die Richtung *nach außen* am Doppelaspekt des Lebendigen aus. Die Richtung nach außen hatte sich derart als Entwicklung des lebendigen physischen Dings dargestellt. Dabei kann Plessner zeigen, daß das Lebendige in seiner dinglichen Selbigkeit deswegen von der prozessualen Veränderung nicht infragegestellt sondern vermittels dieser als selbiges Individuum konstituiert wird, weil es unter der Gestaltidee steht. Indem die Gestaltidee im Wesensmerkmale lebendiger Unfertigkeit als vorwegseiendes Ideal präsent ist, erscheint die Abhebung vom physischen Körper unter der Gestaltidee als Spannung, die die lebendige Entwicklung hervortreibt. Der lebendige Prozeß erscheint als Entwicklung, die der Gestaltidee mittelbar entgegenstrebt und in der sich das Lebendige gegen Anderes besondert, bzw. sich individualisiert. Folglich bedeutet die Individualität die durch seine Entäußerung vermittelte Besonderheit des lebendigen Dings. Demgegenüber versteht Plessner die Richtung *nach innen* am Doppelaspekt im Ausgang vom In-Ihn-Hinein-Setzen. Die obigen Überlegungen hatten die Richtung nach innen als Selbstvertretung des Lebendigen in seinem physischen Körper ergeben. Plessner kann diese teleologische Ausrichtung des Lebendigen auf es selbst am lebendigen physischen Ding an den Wesensmerkmalen des Vermögens bzw. des Organs nachweisen. Das Lebendige ist derart der Potenz nach als Realsubjekt (bzw. als Einheit für sich) wirklich und fungiert als Zentralpunkt; zugleich ist das Lebendige als Einheit für sich mittelbar in der Spezifikation der Organe (zur Ausführung einer bestimmten Funktion) vertreten und schließt den Körper in seinen Organen zur ganzheitlichen Einheit zusammen. Im Organismus geschieht damit die Selbstvertretung bzw. die Besonderung des Lebendigen in sich.

Individualisierung und Organisation können folglich als die beiden Richtungen der Selbstbesonderung in sich *und* gegen Anderes begriffen werden, die den Doppelaspekt des Lebendigen ausmachen. Während die Individualität das Nachaußengekehrtsein des Lebendigen bezeichnet, bedeutet die ganzheitliche Organisation die gegen Außen abgeschlossene Selbstvertretung.[136]

Aus Plessners begrifflichen Überlegungen wissen wir, daß die Einheit im Doppelaspekt allein als Aspektgrenze möglich ist. Offen ist an dieser Stelle noch, wie der Umschlag zwischen den beiden Aspekten am lebendigen physischen Ding stattfinden kann.

[136] Vgl. SOM, 183: „Als Körperding steht das Lebewesen *im* Doppelaspekt ineinander nicht überführbarer Richtungsgegensätze nach Innen (substantialer Kern) und nach Außen (Mantel der eigenschaftstragenden Seiten). Als Lebewesen tritt das Körperding *mit* dem gleichen Doppelaspekt als einer Eigenschaft auf, der infolgedessen das phänomenale Ding in doppelter Richtung transzendiert, es einerseits über es hinaus setzt (streng genommen: außerhalb seiner setzt), andrerseits in es hineinsetzt (in ihm setzt) [...]."

6. Zweiter Deduktionsschritt: Die mittelbare Integration des besonderen Lebendigen in das Lebensganze

Die bisherigen Überlegungen haben die Besonderung in sich und gegen Anderes allein als zwei Typen reflexiver Selbstbeziehung des lebendigen Dings verstanden. Unberücksichtigt ist dabei das Verhältnis des einzelnen Lebewesens zu der Wirklichkeit des Lebens geblieben, in der es steht. Mit diesem Stand seiner Darstellung lebendigen Seins kann sich Plessner nicht zufrieden geben. Der erste Deduktionsschritt war in erster Linie gegen die mechanistische Reduktion des Lebendigen auf seine physische Gestalthaftigkeit gerichtet. Im Rückgriff auf die Grenzfunktion des Über-Ihn-Hinaus- und des In-Ihn-Hinein-Setzens gelingt es Plessner, die selbstbezügliche Erscheinung des Lebendigen als Individuum bzw. als Organismus zu verteidigen. Der zweite Deduktionsschritt muß sich nun in erster Linie gegen den Vitalismus richten und das einzelne Lebendige in seiner Besonderheit gegen seine Auflösung in die übergreifenden Sinnzusammenhänge des Lebens überhaupt verteidigen. Freilich muß Plessner auch hier den Fehler vermeiden, sich in seinem Widerstand gegen den Vitalismus mit dem Mechanismus gemein zu machen und das Lebendige in der Verteidigung seiner Einzelheit auf seine physische Dinghaftigkeit zu reduzieren. Nachdem Plessner im ersten Deduktionsschritt nachgewiesen hat, wie sich das lebendige physische Ding in sich und gegen Anderes zu besondern vermag, muß er im folgenden zweiten Deduktionsschritt zeigen, daß sich das Lebendige auch im Gesamtzusammenhang des Lebens überhaupt als dieses selbige Besondere erhalten kann.

Damit zugleich stehen wir abermals vor der Schwierigkeit, uns in der Rekonstruktion des Plessnerschen Denkens nicht selbst in einen Dualismus zu verstricken und einseitig entweder das einzelne Lebewesen oder das Leben überhaupt als Grundlage unserer Interpretation in Anspruch zu nehmen. Daß das Verhältnis von Lebendigem und Lebensganzen nicht im Ausgang von letzterem in den Blick genommen werden kann, ohne die Besonderheit des ersteren zu untergraben, bedarf keiner weiterer Erklärung. Wir dürfen aber auch nicht in das spiegelbildliche Extrem verfallen und das bisherige Verständnis des in sich bzw. gegen Anderes besonderte Lebewesen *in seiner Einzelheit* zum Ausgangspunkt nehmen, um sein Verhältnis zum Lebensganzen zu bestimmen. Auf diese Weise würden die Strukturen der Selbstbesonderung des Lebendigen als Apriori gesetzt, für welches die Lebenswirklichkeit nur noch bloßes Material darstellte. Damit wäre der Dualismus wieder da: in der apriorischen Form des einzelnen besonderen Lebendigen ohne Wirklichkeit und in der Lebenswirklichkeit als bloßem Material. Infolgedessen wäre die Frage nach dem Sein des besonderen Lebewesens nicht zu beantworten, da „hinter" die Strukturen lebendiger Selbstbesonderung nicht mehr zurückzukommen wäre. Erinnern wir uns an die vorangegangenen Überlegungen zur Erscheinung des Lebendigen als Organismus bzw. als Individuum. Im Ausgang von der ganzheitlichen Organisation, die sich in der funktionalen Bestimmtheit der Organe als Einheit für sich konstituiert, läßt sich keine Erkenntnis darüber erreichen, wie die Lebenswirklichkeit strukturiert ist, in die der Organismus eingelassen ist. Alles, was an ihn herankommt, kann allein als Material gefaßt werden, in das sich die lebendige

Organisation einprägt. Analoges gilt für das Individuum, das sich in der prozessualen Veränderung seines Körpers konstituiert. Für die Überlegung, die vom vereinzelten Individuum ausgeht, muß das Leben, das sich durch die Individuen hindurchzieht, ein blinder Fleck bleiben. „Hinter" die Wirklichkeit der individuellen Entwicklung kann nicht zum Leben der Gattung zurückgefragt werden.

Vor dem Hintergrund dieser Überlegung läßt sich die Herausforderung konkretisieren, der sich Plessner mit der Frage nach dem Leben als dem Sein des besonderen Lebendigen stellen muß. Er muß nachweisen können, daß die lebendigen Selbstbesonderung (in sich und gegen Anderes) keine bloße Strukturformel darstellt, sondern vom Leben gesättigt ist. In der Verschränkung von Lebendigem und Lebensganzen müssen die beiden Aspekte des einzelnen besonderen Lebewesens und des Lebensganzen als gleichursprünglich berücksichtigt werden. Ansonsten gerät man erneut in die Fahrwasser des Dualismus. In ihrer Gleichursprünglichkeit muß der Kontakt des Lebendigen und des Lebensganzen als Verschränkung begriffen werden können, in der die Selbigkeit des Lebendigen gewahrt ist. Es muß sich folglich um einen Kontakt *per hiatum* handeln. Das besondere Lebendige kann nämlich allein dadurch seine Selbständigkeit wahren *und* in die Wirklichkeit des Lebensganzen integriert sein, daß es sich von diesem abhebt und sich ihm *darin* eingliedert.

Plessner greift auf die Verschränkung des besonderen Lebewesens und des Lebensganzen im Ausgang von der Grenzhypothese zu. Auf diese Weise stellt er sich in die Grenze zwischen dem besonderen Lebewesen in seiner Einzelheit und dem Lebensganzen. Er ist dadurch über ihre dualistische Gegenüberstellung hinaus, ohne ihre Versöhnung zu hypostasieren. Von der Grenzrealisierung hatten wir gesehen, daß sie das Lebendige in doppelter Weise zu ihm in Beziehung – und d.h. in es hinein *und* über es hinaus – setzt und das Lebendige auf diese Weise in sich *und* gegen Anderes besondert. Wenn sich das Lebendige in der Grenzrealisierung zugleich mittelbar in das Lebensganze integrieren soll, dann muß sich dies ebenfalls im Ausgang von den beiden Grenzfunktionen verstehen lassen. Im In-Ihn-Hinein-Setzen wird das Lebendige in seinem physischen Körper vertreten bzw. in sich als Organismus besondert; damit zugleich muß der Organismus mit dem Lebensganzen per hiatum in Kontakt gesetzt werden. Mit der Abschließung des Organismus nach außen muß folglich eine Öffnung per hiatum in das Leben einhergehen. Die Öffnung in das Leben, die im In-Ihn-Hinein-Setzen enthalten ist, betrifft das Verhältnis von einzelnem Organismus und Lebenskreis. (Vgl. a.)[137] Im Über-Ihn-Hinaus-Setzen wird das Lebendige über seine aktuelle

[137] Vgl. SOM, 253: „Der lebendige Körper widerspricht mit dieser Aufgeschlossenheit gegenüber dem Medium seines Positionsfeldes nicht seinen fundamentalen Eigenschaften der Abgegrenztheit und Verschlossenheit, gehört aber auch nicht mit ihren wesensnotwendigen Gegenstücken des Offenseins, des über die Begrenzung Hinausseins unmittelbar in die gleiche Linie. (Am Widerspiel der aus dem Wesen der Grenze erwachsenen Eigenschaften eines Körpers entfalten sich alle fundamentalen Merkmale der Lebendigkeit. Schicht um Schicht nimmt diese Entfaltung in Anspruch, weil es dem Denken nicht gegeben ist, die Fülle der Wesensbeziehungen mit einem Schlage auseinanderzulegen und zu überblicken. Zugleich bedeutet der Gang von Schicht zu Schicht die Verfolgung der Bedingungen für die Vereinbarkeit der Wesenszüge der Lebendigkeit mit den Wesenszügen der

Gestalt hinaus gesetzt und gegen Anderes zum Individuum besondert. Damit zugleich muß das Lebendige darin vom Lebensganzen abgehoben und diesem mittelbar integriert werden. Die Öffnung nach außen muß in diesem Fall mit einer Öffnung auf anderer Ebene verbunden sein. Es wird sich zeigen, daß mit dem Über-Ihn-Hinaus-Setzen als der Öffnung der aktuellen Gestalt für die Entwicklung die Öffnung des Individuums zum Gattungsganzen einher geht. (Vgl. b.)

Diese Überlegungen geben den beiden folgenden Abschnitten (a. und b.) jeweils eine dreistufige Gliederung vor. Zunächst soll jeweils gezeigt werden, daß die bisherige Darstellung der Besonderung (in sich und gegen Anderes) bereits die Beziehung implizit enthält, in der das besondere Lebendige zum Lebensganzen steht. Auf diese Weise wird der Nachweis erbracht, daß es kein fertiges Apriori lebendiger Besonderheit vor dem Kontakt mit dem materialen Lebenszusammenhang gibt. Ein zweiter Schritt soll jeweils die Hypothese rekonstruieren, daß das Lebendige in der Grenzrealisierung nicht nur in sich und gegen Anderes besondert, sondern zugleich mit dem Lebensganzen per hiatum in Kontakt gesetzt wird. Diese These soll schließlich je in einem dritten Schritt eingeholt werden. Hierfür sollen die Lebensmodale aufgezeigt werden, die diese Dimension der Grenzrealisierung – d.h. den Kontakt zwischen dem besonderen Lebendigen und dem Lebensganzen – ermöglichen.

a. Der Kontakt von Organismus und Lebenskreis per hiatum

Der folgende Abschnitt soll sich dem Verhältnis widmen, in dem der Organismus zum Lebensganzen steht. Wir finden uns damit vor dem Problem, wie die Autonomie des Organismus mit seiner Integration in das Lebensganze zusammengehen kann. Daß beide Ebenen – die Teilhabe am Lebensganzen und die Struktur der Selbstvertretung – lebendiges Sein wesentlich ausmachen, ist unmittelbar einsichtig. Die Spannung zwischen dem lebendigen Organismus in seiner Einzelheit und dem Lebensganzen läßt sich nicht ohne weiteres ausräumen, da sie von keiner Seite aus überbrückbar scheint, ohne die je andere zum bloßen Derivat zu erklären. Wenn man die Selbstvertretung des Organismus als apriorische Struktur annimmt und von hier aus nach dem Lebensganzen fragt, in dem der Organismus steht, dann kann letzteres für nichts anderes denn als bloßes Material zur Subsistenz des Organismus genommen werden. Die philosophische Erkenntnis kann folglich keinen Aufschluß darüber erreichen, inwiefern der Organismus vom Lebensganzen abhängt, diesem als einer übergeordneten Schicksalsmacht ausgeliefert ist. Will man umgekehrt den Organismus unmittelbar in das Leben zurücknehmen, verfällt man der Utopie vom Leben als Wirklichkeit überhaupt, die über keinen Rückhalt mehr am Bestehen des Lebendigen als eines physischen Dings verfügt.

---

physischen Dinglichkeit. Es ist also nicht gleichgültig, auf welcher Schicht die Betrachtung sich jeweils befindet. Wenn hier von Aufgeschlossenheit des Organismus durch seine Organe gesprochen wird, so *ruht sie auf der Organisation* als einer Wesenseigenschaft des lebendigen Körpers überhaupt und bedeutet nur eine Konsequenz aus ihren Voraussetzungen, keinen Konflikt mit ihnen.)“

Um in der Frage nach dem Verhältnis von Organismus und Lebensganzen weiterzukommen, in dem der Organismus autonom *und* dem Lebensganzen zugleich integriert sein soll, ist zunächst ein Blick auf die bisherige Darstellung der organischen Selbstbesonderung zu werfen. Wenn die organische Selbstbesonderung nämlich tatsächlich nicht als apriorische Struktur vorausgesetzt werden soll, dann kann sie nicht für sich genommen vor jedem Kontakt mit der Lebenswirklichkeit fertig sein. Es muß sich folglich zeigen lassen, daß die bisherige Darstellung, indem sie die organische Selbstvertretung behauptet, implizit den Kontakt mit dem Lebensganzen vorausgesetzt hat.

Die zentrale Überlegung zum Organismus bezog sich auf die Bedingung, unter der der physische Körper die Selbstvertretung durchführen und darin die Funktionen sowohl des Objekts als auch des Subjekts der Selbstvertretung ausüben kann. Diesen Anspruch erfüllt Plessner zufolge das Organ, das zugleich als Glied des Lebendigen und als Hilfsmittel der lebendigen Selbstvertretung erscheint. Aufgrund dieser doppelten organischen Abgehobenheit vom räumlichen Körper kann die gestalthafte Mannigfaltigkeitseinheit des Lebendigen als harmonische Ganzheit erscheinen. Nun macht Plessner darauf aufmerksam, daß es vorschnell war, aus dieser Überlegung die Konsequenz zu ziehen, daß sich das Lebendige in seiner organischen Selbstvertretung als Zweck seiner selbst zeige. Hierfür unterscheidet er zwischen den Statusbestimmungen als *Mittel seiner selbst* und als *Zweck seiner selbst.* Indem die bisherige Überlegung dargestellt hat, daß sich der physische Körper in Organe und d.h. in Hilfsmittel einteilt und in deren funktionaler Spezifikation vertreten ist, konnte eingesehen werden, daß das Lebendige in seiner Organisation *Mittel seiner selbst* ist. Damit ist jedoch der eigentliche Anspruch, der in der Behauptung des Lebendigen als eines Besonderen in sich liegt, noch nicht eingeholt: daß das Lebendige in seiner Organisation als Zweck seiner selbst verwirklicht ist. Dies wird verständlich, wenn man sich bewußt macht, daß etwas durchaus Mittel seiner selbst und darüber hinaus Mittel für einen anderen Zweck als es selbst sein kann. Dies ist dann der Fall, wenn sich dasjenige, das sich in Mittel seiner selbst aufteilt, selbst zugleich auf einen grundlegenderen bzw. umfassenderen Zweck ausgerichtet ist. Daß der Organismus – als Insgesamt der Organe – Mittel seiner selbst ist, schließt folglich nicht notwendigerweise aus, daß er nicht zugleich Mittel für einen umfassenderen Wirklichkeitszusammenhang und damit *nicht* Zweck seiner selbst ist. Folglich ist die Behauptung des Lebendigen als eines Zwecks seiner selbst mit dem Verweis auf seine Organisation nicht hinreichend begründet.[138] Vielmehr impliziert diese Behauptung eine Aussage über das Verhältnis des Organismus zu dem Sein, in dem sich dieser immer schon befindet, d.h. *zum Leben*. Das Leben stellt die umfassende

[138] Vgl. SOM, 250: „[…] das Ganze ist in allen seinen Teilen durch ihre in divergenter Spezialität gegebene Übereinstimmung zu einem Ganzen gegenwärtig, mittelbar gegenwärtig, die Teile dienen also dem Ganzen oder sie sind ihm als ihrem Zweck zugeordnet, der wirkliche Körper ist also faktisch in ihm selbst Zweck –, so steht dieser Bestimmung die ebenso bündige Bestimmung entgegen: als vermittelte Einheit ist das Ganze des wirklichen Körpers *Mittel* seiner selbst. Natürlich wird man den Ausgleich gerne in der Richtung einer Unterordnung der letzten unter die erste Bestimmung suchen: Zweck seiner selbst kann ja niemals Mittel für einen anderen Zweck werden; aber Mittel seiner selbst vertrüge sich wohl damit.“

Wirklichkeit dar, an der das Lebendige teilhat und auf die es folglich als auf seinen Zweck ausgerichtet ist. Nun macht es die Spezifik dieses Verhältnisses aus, daß das Leben für das Lebendige nicht ein Fremdes sondern dessen eigenes Sein ausmacht. Nur deswegen bedeutet die Ausrichtung des Organismus auf das Leben als Zweck, daß er damit zugleich auch die eigene Existenz als Zweck verfolgt. Indem die Organe Mittel des Lebendigen und *zugleich* Mittel für das Leben sind, ist das Lebendige, indem es sich organisiert, Zweck seiner selbst.[139] Allein vermittels der Integration in das Lebensganze erscheint der Organismus folglich als die Besonderheit in sich, als die ihn der vorherige Abschnitt bereits dargestellt hat.

Ist einmal eingesehen, daß die Struktur der Besonderheit in sich durch die Rückstellung in das Leben überhaupt vermittelt ist, stellt sich die Frage, wie sich diese Integration noch mit der Autonomie des Organismus vertragen kann. Neben der Vermittlung des Organismus zur Selbstbezüglichkeit bedeutet seine Rückstellung in das Lebensganze zugleich die Untergrabung seiner Autarkie. Indem sich der Organismus nämlich in das Lebensganze einreiht, begibt er sich seiner Abgeschlossenheit gegen Außen. Der Organismus wird auf diese Weise zum Teil des umfassenden Lebensganzen. In bezug auf diese Rückstellung des Organismus spielen die Organe eine Schlüsselrolle. Der physische Körper vollzieht die Selbstvertretung, indem er sich in Organe als Mittel zum Leben einteilt. Als Mittel zum Leben öffnen die Organe den Organismus zum Lebensganzen. Einerseits sind die Organe derart Hilfsmittel für die Selbstvermittlung des lebendigen physischen Dings. Andererseits reihen sie den einzelnen Organismus in das Lebensganze ein.[140]

Wie ist die Stellung des Organismus in der Peripherie des Lebens mit seinem Zentrum-Sein zu vereinbaren? Bedeutet diese Öffnung des Lebendigen ins Lebensganze

---

[139] Vgl. SOM, 251: „*Unter welchen Bedingungen ist der Zweck seiner selbst Mittel seiner selbst*? Konkret gefaßt: wie ist es dem physischen Organismus möglich, ein Mittel seiner selbst zu sein, ohne damit seine immanente teleologische Selbstgenügsamkeit preiszugeben? Die Lösung zeigt der Begriff des Organs. Organ ist Hilfsmittel. Wozu? Zum Leben, Essen, Kämpfen, Laufen oder Anlockung von Insekten, Fortpflanzung, Stoffwechsel – die speziellsten und die fundamentalsten Lebensprozesse sind an Organe gebunden, finden in Organen ihre Vermittlung. Das Leben als Fundamentaleigenschaft derjenigen Körper, deren Begrenzung Grenzen sind, äußert sich in einer Mannigfaltigkeit von Prozessen, deren jeder einzelne aber keineswegs das Leben ist, sondern es nur bekundet, – wie er ihm dient."

[140] Vgl. SOM, 255f.: „Die Organe haben ihr Verhältnis zum Organismus umgedreht: war es erst der Organismus, der kraft seiner Positionalität den Seinscharakter des ‚Durch ihn Hindurch' offenbarte, damit die Unvermeidlichkeit einer Selbstvermittlung seiner unmittelbaren Einheit zur Einheit des Ganzen bewies und wiederum dadurch sich als der notwendig organisierende Körper zeigte, so müssen jetzt die Organe die Macht, welche der lebendige Körper wesenserzwungen von ihm abtat und an sie delegierte, ausüben und damit sich gegen die für sich (unmittelbar) bestehende Einheit wenden. Ihre wesenhafte Doppeldeutigkeit wird ihnen *und* der unmittelbaren Einheit zum Verhängnis: sie öffnen den Organismus, ketten ihn an das Medium und nehmen, indem sie vermitteln, nicht nur ihm als der unmittelbar zentralen Einheit des Ganzen, sondern dem ganzen Organismus und damit natürlich auch sich selbst die Selbstmacht eigenen Lebens. Sie machen das Ganze zum Mittel des Lebens, zum Zwischenglied eines Kreises, der nun in Wahrheit sich allein genügt."

und die damit einhergehende Aufgabe seiner Eigenständigkeit nicht auch den Verlust seiner Selbstbestimmung? Sollte dem so sein, dann entpuppte sich die Selbstvertretung des Lebendigen als Preisgabe an das Lebensganze. Das besondere Lebendige machte dann nur noch eine Gestaltung aus, die sich das Leben gibt. Plessner hätte durch die Hintertür die Versöhnungsperspektive einer Wirklichkeit überhaupt unterschoben, deren Kosten bekannt sind. Wenn dem nicht so sein soll und wenn man auch nicht gewillt ist, sich in den Apriorismus zu flüchten, dann muß sich an der Weise der Integration in das Lebensganze zeigen lassen, daß die Aufgabe der Selbständigkeit mit dem Erhalt der Selbstbestimmung vereinbar ist. Mit anderen Worten muß sich einsehen lassen, daß der Organismus die Grenze, die ihn vom Lebensganzen unterscheidet, selbst realisiert. Wenn sein Lebenserhalt und seine Autonomie zusammenbestehen sollen, dann muß der Organismus in der Grenzrealisierung beides zugleich erreichen: er muß sich in das Lebensganze integrieren *und* sich von ihm abheben.

Plessner muß folglich nachweisen können, daß die Grenzrealisierung eine doppelsinnige Beziehung zwischen dem Organismus und dem Lebensganzen konstituiert. Einerseits muß das Lebensganze das Sein darstellen, in das sich der Organismus im Grenzvollzug integriert und das ihm gegenüber derart die Stellung eines Zwecks einnimmt. Andererseits und damit zugleich muß sich der Organismus im Grenzvollzug in sich abschließen und auf diese Weise seine Selbständigkeit gegenüber dem Lebensganzen behaupten. Die Verschränkung beider Ebenen geschieht allein in der Grenzrealisierung und damit in der Weise, wie sich die Integration des Organismus in das Lebensganze vollzieht. Dementsprechend lautet die Plessnersche Hypothese, daß der Organismus sich im Grenzvollzug zugleich in das Lebensganze integriert *und* seine Selbständigkeit bewahrt, bzw. daß er in seiner Gliederung in Organe deswegen als Zweck seiner selbst erscheint, weil diese ihn per hiatum in das Leben integrieren.

Um diese Hypothese auszuweisen, muß Plessner doppelt ansetzen: sowohl am Organismus als auch am Verhältnis von Organismus und ihm gegenüberstehendem Medium. In einem ersten Schritt sucht Plessner am einzelnen Organismus die Lebensmodale auf, die es diesem ermöglichen, seine Abgeschlossenheit zu überbrücken, ohne damit seine Selbständigkeit aufzuheben. Im Ausgang vom für sich genommenen Organismus kann jedoch keine Erkenntnis über das materiale Leben erreicht werden, mit dem sich der Organismus konfrontiert findet. Ein zweiter Argumentationsschritt muß folglich darauf zielen zu verstehen, wie das Verhältnis vom Organismus und seinem materialen Gegenüber, dem Medium, bestimmt ist. Wenn es Plessner gelingen soll, die Integration des Organismus in das Lebensganze *und* seine Selbständigkeit zu begreifen, dann muß er in diesem Argumentationsschritt zeigen, wie es zu verstehen ist, daß der Organismus einerseits das Zentrum des Lebensganzen darstellt und diesem seine Gesetze vorschreibt *und* andererseits zugleich in das Lebensganze zurückgestellt ist und dadurch überlebt. Plessner muß folglich die Lebensmodale aufsuchen, die die Doppelsinnigkeit des Bedingungsverhältnisses von Organismus und Lebensganzen ermöglichen.

Die Herausforderung, die der Organismus zu bewältigen hat, um seinen Selbsterhalt im Lebenskreis zu sichern, besteht im *Ausgleich* seiner Abschottung gegen Außen. Plessner gibt die Befähigung zur Aufnahme *und* zur Abgabe von Stoffen und Energien bzw. die *Assimilation und* die *Dissimilation* als die Lebensmodale an, vermittels derer es dem Organismus gelingt, mit dem ihm gegenüberstehenden Medium per hiatum in Kontakt zu treten und auf diese Weise seinen Selbsterhalt zu sichern. In diesem inneren Zerfall öffnet sich das Lebendige für die Wechselwirkungen mit dem Medium. Es nimmt Stoffe und Energien vom Medium auf und gibt seinerseits beides auch an das Medium ab. Zusammen mit seinem Medium bildet der Organismus solcherart einen Kreislauf des Lebens.[141] Diese Öffnung in den Lebenskreis bedeutet nun in bezug auf die Abschottung des in sich vertretenen Organismus deswegen ihren Ausgleich und nicht ihre Überwindung, weil sie nicht unmittelbar sondern durch den Zerfall seiner Eigenzone ermöglicht wird. Im Zerfall der beiden Kontaktrichtungen nach außen ist ihre Einheit offengehalten. Dem Lebendigen bleibt dadurch seine Unbestimmtheit in der Eingliederung in den Lebenskreis erhalten. In dieser Brechung kann keine Einwirkung seitens des Mediums eine Gegenwirkung vom Organismus erzwingen, da der Übergang zwischen den beiden Richtungen des Selbsterhalts sprunghaft bzw. unbestimmt ist. Damit kann Plessner folglich *am Organismus* die Bedingungen aufweisen, die es diesem ermöglichen, sich im Grenzvollzug als selbständiges Moment in das Lebensganze zu integrieren. (Vgl. SOM, 262)

Wenn Plessner sein Argumentationsziel dieses Abschnitts erreichen und zeigen will, daß sich das Lebendige im Vollzug seiner Grenzen dem Lebensganzen integrieren und damit zugleich seine Selbständigkeit wahren kann, dann muß er dies ebenfalls an dem Verhältnis nachweisen, in dem sich der Organismus und das Medium zu einander befinden. Die bisherige Argumentation hat allein den für sich genommenen Organismus betrachtet. Die materiale Seite des Mediums kam darin nur implizit als das Gegenüber in den Blick kommen, von dem der Organismus Stoffe empfängt und an das er Stoffe abgibt. Als eigenständiges Sein wurde das Medium noch ausgeblendet. Fraglich ist es damit bisher noch, wie der Kontakt zwischen dem Organismus und dem Medium per hiatum möglich ist.

Die Plessnersche Hypothese lautet, daß sich das Lebendige in der Grenzrealisierung in sich zum Organismus besondert und damit zugleich in das Medium hinausstellt. Dieses Hinaus-Gestelltsein konkretisiert Plessner als *Wagnischarakter* des Lebendigen. (Vgl. SOM, 271) Nur weil das Lebendige seine Grenzen realisiert und dadurch über die Aktualität seines physischen Körpers hinaus ist bzw. sich wagt, kann es als eigenständiger Organismus mit dem Medium in Beziehung treten.

In den Wesensmerkmalen der *Anpassung und* der *Angepaßtheit* findet Plessner die Lebensmodale, in denen sich das In-das-Medium-Hinaus-Gestelltsein des Lebendigen vollzieht. Zunächst stellen die Anpassung und die Angepaßtheit ein doppelsinniges Verhältnis von Organismus und Medium dar. (Vgl. SOM, 267) Während die An- oder

[141] Vgl. SOM, 253: „Physischer Träger der Vermittlung ist das Organ bzw. die Wirkeinheit der Organe. In seinen Organen geht der lebendige Körper aus ihm heraus und zu ihm zurück, sofern *die Organe offen sind und einen Funktionskreis mit dem bilden, dem sie sich öffnen*. Offen sind die Organe gegenüber dem *Positionsfeld*. So entsteht der *Kreis des Lebens*, dessen eine Hälfte vom Organismus, dessen andere vom Positionsfeld gebildet wird."

Eingepaßtheit das apriorisch festgelegte Ineinandergreifen von Organfunktionen und Medium bedeutet, stellt die Anpassung die empirische Veränderung der Organstrukturen aufgrund der Herausforderungen des Mediums dar. Plessner nimmt mit der Betonung der Doppelsinnigkeit des Verhältnisses von Organismus und Medium eine Gegenposition sowohl zum Apriorismus der Uexküllschen Umwelttheorie als auch zum Empirismus der Anpassungstheorien von Darwin und Lamarck ein. Während er gegen Uexküll einwendet, daß dessen Theorie absoluter Eingepaßtheit die Kontingenz und damit die Möglichkeit des Scheiterns an der Anpassung ausblende, wirft Plessner den Theorien der Anpassung eine Überdramatisierung vor, die blind für den faktischen Ausgleich mit der Umwelt sei. (Vgl. SOM, 264f.)

Die entscheidende Herausforderung, die Plessner bestehen muß, besteht in der Bestimmung des „Zugleich" der entgegengesetzten Bedingungsrichtungen von Organismus und Medium. Es ist unmittelbar einleuchtend, daß zwischen der Angepaßtheit und der Anpassung kein zeitliches Vorrangigkeitsverhältnis bestehen kann, als stelle die Angepaßtheit den apriorischen Rahmen, innerhalb dessen die Anpassung die von diesem noch nicht geordneten empirischen Probleme löse. In diesem aufgebesserten Apriorismus wäre die Doppelsinnigkeit des Verhältnisses von Organismus und Medium verloren gegangen; man ließe die Bedingtheit des Organismus durch das Medium unter den Tisch fallen. Vielmehr muß beides – „Anpassung *und* Angepaßtheit [...] durchaus in jedem lebendigen Akt verwirklicht" (SOM, 271) sein. Plessner begegnet der Herausforderung, das Zugleich von Angepaßtheit und Anpassung einzusehen, indem er beide Lebensmerkmale als die Modi versteht, in denen die Grenzfunktion des Ins-Medium-Hinausstellen geschieht. Im Grenzvollzug über die Aktualität seines Körpers hinausgesetzt, bezieht sich der Organismus in jedem Lebensakt zweifach auf sein Medium: er geht *mit* ihm mit und *zu* ihm hin. (Vgl. SOM, 271) Über die Aktualität seines Körpers hinaus bedeutet jeder Lebensakt für den Organismus folglich zugleich die Aktualisierung seiner Eingepaßtheit und seiner Anpassung: er ist dem Medium kategorial eingepaßt und nimmt es gemäß seiner Organbildung auf *und* er korrigiert sein Fassungsvermögen, indem er sich an die Herausforderungen des Mediums anpaßt.[142]

Indem er diese Doppelsinnigkeit des Bedingungsverhältnisses von Organismus und Medium betont, gelingt es Plessner, ihren Kontakt per hiatum einzusehen, in dem beider Gleichursprünglichkeit gewahrt ist. Er kann das Medium als das Sein begreifen, in das der Organismus eingelassen ist. Damit zugleich kann er der Zentralstellung des Organismus gerecht werden, der in der Beschaffenheit und Fähigkeit seiner Organe über den kategorialen Apparat verfügt, vermittels dessen er das Medium ordnet. Die Verschränkung dieser Doppelsinnigkeit findet allein in der Grenzrealisierung statt. Wir hatten

[142] Vgl. SOM, 276f.: „Nach dem Gesetz der Positionalität vereinigt der Organismus wesenhaft in jedem Lebensaugenblick beide Stellungen, und zwar füllt er beide nicht gleichzeitig nebeneinander, sondern in Einem aus. [...] Die synthetische Vereinigung gleichsinniger und gegensinniger Stellung im Positionsfeld gelingt dadurch, daß der Organismus in Stoff und Gestalt mit dem Medium in gewissen Grenzen *harmoniert, ohne durch diese Harmonie eine absolute Bindung einzugehen.* Er muß ins Medium passen und zugleich Spielraum in ihm haben, um nicht nur innerhalb der festen Harmonieformen, sondern mit ihnen Gefahren zu bestehen."

gesehen, daß der Organismus im Vollzug seiner Grenzen in das Medium hinausgestellt ist, was den doppelsinnigen Kontakt von Organismus und Medium ermöglicht. Indem der Organismus und das Medium derart per hiatum in Kontakt treten, konstituieren sie in ihrem Ineinandergreifen den Lebenskreis, in den der Organismus eingelassen ist und in dem er sich zugleich seine Selbständigkeit bewahrt. Autark ist folglich allein der Lebenskreis. Der Organismus kann sich jedoch als Glied des Ganzen seine Autonomie bewahren, weil er sich dem Medium per hiatum im Grenzvollzug eingliedert.[143]

Damit hat Plessner in diesem Abschnitt sein Beweisziel erreicht. Sowohl am einzelnen Organismus als auch im Verhältnis vom Organismus und seinem Medium haben sich die Lebensmodale angeben lassen, die es dem Lebendigen ermöglichen, seine Grenzen zum Lebensganzen zu realisieren und sich auf diese Weise in den Lebenskreis zu integrieren, ohne seine Selbständigkeit als Organismus aufzugeben. Indem Plessner die Verschränkung allein in die Grenzrealisierung gesetzt hat, ist es ihm gelungen, die dualistische Entgegensetzung von Organismus und Lebensganzen zu unterlaufen, ohne das Leben als versöhnende Wirklichkeit überhaupt zu hypostasieren.

b. Der Kontakt von Individuum und Gattung per hiatum

Der vorangegangene Abschnitt hat sich dem Verhältnis gewidmet, in dem der Organismus zum Lebenskreis steht. Der jetzige Abschnitt soll der anderen Seite des Doppelaspekts und d.h. dem Über-Ihn-Hinaus-Setzen nachgehen. Von dieser Grenzfunktion, die das Lebendige individualisiert, soll nun ebenfalls gezeigt werden, daß sie das Individuum zugleich mit dem Gattungsleben in Beziehung setzt. Dementsprechend gilt es zunächst einzusehen, daß die Individualisierung bzw. die Besonderung gegen Anderes durch den Rückhalt am Gattungsleben vermittelt ist. Mit dem Verhältnis von Individuum und Gattung ist wiederum eine Beziehung angesprochen, die sich im Ausgang von keinem der in sie begriffenen Relata adäquat begreifen läßt. Ginge man von der Gattung aus, wäre das Individuum nur noch als ein Exemplar zu erfassen, in dem sich die Gattung entäußert. Die dinghafte Einzelheit des Individuums wäre damit von der Erkenntnis ausgeschlossen. Aber auch der umgekehrte Weg, den oben erreichten Erkenntnisstand vom lebendigen Individuum als Fundament zu nehmen, um die Beziehung zu bestimmen, in der es zur Gattung steht, läßt es nicht zu, dieses Verhältnis adäquat zu begreifen. Im Ausgang vom einzelnen Individuum kann die Gattung nämlich

[143] Vgl. SOM, 254f.: „Denn jetzt muß der Organismus Teil eines umfassenden Ganzen werden, dessen Ausmaße und Artung wohl insofern in seiner Macht liegen, als seine Organe diesem Ganzen streng eingepaßt sind und das Ganze also mit nichts kommen kann, worauf der Organismus nicht antworten könnte, wie auch das Ganze das Zwecksystem seines Körpers nur ergänzt und ganz eigentlich mit ihm zusammenfällt, – aber er ist eben Teil, ergänzungsbedürftig, seine *Autarkie* ist dahin. Autonom bleibt er, weil nichts an ihn herankommt und nichts auf ihn und in ihm Einfluß gewinnt, das er nicht dem Gesetz des begrenzt-grenzenhaften Systems unterwirft. Weshalb die Autarkie dem ganzen Lebenskreis gehört, der zu der Autonomie des Lebendigen die Subsistenzmittel, Nährstoffe, Licht, Wärme, Wasser, Gase und andere Lebewesen hinzubringt, mit denen erst ein Leben möglich wird."

allein als Summe von Individuen begriffen werden. Die Gattung als Wirklichkeit, in die das Individuum eingelassen ist, entzieht sich dieser Erkenntnisperspektive.

Analog zum letzten Abschnitt teilt sich der Argumentationsgang in drei Erkenntnisschritte. Zunächst fragt er danach, inwiefern die frühere Darstellung der individuellen Entwicklung den Bezug zum Leben der Gattung voraussetzt. Dies muß nachgewiesen werden können, wenn das Verhältnis von Individuum und Gattung nicht dualistisch auseinander brechen soll, was zur Konsequenz hätte, daß eines der beiden Relata in die Abhängigkeit des je anderen geriete. Mit diesem ersten Argumentationsschritt ist die Problemebene erreicht, auf der sich sowohl die Verwiesenheit aufeinander als auch die Geschiedenheit von Individuum und Gattung zeigen. Vor diesem Hintergrund soll die Grenzrealisierung als Hypothese dargestellt werden, die es möglich macht, beide Aspekte am Verhältnis von Individuum und Gattung zu berücksichtigen, ohne eine übergreifende Versöhnungsperspektive zu behaupten. Schließlich soll sich die Darstellung in ihrem dritten Schritt den Lebensmodalen widmen, die das Stattfinden dieser begrifflich entwickelten Grenzfunktion an der Faktizität des lebendigen physischen Dings möglich machen.

Im Unterschied zur Darstellung der organischen Selbstvertretung enthält die Darstellung der individuellen Entwicklung den Bezug zum Leben, in dem sie stattfindet. Die Gattung ist in der Struktur der individuellen Entwicklung als Gestaltidee präsent.

Erinnern wir uns an die obigen Überlegungen. Aufgrund seiner qualitativen Bestimmung als unfertig erscheint das lebendige Ding in seinem Verhältnis zur Gestaltidee im Modus des „Noch-nicht“. In der Spannung zwischen der als unfertig bestimmten Aktualität des Lebendigen in seiner physischen Körperlichkeit und der Gestaltidee erscheinen die prozessualen Veränderungen am physischen Körper als Annäherung an die Gestaltidee. Die lebendige Entwicklung erfährt ihre Richtung derart Schritt für Schritt aus dem Über-die-eigene-Aktualität-Hinausstreben des lebendigen Dings. Die Gestaltidee macht damit kein a priori feststehendes Ideal aus, das die Einzelheit des in die Entwicklung integrierten Dings untergrübe. Sie erscheint vielmehr allein mittelbar als Ideal der Entwicklung, die das lebendige Ding in seinem Streben über die eigene körperliche Aktualität hinaus freisetzt.

Was bedeutet diese Darstellung nun für die als Gestaltidee thematisierte Gattung? In bezug auf das Verhältnis von Individuum und Gattung ergibt sich aus dieser Darstellung zunächst, daß die Veränderung des physischen Körpers allein in der Vermittlung durch die Gattung als Gestaltidee als Entwicklung erscheint, in der sich das lebendige Ding individualisiert. Zugleich hatte sich gezeigt, daß es sich dennoch um kein bloßes Realisierungsgeschehen der Gestaltidee im physischen Körper des einzelnen Lebewesens handelt, da die Gestaltidee allein mittelbar als telos der Entwicklung erscheint. Das Individuum macht damit keine bloße Gestaltung aus, die sich die Gattung gibt; es ist kein bloßes Exemplar der Gattung. Schließlich kann man von dieser Darstellung ablesen, was am Verständnis der Gattung ausgespart wird, wenn man sie als Gestaltidee thematisiert. Zwar hatte sich ergeben, daß sie mittelbar als telos der körperlichen Veränderung des Lebendigen erscheint; damit kommt sie jedoch allein als ideelle Konstante vor, die die physische Körperlichkeit durchzieht. Als eigenständige Wirklichkeit ist die

Gattung dagegen abgeblendet. Die Individualisierung des Lebendigen hängt damit noch im luftleeren Raum. Plessner muß diese Ebene der Lebenswirklichkeit einholen, wenn er sich nicht vorwerfen lassen will, sich in den neuen Dualismus von Individualität und materialen Gattungsleben zu verstricken.

Wenn sich die folgenden Überlegungen auf das Verhältnis von Individuum und Gattung richten, so darf in der Abwehr des Dualismus nicht über das Ziel hinausgeschossen und das lebendige Individuum unmittelbar in das Gattungsleben integriert werden. Derart ginge man davon aus, daß die Gattung durch das Individuum hindurchwirkte bzw. den Zweck der individuellen Entwicklung darstellte. Man verstünde das Individuum als bloßes Exemplar der Gattung, als „ein Mittel des Lebens, einer chaotischen Macht ausbrechend in Myriaden einzelner Schicksale, schöpferisch blind und spielerisch sehend zugleich". (SOM, 278) Begreift man das Sein des Individuums solcherart, dann untergräbt man dessen Tatsächlichkeit als *dieses selbige* Ding, die die obige Darstellung der Entwicklung gerade durch die doppelte Abhebung sowohl vom empirischen Körper als auch von der Gestaltidee hat erfassen können. Es muß sich dementsprechend im folgenden verstehen lassen, daß der Kontakt von der individuellen Entwicklung und dem Leben der Gattung per hiatum geschieht.[144] Nur unter Wahrung dieser Brechung kann man der antagonistischen Herausforderung gerecht werden, sowohl das Gattungsleben als umfassenden Lebenszusammenhang zu begreifen, an dem das Individuum teilhat, als auch das Individuum als dieses selbige Ding in Betracht zu ziehen, als das es sich vom Gattungsganzen abhebt.

Einerseits muß das Gattungsleben die individuelle Entwicklung umgreifen. Das Lebensganze kann nämlich nicht auf die Entwicklung des Individuums beschränkt sein. Insofern die Entwicklung einen Alterungsprozeß darstellt, der im Tod mündet, steht sie in Spannung zum Lebenskreis, den der Organismus mit seinem Medium bildet. Es muß sich dementsprechend am Leben ein den Alterungsprozeß kompensierender Verjüngungsprozeß feststellen lassen. Diese *Verjüngung* kann nun allein per hiatum am Individuum und d.h. unter Wahrung seines Alterungsprozesses stattfinden. Begriffe man die Verjüngung nämlich als Aufhebung und nicht nur als Ausgleich der Alterung, wäre man erneut in die Falle gegangen, ein versöhnendes Lebensganzes ohne Gegenwart im Individuum zu konstruieren.

Andererseits muß auch am Individuum in seiner Eingliederung in das Gattungsleben seine dinghafte Selbigkeit gewahrt bleiben. Es muß sich folglich nicht nur zeigen lassen, daß sich das Gattungsleben *über* der individuellen Entwicklung konstituiert, sondern zugleich, daß sich das Lebendige *unter* der Potentialität der Gattung individualisiert. Es gilt zu verstehen, daß sich das Individuum als *dieses* Ding vor dem Hintergrund des Gattungslebens entwickelt und sich derart per hiatum auf das Gattungsleben bezieht, *indem* er sich vereinzelt.

---

[144] Vgl. SOM, 278: „Wie […] ein letzter, unüberbrückbarer Hiatus zwischen dem gestalteten Körper und seiner Typenhaftigkeit faßlich wird, den kein Realisierungsverhältnis wieder verwischt, so auch zwischen dem Individuum und der Spezies bzw. den höheren Generalisierungsstufen."

Beide Dimensionen des Kontakts müssen sich gemäß des Selbstverständnisses der Plessnerschen Deduktion in der Grenzrealisierung verschränken. Oben hatte sich gezeigt, daß sich das Lebendige in der Grenzrealisierung über seine körperliche Aktualität hinaussetzt und sich darin als Individuum konstituiert. Jetzt ist darüber hinaus gefordert, daß das Individuum in der Grenzrealisierung zugleich mit dem Gattungsleben per hiatum in Beziehung gesetzt wird. Dann nämlich ist das Lebendige als Individuum einer Gattung bzw. genauer unter einer Gattung erwiesen.

Die folgenden Überlegungen haben zur Aufgabe, die Lebensmodale aufzusuchen, auf die Plessner als diejenigen Bedingungen zurückgreift, die es dem Lebendigen ermöglichen, seine Grenzen gegenüber dem Gattungsleben zu realisieren. Es müssen sowohl diejenigen Lebensmodale nachgewiesen werden, in denen sich die Gattung „über" der individuellen Entwicklung realisiert, als auch diejenigen, in denen die Individualisierung „unter" der Gattung stattfindet.

Unter welchen Bedingungen, so müssen wir uns als erstes mit Plessner fragen, kann am Lebendigen ein Verjüngungsprozeß stattfinden, der dessen individuelle Entwicklung nicht infragestellt? Plessners Antwort lautet, daß die Verjüngung das Altern allein dann kompensiert und nicht aufhebt, wenn sie nicht am einzelnen Individuum sondern in der Generationsfolge (der Individuen) stattfindet. Er greift auf die Lebensmodale der *Fortpflanzung* und der *Vererbung* als den Eigenschaften des lebendigen physischen Dings zurück, die diese Verjüngung des Lebens über der individuellen Entwicklung ermöglichen. Organisch ist die *Vererbung* durch die Ausbildung von Keimplasma gesichert, das die Lebenspotenz darstellt, die an das folgende Lebewesen weitergegeben wird. Die *Fortpflanzung* geschieht im Akt der Befruchtung. Indem das Keimplasma am lebendigen Organismus als Vermögen vorkommt, von dem dieser selbst nicht zehrt, verfügt es über einen „Reservefonds [...] der nicht angegriffen wird und der Erhaltung der Art – unwillkürlich – dient". (SOM, 278) Im Zusammentreffen von der Fortpflanzung, die die Lebensbasis für ein neues Individuum schafft, und der Vererbung des Keimplasmas ist es möglich, daß aus dem Leben des Individuums ein neues Individuum hervorgeht, das die Erbsubstanz seiner Eltern weiter trägt. Derart verjüngt sich eine Generation in der ihr nachfolgenden. Die Verjüngung des Lebens findet folglich in der Generationsfolge statt und kompensiert auf diese Weise den individuellen Alterungsprozeß, ohne ihn infragezustellen. Indem das Keimplasma von einer Generation an die nächste weitergegeben wird, wird *unmittelbar* die Lebensgrundlage für das nachkommende Individuum geschaffen. *Mittelbar* konstituiert sich darin das Leben der Gattung.[145] Derart stellt die Verjüngung die Konstitution des

---

[145] Nachdem Plessner dargestellt hat, daß das Keimplasma als Reservefonds dem Arterhalt unwillkürlich dient, hebt er ausdrücklich hervor: „An diesem ‚unwillkürlich' sollte man nicht vorbeigehen. Nur zu gern operiert man hier mit teleologischen Perspektiven: auf das Individuum käme es nicht an, sondern nur auf die übergreifende Einheit der Art, deren Erhaltung mit dem Leben von Millionen bezahlt werde. [...] Nicht die Art ist das Primäre, auf dessen Realisierung als Kollektivum es angeblich ankommt, und das Individuum nur ein Mittel des Lebens [...], sondern über dem Individuum ‚wird' die Art, antizipiert in seiner Entwicklung als Form, ‚unter' die es werdend, etwas werdend *gerät.*" (SOM, 278)

Gattungsleben vermittels der individuellen Entwicklung dar und läßt diese darin in ihrer Eigenständigkeit bestehen.

Um den Kontakt von individueller Entwicklung und Gattungsleben per hiatum an der Tatsächlichkeit des lebendigen physischen Dings nachzuweisen, genügt es nicht zu verstehen, wie sich das Gattungsleben *über* der individuellen Entwicklung realisiert. Gleichermaßen muß sich einsehen lassen, welche Bedingungen es umgekehrt dem Individuum ermöglichen, sich *unter* dem Gattungsleben zu konstituieren. Nur wenn sich nämlich auf beiden Ebenen ihre Vermitteltheit durch einander begreifen läßt, kann zurecht beider Gleichursprünglichkeit behauptet werden. Ist im ersten Schritt von der individuellen Entwicklung ausgegangen worden, um auf das Gattungsleben auszugreifen, so müssen wir jetzt den umgekehrten Weg einschlagen und die Frage nach dem Sein stellen, in dem sich die individuelle Entwicklung vollzieht.

Wenn man nach dem Sein fragt, in dem das Individuum steht, stößt man zunächst auf den Organismus. Am Organismus hatte sich das Vermögen als das Wesensmerkmal gezeigt, das die Selbstvertretung in ihm ermöglicht. Die Selbstvertretung des Organismus hatte sich als die Festlegung der Organe auf bestimmte Funktionen ergeben. Im Zusammenhang der individuellen Entwicklung zeigt sich die Selbstvertretung bzw. die Entfaltung als deren organische Umsetzung. Indem das Individuum im Organismus steht, verfügt es im Vermögen über die materialen Möglichkeiten, um die prozessuale Veränderung seines physischen Körpers durchzuführen. Erst aufgrund dieser Einsicht in die Entfaltung als organischer Umsetzung der Gestaltveränderung kann verstanden werden, daß die lebendige Entwicklung einen Alterungsprozeß darstellt. Aufgrund der Spannung von aktuellem physischen Körper und Gestaltidee, in der das Lebendige steht, kann man allein das Höhersteigen bzw. die Deklination der Entwicklung begreifen. Daß diese Deklination inhaltlich als Alterungsprozeß bestimmt ist, läßt sich dagegen in diesem Zugriff auf die Struktur der Individualisierung nicht einsehen. Berücksichtigt man jedoch, daß die Veränderung der Gestalt als Entfaltung stattfindet, so zeigt sich deren Begrenztheit und darin die Alterung des Organismus. Die Entfaltung bzw. die Realisierung von Möglichkeiten in der Bestimmung der Organe zu Funktionen ist nicht nur begrenzt, weil der Organismus begrenzt ist. Die Bestimmung zu bestimmten Funktionen bedeutet nicht nur die Realisierung von Möglichkeiten in den Organen, sondern damit zugleich den Ausschluß von anderen (ursprünglich gleichermaßen offenstehender) Möglichkeiten. Der Organismus schafft sich bestimmte Funktionsweisen, verliert damit aber zugleich an Fähigkeit zur Umstellung. Aufgrund dieses Selbstbestimmungsprozesses, in dem der Organismus bestimmte Möglichkeiten realisiert und sich damit zugleich anderer Möglichkeiten begibt, formt die lebendige Entwicklung eine Alterskurve.[146]

[146] Vgl. SOM, 228f.: „In dem Maße, als der Organismus älter wird, d.h. die Veränderung seines anfänglichen Seins durch Steigerung der Mannigfaltigkeit in quantitativer und qualitativer Hinsicht, also durch Entfaltung besorgt, nimmt er an Fähigkeit zur Umstellung, zur Regulation ab, an Festgelegtheit und Spezialisiertheit in allen seinen Teilen zu. Hierauf beruht ganz eigentlich die konkrete Veränderung der Altersstufen, die oben in ihrer notwendigen Abfolge, als Entwicklungskurve begriffen war."

Im Rückgriff auf das Gestelltsein des Individuums in den Organismus konnte bisher verstanden werden, daß sich das Lebendige in seinem physischen Körper entfaltet und sich darin körperlich zu entwickeln vermag, wenn auch die Fähigkeit zur Veränderung im Laufe der individuellen Entwicklung abnimmt. Damit ist jedoch noch kein Grund am Sein angegeben worden, der es dem Lebendigen ermöglicht, sich in dieser Veränderung seines Körpers zu individualisieren. Es ist also nach der Bedingung zu fragen, die es dem Lebendigen ermöglicht, sich als *dieses besondere Individuum* in der organisch realisierten Veränderung seines Körpers hervorzubringen. Es muß sich um die Bedingung handeln, aufgrund derer die körperliche Veränderung, die als organische Entfaltung stattfindet, in ihrer inhaltlichen Ausrichtung als *individuelle* Entwicklung und nicht nur als Resultat der Organisation erscheint. Die körperliche Veränderung kann nur dann als *individuelle* Entwicklung erscheinen, wenn das lebendige Ding von der Aktualität seines physischen Körpers abgehoben ist. Der Struktur nach erfährt das Lebendige die Abhebung von der Aktualität seines physischen Körpers unter der Weite der Gestaltidee. Material muß es folglich die Potentialität der Gattung sein, unter der das Lebendige über den Spielraum verfügt, sich in der organischen Entfaltung zu individualisieren.

Wir müssen jetzt also nach der erscheinenden Lebensqualität fragen, die es dem Lebendigen ermöglicht, unter der Weite der Gattung die Richtung seiner Entwicklung festzulegen. Plessner sieht diese Forderung durch das Wesensmerkmal der *Selektion* erfüllt. Indem er auf die Selektion als Wesensmerkmal des Lebendigen zurückgreift, spricht er ihr einen gegenüber dem durch Darwin geprägten Verständnis grundsätzlich anderen Status zu. Während die Selektion bei Plessner als qualitatives Lebensmodal zu den anschaulich gegebenen Bedingungen gehört, die die Grenzrealisierung und damit das Stattfinden von Leben *ermöglichen*, bezeichnet sie innerhalb der Evolutionstheorie die *empirischen* Bedingungen, denen das Leben unterworfen ist.[147] Inhaltlich bestimmt Plessner die impliziten Richtungsentscheidungen als Selektion, die in der organischen Entfaltung notwendigerweise gefaßt werden müssen, ohne auf diese rückführbar zu sein. Indem das Lebendige bestimmte Möglichkeiten realisiert und damit zugleich andere aufgibt, bekommt die prozessuale Veränderung seines physischen Körpers eine bestimmte Richtung. Entscheidend ist für die Plessnersche Darstellung nun, daß sich die Selektion bzw. die Entscheidung über die Richtung der Entwicklung nicht auf die Bedingungen des Organismus reduzieren läßt. Indem das Individuum nicht nur im Organismus sondern zugleich unter der Weite der Potenzen steht, die ihm die Gattung vermittelt, ist es aus den Bedingungen des Organismus herausgehoben. Im Spielraum,

[147] Vgl. SOM, 280: „Leben heißt an sich schon blind Ausgewähltsein, Selektiertsein. Leben ist notwendiges Versäumnis seiner Möglichkeiten und darin Selektion. Nach der üblichen Anschauung wird die Selektion erst durch lebensfremde Faktoren bewirkt, durch Klima, Ernährung, den Kampf mit den Artgenossen und die Zuchtwahl, als ob das Leben wie eine noch nicht modellierte Masse, ein noch nicht regulierter Strom in aller Ungebundenheit existieren könnte. Dann ist natürlich die Tatsache, daß nur Individuen lebendig sind, von denen ein jedes ebensogut auch anders hätte geraten können, ein Problem, das man unter Zuhilfenahme lebensfremder Außenfaktoren lösen muß. Dann geht es nicht anders, als irgendwelche empirischen Selektionstheorien zu ersinnen, wie man Theorien für das Phänomen der Adaption ersonnen hat."

den die Gattung eröffnet, erscheint die Richtung der Entwicklung folglich nicht durch den Organismus vorgegeben, sondern Schritt für Schritt in der Selektion bestimmt. Aufgrund dieser Abhebung vom Organismus, die die Potentialität der Gattung vermittelt, spielt der Alterungsprozeß für die Richtung der Entwicklung folglich keine Rolle. Über die Richtung, die der Entwicklungsgang eines Lebendigen nimmt, entscheidet die Selektion.

Die Entwicklung, die ein Lebendiges durchmacht, erscheint nun deswegen als Individualisierung, weil sie immer auch hätte anders verlaufen können, ihrer faktischen Richtung nach zufällig ist. Indem die Richtung der Entwicklung Schritt für Schritt unter der Gattungsweite durch Selektion bestimmt wird, besondert sich das Lebendige gegen Anderes und d.h. gegen gleichermaßen mögliche Lebenswege. Plessner begreift diese Besonderung gegen Anderes als den „kategorischen Konjunktiv" des „es ginge zwar, aber es geht nicht" (SOM, 280), unter dem sich individuelle Entwicklung ereignet.[148]

Damit ist das Beweisziel dieses Abschnitts erreicht. Die Wesensmerkmale der Fortpflanzung und der Vererbung sowie der Selektion haben sich als die Bedingungen erwiesen, die den Kontakt von Individuum und Gattung per hiatum möglich machen. In beiden Richtungen handelt es sich um ein mittelbares Verhältnis. Einerseits realisiert sich das Gattungsleben über der individuellen Entwicklung, andererseits konstituiert sich die Veränderung des Organismus unter der Potentialität der Gattung als individuelle Entwicklung. Auf diese Weise hat sich von beiden Seinssphären – des Individuums und der Gattung – nicht nur ihre Vermitteltheit durch die je andere Sphäre sondern zugleich ihre Gleichursprünglichkeit gezeigt, da ihre gegenseitige Vermittlung per hiatum geschieht. Indem sich die Wesensmerkmale haben aufzeigen lassen, die den Kontakt von Individuum und Gattung per hiatum ermöglichen, hat sich an der Tatsächlichkeit des lebendigen physischen Dings bestätigt, daß dieser Kontakt von der Grenzrealisierung gestiftet wird. Wir haben derart den Nachweis erreicht, daß die Grenzfunktion des Über-Ihn-Hinaus-Setzens mit der anderen Funktion des Zum-Gattungsleben-in-Beziehung-Setzens verbunden ist. Darin erweist sich das Plessnersche Verständnis des lebendigen Individuums als material durch die Potenzen des Organismus und des Gattungslebens gesättigt.

---

[148] Vgl. SOM, 279f.: „Das werdende Individuum gerät infolgedessen in ein doppeltes Mißverhältnis zur Weite der Form, die ihm Spielraum und darin den Rahmen notwendig zu versäumender Möglichkeiten gibt, und zur Fülle seiner eigenen Potentialität, die es ihm gestattete, die gebotenen Möglichkeiten zu verwirklichen. Dadurch erst erhält jede beliebige faktische Entwicklung, in welcher Richtung sie auch geht, wie viele Sprünge sie auch macht, den Charakter einer individuellen Entwicklung, die auch anders hätte laufen können, obzwar Entwicklung in einer bestimmten Linie dem Individuum wesensnotwendig ist. Aber der faktisch eingeschlagene Weg muß notwendig zufällig sein. Über der wirklichen Entwicklung waltet trotz der allgemeinen Sinngemäßheit, überhaupt einen bestimmten Weg einzuschlagen, der Zufall, daß es gerade dieser und kein anderer sein mußte."

c. Das nicht-dualistische Verhältnis des besonderen Lebendigen und des Lebensganzen

Das Obige hat gezeigt, daß es Plessner im Ausgang von der Grenzhypothese gelingt, die Gegenüberstellung von besonderem Lebendigen und Lebensganzen zu unterlaufen. Damit wendet er sich zunächst gegen die beiden einseitigen Alternativen des Apriorismus und des Empirismus. Indem die besondernde Beziehung des Lebendigen auf seinen physischen Körper (sei es als Organisation oder als Individuum) als Apriori gesetzt wird, kann das Lebensganze nur noch als Material (sei es der Subsistenz oder der Vererbung) erscheinen. Die Frage nach dem Sein der Besonderung steht im toten Winkel der aprioristischen Perspektive. Weder kann verstanden werden, daß sich der Organismus in der funktionalen Bestimmung seiner Organe an das Medium anpaßt, in das es gestellt ist; noch läßt sich einsehen, daß die Weite der Gattungspotentialität erst den Rahmen liefert, in welchem die Richtung der Entwicklung für die unbestimmte Selektion freigegeben wird. Geht man umgekehrt empiristisch von den Bedingungen aus, in die das Lebendige gestellt ist, dann reduziert man die Struktur der organischen Ganzheit bzw. des Individuums zum Resultat von Anpassungs- bzw. Selektionsvorgängen aufgrund äußerer Umstände. Diese empiristische Perspektive ist gleichermaßen blind für die apriorische Eingespieltheit (bzw. Eingepaßtheit) von Organismus und Medium als auch für den apriorischen Status der Selektion, der im Zwang zur Selbstbestimmung in den Organfunktionen liegt. (Vgl. SOM, 280) Sie liefert damit sowohl die ganzheitliche Selbstzweckstruktur des Organismus als auch die Individualität der Lebensprozesse an empirische Bedingungen aus.

Zu dieser dualistischen Theoriealternative von Apriorismus und Empirismus stellt sich Plessners Ansatz im Ausgang von der Grenzhypothese quer. Das vorangegangene Kapitel konnte nachweisen, daß die Grenzrealisierung nicht nur das Verhältnis des Lebendigen zu seinem physischen Körper betrifft und es auf diese Weise (in sich und gegen Anderes) besondert. Vielmehr hat sich jetzt gezeigt, daß sich das besondere Lebendige, indem es seine Grenzen vollzieht, in ein in sich gedoppeltes Verhältnis zum Lebensganzen stellt. Es integriert sich in die umfassende Lebenswirklichkeit des Lebenskreises bzw. der Gattung *und* hebt sich vom Lebensganzen zugleich als selbständiger Organismus bzw. als einzigartiges Individuum ab. Auf diese Weise haben sich der in sich besonderte Organismus und das gegen Anderes besonderte Individuum als material gesättigte Seinsweisen des Lebendigen dargestellt. Gleichermaßen stellt das Lebensganze keine Alleinheitssphäre ohne Gegenwart dar. Vielmehr haben sich der Lebenskreis und die Gattung als umfassende Wirklichkeit ergeben, die sich über das Lebendige in seiner Besonderheit konstituieren und an ihm ihre Gegenwart haben. Während der Organismus und sein Medium in ihrem Ineinandergreifen mittelbar den Lebenskreis bilden, realisiert sich das Gattungsleben mittelbar über die Verjüngung der Individuen in der je nächsten Generation.

Im Ausgang von der Grenzhypothese unterläuft Plessner nun nicht nur den Dualismus von apriorischer Selbstbesonderung und empirischer Lebenswirklichkeit, sondern begreift damit zugleich die Verschränkung per hiatum von besonderem Lebendigen und

Lebensganzen. Die individualisierende Richtung nach außen (im Über-Ihn-Hinaus-Setzen) bestimmt nicht nur das Verhältnis des Lebendigen zu seiner Aktualität als Gestalt, sondern setzt zugleich das Individuum und die Gattung in Verhältnis. Die organisierende Richtung nach innen (im In-Ihn-Hinein-Setzen) strukturiert nicht nur das Verhältnis des Lebendigen und seiner Organe sondern gleichermaßen das Verhältnis des Organismus zu seinem Medium. Auf diese Weise hat Plessner den Doppelaspekt der Besonderung in sich *und* gegen Anderes im Ausgang von der Grenzhypothese als prinzipielle Seinsdivergenz des Lebendigen ausgewiesen, die sich in die Lebenswirklichkeit hinein fortsetzt.

Offen ist an dieser Stelle noch, worin die Einheit des Lebendigen in diesem Doppelaspekt besteht. Wir wissen bisher allein, daß das Lebendige einerseits im Organismus als Zweck seiner selbst vertreten ist und sich andererseits in seiner Entwicklung als dieses selbige Individuum hervorbringt. Unser momentaner Erkenntnisstand läßt jedoch noch keine Aussage über das Verhältnis zu, in dem die intensive und die extensive Seinssphäre des Lebendigen zu einander stehen. Allerdings können wir hier bereits behaupten, daß es sich dabei nicht um eine tiefere Wesenssphäre unterhalb von Organismus und Individuum handeln kann. Nicht nur würde ein solcher Grundlegungsversuch einen infiniten Regreß von Grundlegungen der Grundlegungen nach sich ziehen. Vor allem hat das Bisherige gezeigt, daß sich das Lebendige allein in den beiden Transzendierungsrichtungen über ihn hinaus *und* in ihn hinein auf seinen physischen Körper beziehen kann, und daß der darin ausgebildete Doppelaspekt der Besonderung in sich *und* gegen Anderes auch nicht von einer ideellen Versöhnungssphäre des Lebens überhaupt überwunden wird.

7. Dritter Deduktionsschritt: Die Einheit im Doppelaspekt von Individuum und Organismus vermittels der Positionalitätsmodi

a. Lebendige Einheit als Herausforderung – Zu den Modi der Positionalität

Die bisherigen Abschnitte der Deduktion haben den Doppelaspekt der Besonderung in sich *und* gegen Anderes an der Tatsächlichkeit des lebendigen Dings nachgewiesen. Es hat sich gezeigt, daß sich das Lebendige, indem es seine Grenzen vollzieht, in seinen physischen Körper hinein *und* über ihn hinaus setzt und sich auf diese Weise als Organismus und als Individuum besondert. Darüber hinaus haben wir gesehen, daß sich das Lebendige im Grenzvollzug nicht nur in Rückbezug auf seinen physischen Körper, sondern zugleich im Zusammenhang des Lebensganzen besondert. Auf diese Weise haben die vorangegangenen Überlegungen den Doppelaspekt des Lebendigen als Besonderes in sich *und* gegen Anderes als fundamental dargestellt. Fundamental ist der Doppelaspekt des Individuums und des Organismus, in dem das Lebendige erscheint, insofern, als kein tieferer Grund mehr angegeben werden kann, in dem er zur Einheit versöhnt wäre.

Vor diesem Hintergrund müssen wir jetzt das Plessnersche Projekt der Entfundamentalisierung dieses Doppelaspekts angehen. Die Entfundamentalisierung des Doppelaspekts schließt Plessners Überwindung des Dualismus von ausgedehnter Körperlichkeit und innerlichem Selbst ab. Ein erster Schritt wurde in diesem Projekt getan, indem das Lebendige in seinem Bestehen als einem physischen Ding nachgewiesen wurde. Plessner zeigt derart, daß das Lebendige auch in seinem physischen Bestehen nicht in das Geflecht der physikalischen und chemischen Ursachen auflösbar ist. Ein zweiter Schritt zur Überwindung des Dualismus bestand darin, die selbstbezügliche Erscheinung als in sich heterogen und damit offen gegenüber dem Bestehen des Lebendigen als eines physischen Dings nachzuweisen. Offen ist damit allerdings noch, wie sich das lebendige Ding in diesem erscheinenden Doppelaspekt zur Einheit verschränkt.

Die Schwierigkeiten, die an dieser Frage hängen, sind bekannt: der ganzheitliche Organismus und das sich entwickelnde Individuum stellen nicht nur relativ sondern prinzipiell verschiedene Seinssphären dar, ohne daß sich eine umfassende Lebenswirklichkeit angeben ließe, in der beide Aspekte versöhnt wären. Ein solcher Generalnenner des Lebensganzen machte die philosophische Erkenntnis von der vorphilosophischen Entscheidung für das Leben als dem historischen Apriori des 20. Jahrhunderts abhängig. Ebenfalls bekannt ist allerdings auch die Plessnersche Gegenthese sowohl gegen das dualistische Auseinanderbrechen des Lebendigen als auch gegen die Versöhnungstheorie des Lebensganzen: daß die Grenzrealisierung die Aspektgrenze darstellt, in deren „Hindurch" der Umschlag der prinzipiell divergierenden Seinssphären des Lebendigen stattfindet. Dieser Argumentation hat das Bisherige insofern zugearbeitet, als es die beiden Aspekte der Organisation und der Individualität als die Aspekte des lebendigen physischen Dings versteht, in denen die Grenzrealisierung in ihren Funktionen des In-Ihn-Hinein- bzw. des Über-Ihn-Hinaus-Setzens wirklich ist. Damit läßt sich das jetzt zu lösende Problem auf die Frage fokussieren, wie sich in der Grenzrealisierung nicht nur das In-Ihn-Hinein- und das Über-Ihn-Hinaus-Setzen, sondern zugleich auch der Übergang dieser Positionalitätsrichtungen ereignet.

Zunächst ist es leichter auszumachen, was sich alles nicht als Aspektgrenze zwischen den Transgredienzrichtungen eignet: weder das Individuum noch der Organismus und auch nicht die Dinghaftigkeit des Lebendigen. Daß keiner der Aspekte als Einheitsstruktur fungieren kann, braucht nicht weiter erläutert werden. Die Dingstruktur der Erscheinung kann allerdings auch nicht als Träger der Transgredienzrichtungen dienen. Im Ausgang von der spezifisch dinghaften Spannung von Dingkern und Eigenschaften ist es nicht möglich, die qualitative Auszeichnung der Lebensmodale als solcher Eigenschaften des Dings zu berücksichtigen, die das Geschehen der Grenzrealisierung in ihren beiden Richtungen ermöglichen. Derart stufte man die Grenzrealisierung nachträglich zum akzidentiellen Geschehen herab und stellte das Lebendige in die Reihe der unbelebten Dinge zurück. Die ganze bisherige Arbeit wäre für die Katz.

Auch die Annahme eines Selbst als Grund, der die qualitativen Auszeichnungen des Lebendigen sowohl als Individuum als auch als Organismus trägt und zur Einheit zusammenfaßt, unterbietet das Niveau der bisherigen Überlegungen. Mit dem Schritt über die Transgredienzrichtungen hinaus zum Selbst ließe sich weder die Fundamentalität des lebendigen Doppelaspekts noch seine Rückbindung an die Dinghaftigkeit des Lebendigen aufrechterhalten.

Aufgrund dieses Dilemmas lohnt es sich, nochmals auf die Dingstruktur zu schauen. Zwar wissen wir, daß sich der Dingkern nicht unmittelbar als Träger der Transgredienzrichtungen eignet. Damit steht uns jedoch noch die Möglichkeit offen, daß die Transgredienzrichtungen ihrerseits auf den Dingkern zurückwirken und dieser *dadurch* als Umbruchstelle zwischen den Aspekten des In-Ihn-Hinein- und des Über-Ihn-Hinaus-Setzens erscheint. Sollte diese Überlegung irgendeinen Anhalt an der Sache haben, so darf sie nicht mit der Funktion des Dingkerns kollidieren, den Bezugspunkt der anschaulich gegebenen Eigenschaften darzustellen, da sich in dieser Spannung (von Kern und Eigenschaften) Erscheinung überhaupt konstituiert. Wir stehen folglich vor einem doppelten Anspruch in bezug auf das Verständnis des Dingkerns. Der Dingkern stellt einerseits den Fluchtpunkt dar, auf den sich alle in Raum und Zeit gegebenen Eigenschaften beziehen. Zugleich sollen die Grenzfunktionen des In-Ihn-Hinein- und des Über-Ihn-Hinaus-Setzens als die Fundamentaleigenschaften des lebendigen Dings auf den Dingkern zurückwirken. Dies kann sich unter der Wahrung der Funktion des Dingkerns als Träger der Erscheinung allein darin ausdrücken, daß der Dingkern als *gesetzt* und d.h. als vermittelt durch die Grenzfunktion des In-Ihn-Hinein- bzw. Über-Ihn-Hinaus-Setzens *erscheint.*[149]

Inwiefern hat uns diese Überlegung in bezug auf unsere Frage nach der lebendigen Einheit im Doppelaspekt von Individuum und Organismus weitergebracht? Zunächst wissen wir noch nichts darüber, wie sich das Gesetztsein des Kerns an der Tatsächlichkeit des lebendigen physischen Dings ausdrückt. Damit ist das Problem angesprochen, an welchen Lebensmerkmalen sich diese letzte Funktion der Grenzrealisierung – als Aspektgrenze im lebendigen Doppelaspekt – aufweisen läßt. Bevor wir uns an diesen dritten und letzten Schritt in der Durchführung der Plessnerschen Deduktion machen, müssen wir uns jedoch der abstrakteren Frage widmen, inwiefern das Gesetztsein des Kerns den Einheitscharakter darstellt, in welchem die beiden Grenzfunktionen des In-Ihn-Hinein- und des Über-Ihn-Hinaus-Setzens verschränkt sind. Was ändert sich mit anderen Worten für die Anschauung, wenn der Dingkern als gesetzt erscheint?

Wir kommen in bezug auf dieses Problem weiter, indem wir uns an den „natürlichen Ort" erinnern, den Plessner allein den belebten Dingen zuspricht. Unter dem natürlichen Ort faßt Plessner den Umstand, daß das Lebendige zu dem Ort in Raum und Zeit, an dem es sich als physischer Körper vorfindet, in Beziehung steht. Demgegenüber ist das Unbelebte indifferent gegenüber „seinem" Ort in Raum und Zeit. Indem das Lebendige

[149] Vgl. SOM, 185: „Die Untersuchung hat gezeigt, daß der Dingkern, konstitutiv zwar *für* den Doppelaspekt, *in* welchem das lebendige Ding als Ding erscheint, mit der Eigenschaft der Doppelaspektivität *an* ihm unmittelbar nichts zu tun hat. Trotzdem wird er hineingezogen, weil die Doppelaspektivität phänomenal das Über den seienden Körper hinaus bzw. in ihm hinein Sein bedeutet. Der bei den nicht lebendig erscheinenden Dingen lediglich als Richtpunkt, als X der Prädikate gegebene Kern erhält bei den lebendigen den Charakter des Gesetztseins. Das Sein erscheint als hindurchgegangen (wobei die Präposition hindurch nur ein Notbehelf ist, um dem Begriff Gesetztsein – Angehoben *gewesen* sein gerecht zu werden)."

in seinen physischen Körper hineingesetzt und als Selbst in seinen Organen vertreten ist *und* zugleich über seinen Körper hinausgesetzt ist und sich im Wandel seiner aktuellen Gestalt zum Individuum bildet, greift es auf Raum und Zeit aus. Damit setzt es sich zugleich – und dies ist für unsere Frage entscheidend – als absoluten Bezugspunkt im Verhältnis zum Raum und zur Zeit. Der Kern macht damit nicht mehr nur noch den Fluchtpunkt der anschaulich gegebenen Eigenschaften und darin den Träger der dinghaften Erscheinung aus. Durch den Grenzvollzug hindurchgegangen *erscheint* er *zugleich* selbst in der qualitativen Bestimmtheit *als selbständiger Träger* seines Seins in Raum und Zeit. (Vgl. SOM, 186f.) Das Lebendige hat folglich deswegen einen natürlichen Ort, weil es ein solches physisches Ding ist, das sich in seiner Grenzrealisierung in es hinein und über es hinaus setzt und sich dadurch als absoluter Bezugspunkt in Raum und Zeit behauptet. Der Dingkern macht in seiner erscheinenden Qualität eines absoluten Bezugspunkts in Raum und Zeit die Aspektsgrenze aus, in der die Besonderungsrichtungen in es hinein und über es hinaus ineinander umschlagen. Indem Plessner den Dingkern in seinem Gesetztsein als Aspektgrenze zwischen den divergenten Sphären des Individuums und des Organismus angibt, hat er einen solchen Einheitscharakter der lebendigen Erscheinung bestimmt, der dem physischen Bestehen des Lebendigen als eines Dings nicht widerspricht. Plessner führt für diese Selbstbezüglichkeit des Lebendigen auf sein Sein hier und jetzt den Begriff der *Positionalität* ein.[150]

Jetzt läßt sich die Richtung angeben, in der im folgenden nach den Wesensmerkmalen gefragt werden muß, die das Zusammenbestehen der prinzipiell divergenten Aspekte lebendiger Erscheinung ermöglichen. Es müssen die Wesensmerkmale aufgesucht werden, in denen der Dingkern als absoluter Bezugspunkt von Raum und Zeit und damit als Aspektgrenze der Besonderungsrichtungen erscheint.[151]

---

[150] Vgl. SOM, 184: „In seiner Lebendigkeit unterscheidet sich also der organische Körper vom anorganischen durch seinen *positionalen Charakter* oder seine *Positionalität.* Hierunter sei derjenige Grundzug seines Wesens verstanden, welcher einen Körper in seinem Sein zu einem gesetzten macht. Wie geschildert, bestimmen die Momente des ‚über ihn Hinaus' und das ‚ihm Entgegen, in ihn Hinein' ein spezifisches Sein des belebten Körpers, das im Grenzdurchgang angehoben und dadurch setzbar wird. In den spezifischen Weisen ‚über ihm hinaus' und ‚ihm entgegen' wird der Körper von ihm abgehoben und zu ihm in Beziehung gebracht, strenger gesagt: ist der Körper außerhalb und innerhalb seiner. Der unbelebte Körper ist von dieser Komplikation frei. Er ist, soweit er reicht. Wo und wann er zu Ende ist, hört auch sein Sein auf. Er bricht ab. Ihm fehlt diese Lockerung in ihm selber. Da sein System die Grenze nicht zu eigen hat, ist sein Sein ohne die doppelsinnige Transzendierung. Es kann also nicht zu der doppelsinnigen Rückbeziehung auf das System, nicht zu der Selbstbeziehung des Systems kommen […]." Vgl. auch EdM, 163.

[151] Joachim Fischer gibt eine ähnliche Darstellung der Motive, die Plessner mit seinem Begriff der Positionalität verfolgt. Zunächst macht Fischer darauf aufmerksam, daß Plessner den von Fichte übernommenen Begriff der Setzung naturphilosophisch wendet und von Gesetztheit spricht, wodurch die Behauptung eines vorgängigen Subjekts der Setzung vermieden wird. Darüber hinaus betont Fischer, daß in der Positionalität gleichermaßen die Position angesprochen ist, die dem Lebendigen als einem physischen Körper in Raum und Zeit zukommt. Schließlich verweist er auf die Möglichkeit, die Lebensmerkmale als Ermöglichungsbedingungen der Positionalität nachzuweisen.

Vor diesem Hintergrund zeigt sich die Einseitigkeit der bisherigen Darstellung, die die Aspekte des Organismus und des Individuums je für sich betrachtet hat. Die Aufgabe, die Entfundamentalisierung des Doppelaspekts im Gesetztsein des Kerns zu begreifen, erfordert es, die Vereinseitigung beider Aspekte zu unterlaufen. Indem der Dingkern allerdings allein *mittelbar in seinem Gesetztsein* die Einheit im Doppelaspekt ermöglicht, werden die Aspekte nicht in einer höheren Ebene aufgehoben, sondern allein in ihrer Divergenz aufeinander relativiert. Von ihrem Umschlagen in einander können folglich nur die Eigenschaften angegeben werden, die das Gesetztsein des Kerns und damit sein Erscheinen als absoluter Bezugspunkt in Raum und Zeit ermöglichen.

Die Plessnersche Grenzhypothese lautet also folgendermaßen: Indem das Lebendige seine Grenzen realisiert, erscheint es im Doppelaspekt *und* bildet sich darin zur Einheit. Im Grenzvollzug setzt es sich in seinen Körper hinein *und* über diesen hinaus und erscheint dadurch im Doppelaspekt der Besonderung in sich *und* gegen Anderes bzw. als Organismus *und* als Individuum. Zugleich bildet die Grenzrealisierung den Übergang innerhalb dieses fundamentalen Doppelaspekts lebendiger Selbstbezüglichkeit, da die erscheinenden Transgredienzrichtungen (über den physischen Körper hinaus und in ihn hinein) auf die *formale* Struktur der Erscheinung übergreifen. Indem der Dingkern in der Grenzrealisierung *gesetzt* wird, erscheint er neben den Aspekten des Individuums und des Organismus als absoluter Bezugspunkt und kann deswegen die Aspektgrenze zwischen ihnen bilden.[152] Dieser letzte Schritt innerhalb der Plessnerschen Grenzhypothese muß im folgenden am lebendigen Ding in seiner Tatsächlichkeit nachgewiesen werden. Da der erscheinende Dingkern allein die Funktion einer Aspektgrenze erfüllen und keine Versöhnungssphäre darstellen soll, gilt es, indirekt vorzugehen und solche Wesensmerkmale aufzuweisen, die den Umschlag zwischen den Sphären des Individuums und des Organismus ermöglichen.

Begrifflich lassen sich drei Modi unterscheiden, in denen der absolute Bezugspunkt als Aspektgrenze fungieren kann. Diese verschiedenen Modi des Gesetztseins des Kerns bzw. der Aspektgrenze bezeichnet Plessner als *Modi der Positionalität.* Er unterscheidet drei Stufen der Positionalität: das allein funktionale Gesetztsein des Kerns, das Gesetztsein des Kerns, das als selbständiges Strukturmoment an der Wirklichkeit des Lebendigen erscheint und schließlich das Gesetztsein des Kerns, das für das Lebendige selbst gegeben ist. Die Wirklichkeit dieser drei Positionalitätsmodi weist er an den Wesensmerkmalen des pflanzlichen, tierischen und menschlichen Lebens nach. Dementspre-

---

Vgl. Joachim Fischer, Exzentrische Positionalität – Plessners Grundkategorie der Philosophischen Anthropologie, a.a.O., hier insb. 274ff.

[152] Vgl. SOM, 138: „Ein Ding, das lebendig erscheint, fällt damit natürlich nicht total aus der Reihe der Dinge überhaupt heraus. Wesenscharaktere des Körperdings bleiben die gleichen, ob es sich um nichtbelebte oder belebte Dinge handelt. Frosch oder Palme unterliegen denselben Erscheinungsgesetzlichkeiten der Dinglichkeit (von der breiten Zone durchgehender physikalischer Gemeinsamkeit zu schweigen) wie Stein oder Schuh. Nur haben die belebten Dinge gegenüber den unbelebten das Plus jener rätselhaften Eigenschaft des Lebens, die trotz ihrem Eigenschaftscharakter nicht nur material die Erscheinung des betreffenden Dinges, sondern darüber hinaus *formal* (Herv.; O. M.) seine Erscheinung verändern."

chend heißt es in den „Stufen“: „Eine positionale Mitte gibt es nur im Vollzug. Sie ist das, wodurch ein Ding zur Einheit einer Gestalt vermittelt wird: das Hindurch der Vermittlung. Als Moment der Positionalität (auf der Stufe der Pflanze; O. M.) ist es nicht in Funktion gesetztes Subjekt. Dazu bedarf es einer besonderen Wendung. Es muß das positionale Moment Konstitutionsprinzip eines Dinges werden. Damit ist es in seine Mitte gesetzt, in das Hindurch seiner zur Einheit vermittelten Seins, – und die Stufe des Tieres ist erreicht. Nach diesem Gesetz, wonach das Moment der niederen Stufe, als Prinzip gefaßt, die nächsthöhere Stufe ergibt und zugleich als Moment in ihr auftritt (‚erhalten‘ bleibt), läßt sich ein Wesen denken, dessen Organisation nach Maßgabe der positionalen Momente des Tieres konstituiert ist. Dieses Individuum (auf der Stufe des Menschen; O. M.) ist in das in seine eigene Mitte Gesetztsein gesetzt, durch das Hindurch seines zur Einheit vermittelten Seins. Es steht im Zentrum seines Stehens.“ (SOM, 362)

Plessner macht es sich damit zur Aufgabe, unter dem Gesichtspunkt der Grenzrealisierung die Stufung des Organischen als irreduzibles Wesensmerkmal des Lebendigen nachzuweisen. In der Alltagserfahrung gibt es nämlich kein Lebendiges, das nicht als Pflanze, Tier oder Mensch erscheint. Während es empirisch nicht möglich ist, ein eindeutiges Kriterium anzugeben, das die im Alltag orientierende Differenz von Pflanze, Tier und Mensch verbürgt, beansprucht Plessner, dies im Rückgriff auf die Positionalitätstypen zu leisten.[153] Daß Plessner in bezug auf die Gesetztheit des Kerns zwischen verschiedenen Typen differenziert, bedeutet folglich weder eine bloße Begriffskonstruktion, noch ist es allein durch die Phänomene lebendigen Seins erzwungen. Darüber hinaus entgeht er mit der Stufenordnung des Lebendigen auch auf gegenständlicher Ebene der Gefahr, die Grenzhypothese unter der Hand zur positiven Versöhnungssphäre des Lebens überhaupt zu hypostasieren. Hätte Plessner nach der Extrapolierung des Doppelaspekts *den* für alles Lebendige gültigen Modus der Einheitsbildung im Grenzvollzug behauptet, hätte er dagegen den grundsätzlichen Einwand provoziert, ob er damit in seinem inhaltlichen Verständnis des lebendigen Seins nicht wiederum einen solchen Generalnenner vertrete, den er in seinem methodischen Selbstverständnis gerade zu unterlaufen angetreten ist.

Indem Plessner zwischen drei möglichen Modi des Gesetztseins des Kerns in der Grenzrealisierung unterscheidet, muß er einen dreifachen Nachweis an den alltagsweltlich gegebenen Wesensmerkmalen der Pflanze, des Tiers und des Menschen erbringen. Unter dem unmittelbaren, zentrischen bzw. exzentrischen Positionalitätsmodus muß Plessner folglich die Wesensmerkmale von Pflanze, Tier und Mensch aufsuchen, in denen das Gesetztsein des Kerns und darin die Einheitsbildung im Doppelaspekt lebendigen Seins in der Tatsächlichkeit pflanzlichen, tierischen bzw. menschlichen Lebens

[153] Vgl. SOM, 283f. in bezug auf die Differenz zwischen Pflanze und Tier: „Pflanze und Tier sind also ideell in der Organisationsweise streng voneinander geschieden, weshalb sie in vielen Eigenschaften nur graduell voneinander abzuweichen brauchen und in manchem auch übereinstimmen können. Eine rein empirische Unterscheidung von Pflanze und Tier wird daher stets auf die größten Schwierigkeiten stoßen, weil sie an der Existenz von Übergangsformen nicht vorübergehen kann.“

stattfindet. Im Gegensatz zum bisherigen bedeutet dies, daß er sich nun nicht mehr um solche Wesensmerkmale kümmert, die Lebendiges überhaupt anzeigen, sondern nach solchen Eigenschaften fragt, durch die wir im Alltag allein je Pflanzen, Tiere oder Menschen als ausgezeichnet erfahren.

Die folgenden Überlegungen gliedern sich dementsprechend in drei Abschnitte, die sich den drei Positionalitätsmodi widmen. In einem ersten Schritt sollen sie (unter A.) den jeweiligen Positionalitätsmodus als einen spezifischen Modus darstellen, in dem der Kern (vermittels der Grenzrealisierung) gesetzt ist und die Aspekte des Organismus und der Individualität unter Beibehaltung ihrer prinzipiellen Divergenz verschränkt sind. Ein je zweiter Schritt soll (unter B.) die Wesensmerkmale aufzeigen, die es dem Lebendigen ermöglichen, sich unter den jeweiligen Positionalitätsmodus zu stellen und sich darin zur Pflanze, zum Tier oder zum Menschen auszubilden.

b. Der unmittelbare Positionalitätsmodus der Pflanze

Im folgenden soll der unmittelbare Positionalitätsmodus in einem ersten Schritt strukturell bestimmt und in einem zweiten Schritt an den Wesensmerkmalen pflanzlichen Lebens nachgewiesen werden.

(A.) Der unmittelbare Positionalitätsmodus und die unmittelbare Einheitsbildung von Individuum und Organismus im pflanzlichen Leben

Der *Modus der Unmittelbarkeit* stellt die erste Möglichkeit dar, in der das Gesetztsein des Kerns stattfindet. Unmittelbar bzw. funktional wird der Dingkern im Vollzug der Grenzrealisierung und d.h., dadurch gesetzt, daß das Lebendige in der Grenzrealisierung in seinen Körper hinein und über ihn hinaus gesetzt wird. Das Gesetztsein des Kerns ist damit ein Moment der Positionalität bzw. der Grenzrealisierung in ihren Richtungen in den physischen Körper hinein und über ihn hinaus. Das pflanzliche Lebewesen erscheint auf diese Weise als in seine Mitte und damit in Beziehung zu dem Ort in Raum und Zeit gesetzt, an dem es sich als physischer Körper vorfindet. Allerdings ist dieses Gesetztsein an der pflanzlichen Wirklichkeit allein strukturell realisiert; das Zentrum der Pflanze ist noch nicht aus den Besonderungsrichtungen herausgehoben. Das pflanzliche Lebewesen erscheint folglich zwar in Beziehung zu seinem Ort und seiner Zeit, ohne daß sein Zentrum jedoch *als* raumhaftes und zeithaftes Zentrum hinter den Vollzügen der Selbstbesonderung erscheint.

Es mag auf den ersten Blick verwundern, daß ich von der unmittelbaren Positionalität der Pflanze spreche und damit einen Ausdruck verwende, der bei Plessner selbst nicht vorkommt. Daß ich der Pflanze gleichermaßen wie Tier und Mensch einen spezifischen Modus der Positionalität zuspreche, ist sicher nicht gegen die Intention Plessners. In den „Stufen" spricht er zwar nicht von der Positionalitätsform der Pflanze wohl aber in den Metaphysikvorlesungen. Dies kann allerdings auch vor dem Hintergrund der „Stufen" nicht sonderlich überraschen, da sie Positionalität als Bestimmtheit des lebendigen Seins überhaupt einführen. Positionalität verstehen die „Stufen" – wie wir wissen – als das spezifische Gesetztsein des lebendigen Seins im Grenzvollzug. (Vgl. SOM, 184f.)

Nur bestimmen die „Stufen“ keinen eigenen Modus der Positionalität für die Pflanze. In den Metaphysikvorlesungen holt Plessner dies nach, indem er parallel zur offenen Organisationsform der Pflanze von ihrer offenen Positionalität spricht.[154] Allein bezüglich der Charakterisierung des pflanzlichen Positionalitätsmodus als *unmittelbar* und nicht als offen, habe ich meine Interpretation folglich gegen Plessner selbst zu rechtfertigen. Bevor ich begründe, warum ich mich gegen die Auszeichnung der pflanzlichen Positionalität als offen entschieden habe, möchte ich zunächst darstellen, was ich unter der Unmittelbarkeit des pflanzlichen Positionalitätsmodus verstehe.

Alle Modi der Positionalität machen eine bestimmte Weise aus, in der der Dingkern des Lebendigen gesetzt erscheint. Das Charakteristikum der Unmittelbarkeit zeichnet ein solches Gesetztsein des Kerns aus, das *allein strukturell* in den Grenzfunktionen des über den physischen Körper hinaus und in ihn hinein Setzens geschieht. Der Modus der Unmittelbarkeit besagt mit anderen Worten, daß der Kern (in der Grenzrealisierung) gesetzt ist und darin als Aspektgrenze gegenüber dem Individuum und dem Organismus fungiert, jedoch *nicht als gesetzt* (bzw. als Aspektgrenze) *erscheint*. Damit unterscheidet sich dieser Modus der Positionalität, der der Plessnerschen Darstellung der Pflanze entspricht, vom zentrischen Positionalitätsmodus, den Plessner dem Tier zuspricht und der sich dadurch auszeichnet, daß das „In-seine-Mitte-Gesetztsein“ selbst an der Wirklichkeit des Tieres erscheint.[155] Wenn ich den Positionalitätsmodus der Pflanze als unmittelbar charakterisiere, dann beziehe ich mich folglich auf die Unmittelbarkeit, in der das Gesetztsein des Dingkerns geschieht. Der Kern des pflanzlichen Dings bildet nun ebenfalls auf unmittelbare Weise die Aspektgrenze zwischen den prinzipiell divergenten Aspekte des Organismus und des Individuums. Indem die Pflanze ihren natürlichen Ort allein funktional ausbildet, jedoch noch nicht als positionales Zentrum erscheint, verfügt sie an ihrer Wirklichkeit über keine verschiedenen Seinssphären bzw. Existenzebenen. Da eine solche prinzipielle Divergenz in der pflanzlichen Wirklichkeit nicht ausgebildet ist, können die Aspekte der Individualität und der Organisation im pflanzlichen Leben allein in unmittelbarer Einheit vorkommen. In dieser unmittelbaren Einheit erscheint die prinzipielle Divergenz der Besonderungsrichtungen in es hinein und über es hinaus noch nicht. In ihrer Ungeschiedenheit bilden das Individuum und der Organismus die pflanzliche Wirklichkeit, indem sich das pflanzliche Individuum dem pflanzlichen Organismus einschmiegt. Das Einschmiegen als Modus der unmittelbaren Einheit muß sich an beiden Aspekten gleichermaßen begreifen lassen.

Im Ausgang vom unmittelbaren Positionalitätsmodus läßt sich das Zusammenbestehen der Aspekte als dadurch konstituiert verstehen, daß die pflanzliche Individualität nicht *als* eigenständige Seinssphäre realisiert ist, sondern sich dem pflanzlichen Orga-

[154] Vgl. EdM, 179: „Es gibt einmal die offene Positionalität, offene Organisationsform, es gibt zum anderen geschlossene Positionalität, geschlossene Organisationsform. Diesen beiden Unterschieden entspricht der Unterschied von Pflanze und Tier.“

[155] Bereits oben wurde auf die Passage der „Stufen“ verwiesen, die aussagt, daß „die offene Form pflanzlicher Organisation die positionalen Charaktere zeigt, ohne daß das Ding zu seiner Positionalität in Beziehung ‚gesetzt‘ ist und (daß; O. M.) diese Möglichkeit in der geschlossenen Organisation zur Verwirklichung kommt“. (SOM, 361)

nismus einschmiegt. Dies bedeutet, daß die Individualität der Pflanze in der organischen Formbildung verwirklicht ist. Folglich wird die Einheit im Doppelaspekt von Individuum und Organismus unter dem unmittelbaren Positionalitätsmodus dadurch erreicht, daß die Pflanze ein Individuum ist, jedoch nicht *als Individuum* erscheint.[156] Plessner spricht analog dazu von der Pflanze auch als *Dividuum*, da die pflanzliche Erscheinung von der Vielheit ihrer Organfunktionen bestimmt ist, ohne daß an ihr die Zusammenfassung zur individuellen Einheit auftritt. (Vgl. SOM, 285)

Diese Einheitsbildung unter dem unmittelbaren Positionalitätsmodus drückt sich sowohl an der Wirklichkeit des pflanzlichen Individuums als auch an der Wirklichkeit des pflanzlichen Organismus aus. Bisher sind Individuum und Organismus je für sich betrachtet worden, jetzt müssen sie je als *eine* Seite des lebendigen Doppelaspekts eingesehen werden, der in der Pflanze auf unmittelbare Weise verschränkt ist. Jetzt muß auch der Organismus als *eine* Seite des Doppelaspekts betrachtet und eingesehen werden, wie er in der Pflanze auf unmittelbare Weise mit der Individualität zusammenbesteht. Der für sich betrachtete Organismus hat sich oben als Moment des Lebenskreises gezeigt, den er zusammen mit dem Medium bildet. An diesem Verhältnis des Organismus und des Lebenskreises muß sich die unmittelbare Einheitsbildung der Pflanze bzw. das Einschmiegen des pflanzlichen Individuums in seinen Organismus nachweisen lassen. Das Verhältnis von Organismus und Lebenskreis stellt sich von seiner grundsätzlichen Anlage her anders dar, wenn man den Organismus nicht – wie bisher geschehen – für sich betrachtet, sondern mitberücksichtigt, daß das Lebendige zugleich ein Individuum ist. Dann zeigt sich hinter dem Organismus das Individuum und der Rückbezug des Organismus auf das Individuum bedeutet zugleich seine Abhebung gegen den Lebenskreis. Da die Verschränkung zur Einheit des Lebendigen die Eigenständigkeit des Organismus nicht aufheben darf, kann die Abhebung gegen den Lebenskreis allein als Form bzw. als Idee an der Eingliederung des Organismus in den Lebenskreis vorkommen.

Die Form, in der der individuelle pflanzliche Organismus dem Lebenskreis gegenübertritt, muß vom unmittelbaren Gesetztsein des Kerns und vom Zurücktreten der Individualität bestimmt sein. Indem der Kern der Pflanze nur auf unmittelbare Weise gesetzt ist, erscheint er – wie oben gesehen – nicht als eigenständige Mitte neben den Aspekten. Infolgedessen hat der pflanzliche Organismus an seinem Kern keinen Bezugspunkt, auf den er sich nochmals beziehen könnte. Dies hat zweierlei Konsequenzen. Zum einen erscheint damit an der Pflanze keine Aspektgrenze, die es der Pflanze ermöglichte, sich als Individuum vom Organismus und dessen Integration in den Lebenskreis abzuheben. Zum anderen fehlt dem pflanzlichen Organismus ein Rückhalt, um sich aus dem Lebenskreis herauszustellen. Unter dem unmittelbaren Positionalitätsmodus integriert sich die Pflanze folglich der Form nach *unmittelbar* bzw. *als unselbständiger Abschnitt* in den Lebenskreis. Plessner bestimmt die pflanzliche Organisationsform dementsprechend als *offen* und definiert die offene Organisationsidee als

[156] Dementsprechend heißt es in den „Stufen“, daß „die Individualität des pflanzlichen Individuums nicht selbst als konstitutives, sondern nur als äußeres, der Einzelheit des physischen Gebildes anhängendes Moment seiner Form in Erscheinung (tritt; O. M.) […].“ (SOM, 284)

„diejenige Form, welche den Organismus in allen seinen Lebensäußerungen unmittelbar seiner Umgebung eingliedert und ihn zum unselbständigen Abschnitt des ihm entsprechenden Lebenskreises macht". (SOM, 284) Wie sich das pflanzliche Individuum dem Organismus einschmiegt, so schmiegt sich dieser seinerseits dem Lebenskreis ein.

Ich schlage folglich deswegen vor, den Positionalitätstyp der Pflanze als einen „unmittelbaren" zu bestimmen, da das Gesetztsein ihres Kerns und damit zugleich ihre Einheitsbildung im Doppelaspekt von Individuum und Organismus dem Modus nach unmittelbar sind. Im Ausgang vom unmittelbaren Positionalitätstyp läßt sich nun begreifen, daß die Individualität allein mittelbar in der Formbildung des pflanzlichen Organismus realisiert sein kann, und daß das Verhältnis vom individuellen pflanzlichen Organismus und seinem Lebenskreis der Form nach offen sein muß. Ob nun die Offenheit oder die Unmittelbarkeit als grundlegend für den pflanzlichen Positionalitätstyp zu gelten hat, ist mehr als eine bloß terminologische Frage. Vielmehr spiegelt sich hier die argumentative Durchführung der doppelseitigen Deduktion von Grenzrealisierung und Wesensmerkmalen. Der Begriff der Unmittelbarkeit verweist – wie gesagt – auf die Weise des Gesetztseins des Kerns im Vollzug der Grenzrealisierung und damit zugleich auf den Modus der Einheitsbildung im Doppelaspekt von Organismus und Individuum. Er konkretisiert damit den Modus, in dem die Funktion der Grenzrealisierung als Aspektgrenze am pflanzlichen Lebewesen vorkommt. Der unmittelbare Positionalitätsmodus muß (gemäß des Programms der Deduktion) im folgenden als Gesichtspunkt dienen, *unter* dem auf die allein anschaulich gegebenen Wesensmerkmale des pflanzlichen Lebens zugegriffen wird. Demgegenüber weicht Plessner vom Programm seiner Deduktion ab und übernimmt die Auszeichnung des pflanzlichen Positionalitätstyps als offen von der Charakterisierung der pflanzlichen Organisationsform. *Er stellt die Pflanze damit nicht im Ausgang von ihrem Positionalitätstyp sondern im Ausgang von ihrer Organisationsform dar.* Indem sich Plessner ausschließlich auf den Organismus konzentriert, kann er den gesetzten Kern der Pflanze nicht mehr als Aspektgrenze begreifen. Dies hat die weitere Folge, daß er die Individualität der Pflanze unter den Tisch fallen läßt.

Wenn sich dieses Plessnersche Vorgehen dennoch rechtfertigen lassen soll, so kommt nun folglich alles darauf an, vor dem Hintergrund welches philosophischen Problems Plessner die offene Organisationsidee der Pflanze einführt. Leider behauptet Plessner die Form der Organisation als Lösung eines radikalen Konflikts, der im lebendigen Ding „zwischen dem Zwang zur Abgeschlossenheit als physischer Körper und dem Zwang zur Aufgeschlossenheit als Organismus" (SOM, 283) bestehe. Zunächst verwickelt sich Plessner mit dieser Behauptung in Selbstwidersprüche. Etwas weiter vorne in den „Stufen" gibt er nämlich zum einen an, daß Abgeschlossenheit gegen Außen keine Bestimmung ist, die physischen Körpern mit bloß räumlichen Konturen zukommt, sondern an die Grenzfunktion des In-den-physischen-Körper-Hinein-Setzens und d.h. an Organisation gebunden ist.[157] Zum anderen haben unsere obigen Überle-

[157] Vgl. SOM, 214: „Begrenzung ist das Aufhören, Zuendesein, Haltmachen des Umgrenzten vor seiner Grenze. Diese Ausdrücke dürfen bei einem anorganischen Körper nicht in voller Schärfe verstanden werden [...]."

gungen gezeigt, daß es zu diesem von Plessner hier plötzlich behaupteten Konflikt zwischen dem Körper und dem Organismus gar nicht kommen kann, da die Organe – und d.h. die Aufbauelemente des physischen Körpers – in ihrer funktionalen Bestimmtheit sowohl die ganzheitliche Einheit des Organismus als auch seine Integration in den Lebenskreis konstituieren. Folglich kann es nicht der physische Körper sein, der den Gegenpol zur organischen Aufgeschlossenheit in dem Konflikt bildet, den Plessner vor Augen hat, ohne ihn jedoch in Begriffe fassen zu können.

Man kann diesen Konflikt von Aufgeschlossenheit und Abgeschlossenheit gegenüber dem Lebenskreis im Ausgang vom Plessnerschen Verständnis der Positionalität allerdings auch gegen diese Plessnersche Interpretation verstehen. So hat sich oben gezeigt, daß das Lebendige, indem es sich zur Einheit im Doppelaspekt verschränkt, nicht vollständig in seinem Sein als Organismus aufgeht. Damit steht das Lebendige vor dem Konflikt, als bloßer Organismus zusammen mit seinem Medium den Lebenskreis zu bilden und sich von dieser Aufgeschlossenheit gegenüber dem Lebenskreis zugleich dadurch abzuheben, daß es sich im Doppelaspekt von Organismus *und* Individuum zur Einheit bildet. Deutlicher als unter dem unmittelbaren Positionalitätstyp der Pflanze zeigt sich dieser Konflikt unter dem zentrischen Positionalitätstyp des Tieres. Indem das Tier dadurch ausgezeichnet ist, daß es nochmals in seine Mitte gesetzt ist, erscheint sein Kern als Bezugspunkt *neben* dem Aspekten. Indem das Tier also über einen Kern hinter dem Organismus verfügt, erscheint dieser nun als *sein* Leib, der zwischen das einzelne Tier und den Lebenskreis zwischengeschaltet ist. Infolgedessen ist das Verhältnis von tierischem Organismus und Lebenskreis seiner Form nach geschlossen. Da der Kern der Pflanze allein die strukturelle Mitte darstellt, aber nicht *als* Mitte neben den Aspekten erscheint, ist das pflanzliche Verhältnis von individuellem Organismus und Lebenskreis offen.

Der Konflikt, den Plessner zurecht betont und der von der Organisationsform gelöst wird, findet folglich zwischen dem Organismus in seiner Eigenständigkeit und dem Organismus als *einem* Aspekt des sich zur Einheit verschränkenden Lebendigen statt. Im Ausgang von dieser Interpretation ist es damit nicht nötig, wie es Plessner in den „Stufen“ getan hat, einen Ebenenkonflikt (zwischen dem Organismus und dem physischen Körper) aus dem Hut zu zaubern. Man muß sich vielmehr allein an dem philosophischen Problem der Einheit im Doppelaspekt orientieren. Von dort aus läßt sich begreifen, unter welchem Modus der lebendige Doppelaspekt in der Pflanze zusammengeschlossen ist und wie sich dies im Verhältnis des pflanzlichen Organismus zum Lebenskreis darstellt. Demgegenüber ist das Problem der Einheit im Doppelaspekt, auf das der ganze Aufbau der „Stufen“ zugeschnitten ist, in der Plessnerschen Behandlung der Pflanze höchstens indirekt – in der Organisationsform – beantwortet. Mit anderen Worten hat Plessner den Konflikt von Auf- und Abgeschlossenheit und die beiden Formen der Organisation – als offen oder geschlossen – als Lösung dieses Konflikts *geschaut*, nicht jedoch *zugleich* auch *begriffen*. Der oben skizzierte Denkfehler konnte Plessner unterlaufen, da er die Grenzhypothese – und ihre Konkretisierung als Positionalität – offensichtlich als Leitfaden aus den Augen verloren hat.

(B.) Die Wesensmerkmale pflanzlichen Lebens

Der folgende Abschnitt hat zur Aufgabe, den unmittelbaren Positionalitätstyp an den Wesensmerkmalen nachzuweisen, die pflanzliches Leben für die Alltagserfahrung auszeichnen. Der Nachweis muß beide Funktionen berücksichtigen, die am unmittelbaren Positionalitätstyp unterschieden wurden: die Konstitution der pflanzlichen Einheit im Einschmiegen des Individuums in den Organismus und die offene Integration des pflanzlichen Organismus in den Lebenskreis.

Vor dem Hintergrund der modernen biologischen Forschung bestreitet Plessner, daß es ein empirisches Merkmal gebe, das pflanzliches Leben eindeutig von tierischem Leben unterschiede. Mit den beiden klassischen empirischen Kriterien pflanzlichen Lebens – der Photosynthese und der fehlenden Ortsbeweglichkeit der Pflanze – bekommt man Probleme, da Übergangsphänomene gegen sie als Einwand angeführt werden können. So sind nicht alle Pflanzen zu Photosynthese fähig. Gleichermaßen sind z.B. Muscheln ortsgebundene Tiere, während Wüstenläufer wie etwa die Rose von Jericho nicht verwurzelte Pflanzen sind. Unter dem Gesichtspunkt der Hypothese vom unmittelbaren Positionalitätsmodus als Charakteristikum der Pflanze kann demgegenüber die typisierende Alltagserfahrung von *der* Pflanze gegen alle wissenschaftlichen Einwände verteidigt werden. Einerseits soll der unmittelbare Positionalitätsmodus an der Tatsächlichkeit des pflanzlichen Lebewesens als Aspektgrenze gerechtfertigt werden, die die Einheit der Pflanze im lebendigen Doppelaspekt von Organisation und Individualisierung ermöglicht. Anderseits und damit zugleich sollen die anschaulich gegebenen Wesensmerkmale pflanzlichen Lebens durch den Nachweis als pflanzliches Leben verbürgende Eigenschaften gerechtfertigt werden, daß in ihnen der unmittelbare Positionalitätsmodus realisiert ist. Auf diese Weise kann Plessner dann z.B. die Photosynthese als pflanzliches Leben verbürgendes Wesensmerkmal behaupten, obwohl sie nicht bei allen Pflanzen vorkommt, wenn es ihm gelingt, sie als Modus des unmittelbaren Positionalitätsmodus auszuweisen.[158]

Der erste Schritt des Nachweises ist auf das unmittelbare Zusammenbestehen von Individualität und Organisation in den Wesensmerkmalen der Pflanze ausgerichtet. Die

---

[158] Vgl. SOM, 302: „Man wird demgemäß an der unendlichen Variierbarkeit der individuellen Form innerhalb eines gewissen Formtypus, einer ganzen Formstufenleiter festhalten müssen. Alle Versuche, aus der Idee pflanzlicher oder tierischer Form auch nur die einzelnen Stämme (ganz zu schweigen von den Arten, Gattungen, Familien) abzuleiten, sind nicht deshalb zum Scheitern verurteilt, weil die Wirklichkeit unserem armseligen Verstande und seinen Begriffen, wie man mit unverschämter Bescheidenheit sagt, unendlich überlegen ist, sondern weil es sinnlos ist, die Idee als etwas zu betrachten, aus dessen Einschränkung eine Annäherung an die Wirklichkeit des Einzelnen erfolgen könnte. Ideen sind keine Begriffe, wie sie die Erfahrung zur Bezeichnung geringerer oder größerer Verwandtschaftskreise auf Stufen niederer oder höherer Abstraktheit verwendet. Sondern Ideen bilden eine diskontinuierliche Mannigfaltigkeit gegenseitiger Überhöhung ohne Möglichkeit, von einer Stufe zur nächsten nach einem Prinzip kontinuierlichen Fortgangs zu gelangen. Nicht aus Ideen konstruierbar, wohl aber im Hinblick auf Ideen verständlich, entspricht das konkrete lebendige Ding hiermit dem ontologischen Zusammenhang von Sein und Form, der für das Leben kennzeichnend ist. Zwischen dem Physischen und der Form bleibt Spielraum."

unmittelbare Einheitsbildung von Individuum und Organismus wurde als Einschmiegen des Individuums in den Organismus gekennzeichnet. Dies meint, daß das Individuum unter dem unmittelbaren Positionalitätsmodus nicht als eigenständige Seinssphäre sondern allein in der organischen Formbildung verwirklicht ist. So ist die Pflanze ein Individuum, ohne jedoch *als* Individuum zu erscheinen. Plessner greift auf das Charakteristikum der *Nachaußengerichtetheit pflanzlicher Oberflächenbildung* (Vgl. SOM, 286) zurück, in dem er die Individualität in der organischen Formbildung realisiert findet. Die wesentlichen Momente der individuellen Entwicklung lassen sich an der organischen Formbildung ablesen, da alle Stadien der Ontogenese im Aufbau der einzelnen Pflanze erhalten bleiben. (Vgl. SOM, 285) Während sich der Organismus des Tieres in der Entwicklung von Stufe zu Stufe grundsätzlich umgestaltet, schichten sich die Entwicklungsphasen im Organaufbau der Pflanze übereinander und bleiben so nebeneinander bestehen. In dieser Gegenüberstellung tritt die Eigenart der Pflanze hervor, deren Individualität nicht wie beim Tier als eigenständige Seinssphäre gegenüber dem Organismus realisiert ist, sondern sich in die organische Formbildung einzeichnet. Deutlich zeigt sich diese organische Ausprägung der individuellen Entwicklung an den Phänomenen pflanzlichen Wachstums. So legen etwa die Jahresringe der Bäume deswegen Zeugnis von der Entwicklung des einzelnen Baumes ab, weil jede ihrer Etappen ihre Spuren im Stamm des Baumes hinterläßt.

Als weiteres Wesensmerkmal, das anzeigt, daß die Individualität (unter dem unmittelbaren Positionalitätstyp) von der organischen Formbildung getragen wird, greift Plessner auf die *Unfertigkeit der pflanzlichen Organbildung* zurück. Während das Tier irgendwann ausgewachsen ist, ist die organische Formbildung der Pflanze wesentlich unabgeschlossen. Die Unfertigkeit der pflanzlichen Formbildung spiegelt sich darüber hinaus darin wider, daß der pflanzliche Organismus über eigene *Embryonalzonen* verfügt.[159] Die Embryonalzonen stellen das fortdauernde Wachstum und die anhaltende Differenzierung des pflanzlichen Organismus sicher, die wesensmäßig nie abgeschlossen sind. Oben haben wir das Lebendige durch seine Unfertigkeit dazu veranlaßt gesehen, über seine je aktuelle Gestalt hinauszustreben und sich dadurch Schritt für Schritt als Individuum zu entwickeln. Jetzt zeigt sich die Unfertigkeit als bestimmendes Merkmal pflanzlicher Formbildung. Indem die pflanzliche Formbildung wesentlich als unfertig erscheint, zeigt sich, daß sich die Individualgenese der Pflanze auf der Ebene des Organismus vollzieht. Das pflanzliche Individuum wird folglich immer fertiger bzw. schreitet von Entwicklungsstufe zu Entwicklungsstufe fort, indem es als Organismus wächst und sich organisch differenziert.

Schließlich prägt sich auch das Wesensmerkmal der *Fortpflanzung*, das es der Gattung ermöglicht, sich vermittelt durch die Individualgenese zu konstituieren, am Organismus der Pflanze aus. Auch hier zeigt sich das für die Pflanze charakteristische Ein-

[159] Diese sind nicht mit den Keimzonen (bzw. dem Keimplasma) zu verwechseln, die oben als Reservefonds dargestellt wurden, in dem das lebendige Individuum die Lebensgrundlage eines neuen Individuums in sich trägt und darin indirekt das Leben der Gattung sicherstellt. Die Keimzellen für die Bildung neuer Individuen findet sich bei der Pflanze in der Frucht.

schmiegen des Individuums in den Organismus. Derart ist die Fortpflanzung nicht der Pflanze als Individuum überantwortet, sondern wird vom pflanzlichen Organismus in seiner unmittelbaren Integration in den Lebenskreis sichergestellt.[160] Es hat sich damit an den anschaulich gegebenen Wesenseigenschaften der pflanzlichen Organbildung gezeigt, daß sich die Individualität unter dem unmittelbaren Positionalitätsmodus der Pflanze nicht als eigenständige Existenzsphäre verwirklicht, sondern vom Organismus getragen ist.

In einem nächsten Schritt muß es nun darum gehen, den unmittelbaren Positionalitätsmodus auch an der Form nachzuweisen, in der sich der individualisierte pflanzliche Organismus dem Lebenskreis eingliedert. Der unmittelbare Positionalitätsmodus der Pflanze stellt sich als offene Organisationsidee dar, insofern dem pflanzlichen Organismus der Rückhalt an einer als eigenständig erscheinenden Mitte fehlt, in bezug auf die er als gegen den Lebenskreis abgehoben erscheinen könnte. Jetzt muß die offene Organisationsidee an den Wesensmerkmalen nachgewiesen werden, die pflanzliches Leben für die Alltagserfahrung auszeichnen. Plessner fragt hierfür nach der spezifisch pflanzlichen Form des *Gesamtstoffwechsels* sowie nach der *Bewegung* der einzelnen Pflanze im Medium.

Oben hatten wir gesehen, daß der Organismus deswegen mit dem Medium per hiatum in Kontakt treten kann, weil er zur Assimilation und Dissimilation (d.h. zur Aufnahme und zur Abgabe von Stoffen) fähig ist. Darin bilden der Organismus und das Medium den Lebenskreis. Jetzt will Plessner an den pflanzlichen Wesensmerkmalen nachweisen, daß sich der Organismus der Pflanze dem Lebenskreis auf unmittelbare Weise bzw. als unselbständiger Abschnitt eingliedert. Zum einen zeigt Plessner dies an der *fehlenden Differenzierung der Gewebe* und d.h. an den pflanzlichen „Werkzeugen" für den Stoffwechsel. Sowohl die Aufnahme als auch die Abgabe von Stoffen wird von der Oberfläche des Organismus übernommen, die in direktem Kontakt zum Medium steht. Der Stoffwechsel wird so in seinem Antagonismus (der Aufnahme und Abgabe) nicht nur von ein und denselben Gewebestrukturen vollbracht, sondern darüber hinaus öffnet sich die Pflanze für die Einwirkungen des Mediums, um die Stoffwechselfunktionen in unmittelbarem Austausch mit dem Medium zu vollziehen.[161] Zum anderen weist Plessner die offene Organisationsform auf der Ebene des Stoffwechsels am Wesensmerkmal der *Photosynthese* und damit am spezifischen Material des pflanzlichen

---

[160] Vgl. SOM, 287: „Die bei Pflanzen dominierende Bedeutung der Fortpflanzung ist nichts anderes als der Ausdruck für den Durchgangssinn, das Übergangswesen der offenen Form, welche ebenso den Vorgang der Fortpflanzung in seinen Mitteln regelt. Mit Hilfe des Windes, der Insekten wird der Pollen übertragen. Farbe und Form der Blüte, die Saccharide der Nektarien, die Wachse des Blütenstaubs, die aromatischen Stoffe besorgen die Anlockung der pollenübertragenden Tiere. Chemische Stoffe besorgen die Anlockung der Spermatozoiden zum Zweck der Eibefruchtung."

[161] Vgl. SOM, 287: „Da die formbildenden Flächen ausnahmslos am Stoffwechselprozeß beteiligt sind, wie ihn der die Zufuhr anorganischer und organischer Substanzen und des Sonnenlichts besorgende direkte Kontakt des Leibes mit dem Medium bedingt, so fällt jede Differenzierung der Gewebe in Freß-, Verdauungs- und Exkretionsorgane fort. Eine Verteilung der Stoffwechseletappen erübrigt sich. Auch hierin ist die Pflanze ‚weder Kern noch Schale, alles ist sie mit einem Male'."

Stoffwechsels nach. Nur Pflanzen sind fähig, anorganische Stoffe, die in den Elementen (Wasser, Erde, Luft) vorkommen, zu organischen Stoffen zusammenzuschließen. In der Photosynthese zeigt sich, daß in der offenen Form der Pflanze die Eingespieltheit mit dem Lebenskreis Priorität hat. In der Fähigkeit der Pflanze, aus anorganischen Stoffen Eiweißstoffe zu synthetisieren und sich darin ihre Überlebensgrundlage zu schaffen, drückt sich die offene Organisationsform aus. In der Fähigkeit zur Photosynthese wird deutlich, daß sich die Pflanze dem Lebenskreis in ihrer Selbstvermittlung zur Einheit nicht entgegenstellt, sondern sich ihm vielmehr unmittelbar einfügt.[162] Auf der Ebene des Stoffwechsels erscheinen folglich sowohl die fehlende Gewebsdifferenzierung als auch die Fähigkeit zur Photosynthese als Ausdruck der Organisationsidee der Pflanze: das organische Überleben im Lebenskreis mit der Selbstvermittlung zum einigen Lebendigen dadurch zusammenzubringen, daß sich der pflanzliche Organismus als unselbständiger Teil in den Lebenskreis einschmiegt.

In der Weise, wie sich das pflanzliche Individuum in der Wirklichkeit bewegt, läßt sich gleichermaßen das Mitgehen der Pflanze mit dem Lebenskreis nachweisen. Zunächst fällt an den Pflanzen auf, daß sie *verwurzelt* sind und sich derart durch einen *Mangel an Ortsbewegung* auszeichnen. Auch im Mangel an Ortsbewegung zeigt sich die Tendenz der Pflanze, feste Verbindungen mit dem Lebenskreis einzugehen. Ganz analog versteht Plessner auch die Teilbewegungen der Pflanzen, etwa ihre Orientierung zum Licht oder ihre Wachstumsbewegungen. Diese Bewegungen werden nicht vom pflanzlichen Individuum veranlaßt und stellen dementsprechend keine Handlungen oder Reaktionen dar. Zu willentlicher Bestimmung von Bewegungen (und damit zu Handlungen) fehlt der Pflanze das Bewußtsein; aber auch basalere instinktive Bewegungsimpulse liegen jenseits der Möglichkeiten der Pflanze. Für jede Art von Reaktion fehlt der Pflanze ein eigenes Zentrum, von dem aus sie ihren Organismus bewegen könnte. Die pflanzlichen Bewegungen gehen vielmehr *an* der Pflanze vor sich und sind dem Ineinandergreifen von pflanzlichem Organismus und Lebenskreis geschuldet. (Vgl. SOM, 288) Plessner verweist in diesem Zusammenhang auf die Forschungsergebnisse, die Anton Blaauw in bezug auf Wachstumsreaktionen beim Haferkeimling erzielt hat. Blaauw zeigt, daß die wachstumsregulierenden Stoffe der Pflanze photochemisch zersetzt werden, wodurch das Wachstum der lichtzugewandten Seiten gehemmt wird und der Keimling sich auf diese Weise dem Licht zuwendet. Die Ergebnisse von Blaauw bestätigen folglich, daß selbst der Haferkeimling, der stark phototrop ist, *nicht* auf Licht *reagiert*, sondern seine Bewegungen zum Licht im Ineinandergreifen von Organismus und Medium gegründet sind. (Vgl. SOM, 289)

Zusammenfassend können wir feststellen, daß der Plessnersche Ausgriff auf die Wesensmerkmale pflanzlichen Lebens nicht darauf ausgerichtet war, ein Wesensmerkmal ausfindig zu machen, das pflanzliches und tierisches Leben eindeutig von einander

---

[162] Dementsprechend behaupten die „Stufen" von der Photosynthese, daß sie „die eigentümlichste Leistung der offenen Form auf dem Gebiete der Ernährung darstellt. Denn hier zeigt sich auch an dem chemisch definierten Material, was sonst nur im Typus seiner Verarbeitung erkennbar wird". (SOM, 288)

abhebt. Vielmehr ging es darum, die Wesensmerkmale der Pflanzen in ihrem Insgesamt als eine solche Konstellation vorzuführen, die vom unmittelbaren Positionalitätsmodus (bzw. von der offenen Organisationsidee) durchdrungen ist und *deswegen* für die Anschauung pflanzliches Leben *verbürgen.*[163] Gemäß des Programms der doppelseitigen Deduktion hat der Nachweis des unmittelbaren Positionalitätsmodus an den anschaulich gegebenen Wesensmerkmalen pflanzlichen Lebens zugleich das weitere Argumentationsziel erreicht, die Wirklichkeit des unmittelbaren Positionalitätsmodus am pflanzlichen Lebewesen in seiner Tatsächlichkeit nachzuweisen.

c. Der zentrische Positionalitätsmodus des Tieres

Im folgenden soll der zentrische Positionalitätsmodus in einem ersten Schritt strukturell bestimmt und in einem zweiten Schritt an den Wesensmerkmalen tierischen Lebens nachgewiesen werden.

(A.) Der zentrische Positionalitätsmodus und das Oszillieren von Körpersein *und* Leibhaben als spezifisch tierische Einheitsbildung im Doppelaspekt von Individuum und Organismus

Im Unterschied zu seiner Darstellung der Pflanze bestimmt Plessner den Positionalitätsmodus des Tieres in den „Stufen". Indem er vom *zentrischen Positionalitätsmodus* spricht, behauptet er, daß die Positionalität bzw. das In-seine-Mitte-Gesetztsein an der Wirklichkeit des Tieres nicht nur funktional sondern als Konstitutionsprinzip seiner dinglichen Einheit ausgebildet ist. (Vgl. SOM, 305) Das Tier verfügt mit seinem Hier-und-Jetzt-Punkt über eine eigene Sphäre der Positionalität und d.h. über eine solche Sphäre, in der das In-Beziehung-Stehen bzw. der Rückbezug zum eigenen Dingkern realisiert ist. Die positionale Vermittlung soll unter dem zentrischen Positionalitätsmodus nicht nur (wie bei der Pflanze) funktional vollzogen werden, sondern damit zugleich als eigene Sphäre an der tierischen Wirklichkeit ausgeprägt sein. Die Wirklichkeit des Tieres ist folglich – nach der Hypothese des zentrischen Positionalitätsmodus – durch eine Brechung in zwei prinzipielle Seinssphären geprägt: die Sphäre des Körpers und die Sphäre des absoluten Hier und Jetzt bzw. des In-Beziehung-Stehens-zum-eigenen-Dingkern.

---

[163] Vgl. SOM, 291: „Es ist nun einmal ein Verrat am Wesen der Pflanze (wie es ein Verrat am Wesen der Natur ist), sie symbolisch zu nehmen, als Verkörperung eines in ihr sich aussprechenden Prinzips, als Ausdruck einer Kraft, einer Seele, einer Wirklichkeit, die nicht mehr sie selbst ist. [...] Ganz diesem Gesetz der Wesensphänomenalität entsprechend läßt sich die Organisationsidee der offenen Form in allen pflanzlichen Lebensäußerungen als begründende Einheit ihrer Wesensmerkmale aufzeigen, ohne daß man zu irgendwelchen psychischen oder psychoidalen Triebkräften seine Zuflucht zu nehmen braucht. Aus der Idee läßt sich freilich keine einzige Lebensäußerung ableiten, wohl aber unter der Idee eine jede in ihrer das pflanzliche Wesen bestimmenden Bedeutung verstehen."

Der zentrische Positionalitätsmodus kann auch als die tierisches Leben charakterisierende *Doppelaspektivität des Körperseins und des Leibhabens* begriffen werden. In ihrer Abhebung kann sowohl der Körper als auch die Mitte des Hier und Jetzt als Grund ihres Miteinanders fungieren. Einerseits stellt der Körper die grundlegende Wirklichkeit dar, für die die Mitte die Funktion der Einheitsbildung ausübt. Damit gehört die Mitte gerade in ihrer Abhebung zur Körperlichkeit. Der Aspekt des *Körperseins* stellt diese Einheitsbildung von Körper und Mitte im Aspekt der Körperlichkeit dar. Andererseits stellt die Mitte des Hier und Jetzt die grundlegende Wirklichkeit dar, für die der Körper (und das räumliche und zeitliche Medium, in dem er sich vorfindet) gegeben ist. Dem Tier wird der Körper darin zu seinem Leib und das Medium zu seinem Umfeld. Um die Spezifik des tierischen *Leibhabens* zu begreifen, darf man sich nicht über den Status des absoluten Hier und Jetzt irren. Das absolute Hier und Jetzt wurde als eigenständige Seinssphäre der Positionalität angegeben. Daraus darf man nun nicht den Schluß ziehen, darin „eine fix und fertig vorhandene Größe“ (SOM, 362) zu vermuten; vielmehr wissen wir doch: „Eine positionale Mitte gibt es nur im Vollzug.“ (ebenda) Allein im Vollzug des Leib*habens* konstituiert sich folglich das Hier und Jetzt, von dem das Tier auf seinen Leib und sein Umfeld ausgreift. Plessner spricht von diesem Rückbezug auf den eigenen Leib und das eigene Umfeld auch als *„Sich“*. (Vgl. SOM, 304) Die Divergenz von Körper*sein* und Leib*haben* ist folglich keine zwischen verschiedenen Seins*bereichen*. Vielmehr besteht ihre prinzipielle Verschiedenheit darin, daß das körperliche *Sein* oder der *Vollzug* des Sich als Horizont der tierischen Wirklichkeit fungiert.[164]

Sollen diese Überlegungen keine neue Betrachtungsart ausmachen, die unvermittelt neben der bisherigen Darstellung des lebendigen Seins im Doppelaspekt von Individuum und Organismus steht, dann muß sich verstehen lassen, inwiefern die Doppelaspektivität der Körperlichkeit und des absoluten Hier und Jetzt den Doppelaspekt des Lebendigen zur spezifisch tierischen Einheit verschränkt. Von der Pflanze wurde dargestellt, daß ihr eine Brechung an ihrer Wirklichkeit fehlt, die die Realisierung der Aspekte der Individualität und der Organisation als eigenständiger Seinssphären ermöglichte. Diese Abhebung hat sich nun als Spezifikum des tierischen Positionalitätsmodus erwiesen. Hieraus ergibt sich der spezifische Unterschied zwischen der pflanzlichen und der tierischen Einheitsbildung im Doppelaspekt von Individuum und Organismus. Während sich vom pflanzlichen Individuum unter dem unmittelbaren Positionalitätsmodus gezeigt hat, daß es sich dem pflanzlichen Organismus einschmiegt, können wir vom tierischen Individuum unter dem zentrischen Positionalitätsmodus annehmen, daß es in den tierischen Organismus gestellt ist. Das In-seine-Mitte-Gesetztsein bzw. die Ausbildung einer Mitte des absoluten Hier und Jetzt in Abhebung von der Körpersphäre bedeutet folglich das Gleiche wie das Gestelltsein des tierischen Individuums in den

---

164 Vgl. SOM, 303: „Ein Lebewesen, dessen Organisation die geschlossene Form zeigt, hat Wirklichkeit als dieser Körper und als sein Leib, d.h. im Körper. [...] Positional besteht beides nebeneinander, ohne daß damit die Einheit des Sachverhalts aufgehoben wäre. Die Oszillation zwischen beiden Seinslagen, der Wechsel vom Körpersein zum raumhaften Insein im Körper ergibt einen Doppelaspekt, aber diese Oszillation, dieser Wechsel hebt sich nicht in sich auf, sondern stellt denselben Grundsachverhalt einfach dar.“

tierischen Organismus.[165] Während das pflanzliche Einschmiegen die Einheitsbildung auf unmittelbare Weise realisiert, macht das Gestelltsein einen solchen Typus der Verschränkung aus, der durch das Zugleich von Integration *und* Abhebung bzw. von Einheit *und* Differenz ausgezeichnet ist. Das tierische Individuum ist folglich, indem es in den tierischen Organismus gestellt ist, in diesen zugleich integriert *und* von ihm abgehoben.

Da das Gestelltsein der absoluten Mitte in die Körpersphäre bzw. des tierischen Individuums in den tierischen Organismus den zentrischen Modus positionaler Einheitsbildung darstellen soll, muß es eine Bestimmung der beiden Aspekte des tierischen Individuums und des tierischen Organismus bedeuten. Wir müssen folglich in beide Richtungen fragen: einerseits nach dem Organismus, in den das Individuum integriert *und* von dem es zugleich abgehoben ist und andererseits nach dem Individuum, das sich zugleich in den Organismus integriert *und* von ihm abhebt. Auf diese Weise läßt sich einsehen, inwiefern sich die Aspekte des lebendigen Seins von einander abheben *und* in ihrer Divergenz aufeinander beziehen und sich derart zur tierischen Einheit verschränken. An dieser Stelle bekommt das Oszillieren einen schärferen Sinn, das oben als Spezifikum der körper-leiblichen Doppelaspektivität des Tieres angegeben wurde. Indem der tierische Organismus und das tierische Individuum sich nämlich in ihrer Abhebung aufeinander beziehen, stellen beide Seinssphären im Verhältnis zueinander gleichermaßen den grundlegenden und den abhängigen Aspekt dar. Auf diese Weise erscheinen sie im spezifischen Wechsel gegenseitiger Grundlegung.

Zunächst müssen wir nun danach fragen, was es für den tierischen Organismus bedeutet, daß die Individualität zugleich in ihn integriert und von ihm abgehoben ist. Wir fragen derart nach der Organisationsidee, die den tierischen Organismus unter dem zentrischen Positionalitätsmodus auszeichnet. Für den Organismus muß dies zunächst bedeuten, daß er durch die Vermittlung des von ihm abgehobenen Individuums zur Einheit verschränkt wird. Da das Individuum in seiner Abhebung als einer eigenständigen Seinssphäre eine wesentliche Funktion für den Organismus ausüben soll, muß der Aufbau des Organismus durch das Zugleich der Integration und der Abhebung seitens des Individuums bestimmt sein. Unter welcher organischen Bedingung kann das Individuum oder der absolute Hier-und-Jetzt-Punkt also den Zusammenschluß des Organismus zur Einheit vollziehen? Offensichtlich nur dann, wenn der Organismus in seiner qualitativen Bestimmtheit in heterogene Organsphären auseinander fällt. Wenn es sich dabei um den Zerfall in prinzipiell verschiedene Organsphären handelt, steht die Einheit des Organismus deswegen infrage, da wir oben gesehen haben, daß der Organismus als Ganzer keine von den Organen unabhängige, für sich fertige Größe darstellt, sondern allein im Ineinandergreifen der Organe in ihrer funktionalen Bestimmtheit zur Einheit

[165] Vgl. SOM, 305: „Positional bildet ein Tier als einzelnes Ding, als Individuum ein Hier-Jetzt, gegen welches Außenfeld und eigener Körper konzentrisch stehen und aus dem heraus eigener Körper und Außenfeld Einwirkungen erhalten. Es merkt und es handelt, der Unterschied von Fremden und Eigenem ist zonenmäßig klar gegeben. Vom Fremden trennt es die Kluft, kraft derer es das außer dem Leibe Gegebene hat, merkt. Im Eigenen existiert es, insofern es den Körper unmittelbar beherrscht."

vermittelt wird.[166] Von der Heterogenität prinzipiell verschiedener Organsphären ist der Organismus folglich in seiner Einheit unmittelbar betroffen. Dagegen kann nun auch der Nachweis einer dritten Organsphäre der Zusammenfassung keine Abhilfe schaffen. Damit stehen wir vielmehr vor dem Problem, begreifen zu müssen, wodurch die divergenten Organsphären einerseits und das Zentralorgan der Zusammenfassung andererseits wiederum verschränkt sind. Man sieht, daß man in einen infiniten Regreß geriete, suchte man die Zusammenfassung der prinzipiell heterogenen Organsphären noch auf der Ebene der funktionalen Bestimmtheit der Organe. Die Heterogenität der Organsphären stellt vielmehr die Bedingung am Organismus dar, unter der die abgehobene Sphäre der Individualität die Funktion übernehmen kann, den Organismus zur Einheit zusammenzuschließen. Damit haben wir eine erste Strukturbestimmtheit des tierischen Organismus unter dem zentrischen Positionalitätsmodus erreicht. Unter dem zentrischen Positionalitätsmodus zerfällt der tierische Organismus in heterogene Organsphären einerseits und ein oder mehrere Organe der Zusammenfassung andererseits, wobei letztere nicht die Einheit des Organismus sondern allein das Mittel darstellen, um diese hervorzubringen.[167]

Die obige Darstellung des Verhältnisses, in dem der Organismus zum Lebenskreis steht, hat ergeben, daß der Organismus seinen Selbsterhalt nur im Austausch mit seinem Medium und d.h. nur im Zusammenhang des Lebenskreises sichern kann. Dabei übernehmen es die Organe in ihrer jeweiligen funktionalen Bestimmtheit, den Kontakt mit dem Medium herzustellen. Bereits in der Auseinandersetzung mit dem pflanzlichen Leben haben wir gesehen, daß das Verhältnis, in dem der Organismus zum Lebenskreis steht, dann zum Problem wird, wenn der Organismus nicht nur als selbständige Wirklichkeit sondern als *ein* Aspekt verstanden wird, der sich mit der Individualität zur Einheit des pflanzlichen Lebewesens verschränkt. Es besteht darin ein Konflikt zwischen den Ebenen am Organismus als eigenständiger Seinssphäre und als Aspekt an der Wirklichkeit des Lebendigen als Ganzen. Jetzt tritt dieser Konflikt noch deutlicher zutage. In seiner Eigenständigkeit ist der Organismus des Tieres dem Lebenskreis

---

[166] Vgl. SOM, 257: „Kämpfen die Teile *im* Organismus, so kämpfen sie in Wahrheit *um* ihn. Der Organismus ist dabei nicht einfach der dem Kampf um ihn entrückte ‚unbewegte Beweger', sondern die Einheit des Kampfes, wie sie durch das Gegeneinander der Organe gegen die zentrale Einheit vermittelt wird. Und weil diese Vermittlung durch die Organe und durch jedes Organ stattfindet, so ist die Einheit mit in das Gegeneinander einbezogen, ja sie ist geradezu dieses Gegeneinander, der Zerfall in die Fülle einzelner Organe."

[167] Vgl. SOM, 294: „Hier geht sozusagen der Zerfall in den Antagonismus nicht mehr nur den Funktionscharakter an, sondern er betrifft die Organisation der Organe. Es müssen also zwei gegensinnig zueinander stehende Organisationszonen geschaffen werden, so daß der Organismus in zwei relativ selbständige Teile auseinandertritt. Ihre unmittelbare Synthesis zur Einheit des Ganzen ist damit ausgeschlossen, obwohl die Bestimmung lautet, daß der lebendige Körper mittels des Antagonismus Einheit ist. [...] Hier dagegen muß der Antagonismus, weil er ein Antagonismus organisatorischer Art ist, selbst noch einmal durch etwas vermittelt werden. [...] Der Ausgleich des Zonenzerfalls in einem Zentrum dagegen ist nicht etwa selbst der ganze Ausgleich, sondern nur das Mittel für ihn."

integriert, den er zusammen mit dem Medium konstituiert. Demgegenüber haben wir gerade gesehen, daß der tierische Organismus erst in Vermittlung durch die von ihm abgehobene Sphäre tierischer Individualität zur Einheit verschränkt ist. Damit ist der Organismus als durch das Individuum vermittelte Einheit vom Miteinander der Organe abgehoben. Folglich ist der Organismus in seinem Rückbezug auf die Sphäre der Individualität nach außen, und d.h. gegenüber dem Lebenskreis abgeschlossen, in den ihn seine Organe integrieren.[168]

Jetzt muß sich einsehen lassen, wie beides – die Aufgeschlossenheit und die Abgeschlossenheit – zusammengeht. Wir stehen damit vor dem Problem, wie sich der tierische Organismus unter dem zentrischen Positionalitätsmodus und d.h. in seiner Vermitteltheit durch die Sphäre der Individualität per hiatum bzw. über die Abschließung gegen Außen in den Lebenskreis integriert. Dies läßt sich dann einsehen, wenn wir die obige Bestimmung in unsere Überlegungen mit aufnehmen, daß sich der tierische Organismus unter dem zentrischen Positionalitätsmodus in prinzipiell divergierende Organsphären aufteilt. Sie brechen folglich in ihren jeweiligen Funktionen der Interaktion mit dem Medium in divergierende Richtungen auseinander. Mit der Divergenz der Organsphären steht die Integration in den Lebenskreis infrage. Es ist nämlich nicht mehr organisch sichergestellt, daß die Vielheit der organischen Beziehungen zum Medium auf sinnvolle Weise ineinandergreifen, so daß der Organismus in Interaktion mit dem Medium den Lebenskreis bildet und sich darin seine Subsistenz sichert. Den Maßstab für eine sinnvolle Zuordnung der Funktionen stellt die gelingende Integration des Organismus in den Lebenskreis und darin die Sicherung seiner Subsistenz dar. Die Aufgabe der sinnvollen Zuordnung der Organfunktionen, die vom Organismus selbst nicht mehr geleistet werden kann, übernimmt das von diesem abgehobene tierische Individuum. Folglich übt das Individuum mit der Synthesisleistung nicht nur die Funktion aus, die Organsphären zur Einheit zusammenzufassen; vielmehr muß das Individuum die Einheitsbildung solcherart vollziehen, daß die Organfunktionen sinnvoll ineinandergreifen und dem Organismus dadurch die Subsistenz im Lebenskreis garantieren.

Vor diesem Hintergrund läßt sich nun verstehen, weshalb die *Organisationsidee* des Tieres unter dem zentrischen Positionalitätsmodus als *geschlossen* zu bestimmen ist.[169] Die „Stufen“ definieren die geschlossene Organisationsidee als „diejenige Form, welche den Organismus in allen seinen Lebensäußerungen mittelbar seiner Umgebung eingliedert und ihn zum selbständigen Abschnitt des ihm entsprechenden Lebenskreises

[168] In gleicher Weise wie in der Darstellung der Pflanze weiche ich hier von der Plessnerschen Textgrundlage ab. Wie ich oben begründet habe, will ich den Konflikt zwischen der Aufgeschlossenheit und der Abgeschlossenheit im Ausgang vom unmittelbaren bzw. zentrischen Positionalitätsmodus als Konflikt zwischen zwei Ebenen am Organismus verstehen, während Plessner die Aufgeschlossenheit dem Organismus und die Abgeschlossenheit der physischen Körperlichkeit zuordnet.

[169] Auch hier setze ich meinen Versuch fort, Plessner mit Plessner „gerade zu rücken“ und verstehe die Organisationsidee im Ausgang vom zentrischen Positionalitätsmodus. Demgegenüber leitet Plessner selbst den zentrischen Positionalitätstyp von der geschlossenen Organisationsidee ab. (Vgl. SOM, 303)

macht". (SOM, 291) Die Selbständigkeit des tierischen Organismus, die der pflanzlichen Unselbständigkeit gegenübersteht, kann vor dem Hintergrund der obigen Überlegungen auf den vom Individuum vermittelten Zusammenschluß des Organismus zurückgeführt werden. Indem das tierische Individuum in den tierischen Organismus gesetzt ist, bzw. als absolutes Hier und Jetzt erscheint, das den tierischen Organismus zur Einheit zusammenfaßt, schließt sich der tierische Organismus nach außen ab und erscheint derart als selbständig. Ebenfalls ist es uns vor dem Hintergrund der obigen Argumentation möglich zu verstehen, inwiefern sich der tierische Organismus seinem Medium mittelbar eingliedert und darin als selbständiger Abschnitt *innerhalb* des Lebenskreises erscheint. Die Eingliederung des tierischen Organismus läuft in Vermittlung durch die von ihm abgehobene Sphäre der Individualität. Erst indem das Individuum die Organfunktionen zusammenfaßt, greifen sie in der Divergenz ihrer Funktionen sinnvoll ineinander. Folglich stehen die Organfunktionen unter der individuellen Synthesisleistung, so daß die organische Eingliederung in das Medium in Vermittlung durch das tierische Individuum geschieht.

Das Gestelltsein des tierischen Individuums in den tierischen Organismus soll den zentrischen Positionalitätsmodus tierischer Einheitsbildung und folglich eine Bestimmtheit sowohl des tierischen Organismus als auch des tierischen Individuums ausmachen. Bisher wurde mit der geschlossenen Organisationsidee erst der Aspekt des tierischen Organismus dargestellt. Nun müssen wir uns dem Aspekt des tierischen Individuums zuwenden und danach fragen, wie dieses sowohl in Abhebung von als auch in Integration in den tierischen Organismus bestimmt ist. Weiter oben wurde festgestellt, daß das Individuum bzw. der absolute Hier-und-Jetzt-Punkt des Tieres nicht als „fix und fertig vorhandene Größe" (SOM, 362) verstanden werden darf; auf diese Weise – so können wir nun hinzufügen – würde das tierische Individuum nämlich allein in Abhebung vom tierischen Organismus bestimmt, ohne daß sich noch einsehen ließe, inwiefern es sich diesem auch entgegenlehnt. Ein solches Verständnis des tierischen Individuums als für sich bestehende fertige Größe widerspräche nicht nur den Anforderungen seitens des zentrischen Positionalitätsmodus, sondern steigerte damit zugleich den Doppelaspekt des Lebendigen zum unüberbrückbaren Dualismus von Individuum und Organismus. Unter dem zentrischen Positionalitätsmodus muß das tierische Individuum also als eine sich im Vollzug konstituierende Größe verstanden werden. Indem das Individuum die Organsphären zur Einheit des Organismus synthetisiert, bringt es sich als Zentrum des Organismus hervor, das selbst nicht mehr organisch ist und das sich der Organe als Hilfsmittel für die Einheitsbildung bedient. Das Individuum konstituiert sich folglich im Rückbezug auf den Organismus und mittelbar auf das Medium, mit dem der Organismus interagiert, als absoluter Hier-und-Jetzt-Punkt. Als vom Organismus abgehobenes Zentrum realisiert sich das Individuum in seiner Diesselbigkeit. Zugleich bleibt es auf den Organismus bezogen, da es als absoluter Hier-und-Jetzt-Punkt allein Wirklichkeit hat, indem es die divergenten Organsphären zusammenfaßt. Als dieser herausgehobene Punkt des Hier und Jetzt nimmt das Individuum die Mitte ein, in der es seinen Organismus als *Leib* und sein Medium als *Umfeld hat*. Sein Leib und sein Umfeld bilden für das tierische Individuum derart Gegenstände, zu denen es in Beziehung steht. Es kann von ihnen Erfahrungen machen, sie benutzen bzw. manipulieren. In dieser – allein im Vollzug realen – Sphäre des Leibhabens verfügt das Tier folglich neben seinem Organismus über eine Sphäre der Selbstbezüglichkeit bzw. des „Sich", in der es sich selbst gegenwärtig, bzw. in der es als Organismus sich als Individuum gegeben ist.[170]

Die Realisierung des tierischen Individuums als Zentrum des absoluten Hier und Jetzt, auf das Leib und Umfeld bezogen sind, markiert allerdings auch die Grenzen der tierischen Individualität. Indem das tierische Individuum sich allein in Rückbezug auf den eigenen Leib und das eigene Umfeld konstituiert und darin in seiner Abhebung zugleich auf den Organismus bezogen bleibt, fehlt ihm die Fähigkeit, von sich als Zentrum bzw. als absolutes Hier und Jetzt Distanz zu nehmen. Zum einen ist derart alles, was für das tierische Individuum gegeben ist, bzw. was es hat, auf es selbst als absoluten Hier-und-Jetzt-Punkt bzw. als Zentrum in Raum und Zeit bezogen. Zum anderen kann es die eigene Zentralität nicht mehr erfahren. Indem das tierische Individuum als absolutes Hier und Jetzt realisiert ist, vollzieht es zwar die Rückbeziehung auf sich (als Organismus), es hat jedoch keine Möglichkeit mehr, sich auch noch diese Fähigkeit der Selbstbezüglichkeit bzw. seine Individualität zu vergegenwärtigen.[171]

Nachdem wir gesehen haben, daß sich die tierische Individualität in ihrem Rückbezug auf den Organismus von diesem als absoluter Hier-und-Jetzt-Punkt abhebt, ist die Frage noch offen, welche vorgängigen bzw. apriorischen Strukturen das je individuelle Selbstverhältnis ermöglichen. Es stellt sich uns damit die Frage nach dem Verhältnis von den apriorischen und den aposteriorischen Aspekten an der tierischen Individualität. Deswegen muß jetzt nach dem Verhältnis der tierischen Individualität zum Gattungsallgemeinen gefragt werden. Die obige Darstellung der Individualität als Aspekt lebendigen Seins hat ergeben, daß sich das lebendige Ding nicht nur in Abhebung von der je aktuellen empirischen Gestalt, sondern gleichermaßen unter der Weite der Gattung als dieses selbige Individuum konstituiert. Dementsprechend können wir die tierische Individualität als gleichfalls von der Gattung getragen annehmen. Die Gattungsweite gibt den Rahmen ab, innerhalb dessen der individuelle Vollzug der Selbstbezüglichkeit stattfinden kann. Der Gattungsrahmen ermöglicht derart auf funktionaler Ebene, die divergierenden Organfunktionen zu koppeln und darin zugleich den Kontakt von Organismus und Medium herzustellen. Dieser gattungsmäßig festgelegte Rahmen ermöglicht

[170] Vgl. SOM, 304: „So ist das lebendige Ding, dessen Organisation geschlossene Form zeigt, nicht nur ein Selbst, das ‚hat', sondern ein Selbst von besonderer Art, ein rückbezügliches Selbst oder ein Sich. Von dem lebendigen Ding solcher Art darf man als von einem ihm selbst gegenwärtigen sprechen, das auf Grund seiner Abgehobenheit von ihm in ihm den unverrückbaren Punkt bildet (noch nicht hat, weshalb es eben noch kein Ich geworden ist!), auf den es rückbezogen als Ein Ding lebt."

[171] Vgl. SOM, 305: „Die Schranke für das Tier liegt darin, daß alles, was ihm gegeben ist, Medium und eigener Körperleib, *ausgenommen* sein selber Sein, der Körper selbst Sein, in Beziehung *zum* Hier-Jetzt steht. Insoweit es selbst ist, geht es im Hier-Jetzt auf. Dies wird ihm nicht gegenständlich, hebt sich nicht von ihm ab. Es bleibt vermitteltes Hindurch konkret lebendigen Vollzugs, er wird dargelebt, hingelebt. Wenn in der Distanz zum eigenen Leib der lebendige Körper sein Medium als vom eigenen Leib abgehobenes und ihm entgegenstehendes Feld hat [...], so ist ihm doch sein Haben verborgen. Es trägt ihn, aber es ist nicht für ihn; er ist es nur."

und begrenzt den individuellen Vollzug der Selbstbezüglichkeit. Einerseits legt er für das Individuum unüberwindbare Strukturen fest. Innerhalb dieser Strukturen eröffnet er andererseits jedoch den Spielraum, das Selbstverhältnis auf verschiedene Weise zu vollziehen. Unter der Weite des Gattungsplans bleibt damit ein gewisses Maß an Kontingenz. Erst aufgrund dieses Spielraums kommt den vom einzelnen Tier vollzogenen Synthesisleistungen der Status zu, es als dieses selbige Individuum hervorzubringen. Das tierische Individuum konstituiert sich folglich in Abhebung vom Organismus und unter der Weite der gattungsmäßig festgelegten apriorischen Strukturen als absolutes Hier und Jetzt, auf das sein Leib und sein Umfeld ausgerichtet sind.

Vor dem Hintergrund dieser Darstellung läßt sich nun einsehen, wie sich unter dem zentrischen Positionalitätsmodus die Verschränkung zur Einheit im Doppelaspekt von Organismus und Individualität vollzieht. Indem die Aspekte des Organismus und der Individualität durch das Gestelltsein des Individuums in den Organismus bestimmt sind, machen sie prinzipiell verschiedene Seinssphären der tierischen Wirklichkeit aus; indem sie sich in ihrer Divergenz einander entgegenlehnen bzw. ihre Eigenständigkeit in Vermittlung durch den je anderen Aspekt konstituieren, zerbricht die tierische Einheit nicht an dieser Divergenz. So hat das Obige dargestellt, daß der tierische Organismus in seinem Antagonismus prinzipiell verschiedener Organsphären auf den individuellen Vollzug der Zusammenfassung angewiesen ist, und daß diese Synthesisleistung den tierischen Organismus sowohl zur Einheit zusammenfaßt, als auch in den Lebenskreis integriert. Gleichermaßen konnte das Obige zeigen, daß die tierische Individualität keine für sich bestehende vom Organismus unabhängige Größe darstellt, sondern sich im Vollzug als absolutes Hier und Jetzt konstituiert, um das sich der Organismus und das Umfeld gruppieren. Unter dem zentrischen Positionalitätsmodus stellt das Gestelltsein des tierischen Individuums in den tierischen Organismus folglich die Struktur dar, in der sich diese divergierenden Aspekte des lebendigen Seins zur spezifisch tierischen Einheit verschränken. Indem sich tierische Individualität und tierische Organisation in Vermittlung durcheinander als selbständige Aspekte an der tierischen Wirklichkeit hervorbringen, stellen sie beide gleichermaßen sowohl den Grund als auch eine bloß abhängige Dimension des tierischen Seins dar. Die tierische Wirklichkeit erscheint aufgrund dieser Gleichursprünglichkeit von Organismus und Individuum im Doppelaspekt von Körpersein und Leibhaben. Da sich beide in Vermittlung durcheinander als selbständige Seinssphären konstituieren, bricht die tierische Wirklichkeit an dieser Doppelaspektivität nicht auseinander, sondern wird vielmehr in ihrem Oszillieren als Einheit hervorgebracht.

In bezug auf das Gelingen der Synthesis lassen sich mit Plessner zwei Ausprägungen des zentrischen Positionalitätsmodus unterscheiden. Die Synthesis kann entweder dadurch garantiert werden, daß der gattungsmäßig festgelegte Rahmen dominiert und mit der Begrenzung des individuellen Spielraums auch die Möglichkeit zu individueller Fehlverknüpfung minimiert wird; oder das Gelingen der Synthesisleistung wird dadurch sichergestellt, daß dem Individuum durch Zurücktreten der vorgängigen Festlegung durch die Gattung ein möglichst weiter Spielraum überlassen wird, innerhalb dessen es situationsabhängig zwischen verschiedenen Weisen, seine Organfunktionen zu verknüpfen, wählen kann.[172] Diese beiden Möglichkeiten der Synthesis unter der Dominanz bzw. dem Zurücktreten der Gattungsstrukturen betreffen nun die beiden Ebenen tierischer Wirklichkeit: den Organismus genauso wie die Individualität des Tieres. Vom Organismus war festgestellt worden, daß er unter dem zentrischen Positionalitätsmodus in Vermittlung durch das Individuum zur Einheit verschränkt und in den Lebenskreis integriert wird. Die beiden Möglichkeiten, das Gelingen der individuellen Synthesisleistung zu garantieren, bedeuten für den Organismus, daß seine Zusammenfassung in der Heterogenität der Organsphären und seine Integration in den Lebenskreis entweder primär funktional und d.h. vorindividuell festgelegt ist, oder in der Hauptsache dem Individuum überantwortet wird. Daß die Ausbildung der tierischen Individualität davon abhängt, wie das Gelingen der Synthesis sichergestellt wird, ist unmittelbar einsichtig. Wenn der Funktionsplan dominiert, ist der Spielraum für den Vollzug individueller Synthesis auf ein Minimum reduziert; wenn demgegenüber der Funktionsplan zurücktritt, ist das Gelingen der Synthesis dem Tier als Individuum überantwortet. Die beiden Typen, das Gelingen der Synthesis zu garantieren, stellen folglich zwei Richtungen dar, in denen der zentrische Positionalitätsmodus ausgeprägt ist. Unter dem *dezentrischen* Positionalitätsmodus, der durch das Überwiegen gattungsmäßiger Festgelegtheit bestimmt ist, verschränken sich die niederen Tiere zur Einheit im Doppelaspekt von Organisation und Individualität. Unter dem *zentralistischen* Positionalitätsmodus, der durch die Dominanz individueller Synthesisleistung geprägt ist, verschränken sich die höheren Tiere zur Einheit im Doppelaspekt von Organisation und Individualität.

Die Begriffe der dezentrischen bzw. zentralistischen Ausprägung hat Plessner gebildet. Während ich allerdings vom dezentrischen und zentralistischen *Positionalität*styp spreche, benutzt Plessner die Begriffe des dezentrischen und zentralistischen *Organisation*styps.[173] Bereits an dieser terminologischen Differenz kann man ablesen, daß ich meine Argumentation abermals anders aufbaue als Plessner. Oben hat sich gezeigt, daß der Unterschied der dezentrischen und zentralistischen Ausprägung des zentrischen Positionalitätstyps keine bloße Binnendifferenz innerhalb der geschlossenen Organisationsform darstellt. Vielmehr betrifft die jeweilige Ausprägung des zentrischen Positiona-

---

[172] Vgl. SOM, 312f.: „Es ist klar, die Unterbrechung bedeutet Möglichkeit, die Antwort auf den Reiz zu verfehlen. Und es ist weiter klar: Die Chance der richtigen Antwort wächst nur mit der Einengung des Spielraums zwischen Reiz und Reaktion. Vollkommene Einengung besteht entweder als Ausschaltung des Bewußtseins […]. Oder aber die Einengung erfolgt bei vollster Einschaltung des Bewußtseins […]. Umgehung des Bewußtseins in ersten, Ausnützung des Bewußtseins im zweiten Fall –, so könnte man die beiden Methoden etikettieren […]."

[173] Vgl. SOM, 308, wo Plessner „zwei divergierende Wege für die tierische Organisation" unterscheidet. „Entweder bildet der Organismus unter Verzicht auf zentrale Zusammenfassung einzelne Zentren aus, die im losen Verband miteinander stehen und in weitgehender Dezentralisierung den Vollzug der einzelnen Funktionen vom Ganzen unabhängig machen. Dies ist der Weg möglichster Deckung gegen das Feld durch Umgehung des Bewußtseins. Oder der Organismus faßt sich streng zentralistisch unter der Herrschaft eines Zentralnervensystems zusammen und sucht den Vollzug der einzelnen Funktionen unter seine Kontrolle zu bringen. Dies ist der Weg möglichsten Eindringens in das Feld durch Einschalten des Bewußtseins."

litätstyps die *ganze* Wirklichkeit des Tieres und d.h. die Seinssphäre seiner Organisation *und* die Seinssphäre seiner Individualität. Ich halte mich hier – wie schon im Verständnis der Pflanze – an das methodische Selbstverständnis der Deduktion, die Wesensmerkmale des lebendigen physischen Dings unter dem Gesichtspunkt der Grenzrealisierung zu begreifen. Die Grenzrealisierung hat sich zunächst in ihren beiden Funktionen des In-Ihn-Hinein- und des Über-Ihn-Hinaus-Setzens als Grund des Doppelaspekts des Lebendigen als Individuum und Organismus dargestellt. In einem zweiten Schritt war danach gefragt worden, inwiefern die Grenzrealisierung den Doppelaspekt zugleich zur Einheit verschränkt. Konkret stellt sich das Problem in der Frage nach dem Gesetztsein des Kerns als Aspektgrenze im Doppelaspekt von Individuum und Organismus. Es hatte sich gezeigt, daß das Gesetztsein des Kerns in verschiedenen Modi vorkommen kann, nämlich in den Einheitstypen von Pflanze, Tier und Mensch. Innerhalb des zentrischen Positionalitätsmodus des Tieres, von dem dieses Kapitel handelt, soll nun eine weitere typologische Unterscheidung eingeführt werden. Diese muß sie sich wiederum im Ausgang von der Grenzhypothese und d.h. hier konkret im Ausgang vom zentrischen Verschränkungsmodus des Doppelaspekts von Individuum und Organismus begreifen lassen. Diese Möglichkeit zur Differenzierung ist im zentrischen Positionalitätsmodus insofern angelegt, als sich die Aspekte tierischer Organisation und tierischer Individualisierung in Vermittlung durcheinander als eigenständige Seinssphären konstituieren. Die Dezentrizität und der Zentralismus verkörpern zwei Möglichkeiten, das Gelingen der individuellen Synthesisleistung zu garantieren. Sie stellen damit einerseits zwei Weisen dar, wie der tierische Organismus zur Einheit zusammengefaßt sein kann; andererseits bestimmen sie zwei mögliche Ausprägungen des Verhältnisses von Gattung und Individuum bzw. von apriorisch vorgegebenen Strukturen und individuellem Vollzug der Synthesis. *Unter* dem Gesichtspunkt der Grenzhypothese in ihrer Konkretisierung als zentrischer Positionalitätstyp – dezentrischer oder zentralistischer Ausprägung – soll der folgende Abschnitt (B.) dementsprechend auf die Wesensmerkmale ausgreifen, aufgrund derer ein Lebendiges für die Alltagserfahrung als niederes oder höheres Tier erscheint.

Plessner führt den Unterschied zwischen dem dezentrischen und dem zentralistischen *Organisations*typ dagegen abermals und analog zu seiner Argumentation bei der Pflanze nicht im Ausgang vom Hauptstrang der „Stufen" ein: dem Programm der Deduktion. Er begründet die Notwendigkeit, zwischen dezentrischem und zentralistischem Organisationstyp zu unterscheiden, nicht in Hinblick auf den zentrischen Positionalitätsmodus sondern in Hinblick auf die Struktur des tierischen Organismus. „Einen der beiden Organisationswege muß das Leben gehen, weil die Realisierung der geschlossenen Form nicht mit einem Zentrum überhaupt, sondern nur mit physischen Zellen, Zellkomplexen ganz spezifischer Struktur und Funktion abschließt." (SOM, 308) Ich halte diese Argumentation sowohl in methodischer als auch in inhaltlicher Hinsicht für problematisch. Methodisch verwischt Plessner auf diese Weise die Ebenen der begrifflich-argumentativen Reflexion und der Phänomenschau, für die allein die Wesensmerkmale des tierischen Lebens gegeben sind. Ein anschaulich gegebenes Phänomen wie die Gliederung des tierischen Organismus kann ein konstitutives Wesensmerkmal darstellen, das tierisches Leben verbürgt. Es kann aber auch eine bloß konventionelle Auszeichnung tierischen Lebens ohne fundamentum in re ausmachen, das uns in die Irre führt. In unserem Fall bedeutet das, daß der Unterschied von einem oder vielen Zentren des tierischen Organismus auch kontingent sein kann. Auch empirische Forschungsergebnisse können hier nicht weiterhelfen. Allein unter dem Gesichtspunkt der Grenzhypothese – so das Programm der Plessnerschen Deduktion – läßt sich der Kategorialcharakter der anschaulich gegebenen Wesensmerkmale einsehen. Darüber hinaus schließt Plessner mit seiner auf den Organismus fixierten Argumentation auf inhaltlicher Ebene den Aspekt des Individuums aus. Hätte Plessner diesen Argumentationsweg konsequent weiter verfolgt, so hätte er das Leibhaben vom Körpersein und das Auftreten des Bewußtseins von der Tätigkeit eines Zentralorgans abhängig gemacht. Damit hätte er seinen Ansatz der Grenzhypothese zugunsten eines naturalistisch verfaßten Dualismus aufgegeben. Da Plessner diesen Weg nicht weiterverfolgt[174], will ich mit meinem Einspruch allein das philosophische Problem, das hier gelöst werden soll – die Einheitsbildung im Doppelaspekt – in den Vordergrund stellen, das Plessner zuweilen in der Fülle des anschaulich gegebenen Materials aus den Augen verloren hat.

(B.) Die Wesensmerkmale tierischen Lebens

Dieser Abschnitt hat zur Aufgabe, den zentrischen Positionalitätsmodus an den Wesensmerkmalen nachzuweisen, die tierisches Leben für die Alltagserfahrung auszeichnen. Unter dem Leitfaden des zentrischen Positionalitätsmodus soll auf die allein anschaulich gegebenen Wesensmerkmale tierischen Lebens zugegriffen werden. Gemäß dem methodischen Programm der Plessnerschen Deduktion handelt es sich dabei um ein doppelseitiges Rechtfertigungsverfahren. Einerseits soll der zentrische Positionalitätsmodus an der Tatsächlichkeit tierischen Lebens als der Modus nachgewiesen werden, in dem der Doppelaspekt lebendigen Seins zur Einheit verschränkt wird. Andererseits und damit zugleich sollen die allein alltagsweltlich gegebenen Wesensmerkmale tierischen Lebens in ihrem Erkenntnisstatus gerechtfertigt werden. Indem sie als konstitutiv für das Stattfinden des zentrischen Positionalitätsmodus eingesehen werden, sollen sie als solche Eigenschaften tierischen Lebens nachgewiesen werden, die dieses nicht nur anzeigen sondern verbürgen.

Aufgrund der inneren Differenzierung, die im zentrischen Positionalitätsmodus eingeführt wurde, teilt sich der kommende Abschnitt in drei Unterabschnitte. Zunächst soll der zentrische Positionalitätsmodus – unter (α.) – an solchen Wesensmerkmalen nach-

---

[174] Vgl. SOM, 330: „Gehirn und Sinnesorgane dürfen ebensowenig wie für die Existenz des Bewußtseins überhaupt, seines raum-zeithaften Mittelpunktes und Umkreises, für seine inhaltliche Gliederung *direkt* verantwortlich gemacht werden. Eine Erregung der Retina, des Optikus, des Occipitallappens ist weder die gesehene Figur noch bedeutet sie solche. Sie entspricht ihr nur, wie auf besondere Reize das Nervensystem mit besonderen Erregungen anspricht. Dieses Ansprechen setzt von Fall zu Fall die *Unterbrechung, Hemmung, Pause* (zwischen Reiz und Reaktion), *welche positional* das Sein eines Selbst in Mittelstellung, d.h. sein ‚gegen Etwas im Umfeld' Sein oder seine Anschauung von Etwas *ist*."

gewiesen werden, die tierisches Leben überhaupt auszeichnen. Es muß hierbei darum gehen, das Gesetztsein des tierischen Individuums in den tierischen Organismus als spezifisch tierischen Verschränkungsmodus nachzuweisen. Vor diesem Hintergrund sollen sich die beiden folgenden Unterabschnitte dem Nachweis des dezentrischen bzw. zentralistischen Positionalitätsmodus als den beiden Ausprägungen widmen, in denen der Vollzug der individuellen Synthesisleistung stattfinden kann. Unter (β.) soll der dezentrische Positionalitätsmodus an den Wesensmerkmalen der niederen Tiere nachgewiesen werden. Es soll an ihnen gezeigt werden, daß bei den niederen Tieren das Gelingen der individuellen Synthesisleistung dadurch garantiert wird, daß sich das Individuum in einem gattungsmäßig festgelegten Netz von funktionalen Koppelungen befindet. Unter (γ.) soll analog dazu der zentralistische Positionalitätsmodus an der Tatsächlichkeit der höheren Tiere gerechtfertigt werden. An den Wesensmerkmalen der höheren Tiere soll hierfür nachgewiesen werden, daß das Gelingen der individuellen Synthesisleistung dadurch garantiert wird, daß es dem Tier als Individuum möglichst weitgehend überantwortet wird.

(α.) Die Wesensmerkmale des tierischen Lebens überhaupt

In diesem ersten Punkt muß es darum gehen, die Wesensmerkmale aufzusuchen, die das Stattfinden des zentrischen Positionalitätsmodus an der Tatsächlichkeit tierischen Lebens ermöglichen. Nacheinander sollen hierfür die geschlossene Organisationsidee und die Konstitution des Individuums als Hier-und-Jetzt-Zentrum an den Wesensmerkmalen tierischen Lebens aufgezeigt werden.

Die geschlossene Organisationsidee des Tieres wurde oben durch die doppelte Vermittlungsfunktion ausgezeichnet, die das von der Organsphäre abgehobene Individuum leistet: den Organismus einerseits zur Einheit zusammenzufassen und andererseits als selbständigen Abschnitt in den Lebenskreis zu integrieren.

Die Heterogenität der Organsphären, von der wir oben festgestellt haben, daß sie die Zusammenfassung des Organismus in einer vom Organismus abgehobenen Sphäre der Individualität erfordert, zeigt sich am *Zerfall des tierischen Organismus in eine Merk- und eine Wirksphäre*. Die Merksphäre hat die Aufgabe, Reize vom Medium aufzunehmen, die Wirksphäre erfüllt die dazu antagonistische Funktion, in das Medium hineinzuwirken. Indem die Organfunktionen des Merkens und des Wirkens sphärenmäßig von einander getrennt sind, steht das Tier vor der Herausforderung, beides zu verschränken. Gleichfalls finden sich am tierischen Organismus ein oder mehrere *Organe zentraler Zusammenfassung*. Nun darf man allerdings nicht den Fehler machen, diese nervösen Zentren, in denen die Merk- und Wirkfasern zusammenlaufen, bereits als Einheitssphären des tierischen Organismus zu begreifen. Wie die obige strukturelle Überlegung gezeigt hat, geriete eine solche Annahme in den infiniten Regreß, immer aufs Neue Zentralorgane hinter Zentralorgane schalten zu müssen. Stattdessen sind die Zentralorgane allein als *Hilfsmittel* zu begreifen, die es dem tierischen Individuum ermöglichen, den Organismus in der prinzipiellen Divergenz seiner Organzonen zur Einheit zusammenzuschließen. Im Wesensmerkmal des *sensomotorischen Funktionskreises* zeigt sich sowohl der Zerfall des tierischen Organismus in die Sphären der Sensorik und der

Motorik als auch der individuell mit Hilfe von Zentralorganen vollzogene Zusammenschluß.[175] Da Merken und Wirken zonenmäßig getrennt sind, ist der tierische Organismus auf die eigenständige Sphäre der Individualität angewiesen, um an diesem Antagonismus nicht zu zerbrechen, und um seine Integration in den Lebenskreis zu erreichen. Indem nämlich Merken und Wirken von einander unabhängig stattfinden, müssen diese beiden Richtungen der tierischen Umfeldbeziehung individuell gekoppelt werden.

Die vom Individuum vermittelte Integration in den Lebenskreis hebt den tierischen Organismus, der auf das Individuum als Einheitspunkt „hinter" sich bezogen ist, in seiner Selbständigkeit aus dem Zusammenhang des Lebenskreises heraus. An den Wesensmerkmalen tierischen Lebens muß sich folglich zeigen lassen, daß die Integration des selbständigen tierischen Organismus in den Lebenskreis in Vermittlung durch das tierische Individuum geschieht. Die Herausgehobenheit des tierischen Organismus aus dem Lebenskreis zeigt sich zunächst – im Vergleich mit der Pflanze – daran, daß dem Tier die Fähigkeit zur Photosynthese bzw. zum Aufbau organischer Lebenssubstanz aus Anorganischem fehlt. Das Tier ist infolgedessen zum *Räubertum* bzw. dazu gezwungen, „vom Leben (zu; O. M.) leben". (SOM, 300) Die Eingliederung in den Lebenskreis geschieht mittelbar bzw. per hiatum über die Abschließung hinweg. Am tierischen Organismus prägt sich dies in der *primären Bedürftigkeit* der Tiere aus.[176] In seiner Herausgehobenheit aus dem Lebenskreis ist die Subsistenz des tierischen Organismus allein der Möglichkeit nach gesichert. Die wirkliche Befriedigung seiner Bedürfnisse (nach Ernährung, Ruhe, Fortpflanzung usw.) muß es immer aufs Neue in der jeweiligen Situation, in der es sich im Verhältnis zum Umfeld befindet, erreichen.[177] Schließlich zeigt sich die Selbständigkeit des Tieres im Lebenskreis in seiner *Ortsunge-*

---

[175] Vgl. SOM, 295: „Zwischen Organismus und Medium sind zwei Arten der Beziehung möglich: die passiv hinnehmende und die aktiv gestaltende Beziehung. Einmal nimmt der Organismus das Medium hin, das Medium gestaltet, dann wieder gestaltet der Organismus das Medium, und das Medium nimmt hin. Beide antagonistischen Beziehungen sollen real stattfinden und durch ein Zentrum im Sinne der Einheit des Ganzen ausgeglichen werden. Der Zonenzerfall stellt sich als Gegensatz der *sensorischen* und der *motorischen* Organisation dar, wie er durch Zentren, ganz überwiegend also durch solche nervöser Art, vermittelt ist. Das sensomotorische Schema, der ‚Funktionskreis' wie Uexküll sagt, ist die Bedingung der Möglichkeit für das Realsein der geschlossenen Form, der Organisationsidee des Tieres."

[176] Vgl. SOM, 299f.: „Primär bedürftig bedeutet dasselbe wie mittelbar dem Lebenskreis eingegliedert."

[177] Vgl. SOM, 299 sowie EdM, 130: „Das Charakteristische ist das ‚über eine Hemmung hinweg leben müssen'. [...] Die Getriebenheit oder die Triebhaftigkeit, die Triebe liegen genau an dieser Stelle. Man macht wunderbare Triebtabellen und Triebkataloge. Da gibt es einen Ernährungstrieb, einen Verdauungstrieb, einen Begattungstrieb. Das ist ein vollständiger Unsinn. Die Triebe und ihre Spezialisierungsmöglichkeiten wurzeln in der Aufgebrochenheit und Differenziertheit der Organisation. Da es Fortpflanzung gibt, da es Ernährung gibt, da es Ortsbewegung gibt, kann man natürlich all diesen Leistungen eine entsprechende Antriebsform zuordnen. Man muß aber berücksichtigen, das Fundamentale ist die Hingetriebenheit des Tieres überhaupt. Dann sieht man, daß die Spezialisierung immer nur wieder zu verstehen ist und soweit gilt, als es eben Spezialisierung in bestimmte Funktionskreise gibt. Man darf nicht glauben, daß das Leben eben so ein Gefäß ist, in dem es ein Bündel von so-und-so-vielen Trieben gibt."

bundenheit. Die allein mittelbare Eingliederung in den Lebenskreis eröffnet ihm einen mehr oder weniger großen Spielraum freier Bewegung im Raum, den es nutzen muß, um im Wechsel seines räumlichen Orts die Befriedigung seiner Bedürfnisse sicherstellen zu können.

Sowohl an der Morphologie als auch an der Physiologie des Tieres läßt sich die geschlossene Organisationsidee in ihren beiden Strukturprinzipien der zentralen Zusammenfassung und der allein mittelbaren Integration in den Lebenskreis ablesen. Während sich die Pflanze morphologisch durch die Nach-Außen- bzw. Dem-Medium-Entgegen-Gerichtetheit ihrer Organfunktionen auszeichnet, ist die tierische Morphologie durch die überwiegende Ausbildung innerer, dem Medium abgewandter Flächen bestimmt. In der stärkeren *Verlagerung der Organfunktionen nach innen* drückt sich zunächst die Abgeschlossenheit des tierischen Organismus gegen außen aus. Dieses Nach-Innen-Gerichtetsein der Organe erscheint als Schutzmaßnahme, da das Verhältnis des Organismus zum Medium nicht mehr unmittelbar feststeht und darum nicht mehr konfliktlos abläuft. Zugleich zeigt sich in dieser Organanordnung auch die Ausgerichtetheit des tierischen Organismus auf sein Zentrum (bzw. seine Zentren) der Zusammenfassung im Inneren seines Körpers.

Gleichermaßen lassen sich Pflanze und Tier physiologisch kontrastieren. Während die pflanzlichen Organe die Aufnahme und die Abgabe von Stoffen vom und an das Medium in einem übernehmen, sind die *tierischen Organe in spezialisierte Sphären* der Atmung, Empfindung, Ernährung usw. *differenziert*. Auch darin zeigt sich die Nach-Außen-Gerichtetheit der Pflanze gleichermaßen wie die Zum-Zentrum-Gerichtetheit des Tieres. Die Differenzierung verschiedener Organsphären ist nur möglich, wenn der Organismus zugleich über zentrale Organe der Zusammenfassung verfügt, die ihrerseits wiederum nur dann auftreten, wenn die Organfunktionen sphärenmäßig unterschieden sind. Die Ausdifferenzierung in spezifische Organsphären und das Auftreten von nervösen Zentren der Zusammenfassung stellen folglich einen Sachverhalt dar.[178]

Nach diesem ersten Schritt in der Deduktion des zentrischen Positionalitätsmodus läßt sich feststellen, daß sich die Wesensmerkmale tierischer Organisation als die Bedingungen begreifen lassen, die die Konstitution des tierischen Organismus in Ver-

[178] Vgl. SOM, 299f.: „Unter dem Gesetz der geschlossenen Form steht schließlich die Abkammerung der Organe von der Außenwelt und gleichzeitig ihre starke Differenzierung zu relativ selbständigen Systemen der Zirkulation, Ernährung, Fortpflanzung, Reizleitung usw. Sie hängt einmal natürlich unmittelbar mit der Geschlossenheit zusammen, die nur Sinnesorgane und Erfolgsorgane (Angriffsorgane, Verteidigungsorgane) nach außen hat. Sie hängt weiterhin mittelbar von ihr ab, insofern eine zentrale Leitung bzw. Repräsentation eine stärkere Trennung der einzelnen Funktionen, ihre Verteilung räumlich auf möglichst stark ausgeprägte Gewebssysteme und zeitlich auf bestimmte Etappen verlangt. Repräsentierbarkeit setzt Gliederung des zu Repräsentierenden voraus. Ein Organismus, in welchem Atmungs-, Reizleitungs-, Ernährungsvorgänge so miteinander verknüpft wären, wie es etwa bei einer Pflanze der Fall ist, könnte eine zentrale Vertretung dieser Vorgänge und damit ihre Regulierung nicht durchführen. Arbeitsteilung wächst mit Ausbildung zentraler Zusammenfassung, beide verlangen sich gegenseitig, wie eine jede von der Stärke der anderen zugleich Vorteil hat."

hältnis zur von ihm abgehobenen Sphäre der Individualität ermöglichen. Da der zentrische Positionalitätsmodus an der Tatsächlichkeit tierischen Lebens als die Weise gerechtfertigt werden soll, in der sich das Lebendige in der Doppelaspektivität von Individualität und Organisation zur spezifisch tierischen Einheit verschränkt, muß sich ein analoger Beweis für die Ebene tierischer Individualität erbringen lassen.

Im folgenden sollen die Wesensmerkmale tierischen Lebens aufgesucht werden, die die Konstitution der Sphäre tierischer Individualität in Abhebung vom tierischen Organismus ermöglichen. Präziser muß an den Wesensmerkmalen tierischer Individualität der Nachweis erbracht werden, daß sich das tierische Individuum im Vollzug der Synthesis unter der Gattungsweite und in Abhebung vom Organismus als absolutes Hier-und-Jetzt-Zentrum konstituiert. Aufgrund des ersten Deduktionsschritts können wir die individuell zu vollziehende Synthesisleistung als Verschränkung der Organfunktionen des Merkens und des Wirkens präzisieren. Entscheidend ist dabei, daß die Zuordnung in der Brechung nicht organisch festgelegt ist. Allein im Hiatus bzw. in der Leere zwischen Merken und Wirken kann sich das tierische Individuum als eigenständige Sphäre des absoluten Hier und Jetzt konstituieren.

In seiner Abhebung von der Merksphäre kommt dem Individuum die Stellung des Subjekts zu, dem die gemerkten Reize gegeben sind. Das Wesensmerkmal des tierischen *Bewußtseins* stellt den Modus dar, in dem dem tierischen Individuum die von den Rezeptoren aufgenommenen Reize übermittelt werden.[179] In seiner Abhebung vom Organismus befindet sich das tierische Individuum seinem Leib und seinem Umfeld gegenüber. Dies zeigt sich daran, daß das Tier bewußte Erfahrungen sowohl von seinem Leib als auch von seinem Umfeld machen kann. Offen ist an dieser Stelle, welche Struktur das tierische Bewußtsein hat, bzw. *als* was ihm sein Leib und sein Umfeld gegeben sind. Es wird sich im folgenden eine wesentliche Differenz hinsichtlich der Gehalte ergeben, die den niederen und den höheren Tieren gegeben sein können.

Analog zur Merksphäre nimmt das Individuum ebenfalls in seiner Abhebung von der Wirksphäre die Position des Subjekts ein; nun stellt es dasjenige dar, das die Wirkungen initiiert. Dies zeigt sich am Wesensmerkmal der tierischen *Handlungen*. Von den Bewegungen der Pflanze wurde oben gezeigt, daß sie *an* der Pflanze stattfinden. Demgegenüber besagt die Charakterisierung der tierischen Bewegung als Handlung, daß sie vom Tier als Individuum ausgeht. Plessner findet diese das Tier auszeichnende Fähigkeit, Handlungen zu einzuleiten, alltagsweltlich im Wesensmerkmal der *Spontaneität* gegeben. In seinem spontanen Beginnen zeigt sich das tierische Individuum als subjektives Zentrum, das seinen Leib als Instrument zu benützen und in das es umgebende Geschehen einzugreifen, bzw. sein Umfeld zu manipulieren vermag.[180]

---

[179] Vgl. SOM, 306: „Jedes Tier ist der Möglichkeit nach ein Zentrum, für welches (in einem wie wechselnden Umfang immer) eigener Leib und fremde Inhalte gegeben sind. Es lebt körperlich sich gegenwärtig in einem von ihm abgehobenen *Umfeld* oder in der Relation des *Gegenüber*. Insofern ist es *bewußt*, es merkt ihm Entgegenstehendes und reagiert aus dem Zentrum heraus, d.h. spontan, es handelt."

[180] Vgl. SOM, 306f.: „Spontaneität bedeutet [...] nur ein Merkmal der Positionalität der geschlossenen Form. Irgendwelche Theorien über Freiheit oder Unfreiheit gehören nicht in diesen Zusammen-

Schließlich stellt das Individuum in seiner Abhebung sowohl von der Merk- und der Wirksphäre als auch von den nervösen Zentren der Zusammenfassung für den Organismus das Subjekt seiner Verschränkung dar. Aus dem Obigen wissen wir, daß wir dabei nicht an eine „fix und fertig vorhandene Größe“ (SOM, 362) denken dürfen. Das tierische Individuum ist präziser als vollzogene Subjektivität bzw. als Vollzug der Verschränkung von Merken und Wirken zu bezeichnen. An der Tatsächlichkeit tierischen Lebens findet diese individuelle Zuordnung von Wirkungen bzw. Handlungen zu gemerkten Reizen im Wesensmerkmal der *Reaktion* statt, die Tiere gegenüber Pflanzen auszeichnet. Im Reagieren initiiert das Tier eine bestimmte Handlung *aufgrund* eines vorgängigen Reizes. Entscheidend ist nun, daß der gemerkte Reiz die Reaktion nicht erzwingt. In diesem Fall könnte nicht mehr von Reaktion, sondern allein noch von Bewegung gesprochen werden. Da die individuelle Zuordnung einer bestimmten Reaktion zu einem gemerkten Reiz per hiatum geschieht, verfügt das Individuum immer über einen gewissen Spielraum. Diese Unbestimmtheit drückt sich in der tierischen Fähigkeit zur *Wahl* aus. Derart sind dem tierischen Individuum bestimmte Reize sensitiv gegeben, auf die es nun reagieren kann oder nicht. So kann es z.B. satt sein und sich deswegen nicht mehr für das potentielle Beuteobjekt interessieren, das sich in seiner Nähe aufhält. Reagiert das Tier auf den gegebenen Reiz, so beginnt es von sich aus eine bestimmte Handlung, mit der es seinen Leib oder sein Umfeld – je nachdem von wo der Reiz ausging – manipuliert. Unter dem gattungsmäßig festgelegten Rahmen hat es dabei eine Handlung unter verschiedenen gleichermaßen möglichen Handlungen gewählt bzw. faktisch festgelegt. (Vgl. SOM, 307)

Der Gattungsrahmen ist in der Tatsächlichkeit tierischen Lebens im Wesensmerkmal des *Instinkts* verwirklicht. In bezug auf das Verhältnis von Instinkt und Bewußtsein hebt es Plessner als Errungenschaft der Tierpsychologie seiner Zeit hervor, nicht mehr von einem Antagonismus, sondern von einem Miteinander auszugehen. Der Instinkt bildet für das Tier als Individuum den Rahmen, innerhalb dessen es Erfahrungen machen und Handlungen initiieren kann. Da der Instinktrahmen ihm vorgängig ist, kann das tierische Individuum ihn nicht übersteigen. Mit dieser strukturellen Festlegung geht jedoch die Eröffnung von Spielräumen nach innen einher. Innerhalb der Instinktbreite kann das tierische Individuum Erfahrungen von seinem Leib oder seinem Umfeld machen. „Der Instinkt“, so lesen wir in den „Stufen“, „tritt nicht an die Stelle des Bewußtseins, sondern er formt und trägt es.“ (SOM, 332) Ebenso kann das tierische Individuum innerhalb des Instinkthorizonts spontan Handlungen initiieren und zwischen verschiedenen Handlungsmöglichkeiten wählen.[181] Der Instinkt stellt derart das Lebensmerkmal dar, in

hang. Sie ist der schlichte Wesensausdruck eines aus der Mitte, die selbst nicht mehr gegeben ist, heraus Seins, eines echten Beginnens, Anfangens, Urhebens. Wenn wirklich das Tier wesenhaft im Hier-Jetzt aufgeht und in dieser zentralen Stellung lebt, wenn weiter das Zentrum dieser Stellung ihm selber nicht bemerkbar, auch nicht in der Weise des ‚hinter ihm‘ liegenden Fluchtpunktes der eigenen Innerlichkeit gegeben ist, so heben ihm seine Aktionen unmittelbar an, wie groß auch im Einzelnen der Anteil der Triebe, der Instinkte, des Unwillkürlichen und Reflektorischen sein mag.“

[181] Vgl. SOM, 331f.: „Man sucht heute eine dem Leben gemäßere Ansicht des Instinkts zu gewinnen und ihn als eine (mit Bewußtheit durchaus verträgliche) von Geburt an festliegende Richtungsbe-

dem der Funktionsplan in der Tatsächlichkeit tierischen Lebens realisiert ist. Damit sind allerdings die Wesensmerkmale noch nicht angegeben, in denen das Verhältnis von instinkthaft festgelegten Funktionsplan und Individuum realisiert ist. Da das Verhältnis von Funktionsplan und tierischem Individuum den Einteilungsgrund ausmacht, in bezug auf den oben niedere und höhere Tiere positional unterschieden wurden, muß dieser Nachweis auf die beiden folgenden Abschnitte (β.) und (γ.) verschoben werden.

Bisher konnte an den Wesensmerkmalen tierischen Lebens nachgewiesen werden, daß sich das tierische Individuum in Abhebung vom tierischen Organismus und unter der Weite der Gattung konstituiert. Damit konnte gezeigt werden, daß sich das tierische Individuum als raumhaftes Zentrum konstituiert, dem die gemerkten Umfeldeindrücke gegeben sind und von dem die Reaktionen auf das Umfeld ausgehen. Noch offen ist, welche Wesensmerkmale tierischen Lebens das tierische Individuum auch als zeithaftes Zentrum – und das impliziert der Ausdruck des absoluten Hier-*Jetzt*-Punkt – ermöglichen. Jetzt stehen wir also vor der Frage, wie sich das tierische Individuum als *Gegenwart* in der Zeit konstituiert.[182] Strukturell bedeutet die Realität des tierischen Individuums als zeithaftes Zentrum, daß es über eine *eigenständige* Gegenwart verfügt. Zunächst darf die Gegenwart folglich nicht ursächlich durch die Vergangenheit bedingt, bzw. ein Produkt ihrer Vergangenheit sein. Wenn die Gegenwart selbst Ausgangspunkt sein soll, so kann sie dies allein in Entwürfen in die Zukunft. Indem das Tier folglich seine Zukunft sichert, konstituiert es sein Jetzt als eigenständige Zeitdimension im Ausgang von der Zukunft. Auch sein Verhältnis zur Vergangenheit muß durch den Ausgriff des tierischen Individuums auf die Zukunft bestimmt sein. Es ergibt sich auf diese Weise ein mittelbares Verhältnis von Gegenwart und Vergangenheit, in dem der Entwurf in die Zukunft darüber entscheidet, welche Momente der Vergangenheit in die Gegenwart mitaufgenommen werden. Nun gilt es, an den Wesensmerkmalen tierischen Lebens nachzuweisen, daß das tierische Individuum in seiner Synthesisleistung sowohl in die Zukunft ausgreift, als auch in Vermittlung durch die Zukunft seine eigene Vergangenheit immer aufs Neue hervorbringt.[183]

In bezug auf die Frage nach dem Entwerfen in die Zukunft ist an den Status des tierischen Individuums zu erinnern. Wir hatten von ihm eingesehen, daß es sich im Vollzug der Synthesis als eigene Sphäre vom tierischen Organismus abhebt. Die

---

stimmtheit des Verhaltens zu fassen, die eine gewisse ‚Breite' besitzt. Innerhalb dieser Instinktbreite verlaufen die Handlungen ohne Zwang."

[182] Vgl. SOM, 305, wo Plessner den Begriff des absoluten Hier und Jetzt einführt: „In seinem Körper ihn beherrschend, von innen her ihn impulsiv bewegend steht der Organismus ‚im' Hier, ist seine Existenz ins Zentrum der eigenen Körperfülle gestellt, geht er als Mitte der positionalen Raum-Zeit-Union in ihr auf. Und weil das Hier in Rücksicht auf diese Union nur den raumhaften Charakter zum Ausdruck bringt, muß man die Zeithaftigkeit der Mittelstellung der tierischen Existenz mit in den Terminus hineinnehmen: Ihm vorweg steht es im Jetzt. Als nicht relativierbares Hier-Jetzt hat und beherrscht das Tier seinen Leib und mit ihm das gegebene Feld."

[183] Vgl. SOM, 352: „Der zentrale Kern, Bezugspunkt des von ihm zentrisch gebundenen Lebewesens, wird aktueller Durchgangspunkt einer von ihm ausgehenden und zu ihm zurückgehenden *Beziehung*, deren *Vollzug* durch den Organismus erst das Leben des Organismus ausmacht."

Richtung in die Zukunft kann folglich nicht vom tierischen Individuum als einer für sich bestehenden fertigen Größe ausgehen. Vielmehr muß sie ein Moment am Vollzug der Synthesis bilden. Plessner findet dieses Ausgerichtetsein auf die Zukunft an der *Triebrichtung* des Tieres. Die Triebrichtung umfaßt alle Tendenzen des tierischen Individuums, das dieses mit seiner Zukunft in Beziehung setzt: seinen Willen, seine Interessen und seine Triebe innerhalb der verschiedenen Funktionszusammenhänge der Ernährung, der Fortpflanzung usw. Aus der Einsicht in die Zukunftgerichtetheit der Triebe läßt sich nun die Hypothese vom tierischen Verhältnis zu seiner Vergangenheit konkretisieren. In Vermittlung durch die Triebrichtung bezieht sich das tierische Individuum auf seine Vergangenheit. Derart stellt die Triebrichtung den Maßstab dar, nach dem das tierische Individuum Elemente aus seiner Vergangenheit in die Konstitution seiner Gegenwart mitaufnimmt oder nicht.[184] Dieses tendenzvermittelte Verhältnis des tierischen Individuums zu seiner Vergangenheit läßt sich an den Wesensmerkmalen des *Gedächtnisses* und der *Lernfähigkeit* nachweisen. Am Gedächtnis zeigt sich die Tendenzvermitteltheit daran, daß kein lückenloses Abbild des Geschehenen aufbewahrt wird. Vielmehr erinnert das Tier seine Erfahrungen im Rahmen seines triebhaften Ausgriffs auf die Zukunft. Nur deswegen kann man verstehen, daß der Vergangenheitsbezug des Tieres gleichermaßen dadurch bestimmt ist, woran es sich *erinnert* und was es *vergißt*. Verstünde man das Gedächtnis als bloßes Abbild des Vergangenen, wäre das Phänomen des Vergessens oder der falschen Erinnerung nicht zu begreifen. Plessner spricht dementsprechend vom Gedächtnis „als Einheit von Residuum und Antizipation“ (SOM, 355ff.), da es sowohl durch das Material der gemachten Erfahrung, als auch durch den formalen Rahmen der Triebrichtung gebildet ist. (Vgl. SOM, 356f.)

Aufgrund der Tendenzvermitteltheit der erinnerten Gehalte läßt sich die tierische Fähigkeit zu lernen begreifen. Indem sich das Tier das Gewesene nämlich im Vorgriff aneignet, ist das Gedächtnis kein starres Gebilde. Vielmehr ist es in ständiger Umbildung begriffen. In diese Umgruppierung der erinnerten Gehalte fließen die je aktuellen Erfahrungen ein, worin die Lernfähigkeit des Tieres begründet ist.[185] Mit dieser Fähigkeit zu lernen geht die Fähigkeit einher, Reaktionen aufgrund von gemachten Erfahrungen zu *korrigieren*. Die Basis des Handelns ist derart nämlich nicht festgelegt, sondern in der fortwährenden Selbstaneignung aus der Zukünftigkeit der Triebregung hervorgebracht. Plessner greift in diesem Zusammenhang auf den Drieschschen Begriff der *historischen Reaktionsbasis* zurück, um deutlich zu machen, daß die Weise, wie ein tierisches Individuum unter der gattungsmäßig festgelegten Instinktweite reagiert,

---

[184] Vgl. SOM, 357f.: „Wohin es ein Tier nicht treibt, da macht es auch keine Erfahrung. Die Triebrichtung ist das Selektionsprinzip des Gedächtnisses, eine ‚Einheit der Apperzeption‘, welcher die einzelnen Tendenzen und Triebe wie Kategorien, d.h. selektierende Vorformen unterstehen.“

[185] Vgl. SOM, 357: „Von ihr (der Form des Vorwegseins; O. M.) hängt ab, was ins Gedächtnis aufgenommen wird und was nicht, sie ermöglicht die innere Verschiebbarkeit, die Lebendigkeit des Gedächtnisses, das nicht als tote Masse den Spielraum des Organismus einengt, sondern ihn vergrößert, indem es ihm gestattet, durch Umgruppierungen der Elemente aus dem Vergangenen zu lernen.“

zeithaft und d.h. im Rückbezug von der Zukunft auf die vergangenen Erfahrungen hervorgebracht wird.[186]

Der obige Abschnitt konnte an den Wesensmerkmalen tierischen Lebens nachweisen, daß sich die Aspekte tierischer Organisation und tierischer Individualisierung dadurch verschränken, daß das tierische Individuum in den tierischen Organismus gestellt ist. Es hat sich damit an der Tatsächlichkeit tierischen Lebens zeigen lassen, daß die tierische Organisation im Vollzug individueller Synthesisleistung zur Einheit verschränkt wird und sich die tierische Individualisierung zugleich als eigenständige Seinssphäre konstituiert. Offen ist noch geblieben, wodurch das Gelingen der individuellen Synthesis in ihrer Abhebung vom Organismus garantiert wird. Die strukturellen Überlegungen zum zentrischen Positionalitätsmodus haben ergeben, daß der gattungsmäßig festgelegte Funktionsplan die apriorischen Strukturen vorgibt, innerhalb derer die individuelle Synthesisleistung stattfindet. Des weiteren konnten zwei Ausprägungen unterschieden werden, in denen sich der Funktionsplan der Gattung und der Synthesisvollzug des Individuums zu einander verhalten, je nachdem ob das Gelingen der Synthesis weitestgehend apriorisch durch den Funktionsplan der Gattung festgelegt, oder möglichst dem tierischen Individuum überantwortet ist. Die kommenden Abschnitte haben nun die Aufgabe, nacheinander diese beiden Ausprägungen – d.h. den dezentrischen und den zentralistischen Positionalitätsmodus – an den Wesensmerkmalen der niederen bzw. der höheren Tiere nachzuweisen.

(β.) Die Wesensmerkmale der niederen Tiere

Dieser Abschnitt soll die Hypothese, daß unter dem dezentrischen Positionalitätsmodus der niederen Tiere das Gelingen der individuellen Synthesis durch den gattungsmäßig festgelegten Funktionsplan garantiert wird, an den Wesensmerkmalen sowohl der Organisation als auch der Individualität der niederen Tiere nachweisen.

Zunächst fällt am Organismus der niederen Tiere auf, daß diese über eine *Vielheit von Zentren* verfügen, die organisch nicht nochmals in einem nervösen Zentrum zusammengefaßt sind. Dem entspricht das weitere Wesensmerkmal, daß der Organismus niederer Tiere von *Reflexen* dominiert ist. Da das niedere Tier über kein Zentrum der Zusammenfassung verfügt, fehlt ihm ein organisches Mittel, das es ihm ermöglichte, Merken und Wirken zentral und d.h. im Rückbezug auf es selbst als Individuum bzw.

---

[186] Vgl. SOM, 354: „Existenz oder Nichtexistenz einer historischen Reaktionsbasis bzw. eines Assoziationsvermögens darf zwar empirisch nicht als Kriterium tierischer oder pflanzlicher Natur betrachtet werden, aber ihr Vorkommen ist wesensmäßig nur an die tierische Organisationsform gebunden. [...] Auch die Pflanze ist ihre eigene Vergangenheit nur auf indirekte Weise. Jedoch ist ihr als offener Form keine Möglichkeit geboten, in Beziehung zum Vergangenen, das sie in ihr bewahrt, zu stehen. Diese Beziehung ist spezifisch tierisch. Sie kann als außerbewußte Einflußnahme des Gewesenen auf die tierische Reaktionen von statten gehen (man denke an Pawlows Entdeckung der ‚psychischen' Sekretion von Speichel und ihre Verwertung zur ‚psychologischen' Analyse des Hundes) oder bewußt über diese Rückwendung des Lebenssubjekts zu sich auf seine Initiative einwirken, immer setzt sie voraus die Distanz des Subjekts, wie sie die Position des geschlossen organisierten Lebewesens kennzeichnet."

absoluten Hier-Jetzt-Punkt zu verschränken. Für das Verhältnis des Organismus zum Lebenskreis bedeutet dieses Fehlen einer Möglichkeit zentraler Zusammenfassung, daß die Integration in den Lebenskreis von den einzelnen Zentren besorgt werden muß. Dies geschieht in den Reflexen, die eine starre Bewegungsabfolge darstellen und durch das Auftreten bestimmter gegebener Umfeldreize ausgelöst werden. Der Organismus der niederen Tiere ist folglich von einer Vielheit nebeneinander ablaufender Reflexketten bestimmt, weshalb Plessner zu seiner Charakterisierung auch den Uexküllschen Ausdruck der „Reflexrepublik" (SOM, 315) verwendet. Die „Verfassung" dieser Republik ist der Funktionsplan, der sicherstellt, daß aus dem Nebeneinander ein Miteinander wird und die Subsistenz des Tieres im Lebenskreis auf diese Weise garantiert ist.[187] Genauer legt der Funktionsplan die Koppelung bestimmter reflexhaft ablaufender Wirkungen mit der Situation des Umfeldes fest, wodurch dem niederen Tier die Befriedigung seiner Bedürfnisse ermöglicht wird. Auch die Merksphäre ist diesem funktional festgelegten Ineinandergreifen der tierischen Handlungen mit dem Medium untergeordnet. Die Merksphäre steht sowohl in ihrer formalen Strukturiertheit als auch in bezug auf die wahrnehmbaren Gegenstände unter dem Maßstab der *Aktionsrelativität.* Sie besteht allein aus *Signalen*, die das Tier dazu veranlassen, bestimmte instinkthaft festgelegte Handlungen auszuführen. Formal fungiert das Merken der niederen Tiere als *Filter*, der unter dem Kriterium der Aktionsrelevanz das für das Tier Wesentliche aufnimmt und damit zugleich alles für das Tier Unwichtige und d.h. den Handlungsablauf potentiell Störende abblendet.[188]

In einem zweiten Schritt müssen wir nun danach fragen, wie das niedere Tier als Individuum lebt, wenn seine Integration in den Lebenskreis durch die Strukturen des Funktionsplans a priori festgelegt sind. Es wäre falsch aus der Dominanz des Funktionsplans den Schluß zu ziehen, daß in der Wirklichkeit der niederen Tiere keine eigene Sphäre der Individualität realisiert wäre. Es muß sich vielmehr zeigen lassen, wie das niedere Tier *unter* der gattungsmäßigen Festlegung als Individuum leben kann.

---

[187] Vgl. SOM, 315f.: „Nach Uexküll ist beispielsweise der Seeigel geradezu eine Reflexrepublik zu nennen: ‚Wohl gibt es die zentral gelegenen Reservoire, die den allgemeinen Erregungsdruck regulieren, aber die einzelnen Reflexe laufen durchaus selbständig ab. Nicht bloß jedes Organ, sondern auch jeder Muskelstrang mit seinem Zentrum handelt völlig eigenmächtig. Daß dabei doch noch etwas Vernünftiges herauskommt, ist nur das Verdienst des Planes ... Wenn der Hund läuft, so bewegt das Tier die Beine – wenn der Seeigel läuft, so bewegen die Beine das Tier'."

[188] Vgl. SOM, 313f.: „Aber alles Gegebene ist aktionsrelativ. Der Aktionsplan des Tieres ist das Netz, in dem sich die Welt fängt. Es herrscht ein ganz primitiver Primat des Praktischen, der die Merksphäre inhaltlich und formal nach den Kriterien des Motorischen gestaltet, indem er sie einfach in den Dienst der Nahrungssuche, der Verteidigung, der Begattung, der Eiablage usw. stellt. Tritt ein Datum in der Merksphäre auf, so präsentiert es sich als Signal, nie als Objekt. Objekte enthält nur die Sphäre der Aktion, nämlich Beute, Nahrung, Feind, Begattungspartner, Schlupfwinkel, d.h. nicht als Gegenstände der Wahrnehmung, sondern als Korrelate von Bedürfnissen und Trieben, da auf dieser Stufe die Aktionen nicht an das Merknetz angeschlossen sind, das Tier seine Bewegungen nicht empfindet."

In bezug auf das Verhältnis von Individualität und gattungsmäßiger Festlegung fallen an den niederen Tieren zunächst ihre *Instinktleistungen* auf. Man denke etwa an die Tausende von Kilometern, die Zugvögel zurücklegen, um ihr Ziel zu erreichen. Unter der instinkthaften Festlegung hat das niedere Tier allein einen *geringen Spielraum* um zwischen Handlungsalternativen *zu wählen* und kann dementsprechend auch nur *im geringem Maße* aus vergangenen *Reaktionen* lernen und dadurch seine Handlungsweisen *korrigieren.*[189]

Entscheidend ist, daß auch an der Wirklichkeit der niederen Tiere eine eigenständige Sphäre der Individualität – wenn auch in geringem Maße – ausgebildet ist und das niedere Tier keinen „Instinkt- und Reflexautomat" (SOM, 313) darstellt. Diese wenn auch geringe Ausbildung der Individualität läßt sich einsehen, wenn man am Organismus der niederen Tiere die Brechung von Merken und Wirken berücksichtigt. In den gemerkten Signalen ist dem Individuum die Situation seines Umfeldes und seines Leibes gegeben. Aufgrund der gemerkten Signale initiiert das niedere Tier als Individuum seine instinktiv festgelegten Reaktionen. Wie wir oben gesehen haben, vermitteln die Signale dem Individuum keine solche Ansicht seines Leibes und seines Umfeldes, die es ihm ermöglichte, verschiedene Reaktionsweisen zu entwerfen. Wenn für die Reaktionen des niederen Tieres die Rückbeziehung seines Leibes und seines Umfeldes auf es als Individuum dennoch eine Rolle spielen soll, so muß diese Selbstbezüglichkeit in die „Signalwelt" einfließen, die ihm gegeben ist. In Anschluß an die tierpsychologische Forschung von Hans Volkelt bestimmt Plessner das Umfeld der niederen Tiere hinsichtlich seiner Gliederung als *Komplexqualitäten*. (Vgl. SOM, 334ff.) Komplexqualitäten bestimmt Plessner mit Volkelt zunächst in Abgrenzung von dinghaften Gebilden und atomistischen Elementen. Es wurde bereits festgestellt, daß für das niedere Tier keine Dinge sondern Signale gegeben sind. Dies darf man nun nicht als Bestätigung der verbreiteten Vorstellung verstehen, daß allein Menschen über ein Verständnis des Allgemeinen und Abstrakten verfügen, während Tiere im Konkreten und Einzelnen verharrten. Vielmehr hält die komplexqualitative Bewußtseinsstruktur „die undifferenzierte Mitte zwischen Einzelheit – Allgemeinheit, Konkretheit – Abstraktheit". (SOM, 346) Plessner bezeichnet die Komplexqualitäten mit Volkelt auch als „Melodien" oder „Konfigurationen" und unterstreicht damit, daß das Spezifikum der jeweiligen Situation, die für das niedere Tier gegeben ist, in ihrer Gestimmtheit und nicht in ihren Aufbauelementen zu suchen ist. Die Elemente sind allein für den das Tier beobachtenden Menschen, nicht jedoch für dieses selbst gegeben. (Vgl. SOM, 336) Dem niederen Tier sind mit den Komplexqualitäten immer Gesamtsituationen zugänglich und es reagiert auf ihre jeweilige Qualität oder Gefärbtheit. Die Komplexqualitäten umfassen gleichermaßen affektive Momente der Leiberfahrung wie objektive Momente der Umfeld-

[189] Vgl. SOM, 316: „Durchgehender Charakterzug der dezentralistischen Organisationsform ist das Zurücktreten der sensorischen hinter den motorischen Apparaten, die Abdeckung der Objektwelt bis auf spärliche Signale zugunsten eines möglichst reibungslosen Ablaufs der für den Körper notwendigen Aktionen. Geringer Fehlerchance entspricht ein geringes Assoziations- oder Lernvermögen."

erfahrung. Der Rückbezug von Leib und Umfeld auf das Individuum als Zentrum findet folglich vermittels der Komplexqualitäten statt, in die die Dringlichkeit der zu befriedigenden Bedürfnisse gleichermaßen eingeht wie die aktuelle Beschaffenheit des Umfeldes. Das Umfeld, das für das Tier sinnlich gegeben ist, ist bereits auf es als Individuum bezogen. Indem das niedere Tier auf die sinnlich gemerkten Signale reagiert, konstituiert es sich als absolutes Hier und Jetzt seines Leibes und seines Umfeldes und realisiert sich darin als von seiner Organsphäre abgehobenes Individuum.

Die Dominanz des Funktionsplans hat sich an den Wesensmerkmalen der niederen Tiere sowohl auf der Ebene ihres Organismus als auch auf der Ebene ihrer Individualität nachweisen lassen. Das Gelingen der individuellen Synthesisleistung wird bei den niederen Tieren folglich dadurch sichergestellt, daß das Ineinandergreifen der tierischen Motorik und der Umfeldsituation weitestgehend a priori durch die Gattung festgelegt wird. Dennoch hatte sich gezeigt, daß sich das niedere Tier in der Brechung seiner organischen Sphären des Merkens und des Wirkens als Zentrum seines Leibes und seines Umfeldes und darin als Individuum zu realisieren vermag.

(γ.) Die Wesensmerkmale der höheren Tiere

Dieser letzte Abschnitt des Tier-Kapitels hat zur Aufgabe, an den Wesensmerkmalen der höheren Tiere das Stattfinden des zentralistischen Positionalitätsmodus nachzuweisen, unter dem das Gelingen der Synthesisleistung dem Tier als Individuum anheimgestellt ist. Dies ist zunächst an den Wesensmerkmalen des Organismus und in Anschluß daran an den Wesensmerkmalen der Individualität nachzuweisen.

An der organischen Physiognomie der höheren Tiere fällt in erster Linie die Ausbildung von *Gehirn* und *zentralem Nervensystem* auf. Im Gegensatz zu den niederen Tieren verfügen die höheren Tiere über Zentren, die die Organzonen ihrerseits zusammenfassen und die auf die Ausübung von bestimmten Funktionen spezialisiert sind. Damit besitzen die höheren Tiere organische Korrelate der individuellen Synthesisleistung.

Des weiteren müssen wir nach den Wesensmerkmalen fragen, die am Organismus der höheren Tiere die Bedingungen dafür darstellen, daß seine Integration in den Lebenskreis in Vermittlung durch die individuelle Synthesisleistung geschieht. Der Zusammenschluß von Merken und Wirken soll nicht – wie beim niederen Tier – a priori durch den Funktionskreis der Gattung festgelegt, sondern unter dem Funktionskreis dem höheren Tier als Individuum überantwortet sein. Unter dem zentralistischen Positionalitätsmodus reagiert das höhere Tier *aufgrund* von Empfindungen, weshalb Plessner auch vom *Primat des Sensorischen* bei den höheren Tieren spricht.

Die individuelle Wahl der auszuführenden Handlung wird auf der Ebene des *Merkens* durch die *Differenzierung der Rezeptoren* ermöglicht. Mit der Differenzierung des Merkens ist dem höheren Tier ein „Überschuß an Gegebensein (gewährt; O. M.), der nicht mehr auf einzelne bestimmte Aktionen und Aktionsketten, sondern nur noch auf einen Aktions*typus* relativ ist". (SOM, 317) Auf diese Weise ist die Brechung der Sensorik und der Motorik durch den Funktionskreis allein in bezug auf einen bestimmten Reaktionstyp – also z.B. zu fliehen, anzugreifen, zu fressen usw. – a priori verschränkt. Offen, und d.h. dem höheren Tier als Individuum überlassen, bleibt, welche Handlungen es ausführt, um das instinkthaft vorgegebene Ziel zu erreichen. Je differenzierter die Sensorik und damit die Repräsentation des Umfeldes ist, desto größer ist die Breite an Aktionsmöglichkeiten, unter denen das tierische Individuum wählen kann. Darüber hinaus verfügt das höhere Tier nun auch über *Rezeptoren*, die an *die Effektoren angeschlossen* sind. Auf diese Weise umgreift die Merksphäre der höheren Tiere ihre Wirkungen, so daß das Tier über die organischen Voraussetzungen verfügt, um seinen Leib und die Situation seines Leibes im Umfeld zu erfahren. (Vgl. EdM, 136) Die Merksphäre der höheren Tiere umfaßt folglich nicht nur Signale, sondern auch ein solch differenziertes Bild des Umfelds und des Leibes, das es ihm gestattet, individuell zwischen verschiedenen Handlungsmöglichkeiten zu wählen, um seine Bedürfnisse zu befriedigen bzw. Reize zu beantworten.

Auf der Ebene des *Wirkens* wird dem höheren Tier die individuelle Wahl der bestimmten Reaktionsweise dadurch ermöglicht, daß das Wirken *dem zentralen Nervensystem unterstellt* ist. Zwischen die Sphären des Merkens und des Wirkens ist das zentrale Nervensystem eingeschaltet. Indem seine Wirksphäre nicht nur zentral zusammengefaßt sondern darüber hinaus dem Zentralorgan unterstellt ist, verfügt das höhere Tier über die organische Bedingung, um seine Handlungen individuell zu beginnen.

Der gattungsmäßig festgelegte Rahmen, unter dem sich das tierische Individuum als Hier-Jetzt-Zentrum realisieren kann, ist im Gehirn organisch ausgebildet. Die Strukturen, innerhalb derer das tierische Individuum gemerkte Umfeldeindrücke empfangen und mit Reaktionen verknüpfen kann, sind in der räumlichen Ausbildung des Gehirns festgelegt.[190] Das Gehirn kann nur dann die Funktion erfüllen, die Strukturen des Umfeldes und des Leibes zu repräsentieren, wenn es als Organ im tierischen Organismus zugleich gegen dessen Lageveränderungen neutralisiert ist. Die Neutralisierungsfunktion wird von *Organen des Gleichgewichts- und des Raumsinns*, insbesondere von den im Innenohr angesiedelten Bogenganglien übernommen. Diese regulieren die Beziehung des tierischen Körpers zum Erdmittelpunkt und stellen auf diese Weise „ein festes Koordinatensystem dar [...], in welches der eigene Körper und die Veränderungen des Außenfeldes wie in ein festes Maßsystem im Dunklen und im Hellen eingetragen sind". (SOM, 326) Aufgrund seiner Neutralisierung gegen die Bewegungen des Körpers in Raum und Zeit macht das Zentralorgan einen gattungsmäßig festgelegten Rahmen aus, der es dem höheren Tier als Individuum ermöglicht, sich als absolutes Hier und Jetzt und d.h. als Zentrum seines Raumes und seiner Zeit zu verwirklichen.[191]

---

[190] Vgl. SOM, 324f.: „Wie für die eigenen Organe und ihre Funktionen stellvertretende Gebiete im Gehirn entstehen, so auch für die Gliederung des Außenfeldes entsprechend der Übermittlung durch die Sinnesorgane. [...] Die Auswahl dessen, was ihm bemerkbar werden und worauf es wirken kann, ist zwar nicht für jede Einzelheit, wohl aber für den Typus von vornherein festgelegt. Die ‚Weite' des Typus ist großer Variation fähig, das Schema umfaßt im einen Fall sehr viele Gegenstands- oder Bewegungsarten, im anderen Fall nur bestimmte Gegenstände und Bewegungen."

[191] Vgl. SOM, 326: „Physiologisch gibt es damit einen absoluten Raum wie durch die Regelung der Bewegungsabfolge eine physiologisch absolute Zeit. Absolut sind sie nur für den Organismus, der an ihnen jedoch unverrückbare Koordinaten seiner räumlich-zeitlichen Stellung besitzt. In dieser

Explizit wendet sich Plessner gegen den weit verbreiteten naturalistischen Fehlschluß von der Funktion des Gehirns als Repräsentationsorgan zu seiner Auszeichnung als Träger des Bewußtseins. Eine solche Position stünde vor dem Problem, erklären zu müssen, wie das Gehirn nervöse Prozesse in Bewußtseinsgehalte übersetzen könne. Dieser naturalistischen Reduktion der Bewußtseinsgehalte auf Nervenerregungen stellt Plessner seinen phänomenologischen Ausgriff auf die Wesensmerkmale tierischen Lebens unter dem zentralistischen Positionalitätsmodus entgegen. (Vgl. SOM, 329f.) Auf diese Weise gelingt es ihm, das Ineinandergreifen von Organbeschaffenheit und Vollzug der Individualität zu begreifen und darin beider Eigenständigkeit festzuhalten. „Eine Erregung der Retina, des Optikus, des Occipitallappens ist weder die gesehene Figur noch bedeutet sie solche. Sie entspricht ihr nur, wie auf besondere Reize das Nervensystem mit besonderen Erregungen anspricht. Dieses Ansprechen setzt von Fall zu Fall die *Unterbrechung, Hemmung, Pause* (zwischen Reiz und Reaktion), *welche positional* das Sein eines Selbst in Mittelstellung, d.h. sein ‚gegen Etwas im Umfeld' Sein oder seine Anschauung von Etwas *ist.* [...] Nervöse Erregungen des sensorischen (und motorischen) Apparates schaffen dem Lebewesen nur die jeweiligen Gelegenheiten, jene Mittelstellung einzunehmen, als welche und in welcher sein bewußtes Leben sich abspielt." (SOM, 330)

Das Obige konnte die organischen Wesensmerkmale der höheren Tiere einsehen, die es dem Individuum ermöglichen, die Integration des Organismus in den Lebenskreis zu vollziehen.

In ihrem zweiten Schritt hat sich die Deduktion des zentralistischen Positionalitätsmodus den Wesensmerkmalen der höheren Tiere anzunehmen, in denen sich das höhere Tier in der Zuordnung von erwirkten Reaktionen auf gemerkte Reize zu individualisieren bzw. als Zentrum seines Leibes und seines Umfeldes zu konstituieren vermag. Im folgenden soll an den Wesensmerkmalen, die die Individualität des höheren Tieres auszeichnen, nachgewiesen werden, daß das Tier als absolutes Hier und Jetzt den strukturierenden Bezugspunkt seines Umfeldes bildet.

Die Bezogenheit des Umfeldes auf das höhere Tier als absoluter Hier-Jetzt-Punkt zeigt sich an der Beschaffenheit der ihm zugänglichen Objekte, insofern diese *Aktionsobjekte* darstellen. Zunächst einmal kann das höhere Tier im Gegensatz zum niederen Tier seine Umfeldobjekte nicht nur als Merkmalträger sondern deswegen zugleich auch Wirkungsträger erfahren, da seine Sensoren an seine Effektoren angeschlossen sind. Auf diese Weise verfügt das höhere Tier über die organischen Voraussetzungen, um seine Aktionen im Umfeld zu lenken und um Erfahrungen von seinen Wirkungen auf das Umfeld und dadurch von seiner Situation im Umfeld zu machen.[192] Entscheidend ist nun, was für das

Einschränkung entsprechen sie dem Positionalitätscharakter des Lebewesens, das ein absolutes raum-zeithaftes Hier-Jetzt bildet. Sie entsprechen ihm, wie Räumlichkeit der Raumhaftigkeit, Zeitlichkeit der Zeithaftigkeit entspricht."

[192] Vgl. SOM, 320: „Ist jedoch das Organisationsprinzip der geschlossenen Form auf die Motorik des Körpers ausgedehnt und der Kreis der sensomotorischen Funktionen, dessen Planeinheit der Körper selbst ist, im Zentralorgan noch einmal geschlossen, merkt das Tier seine Bewegungen im Umfeld, so merkt es sich, seinen Leib, die von ihm selbst eingenommene Zone, – das Umfeld rückt mit ei-

höhere Tier den Rückhalt bildet, der es ihm ermöglicht, die verschiedenen sinnlich gegebenen Gehalte zu einem zusammenhängenden Dinggebilde zusammenzufassen. Diesen Hintergrund der Dingerfahrung findet Plessner in der *Ausrichtung auf die vitale Aktion*. Wie wir aus dem Obigen wissen, sind die dem höheren Tier merkbaren Reize nicht mehr als Signale auf bestimmte Reaktionen sondern in der Differenziertheit allein noch auf Reaktionstypen ausgerichtet. Damit bildet der Bezug auf je bestimmte Formen des Handelns den gattungsmäßig festgelegten Rahmen, innerhalb dessen die individuelle Erfahrung des Umfeldes stattfinden kann. Vor dem Hintergrund dieses apriori festgelegten Rahmens des „Mit-dem-Umfeld-Umgehen-Könnens" (SOM, 321) eröffnen sich für das höhere Tier individuelle Möglichkeiten bzw. *Ansatzpunkte* (am Umfeld und an seinem Leib), um zu *handeln*. Diese vorgängige Griffigkeit des Umfeldes stellt für das Tier als Individuum den Rahmen dar, innerhalb dessen es Handlungen *initiieren* und zwischen einzelnen Handlungsabläufen *wählen* kann.[193]

Als derartige Aktionsobjekte sind die Umfelddinge, die dem Tier gegeben sind, auf dieses relativ bzw. auf es als Zentrum bezogen. In dieser Hinsicht unterscheidet Plessner die Wahrnehmungsdinge des höheren Tieres und des Menschen. Erstere sind auf ihre Handhabbarkeit, letztere dagegen auf ihren Dingkern als Fluchtpunkt ihrer Eigenschaften bezogen. Infolgedessen fehlt den höheren Tieren die Möglichkeit, die Eigenständigkeit der Objekte zu erfassen, die ihnen in der Wahrnehmung gegeben sind. Plessner spricht dementsprechend davon, daß das höhere Tier allein *Feldverhalte* und *nicht* wie der Mensch *Sachverhalte* einzusehen vermag. Unter Feldverhalten versteht Plessner „Strukturbeziehungen zwischen vorhandenen Elementen im Umfeld". (SOM, 343) Damit bezeichnet der Feldverhalt eine solche Situation des Umfeldes, der ein vom Tier unabhängiger Rahmen fehlt. Die Umfeldsituation hat für das Tier allein in bezug auf es selbst als Hier und Jetzt bzw. auf die eigenen Handlungsmöglichkeiten Sinn. Sie

---

gener Grenze von ihm ab und bekommt Struktur. [...] Nun ist es in die Lage versetzt, seine Aktionen zu lenken, impulsiv in Gang zu bringen und zu bremsen, ihren Ablauf zu kontrollieren und zu modifizieren. Jetzt hat es sich in den Griff bekommen, wie es die Griffe am Umfeld, die Eingriffe des Umfeldes spürt. Das Umfeld präsentiert sich griffig, nicht mehr als reine Merksphäre, sondern als Merk- und Wirksphäre. Es ist Signalfeld und Aktionsfeld in Einem."

[193] Vgl. SOM, 322f.: „Was als Struktur der Haltbarkeit am Dinggebilde auftritt, ist in Wahrheit sein Bezug zur Motorik des Lebewesens, welches das Ding wahrnimmt. In dieser besonderen Schematisiertheit auf die vitale Aktion besteht für ein Zusammen sinnlicher Gehalte seine Dinglichkeit. Lenkbarkeit der Bewegungen mit dem eigenen Körper (auf Grund der Empfindbarkeit der Bewegungen) und dingliche Struktur des Umfeldes entsprechen einander. Zentralistische Organisation eines lebendigen Körpers und Auftreten von Dingen in seinem Merkfeld sind notwendig koexistent. In der Empfindung der Griffigkeit der Dinge seines Umfeldes ist das Lebewesen ihm selbst vorweg. Weil es selber aber in der Weise ist, daß es ‚sich' (als Leib) und das Positionsfeld ‚hat', so muß man dem Satz die Form geben: In der Empfindung der Griffigkeit der Dinge *hat* das Lebewesen sich und sein Positionsfeld vorweg. Hiermit ist zugleich der Grund angegeben, warum im Merkfeld ‚Möglichkeiten' auftreten [...]. Die in der sinnlichen Konfiguration des Gebildes unmittelbar präsente Möglichkeit dagegen, welche es zum ‚Ding' macht: Auf einem Stuhl Platz zu nehmen, aus einer Tasse zu trinken oder sie in die Hand zu nehmen, diese vom Phänomen implizierte Möglichkeit ist nichts Abstraktes. Sie umfaßt nur die Ansatzpunkte lebendigen Handelns."

verfügt damit für das Tier über keinen *sachlichen* Sinn. Plessner begründet die Schranke tierischer Einsicht im spezifischen Mangel auch noch des höheren Tieres, unter dem zentralistischen Positionalitätsmodus zu dem eigenen In-seine-Mitte-Gestelltsein nochmals in Beziehung treten zu können. Derart fehlt auch dem höheren Tier noch die Fähigkeit zur Distanznahme von sich als Individuum bzw. als Hier-Jetzt-Punkt. Es erlebt bzw. hat zwar seinen Leib, kann sich jedoch nicht mehr von der eigenen Zentralität distanzieren und sein Leibhaben dadurch seinerseits noch erfahren. Analog dazu hat es sein Umfeld nur in der raum-zeithaften Beziehung auf sich als absolutes Hier und Jetzt. In Ermangelung der Fähigkeit zur Distanznahme vom individuellen Hier und Jetzt kann es jedoch weder zum Gegenstandscharakter selbständiger Dinge noch zur Äußerlichkeit der von ihm unabhängigen Dimensionen der Räumlichkeit und Zeitlichkeit vordringen.[194] Plessner faßt diesen Mangel zur Distanz von der eigenen Individualität, der sowohl am Leib- als auch am Umfelderleben auftritt, als *fehlenden Sinn fürs Negative*.

Die Fähigkeit der höheren Tiere, Einsicht in Feldverhalte zu erreichen, läßt sich sowohl an den charakteristischen Stärken als auch an den spezifischen Schwächen nachweisen, auf die die Verhaltensbiologie in ihren Schimpansenversuchen gestoßen ist. Wolfgang Köhler wollte mit seinen verhaltensbiologischen Versuchen zu Beginn des 20. Jahrhunderts primitive Intelligenzleistungen bei Schimpansen und auf diese Weise eine kontinuierliche Evolution vom Tier zum Menschen nachweisen. Als *intelligentes Verhalten* bezeichnet er dabei solche Handlungen, in denen eine Schwierigkeit aufgrund von Einsicht bewältigt wird. (Vgl. SOM, 337) Vor dem Hintergrund der Plessnerschen Hypothese, daß Tiere zur Einsicht in Feldverhalte fähig sind, müssen wir diese Köhlersche Erwartung dahingehend präzisieren, daß von höheren Tieren zwar echte Einsicht zu erwarten ist, es sich dabei jedoch allein um Einsicht in Feld- nicht in Sachverhalte handelt. Deswegen ist gegen Köhler an der prinzipiellen Schranke zwischen tierischem und menschlichem Erleben festzuhalten.

Intelligentes Verhalten bzw. Handlungen aufgrund von Einsicht zeigen die Schimpansen in den Köhlerschen Versuchen, indem sie zwischen sich und dem von ihnen angestrebten Ziel *indirekte Verbindungen* herstellen. (Vgl. SOM, 337f.) So sind Schimpansen z.B. imstande, zu ihrem Ziel auch dann zu gelangen, wenn sie es nur über einen Umweg, durch Einschalten von Hilfsmitteln oder von nicht direkt auf das Ziel bezogenen Zwischenschritten erreichen können.

Ihre *Fähigkeit, Werkzeuge zu gebrauchen und zu erfinden*, kontrastiert mit den *Schwächen*, die die Köhlerschen Experimente von den Intelligenzleistungen der Schim-

[194] Vgl. SOM, 342: „In dem Verhältnis von Lebewesen und Umfeld, wie es für das höhere Tier kennzeichnend ist, fehlt auf der Seite des Subjekts wie auf der des Feldes die Abgehobenheit von dem selbst nicht mehr Inhalt werdenden Grund des Bewußtseins. Sowohl sich selber ist das Subjekt verborgen – es hat nur seinen Leib und geht in der raum-zeithaften Zentralität subjektiven Lebens auf, ohne es zu erleben, ist von ihm aus reines Mich, nicht Ich – wie auch das Umfeld in seinen Grenzen, das endlich (für den Betrachter von außen), aber nicht begrenzt (für das Tiersubjekt) ist. Infolgedessen *muß* dem Tier jede Art Anschauung homogener Leere in Raum und Gestalt versagt sein [...].“

pansen ergeben haben. Zwar können die Schimpansen Zwischenglieder (etwa eine Kiste oder eine Leiter) einbauen, um zu ihrem Ziel zu kommen; sie sind jedoch *nicht* imstande *Hindernisse wegzuräumen*. (Vgl. SOM, 340) Ebenfalls haben sie sich als *nicht fähig* gezeigt, aneinander gerückte Gegenstände, etwa eine Kiste an einer Wand, als verschiedene Dinge wahrzunehmen, so daß ihnen die Kiste als Werkzeug verloren geht, wenn sie an die Wand geschoben wird. (Vgl. SOM, 340)

All' diese Wesensmerkmale des Verhaltens höherer Tiere bestätigen ihre Fähigkeit, Feldverhalte einzusehen. Es ist ihnen folglich ein auf sie zentriertes Umfeld erfahrbar, das durch den Bezug auf das Tier als absoluten Hier-Jetzt-Punkt zusammengehalten wird. Die Dinge des tierischen Umfeldes sind Aktionsobjekte, die für das Tier verschiedene Möglichkeiten des Manipulierens aufweisen und darin triebgebunden sind.[195] Gleichzeitig sind mit dem fehlenden Sinn fürs Negative die Grenzen tierischer Einsicht in ihr Medium abgesteckt: weder verfügen sie über ein ihnen gegenüber indifferentes Koordinatensystem der Räumlichkeit und der Zeitlichkeit, innerhalb dessen die Dinge des Umfeldes wie sie selbst angesiedelt wären; noch können sie die Umfelddinge als kernige und d.h. eigenständige Dinge erfahren.

Im Gegensatz zu den niederen Tieren sind die höheren Tiere schließlich in weit größerem Maße lernfähig. Mit der Zunahme ihrer Fähigkeit, zwischen Handlungen zu wählen und Handlungen aufgrund von Einsicht festzulegen, nimmt auch ihre Fähigkeit zu, aus ihrer Vergangenheit zu lernen und ihre Handlungsweisen zu korrigieren. Der Rahmen, der den höheren Tieren die Möglichkeiten absteckt, sich zu erinnern, besteht in der Triebrichtung ihres in die Zukunft gerichteten Wollens.

An den Wesensmerkmalen, die die Individualität der höheren Tiere auszeichnen, hat sich folglich nachweisen lassen, daß das Tier als Individuum bzw. als absoluter Hier-Jetzt-Punkt das Strukturprinzip seines Umfeldes bildet. Damit konnte sowohl an den Wesensmerkmalen des Organismus als auch der Individualität nachgewiesen werden, daß das Gelingen der individuellen Synthesisleistung dadurch sichergestellt wird, daß sie unter dem gattungsmäßig festgelegten Funktionsplan weitestgehend dem höheren Tier als Individuum überantwortet wird.

d. Der exzentrische Positionalitätsmodus des Menschen

Im folgenden soll der exzentrische Positionalitätsmodus in einem ersten Schritt (unter A.) strukturell bestimmt und in einem zweiten Schritt (unter B.) an den Wesensmerkmalen menschlichen Lebens ausgewiesen werden. Damit steht das jetzige Unterkapitel jedoch vor einer anderen Herausforderung als die beiden vorhergehenden zum pflanzlichen und

[195] Vgl. SOM, 342: „Wozu kein Trieb ist, davon bleibt auch die Wahrnehmung schwach, oberflächlich und fällt unter Umständen ganz aus. Das Tier nimmt Dinge wahr, deren Kernstruktur motorische Bedeutung hat und in dem Verhältnis zu seinen Aktionen ihre Deckung, ihren ‚Sinn' findet. Es ist noch nicht zum Sachcharakter des Gegenstandes erwacht, faßt noch nicht die vollkommene Ablösbarkeit der Dinge vom Kreis der Wahrnehmungen und Handlungen, merkt noch nicht ihre innere Selbstgenügsamkeit. Ihm ist noch nicht der Sinn für das Negative, in welcher Form immer, aufgegangen. Abwesenheit, Mangel, Leere – sind ihm verschlossene Anschauungsmöglichkeiten."

tierischen Leben. Im folgenden muß es um die Bestimmung unserer eigenen menschlichen Natur bzw. des menschlichen Seins überhaupt gehen. Damit wird nicht nur die Frage nach der Grundschicht von Wirklichkeit überhaupt direkt gestellt; die Beschäftigung mit dem menschlichen Sein rückt abermals Plessners methodisches Vorgehen ins Zentrum der Aufmerksamkeit. Hier sind wir damit innerhalb der Naturphilosophie an den Punkt angelangt, an dem Plessner seinen Verschränkungsansatz durchhalten muß. Inhaltlich können wir erwarten, daß er das Wesen bzw. die Grundschicht menschlichen Seins gegenüber einer begrifflichen Festlegung offenhält; methodisch muß er hier wie bereits in den früheren Schritten seiner Naturphilosophie den Ansatz der doppelseitigen Deduktion durchhalten, um die Verabsolutierung sowohl der Struktur exzentrischer Positionalität als auch der Tatsächlichkeit menschlichen Lebens zu unterlaufen.

(A.) Der exzentrische Positionalitätsmodus und der Doppelaspekt des Stehens im Hier und Jetzt *und* im Nichts als spezifisch menschliche Einheitsbildung im Doppelaspekt von Individuum und Organismus

(α.) Die Exzentrizität des Stehens im Hier und Jetzt und im Nichts als menschlicher Modus der Positionalität

Indem Plessner den spezifisch menschlichen Modus der Positionalität als *exzentrisch* bestimmt, gelingt ihm ein doppelter Schachzug. Zum einen erlaubt ihm der theoretische Zugriff auf die Typen der Positionalität menschliches, tierisches und pflanzliches Lebens in einer Perspektive zu betrachten und sie in bezug auf die Spezifik ihrer Positionalität und d.h. in bezug auf die Art, in der sie sich zu ihrem Ort in Raum und Zeit in Verhältnis setzen, prinzipiell zu unterscheiden. Zum anderen verschafft er sich auf diese Weise die Möglichkeit, einen dritten Ansatz gegenüber dem naturalistischen und dem idealistischen Verständnis des menschlichen Lebens zu entwickeln. Der naturalistische Ansatz, der den Menschen als höheres Tier versteht, reduziert das menschliche Erleben auf den bewußten Ausgriff auf das eigene Umfeld und den eigenen Leib im Ausgang vom individuellen Zentrumsein. Das subjektive Erleben des Menschen will der Naturalismus ganz wie beim Tier in den Horizont gebannt wissen, den Triebe und Bedürfnisse ihm eröffnen. Triebe allerlei Art werden dann als vorgängige Gesetze angenommen, denen das menschliche Individuum in seiner synthetischen Verschränkung von Merken und Wirken unterworfen sein soll. Die Grenzen, die oben für die tierische Intelligenz aufgezeigt wurden, das eigene Subjektsein nicht mehr erfahren zu können, müßte der Naturalismus dementsprechend auch für das menschliche Erleben behaupten. Nicht nur geht dies an den Merkmalen menschlichen Lebens vorbei. Darüber hinaus widerspräche sich der Naturalismus schon insofern, als er selbst eine Theorie vom menschlichen Erleben gibt und darin die Fähigkeit bezeugt, sich zur eigenen Subjektivität in Beziehung zu setzen. An dieser Fähigkeit zum Selbstbewußtsein setzt das idealistische Verständnis menschlichen Lebens an. Indem der Idealismus den Menschen immer schon über sein Hier und Jetzt hinaus weiß, kann er die menschliche Fähigkeit zum Selbstbewußtsein bzw. zur Reflexion auf sein unmittelbares Erleben begreifen. Indem der

Idealismus das Selbstbewußtsein auf diese Weise jedoch als selbstbezügliche Sphäre setzt, die im Nichts steht, ist es ihm nicht mehr möglich, die Frage nach dem Sein menschlichen Bewußtseins zu beantworten.

Gegenüber der naturalistischen Reduktion des menschlichen Ichs auf das unmittelbare Erleben aus der Mitte seines Leibes und seiner idealistischen Auflösung in die selbstbezüglichen Bedeutungszusammenhänge des Geistes jenseits des Lebens tritt Plessner mit seiner Hypothese von der Exzentrizität menschlichen Lebens für das *Zugleich* des Stehens im Hier und Jetzt *und* des Stehens im Nichts ein.[196] Das menschliche Ich stellt damit die tatsächliche Verschränkung der geistigen Sinnbezüge und des individuellen Lebens aus der Mitte des eigenen Leibes dar. So können wir in den „Stufen" lesen, dem Menschen sei „der Umschlag vom Sein innerhalb des eigenen Leibes zum Sein außerhalb des Leibes ein unaufhebbarer Doppelaspekt der Existenz, ein wirklicher Bruch seiner Natur". (SOM, 365) Das entscheidende Problem, das diese Position zu bewältigen hat, besteht darin, das „Und" durchzuhalten und die Sphäre des Geistes unter der Hand nicht zu einer Versöhnungssphäre zu hypostasieren, in die das Stehen in der Mitte des Leibes aufgehoben ist. Es handelt sich dabei um ein Problem sowohl inhaltlicher als auch methodischer Art.

Auf inhaltlicher Ebene kann die Und-Beziehung von Stehen im Hier und Jetzt *und* im Nichts allein dann durchgehalten werden, wenn das menschliche Ich unter der Hypothese des *Zugleich* vom Stehen in der Mitte des eigenen Leibes und im Nichts bestimmt wird. Es kann folglich nicht darum gehen, Kategorien des reinen, vom Erleben aus dem Hier und Jetzt unterschiedenen Ichs anzugeben, da man dadurch eine gegen die Leiblichkeit abgeschlossene Sphäre der Reflexivität konstruierte. Unter der Hand wäre das reine Ich zum transzendentalen Ich und damit zur Ermöglichungsbedingung des empirischen Ichs bzw. der Bewußtseinsakte im Ausgang vom Hier und Jetzt geworden. Damit wäre die Gleichursprünglichkeit des Stehens in der Mitte des eigenen Leibes *und* im Nichts zugunsten einer vorgängigen (im Nichts stehenden) Sphäre der Subjektivität

[196] Joachim Fischer zeigt, daß Plessner den Begriff der Exzentrizität von Ludwig Klages übernimmt und transformiert. Vgl. Joachim Fischer, Exzentrische Positionalität – Plessners Grundkategorie der Philosophischen Anthropologie, in: Deutsche Zeitschrift für Philosophie, 48 (2000) 2, 265–288, hier: 277f.: „Der ‚Geist' sei die ‚Exzentrizität der Seele', die ‚Hinausverlagerung des Lebens an den exzentrischen Ort des Geistes' hatte Ludwig Klages 1921 geschrieben. Dessen lebensphilosophische Begrifflichkeit baute Plessner offensichtlich – ohne weitere Angabe – in die Kategorienbildung der ‚exzentrischen Positionalität' ein. Lebensphilosophisch gesehen war allerdings der Geist eine abzuwehrende Gleichgewichtsstörung, weil er, machtvoll von außen eindringend, die Kraft der konzentrischen Leibseele ex-zentrierte. Plessner nimmt den Klagesschen Begriff der ‚Exzentrizität' [...], um ihn im Zeichen der Philosophischen Anthropologie zur Einhegung der a-rationalen Lebensphilosophie zu verwenden. Gegen deren Option, vom biozentrischen Primat her Geist als logozentrischen Einbruch von außen in die intakte Lebenskugel zu verstehen und damit den Menschen als Erkrankung des Lebens, kennzeichnet Plessner im philosophisch-anthropologischen Begriff ‚exzentrische Positionalität' die Geist heraussetzende Lebensform als lebensfähige. Denn Exzentrizität als Heraussetzung des Lebenszentrums in seine eigene Grenze ist eine Ausdifferenzierung des Lebens innerhalb einer Möglichkeitslogik des Lebens [...]." Fischer hat diese Beerbung Klages durch Plessner und Scheler bereits in seiner sehr informativen und belehrenden Studie „Philosophische Anthropologie – Zur Bildungsgeschichte eines Denkansatzes" (Göttingen 2000, 46) erwähnt.

aufgegeben. Plessner hält die exzentrische Brechung des Ichs durch, indem er sie als Modus der Positionalität begreift. Im folgenden soll der exzentrische Modus der Positionalität deswegen als in sich gebrochenes Verständnis des menschlichen Ichs begriffen werden, das zugleich als Mitte des eigenen Leibes und in der Abhebung vom eigenen Hier und Jetzt realisiert ist.

Die Rede von „Positionalität" zielt – wie wir oben gesehen haben – auf die Reflexivität, die dem Lebendigen in der Realisierung seiner Grenzen zukommt. Im Grenzvollzug setzen sich lebendige Dinge von sich aus in Beziehung zu der Position in Raum und Zeit, an der sie sich als physischer Körper befinden. Auf diese Weise erscheint ihr Dingkern für die Anschauung nicht allein als Fluchtpunkt, der ihre Eigenschaftsseiten trägt, sondern als durch den Grenzvollzug hindurchgegangenen, bzw. in ihm gesetzt. Bisher hatte sich an der Tatsächlichkeit pflanzlichen Lebens nachweisen lassen, daß die positionale Selbstbezüglichkeit der Pflanze auf unmittelbare Weise bzw. als Moment des Grenzvollzugs realisiert ist. Die Pflanze erscheint dadurch in ihrem Sein als hindurchgegangen und zur unmittelbaren Einheit von Organismus und Individuum verschränkt. Von diesem unmittelbaren Positionalitätsmodus der Pflanze wurde im letzten Abschnitt der zentrische Positionalitätsmodus des Tieres unterschieden. Das tierische Leben hat sich als dadurch ausgezeichnet ergeben, daß es mittelbar über ein von der Körpersphäre abgehobenes Zentrum des Hier und Jetzt zu seinem Ort in Raum und Zeit in Beziehung steht. In dieser Abhebung von individuellem Zentrum und Organismus vollzieht sich die Verschränkung zur tierischen Einheit. Vom Positionalitätsmodus menschlichen Lebens wissen wir bereits, daß Plessner ihn als exzentrisch bezeichnet. Er bezieht sich darin auf die spezifisch menschliche Fähigkeit, nochmals vom eigenen Zentrum des Hier und Jetzt Distanz nehmen zu können.

Explizit wendet sich Plessner gegen die naheliegende substantialisierende Vorstellung, daß sich vom Zentrum des Hier und Jetzt ein weiteres Zentrum des Geistes abheben lassen müsse, für das der individuelle Lebensvollzug im Ausgang vom Hier und Jetzt gegeben sei. (Vgl. SOM, 361f.) Eine solche Doppelung oder Spaltung des Zentrums könne zwar die menschliche Fähigkeit erklären, sich vom eigenen Zentrum-Sein bzw. vom Individual-Ich zu distanzieren, bringe jedoch unauflösbare Probleme mit sich. Nicht nur müßte man schon als Ermöglichungsbedingung der eigenen Theorie abermals ein weiteres Zentrum annehmen, das in die Lage versetzte, nochmals auf diese Selbstreflexion zu reflektieren. Ein infiniter Regreß wäre also vorprogrammiert. Darüber hinaus widerspräche ein solches Hintereinanderschalten von Zentren der Nichtrelativierbarkeit der positionalen Mitte des Hier und Jetzt. Es soll aber ja gerade die Fähigkeit verstanden werden, noch auf die Mitte reflektieren zu können, von der man die eigenen Lebensvollzüge initiiert.

Der Zwang zur Verdoppelung des Zentrums kann jedoch unterlaufen werden, wenn man am Verständnis der positionalen Mitte als Sphäre der Individualität festhält, die sich im *Vollzug* (aus der Mitte des eigenen Leibes) konstituiert.[197] Jetzt läßt sich der

[197] Vgl. SOM, 362: „Solange man allerdings das positionale Zentrum, das Subjekt als eine fix und fertig vorhandene Größe denkt, die es einfach gibt wie irgendein körperliches Merkmal, kommt

exzentrische im Unterschied zum zentrischen Modus der Positionalität als ein solcher individueller Lebensvollzug begreifen, der im Ausgang vom Hier und Jetzt nochmals auf ein hinter ihm stehendes Zentrum bezogen ist. Auf diese Weise ist der Mensch nicht nur wie das Tier „in seine eigene Mitte gesetzt", sondern nochmals „in das in seine eigene Mitte Gesetztsein gesetzt". (SOM, 362) Unter dem zentrischen Positionalitätsmodus ist die positionale Selbstbezüglichkeit dadurch realisiert, daß sich das Tier im Rückbezug auf seinen Leib als Individuum bzw. als Zentrum des Hier und Jetzt herausbildet. Indem sich die tierische Subjektivität im Bezug auf den eigenen Leib vom Organismus als eigenständige Seinssphäre abhebt, bleibt sie auf diesen zugleich rückbezogen. Deswegen kann sich das Tier nicht nochmals auf diese individuell vollzogene Selbstbezüglichkeit beziehen. Demgegenüber bestimmt Plessner die für menschliches Leben charakteristische positionale Selbstbezüglichkeit dadurch, daß das menschliche Individuum in den Vollzug des „Sich" gestellt ist. Die positionale Selbstbezüglichkeit, die im menschlichen Leben realisiert ist – von Plessner als „Ich" benannt – zeichnet sich derart durch den Rückbezug nicht nur auf den eigenen Leib, sondern darüber hinaus auch noch auf diese Rückbezüglichkeit selbst aus. In diesem Selbstbezug auf die individuell vollzogene Selbstbezüglichkeit hat der Mensch Selbstbewußtsein. In seinen Metaphysikvorlesungen versinnbildlicht Plessner das menschliche Ich in der Metapher der noch einmal gegen sich selbst gewendeten Lebensachse.[198]

In ihrer methodischen Anlage darf Plessners naturphilosophische Darstellung des menschlichen Lebens keine Theorie darstellen, die das Ganze menschlicher Wirklichkeit im Ausgang von einem archimedischen Standpunkt bestimmt. Wenn es nämlich möglich wäre, einen solchen letzten Grund menschlicher Wirklichkeit theoretisch einzunehmen, dann wäre die These vom Stehen im Bruch des Hier und Jetzt *und* des Nichts bloße Rhetorik. Dies hat zur Konsequenz, daß auch noch die Behauptung der exzentrischen Positionalität als Wahrheitsgrund menschlichen Seins überhaupt unterlaufen werden muß. Wenn man der Einsicht in die exzentrische Entzogenheit eines letzten Grundes gerecht werden will, dann darf man diese Heterogenität in der methodischen Anlage des eigenen Denkens gerade nicht als Standpunkt der Wahrheit in Anspruch nehmen. Eine Anthropologie exzentrischer Positionalität muß mit anderen Worten in Selbstwidersprüche münden, weil sie sich in ihrem methodischen Vorgehen in den Wahrheitsgrund stellt, den sie selbst als entzogen behauptet.

---

man an der Vermannigfachung und allen damit verbundenen Unmöglichkeiten nicht vorbei. Aber so bequem diese Anschauung ist, so falsch ist sie auch. Sie vergißt, daß es sich um einen positionalen Charakter handelt, dessen Vorhandensein an einen Vollzug oder eine Setzung gebunden ist; Vollzug und Setzung im Sinn der Lebendigkeit eines Seienden, wie sie durch die Grenze als Konstitutionsprinzip bestimmt wird."

[198] Vgl. EdM, 186: „Das Ich ist also nicht ein kleiner Punkt, eine kleine Lebensachse, um die sich nun alles herumdreht, sondern diese Achse hat das Eigenartige, sich immer auf sich selber zu wenden, noch einmal um sich selbst zu rotieren durch diese merkwürdige in der Ichhaftigkeit gegebene Möglichkeit des dauernden Hinter-sich-Zurücktreten-Könnens, des dauernd auf sich, auf sein eigenes Sein blicken zu können."

Die vorliegende Rekonstruktion von Plessners Unternehmen einer Neuschöpfung der Philosophie hat es sich zur Aufgabe gemacht, dieses Dilemma zu unterlaufen. Die in sich gebrochene Anlage der Plessnerschen Lebensphilosophie wurde deswegen nicht anthropologisch – im Rückgriff auf die exzentrische Positionalität – begründet; das erste Kapitel meiner Studie hat sie vielmehr als Plessners Antwort auf die Herausforderung rekonstruiert, unter den Bedingungen der Moderne am Anspruch auf philosophische Orientierung festzuhalten. Die in sich gebrochene Lebensphilosophie hat sich damit nicht als Konsequenz aus der exzentrisch gebrochenen Grundverfaßtheit menschlichen Lebens, sondern gerade als ein Ansatz ergeben, der die Bedingtheit des eigenen philosophischen Ausgangspunkts mitreflektiert. Die in sich gebrochene Lebensphilosophie ist als Plessners Ansatz verstanden worden, das Lebensparadigma seiner Zeit von innen heraus zu unterlaufen. Es hat sich gezeigt, daß Plessner auf diese Weise nach philosophischer Orientierung *in bezug* auf seine eigene Zeit strebt.

Die jetzigen naturphilosophischen Überlegungen zum menschlichen Leben dürfen in ihrem methodischen Anspruch folglich nicht überschätzt werden. Es geht hier gerade nicht darum, einen anthropologischen Wahrheitsgrund von Wirklichkeit überhaupt einzusehen. Die Herausforderung an die folgenden Überlegungen besteht vielmehr darin, die Verabsolutierung der exzentrischen Positionalität zum Wahrheitsgrund zu unterlaufen und dem menschlichen Leben seinen Status als Gegenstand der Naturphilosophie – neben dem pflanzlichen und tierischen Leben – zu bewahren. Nur dadurch kann der Wahrheitsgrund von Wirklichkeit überhaupt – gemäß dem Selbstverständnis von Plessners in sich gebrochener Lebensphilosophie – offengehalten werden. In der strukturellen Bestimmung menschlicher Positionalität enthält sich Plessner einer begrifflichen Festlegung des Wahrheitsgrundes von Wirklichkeit überhaupt, indem er – wie gesehen – das menschliche Leben durch das gedoppelte Stehen im Zentrum des eigenen Lebens und im Nichts des Geistes bestimmt. Im methodischen Vorgehen unterläuft er die Verabsolutierung des exzentrischen Positionalitätsmodus zum Wahrheitsgrund menschlicher Wirklichkeit überhaupt, indem er die naturphilosophische Erkenntnis des menschlichen Lebens gemäß dem Programm der doppelseitigen Deduktion konzipiert. Damit nimmt er den hypothetischen Status der begrifflichen Reflexion auf den exzentrischen Positionalitätsmodus ernst. Er versucht nicht, die Wesensmerkmale menschlichen Lebens aus der verabsolutierten Exzentrizität abzuleiten, sondern greift sie aus der Alltagserfahrung auf. Ziel seiner naturphilosophischen Erkenntnis des menschlichen Lebens ist es, die exzentrische Positionalität in ihrer Wirklichkeit und die Charakteristika menschlichen Lebens als konstitutive Wesensmerkmale menschlichen Seins auszuweisen. Auch wenn dieser Nachweis gelingt, kippt Plessner Grenzansatz nicht ins Positive. Es macht nämlich einen Unterschied aus, ob die Wirklichkeit oder die Notwendigkeit des exzentrischen Positionalitätsmodus nachgewiesen wird. Plessner zielt mit seiner doppelseitigen Deduktion allein auf den Nachweis, daß der in begrifflicher Reflexion eingesehene exzentrische Positionalitätsmodus im tatsächlichen menschlichen Leben *wirklich* ist. *Notwendigkeit* kann er durch den Rückgriff auf die alltagsweltlich gegebenen Merkmale menschlichen Lebens nicht erreichen. Um im Rückgriff auf die Lebensmerkmale vom exzentrischen Positionalitätsmodus Notwendigkeit nachzuweisen, müßte den Lebensmerkmalen ihrerseits Notwendigkeit zukommen, Dies ist aber genau nicht der Fall, vielmehr stehen sie in ihrem Wahrheitsanspruch ja selbst infrage und sind auf die Rechtfertigung vermittels der Hypothese exzentrischer Positionalität angewiesen. Solange der Notwendigkeitsnachweis der exzentrischen Positionalität nicht erbracht werden kann, eignet sich die exzentrische Positionalität ihrerseits nicht zum Wahrheitsgrund philosophischer Erkenntnis. Folglich schlägt Plessners Naturphilosophie auch dann nicht in eine positive Theorie über den Wahrheitsgrund menschlicher Wirklichkeit überhaupt um, wenn die doppelseitige Deduktion erfolgreich durchgeführt ist.

Um die dunkle Bestimmung des „Gesetztseins in das In-die-eigene-Mitte-Gesetztseins" als dem spezifischen Positionalitätsmodus menschlichen Lebens genauer zu verstehen, sollen im folgenden drei Problemkomplexe behandelt werden. Zunächst soll nach dem Erleben unter dem exzentrischen Positionalitätsmodus gefragt werden. Zum einen muß es dabei um die Struktur des menschlichen Ichs gehen. (β.) Zum anderen soll der menschliche Erlebnisraum bzw. das In-der-Welt-Sein des Menschen dargestellt werden. (γ.) In Anschluß daran muß der übergeordnete Argumentationszusammenhang des Gesamtkapitels aufgegriffen und das Problem angegangen werden, inwiefern das exzentrische Zugleich von Stehen im Hier und Jetzt *und* im Nichts die für den Menschen charakteristische Weise darstellt, den Doppelaspekt lebendigen Seins – von Individualität und Organisation – zur Einheit zu verschränken. (δ.)

(β.) Die Heterogenität des menschlichen Ichs unter dem exzentrischen Positionalitätsmodus

Wenn wir nun nach der Struktur menschlichen Erlebens unter dem exzentrischen Positionalitätsmodus fragen, müssen wir an der spezifischen Gebrochenheit des menschlichen Ichs ansetzen. Diese zeigt sich nur, wenn wir die Bestimmung des *Gestelltseins* in das In-die-eigene-Mitte-Gestelltsein nicht als Aufhebung des tierischen Standpunkts im Hier und Jetzt in den menschlichen Standpunkt außerhalb des eigenen Leibes verstehen. Genauer besagt das Gestelltsein in das In-die-eigene-Mitte-Gestelltsein ja kein bloßes Draußenstehen, sondern in seiner Selbstbezüglichkeit ein Drinnen- und Draußenstehen, so daß der Mensch an Subjekt- und Objektstelle ist. Der Mensch ist damit als dasjenige Lebewesen bestimmt, das sowohl in seine Mitte gestellt, als auch nochmals darauf bezogen, bzw. nochmals in sein In-seine-Mitte-Gestelltsein gestellt ist. Folglich teilt er mit dem Tier, im Doppelaspekt des Körperseins und des Leibhabens bzw. als Körper und im Körper zu leben. Auf diese Weise ist er ein physischer Körper und erlebt seinen Leib und sein Umfeld unmittelbar. Indem er allerdings – im Unterschied zum Tier – von seinem Leib doppelt abgehoben, bzw. nochmals in sein Zentrum des Hier und Jetzt gesetzt ist, „erlebt er die Bindung im absoluten Hier-Jetzt, die Totalkonvergenz des Umfeldes und des eigenen Leibes gegen das Zentrum seiner Position und ist darum nicht mehr von ihr gebunden". (SOM, 364) Damit steht der Mensch im *und* zugleich jenseits des Doppelaspekts von Körpersein und Leibhaben. Er lebt als Körper, im Körper und außerhalb seines Körpers. (Vgl. SOM, 365)

In dieser Darstellung zeigt sich nun die Stärke des Plessnerschen Ansatzes exzentrischer Positionalität. Es gelingt Plessner auf diese Weise, das menschliche Ich als durch einen unhintergehbaren Doppelaspekt ausgezeichnet zu begreifen: als Individual-Ich bzw. individuelle Subjektivität im Zentrum seines Leibes *und* als allgemeines Ich, das nochmals die eigene Subjektivität zu reflektieren vermag. Das allgemeine Ich darf dabei – wie sich noch zeigen wird – nicht vorschnell mit dem exzentrisch abgehobenen Subjektpol identifiziert werden. Indem Plessner die Exzentrizität als Modus der Positionalität versteht, greift er auf das Verhältnis des Individual-Ichs *und* des allgemeinen Ichs zu, ohne darin einen der Aspekte als Fundament und den anderen als bloß abgeleitetes Relat zu setzen. Auf diese Weise unterläuft er die Einseitigkeit sowohl des naturalistischen als auch des idealistischen Zugriffs auf das menschliche Ich. Das Plessnersche Verständnis der exzentrischen Positionalität läßt es vielmehr zu, das menschliche Ich in einer Weise zu verstehen, die die Irreduzibilität sowohl des Individual-Ichs als auch des allgemeinen Ichs wahrt.

Es kommt folglich alles darauf an, das Verhältnis der prinzipiell divergierenden Aspekte des menschlichen Ichs – als individuelles und allgemeines Ich – zu verstehen. Wir wissen bereits, daß es sich dabei um ein Verhältnis des Gestelltseins handelt. Das Gesetztsein in das In-die-eigene-Mitte-Gesetztsein stellt genauer einen Kontakt per hiatum bzw. ein solches Hinausgehen über die Zentrierung im eigenen Leib dar, das den Bezug zum leiblichen Zentrum nicht durchbricht.[199] Indem das menschliche Lebewesen unter dem exzentrischen Positionalitätsmodus in das In-die-eigene-Mitte-Gesetztsein gesetzt ist, ist es aus dem Hier und Jetzt abgehoben und steht derart im Nichts. Diese Abhebung vom eigenen Zentrum *ermöglicht* es dem Menschen, auch noch auf seine subjektive Selbstbezüglichkeit zu reflektieren und darin Selbstbewußtsein zu erreichen.[200] Unter dem Subjektpol tut sich das allgemeine Ich bzw. das Erleben des Erlebens hinter dem individuellen Ich bzw. dem unmittelbaren Erleben auf. Mit anderen Worten zeigt sich – darin stimmt Plessner dem Idealismus zu – das allgemeine Ich als Horizont des Individual-Ichs. Die Realisierung dieses Selbstbewußtseins muß nun allerdings vollzogen werden, was allein das individuelle Ich als absolute Mitte des Hier und Jetzt bewältigen kann.[201] Damit ist nun umgekehrt das allgemeine Ich bzw. das Erleben des Erlebens an das individuelle Erleben aus dem Hier und Jetzt – darin stimmt Plessner dem Naturalismus zu – rückgebunden. Der Standpunkt des Subjektpols kann

---

[199] Vgl. SOM. 364: „Ist das Leben des Tieres zentrisch, so ist das Leben des Menschen, ohne die Zentrierung durchbrechen zu können, zugleich aus ihr heraus, exzentrisch."

[200] Vgl. SOM, 364: „Als Ich, das die volle Rückwendung des lebendigen Systems zu sich *ermöglicht* (Herv.; O. M.), steht der Mensch nicht mehr im Hier-Jetzt, sondern ‚hinter' ihm, hinter sich selbst, ortlos, im Nichts, geht er im Nichts auf, im raumzeithaften Nirgendwo-Nirgendwann. Ortlos-zeitlos *ermöglicht* (Herv.; O. M.) er das Erlebnis seiner selbst und zugleich das Erlebnis seiner Ort-und Zeitlosigkeit als des außerhalb seiner selbst Stehens, weil der Mensch ein lebendiges Ding ist, das nicht mehr nur in sich selber steht, sondern dessen ‚Stehen in sich' Fundament seines Stehens bedeutet. Er ist in seine Grenze gesetzt und deshalb über sie hinaus, die ihn, das lebendige Ding, begrenzt."

[201] Vgl. SOM 364f.: „Als Ich dagegen, das sich in voller Rückwendung *erfaßt* (Herv.; O. M.), sich fühlt, seiner inne wird, seinem Wollen, Denken, Treiben, Empfinden zusieht (und auch seinem Zusehen zusieht), bleibt der Mensch im Hier-Jetzt gebunden, im Zentrum totaler Konvergenz des Umfeldes und des eigenen Leibes. So lebt er unmittelbar, ungebrochen im Vollzug dessen, was er kraft seiner unobjektivierten Ichnatur als seelisches Leben im Innenfeld faßt."

folglich nicht eingenommen werden, um von ihm aus das allgemeine Ich als transzendentalen Rahmen zu explizieren, der das individuelle Erleben ermöglichte. Vielmehr ist gerade die Abhebung von Subjektpol und allgemeinem Ich und damit die wechselseitige Vorgängigkeit von individuellem und allgemeinem Ich entscheidend.

Was ist damit gewonnen? Dies zeigt sich, wenn wir von einem weniger abstrakten Verständnis der positionalen Mitte als bisher ausgehen. Beginnen wir also nochmals von vorne, d.h. damit, daß der Subjektpol in die positionale Mitte gestellt ist. Für die positionale Mitte bzw. den individuellen Vollzug des Erlebens bedeutet das, daß sie am Subjektpol über einen Rückhalt verfügt, der ihr auch noch Distanz vom Gestelltsein in den eigenen Organismus gewährt. Von der tierischen Subjektivität hatten wir gesehen, daß sie sich als vermittelnde Zwischensphäre in der organischen Brechung von Merken und Wirken ausbreitet. Als derartige Mitte des Synthesisvollzugs ist die tierische Subjektivität vom Organismus abgehoben und darin selbständig; in ihrer Selbständigkeit ist sie allerdings zugleich an den Organismus rückgebunden, *von* dem sie sich als Mitte abhebt. Unter dem Subjektpol hat die menschliche Subjektivität nun den Rückhalt, der sie über diese Bindung in das Zentrum des eigenen Leibes hinaussetzt.

In der Abhebung aus dem zentrischen Gestelltsein verfügt die menschliche Subjektivität über den Spielraum, auch die individuelle Position als Mittelpunkt des eigenen Leibes zum Gegenstand zu machen. Auf diese Weise ist das individuelle Ich als allgemeines Ich bestimmt, das sein Erleben noch zu erleben, auf sein individuelles Gestelltsein in die Mitte des eigenen Leibes noch zu reflektieren vermag. Dabei darf man nun nicht den Fehler begehen, unter der Hand doch noch eine Subjektverdoppelung vorzunehmen. Vielmehr gilt es zu beachten, daß die positionale Mitte und nicht der Subjektpol das Subjekt des Erlebens ist. Damit ändert sich die Fundierungsrichtung zwischen dem individuellen und dem allgemeinen Ich. Indem man nämlich an der positionalen Mitte als Ausgangspunkt der Lebensvollzüge festhält, zeigt sich, daß das menschliche Ich wohl über die Zentralität tierischen Erlebens hinaus sein mag, daß es deswegen aber noch lange keinen archimedischen Punkt erreicht hat, der ihm einen quasi-göttlichen Blick auf das eigene Erleben und dessen Stellung im Kosmos eröffnete. Indem das allgemeine Ich bzw. die Reflexion auf die Reflexion vom Individuum aus der Mitte des eigenen Leibes vollzogen wird, stellt es eine Rückwendung auf das eigene Erleben dar, dem ein fester Standpunkt entzogen ist und der insofern aus dem Nichts kommt. Damit bedeutet das allgemeine Ich allein den *Vollzug* der Selbstreflexion. Ein letzter Grund dieses selbstbezüglichen Erlebens kann weder bestimmt noch eingenommen werden. Weder kann folglich der absolute Geist als Grund begriffen werden, in dessen Selbstverständigung sowohl das subjektive Erleben als auch die Strukturen der Wirklichkeit aufgehoben wären; noch kann ein solcher absoluter Grund (jenseits der positionalen Mitte) eingenommen werden, so daß allgemeingültige Strukturen des allgemeinen Ichs angegeben werden könnten. Indem das allgemeine Ich auf den *Vollzug* des selbstbezüglichen Erlebens beschränkt ist, tun sich unendlich viele Weisen seiner Realisierung auf. Hinter jeden eingenommenen Standpunkt kann nochmals zurückgetreten werden, ohne daß darin je ein absoluter Standpunkt erreicht würde, der alle diese Einzelpositionen fundierte oder zusammenfaßte. Damit hat sich die Heterogenität des menschlichen Ichs als ein solches Zentrum gezeigt, das nochmals auf sich rückgewandt ist. Da der exzentrisch abgehobene Subjektpol allein den Entzug des leiblich bestimmten Horizonts bedeutet, ohne seinerseits einen neuen spezifisch menschlichen Standpunkt hinter der positionalen Mitte auszumachen, fehlt dem Menschen die Möglichkeit, die Aspekte seines individuell-allgemeinen Ichs von einer Seite oder in einer dritten geistigen Versöhnungssphäre zu stabilisieren.[202]

Indem hinter den aus dem Lebensvollzug abgehobenen Subjektpol nicht mehr zurückzukommen ist, macht er den selbst nicht mehr objektivierbaren Grund menschlicher Subjektivität aus. Die Abhebung vom Vollzug individueller Subjektivität ermöglicht es zwar dem Menschen, sich auch noch auf den eigenen Selbstbezug zu beziehen; was er darin erreicht, ist jedoch nicht der letzte Grund seiner Subjektivität bzw. der Wirklichkeit überhaupt. Vielmehr ist dem Menschen in den Akten der Selbstreflexion allein sein Individual-Ich bzw. sein individuelles Erleben gegeben. Sein individuelles Ich kann der Mensch derart in seinem Sein bzw. durch das Sein seines Organismus und seines Umfeldes bestimmen, in das es gestellt ist. Demgegenüber muß sich der Subjektpol notwendigerweise aller Bestimmbarkeit entziehen, da er aus dem Vollzug des Lebens durch eine Kluft abgehoben bleibt.[203]

Verstrickt sich Plessner mit dieser Darstellung nun jedoch nicht in Selbstwidersprüche, wenn er von der Entzogenheit des letzten Grundes der Subjektivität *spricht*? Muß man an dieser Stelle nicht mit Hegel gegen Plessner einwenden, daß eine Grenze zu bestimmen notwendigerweise bedeutet, über sie hinaus zu sein?[204] Es wird sich aller-

[202] Insofern ist gegenüber Otto Friedrich Bollnows These von der kosmologischen Gesamtsicht auf den Menschen mit Kersten Schüssler auf das *Und* im Titel „Die Stufen des Organischen *und* der Mensch" aufmerksam zu machen. Wenn Bollnow schreibt, daß im Hintergrund der Plessnerschen Naturphilosophie die „Vorstellung einer in Stufen gegliederten kosmischen Ordnung" stehe, „innerhalb derer auch der Mensch seine bestimmte Stellung habe und von der her er dann auch zu begreifen sei", so übersieht er die spezifische Gebrochenheit der Exzentrizität, aufgrund derer sich das menschliche Wesen einer begrifflichen Festlegung seiner Natur gerade entzieht. Vgl. Otto Friedrich Bollnow, Die philosophische Anthropologie und ihre methodischen Prinzipien, in: Roman Rocek u.a. (Hg.), Philosophische Anthropologie heute, München 1972, 19–36, hier: 23f. sowie Kersten Schüssler, Helmuth Plessner – eine intellektuelle Biographie, Berlin 2000, 82.

[203] Vgl. SOM, 363: „Obwohl auch auf dieser Stufe das Lebewesen im Hier-Jetzt aufgeht, aus der Mitte lebt, so ist ihm doch die Zentralität seiner Existenz bewußt geworden. Es hat sich selbst, weiß um sich, es ist sich selber bemerkbar und darin ist es *Ich*, der ‚hinter sich' liegende Fluchtpunkt der eigenen Innerlichkeit, der jedem möglichen Vollzug des Lebens aus der eigenen Mitte entzogen den Zuschauer gegenüber dem Szenarium dieses Innenfeldes bildet, der nicht mehr objektivierbare, nicht mehr in Gegenstandsstellung zu rückende Subjektpol."

[204] Vgl. Georg Wilhelm Friedrich Hegel, Enzyklopädie der philosophischen Wissenschaften, I, in: Ders., Werke, Bd. 8, Frankfurt/M. 1986, hier: § 60 Anm., 143f.: „Es ist darum die größte Inkonsequenz, einerseits zuzugeben, daß der Verstand nur Erscheinungen erkennt, und andererseits dies Erkennen als *etwas Absolutes* zu behaupten, indem man sagt, das Erkennen könne nicht weiter, dies sei die *natürliche*, absolute *Schranke* des menschlichen Wissens. Die natürlichen Dinge sind beschränkt, und nur natürliche Dinge sind sie, insofern sie *nichts* von ihrer allgemeinen *Schranke wissen*, insofern ihre Bestimmtheit nur eine Schranke *für uns* ist, nicht *für sie*. Als *Schranke*, Man-

dings zeigen, daß dieser Einwand, der gegen die Kantische Transzendentalphilosophie schlagend ist, nicht auf alle Ansätze negativer Philosophie ausgeweitet werden kann. Eine Passage aus den „Stufen“ gibt den entscheidenden Hinweis auf das in sich gebrochene Grenzverhältnis des Menschen: „Daß er (der Mensch; O. M.) sich aber als Etwas erlebt, das *nicht* mehr erlebt werden kann, nicht mehr in Gegenstandsstellung tritt, als reines Ich (im Unterschied zu dem mit dem erlebbaren ‚Mich‘ identischen psychophysischen Individual-Ich), hat einzig und allein in der besonderen Grenzgesetztheit des Mensch genannten Dinges seinen Grund, schärfer gesagt: bringt sie unmittelbar zum Ausdruck.“ (SOM, 364) Dieses Zitat hilft uns in bezug auf den Einwand, Plessner würde sich mit seinem Verständnis des entzogenen Grundes der Subjektivität in Selbstwidersprüche verstricken, insofern weiter, als es uns vor Augen führt, daß dieser Einwand seinerseits ein Verständnis menschlichen Bewußtseins zugrundelegt, das Plessner gerade widerlegt hat. Es handelt sich dabei um das idealistische Verständnis des Selbstbewußtseins, worin die Rückbindung an das individuelle Ich im Zentrum des eigenen Leibes, vom dem die Lebensvollzüge ausgehen, abgeschnitten ist. Im Obigen hatten wir bereits verstanden, daß die für den Menschen charakteristische Grenzgesetztheit das Gesetztsein in das In-die-eigene-Mitte-Gesetztsein und auf diese Weise ein solches Stehen im eigenen Hier und Jetzt darstellt, das „ohne die Zentrierung durchbrechen zu können, zugleich aus ihr heraus, exzentrisch“ (SOM, 364) ist. Im Gegensatz zur Hegelschen Alternative des entweder Drinnen oder Draußen, beharrt Plessner so gerade auf dem Zugleich-Drinnen-und-Draußen als Spezifikum menschlicher Subjektivität.

Die Behauptung, daß die Aussage von der Entzogenheit des letzten Grundes sich selbst widerspräche, funktioniert nur unter Voraussetzung eines Ansatzes der Subjektivität. Ein solcher Ansatz gerät – hierin ist Hegel zuzustimmen – notwendigerweise in Selbstwidersprüche, wenn er ein Jenseits für das Bewußtsein behaupten will. Die Bewußtseinssituation wird vorausgesetzt und davon ausgegangen, daß wir im Bewußtseinskasten drinstehen, der uns gegen die Wirklichkeit an sich selbst abschließt. Dies können wir dann allerdings nicht mehr thematisieren, weil wir damit über die als unübersteigbar behaupteten Schranken des Bewußtseins hinaus wären. Darin besteht der von Hegel markierte Selbstwiderspruch. Als einzig konsistente Möglichkeit erscheint nun der Ansatz beim Geist, in dem Bewußtsein und Wirklichkeit versöhnt sind und der es uns deswegen ermöglicht, noch hinter unser Individualbewußtsein zu treten. Dann jedoch verliert die Behauptung einer Schranke für das Bewußtsein, aufgrund derer sich ihm der letzte Grund des Seins entzieht, jeden Sinn. Innerhalb des Gesamtzusammenhangs des Geistes kann keiner Grenze mehr der absolute Status einer Schranke, sondern allein noch der Status einer auf eine bestimmte Bewußtseinshaltung relativen Grenze zukommen, die vom Standpunkt des Philosophen bereits überwunden ist.

---

gel wird etwas nur gewußt, ja empfunden, indem man zugleich darüber *hinaus* ist. [...] Schranke, Mangel des Erkennens ist ebenso nur *als* Schranke, Mangel bestimmt durch die *Vergleichung* mit der *vorhandenen* Idee des Allgemeinen, eines Ganzen und Vollendeten. Es ist daher nur Bewußtlosigkeit, nicht einzusehen, daß eben die Bezeichnung von etwas als einem Endlichen oder Beschränkten den Beweis von der *wirklichen Gegenwart* des Unendlichen, Unbeschränkten enthält, daß das Wissen von Grenze nur sein kann, insofern das Unbegrenzte *diesseits* im Bewußtsein ist.“

Demgegenüber will Plessner mit dem exzentrischen Positionalitätsmodus bzw. mit dem Gestelltsein in das In-die-eigene-Mitte-Gestelltsein nun zeigen, daß sich das menschliche Erleben in seinem Verhältnis zur Wirklichkeit überhaupt gerade durch eine solche Grenzgesetztheit auszeichnet, die zugleich verbindende Grenze *und* Schranke ist. Auf diese Weise versteht Plessner das menschliche Erleben unter dem exzentrischen Positionalitätsmodus als in sich gebrochen. Indem der Mensch nochmals in seine Mitte gesetzt ist, hat er noch in seinem Erleben Distanz von seinem Erleben und kann seine Bewußtseinsansichten deswegen als Erscheinungen *von* etwas erleben. Im Bewußtsein sind ihm folglich nicht nur bestimmte auf sein Hier und Jetzt bezogene Ansichten, sondern zugleich noch ihr Verweis über sich hinaus gegeben. In diesem Fragmentcharakter der Objekte seines Bewußtseins erfährt er ihre Eigengegründetheit und darin ihre Wirklichkeit. Der Mensch ist darin in den Grenzen seines Individualbewußtseins über diese hinaus, ohne daß ihm ein Standpunkt des Geistes jenseits der Gegenüberstellung von Bewußtsein und Wirklichkeit gegeben ist. In seine Endlichkeit gestellt, schließen ihn die Grenzen seines Bewußtseins folglich deswegen nicht von der Wirklichkeit ab, weil er nochmals in sein eigenes Zentrum gestellt ist und dadurch Distanz zu seinem eigenen Erleben hat. Das menschliche Erleben stellt folglich die in sich gebrochene Situation dar, in den Grenzen des Bewußtseins über sie hinaus zu sein. Damit heben sich für den Menschen noch innerhalb seines Bewußtseins die auf sein Hier und Jetzt ausgerichteten Bewußtseinsansichten von einem Dingkern ab, der diese trägt. Der ontische Grund der Erscheinungen ist für das menschliche Erleben insofern als Fluchtpunkt mitgegeben. Auf diese Weise erfährt der Mensch in sich selbst gegründete Dinge. Ganz parallel dazu läßt sich die menschliche Selbstreflexion verstehen. Gebunden an sein Hier und Jetzt erlebt der Mensch sein Sich bzw. seine subjektive Selbstbezüglichkeit und erfährt diese damit zugleich als von einem letzten Grund getragen. Dieser letzte Grund ist ihm dabei *nur mittelbar* als Rückhalt bzw. nichtobjektivierbarer Subjektpol gegeben. Auf diese Weise bringt die negative Präsenz des nicht mehr vergegenständlichbaren Grundes der Subjektivität die spezifische Grenzgesetztheit des Menschen „unmittelbar zum Ausdruck". (SOM, 364)

Aufgrund dieser Überlegungen kann man mit Plessner aus der Defensive in die Offensive gegen Hegel übergehen. Mit Plessner haben wir eingesehen, daß das Verhältnis von Bewußtsein und Wirklichkeit weder ein Verhältnis der Brechung (bzw. der Schranke) noch der Versöhnung (mit bloß relativen Grenzen) bedeutet. Die Abgeschlossenheit des Bewußtseinskastens trifft nur unter der Bedingung des zentrischen Gestelltseins in die positionale Mitte zu. Derart fehlt dem Tier der Rückhalt in sich, um das Wirkliche als Wirkliches erleben zu können. Umgekehrt wäre das Verhältnis von Bewußtsein und Wirklichkeit nur dann als versöhnende Überbrückung zu kennzeichnen, wenn ein absoluter Standpunkt hinter der positionalen Mitte eingenommen werden könnte, von dem auf beides ein quasi-göttlicher Blick geworfen werden könnte. Demgegenüber muß das Verhältnis von Bewußtsein und Wirklichkeit mit Plessner durch das *Zugleich* von Schranke und Brücke gekennzeichnet werden. Unter dem Subjektpol ist das menschliche Erleben (im Unterschied zum Tier) über die Bindung in das Zentrum des eigenen Leibes hinaus. Damit ist es dem Menschen jedoch nicht möglich, einen archimedischen Punkt einzunehmen, von dem aus die Versöhnung von Bewußtsein und Wirklichkeit eingesehen werden könnte. Indem ihm ein solcher letzter Standpunkt fehlt, bleibt der Mensch in den *Vollzug* des Erlebens gebunden, der sich per hiatum vom Wirklichem abhebt – wodurch es ihm möglich ist, dieses *als* Wirkliches zu erleben. Ihm ist derart das Wirkliche zwar als Wirkliches jedoch immer nur in einer Perspektive und nicht in seiner Wahrheit gegeben. Wie Plessner aus diesem Gestelltsein in die Perspektive zur Wahrheitserkenntnis strebt, wissen wir. Hegel demgegenüber strebt nicht nur nach einem archimedischen Punkt jenseits der Lebensvollzüge, von dem das Wirklichen in seiner Wahrheit zu erreichen ist, vielmehr meint er ihn auch erreichen und die Wahrheitserkenntnis leisten zu können. Dafür zeigt er allerdings nicht, wie der archimedische Punkt seiner Spekulation eingenommen werden könnte. Statt dessen beweist er allein, daß das Erkennen über die Schranken des Bewußtseins gegenüber dem Wirklichen hinaus ist, wenn es auf diese ihrerseits noch zuzugreifen vermag. Diese Einsicht schlägt nun jedoch – wie wir mit Plessner gesehen haben – nicht notwendigerweise ins Positive und d.h. in einen Standpunkt außerhalb des Lebens um, von dem aus auf die Sphäre des Geistes ausgegriffen werden könnte und in dem Bewußtsein und Wirklichkeit versöhnt wären. Mit anderen Worten: *wenn* das Bewußtsein als Wahrheitshorizont angenommen wird, dann hat Hegel recht, dies als Versöhnungssphäre des Geistes zu konzipieren. Darin liegt jedoch noch keine Rechtfertigung dafür, das Bewußtsein bzw. den Geist als Grundschicht von Wirklichkeit überhaupt zu hypostasieren – und darin über die Endlichkeit des eigenen philosophischen Standpunkts hinauszuspringen.

(γ.) Das menschliche In-der-Welt-Sein

Indem Plessner das menschliche Ich nicht als freischwebende Sphäre der Reflexion sondern als nochmals auf sich rückgewendete positionale Mitte versteht, kann er das menschliche Weltverhältnis begreifen. In der Abhebung *von* den individuellen Lebensvollzügen ist das selbstbezügliche Erleben einerseits selbständig, in seiner Selbständigkeit jedoch zugleich per hiatum auf das individuelle Erleben rückbezogen. Vom individuellen Erleben seinerseits haben wir gesehen, daß es unmittelbar aus der Mitte des je eigenen Leibes vollzogen wird und in Vermittlung durch seinen Leib (d.h. durch das Merken und Wirken) mit dem Medium in Beziehung steht. Die Rückgebundenheit des allgemeinen Ichs an das individuelle Ich setzt dieses folglich zugleich mit der Welt in Beziehung. An diesem Verhältnis des in sich gebrochenen menschlichen Ichs zur Welt muß sich freilich seine Gebrochenheit fortsetzen. Damit kann Plessner die Frage nach dem Sein des Bewußtseins (bzw. des menschlichen Ichs) in ihren beiden Dimensionen begreifen: als Frage sowohl nach dem Sein, das dem Ich gegeben ist, als auch nach dem Sein, das dem Ich seinerseits zukommt – ohne daß er darin die Eigenständigkeit des individuellen Erlebens und des davon nochmals abgehobenen selbstbezüglichen Erlebens untergrübe.

Die obige Rekonstruktion der menschlichen Erfahrung unter dem nichtobjektivierbaren Subjektpol hat bereits implizit auf die Weltstruktur des für den Menschen Gegebenen zurückgegriffen. So haben wir gesehen, daß der Mensch in seiner Abhebung vom eigenen

Stehen im Hier und Jetzt die ihm gegebenen Feldverhalte als Erscheinungen *von* etwas erfährt. Mit dieser Bezogenheit der gegebenen Gehalte auf einen in ihnen erscheinenden Kern, geht einher, daß sich diese in sich gegründeten Dinge von der Sphäre abheben, in der sie vorkommen. Der Hiatus am Gegebenen, aufgrund dessen die Bewußtseinsgehalte als in sich gegründet und von der Sphäre der Wirklichkeit überhaupt abgehoben erfahren werden, macht die spezifische Struktur menschlicher Welt aus.[205] Die Welt des Menschen ist folglich nichts, das diesem bloß gegenüber ist. *Unmittelbares* Gegenüber erlebt allein das Tier, dem die Abhebung von der positionalen Mitte versagt ist. Auf diese Weise kann es das eigene Erleben nicht noch als Zwischensphäre zwischen sich und dem Objekt des Erlebens erfahren. Für das menschliche Bewußtsein wäre eine solche ausschließliche Beziehung des Gegenüber allein dann gegeben, wenn das Individuum – wie beim Tier – allein in der Mitte seines Organismus stünde. In der Gebrochenheit der menschlichen Welt setzt sich das doppelte Gestelltsein des Menschen in den eigenen Leib fort, unter der das menschliche Ich zugleich individuelles und allgemeines Ich ist. Die menschliche Welt ist ihrerseits doppelaspektisch bestimmt: sowohl durch das unmittelbare Erleben des Menschen aus dem Zentrum seines Leibes als auch durch die Realität, die in diesen Ansichten erscheint. Diese Abhebung des Erlebnisobjekts vom Erlebnisvollzug ist für den Menschen allein deswegen erfahrbar, weil er nochmals in das In-seine-Mitte-Gestelltsein gestellt ist und deswegen Distanz zu seinem unmittelbaren Erleben hat. Das menschliche In-der-Welt-Sein ist folglich durch das Gegenüber *und* durch das Miteinander von Mensch und Wirklichkeit bestimmt. Das „Und“ macht dabei keine versöhnende Sphäre des Geistes sondern allein das Zugleich beider Beziehungstypen aus. Der Mensch ist sowohl das Zentrum seiner Welt als auch ein bloßer Peripheriepunkt der Wirklichkeit überhaupt, in die er gestellt ist.[206]

Wie wir gesehen haben, konstruiert Plessner kein abstraktes Ich. Vielmehr versteht er das menschliche Ich unter dem exzentrischen Positionalitätsmodus als vom menschlichen Organismus doppelt abgehobene Sphäre der Subjektivität. Das Erleben des Erlebens stellt damit keine Sphäre leerer Selbstreflexion dar, sondern ist in seiner Eigenständigkeit zugleich auf das unmittelbare Erleben aus der Mitte des je eigenen Leibes rückbezogen. Indem es Plessner gelingt, das menschliche Ich per hiatum mit der Lebenssubstanz zusammenzuhalten, vermag er ebenfalls die Verknüpfung mit dem Sein zu

[205] Vgl. SOM, 366: „In doppelter Distanz zum eigenen Körper, d.h. noch vom Selbstsein in seiner Mitte, dem Innenleben, abgehoben, befindet sich der Mensch in einer *Welt* [...]. Alles ihm Gegebene nimmt sich deshalb fragmentarisch aus, erscheint als Ausschnitt, als Ansicht, weil es im Licht der Sphäre, d.h. vor dem Hintergrund eines Ganzen steht. Dieser Fragmentcharakter ist wesensverknüpft mit der Eigengegründetheit des jeweiligen Inhalts, mit dem, daß er *ist*.“

[206] Vgl. EdM, 185: „Wenn man sagt, daß es für den Menschen charakteristisch sei, daß er in der Welt sei, dann muß man dieses In-der-Welt-Sein des Menschen viel tiefer und viel reicher charakterisieren, als das gemeinhin wohl geschieht. Man denkt dabei immer, er ist in einer Riesensphäre drin. So ist es nicht, sondern die Welt hat nicht einfach nur die Ringstruktur, daß sie ihn (den Menschen) umgibt, sondern sie ist zugleich auch wieder der Umring, der durch diesen Mittelpunkt selbst hindurchläuft. [...] Das Zentrum ist zugleich immer ein Nichtzentrum, ein Punkt der Peripherie. Man kann da nicht sagen, in der einen Betrachtung ist es Mittelpunkt, in der anderen nicht.“

wahren, das dem menschlichen Ich gegeben ist. Von hier aus ließ sich die spezifische Brechung des menschlichen In-der-Welt-Seins einsehen. Ebenfalls stellt diese gebrochene Rückbezogenheit auf den je eigenen Leib den Ausgangspunkt dar, von dem aus die dreifache Bestimmtheit der menschlichen Welt zu verstehen ist. *Korrelativ* zu seiner Position als „Körper, im Körper [...] und außer dem Körper" (SOM, 365) bzw. als Organismus, Individuum und Person ist die menschliche Welt eine dreifache: Außenwelt, Innenwelt und Mitwelt.[207] Aufgrund seines doppelten Gestelltseins in seinen Leib ist der Mensch – wie oben gesehen – fähig, sich von seinem unmittelbaren Erleben im Hier und Jetzt nochmals zu distanzieren. Im doppelten Gestelltsein in seinen Leib erlebt er seinen Körper nicht nur als seinen Leib, sondern auch als physischen Körper, der sich in einer Umwelt mit eigenen Gesetzen befindet – worin dem Menschen die Außenwelt zugänglich wird. Gleichermaßen wird dem Menschen, der in sein unmittelbares Erleben gestellt ist, das Erleben seinerseits zum Gegenstand; so erfährt er seine Stimmungen nicht nur unmittelbar, sondern erlebt sie als Ausdrücke seiner Seele, weshalb er eine Innenwelt hat. Schließlich macht das Erleben des Erlebens eine eigenständige Sphäre des Geistes aus, an der als allgemeinem Ich der einzelne Mensch teilhat und in der er ursprünglich mit seinen Mitmenschen verbunden ist. An allen drei Sphären – der Außen-, der Innen- und der Mitwelt – hat der Mensch als kontingentes Element teil und stellt zugleich ihr Zentrum dar, so daß sie durch die spezifische Doppelaspektivität des menschlichen In-der-Welt-Seins ausgezeichnet sind.

Die Außenwelt des Menschen

Als physischer Körper befindet sich der Mensch wie alle belebten und unbelebten Dinge zufälligerweise an einem bestimmten Ort in Raum und Zeit und ist darin relativ auf andere physische Körper in Raum und Zeit bestimmbar. Zugleich erlebt der Mensch – wie das Tier – seinen Leib als Zentrum, von dem aus das ihn umgebende Medium zu seinem Umfeld wird. Darüber hinaus weiß der Mensch – im Unterschied zum Tier – seinen Körper auch als physischen Körper an einer bestimmten Stelle in Raum und Zeit. Analog dazu erlebt er nicht nur sein Umfeld, sondern weiß dieses auch als den im Ausgang von seinem Hier und Jetzt zugänglichen Ausschnitt äußerer Wirklichkeit. Hinter seinem Umfeld zeigt sich ihm damit die äußere Wirklichkeit als Sphäre richtungsrelativer Räumlichkeit und Zeitlichkeit.[208] Dieses „Kontinuum der Leere oder der räumlich-zeitlichen Ausdehnung" (SOM, 366) bezeichnet Plessner als *Außenwelt*. Die Außenwelt bildet sich für den Menschen vermittels der empirischen Leerformen von

[207] So heißt die bereits oben angeführte Passage vollständig: „In doppelter Distanz zum eigenen Körper, d.h. noch vom Selbstsein in seiner Mitte, dem Innenleben, abgehoben, befindet sich der Mensch in einer *Welt*, die entsprechend der dreifachen Charakteristik seiner Position Außenwelt, Innenwelt und Mitwelt ist." (SOM, 366)

[208] Vgl. SOM, 366: „Dinge in einer homogenen Sphäre beliebig möglicher Bewegungen, wie sie das richtungsrelative Raum-Zeitganze bedeutet, bestimmen eine Situation, welche der Position des exzentrischen Organismus *streng entspricht*. Ist dieser außerhalb des natürlichen Ortes, außer sich, nichtraumhaft, nichtzeithaft, nirgends gestellt, auf Nichts gestellt, im Nichts seiner Grenze, so steht auch das Körperding der Umwelt ‚in' der ‚Leere' relativer Örter und Zeiten."

Raum und Zeit, in denen körperliche Dinge sind. Sie macht das räumlich-zeitliche Koordinatensystem aus, innerhalb dessen sich die körperlichen Dinge dem Menschen an einer Position in Raum und Zeit zeigen, die ihnen äußerlich ist.

In der doppelten Abhebung von seinem Leib erlebt sich der Mensch *zugleich* als Zentrum *und* als Moment seiner von ihm unabhängig bestehenden Umgebung, weshalb das menschliche Umfeld Weltcharakter hat. In dieser Abhebung vom eigenen Zentrumsein, lebt der Mensch in seiner Umwelt und ist zugleich über deren Schranken, die für das Tier unüberwindbar sind, hinaus. Auf diese Weise ist es dem Menschen möglich, seine Umwelt in das neutrale Bezugssystem der Außenwelt zu übersetzen. Seine Umwelt verliert damit die spezifische Ausrichtung auf den Menschen als Individuum bzw. als Hier-und-Jetzt-Punkt und erscheint als beliebiger Ausschnitt der Außenwelt, der nach deren Kategorien der Räumlichkeit und Zeitlichkeit bestimmbar ist.[209]

Mit der exzentrischen Doppelaspektivität des Stehens im Hier und Jetzt *und* im Nichts geht die Doppelaspektivität von Umwelt und Außenwelt korrelativ einher. Der Mensch erlebt sich zum einen als Leib im Zentrum seiner Umwelt. Das um ihn herum Geschehende und die um ihn herum seienden Gegenstände bekommen ihre Relevanz derart aufgrund ihrer Beziehung zu ihm. In Ausrichtung auf ihn als Zentrum des Hier und Jetzt gibt es für ihn sowohl raumhafte Bestimmungen des Vorne und Hinten, Oben und Unten usw. als auch zeithafte Bestimmungen des Gestern und Morgen, Früher und Später usw. Zum anderen vermag der Mensch sich von seiner eigenen Zentralität und damit von der Ausgerichtetheit der Umwelt auf den Punkt seines Hier und Jetzt zu distanzieren und die Umwelt derart in der räumlichen und zeitlichen Form der Außenwelt zu erfahren. Die Aspekte der Umwelt und der Außenwelt lassen sich folglich weder material als verschiedene Gebiete nebeneinander stellen, noch ineinander oder in ein drittes neutrales Bezugssystem aufheben. Auf diese Weise bilden sie einen Doppelaspekt prinzipiell verschiedener Seinssphären.[210]

Schließlich stellt sich die Frage nach der Einheit im Doppelaspekt von Umwelt und Außenwelt und damit nach der Aspektgrenze, in der Umwelt und Außenwelt ineinander umschlagen. Eine solche Aspektgrenze muß sich aufweisen lassen, da sonst eine Übersetzung von Umwelt in Außenwelt nicht möglich wäre. Plessner beantwortet die Frage im abermaligen Rückgriff auf das doppelte Gestelltsein des Menschen in seinen Körper. In der Abhebung von seinem unmittelbaren Erleben sind dem Menschen nicht nur die ihm zugewandten Seiten des Objekts seiner Umweltdinge gegeben, er erfährt sie vielmehr *als* Erscheinungen. Derart erscheinen die Objekte der

---

[209] Vgl. SOM, 367: „Punkt für Punkt läßt sich das Umfeld in die Außenwelt eintragen, obwohl es damit seine Umweltcharaktere verliert. Die Eintragung ergibt ein nach den Gesetzen der Perspektive sich darstellendes Raum-Zeitgebiet von bestimmten Abmessungen, das physische Äquivalent des Positionsfeldes, welches den Organismus als Körperding (das Objekt anatomisch-physiologischer Wissenschaft) beherbergt."

[210] Vgl. SOM, 367: „Der Exzentrizität der Struktur des Lebewesens entspricht die Exzentrizität der Lage oder der unaufhebbare Doppelaspekt seiner Existenz als *Körper* und *Leib*, als Ding unter Dingen an beliebigen Stellen des Einen Raum-Zeitkontinuums und als um eine absolute Mitte konzentrisch geschlossenes System in einem Raum und einer Zeit von absoluten Richtungen."

Umwelt dem Menschen als Dingkörper, die sich in der Spannung von erscheinenden Seiten und dem seine Eigenschaften tragenden Dingkern konstituieren. Die Ansichten, die dem Menschen in seinem Hier und Jetzt von den Objekten seiner Umwelt zugänglich sind, weisen damit über sich auf ihren selbst nie erscheinenden Kern hinaus. In dieser Spannung der aktuell wahrnehmbaren Eigenschaften und des in ihnen mittelbar erscheinenden Dingkerns konstituieren sich die Objekte der Umwelt für das menschliche Erleben als selbständige Gegenstände. In dieser Eigenständigkeit stellen die dinglichen Objekte die Schnittstelle von Umwelt und Außenwelt dar. Sie sind zum einen „seine" Objekte, die sich dem Menschen in seinem Hier und Jetzt von einer bestimmten Seite zeigen; zum anderen gliedern sie sich als vom menschlichen Erleben unabhängige physische Körper in das Koordinatensystem der Außenwelt ein. Die dinglichen Gegenstände erscheinen für den Menschen in der Spannung der anschaulich gegebenen Seiten und des sich der Anschauung entziehenden Kerns. In diesem Doppelaspekt verschränken sich die Aspekte der menschlichen Umwelt und der menschlichen Außenwelt.

Aufgrund des nochmaligen Gestelltseins in das In-die-eigene-Mitte-Gestelltsein unterscheidet sich der Mensch vom Tier in seinem Verhältnis nicht nur zum Raum sondern auch zur Zeit. Zunächst teilt das menschliche mit dem tierischen Individuum, daß es sich in seiner Zeithaftigkeit von seiner Zeitlichkeit abhebt, der es organisch als physischer Körper unterworfen ist. Wie wir oben gesehen haben, bezieht sich das tierische – und so auch das menschliche – Individuum in seinem gegenwärtigen Wollen und seinen Interessen auf seine Zukunft; unter diesem Ausgriff in die Zukunft ist ihm seine Vergangenheit gegeben. In der Abhebung vom Hier und Jetzt seiner Lebensbezüge wird für den Menschen darüber hinaus seine Zeithaftigkeit erlebbar. Seine auf ihn bezogene Zeit hebt sich auf diese Weise für ihn von der Zeitlichkeit ab, an der er als ein physischer Körper teilhat. Im Alltag tritt diese Doppelaspektivität von Zeitlichkeit und Zeithaftigkeit häufig ins Bewußtsein, wenn man z.B. auf jemanden wartet und die Zeit nicht zu vergehen scheint: dann erfährt man das Auseinandertreten der individuell erlebten Zeit und der meßbaren „äußeren" Zeit. Darüber hinaus ist der menschlichen Person, indem sie ihr Wollen und ihre Interessen und deren Ausrichtung auf die Zukunft ihrerseits noch erlebt, ihr Zukunftsbezug gegeben. Damit bildet nicht mehr die Triebhaftigkeit den Rahmen des menschlichen Ausgreifens auf die Zukunft. Vielmehr ist der menschlichen Person die Zukunft als Herausforderung gegenwärtig, die es zu bewältigen gilt. So sorgt sich allein der Mensch um seine Zukunft. Er entwirft sein künftiges Leben. Zugleich erlebt er seine Gegenwart als auf seine künftigen Zwecke ausgerichtet. Dadurch ist sie für ihn aus seiner Vergangenheit bzw. aus den Wirkungen des bisher Geschehenen herausgehoben.

Zurecht erinnert diese Darstellung der dem Menschen zugänglichen, dinglich gegliederten Außenwelt an die Darstellung des physischen Dings in der Spannung von Kern und Eigenschaften.[211] Falsch wäre es nun allerdings hiervon die These abzuleiten, Plessner hätte mit seiner Darstellung der menschlichen Außenwelt die eingangs ge-

---

[211] Vgl. Kap. II.3.a. der vorliegenden Studie sowie SOM, 127ff.

machte Voraussetzung von der Doppelaspektivität des Wahrnehmungsdings anthropologisch *eingeholt*.[212] Die Plessnersche Darstellung der menschlichen Außenwelt zeigt, daß es dem Menschen unter dem exzentrischen Positionalitätsmodus möglich ist, nicht nur Feldverhalte (wie das Tier) sondern Sachverhalte zu erfassen, die sich durch das Surplus der Bezogenheit auf einen sie tragenden Dingkern auszeichnen. Auf diese Weise kann verstanden werden, daß dem Menschen unter dem exzentrischen Positionalitätsmodus selbständige Dinge erscheinen können. Hieraus darf jetzt nun gerade nicht der Schluß gezogen werden, daß der exzentrische Positionalitätsmodus die Gliederung der menschlichen Wahrnehmungswelt inhaltlich festlegte. Die Behauptung, daß genauso wie der Ameise Ameisendinge dem Menschen Menschendinge gegeben seien, wäre voreilig. Sie übersieht nämlich die qualitative Differenz im Verhältnis des Lebendigen zur Wirklichkeit, die zwischen dem zentrischen und dem exzentrischen Positionalitätsmodus stattfindet. Die Spezifik der exzentrischen Positionalität besteht ja gerade darin, daß das leiblich vermittelte Ineinandergreifen von Individuum und Medium durchbrochen ist, da der Mensch nochmals in das eigene Zentrum gestellt ist. Der Mensch steht in einer Perspektive und ist zugleich über diese hinaus. Die exzentrische Positionalität begründet damit die menschliche Offenheit bzw. den Durchbruch zu den gegenständlichen Dingen in ihrer Eigenständigkeit. Diese Offenheit für die Dinge in ihrer Eigenständigkeit resultiert folglich gerade aus der Selbstdistanz von der je eigenen Perspektive, zu der der Mensch unter dem exzentrischen Positionalitätsmodus fähig wird. Die These, Plessner hole mit der exzentrischen Positionalität die anfangs gegebene Darstellung vom physischen Ding im Doppelaspekt von Kern und Eigenschaften ein, versteht die menschliche Offenheit unter der exzentrischen Positionalität ihrerseits nochmals als spezifisch menschliche Perspektive. Darin wird jedoch die Brechung von individueller Perspektive und selbständigen Gegenständen unterschlagen, in der sich die menschliche Außenwelt konstituiert. Nur wenn diese Brechung am Gegebenen ernst genommen wird, kann das Wirkliche in seiner Tatsächlichkeit festgehalten werden. Hätte Plessner dagegen in Abwandlung des Hegelschen System des Geistes ein sich selbst tragendes anthropologisches System konstruiert, müßte man gegen ihn einwenden, das eigene Philosophieren gegen die Wirklichkeit abgeschlossen bzw. die Strukturen der Wirklichkeit entsprechend der eigenen anthropologischen Vorannahmen konstruiert zu haben. Die Behauptung, den Wahrheitsgrund mit der Grenzhypothese offen gehalten zu haben, wäre bloß noch Rhetorik.

Die Innenwelt des Menschen

Im doppelten Gestelltsein in den eigenen Leib hebt sich der Mensch zunächst wie das Tier im Vollzug seines individuellen Erlebens von seinem Organismus ab. Im Unterschied zum Tier hat er jedoch, da er nochmals in seine positionale Mitte gestellt ist, auch noch zu seinem Erleben Distanz. Hinter dem unmittelbaren Erleben tut sich für den Menschen derart seine Seele als dasjenige auf, das sich in seinem Erleben – dem unmittelbaren Zumutesein – ausdrückt. Die Seele macht auf diese Weise den individuel-

[212] Vgl. Jan Beaufort, Die gesellschaftliche Konstitution der Natur, a.a.O., 213ff.

len Kern des Menschen aus, der in sein organischen Körper gestellt ist. Wie der Menschen hinter seinem Leibhaben seinen Körper *als* physischen Körper erfährt, so ist ihm hinter seinem Zumutesein seine Individualität *als* Seele gegeben. Plessner bezeichnet „die Welt ‚im' Leib, das, was das Lebewesen selbst ist" (SOM, 368) als die *Innenwelt* des Menschen. Analog zu den Objekten der menschlichen Umwelt, die sich im Doppelaspekt von unmittelbar gegebenen Phänomenen und dem sie tragenden und nie selbst erscheinenden Kern zur dinglichen Einheit verschränken, ist die menschliche Innenwelt vom Doppelaspekt der seienden Seele und des durchzumachenden Erlebens bestimmt. Einerseits gehen dem je aktuellen Erleben seelische Dispositionen wie Charaktereigenschaften oder Begabungen voraus; andererseits wirkt das je aktuelle Erleben seinerseits auf die seelischen Anlagen zurück. Die Innenwelt konstituiert sich im Zugleich dieser beiden nicht aufeinander rückführbaren Aspekte des Erlebnisvollzugs und des vorgängigen Seins der Seele. In ihrem Miteinander zeigt Plessner eine „Skala des Seins" auf, die sich zwischen den Extremen vollkommener Objektivierung und vollkommenen Überwältigtseins bewegt. (Vgl. SOM, 369)

Zugleich ist diese Doppelaspektivität für die Labilität der menschlichen Innenwelt verantwortlich. In der Abhebung vom Vollzug des Erlebens geht der Mensch nicht mehr unmittelbar in seinem Zumutesein auf, vielmehr *erscheint* ihm die psychische Realität, die er selbst ist. Diese Abgehobenheit ermöglicht es ihm, sein Erleben zu manipulieren, sich und Anderen Gefühle vorzuspielen, sich in Gefühle hineinzusteigern. Gleichermaßen ist diese Abhebung dafür verantwortlich, daß der Mensch an seinen wie auch an den Gefühlen Anderer zweifeln und verzweifeln kann. Gegen die Zweifel am eigenen Erleben bleibt die Berufung auf dessen Authentizität ein trockenes Versichern, ist derart doch nicht hinter die reflexive Infragestellung des unmittelbaren Erlebens zurückzukommen. Das Gleichgewicht der Innenwelt ist folglich nicht stabil. Es muß immer aufs Neue erreicht werden, kann aber immer auch mißlingen.[213]

Schließlich ist ein Blick darauf zu werfen, was in den Akten der Reflexion auf die eigene Innerlichkeit erkannt wird. Es bedeutete einen Rückfall in den Dualismus, zu meinen, man könne in der Reflexion auf die eigene Innerlichkeit zum Grund der eigenen Subjektivität vorstoßen. Erreicht wird darin allein das Individual-Ich, das sich in Abhängigkeit von den Kontexten, in denen es sich befindet, bestimmt. (Vgl. SOM, 373) In diesen Akten der Selbstreflexion hebt sich das menschliche Individuum unter

[213] Vgl. SOM, 371f.: „Sogar im Vollzug des Gedankens, des Gefühls, des Willens ist der Mensch außerhalb seiner selbst. Worauf beruht denn die Möglichkeit falscher Gefühle, unechter Gedanken, des sich in Etwas Hineinsteigerns, das man nicht ist? Worauf beruht die Möglichkeit des (schlechten oder guten) Schauspielers, die Verwandlung des Menschen in einen andern? Woher kommt es, daß weder die anderen Personen, die ihn beobachten, noch vor allem der Mensch selbst immer zu sagen wissen, ob er nicht in den Momenten vollkommenster Selbstvergessenheit und Hingabe doch nur eine Rolle spielt? Den Zweifel an der Wahrhaftigkeit des eigenen Seins beseitigt nicht das Zeugnis der inneren Evidenz. Es hilft nicht über die keimhafte Spaltung hinweg, die das Selbstsein des Menschen, weil es exzentrisch ist, durchzieht, so daß niemand von sich selber weiß, ob er es noch ist, der weint und lacht, denkt und Entschlüsse faßt, oder dieses von ihm abgespaltene Selbst, der Andere in ihm, sein Gegenbild und vielleicht sein Gegenpol."

einem von ihm entworfenen Rahmen von der individuell durchgemachten Entwicklung ab und erfaßt sich derart als derjenige, der es geworden ist. Diese individuelle Art der Selbstreflexion unterscheidet sich vom tierischen Gedächtnis in bezug auf den Rahmen, unter dem dieser Rückbezug stattfindet. Während sich das Tier unter dem Horizont der vorgängigen Instinkte auf seine Vergangenheit bezieht, die sein Verhältnis zur Wirklichkeit festlegen, ist dem Menschen die Bildung des Bezugsrahmens seines Erinnerns selbst noch anheimgegeben. Da dem Menschen ein vorgängiger Rahmen fehlt, kann er sich als dieses Individuum, das sich in seinen Gefühlen zeigt und das er zugleich geworden ist, aus unzähligen Perspektiven betrachten. Er kann gleichermaßen auf seine Begabungen wie auf seine Sozialisierung, auf seine Lebenserfahrungen wie auf seine Kultur reflektieren – ohne je zu einem abschließenden Ergebnis zu kommen, wer er sei.

Indem die individuelle Selbstreflexion allein Bestimmungen des Individuums erreicht, ergibt sich die weitere Frage nach den Perspektiven, unter denen die individuelle Selbstreflexion stattfindet. Diese Perspektiven stellen offensichtlich letzte Sinnhorizonte dar, unter denen sich die Menschen zu ihrer Welt in Beziehung setzen. Plessner zeigt nun, daß „in solcher Beziehung auf den Nullpunkt der eigenen Position – einer Beziehung, die in Akten nicht gestiftet wird, sondern ein für allemal mit der Seinsform der Exzentrizität gegeben ist – [...] die Konstitution des Selbstseins als einer eigenen, an Akte nicht gebundenen Welt (besteht; O. M.)“ (SOM, 373) – der Mitwelt.

Die Mitwelt des Menschen

Die Heterogenität bzw. das nochmalige Auf-sich-zurück-Gewendetsein des menschlichen Ichs unter dem exzentrisch abgehobenen Subjektpol muß sich in die Bestimmung der menschlichen Welt hinein fortsetzen. Bisher wurden mit der Außen- und der Innenwelt die Dimensionen der menschlichen Welt angegeben, die sich dem Menschen (aufgrund seines nochmaligen Gestelltseins in die positionale Mitte) hinter seinem unmittelbaren Erleben auftun. Mit anderen Worten wurde bisher die Welt rekonstruiert, zu der das individuelle Ich deswegen Zugang hat, weil es unter dem allgemeinen Ich steht. Jetzt muß in der anderen Richtung nach dem allgemeinen Ich gefragt werden, an dem die individuellen Iche teilhaben. Hierfür muß bei der Rückwendung des menschlichen Ichs auf sich angesetzt werden. Dabei darf nicht der dualistische Fehler begangen werden, diese Rückwendung des menschlichen Ichs auf sich mit der Rückwendung des Individuums auf die eigene Seele zu identifizieren. Diese Wendung auf die eigene Individualität gilt es, von der Rückwendung des menschlichen Ichs auf sich als allgemeines Ich zu unterscheiden. Auch die Dimension des *allgemeinen Ichs* bzw. des selbstreflexiven Erlebens erfährt der Mensch als eigenständige Wirklichkeit: als Welt des Geistes. Im Alltag zeigt sich dem Menschen die Welt des Geistes als Sphäre des Miteinanders mit anderen Personen. Im Miteinander erfährt man über die individuelle Verschiedenheit hinweg eine ursprüngliche Gleichheit mit anderen Menschen. Man erlebt das vom individuellen Ich abgehobene allgemeine Ich und damit die Fähigkeit selbstreflexiven Erlebens. Die ursprüngliche Gleichheit, die im Miteinander mit anderen Personen erfahren wird, bezieht sich auf die Allgemeinheit des menschlichen Erlebens, das in seiner Selbstbezüglichkeit über die

Bindung an das Individuum als Subjekt des Erlebens hinaus ist.[214] An der Alltagserfahrung ursprünglichen Miteinanders orientiert sich Plessner, wenn er für die Welt selbstreflexiven Erlebens den formalen Ausdruck der *Mitwelt* anstelle des traditionellen Begriffs des Geistes einführt.

In bezug auf die Mitwelt stellt sich als zentrales philosophisches Problem die Frage nach ihrem Status. Die Mitweltlichkeit bzw. das selbstbezügliche Erleben wird als eigene Wirklichkeit erfahren, an der menschliche Personen teilhaben und in der sie ursprünglich verbunden sind. Der Hinweis auf diese Erfahrung kann jedoch nichts über die Rechtmäßigkeit dieser Erfahrung ausmachen. Auch wenn das selbstbezügliche Erleben als eigenständige Wirklichkeit erfahren wird, an der die menschlichen Personen teilhaben, ist noch nicht ausgemacht, ob es sich dabei nicht nur um eine Hypostasierung handelt. Mit anderen Worten stellt sich die Frage, ob der menschlichen Mitwelt tatsächlich Weltcharakter zukommt, oder ob sie ein nachträgliches Konstrukt darstellt, in dem das menschliche Selbstbewußtsein zur eigenständigen Sphäre des Geistes verdinglicht wird. Dieses Problem bekommt dadurch an Brisanz, daß in seiner Beantwortung über die Frage der Vorgängigkeit des individuellen Ichs oder des intersubjektiven Geistes mitentschieden wird. Wenn das individuelle Ich als vorgängig angenommen wird, dann zeigt sich die Sphäre des Geistes bzw. des selbstbezüglichen Erlebens als abkünftig vom Sein des individuellen Ichs, so daß der Mitwelt kein Weltcharakter zukäme. Die Erfahrung des Miteinanders müßte dann auf einen Bewußtseinsakt zurückgeführt werden – auf einen Akt des Schließens von der eigenen Ichheit auf die Ichheit anderer Menschen oder auf einen Akt des Einfühlens in andere Menschen.[215] Im zweiten Fall der Vorgängigkeit des Miteinanders würde dagegen das individuelle Ich als abkünftig gesetzt. Die Sein als Individuum könnte nur noch als Besonderung bestimmt werden, die der Einzelne im ursprünglichen Miteinander erfährt.[216] Man sieht sofort, daß Plessner beidem – der Vorgängigkeit sowohl des

---

[214] Vgl. SOM, 373: „Die Exzentrizität, auf welcher Außenwelt (Natur) und Innenwelt (Seele) beruhen, bestimmt, daß die individuelle Person an sich selbst individuelles und ‚allgemeines' Ich unterscheiden muß. Allerdings wird ihr dies für gewöhnlich nur faßbar, wenn sie mit anderen Personen zusammen ist, und auch dann tritt dieses allgemeine Ich nie in seiner abstrakten Form, sondern mittels der ersten, zweiten, dritten Person konkret auf."

[215] Vgl. SOM, 374: „Nichts widerlegt schon innerhalb der einfachen Lebenserfahrung die berühmten Theorien des Analogieschlusses und der Einfühlung, nach denen angeblich der Mensch auf die Idee einer Mitwelt verfällt und schließlich zur Gewißheit der Wirklichkeit anderer Iche gebracht wird, stärker als die in Individual- und Kollektiventwicklung der Menschen überall beobachtbare Tatsache einer ursprünglichen Tendenz zur Anthropologisierung und Personifizierung. [...] Erst der Ernüchterungsprozeß durch die Verstandeskultur bringt den Menschen zum Bewußtsein toter Dinge." Eine kritische Auseinandersetzung mit den Theorien des Analogieschlusses und der Einfühlung leistet Matthias Schloßberger. Vgl. Matthias Schloßberger, Die Erfahrung des Anderen – Gefühle im menschlichen Miteinander, Berlin 2005, 53–76.

[216] Vgl. SOM, 374: „Das *Verfahren* der Beschränkung, wie es sich in der Deutung leibhaft erscheinender fremder Lebenszentren abspielt, muß streng getrennt werden von der *Voraussetzung*, daß fremde Personen möglich sind, daß es eine personale Welt überhaupt gibt. Fichte hat zum ersten Mal diese Notwendigkeit betont. Jeder Realsetzung eines Ichs, einer Person in einem einzelnen Körper ist die Sphäre des Du, Er, Wir vorgegeben."

einzelnen Ichs als auch des Miteinanders – nicht zustimmen kann. Zunächst nur homogenisierten beide Ansätze das menschliche Ich – entweder in die Richtung des individuellen Zentrum-Seins oder der geistigen Selbstbezüglichkeit. Dagegen wurde oben die Heterogenität gerade als Spezifikum des menschlichen Ichs als eines auf sich zurückgewendeten Zentrums herausgestellt. Außerdem setzten beide Ansätze das dualistische Verständnis des menschlichen Daseins fort – mit dem Ergebnis, daß entweder die Geistigkeit nicht mehr in ihrer Eigenständigkeit gegenüber den individuellen Lebensvollzügen oder das Sein des Individuums nicht mehr als eigenständig gegenüber dem Miteinander erfaßt werden könnte. Wenn diese Homogenisierung des menschlichen Daseins und seine damit einhergehende dualistische Vereinseitigung unterlaufen werden soll, muß sich folglich die Gleichursprünglichkeit des individuellen Ichs und der Sphäre des Geistes einsehen lassen. Mit anderen Worten gilt es, mit Plessner die Mitwelt als eigenständige Welt zu begreifen, ohne sie damit jedoch zum letzten Horizont des menschlichen Daseins zu hypostasieren.

Um die Frage nach dem Status der Mitwelt als einer eigenständigen Welt beantworten zu können, müssen wir nochmals auf den exzentrischen Positionalitätsmodus zurückgreifen. Wie wir oben gesehen haben, ermöglicht uns der Ansatz des Gestelltseins in die positionale Mitte der Lebensvollzüge, die Heterogenität des menschlichen Ichs zu begreifen. Damit konnte auf das Zugleich der Stellungen des Bewußtseins *und* des Geistes bzw. des individuellen *und* des selbstbezüglichen Erlebens ausgegriffen werden. Bisher hat sich im Ausgang von der exzentrischen Positionalität die Außen- und die Innenwelt begreifen lassen. Aufgrund des doppelten Gestelltseins in den eigenen Körper zeigt sich dem Menschen hinter seiner unmittelbaren Leiberfahrung sein physischer Körper. Mit seiner physischen Körperlichkeit erlebt sich der Mensch als peripheres Moment der raum-zeitlichen Außenwelt. Aufgrund des Gestelltseins in die positionale Mitte ist für den Menschen das Sein seiner Seele hinter seinem unmittelbaren Erleben gegeben. Der Mensch erlebt sein unmittelbares Zumutesein derart als Ausdruck seiner Seele. Im *Vollzug* der Rückwendung auf die eigene Position ist schließlich das allgemeine Ich und damit die Mitwelt *wirklich*. Unter dem abgehobenen Subjektpol ist das menschliche Erleben nämlich über seine Zentralität und d.h. über die Gebundenheit in die Mitte des eigenen Leibes hinaus. Als Sphäre selbstbezüglichen Erlebens steht die Mitwelt damit sowohl jenseits der Doppelaspektivität von Innenwelt und Außenwelt als auch jenseits der Pluralität der menschlichen Personen. Indem das allgemeine Ich aus der Körper-Leib-Divergenz abgehoben ist, macht es am menschlichen Dasein die Sphäre psychophysischer Einheit aus. Es stellt insofern die „Menschheit in mir selbst" dar. Indem es damit zugleich von der individuellen Ichheit abgehoben ist, bildet das allgemeine Ich die ursprüngliche Einheit aller Menschen.[217] Nur weil das menschliche Erleben unter dem abgehobenen Subjektpol selbstbezüglich ist und darin die Mitwelt *realisiert ist*, kann sich der einzelne Mensch überhaupt auf die mit den anderen Menschen geteilte Geistigkeit beziehen. Nur weil der Geist wirklich ist, kann er erlebt und darin die ursprüngliche Einheit mit anderen

[217] Vgl. SOM, 376: „Zwischen mir und mir, mir und ihm liegt die Sphäre dieser Welt des *Geistes* (d.h. der Mitwelt; O. M.)."

Menschen erfahren werden.[218] Daß der Geist bzw. die Mitwelt eine solche Wirklichkeit darstellt, die von den *Vollzügen* selbstreflexiven Erlebens gebildet wird und ihr insofern kein „eigenes Substrat“ zukommt, darf folglich nicht dazu verleiten, ihr ihre Eigenständigkeit gegenüber den Individuen und darin ihren Weltcharakter abzusprechen.[219]

Nachdem die Mitwelt als eigenständige Welt selbstbezüglichen Erlebens bestimmt wurde, muß nun noch die Frage beantwortet werden, wie sie sich zum menschlichen Individual-Ich in seiner psychophysischen Doppelaspektivität verhält. Wie wir aus den obigen Überlegungen wissen, darf die Eigenständigkeit der Mitwelt nicht dazu verleiten, sie zum letzten Horizont menschlichen Seins zu hypostasieren. Die Mitwelt überbrückt zwar die Kluft zwischen organischem Körper und individueller Seele sowie zwischen verschiedenen Personen; dies bedeutet nun jedoch nicht, daß sie als letzter Horizont des menschlichen Daseins der Körper-Leib-Divergenz vorausginge. Die Mitweltlichkeit bzw. das allgemeine Ich stellt vielmehr nur den *einen* Aspekt am menschlichen Ich neben dem gleichursprünglichen psychophysischen Doppelaspekt dar. Vom menschlichen Ich unter dem exzentrisch abgehobenen Subjektpol ist dies leicht einzusehen. Derart wurde oben bereits die Heterogenität des menschlichen Ichs als unhintergehbar dargestellt. Unter dem Subjektpol ist das allgemeine Ich bzw. das selbstreflexive Erleben zwar von der individuellen Erfahrung aus der Mitte des eigenen Leibes abgehoben, in dieser Abhebung ist es jedoch an die positionale Mitte als Ansatzpunkt der Lebensvollzüge rückgebunden. In dieser Verschränkung mit dem individuellen Ich macht das allgemeine Ich zwar eine eigenständige Sphäre, jedoch keinen vorgängigen Grund aus. Das allgemeine Ich bzw. die Mitweltlichkeit darf folglich nicht als *transzendentales* Ich verstanden werden, das die individuellen Lebensvollzüge erst ermöglichte.[220]

---

[218] Vgl. SOM, 376: „Die Existenz der Mitwelt ist die Bedingung der Möglichkeit, daß ein Lebewesen sich in seiner Stellung erfassen kann, nämlich als ein Glied dieser Mitwelt.“

[219] Vgl. SOM, 375: „Durch die exzentrische Positionsform seiner selbst ist dem Menschen die Realität der *Mitwelt* gewährleistet. Sie ist also nichts, was ihm erst *auf Grund* bestimmter Wahrnehmungen zum Bewußtsein kommen müßte, obgleich sie natürlich im Lauf der Erfahrung bei Gelegenheit bestimmter Wahrnehmungen Farbe und Leben gewinnt. Sie unterscheidet sich weiterhin, was damit zusammenhängt, von Außenwelt und Innenwelt dadurch, daß ihre Elemente, die Personen, kein spezifisches Substrat liefern, welches stofflich über das von Außenwelt und Innenwelt an sich schon Dargebotene hinausginge.“

[220] Hans-Peter Krüger konzipiert seine philosophische Anthropologie im Anschluß an den späten Plessner und im Ausgang von der Gebrochenheit der unvertretbaren Leiblichkeit und der vertretbaren Körperlichkeit des Menschen. (Vgl. Hans-Peter Krüger, Zwischen Lachen und Weinen, Bd. I, a.a.O., 36ff.) Die Modi der Verschränkung von unmittelbarer Leiblichkeit und vermittelter Körperlichkeit findet Krüger in soziokulturell tradierten Rollen. (Vgl. 125ff.) Im Zentrum der Philosophischen Anthropologie steht für Krüger infolgedessen eine Spielkonzeption, die das Spiel in und mit den kulturell tradierten Rollen thematisiert, in denen die Köper-Leib-Divergenz verschränkt wird. Krüger betont in bezug auf das Rollenspiel die Doppelheit von Identifikation und Distanz. „Offenbar kann man *in* einer derartigen Rolle nur insofern spielen, als man sich mit ihr identifiziert. Demgegenüber kann man insofern *mit* der Rolle spielen, als man sich von ihr distanziert. In dieser Doppelung zwischen der Identifikation mit der Rolle und der Distanz zur Rolle besteht aber gerade die

Wenn die Gleichursprünglichkeit des Individual-Ichs im Zentrum des eigenen Leibes *und* des allgemeinen Ichs bzw. der Mitweltlichkeit behauptet werden soll, dann muß sich der Modus angeben lassen, in dem beide in ihrer prinzipiellen Divergenz verschränkt sind. Plessner spricht in diesem Zusammenhang davon, daß sich menschliche Person und Mitwelt gegenseitig *tragen.*[221] Diese Aussage läßt sich aufgrund der bisherigen Überlegungen verstehen. Die menschliche Person geht der Mitwelt insofern voraus und gewährleistet darin ihre Realität, als das allgemeine Ich unter dem exzentrischen Subjektpol als eigenständige Sphäre selbstbezüglichen Erlebens stattfindet. Dementsprechend können wir in den „Stufen" lesen: „Real ist die Mitwelt, wenn nur eine Person existiert, weil sie die mit der exzentrischen Positionsform gewährleistete Sphäre darstellt [...]." (SOM, 377) Als von der Körper-Leib-Divergenz des lebendigen Seins abgehobene Sphäre, die die Kluft zwischen Subjekt und Objekt überbrückt, trägt die Mitwelt umgekehrt zugleich auch die menschliche Person. Nur als Glied der Mitwelt bzw. im Vollzug der allgemeinen Ichheit oder des selbstbezüglichen Erlebens ist der Mensch nämlich aus der Doppelaspektivität des lebendigen Seins herausgehoben und verschränkt sich zur psychophysischen Einheit. Da die Mitwelt folglich eine solche Wirklichkeit des Geistes darstellt, die zugleich an das Individual-Ich als Zentrum rückgebunden ist, ist sie eine gegenüber dem Individual-Ich eigenständige Welt, ohne deswegen jedoch den letzten Horizont des menschlichen Daseins darzustellen.[222] Vielmehr setzt sich im Oszillieren von menschlicher Person und Mitwelt die Heterogenität des menschlichen Ichs fort.[223]

---

elementarste Form des Rollenspielens. Dadurch kann man in der Rolle, also ernsthaft, und mit ihr, also frei vom Ernst der Rolle, spielen." (Ders., Das Spiel zwischen Leibsein und Körperhaben, in: Deutsche Zeitschrift für Philosophie, 48 (2000) 2, 289–317, hier: 300.) Indem der Rollenträger *in* einer Rolle spielt, sich dieser möglichst gut einpaßt, wird er *personalisiert.* (Vgl. Ders., Zwischen Lachen und Weinen, Bd. I, a.a.O.; 185ff.) Indem *mit* einer Rolle und den an sie geknüpften Erwartungen gespielt wird, wird das Spiel unvertretbar und die Person *individualisiert.* (Vgl. ebenda, 130ff.)

221 Vgl. SOM, 376: „Die Mitwelt *trägt* die Person, indem sie zugleich von ihr getragen und gebildet *wird.*"

222 Vgl. SOM, 379: „Erinnert man sich daran, daß der Geist ja nur die mit der exzentrischen Positionsform des Menschen gegebene Sphäre ist, daß aber Exzentrizität die für den Menschen kennzeichnende Form seiner frontalen Gestelltheit gegen das Umfeld bedeutet, dann wird das *ursprüngliche Paradox* (Herv.; O. M.) in der Lebenssituation des Menschen begreiflich: daß er als Subjekt gegen sich und die Welt steht *und zugleich* (Herv.; O. M.) darin diesem Gegensatz entrückt ist. In der Welt und gegen die Welt, in sich und gegen sich –, keine der gegensätzlichen Bestimmungen hat über die andere das Übergewicht, die Kluft, das leere Zwischen Hier und Dort, das Hinüber bleibt, auch wenn der Mensch davon weiß und mit eben diesem Wissen die Sphäre des Geistes einnimmt."

223 Vor dem Hintergrund der Plessnerschen Konzeption der Mitweltlichkeit macht Hans-Peter Krüger auf die Hilflosigkeit des Streits zwischen Dieter Henrich und Jürgen Habermas um die Vorgängigkeit von Subjektivität oder Intersubjektivität aufmerksam. Vgl. Hans-Peter Krüger, Die Antwortlichkeit in der exzentrischen Positionalität – Die Drittheit, das Dritte und die dritte Person als philosophische Minima, in: Ders. und Gesa Lindemann (Hg.), Philosophische Anthropologie im 21. Jahrhundert – Ein Streit über ihre Leistungsfähigkeit, Berlin 2005, 125–145.

Abschließend läßt sich nun auch das Verhältnis der drei Welten zu einander angeben. Unter dem allgemeinen Ich selbstreferenziellen Erlebens ist das individuelle Ich über seine Unmittelbarkeit hinaus und erfährt die eigenständigen Dinge und die eigene Seele hinter seinen Erfahrungen. Insofern geht die Mitwelt der Außen- und Innenwelt voraus. Zugleich muß das selbstreferentielle Erleben jedoch vollzogen werden – und ist insofern an das individuelle Ich als positionaler Mitte der Lebensvollzüge rückgebunden. Die Mitwelt ist damit auf die Außen- und Innenwelt bezogen, mit denen das individuelle Ich korreliert. Es handelt sich bei der Außen-, Innen- und Mitwelt folglich um qualitativ unterschiedene Welten, die in ihrem Bestehen miteinander verschränkt sind. Genauso wenig wie vom menschlichen Ich läßt sich von den menschlichen Welten ein letzter Grund der Versöhnung angeben. Gemäß seines Verschränkungsansatzes kann es aber auch gar nicht Plessners Ziel sein, einen solchen letzten Grund positiv zu benennen, in dem das Wesen des Menschen und der Wahrheitsgrund menschlicher Wirklichkeit überhaupt festgelegt wäre.[224]

(δ.) Der exzentrische Positionalitätsmodus als Einheitsvollzug im Doppelaspekt lebendigen Seins

Im folgenden soll gezeigt werden, daß die Verschränkung des menschlichen Organismus und des menschlichen Individuums unter dem exzentrischen Positionalitätsmodus nicht a priori gewährleistet ist. Um diese These einzuholen, soll nacheinander danach gefragt werden, wie der menschliche Organismus und das menschliche Individuum

---

[224] Wie bereits Ernst Wolfgang Orth vor ihm, so interpretiert auch Jan Beaufort die „Stufen" von ihrer Anlage her als in sich geschlossenen Kreis. (Vgl. Ernst Wolfgang Orth, Philosophische Anthropologie als Erste Philosophie, a.a.O., 266, sowie Jan Beaufort, Die gesellschaftliche Konstitution der Natur, a.a.O., 214.) Im Unterschied zu Orth weiß Beaufort um die Hiatus-Gesetzlichkeit, sie gerät ihm jedoch durch die Schließung des Plessnerschen Systems zur bloßen Darstellungsweise. Beaufort hebt zunächst hervor, daß Plessner im Unterschied zu Fichte – als seinem „Ansprechpartner" im deutschen Idealismus – nicht von der Voraussetzung einer umfassenden Sphäre des absoluten Ichs ausgeht, in dem alle Widersprüche versöhnt sind, sondern gerade die Heterogenität bzw. Hiatus-Gesetzlichkeit festhalten will. (Vgl. ebenda, 197ff.) Die Plessnersche Naturphilosophie interpretiert Beaufort als stufenweise angelegte Konstitutionstheorie der (konstituierenden) Subjektivität. Plessner ginge mit dem Ding vom allein konstituierten Objekt aus und erreiche am Ende der „Stufen" mit der exzentrischen Positionalität des Menschen die konstituierende Subjektivität. „Allerdings wird die Person getragen von einer *Mitwelt*, die sie zugleich selbst trägt. Dies ist die Welt des *Geistes*, des *reinen Wir*. […] Wirklichkeit ist also für Plessner […] *gesellschaftlich konstituierte Wirklichkeit, Sein ist gesellschaftlich konstituiertes Sein.*" (ebenda, 213f.) Indem Beaufort den Kreis vom Ding zur Exzentrizität auf diese Weise schließt – „der Anfang beim Objekt (ist; O. M.) ein lediglich methodisch motivierter" –, verkehrt sich ihm die exzentrische Positionalität unter der Hand zum Generalnenner. Konsequent spricht Beaufort dementsprechend von der „konstruktiven Geschlossenheit seines (Plessners; O. M.) Systems". (215) Plessner erscheint damit als naturphilosophisch gewendeter Hegel, die „Stufen" als Parallelunternehmen zu dessen „Phänomenologie des Geistes". Die Heterogenität des philosophischen Anfangs ist damit letztlich aufgegeben.

unter dem exzentrischen Positionalitätsmodus bestimmt sind und inwiefern sie sich darin dem je anderen Aspekt entgegenlehnen.

Unter dem exzentrischen Gestelltsein in das In-die-eigene-Mitte-Gestelltsein unterscheidet sich der Organismus des Menschen seiner Form nach nicht vom Organismus der höheren Tiere. Das Gestelltsein in das In-die-eigene-Mitte-Gestelltsein betrifft allein die Form menschlicher Individualität, insofern das menschliche Individuum als individuelle Mitte seines Leibes zugleich über diese Zentralität hinaus ist. Daß am menschlichen ich im Unterschied zur tierischen Mitte eine weitere Brechung vorkommt, spielt für den Organismus keine Rolle. Damit die exzentrische Positionalität an ihm stattfinden kann, muß der menschliche Organismus denselben Anforderungen genügen wie der tierische Organismus unter dem zentrischen Positionalitätsmodus. Der Organismus muß in die Sphären des Merkens und des Wirkens auseinanderfallen, damit das Individuum bzw. die positionale Mitte als sein Zentrum fungieren kann. Wie beim höheren Tier wird die Verschränkung von Merken und Wirken dem Individuum anheimgestellt. Der menschliche Organismus wird derart in seiner Gebrochenheit individuell zur Einheit zusammengeschlossen und in den Lebenskreis seiner Subsistenzsicherung integriert. Der menschliche Organismus lehnt sich in seiner Eigenständigkeit folglich dem Individuum entgegen, insofern er durch dieses zur Einheit vermittelt werden muß.

Organisch ist der Mensch folglich ein höheres Tier. Die physischen Merkmale des Menschen – wie der aufrechte Gang, die Ausbildung des fünften Fingers sowie die einzigartige Entwicklung des menschlichen Gehirns – stellen dementsprechend keine konstitutiven Wesensmerkmale menschlichen Lebens dar. Sie mögen zwar als indikative Wesensmerkmale gelten, die menschliches Leben anzeigen, verbürgen können sie es nicht. Um als konstitutive Merkmale menschlichen Lebens ausgezeichnet werden zu können, müßten sie sich als Bedingungen begreifen lassen, die das spezifisch exzentrische Gestelltsein in das individuelle Hier und Jetzt ermöglichen. Man sieht sofort, daß in bezug auf die nochmalige Abhebung vom individuellen Zentrum organische Merkmale nichts ausmachen können. Ihrem Status nach finden sich die Merkmale spezifisch menschlicher Organisation folglich auf einer Ebene mit den organischen Merkmalen anderer tierischer Gattungen wieder. Genauso wenig wie die Fähigkeit der Vögel, fliegen zu können, steht der aufrechte Gang des Menschen oder die Funktionstüchtigkeit seines Gehirns im Konflikt mit der geschlossenen Organisationsform.[225]

Während das nochmalige Gestelltsein in seine positionale Mitte auf die menschliche Organisationsform keine Auswirkungen hat, stellt es für das menschliche Individuum eine wesentliche Strukturbestimmung dar. Indem der Mensch unter dem exzentrischen Positionalitätsmodus nochmals in seine positionale Mitte gestellt ist, steht das menschli-

---

[225] Vgl. SOM, 365f.: „Wenn der Charakter des Außersichseins das Tier zum Menschen macht, so ist es, da mit Exzentrizität keine neue Organisationsform ermöglicht wird, klar, daß er körperlich Tier bleiben muß. Physische Merkmale der menschlichen Natur haben daher nur einen empirischen Wert. Mensch sein ist an keine bestimmte Gestalt gebunden und könnte daher auch (einer geistreichen Mutmaßung des Paläontologen Dacqué zu gedenken) unter mancherlei Gestalt stattfinden, die mit der uns bekannten nicht übereinstimmt. Gebunden ist der Charakter des Menschen nur an die zentralistische Organisationsform, welche die Basis für seine Exzentrizität abgibt."

che Individuum unter dem Subjektpol. Unter dem Subjektpol vollzieht der Mensch sein Leben als Individuum im Ausgang von der positionalen Mitte seines Leibes; zugleich kann er sich in der Anhebung von der positionalen Mitte nochmals auf das individuelle Erleben beziehen. Derart wurde oben als Spezifikum menschlicher Ichheit angegeben, ein nochmals auf sich rückgewandtes Zentrum darzustellen. Indem der Subjektpol seinerseits nicht mehr objektivierbar ist, kann das menschliche Ich allein als Doppelaspekt von individuellem und allgemeinem Ich bzw. als auf sich nochmals rückgewandtes Zentrum verstanden werden. Ihre Verschränkung läßt sich nicht mehr positiv bestimmen.

In bezug auf das Verhältnis des menschlichen Individuums zum Organismus besteht die Schwierigkeit nun darin, daß dieses Problem nicht unabhängig von der Frage gelöst werden kann, wie sich die beiden Aspekte des menschlichen Ichs zu einander verhalten. Aus den Überlegungen zum zentrischen Positionalitätsmodus kennen wir die Herausforderung, die das Individuum in seiner Eigenständigkeit erfüllen muß, um mit dem Organismus zusammen bestehen zu können. Der Funktion nach kann sich das Entgegenlehnen des Individuums zum Organismus zwischen Mensch und Tier nicht voneinander unterscheiden, da sonst die Subsistenz des Organismus' in seiner sensomotorischen Brechung nicht mehr sichergestellt wäre. Das menschliche muß folglich wie das tierische Individuum die Funktion erfüllen, den Organismus in seiner Brechung von Merken und Wirken zusammenzuschließen und ihn darin in den Lebenskreis zu integrieren. Aus dem Alltag kennen wir Situationen, in denen diese Herausforderung auf gemerkte Reize adäquat zu reagieren, im Vordergrund steht. Man darf sich nun allerdings nicht zu der falschen Vorstellung verleiten lassen, daß die individuelle Leistungen der Zuordnung von Reiz und Reaktion und der Integration in den Lebenskreis von der exzentrischen Abhebung des Subjektpols nicht betroffen wären. Ein solcher Versuch, den unmittelbaren Lebensvollzug von den reflexiven Rückbezügen auf die Lebensvollzüge abzutrennen, steigerte den Doppelaspekt des menschlichen Ichs zum dualistischen Bruch.

Nun läßt sich die Herausforderung präzisieren, mit der die menschliche Individualität konfrontiert. Oben haben wir gesehen, daß für das tierische Individuum sein Gestelltsein in die Mitte des eigenen Leibes den Horizont darstellt, innerhalb dessen es Merken und Wirken verschränkt und den Organismus in den Lebenskreis integriert. Genau über diese Bindung an den leiblich vermittelten Lebenshorizont ist das menschliche Individuum unter dem abgehobenen Subjektpol hinaus. Unter dem exzentrischen Subjektpol initiiert das menschliche Ich seine Lebensvollzüge zwar aus seiner Mitte, es hat jedoch am Gestelltsein in die Mitte seines Organismus keinen richtungsweisenden Rahmen mehr. Damit stehen wir jetzt vor der eigentlichen Schwierigkeit in bezug auf den individuellen Lebensvollzug unter dem exzentrischen Positionalitätsmodus. Das menschliche Individuum soll sich in seiner Eigenständigkeit dem menschlichen Organismus entgegenlehnen. Folglich muß sich der Horizont angeben lassen können, unter dem es dem menschlichen Individuum möglich ist, sein Leben zu führen und dadurch seine Funktionen für den Organismus zu erfüllen, Merken und Wirken zu verschränken. Unter dem exzentrischen Gestelltsein in das In-die-eigene-Mitte-Gestelltsein ist jedoch gerade der Horizont nicht mehr positiv festgelegt, unter dem das menschliche Individuum sein Leben zu vollziehen vermag. Da der Subjektpol einen Blickpunkt hinter der positionalen Mitte der Lebensvollzüge darstellt, ist dem menschlichen Individuum die Zentralität als Horizont der Lebensführung genommen, ohne daß der Subjektpol seinerseits einen neuen spezifisch menschlichen Horizont darstellte, der seine Lebensvollzüge orientierte. Ein Wahrheitsgrund bzw. ein letzter Sinnhorizont menschlichen Lebens läßt sich gerade nicht von Natur aus bzw. aufgrund des exzentrischen Positionalitätsmodus angeben. Folglich kann auch nicht a priori eingesehen werden, wie das menschliche Individuum die Funktionen erfüllt, den Organismus zusammenzuschließen und in den Lebenskreis zu integrieren.

Wenn der exzentrische Positionalitätsmodus dennoch am menschlichen Leben in seiner Tatsächlichkeit stattfinden können soll, dann müssen sich in der Alltagserfahrung solche Wesensmerkmale auffinden lassen, die das Stattfinden des menschlichen Personseins im Zugleich von körper-leiblicher Divergenz *und* geistiger Einheit gewährleisten. Es müssen sic die Modi nachweisen lassen, die menschliche Lebensführung gerade unter der Bedingung eines entzogenen Sinnhorizonts möglich machen. Damit ist dann zugleich der Nachweis erreicht, daß die exzentrische Positionalität den Modus darstellt, unter dem sich der Organismus und die Individualität im menschlichen Leben verschränken.

(B.) Die anthropologischen Grundgesetze bzw. die Wesensmerkmale menschlichen Lebens

Der Nachweis des exzentrischen Positionalitätsmodus an den Wesensmerkmalen menschlichen Lebens stellt abermals eine doppelseitige Deduktion dar. Zum einen soll auf solche Eigenschaften zurückgegriffen werden, die menschliches Leben für die Alltagserfahrung anzeigen, um an ihnen die Wirklichkeit der Grenzrealisierung im exzentrischen Positionalitätsmodus nachzuweisen. Indem die anschaulich gegebenen Wesensmerkmale menschlichen Lebens als die Bedingungen aufgezeigt werden, die das Stattfinden des exzentrischen Positionalitätsmodus ermöglichen, soll zum anderen von den Merkmalen menschlichen Lebens ihrerseits nachgewiesen werden, daß sie menschliches Leben nicht bloß anzeigen, sondern für die Anschauung verbürgen. Dementsprechend bezeichnet Plessner diese konstitutiven Wesensmerkmale menschlichen Lebens als anthropologische Grundgesetze. Es muß sich bei ihnen folglich um solche Eigenschaften handeln, unter denen ein organisches Tier als Mensch lebt, insofern in ihnen der reflexive Rückbezug auf das individuelle Erleben stattfindet.

Die Überlegungen in der ersten Hälfte dieses Kapitels haben die Exzentrizität als einen solchen Typ positionaler Selbstbezüglichkeit verstanden, der sich durch das Gestelltsein in das In-die-eigene-Mitte-Gestelltsein auszeichnet. Damit hat sich die Exzentrizität als ein solcher Positionalitätsmodus ergeben, unter dem der Mensch noch zu seinem individuellen Standpunkt Distanz hat und derart in die Heterogenität gebannt ist. Infolgedessen sind a priori jedoch zwei entscheidende Probleme nicht lösbar. Zum einen ist nicht einsehbar, wie es dem Menschen, dem ein fester Standpunkt fehlt, überhaupt möglich ist, als lebendiges Individuum zu existieren. Zum anderen kann a priori nicht angegeben werden, worin das Selbst bzw. das Wesen des Menschen besteht, in dem sein individuelles und sein allgemeines Ich vereint sind. Diese positional ungelösten Probleme geben der folgenden Deduktion ihre Richtung vor, da diese die konstitutiven Wesensmerkmale aufweisen können muß, die menschliches Leben unter der exzentrischen Heterogenität ermöglichen.

Zum einen ist der Mensch unter dem abgehobenen Subjektpol über seine Zentralität hinaus. Die positionale Mitte stellt zwar noch den Ausgangspunkt seiner Lebensvollzüge, nicht mehr jedoch den apriorischen Horizont dar, der dem menschlichen Individuum den Spielraum für seine individuellen Synthesisleistungen eröffnen könnte. In einem ersten Schritt muß die Deduktion des exzentrischen Positionalitätsmodus folglich ein solches Wesensmerkmal menschlichen Lebens angeben, das es dem Menschen ermöglicht, sein Leben ohne Rückhalt an einem natürlichen Grund zu vollziehen und damit zugleich Merken und Wirken zu verschränken. Dem menschlichen Individuum unter dem exzentrischen Subjektpol fehlt jedoch nicht nur ein letzter Grund in ihm, sondern zugleich eine positional sichergestellte Beziehung zur äußeren Wirklichkeit. Ein zweiter Deduktionsschritt muß folglich das Wesensmerkmal menschlichen Lebens nachweisen, in dem die Vermittlung vom subjektiven Erleben und der objektiven Wirklichkeit unter dem abgehobenen Subjektpol stattfindet. Das Spezifikum der exzentrischen Positionalität bildet der entzogene Subjektpol, unter dem die Heterogenität des individuellen und des allgemeinen Ichs steht. Ein dritter Deduktionsschritt muß sich deswegen der Herausforderung stellen, den exzentrisch abgehobenen Subjektpol *in seiner Bestimmtheit als seinerseits nicht mehr objektivierbarer Blickpunkt* an der Tatsächlichkeit menschlichen Lebens nachzuweisen. Er muß ein solches Wesensmerkmal menschlichen Lebens aufsuchen, in dem sich die Menschen auf ihre exzentrische Heterogenität beziehen und nach deren Versöhnung streben, ohne darin zu einer endgültigen Antwort zu gelangen.

(α.) Das erste anthropologische Grundgesetz der natürlichen Künstlichkeit

In seiner Deduktion der exzentrischen Positionalität setzt Plessner beim Aspekt der „konstitutiven Heimatlosigkeit“ (SOM, 382) an. Wie wir in den strukturellen Überlegungen zur exzentrischen Positionalität gesehen haben, geht das In-die-eigene-Mitte-Gestelltsein mit dem Hinaussein über den leiblich vermittelten Lebenshorizont einher. Genauer handelt es sich dabei um eine Doppelstruktur. Unter dem entzogenen Subjektpol steht das Lebendige im individuellen Zentrum seines Leibes *und* ist darüber hinaus. Diese Heterogenität des Drinnen- *und* Draußenstehens weist Plessner am alltagsweltlich gegebenen Wesensmerkmal menschlicher *Kultur* nach. Er versteht Kultur dementsprechend im Ausgang von der „absoluten Antinomie“, in der sich der Mensch befindet: „sich zu dem erst machen zu müssen, was er schon ist, das Leben zu führen, welches er hat“. (SOM, 384) Kulturell werden Aspekte der Wirklichkeit angeeignet, die dem individuellen Lebensvollzug eine zweite „Heimat“ bzw. einen künstlich vermittelten Lebenshorizont verschaffen.

Plessners Verständnis menschlicher Kultur steht quer sowohl zu naturalistischen als auch zu spiritualistischen Versuchen, die menschliche Kultur zu erklären. Die naturalistischen Ansätze sieht er bei der Großhirnentwicklung des Naturmenschen ansetzen. (Vgl. SOM, 386ff.) In ihrer bejahenden Spielart faßt die naturalistische Erklärungsweise Großhirnentwicklung, aufrechten Gang und Handfertigkeit als höchste Formen des Lebens und als Ursachen von Werkzeuggebrauch und Kultur. In seiner skeptischen Spielart begreift der naturalistische Ansatz die Großhirnentwicklung als einen „lebensgefährdenden Prozeß, einen Erkrankungsvorgang“ (SOM, 387). Die Kultur wird dann als Versuch verstanden, dem aus dem Gleichgewicht geratenen Menschen ein festes Korsett zu verpassen, das ihn am Leben erhält. In seinen beiden Spielarten begreift der naturalistische Ansatz die Kultur ausschließlich als Instrument für das natürliche Überleben. Die Sinndimension der Kultur muß sich solch einem instrumentellen Zugang notwendigerweise entziehen. Damit greift der naturalistische Ansatz jedoch auch in bezug auf seinen eigenen Erklärungsanspruch zu kurz. Ihre Funktion für das Leben – sowohl in der Aneignung von Wirklichkeit als auch in der Stabilisierung eines Handlungsrahmens – kann die Kultur nämlich nur *indirekt* aufgrund ihrer Sinngehalte ausüben. Den „Kardinalfehler“ der naturalistischen Ansätze sieht Plessner darin, daß sie den Menschen primär als Tier ansehen, einen Aspekt menschlichen Lebens zur Natur des Menschen verabsolutieren – und von diesem versuchen, die kulturell-geistige Selbstverständigung abzuleiten. Der Naturalismus scheitert infolgedessen daran, „den Menschen als Menschen und doch als Naturwesen in Einer Perspektive zu sehen“ (SOM, 390).

Die spiritualistischen Kulturtheorien sieht Plessner aus entgegengesetzter Richtung – aufgrund der Verabsolutierung des Geistes – in ihrem Verständnis menschlicher Kultur zu kurz greifen. (Vgl. SOM, 386ff.) Die spiritualistischen Ansätze geben den Geist als die Ursache für die menschliche Kultur an. Diesem Erklärungsansatz hält Plessner entgegen, daß er das Problem nur verschiebe. Wenn die Kultur nämlich auf geistige Selbstverständigung rückgeführt wird, so stellt sich nun die Frage nach dem Sein des Geistes. (Vgl. SOM, 386) Damit tritt die Mangelhaftigkeit der spiritualistischen Erklärungsversuche offen zutage. Indem die geistige Selbstverständigung zur Reduktionsbasis verabsolutiert wird, wird der Rückbezug zur Wirklichkeit abgeschnitten. Infolgedessen können weder die kulturellen Gehalte in ihrer Selbständigkeit gegenüber der geistigen Selbstverständigung erfaßt werden, noch kann die geistige Selbstverständigung in Zusammenhang mit dem natürlichen Leben des Menschen gebracht werden. Die Kultur schwebt damit als isoliertes Merkmal des Menschen im luftleeren Raum und kann nicht als wesensnotwendig für das menschliche Leben ausgewiesen werden.

Plessner gelingt es, die Einseitigkeiten der naturalistischen und der spiritualistischen Erklärungsansätze von Kultur zu vermeiden, indem er den Grund menschlicher Kultur offenhält. Entsprechend seines Programms der doppelseitigen Deduktion weist er die Wesensnotwendigkeit menschlicher Kultur nicht durch Rückgang auf ein hypostasiertes Wesen des Menschen aus. Er umgeht vielmehr das Dilemma, den Geist oder eine bestimmte Naturanlage zum Wesen des Menschen verabsolutieren zu müssen, um aus ihr die Wesensnotwendigkeit menschlicher Kultur ableiten zu können. Im Rahmen der doppelseitigen Deduktion kann das Phänomen der Kultur dadurch als für das menschliche Leben wesensnotwendig nachgewiesen werden, daß es als Bestimmtheit menschlichen Seins aufgezeigt wird, in dem ein Aspekt des exzentrischen Positionalitätsmodus stattfindet. Wie eingangs behauptet, handelt es sich dabei um die Dimension der Heimatlosigkeit unter dem exzentrisch abgehobenen Subjektpol. Diesen Nachweis in bezug auf die beiden Momente an der exzentrischen Heimatlosigkeit – des Drinnen- und des Draußenstehens – gilt es im folgenden zu rekonstruieren.

Plessner versteht die Kultur in ihrer Eigendynamik fortwährender Selbstüberbietung als Suche nach dem letzten Grund, der dem Menschen unter dem exzentrischen Positionalitätsmodus entzogen ist. Dieses Streben nach einem das Leben orientierenden Sinnhorizont bildet den Anlaß für Kultur. (Vgl. SOM, 391) Hinter dem Bestehenden, Wirklichen wird nach einem letzten Fundament gesucht und dadurch das Bestehende angeeignet und eine eigenständige Sphäre der Kultur geschaffen. Die angeeignete Wirklichkeit bildet einerseits einen künstlich vermittelten Sinnzusammenhang, eine normativ ausdeutbare Welt, in der es den Menschen möglich ist, zwischen richtig und falsch zu entscheiden und ihrem Leben dadurch eine Richtung vorzugeben, die ihrem Leben von Natur aus fehlt. (Vgl. SOM, 391f.) Die individuelle Zuordnung von Reiz und Reaktion, die von der exzentrischen Positionalität nicht garantiert wird, wird folglich durch eine kulturell-normative Rahmenbildung sichergestellt. Andererseits gehen die Menschen in der Kultur nie ganz auf und stehen immer auch außerhalb des künstlich geschlossenen Sinnzusammenhangs, in dem sie sich bewegen. Historisch zeigt sich dies am fortwährenden Überbieten des je kulturell Erreichten. (Vgl. SOM, 395) Am Leben des einzelnen Menschen findet das Drinnen- und Draußenstehen seinen Ausdruck in der Spannung von Sein und Sollen.[226]

Damit hat Plessner das Ziel dieses ersten Schritts innerhalb der Deduktion der exzentrischen Positionalität erreicht. An der menschlichen Kultur in ihren beiden Dimensionen als künstlich vermittelten Sinnhorizont und als Prozeß fortwährender Selbstüberbietung gelingt es Plessner, die Heimatlosigkeit bzw. das Drinnen- und Draußenstehen unter der exzentrischen Positionalität aufzuweisen. Auf diese Weise kann er sowohl die Wirklichkeit dieses ersten Aspekts der exzentrischen Positionalität als auch die Wesensnotwendigkeit von Kultur für das menschliche Leben nachweisen. Kultur wird derart als wesensnotwendige Erscheinung menschlichen Lebens erfaßt und damit weder zum bloßen Instrument für das natürliche Leben reduziert, noch als in sich abgeschlossene Sphäre des Geistes aus der Wirklichkeit des natürlichen Lebens isoliert.

[226] Vgl. SOM, 391f.: „Der Mensch lebt also nur, wenn er ein Leben führt. So bricht ihm immer wieder unter den Händen das Leben seiner eigenen Existenz in Natur und Geist, in Gebundenheit und Freiheit, in *Sein* und *Sollen* auseinander. Dieser Gegensatz besteht. Naturgesetz tritt gegen Sittengesetz, Pflicht kämpft mit Neigung, der Konflikt ist die Mitte seiner Existenz, wie sie sich stellt. [...] Durch die Exzentrizität seiner Positionsform ist der Mensch ein Lebewesen, das Anforderungen an sich stellt. So ‚ist' er nicht einfach und lebt dahin, sondern *gilt* etwas und als etwas. [...] So wird ihm der Wesenstatbestand seiner Positionalität zum sogenannten *Gewissen*, zum Quellpunkt der Sittlichkeit und konkreten Moral. Und zugleich wird sie ihm zur Zensur, d.h. zur Hemmung, an der sich der Konflikt mit seiner daran sich abspaltenden ‚niederen' Natur, mit seinen Trieben und Neigungen immer von neuem entzündet."

(β.) *Das zweite anthropologische Grundgesetz der vermittelten Unmittelbarkeit – Immanenz und Transzendenz*

Bisher konnte mit der Kultur das Wesensmerkmal angegeben werden, das es dem Menschen ermöglicht, sein Leben in der exzentrischen Distanz zur eigenen Zentralität zu führen. Damit ist die exzentrische Positionalität noch nicht am Verhältnis des Menschen zur Wirklichkeit aufgewiesen. Um die Kovarianz von Mensch und Wirklichkeit überhaupt soll es im folgenden gehen. Hierfür muß zwischen der Struktur des In-der-Welt-Seins und dem menschlichen Verhältnis zur Wirklichkeit überhaupt unterschieden werden. Das In-der-Welt-Sein mit seinen Dimensionen der Außen-, Innen- und Mitwelt stellt ein Strukturmoment der exzentrischen Positionalität dar. Aufgrund der begrifflichen Reflexion auf die Struktur der Welt unter dem exzentrischen Positionalitätsmodus kann freilich noch nichts über deren Wirklichkeit ausgesagt werden. Es bedarf folglich einer Deduktion des exzentrischen In-der-Welt-Seins am menschlichen Leben in seiner Tatsächlichkeit. Genauer muß es darum gehen, die Struktur der *vermittelten Unmittelbarkeit*, die alle drei Dimensionen exzentrischer Weltlichkeit bestimmt, an alltagsweltlich gegebenen Wesensmerkmalen menschlichen Lebens aufzuzeigen. Das Strukturprinzip der vermittelten Unmittelbarkeit meint die Erfahrung einer selbständigen Wirklichkeit, die sich durch die individuelle Perspektive hindurch zeigt. Hinter den Umweltdaten treten die Dinge der Außenwelt hervor, hinter dem unmittelbaren Erleben erscheint die Innenwelt, und die individuellen Selbstbilder erweisen sich schließlich als getragen von der Mitwelt. Über die vermittelnden Zwischenglieder hinweg wird damit eine unmittelbare Beziehung zu Seiendem erreicht, die dieses in seiner Selbständigkeit bestehen läßt.[227] Um die Wirklichkeit des exzentrischen In-der-Welt-Seins am menschlichen Leben in seiner Tatsächlichkeit nachzuweisen, greift Plessner auf die Wesensmerkmale aus, die das Wirklichkeitsverhältnis für die Alltagserfahrung als spezifisch menschlich auszeichnen: die *menschliche Wirklichkeitserfahrung* und die *menschliche Expressivität.* Während die Wirklichkeitserfahrung die zentripetale Richtung vom Außen der Wirklichkeit zum aufnehmenden inneren Blickpunkt darstellt, transportiert die Expressivität in zentrifugaler Richtung innere Gefühle und Ideen in die äußere Realität. (Vgl. SOM, 410)

Indem Plessner *die menschliche Wirklichkeitserfahrung* als Modus versteht, in dem der unmittelbar vermittelte Kontakt des Menschen zur Wirklichkeit stattfindet, steht er quer zum Streit von Positivismus und Subjektivismus. Der Positivismus seiner Zeit erklärt

[227] Vgl. SOM, 399f.: „Exzentrizität der Position läßt sich als eine Lage bestimmen, in welcher das Lebenssubjekt mit Allem in indirekt-direkter Beziehung steht. Eine direkte Beziehung ist da gegeben, wo die Beziehungsglieder ohne Zwischenglieder miteinander verknüpft sind. Eine indirekte Beziehung ist da gegeben, wo die Beziehungsglieder durch Zwischenglieder verbunden sind. Eine indirekt-direkte Beziehung soll diejenige Form der Verknüpfung heißen, in welcher das vermittelnde Zwischenglied notwendig ist, um die Unmittelbarkeit der Verbindung herzustellen bzw. zu gewährleisten. Indirekte Direktheit oder vermittelte Unmittelbarkeit stellt demnach keine Sinnlosigkeit, keinen einfach an sich zugrunde gehenden Widerspruch dar, sondern einen Widerspruch, der sich selber auflöst, ohne dabei Null zu werden, einen Widerspruch, der sinnvoll bleibt, auch wenn ihm die analytische Logik nicht folgen kann."

menschliche Erkenntnis im Ausgang von der Intentionalität menschlichen Bewußtseins und leugnet deswegen jedes Erkenntnisproblem. Die unterschiedlichen Perspektiven auf das Wirkliche sind für den positivistischen Standpunkt verschiedene Seiten des wirklichen Dings. In seiner Kritik des Positivismus stimmt Plessner den Ansätzen der Subjektivitätsphilosophie zu, die darauf verweisen, daß dem Menschen nichts gegeben sei, das nicht den Index trägt, als Bewußtseinsgehalt gegeben zu sein. Jeder Versuch, noch hinter die Bewußtseinsgrenzen zurückzugreifen, muß sich derart notwendig in die Dialektik des Bewußtseins verstricken. In jedem – notwendigerweise vom Bewußtsein ausgeübten – Versuch, die Grenzen des Bewußtseins zu übersteigen, verschieben sich diese weiter nach hinten. Wir stehen folglich unhintergehbar in einer bestimmten Perspektive.

Nun macht sich Plessner allerdings nicht mit der subjektivistischen Vorstellung des Gefangenseins im Bewußtsein gemein. Für den subjektivistischen Ansatz sind alle Bestimmtheiten des Dings allein Bewußtseinsgehalte, die durch eine Kluft vom Wirklichen an sich selbst getrennt sind. Gegen die subjektivistische Vorstellung der Bewußtseinsschranken, die die Realität verdecken, wendet Plessner nun mit den Ansätzen des Realismus ein, daß wir im Alltag immer schon bei der Realität sind. (Vgl. SOM, 407f.) Man kann darüber hinaus gegen die Behauptung der Bewußtseinsschranken auch deren (oben in anderem Kontext bereits mit Hegel thematisierten) Selbstwidersprüchlichkeit anführen, daß eine solche Behauptung für den eigenen Standpunkt unter der Hand in Anspruch nehmen muß, ihrerseits die Bewußtseinsgrenzen überstiegen zu haben. Im Streit zwischen Positivismus und Subjektivismus zeigt sich deren gegenseitige Verwiesenheit aufeinander. So wie sich der positivistische Intentionalitätsansatz als an die Immanenzsituation des Bewußtseins rückgebunden erwiesen hat, muß der subjektivistische Ansatz seinerseits voraussetzen, unmittelbar auf seinen Gegenstand – das sind die Bewußtseinsakte in ihrem Verhältnis zur Wirklichkeit – ausgreifen zu können. Die Diskussion dreht sich insofern im Kreise.

Plessner durchbricht diesen Zirkel, indem er Gegenüberstellung von Unmittelbarkeit und Vermitteltheit unterläuft, in der beide Ansätze gefangen sind. Während der Positivismus ganz auf die unmittelbare Erfahrung der Dings an sich selbst setzt, verabsolutiert der Subjektivismus die Vermitteltheit durch die Bewußtseinsvollzüge. Beide Ansätze scheitern damit an der Herausforderung, die menschliche Wirklichkeitserfahrung in ihren beiden Dimensionen zu erfassen: sowohl durch Bewußtseinsvollzüge vermittelt zu sein, als auch Wirkliches in seiner Eigenständigkeit zu erreichen. Demgegenüber gelingt es Plessner, unter dem Gesichtspunkt der vermittelten Unmittelbarkeit an der spezifischen *Heterogenität* festzuhalten, in der die menschliche Wirklichkeitserfahrung stattfindet. Nur aufgrund der inneren Brechung kann ein Gegebenes als selbständige Wirklichkeit erscheinen: als seiende Seele, die sich in den Erlebnissen ausdrückt, oder als seiendes Ding, das sich in seinen Eigenschaften für das Bewußtsein zeigt. Wenn man diese Brechung übersieht, entzieht sich am Gegebenen entweder seine selbständige Wirklichkeit oder seine Zugewandtheit bzw. Gegenstellung zum erfahrenden Subjekt.[228]

[228] Vgl. SOM, 405: „Ein Wirkliches kann *als* Wirkliches gar nicht anders mit einem Subjekt in Relation sein, es sei denn von sich aus als das dem Subjekt Entgegengeworfene, als Objekt, d.h. als Er-

Das exzentrische Gestelltsein in das Zentrum des eigenen Leibes läßt sich als Grund für dieses vermittelt-unmittelbare Verhältnis zur Wirklichkeit überhaupt einsehen. Während Positivismus und Subjektivismus darum streiten, ob es dem Menschen möglich ist, über sein Bewußtsein hinauszugreifen, richtet Plessner seine Aufmerksamkeit auf das Problem, ob es dem Menschen (im Unterschied zum Tier) möglich ist, in seinem Erleben die Distanz zum Wirklichen einzuhalten, die diesem den Raum läßt, sich von seinen Bestimmtheiten abzuheben und in ihnen zu erscheinen. Plessner beantwortet diese Frage im Rückgriff auf die exzentrische Abhebung des Subjektpols vom positionalen Zentrum der Lebensvollzüge. Wie wir bereits oben gesehen haben, ist der Mensch nochmals in seine positionale Mitte gesetzt. Die positionale Mitte stellt so wie beim Tier das positionale Zentrum dar, das sich im Vollzug der Rückbezüglichkeit auf sich und die Welt konstituiert; sie fungiert jedoch im Gegensatz zum Tier nicht als Fundament bzw. als absoluter Bezugspunkt, der das individuelle Erleben gliedert. In bezug auf die menschliche Wirklichkeitserfahrung kann Plessner die positionale Mitte als „reines Vollziehen, als reines Hindurch" (SOM, 404f.) begreifen, das zwischen dem abgehobenen Subjektpol und dem Wirklichen vermittelt. Die positionale Mitte als reiner Vollzug der Bewußtseinsakte ermöglicht auf diese Weise den unmittelbaren Kontakt zwischen dem exzentrischen Blickpunkt und dem Wirklichen. Indem die positionale Mitte zwischen den Subjektpol und das Wirkliche geschaltet ist, bekommt der menschliche Blick Distanz vom lebendigen Ausgreifen auf das Wirkliche. Damit zeigen sich dem Menschen die ihm aktuell gegebenen Erlebnisse als Ausdruck einer von seinem subjektiven Erleben unabhängigen Wirklichkeit. Zugleich wird das Wirkliche unmittelbar erfahren, da die Bewußtseinsakte die Kluft zwischen dem Blickpunkt und dem Wirklichen vermitteln.[229]

Vor dem Hintergrund dieser Überlegungen läßt sich nun auch das Aufeinanderbezogensein von Intentionalität und Bewußtseinsimmanenz der Sache nach begreifen. Die Intentionalität bezeichnet den unmittelbaren Kontakt zum Wirklichen. In der unmittelbaren Alltagserfahrung, auf die sich der Positivismus mit seiner Intentionalitätstheorie bezieht, vermitteln die Bewußtseinsakte zwischen dem exzentrischen Blickpunkt und dem Wirklichen. Indem die Bewußtseinsakte diese Vermittlungsaufgabe vollziehen,

---

scheinung, Manifestation von ...: als vermittelte Unmittelbarkeit. Sonst verliert sich der Wirklichkeitscharakter, die Objektivität, wie es auch für das Tier der Fall ist."

[229] Vgl. SOM, 404: „Setzt man für das Bild des Darüberstehens, mit welchem die exzentrische Positionalität des Menschen bezeichnet wurde, das auch früher schon gebrauchte Bild des Hinter-sich-Stehens, so wird die Situation des Menschen in der Welt mit einem Schlage klar und alte Vorstellungen von dieser Situation erhalten ein lebendiges Gesicht. *Seine Situation ist die Bewußtseinsimmanenz.* Alles, was er erfährt, erfährt er als Bewußtseinsinhalt und *deshalb* nicht als etwas im Bewußtsein, sondern außerhalb des Bewußtseins Seiendes. Weil der Mensch exzentrisch organisiert und damit hinter sich gekommen ist, lebt er in Abhebung von allem, was er und was um ihn ist. In doppelter Abhebung vom eigenen Leibe, in die Mitte seiner Position gestellt und nicht wie das Tier aus dieser Mitte einfach heraus lebend, weiß der Mensch von sich als Seele und Körper, von anderen Personen, Lebewesen und Dingen unmittelbar nur als von Erscheinungen bzw. Bewußtseinsinhalten und vermittels ihrer von den erscheinenden Realitäten."

wird das Wirkliche unmittelbar erfahrbar. Die Bewußtseinsakte gehen auf diese Weise in die Wirklichkeitserfahrung ein, ohne sich an dieser noch zu zeigen. Im Alltag macht der Mensch folglich zurecht die Erfahrung, unmittelbar mit dem Wirklichen in Kontakt treten zu können. (Vgl. SOM, 404) Die Erkenntnistheorie, die sich allein an dieses unmittelbare Zugreifen, die Intentionalität hält, übersieht jedoch die Bewußtseinsakte, die diese Unmittelbarkeit ermöglichen. Der Subjektivismus begeht den entgegengesetzten Fehler, wenn er seine Erkenntnistheorie allein auf die Reflexion stützt. In der Reflexion zeigen sich die Bewußtseinsakte bzw. die Bewußtseinsimmanenz, die den Kontakt zum Wirklichen herstellen. (Vgl. SOM, 405) Indem der Subjektivismus hieraus die Konsequenz zieht, die Bewußtseinsakte zum letzten Sinnhorizont zu verabsolutieren, begeht er einen analogen Fehler zum Positivismus. Wie dieser meint, unmittelbar auf die äußere Wirklichkeit ausgreifen zu können, so beansprucht jener, unmittelbar zur inneren Wirklichkeit der Bewußtseinsakte hinzukommen. Beide übersehen dabei die Indirektheit ihrer Erfahrung. Genauso wie die Erfahrung der äußeren Wirklichkeit ist auch die Erfahrung der inneren Wirklichkeit durch Bewußtseinsakte vermittelt. Das Bewußtsein, auf das reflektiert wird, ist ein Gegenstand der Erfahrung und dem Erleben damit nicht näher als alle anderen Gegenstände der Erfahrung. Die subjektivistische Verabsolutierung der Bewußtseinsvollzüge zum letzten Sinnhorizont stellt folglich keine notwendigerweise aus dem Umstand zu ziehende Konsequenz dar, daß Wirklichkeitserfahrungen durch Bewußtseinsvollzüge vermittelt sind. Erst die weitere Annahme, daß in der Reflexion auf die Bewußtseinsakte selbst diese Vermitteltheit unterlaufen wird, legt den Schluß nahe, im Bewußtsein ein letztes Fundament der Erfahrung aufgefunden zu haben. Diese Annahme geht Plessner nun mit Verweis auf die Vermitteltheit aller Wirklichkeitserfahrung nicht mit. Demgegenüber hält er die Evidenz sowohl der Unmittelbarkeit als auch der Vermitteltheit der Erfahrung und damit einhergehend die Entzogenheit des letzten Wahrheitsgrundes von Wirklichkeit überhaupt fest.[230] Die unmittelbare Erfahrung des Wirklichen *als selbständigen Wirklichen* wird erst durch die Bewußtseinsvollzüge ermöglicht bzw. vermittelt.

Indem Plessner die Struktur vermittelter Unmittelbarkeit am alltagsweltlich gegebenen Wesensmerkmal menschlicher Wirklichkeitserfahrung aufweisen kann, gelingt es ihm, beides durcheinander zu rechtfertigen. Zum einen hat sich das vermittelt-unmit-

[230] Vgl. SOM, 407f.: „Die Evidenz der Bewußtseinsakte trügt nicht, sie besteht zu Recht, sie ist notwendig. Ebenso untrüglich und notwendig ist die Evidenz der Reflexion auf die Bewußtseinsakte. Der Zerfall in die beiden Ansichten der Unmittelbarkeit und Vermitteltheit ist mit der exzentrischen Positionalität des Menschen gegeben. Aber er vermag nicht mehr einen Zerfall der Ansichten selbst herbeizuführen. Nicht beide haben recht, so daß der Philosoph vor einer unlösbaren Antinomie steht. Ebensowenig wie nur eine von beiden recht hat und gegen die andere als die allein maßgebende ausgespielt werden kann. Somit wird klar, daß die monadologische Konsequenz, die alles Bewußtsein zum Selbstbewußtsein erklärt, ebenso wie die naiv-realistische Konsequenz, die alles Bewußtsein zur direkten Berührung mit der Wirklichkeit macht, falsch ist. Die erste Ansicht verdinglicht das vermittelnde Zwischen des Wissens zum Bewußtseinskasten, aus dem es keinen Ausweg gibt. Die zweite Ansicht hält sich allein an den intentionalen Charakter der Wissensakte. Mit ihr argumentiert die Phänomenologie […] gegen die erkenntnistheoretische Problemstellung."

telbare Verhältnis zur Wirklichkeit überhaupt an der spezifisch menschlichen Fähigkeit ausweisen lassen, die Wirklichkeit *als* selbständige Wirklichkeit zu erfahren. Zum anderen und damit zugleich hat sich diese menschliche Fähigkeit, die Wirklichkeit als Wirklichkeit zu erfahren, als Modus gezeigt, in dem die exzentrische Positionalität stattfindet, und sich dadurch als irreduzibles Wesensmerkmal menschlichen Lebens erwiesen.[231]

Plessner weist das Strukturprinzip der vermittelten Unmittelbarkeit an den beiden Richtungen des menschlichen Wirklichkeitskontakts nach. Nachdem wir in zentripetaler Richtung die unmittelbare Erfahrung des Wirklichen als durch die Bewußtseinsimmanenz vermittelt eingesehen haben, müssen wir uns jetzt in zentrifugaler Richtung der Expressivität zuwenden. Plessner wendet sich gegen die verbreitete Vorstellung, daß es zwar ein Erkenntnisproblem gäbe, die Willensbestrebungen in der Richtung von innen nach außen allerdings ein unmittelbares Verhältnis von menschlicher Person und Wirklichkeit darstellten. (Vgl. SOM, 409f.) Wenn man das zentrifugale Verhältnis der menschlichen Person zur Wirklichkeit als direkte ungebrochene Beziehung versteht, dann muß man in Konsequenz dessen annehmen, daß menschliche Lebensäußerungen entweder notwendigerweise in Erfüllung gehen oder notwendigerweise scheitern.

Wenn das Verhältnis von Person und Wirklichkeit als direkte Beziehung und die Lebensäußerung als bloße Realisierung verstanden wird, dann wird der Zielpunkt der Intention mit dem Endpunkt der Realisierung identifiziert. Lebensäußerungen können sich dann nur erfüllen. Dies impliziert, die Wirklichkeit als vom Bewußtsein abhängige Sphäre anzunehmen. Solche apriorische Harmonie von Bewußtsein und Umfeld wurde oben als Spezifikum der zentrischen Positionalität des Tieres markiert, in der das Wirkliche nicht als Wirkliches, sondern allein als ein auf das Hier und Jetzt des Tieres bezogenes Korrelat auftritt. Für das Verständnis menschlicher Lebensäußerung bedeutet diese vorschnelle Harmonisierung, daß weder *echte* Erfüllung an der Wirklichkeit in ihrer Eigengesetzlichkeit noch das Scheitern am Ausdruck begriffen werden kann. Demgegenüber hält Plessner daran fest, daß echte Erfüllung von außen, d.h. von der Wirklichkeit in ihrer Eigengesetzlichkeit kommen muß. Erfüllung kann derart eintreten oder nicht.[232] So kann man gleichermaßen an einer alltäglichen Geste scheitern, die anderes als das Intendierte zum Ausdruck bringt, wie an einem großen Werk, das seinen Ansprüchen nicht genügt.

---

[231] Dementsprechend beansprucht Plessner einen neuen Realitätsbeweis erbracht zu haben, dessen Stärke darauf beruhe, „daß er die *Immanenzsituation des Subjekts als die unerläßliche Bedingung für seinen Kontakt mit der Wirklichkeit* begreift. Gerade weil das Subjekt in sich selber steckt und in seinem Bewußtsein gefangen ist, also in doppelter Abhebung von seinen leiblichen Sinnesflächen steht, hält es die von der Realität als Realität, die sich offenbaren soll, geforderte Distanz inne, die seins*entsprechende* Distanz, den Spielraum, in welchem allein Wirklichkeit zur Erscheinung kommen kann. Gerade weil es in indirekter Beziehung zum An-sich-Seienden lebt, ist ihm sein Wissen von dem An-sich-Seienden unmittelbar und direkt.“ (SOM, 407)

[232] Vgl. SOM, 413: „Erfüllung soll von dort, nicht von hier kommen. Erfüllung ist wesentlich das auch ausbleiben Könnende. Nur wo sich die Realität von sich aus fügt, erfüllt sich die Intention, glückt die Bestrebung.“

Wenn die menschliche Lebensäußerung weiterhin als direkte Beziehung verstanden, zugleich aber der Hiatus von Bewußtseinssphäre und objektiver Wirklichkeit festgehalten wird, dann muß man in der Konsequenz davon ausgehen, daß Lebensäußerungen notwendig scheitern. Die nach außen gesetzten Intentionen erführen an den Gesetzen der Wirklichkeit eine Ablenkung, die es dem sich ausdrückenden Subjekt unmöglich machte, die realisierten Werke oder Ereignisse noch als dasjenige zu erfahren, das es hat zum Ausdruck bringen wollen. Aufgrund dieses Auseinanderbrechens von Zielpunkt der Intention und Endpunkt der Realisierung müßte alle Lebensäußerung – sei es das Verfolgen von Zwecken oder das Erschaffen von Werken – notwendigerweise scheitern.[233] Demgegenüber hält Plessner an der Alltagserfahrung fest, die eigenen Gefühle, Wünsche und Tendenzen umsetzen und ihnen ein Bestehen in der objektiven Wirklichkeit verschaffen zu können.

Plessner sieht vom alltagsweltlich gegebenen Wesensmerkmal menschlicher Lebensäußerung folglich eine spezifische Anforderung ausgehen: sie soll die inneren Tendenzen der menschlichen Person nach außen bringen und ihre Erfüllung in der Wirklichkeit erfahren können. Es muß sich folglich verstehen lassen, wie die Erfüllung durch die dem Bewußtsein gegenüber eigenständige Wirklichkeit *möglich* – und d.h. weder a priori notwendig noch unmöglich – ist. Um diesem Anspruch genügen zu können, hebt Plessner „die Indirektheit und Gebrochenheit alles Zentrifugalen" als der „spezifische(n) Struktur der Ausdruckshaftigkeit menschlicher Lebensäußerungen" hervor. (Vgl. SOM, 410) Während die beiden obigen Alternativen die Ausdrucksleistung in ihrer Eigenständigkeit übersehen haben, betont Plessner die Gebrochenheit an den zentrifugalen Lebensäußerungen gleichermaßen wie an der zentripetalen Wirklichkeitserfahrung. Er unterscheidet hierfür an der menschlichen Lebensäußerung zwischen ihrem Gehalt und ihrer Form. (Vgl. SOM, 414) Indem Plessner die Ausdrucksleistung als spezifische Formgebung von den intendierten Wünschen und Tendenzen abhebt, kann er die Möglichkeit echter Erfüllung an der Wirklichkeit begreifen. Um die doppelseitige Deduktion von vermittelter Unmittelbarkeit und menschlicher Expressivität zu rekonstruieren, soll die Abhebung der Ausdrucksformen von den Gehalten zunächst am menschlichen Lebensvollzug und dann am Verhältnis der Expressivität zur äußeren Wirklichkeit aufgezeigt werden.

Zunächst müssen wir also verstehen, inwiefern unter dem exzentrischen Gestelltsein in die positionale Mitte der Lebensvollzüge die Abhebung der Form von den Gehalten der menschlichen Lebensäußerungen möglich wird. Dabei dürfen wir nicht aus den

---

[233] Vgl. SOM, 411: „Die Strahlen der Intentionen träfen unmittelbar auf das reale Medium und erlitten dort eine […] Ablenkung. Diese Ablenkung bedeutet eine Brechung der Intention. Ihr ursprüngliches Ziel wird nie erreicht. Durch die Realisierung kommt der Mensch dann wesensmäßig zu Resultaten, die er nicht gewollt hat. Und wenn man ihm tausendmal sagt und er es sich selbst sagen muß und wenn er es als innere Notwendigkeit begreift, daß intendierte Erfüllung und objektive Erfüllung auseinanderfallen, so könnte ihn keine Gewalt und keine eigene Einsicht dazu bringen, dann noch von Erfüllung der Intention zu sprechen. All sein Beginnen wäre vergeblich. Und hätte er das Gefühl der Befriedigung und die Evidenz der Erfüllung, so wäre er nur das arme Opfer einer Illusion."

Augen verlieren, daß es sich bei der positionalen Mitte um keine feststehende Größe sondern um das Zentrum der Lebensvollzüge handelt, das sich in diesem Vollzug – seien sie nun Akte des Bewußtseins oder der Äußerungen – konstituiert. Die Spezifik der menschlichen Lebensäußerungen zeigt sich im Vergleich mit den tierischen Lebensäußerungen. Vom Tier hatten wir oben gesehen, daß seine Handlungen durch sein Getriebensein bestimmt sind, so daß keine Handlung stattfindet, wenn das Tier keinen Trieb erfährt. Demgegenüber hat der Mensch unter dem exzentrischen Subjektpol Distanz zu seinen Wünschen und Trieben. Das innere Erleben von Lebensregungen bzw. Tendenzen legt damit keine zugehörigen Lebensäußerungen fest. Vielmehr ist die Weise bzw. die Form, wie die inneren Tendenzen geäußert bzw. umgesetzt werden, unter dem exzentrischen Modus der Positionalität offen. Die von den innerlich erfahrenen Gehalten freigegebene Form macht einen eigenständigen Aspekt an der menschlichen Lebensäußerung aus. Aufgrund dieser Brechung sind alle Lebensäußerungen, die von der menschlichen Person ausgehen und damit unter dem exzentrischen Subjektpol stattfinden, *ausdruckshaft*.[234]

In einem zweiten Schritt müssen wir nun nach dem Verhältnis des menschlichen Ausdrucksverhaltens und der Wirklichkeit überhaupt fragen. In diesem Zusammenhang gilt es zu verstehen, inwiefern die Gebrochenheit menschlicher Lebensäußerung echte Erfüllung bzw. echtes Scheitern von Intentionen an der Wirklichkeit ermöglicht. Die von den ausgedrückten Gehalten abgehobene Dimension der Ausdrucksleistung stellt ein Zwischenglied zwischen den inneren Intentionen und der äußeren Wirklichkeit dar. Der Abstand zwischen dem Zielpunkt der Intention und dem Endpunkt der Realisierung resultiert nicht aus der unüberbrückbaren Divergenz zwischen Bewußtsein und Wirklichkeit überhaupt sondern aus der Formgebung. Indem die Form die Weise darstellt, in der Intentionen realisiert werden, kommt sie nicht äußerlich zu den Gehalten hinzu, sondern ergibt sich im Vollzug des Zum-Ausdruck-Bringens. Auf diese Weise vermittelt sie zwischen den divergenten Sphären der inneren Intention und dem Endpunkt der Realisierung in der äußeren Wirklichkeit. Indem sich die Form in der Realisierung ergibt, steht der Endpunkt der Realisierung für das sich ausdrückende Subjekt in Kontinuität zu seiner ursprünglichen Intention. Obwohl sich in der Realisierung eine Ablenkung ergibt, so daß man im Verfolgen von Zwecken nie dort ankommt, wohin man ursprünglich gewollt hat, kann man die eigenen Intentionen dennoch als von der Wirklichkeit erfüllt erfahren.[235] Umgekehrt wird eine Ausdrucksleistung dann als Scheitern

---

[234] Vgl. SOM, 415: „Jede Lebensregung der Person, die in Tat, Sage oder Mimus faßlich wird, ist daher ausdruckshaft, bringt das Was eines Bestrebens irgendwie, d.h. zum *Ausdruck*, ob sie den Ausdruck will oder nicht. Sie ist notwendig Verwirklichung, Objektivierung des Geistes."
Es lassen sich selbstverständlich auch Lebensregungen auffinden, die der Mensch – wie das Tier – *als Individuum* in der Mitte seines Leibes – und d.h. nicht als Person – vollzieht und die deswegen nicht ausdruckshaft sind. Hierbei ist z.B. an Reflexe zu denken. Diese gehören jedoch nicht zu den Ermöglichungsbedingungen der exzentrischen Positionalität und damit auch nicht zu der Gruppe menschlicher Wesensmerkmale.

[235] Vgl. SOM, 415: „Die Form dagegen, von der als dem Abstand zwischen Zielpunkt der Intention und Endpunkt der Realisierung die Rede ist, läßt sich eben deshalb nicht vorwegnehmen, vom In-

erfahren, wenn in ihr ein Bruch zwischen der ursprünglichen Intention und dem Endpunkt der Entäußerung stattfindet. Man denke z.B. an gespielte Freude, die sich nicht als Freude, sondern allein als Schauspiel zeigt, so daß ihr instrumenteller Charakter, der gerade hätte verborgen werden sollen, mit zum Ausdruck gebracht wird. Intention und Resultat der Entäußerung widersprechen einander hier. Indem die Formgebung folglich die Intentionen trägt, ist es im Alltag eine Selbstverständlichkeit, sich realisierte Werke oder Ereignisse zuzurechnen, die man ursprünglich anders intendiert hatte.

Aufgrund dieser Verschmelzung von Form und Gehalt der Ausdrucksleistung darf ihre Abhebung jedoch nicht übersehen werden. Nur weil der *unmittelbare* Kontakt vom Zielpunkt der Intention mit dem realisierten Werk durch die Ausdrucksleistung bzw. die Formgebung *vermittelt* ist, handelt es sich um echte Erfüllung. Indem die Ausdrucksleistung zwischen die innere Intention und das Medium geschaltet ist, hält die menschliche Person in ihren Lebensäußerungen Distanz zur Wirklichkeit. Allein in dieser Abhebung von inneren Intentionen und objektiver Wirklichkeit wird letzterer der Spielraum gelassen, Intentionen Erfüllung zu gewähren oder zu verweigern. Indem Plessner die Abhebung von Gehalt und Form an der Ausdrucksleistung betont, gelingt es ihm folglich, die Möglichkeit echter Erfüllung und echten Scheiterns von Intentionen zu begreifen. Über beides entscheiden die Eigengesetze der Wirklichkeit, denen der schöpferische Griff die auszudrückenden Gehalte einzufügen versucht.[236]

Indem Plessner die Struktur der vermittelten Unmittelbarkeit an alltagsweltlich gegebenen Wesensmerkmalen menschlicher Expressivität aufweist, kann er beides aneinander rechtfertigen. Zum einen hat sich der exzentrische Positionalitätsmodus in seinem Aspekt des vermittelt-unmittelbaren Wirklichkeitskontakts an der menschlichen Expressivität und damit an der Tatsächlichkeit menschlicher Lebensregungen aufzeigen lassen. Zum anderen und damit zugleich hat sich die menschliche Expressivität als ein Modus nachweisen lassen, in dem die exzentrische Positionalität stattfindet und der deswegen konstitutiv für den menschlichen Lebensvollzug ist. Die zu Beginn seiner Überlegungen gestellte Frage nach der menschlichen „Notwendigkeit des Ausdrückens überhaupt“ (SOM, 299) beantwortet Plessner folglich gemäß seines Programms doppelseitiger Deduktion.

---

halt wegnehmen und auf den Inhalt stülpen, sie *ergibt* sich in der Realisierung. Sie widerfährt dem Inhalt, der nur das während der Realisierung durchgehaltene Ziel des Bestrebens ist. Und weil es auf diese Weise eine Kontinuität zwischen Intention und Erfüllung gibt trotz der vorher nicht bekannten und wesensmäßig nie für sich gegebenen Brechung des Intentionsstrahls im Medium der seelischen und körperlichen Wirklichkeit, hat das Subjekt ein Recht, von einem Gelingen seines Bestrebens zu sprechen.“

[236] Vgl. SOM, 413f.: „Die ursprüngliche Begegnung des Menschen mit der Welt, die *nicht* zuvor verabredet ist, das Gelingen der Bestrebung im glücklichen Griff, Einheit von Vorgriff und Anpassung, darf allein echte Erfüllung heißen. Eben darum ist sie für das Subjekt unmittelbar und adäquat *und* an sich Überbrückung wesensverschiedener Zonen des Geistes und der Realität, weil Realität die Innehaltung jener Distanz fordert, die das personale Subjektzentrum dank seiner exzentrischen Position, seiner doppelten Abgehobenheit vom eigenen Leib besitzt.“

Das Obige hat die vermittelte Unmittelbarkeit als Strukturprinzip verstanden, das den Kontakt der menschlichen Person mit der Wirklichkeit sowohl in zentripetaler als auch in zentrifugaler Richtung ordnet. Auf diese Weise konnte die exzentrische Positionalität am menschlichen Wirklichkeitsverhältnis nachgewiesen werden. Damit zugleich hatte sich die Wesensnotwendigkeit sowohl menschlicher Wirklichkeitserfahrung als auch menschlicher Expressivität für das menschliche Leben ergeben.[237]

(γ.) Das dritte anthropologische Grundgesetz des utopischen Standorts

Was bleibt in der Deduktion des exzentrischen Positionalitätsmodus noch zu tun? Die beiden bisherigen Deduktionsschritte konnten die Wesensmerkmale menschlichen Lebens aufweisen, in denen der individuelle Lebensvollzug und das Verhältnis zur Wirklichkeit überhaupt unter dem exzentrischen Positionalitätsmodus stattfindet. Damit hat die Deduktion auch die Modi menschlichen Lebens herausgearbeitet, in denen es dem menschlichen Individuum möglich ist, seine Funktionen für den Organismus zu erfüllen: Merken und Wirken zu verschränken und den Kontakt zum Medium herzustellen.

Vor diesem Hintergrund zeigt sich nun, welcher Nachweis in der Deduktion noch aussteht: daß der exzentrisch abgehobene und seinerseits nicht mehr objektivierbare Subjektpol am menschlichen Leben in seiner Tatsächlichkeit stattfindet. Es müssen folglich die Wesensmerkmale menschlichen Lebens aufgefunden werden, in denen der letzte Wahrheitsgrund menschlichen Lebens in seiner Vakanz präsent ist.[238] Die Präsenz des entzogenen Wahrheitsgrundes muß sich gleichermaßen an den Wesensmerkmalen menschlicher Selbsterkenntnis und menschlicher Selbstbestimmung aufweisen lassen: im Streben sowohl nach der Erkenntnis des letzten Grundes als auch nach der Realisierung einer versöhnenden Ordnung der menschlichen Dinge. Beide Richtungen des Rückbezugs auf die letzte Versöhnung sind gleichermaßen umkämpft und in beiden soll sich – so die Anforderung an den letzten Deduktionsschritt – die unüberwindbare Heterogenität des menschlichen Ichs unter dem exzentrisch abgehobenen und seinerseits nicht mehr objektivierbaren Subjektpol zeigen. Dafür werden im folgenden nach-

---

[237] Die menschlichen Charakteristika der Geschichte und der Sprachfähigkeit führt Plessner auf das Wesensmerkmal der Expressivität zurück. Die Sprache versteht er als Sonderform menschlicher Ausdrucksfähigkeit, die sich dadurch auszeichnet, menschliche Ausdrucksleistung ihrerseits nochmals zum Ausdruck bringen zu können. (Vgl. SOM, 417f.) Die geschichtliche Wirklichkeit des Menschen begreift Plessner im Rückgriff auf die vermittelte Unmittelbarkeit menschlicher Expressivität. Da Intentionen immer nur in einer bestimmten Form realisiert werden, verändert sich dasjenige, das vom Kopf auf die Beine gestellt wird: aus der Idee wird eine Realität, die als Realität wieder Distanz zu den Ideen hat. Da der Mensch in den künstlichen Werken jedoch gerade die sinnhafte Ausdeutbarkeit von Wirklichkeit und damit den Halt anstrebt, der ihm von Natur – bzw. seiner exzentrischen Positionalität – verwehrt ist, kann er sich mit dieser Entfremdung von den künstlichen Werken nicht zufrieden geben und muß sich erneut ans Werk machen. (Vgl. SOM, 416f.)

[238] Dementsprechend verweist Plessner zu Beginn des hier rekonstruierten Paragraphen auf den dem Archimedes zugesprochenen Ausspruch: „Gib mir einen Standpunkt (und ich bewege die Erde)" als Grundstruktur menschlichen Daseins. Vgl. SOM, 419: „Δος μοι που στω. Dieses Wort steht über der ganzen menschlichen Existenz."

einander zunächst je die alltagsweltlich gegebenen *Konflikte* von *Religion* und *Kultur* bzw. von *Gemeinschaft* und *Gesellschaft* dargestellt und dann als die Modi begriffen, in denen der Bezug auf den entzogenen Wahrheitsgrund stattfindet.

In der Frage nach einem letzten Wahrheitsgrund sieht Plessner Religion und Kultur einander diametral entgegen stehen. Die Religion bezieht sich positiv auf einen absoluten Grund, in dem die Heterogenität des menschlichen Daseins, das immer nochmals hinter sich zurückgreifen kann, versöhnt ist. Dagegen beharrt die Kultur auf der Unabschließbarkeit menschlicher Selbstreflexion. Während sich die Religion auf einen letzten Grund beruft, beharrt die Kultur auf dem Vollzug des Erkennens, das auf jeden einmal eingenommenen Standpunkt seinerseits nochmals reflektieren kann. Der Konflikt von Religion und Kultur ist *von keiner Seite* her auflösbar. Die religiösen Vorstellungen und Erfahrungen erscheinen vom Standpunkt der Kultur als Weltanschauungen, die pragmatischen Lebenszusammenhängen entwachsen sind. Die Kultur sieht die Religion deswegen immer zu weit greifen und menschliche Schöpfungen zu transzendenten Wahrheiten hypostasieren. Demgegenüber erscheint die kulturelle Tätigkeit vom Standpunkt der Religion als leerer Betrieb, dem ein substantieller Grund fehlt. Für die religiöse Sicht greift das Beharren der Kultur auf dem bloß menschlichen Verstand notwendigerweise zu kurz, weil der wissenschaftlich gesteckte Rahmen überprüfbarer Erkenntnis die Möglichkeit religiöser Erfahrung von vornherein ausschließt. Dementsprechend hat es historiseh keine Religion je erreicht, den skeptischen Zweifel (der nicht gleich mit Atheismus zu identifizieren ist) in bezug auf die Wahrheitsanspruch ihrer Glaubensgehalte zu unterdrücken. Genauso wenig ist es allerdings auch der Kultur mit ihrem skeptischen Beharren auf dem Horizont des vom Menschen Erkennbaren nicht einmal in der Moderne gelungen, die Frage bzw. die Sehnsucht nach einem letzten Grund abzuschaffen, der die Heterogenität menschlichen Daseins versöhnte. Im folgenden soll unter dem Gesichtspunkt der Präsenz des entzogenen letzten Wahrheitsgrundes begriffen werden, daß der bisher allein anschaulich aufgefundene Konflikt um das Absolute ein irreduzibles Wesensmerkmal menschlichen Lebens darstellt.

Auch wenn es dem Menschen möglich ist, sein Leben im Modus der Kultur zu führen und unter dem exzentrisch abgehobenen Subjektpol auf das Wirkliche als Wirkliches auszugreifen, muß der Mensch sein eigenes Dasein als „realisierten Widersinn" (SOM, 421) erfahren. Indem der Mensch über den kulturellen Horizont, unter dem er sein Leben führt, immer auch hinaus ist, lebt er in der für ihn unüberwindbaren Spannung von Sein und Sollen. Indem er den Bruch zur Wirklichkeit nur in Vermittlung durch die Akte des Bewußtseins bzw. der Expressivität zu überwinden vermag, kann sein Kontakt zur Welt immer auch scheitern. An der Spannung von Natur und Kultur sowie von Innen und Außen entwächst die Frage nach einem letzten Grund, der diese Heterogenität menschlichen Lebens versöhnt. Offensichtlich muß es sich dabei um einen Wahrheitsgrund *jenseits* der menschlichen Kultur und *jenseits* der Welt handeln, da hier wie dort diese letzte Versöhnung nicht mehr erreicht werden kann.[239]

---

[239] Vgl. SOM, 423f.: „An der eigenen Haltlosigkeit, die dem Menschen zugleich den Halt an der Welt verbietet und ihm als Bedingtheit der Welt aufgeht, kommt ihm die Nichtigkeit des Wirklichen und

Die Religion vermittelt den Zugang zum letzten Grund, der dem Menschen in seiner Heterogenität entzogen ist. Plessner begreift dementsprechend den Anspruch, eine letzte Antwort zu geben, als das Spezifikum aller Religion, das sich in allen ihren historischen Ausprägungen durchhält. „Eins bleibt", so können wir in den „Stufen" lesen, „für alle Religiosität charakteristisch: sie schafft ein Definitivum. Das, was dem Menschen Natur und Geist nicht geben können, das Letzte: so ist es –, will sie ihm geben." (SOM, 420) Im Ausgang vom religiös zugänglichen absoluten Grund wird die Reflexion auf die Reflexion abschließbar, insofern sie von einem inhaltlich gefüllten Wahrheitshorizont getragen ist. Durch den Transzendenzbezug erfährt die Unteilbarkeit der menschlichen Lebenssubstanz – in der exzentrischen Heterogenität – ihre Idealisierung zum einzigartigen Geschöpf Gottes. Parallel dazu erfährt die Welt, die dem Menschen gegenüber steht *und* an der er teilhat, durch den Transzendenzbezug die Versöhnung ihrer divergierenden Aspekte. In bezug auf die Transzendenz als Weltgrund wird die Wirklichkeit zur geschaffenen Welt und bildet sich damit zum normativ ausdeutbaren Kosmos.[240] Daß die Religion dem Menschen auf diese Weise den Halt verschafft, der ihm in der exzentrischen Heterogenität seines Lebens notwendigerweise entzogen ist, begreift Plessner als ihren „apriorischen Kern". (Vgl. SOM, 420) Man darf nun allerdings nicht den Fehler machen, die Aussage vom apriorischen Kern als anthropologische Fundierung der Religiosität oder gar einer bestimmten Religion mißzuverstehen. Dies bedeutete nicht zuletzt, die Religion zum bloßen Überbau der menschlichen Natur zu diskreditieren. Zugleich wäre darin die exzentrische Positionalität zum Wahrheitsgrund menschlicher Wirklichkeit überhaupt verabsolutiert – und d.h. vergottet. Die Aussage vom apriorischen Kern der Religion besagt demgegenüber allein, daß die Religion das Wesensmerkmal menschlichen Lebens darstellt, in dem der Bezug auf den letzten Wahrheitsgrund, der wesentlich zur exzentrischen Positionalität gehört, stattfindet. Derart wird die *Irreduzibilität* von Religion als Wesensmerkmal menschlichen Lebens, nicht jedoch ihr Wahrheitsanspruch nachgewiesen. Einer Entscheidung über den Wahrheitsanspruch von Religion – und damit über den letzten Grund menschlicher Wirklichkeit überhaupt – enthält sich Plessner gemäß des Selbstverständnisses seines Verschränkungsansatzes.

Die Heterogenität menschlichen Daseins – in den Spannungen von Natur und Kultur sowie von der Innerlichkeit des Bewußtseins und des Willens und der Äußerlichkeit der Wirklichkeit – fordert die Frage nach einem letzten Grund, macht damit zugleich ihre endgültige Beantwortung allerdings unmöglich. Da dem Menschen ein Standpunkt außerhalb von Kultur und Welt fehlt, wird auch die Religion in die kulturellen und weltlichen Lebensbezüge hineingezogen und erscheint derart als Weltanschauung. Die

die Idee des Weltgrundes. Exzentrische Positionsform und Gott als das absolute, notwendige, weltbegründende Sein stehen in Wesenskorrelation."

[240] Vgl. SOM, 421: „Aus der Angewiesenheit auf einen außerhalb der Wirklichkeitssphäre gelegenen Stützpunkt der eigenen Existenz wird die Wirklichkeit – Außenwelt, Innenwelt, Mitwelt –, welche zu seiner Existenz in Wesenskorrelation steht, notgedrungen selber stützungsbedürftig und schließt sich in Beziehung auf diesen wirklichkeitstranszendenten Punkt der Unterstützung oder Verankerung zu Einer Welt, zum Weltall zusammen."

Religionskritik der Kultur zeigt sich folglich gleichermaßen wie die Religion als Modus, in dem die Heterogenität menschlichen Daseins unter dem entzogenen Subjektpol stattfindet. Gerade weil das menschliche Ich in die Heterogenität gebannt ist, gerät es auch noch zu den religiösen Botschaften und zu seinen religiösen Erfahrungen in Distanz. Historisch geht kulturelle Religionskritik mit Religion einher. Gegenüber der Versöhnung, die die Religion bietet, versteht sich die Kultur als Verteidigerin der geistigen Freiheit, hinter jeden gefaßten Standpunkt – selbst wenn er sich auf den Wahrheitsgrund alles Denkens und Handelns bezieht – noch zurücktreten zu können. Dem inhaltlich bestimmten Wahrheitsgrund der Religion setzt die Kultur derart den Vollzug des Erkennens in seiner Offenheit und Vorurteilsfreiheit entgegen. Der Atheismus steigert die kulturelle Religionskritik zur Behauptung der Nicht-Existenz eines letzten Grundes. Die Entscheidung gegen die Transzendenz hat zum einen zur Konsequenz, daß der Welt ihr Hintergrund abhanden kommt, vor dem sie sich als Diesseits auszeichnet. Damit löst sich die einige Welt als ausdeutbarer Kosmos auf. Darüber hinaus zeigt sich die Heterogenität des menschlichen Ichs als nichtige und haltlose Pluralität. (Vgl. SOM, 424)

Wie in bezug auf die Religion so ist es auch in bezug auf die Religionskritik der Kultur entscheidend einzusehen, worin ihr apriorischer Kern liegt. Auf diese Weise läßt sich verstehen, inwiefern sie ein konstitutives Wesensmerkmal der menschlichen Existenz ausmacht. Oben hatten wir gesehen, daß Kultur überhaupt deswegen ein Wesensmerkmal menschlichen Lebens ausmacht, weil in ihr die Heterogenität menschlichen Danseins unter dem exzentrischen Positionalitätsmodus stattfindet. Jetzt interessieren wir uns für die Kultur als Sphäre endlosen Schaffens und Erkennens, das immer über sich hinaustreibt und sich deswegen dem religiösen Wahrheitsanspruch widersetzt. Als Sphäre offenen Forschens stellt die Kultur den Modus dar, der es dem Menschen ermöglicht, auch noch von der religiösen Transzendenzbehauptung Distanz zu erreichen. Insofern die Kultur den Modus darstellt, in dem die Unerreichbarkeit des letzten Wahrheitsgrundes präsent ist, stellt sie ein irreduzibles Wesensmerkmal menschlichen Lebens dar. Der Gültigkeitsanspruch ihres „Nein" zum Absoluten wird damit jedoch nicht eingeholt.

Erst der *Kampf von Religion und Kultur* macht den Modus aus, in dem das ganze exzentrische Dilemma in der Tatsächlichkeit menschlichen Lebens präsent ist. Von der Religion hatten wir gesehen, daß in ihr der Bezug auf den transzendenten Grund präsent ist. Von der Kultur hatten wir gesehen, daß sie auch noch gegenüber diesem letzten Wahrheitsgrund an der menschlichen Fähigkeit festhält, hinter sich selbst zurücktreten zu können. Beider Irreduzibilität besteht darin, daß sie solche Modi menschlichen Lebens darstellen, in denen der letzte Wahrheitsgrund in seiner Vakanz präsent ist. In ihrem Zugleich zeigt sich jedoch die Unüberwindbarkeit der Heterogenität menschlichen Daseins. Nur wenn man auf Religion mit einem kulturellen Blick schaut, erscheint die religiöse Transzendenzbehauptung als *menschlicher* Versuch, die Brechungen der menschlichen Existenz endgültig zu befriedigen. Nur wenn man Kultur derart als Begleiterscheinung von Religion begreift, zeigt sich das menschliche Leben in seiner Tatsächlichkeit durch die Entzogenheit des erstrebten Wahrheitsgrundes bestimmt.

Umgekehrt erscheint Kultur allein für einen religiösen Blick als in sich kreisender und ins Leere laufender Vollzug des Erkennens und Schaffens. Nur wenn man derart auch Religion als Widerpart von Kultur begreift, zeigt sich am menschlichen Leben in seiner Tatsächlichkeit, daß seine Heterogenität keine bloße Vielheit, sondern einen „realisierten Widerspruch" darstellt, der auf einen letzten Grund verweist. Der Kampf von Religion und Kultur in seiner Unversöhnlichkeit zeigt, daß die Frage nach dem letzten Wahrheitsgrund weder – wie die Kultur meint – leer, noch – wie die Religion meint – beantwortbar ist. Dieses ewige Streben nach dem Absoluten macht den Modus aus, in dem der Wahrheitsgrund in seiner Entzogenheit am menschlichen Leben in seiner Tatsächlichkeit stattfindet. Die Versöhnung von Kultur und Religion, bzw. die „wahre Unendlichkeit" als Selbsterkenntnis des absoluten Geistes, in die die menschliche Reflexionstätigkeit aufgehoben wäre, bricht notwendigerweise in ihre Aspekte – der Religion und der Kultur – auseinander.[241] Unversöhnbar stehen einander der religiöse Gehorsam gegenüber der Transzendenz *und* die „schlechte" bzw. offene Unendlichkeit des kulturellen Betriebs gegenüber.[242] Der Konflikt von Religion und Kultur ist damit das bloße „Und" von Einheit und Differenz bzw. das Zugleich von religiöser Versöhnung *und* kultureller Pluralität – und macht das notwendige Wesensmerkmal menschlichen Lebens aus, in dem der letzte Wahrheitsgrund in seiner Vakanz präsent ist.

Wie sich Religion und Kultur in bezug auf das Absolute konträr gegenüber stehen, so bilden in der Frage nach der richtigen politischen Ordnung der menschlichen Dinge die Positionen der *Gesellschaft* und der *Gemeinschaft* unversöhnbare Gegner. Während das Ideal der Gemeinschaft auf die Versöhnung des Individuum-Seins und des Mit-Anderen-Seins zielt, will der gesellschaftliche Realismus an ihrer Abhebung festhalten.

Im Ideal der Gemeinschaft wird eine Ordnung menschlicher Dinge angestrebt, die die versöhnende Einheit zwischen den Menschen bildet. In der gemeinschaftlichen Ordnung soll sowohl die Entfremdung zwischen den verschiedenen Personen aufgehoben, als auch die Brechung innerhalb der menschlichen Person als individuelles Ich (das sich gegen das Allgemeine abhebt) und als allgemeines Ich (das an der Allgemeinheit teilhat) überwunden sein. Beide Brechungen zeigen sich alltagsweltlich an den sozialen Rollen und Normen. Die sozialen Rollen reglementieren gleichermaßen den Kontakt zwischen den Menschen, wie sie äußerliche Formen darstellen, in denen das Individuum nie ganz aufgeht. An der Entfremdung, die aus der menschlichen Ordnung in ihrem faktischen Gesetztsein resultiert, entzündet sich das Streben nach Versöhnung in der Gemeinschaft.

---

[241] Vgl. SOM, 420: „Zwischen ihr (der Religion; O. M.) und der Kultur besteht daher trotz aller geschichtlichen Friedensschlüsse und der selten aufrichtigen Beteuerungen, wie sie z.B. heute so beliebt sind, absolute Feindschaft."

[242] Vgl. SOM, 424f.: „Ein Weltall läßt sich nur glauben. Und solange er glaubt, geht der Mensch ‚immer nach Hause'. Nur für den Glauben gibt es die ‚gute' kreishafte Unendlichkeit, die Rückkehr der Dinge aus ihrem absoluten Anderssein. Der Geist aber weist Mensch und Dinge von sich fort und über sich hinaus. Sein Element ist die Zukunft. Er zerstört den Weltkreis und tut uns wie der Christus des Marcion die selige Fremde auf."

Demgegenüber halten die Vertreter der Gesellschaft an der faktisch bestehenden politischen Ordnung fest. Sie bejahen die Divergenz des Individuum-Seins und des Mit-Anderen-Seins auf beiden Ebenen: sowohl zwischen den Personen als auch innerhalb der menschlichen Person. Wo die Anhänger der Gemeinschaft entfremdende Kälte erfahren, begrüßen die Vertreter der Gesellschaft die gesellschaftlichen Umgangsformen, in denen das Individuum auch dann respektiert wird, wenn es nicht geliebt wird. Die Distanz, die soziale Konventionen und Rollen vermitteln, wird die Bedingung dafür bejaht, daß sich die Menschen in ihrer Individualität vom Allgemeinen abheben können. Die Individualität, als deren Anwalt sich die Vertreter der Gesellschaft verstehen, bezeichnet nicht nur die Unteilbarkeit menschlicher Lebenssubstanz als psychophysischer Einheit sondern zugleich die Unersetzbarkeit der Person in ihrer Einzigartigkeit. Diese emphatische Individualität kann die einzelne Person nur in Abhebung vom Allgemeinen erringen, an dem sie als allgemeines Ich teilhat. Im Streben nach Exzellenz versucht der Einzelne im Ausgang von der Allgemeinheit, deren Erwartungen zu überbieten. Zugleich ist die einzelne Person aufgrund ihrer Teilhabe am Allgemeinen in ihrer Individualität immer auch bedroht. Mit Scham reagiert der Einzelne auf seine potentielle Ersetzbarkeit. Wenn die Vertreter der Gesellschaft an den sozialen Konventionen und Rollen festhalten, so bejahen sie diese gleichermaßen als Rahmen, der dem Einzelnen den Spielraum eröffnet, nach seiner individuellen Unersetzbarkeit zu streben, und als Masken, hinter denen der Einzelne seine Verletzbarkeit und Austauschbarkeit verbergen kann.[243]

Der Konflikt zwischen den Anhängern der Gemeinschaft und der Gesellschaft erscheint nun deswegen als unlösbar, da die Entfremdung und der Spielraum für persönliche Einzigartigkeit zwei Seiten einer Medaille sind. Politische Ordnung bedeutet in ihrem Gesetztsein die Brechung, die als Entfremdung oder als befreiende Distanz empfunden werden kann. Die eine Richtung strebt deswegen danach, politische Ordnung in ihrem willkürlichen Gesetztsein hin zu einer Ordnung zu überwinden, die durch die ursprüngliche Einheit der Menschen bestimmt ist; die andere Richtung will an der Ordnung gerade in ihrer Faktizität festhalten, weil sie darin den Spielraum eröffnet sieht, sich zur einzigartigen Person auszubilden. Diese phänomenologische Darstellung entspricht dem historischen Befund, daß seit der Antike keine Seite den Sieg über die andere hat davontragen können – weder die Sehnsucht nach Versöhnung noch die Sehnsucht nach persönlicher Abhebung gegen das Allgemeine konnte von ihren Antagonisten vollkommen unterdrückt werden. Historische Zeugnisse der Gemeinschaftsutopien sind von Platon über das Urchristentum, die eschatologischen Bewegungen des

[243] Vgl. SOM, 421: „[...] so hebt sich dem Menschen sein eigenes Dasein als individuelles nur gegen die Möglichkeit ab, daß er auch ein anderer hätte werden können. Diese Möglichkeit ist dem Menschen an seiner Lebensform gegeben. Er ist sich selber Hintergrund des Menschlichen überhaupt, von dem er als ‚dieser und kein anderer' hervortritt. Als reines Ich oder Wir steht das einzelne Individuum in der Mitwelt. [...] sie steht durch ihn hindurch, er ist sie. Er ist die Menschheit, d.h. er als Einzelner ist absolut vertretbar und ersetzbar. Jeder andere könnte an seiner Stelle stehen, wie er mit ihm in der Ortlosigkeit exzentrischer Position zu einer Ursprungsgemeinschaft vom Charakter des Wir zusammengeschlossen ist."

Mittelalters, die Utopien der frühen Neuzeit bis zum Kommunismus und Faschismus des 20. Jahrhunderts erhalten. Die Partei der Gesellschaftlichkeit erscheint demgegenüber sehr heterogen, wenn man etwa an die Sophistik, den Katholizismus in seinem Kampf gegen die Gnosis (Tertullian), den Liberalismus oder schließlich an Dostojewski und den Plessner der „Grenzen der Gemeinschaft" denkt.[244]

Im folgenden soll dieser historisch-phänomenologische Befund der Unüberwindbarkeit des Konflikts zwischen Gemeinschaft und Gesellschaft als Modus begriffen werden, in dem der entzogene Wahrheitsgrund innerhalb der Tatsächlichkeit menschlicher Selbstbestimmung präsent ist. In der *willkürlich gesetzten Ordnung* der menschlichen Dinge findet Plessner den Modus menschlichen Lebens, der es den Menschen ermöglicht, unter der positional entzogenen Eindeutigkeit ihres Miteinanders zusammenzuleben. In diesem Zwang zur willkürlich gesetzten Ordnung zeigt sich nicht nur, daß dem Menschen ein eindeutiges Verhältnis zu seinen Mitmenschen fehlt. In ihrem willkürlichen Gesetztsein fehlt der Ordnung der menschlichen Dinge ein letzter Legitimationsgrund, so daß ihr notwendig ein Moment der Gewalt zukommt. Positives Recht kann folglich in seinem Gesetztsein kein reines Naturrecht sein. Dies bedeutet wiederum, daß das Moment der Entfremdung an der politischen Ordnung nicht zu unterlaufen ist.[245] Die Unhintergehbarkeit des Aspekts willkürlicher Setzung an der politischen Ordnung zeigt sich historisch an Umsturzbewegungen. Tendenzen zu sozialer Umgestaltung können sich dann durchsetzen, wenn der Einzelne mit solchen sozialen Anforderungen und Rollen konfrontiert ist, die ihm die Erfahrung des Miteinanders mit Anderen verbauen und ihm in bezug auf die eigene Individualisierung als tote Formen erscheinen, in denen er sich nicht wiederzufinden vermag. Auch wenn soziale Umgestaltungsbewegungen auf die Überwindung gesellschaftlicher Entfremdung zielen, können sie doch selbst wiederum nur eine andere gesellschaftliche Ordnung positiv festlegen, die aufgrund ihres Gesetztseins eine bloß andere Art der Entfremdung hervorbringt.[246] Der

---

[244] Hans-Peter Krüger hat bereits auf die Unhintergehbarkeit der Divergenz von Gemeinschaftlichkeit und Gesellschaftlichkeit aufmerksam gemacht. Er betont, daß der Plessnersche Aufweis der Grenzen von Gemeinschaftlichkeit keine „Feier der Bindungslosigkeit" darstelle. „Für das menschliche Dasein konstitutive Ambivalenzen kann man überhaupt nicht dualistisch aushebeln. Es gibt für sie keine *tabula rasa.*" (Hans-Peter Krüger, Das Spiel zwischen Leibsein und Körperhaben, a.a.O., 303) Vielmehr entstünde das „Problem, die Vergemeinschaftung und die Vergesellschaftung der Individuen auszubalancieren [...] in jeder Generation von neuem." (Hans-Peter Krüger, Zwischen Lachen und Weinen, Bd. I, a.a.O., 17, vgl. auch: ebenda, 212ff.)

[245] Vgl. SOM, 422: „Denn von Natur, aus seinem Wesen kann der Mensch kein klares Verhältnis zu seinem Mitmenschen finden. Er muß klare Verhältnisse schaffen. Ohne willkürliche Festlegung einer Ordnung, ohne Vergewaltigung des Lebens führt er kein Leben."

[246] Vgl. SOM, 423: „So gibt es ein unverlierbares Recht der Menschen auf Revolution, wenn die Formen der Gesellschaftlichkeit ihren eigenen Sinn selbst zunichte machen, und Revolution vollzieht sich, wenn der utopische Gedanke von der endgültigen Vernichtbarkeit aller Gesellschaftlichkeit Macht gewinnt. Trotzdem ist er nur das Mittel der Erneuerung der Gesellschaft. – Das ist keine Theorie der Restauration und keine Apologie des ängstlichen Bürgertums, sondern die Erkenntnis eines Wesensgesetzes, dem der Mensch in jeder möglichen sozialen Mode unterliegt; die Formulie-

apriorische Kern sowohl der Gemeinschaftsutopien als auch der Gesellschaftstheorien besteht darin, daß sie solche Modi menschlichen Lebens darstellen, in denen sich die Menschen auf die politische Organisation ihrer Belange beziehen, der ein letzter Legitimationsgrund entzogen ist. Während die Anhänger der Gemeinschaft die Entzogenheit einer letzten Legitimationsgrundlage als Entfremdung erfahren, halten die Anhänger der Gesellschaft an dieser Brechung als Bedingung fest, die es dem Menschen ermöglicht, sich als Individuum von der sozialen Ordnung abzuheben.

In bezug auf die inhaltliche Auseinandersetzung mit den Ansätzen der Gemeinschaft und der Gesellschaft liefert der exzentrische Positionalitätsmodus keine *normative Grundlage*, von der aus einer der Parteien der Vorzug gegeben werden könnte. Vielmehr zeigt sich das exzentrische Dilemma erst vollkommen in der Unlösbarkeit ihres Konflikts bzw. in dem unhintergehbaren Zugleich des Strebens nach Gemeinschaftlichkeit *und* Gesellschaftlichkeit. Erst aus der Perspektive der Gesellschaftsanhänger zeigt sich, daß die Gemeinschaftsutopien am Ziel der Versöhnung von Individuum-Sein und Mit-Anderen-Sein scheitern, insofern für die angestrebte Einheit zwischen den Menschen der Preis der Unterdrückung ihrer Individualität gezahlt wird. Gleichermaßen zeigt sich erst unter Mitberücksichtigung des Strebens nach gemeinschaftlicher Versöhnung, daß auch die Gesellschaftstheoretiker an der Herausforderung einer solchen Ordnung der menschlichen Angelegenheiten scheitern, die dem Individuum-Sein und dem Mit-Anderen-Sein in ihrer Gleichursprünglichkeit gerecht wird. Vom Standpunkt der Gemeinschaft zeigt sich nämlich, daß die ausschließliche Bejahung der Brechung, die die gesellschaftlichen Normen und Rollen im Verhältnis zu sich und zu den Anderen einführen, die Substanz eines Gemeinwesens zersetzt. Wenn in der Konzentration auf soziale Normen und Verfahrensweisen die Hoffnung auf Versöhnung mit sich und mit Anderen aufgegeben und das utopische Moment ganz aus der Politik verbannt wird, muß die politisch-sittliche Ordnung aufgrund fehlender Liebe verkümmern.

Der Konflikt von Gemeinschaft und Gesellschaft erscheint insofern als unlösbar, als von keiner Seite aus die Einheit von Einheit und Differenz bzw. die Versöhnung der gemeinschaftlichen Teilhabe am Allgemeinen und der gesellschaftlichen Individualisierung gegen das Allgemeine erreicht werden kann. Die soziale Organisation wird je von einer Seite – entweder von der Teilhabe oder von der Abhebung – verstanden, weshalb der je andere Aspekt allein als abgeleitetes Moment und damit nicht in seiner Gleichursprünglichkeit erfaßt werden kann. Der *Konflikt zwischen Gemeinschaft und Gesellschaft* stellt das Wesensmerkmal tatsächlicher menschlicher Selbstbestimmung dar, in dem die Entzogenheit eines letzten versöhnenden Wahrheitsgrundes Wirklichkeit hat. In der Unlösbarkeit des Konflikts zwischen den Anhängern der Gemeinschaft und der Gesellschaft zeigt sich, daß der archimedische Punkt nicht zu erreichen ist, von dem aus es möglich wäre, eine solche Ordnung der menschlichen Dinge hervorzubringen, in der die Entfremdung überwunden und dennoch die Möglichkeit der Individualisierung gewahrt wäre. Indem der Mensch in der Spannung von Sein und Sollen sowie von der

rung des Wesensgesetzes sozialer Realisierung, welche sich eines Werturteils über bestimmte soziale und politische Ideenbildungen vollkommen enthält."

Innerlichkeit des Bewußtseins und des Willens und der Äußerlichkeit der Wirklichkeit lebt, wird er in die Frage nach einer Ordnung menschlicher Dinge getrieben, in der Vernunft und Wirklichkeit versöhnt sind. Aus demselben Grund – da er nie ganz in der (künstlich hervorgebrachten) Wirklichkeit aufgeht, in der er lebt – kann er von keiner politischen Ordnung ganz absorbiert werden, so daß jede Realisierung eines politischen Zustands der Versöhnung scheitern muß. Die unauslöschbare Sehnsucht nach einem politischen Zustand der Versöhnung, dessen Realisierung zu kurz greifen muß, stellt folglich den Modus dar, in dem die Entzogenheit des letzten Wahrheitsgrundes innerhalb der menschlichen Selbstbestimmung präsent ist.[247]

Abschließend möchte ich meine obige Lesart des utopischen Standorts gegen einige Passagen des Plessnerschen Textes verteidigen, in denen er für die Gesellschaft gegen die Gemeinschaft und für die Kultur gegen die Religion Partei ergreift.[248] Ich möchte

---

[247] Hier zeigt sich deutlich, daß Rüdiger Krammes These von der „theoretischen Wahlverwandtschaft zwischen dem Philosophen Helmuth Plessner und dem Staatsrechtler Carl Schmitt" auf einer Fehlinterpretation von Plessner gründet. (Rüdiger Kramme, Helmuth Plessner und Carl Schmitt: eine historische Fallstudie zum Verhältnis von Anthropologie und Politik in der deutschen Philosophie der zwanziger Jahre, Berlin 1989, 9.) Krammes Schlüsselthese besteht darin, daß der Plessnersche Gedanke von der exzentrischen Positionalität des Menschen dem Dezisionismus Schmittscher Manier das Fundament bereite. „Ist die Grundsituation des Menschen als ‚exzentrisches Nichts' zu beschreiben, so entspringt ihr die Notwendigkeit, wagnisbereit die Offenheit der Welt durch eigenes Handeln in je eigene Umwelt umzuarbeiten. [...] Die Weltoffenheit bedarf der Bindung, die die unstrukturierte Offenheit durch Ordnung lebbar macht. In diesem Sinne schließt sich Carl Schmitts politische Theorie als operationalisierbarer Entwurf an ‚die Formulierung des Wesensgesetzes sozialer Realisierung' (SOM, 345) an." (ebenda, 116) In seiner Behauptung, daß Plessner den Zwang aufgrund von Unbestimmtheit irgendeine Ordnung zu setzen, zur anthropologischen Konstante erhebe, übersieht Kramme die Heterogenität der exzentrischen Positionalität. Diese besagt ja nicht das ungebrochene Stehen im Nichts, sondern das nochmalige Gestelltsein in das eigene Zentrum, bzw. das Stehen im Zentrum *und* im Nichts. Damit ist menschliche Existenz allein unter der Bedingung gesetzter Ordnung möglich und geht zugleich nie ganz in dem künstlichen Sinnhorizont auf, unter dem sie sich aktuell befindet. Nur weil Kramme diese Gebrochenheit der Exzentrizität übersieht, kann er meinen, Plessner behaupte, daß der empirische Mensch aus seiner natürlichen Unbestimmtheit in ungebrochene politische Festlegung fliehen müsse, um zu überleben. Krammes Behauptung, daß Plessner in seiner Grenzschrift die Marktrationalität anthropologisiere (100) und „ein Ethos individualistischen Vorteilsstrebens" (221) vertrete, entbehrt jedweder Grundlage am Plessnerschen Text.

Vgl. zur Diskussion um Krammes Schrift den sehr informativen Literaturessay von Norbert Axel Richter: Unversöhnte Verschränkung – Theoriebeziehungen zwischen Carl Schmitt und Helmuth Plessner, in: Deutsche Zeitschrift für Philosophie, 49 (2001) 5, 783–799.

[248] Vgl. SOM, 423: „Wenn dem Menschen selbst eine rein gemeinschaftliche Lebensform [...] erträglich schiene, so könnte er sie nicht verwirklichen. Aber die soziale Realisierung *soll* nicht in diese Richtung gehen, da die Respektierung des Anderen um der Ursprungsgemeinschaft der Mitwelt willen Distanz und Verdecktheit gebietet."

Sowie SOM, 424: „Atheismus ist leichter gesagt als getan. [...] Die Exzentrizität seiner Lebensform, sein Stehen im Nirgendwo, sein utopischer Standort *zwingt* (Herv.; O. M.) ihn, den Zweifel

hierfür den Plessnerschen Argumentationsgang (in zwei Varianten) skizzieren. In Anschluß daran werde ich die Gründe anführen, die mich dazu bewogen haben, diese politisch engagierten Passagen nicht für meine Interpretation heranzuziehen, sondern am *Zugleich* von Kultur *und* Religion sowie von Gesellschaft *und* Gemeinschaft festzuhalten. Abschließend will ich nach den Gründen fragen, die Plessner zu seiner einseitigen normativen Auszeichnung von Kultur und Gesellschaft bewogen haben mögen.

Plessner setzt an der exzentrischen Brechung bzw. dem Stehen im Un-Ort der Abhebung von der positiven Mitte als normativem Fundament an, um in der inhaltlichen Auseinandersetzung gegen die Positionen der Versöhnung und für die Positionen der Divergenz einzutreten. Auf diese Weise rechtfertigt er *anthropologisch* die Divergenz der Kultur gegen die Religion und der Gesellschaft gegen die Gemeinschaft. Man kann dieses Vorgehen argumentationsstrategisch auf zweifache Weise verstehen. Entweder begreift Plessner das dritte anthropologische Grundgesetz des utopischen Standorts als letzten Schritt in der Deduktion des exzentrischen Positionalitätsmodus oder als philosophische Orientierung auf der Grundlage der vorab nachgewiesenen Exzentrizität. Ich will im folgenden beide Varianten nacheinander diskutieren,

Wenn das Gesetz des utopischen Standorts – wie ich in meiner Interpretation annehme – den dritten Schritt in der Deduktion des exzentrischen Positionalitätsmodus ausmacht, dann ist die normative Auszeichnung der Positionen der Divergenz in Kultur und Gesellschaft gegenüber den Positionen der Einheit in Religion und Gemeinschaft aus zwei Gründen problematisch. Methodisch steht die normative Auszeichnung der Divergenz im Ausgang von der Exzentrizität im Widerspruch zum Programm der Deduktion. Die Deduktion war auf ein doppelseitiges Vorgehen verpflichtet worden, das die Grenzhypothese (hier in der Präzisierung als exzentrischer Positionalität) und die alltagsweltlich gegebenen Wesensmerkmale aneinander aufweist. Auf diese Weise sollte sowohl der idealistische Fehler, die Wirklichkeit in ihrer Tatsächlichkeit von der begrifflich erstellten Grenzhypothese abhängig zu machen, als auch der positivistische Fehler der Phänomenologie, in unmittelbarem Ausgriff auf die Phänomene sich keine Rechenschaft über den eigenen Maßstab des Ausgreifens zu geben, vermieden werden. Aus dem Programm der doppelseitigen Deduktion folgt, daß die alltagsweltlich gegebenen Konflikte zwischen Religion und Kultur um das Absolute und zwischen Gemeinschaft und Gesellschaft um den Grund politischer Organisation allein *unter* dem Gesichtspunkt der exzentrischen Positionalität zu verstehen sind. So habe ich beide Konflikte als Charakteristika des menschlichen Lebens verstanden, in deren Ringen, sich der Bezug auf den seinerseits nicht mehr positiv bestimmbaren Wahrheitsgrund zeigt. Nach dem Programm der Deduktion dürfen die Wesensmerkmale folglich gerade nicht *aufgrund* der Exzentrizität *bewertet* werden. Eine solche normative Auszeichnung verfiele nämlich dem idealistischen Fehler, die Wesensmerkmale – hier die wahre Erkenntnis bzw. das richtige Zusammenleben – aus dem Begriff der Exzentrizität

gegen die göttliche Existenz, gegen den Grund für diese Welt und damit gegen die Einheit der Welt zu richten. Gäbe es einen ontologischen Gottesbeweis, so *dürfte* (Herv.; O. M.) der Mensch nach dem Gesetz seiner Natur kein Mittel unversucht lassen, ihn zu zerbrechen.“

abzuleiten. In dieser Prozedur würde der Begriff der Exzentrizität zum vorphilosophisch gesetzten Grund menschlichen Seins, die Wesensmerkmale verkehrten sich zu unselbständigen Momenten dieser vorausgesetzten anthropologischen Wirklichkeit überhaupt. Die Kosten dieses Verfahren zeigen sich unmittelbar. Man erreicht keine philosophische Selbsterkenntnis mehr, sondern wird abhängig von den eigenen unter der Hand eingeführten Voraussetzungen. Wenn Plessner folglich die Legitimität von Religion und Gemeinschaft gegenüber Kultur und Gesellschaft betont, so macht dies den Schritt in eine politische Stellungnahme aus.

Inhaltlich zeigt sich die spezifische Unüberwindbarkeit der exzentrischen Brechung nicht an den Spezifika von Kultur und Gesellschaft, wie im folgenden exemplarisch in bezug auf die Kultur rekapituliert werden soll. Wie wir im ersten anthropologischen Grundgesetz gesehen haben, stellt die Kultur das Wesensmerkmal dar, in dem die exzentrische Heterogenität am menschlichen Leben in seiner Tatsächlichkeit Wirklichkeit hat. Damit drückt sich im Wesensmerkmal der Kultur die Bezogenheit auf den letzten nicht mehr objektivierbaren Wahrheitsgrund noch nicht aus. Die Kultur ist nur insofern offen, als sie die Pluralität von Positionen und Weltbildern umfaßt, in denen die Ausdeutbarkeit der Wirklichkeit angestrebt wird, die dem Menschen in seiner Distanz vom eigenen Hier und Jetzt verwehrt ist. Die Vielheit der kulturellen Erzeugnisse, die der Mensch hervorbringt, ist darin von einem letzten Grund zu unterscheiden, von dem die einzelnen Positionen ihre Gültigkeit erlangen. Allein vor einem solchen Wahrheitshorizont jenseits der Kultur erhalten die kulturellen Erzeugnisse ihre sinnhafte Gültigkeit, aufgrund derer sie sich vom menschlichen Schöpfertum ablösen und damit ihre Eigenständigkeit erreichen, die sie allein zu der Funktion befähigt, als Halt bzw. als „Umweg in ein zweites Vaterland" (SOM, 391) zu fungieren. Wenn nun an den Wesensmerkmalen menschlichen Lebens nachgewiesen werden soll, daß der menschliche Positionalitätsmodus wesentlich durch einen seinerseits nicht mehr objektivierbaren letzten Wahrheitsgrund bestimmt ist, weshalb die menschliche Heterogenität unhintergehbar ist, so kann dies nicht mit Rückgriff auf das Wesensmerkmal menschlicher Kultur erreicht werden. Während die Kultur nämlich eine Offenheit auf der Ebene der Weltanschauungen zum Ausdruck bringt, bedeutet die exzentrische Entzogenheit eines letzten Grundes, daß auch die Kultur bzw. die Pluralität der Weltanschauungen nicht als letzter Sinnhorizont verstanden werden darf. In bezug auf die Frage nach dem letzten Grund erscheint nämlich auch die kulturelle Pluralität als *eindeutige* Antwort: daß es keinen Grund der Versöhnung der kulturellen Deutungen und des Seins überhaupt gibt. Für den Nachweis der Unübersteigbarkeit der menschlichen Heterogenität unter dem entzogenen Subjektpol muß an der Tatsächlichkeit menschlichen Lebens folglich eine Offenheit noch *jenseits* der kulturellen Pluralität aufgezeigt werden. Diese findet sich im Streit zwischen Religion und Kultur, in welchem die religiöse Erfahrung eines letzten Grundes und die Pluralität kultureller Weltbilder aufeinanderprallen. In diesem Streit zwischen dem religiösen Glauben an eine Transzendenz, die sich offenbart, und dem menschlichen Hervorbringen kultureller Werke zeigt sich erst die exzentrische Heterogenität menschlichen Daseins. Der Streit zwischen Religion und Kultur drückt nämlich einen in sich gebrochenen Sachverhalt aus. Dieser Sachverhalt besagt zum einen, daß der Mensch zu einem letzten Wahrheitsgrund strebt, in dem das menschliche Wissen und Handeln mit der Wirklichkeit überhaupt versöhnt ist *und* daß ihm dieser Versöhnungsgrund notwendigerweise entzogen ist, insofern sich die Bestimmungen des Absoluten, die der Mensch erreicht, immer als vom Menschen selbst geschaffen erweisen. Der Sachverhalt besagt zum anderen, daß der Mensch immer weiter kulturell schöpferisch ist und von einem Werk zum anderen treibt, ohne je ganz und endgültig in seinen Weltbildern aufzugehen *und* in dieser kulturellen Tätigkeit von der Hoffnung nach letzter Versöhnung getragen zu sein, ohne die er keinen Anreiz für seine Schöpfertum hätte, noch seinen kulturellen Werken sinnhafte Gültigkeit zukäme. Im Streit von Religion und Kultur zeigt sich der Wahrheitsgrund als letzter Maßstab, der seinerseits nicht mehr eingenommen werden kann. Damit stellt dieser Streit das Wesensmerkmal dar, in dem die menschliche Heterogenität unter dem exzentrisch abgehobenen Subjektpol in ihrer Unüberwindbarkeit stattfindet. Analog dazu kann sich die menschliche Heterogenität nicht an der gesellschaftlichen Ordnung der menschlichen Dinge sondern erst im Konflikt von Gemeinschafts- und Gesellschaftsdenken zeigen, da es auch hier um das Problem nicht der einfachen Differenz, sondern der Differenz von Einheit und Differenz geht.

Auf den ersten Blick könnte man meinen, daß Plessner dann dazu berechtigt sei, Kultur und Gesellschaft normativ in ihrem Konflikt mit Religion und Gemeinschaft auszuzeichnen, wenn man das dritte anthropologische Grundgesetz nicht als letzten Schritt der Deduktion, sondern als Antwort der philosophischen Anthropologie auf die Orientierungsfragen im 20. Jahrhundert versteht. Diese Lesart müßte die Kultur sowie die Wirklichkeitserfahrung und die Expressivität als die Wesensmerkmale verstehen, in denen die Exzentrizität stattfindet. Die Deduktion des exzentrischen Positionalitätsmodus wäre dann bereits mit dem zweiten anthropologischen Grundgesetz abgeschlossen und hätte die Bedingungen nachgewiesen, die das Stattfinden des exzentrischen Positionalitätsmodus an der Tatsächlichkeit menschlichen Lebens ermöglichen. Als Textgrundlage kann diese Interpretation sich auf die Plessnersche Problembestimmung (im dritten anthropologischen Grundgesetz) beziehen, die von der exzentrischen Mitte als *realisiertem* Widersinn ausgeht.[249] Mit dem Nachweis der Exzentrizität hätte sich Plessner in dieser Lesart das anthropologische Fundament geschaffen, um die Fragen nach dem Wahrheitsgrund und der politischen Organisation der menschlichen Dinge zu beantworten, die sich im 20. Jahrhundert nach dem Glaubwürdigkeitsverlust von Religion und Aufklärung mit verstärkter Brisanz stellen. Insofern die Exzentrizität das Gestelltsein des Menschen in die Brechung bedeutet, verfügte Plessner an der Exzentrizität über das normative Fundament, um das Verharren der Kultur und der Gesellschaft in der Divergenz vor der Religion und der Gemeinschaft auszuzeichnen, die sich in die Versöhnung stellen. Meiner Ansicht nach sprechen allerdings wiederum zwei Argumente gegen diesen Rettungsversuch des Plessnerschen Schritt ins Normative.

---

[249] Vgl. SOM, 420f.: „Exzentrische Mitte bleibt aber ein Widersinn, auch wenn sie verwirklicht ist. Weil also die Existenz des Menschen für ihn einen realisierten Widersinn birgt, ein durchsichtiges Paradoxon, eine verstandene Unverständlichkeit, braucht er einen Halt, der ihn aus dieser Wirklichkeitslage befreit."

Zunächst ist der Gang der Deduktion unvollständig, wenn man nur die Wesensmerkmale der Kultur sowie der Expressivität und der Wirklichkeitserfahrung heranzieht. Zwar stellen sie die Modi dar, unter denen die individuelle Lebensführung und der Kontakt zur Wirklichkeit möglich ist; in ihnen zeigt sich jedoch noch nicht die Bezogenheit auf den vakanten Wahrheitsgrund und infolgedessen auch noch nicht die unüberwindbare Heterogenität des menschlichen Lebens. Aber selbst wenn man Plessner diese Laxheit durchgehen ließe, stellt sich darüber hinaus noch ein weit schwerwiegenderer Einwand. Dieser betrifft den Status, der der Deduktion des exzentrischen Positionalitätsmodus zukommt. Wenn die Exzentrizität als normatives Fundament fungieren soll, um die Rechtmäßigkeit von Kultur und Gesellschaft (gegenüber Religion und Gemeinschaft) auszuzeichnen, dann muß die Einsicht in die Exzentrizität menschlichen Lebens den *Status notwendiger Erkenntnis* beanspruchen. Der Status der Notwendigkeit – und nicht nur der Wirklichkeit – kommt jedoch allein solcher Erkenntnis zu, die ihre Legitimation vom letzten Wahrheitsgrund erhält.

Ihrem programmatischen Selbstverständnis nach soll die doppelseitige Deduktion der „Stufen“ solche notwendige Erkenntnis überhaupt nicht vermitteln. Dies zeigt sich, wenn wir uns nochmals an das Programm dieses Deduktionsvorhabens erinnern. Die Grenzrealisierung war in begrifflicher Überlegung als der Grund dafür eingesehen worden, daß ein physisches Ding als selbstbezügliches Lebewesen erscheint. Die exzentrische Positionalität war in Anschluß daran als ein spezifischer Modus bestimmt worden, in dem das Lebendige im Grenzvollzug in die Mitte des eigenen Körpers gestellt wird. Die exzentrische Positionalität hatte sich schließlich durch das in der Grenzrealisierung geschehene nochmalige Gestelltsein in das In-die-eigene-Mitte-Gestelltsein ausgezeichnet. Die Grenzrealisierung – und mit ihr die exzentrische Positionalität – ist gerade nicht als Wahrheitsgrund bzw. Wesen des lebendigen Seins bestimmt worden. Sie macht vielmehr allein den Grund dafür aus, daß ein physisches Ding zugleich als überdinghaftes, selbstbezügliches Lebewesen erscheinen kann. Der Wahrheitsgrund lebendigen Seins ist damit gerade offengehalten und für die Erkenntnis allein in seiner Entzogenheit präsent. Dies gilt gleichermaßen für die exzentrische Positionalität als Konkretisierung der Grenzrealisierung. Selbst wenn es Plessner also gelingt, die doppelseitige Deduktion erfolgreich durchzuführen – wofür hier argumentiert wird –, dann hat er damit allein die Wesensmerkmale lebendigen Seins bzw. menschlichen Lebens nachgewiesen, die das Stattfinden der Grenzrealisierung bzw. der exzentrischen Positionalität am lebendigen Ding bzw. menschlichen Lebewesen in seiner Tatsächlichkeit ermöglichen. Indirekt über ihre Ermöglichungsbedingungen ist damit die Wirklichkeit der Grenzrealisierung bzw. der exzentrischen Positionalität nachgewiesen. Die Notwendigkeit von Grenzrealisierung und exzentrischer Positionalität als Wahrheitsgrund des lebendigen Seins im allgemeinen bzw. des menschlichen Seins im besonderen ist damit jedoch gerade nicht nachgewiesen worden.[250] Vielmehr hält Plessner mit seiner doppel-

[250] Vgl. SOM, 209f., wo Plessner in anderem Zusammenhang diese Grenze seines Deduktionsverfahrens deutlich ausspricht: „Verständlich gemacht werden kann nur der Modus, in welchem der Kontakt zwischen Idee und Körper erfolgt, weil die Zweckursächlichkeit der Formidee für den Lebensprozeß […]

seitigen Deduktion die Grenzen ein, die sein Verschränkungsansatz der philosophischen Erkenntnis setzt: den Wahrheitsgrund von Wirklichkeit überhaupt offenzuhalten, um das lebendige Sein in seinen gleichursprünglichen Aspekten des dinghaften Bestehens und der selbstbezüglichen Erscheinung einsehen zu können. Indem er sich auf den letzten Wahrheitsgrund allein in seiner Entzogenheit bezieht, kann er die exzentrische Positionalität nicht als anthropologisches Fundament bzw. als archimedischen Standpunkt in Anspruch nehmen, um im Ausgang von ihr über die Wahrheit von Religion und Kultur bzw. von Gemeinschaft- und Gesellschaftsbestrebungen zu entscheiden. Des „Letzten: so ist es“ (SOM, 420), das – wie wir mit Plessner wissen – allein Religion vermitteln kann, enthält sich Plessner folglich in seiner Naturphilosophie.

Kommen wir zurück zur Spannung zwischen meiner Darstellung des dritten anthropologischen Grundgesetzes und dem Plessnerschen Text. Beide Versuche, Plessners normative Aussagen zu retten, münden folglich in das gleiche Ergebnis: Daß sich Plessners Hypostasierung der Exzentrizität zum normativen Fundament, aufgrund dessen er die Divergenzbehauptung von Kultur und Gesellschaft gegenüber der Behauptung der Versöhnung seitens der Religion und der Gemeinschaft auszeichnet, philosophisch nicht rechtfertigen läßt. Vielmehr scheinen politische Gründe Plessner zu diesem Schritt bewogen zu haben. Daß diese Vermutung nicht ganz abwegig ist, zeigt ein Blick sowohl auf die „Grenzen der Gemeinschaft“ von 1924 als auch auf die „Verspätete Nation“ von 1935. In beiden Texten zeichnet Plessner ein deutliches Bild von der Gefahr, die von den Gemeinschaftsutopien ausgeht. Wenn er sich folglich auf den letzten Seiten seiner Naturphilosophie auf die Seite der Kultur und der Gesellschaft stellt, dann geschieht das in einer konkreten historischen Situation, die sich durch die aktuelle Bedrohung der Freiheit sowohl des Geistes als auch der Individualisierung auszeichnet. Wenn dem so sein sollte, dann geht es Plessner in seiner normativen Auszeichnung von Kultur und Gesellschaft nicht um deren Durchsetzung gegenüber der Religion und der Gemeinschaft sondern allein um ihre Verteidigung. In einer konkreten historischen Situation, in der sich im Konflikt um die Versöhnung die Position durchgesetzt hat, die die Realisierbarkeit einer versöhnenden Gemeinschaftsordnung behauptet, tritt Plessner folglich für die Gesellschaft und die Kultur ein. Er tritt damit – so kann man weiter folgern – nicht einseitig für diese Positionen der Divergenz, sondern vielmehr für ihre Gleichursprünglichkeit mit den Ansätzen der Versöhnung ein. Sein Einstehen für Kultur und Gesellschaft ist folglich allein ein Mittel, das auf eine konkrete historische Situation in der das Versöhnungsstreben dominiert ausgerichtet ist und das den Zweck verfolgt, die Gleichursprünglichkeit von Divergenz und Versöhnung zu verteidigen.[251]

---

eine Wesensbedingung ist. Aber unverständlich bleibt, wie der Kontakt zwischen Idee und Körper – man denke an Platons Lehre der μιμησις, an Kants Schematismus – selbst erfolgt.“

[251] An Plessners politischer Philosophie der „Grenzen der Gemeinschaft“ hat sich in den letzten Jahren eine sehr pointiert geführte Diskussion entzündet. Vgl. Helmut Lethen, Verhaltenslehren der Kälte – Lebensversuche zwischen den Kriegen, Frankfurt/M. 1994, sowie Wolfgang Eßbach u.a. (Hg.), Plessners „Grenzen der Gemeinschaft“ – Eine Debatte, Frankfurt/M. 2002.

Wenn diese Überlegung zutreffen sollte, dann hat Plessner zwar den Rahmen des philosophischen Erkennens zugunsten des politischen Engagements verlassen – seine politische Stellungnahme ist jedoch auf den Zweck ausgerichtet, die Gleichursprünglichkeit von Versöhnung und Divergenz zu verteidigen, in deren Spannung allein das philosophische Streben nach Wahrheit möglich ist. Der von mir inszenierte Disput zwischen meinem Verständnis des dritten anthropologischen Grundgesetzes im Ausgang vom Programm der Plessnerschen Deduktion und dem Wortlaut dieses Paragraphen läßt sich damit als Differenz zwischen dem esoterischen Streben der Philosophie nach Wahrheit und der exoterischen politischen Verteidigung der politisch-kulturellen Grundlagen verstehen, die das Philosophieren historisch allein ermöglichen. In unserer Gegenwart zu Beginn des 21. Jahrhunderts müßte eine solche politische Verteidigung der Grundlagen des philosophischen Strebens nach Wahrheit anders aussehen.[252] Wenn man sich in der historischen Situation unserer Gegenwart dazu genötigt sieht, politisch für die Gleichursprünglichkeit von Versöhnung und Divergenz einzustehen, so wäre wohl der zu Plessner antagonistische Weg einzuschlagen und für das Streben nach Versöhnung sowohl seitens der Religion als auch der gemeinschaftlichen Ordnung Stellung zu beziehen.

8. Die Orientierungsfunktion der Naturphilosophie

Das jetzige Schlußkapitel soll (unter a.) auf das Deduktionsunternehmen zurückblicken und die Ergebnisse der Deduktion in bezug auf die Grenzrealisierung, die Lebensmodale und das lebendige physische Ding darstellen. Vor dem Hintergrund dieser Zusammenschau soll (unter b.) die Frage beantwortet werden, inwiefern Plessner mit seiner Naturphilosophie philosophische Orientierung erreicht.

a. Die Ergebnisse doppelseitigen Deduktion

Die vorangegangenen Kapitel (fünf bis sieben) haben en détail dargestellt, daß der Aufbau der „Stufen“ in ihren systematischen Kapiteln (vier bis sieben) als doppelseitige Deduktion der Grenzrealisierung und der Lebensmodale strukturiert ist. Für die Interpretation der „Stufen“ bedeutet dies zunächst, daß Plessners Auswahl der Phänomene lebendigen Seins überhaupt sowie des pflanzlichen, tierischen und menschlichen Lebens im besonderen weder allein seinem phänomenologischen Blick noch dem Stand

[252] Vgl. VN. 197: „Ihr Sinn (der Philosophie; O. M.) und ihre Lebensmöglichkeit sind doppelt bedroht, von dem Fachspezialismus der modernen Zivilisation und von den gegen diese Zivilisation gerichteten Kräften. Ihrer inneren Geschichte und ihrer selbst wieder geschichtlich entstandenen Verbundenheit mit dem deutschen Geist folgend kann sie sich weder auf die eine noch auf die andere Seite schlagen, ohne sich aufzugeben. [...] Sie kann heute nur für einen Zwischenzustand optieren, wenn sie das bleiben will, was sie einmal war, und dieser Zwischenzustand verschwindet mit der bürgerlichen Kultur, mit dem Liberalismus freier Lebensdeutung und Lebensführung, mit der Möglichkeit, unabhängig vom Staat oder geschützt vom Staat eine private Existenz zu haben.“

der empirischen Biologie zu seiner Zeit geschuldet ist. Vielmehr gibt die Grenzrealisierung den Gesichtspunkt vor, unter dem Plessner auf die in der Alltagserfahrung anschaulich gegebenen Wesensmerkmale lebendigen Seins ausgreift. Die Grenzrealisierung als heuristischen Leitfaden der Deduktion zu behaupten, bedeutet freilich zugleich, keine Ableitung der Lebensmerkmale aus der Grenzrealisierung anzustreben. Vielmehr führt Plessner seine Deduktion gemäß seines methodischen Programms als doppelseitige Deduktion durch. In den drei Schritten seiner Deduktion zeigt er die Wesensmerkmale lebendigen Seins dementsprechend als Ermöglichungsbedingungen der Grenzrealisierung auf. In bezug auf die Grenzrealisierung weist er nach, daß sie am lebendigen physischen Ding in seiner Tatsächlichkeit stattfinden kann und damit wirklich ist. Plessner erbringt diesen Nachweis für die Grenzfunktionen der doppelaspektischen Besonderung in sich *und* gegen Anderes, der mittelbaren Eingliederung des besonderen Lebendigen in das Lebensganze und der positionalen Selbstbezüglichkeit des Lebendigen auf das eigene Sein in Raum und Zeit, in der die Verschränkung der lebendigen Doppelaspektivität geschieht. Damit zugleich weist Plessner in seiner Deduktion die allein anschaulich gegebenen Wesensmerkmalen lebendigen Seins in ihren Erkenntnisstatus aus. Indem sie die Modi darstellen, in denen die Grenzrealisierung am lebendigen Ding stattfindet, sind sie für dessen Erscheinung als lebendig wesensnotwendig. Infolgedessen zeigen sie für die Alltagserfahrung Lebendigkeit nicht nur an, sondern verbürgen sie ihr – und vermitteln damit Erkenntnis.

Was bedeutet die dreistufige Deduktion nun jedoch genau für die Grenzrealisierung, für die qualitativen Merkmale des Lebendigen und ihr Miteinander als lebendiges physisches Ding?

Die entscheidende Frage, die wir uns in bezug auf den Nachweis der *Grenzrealisierung* stellen müssen, bezieht sich auf ihren Status. Am Status der Grenzrealisierung hängt wiederum der Status ihrer Unterfunktionen der Besonderungsrichtungen und der Positionalitätsmodi. Genauer müssen wir uns fragen, in welcher Funktion die Grenzrealisierung am faktischen lebendigen Ding nachgewiesen wurde. Rekapitulieren wir hierfür das Beweisziel der Deduktion in bezug auf die Grenzrealisierung. Die Grenzrealisierung ist in begrifflicher Reflexion hypothetisch als Grund bestimmt worden, der es einem physischen Ding ermöglicht, als selbstbezügliches Lebewesen zu erscheinen. Auf diese Weise will Plessner die Rechtmäßigkeit der alltagsweltlichen Erfahrung von der übergestalthaften Selbstbezüglichkeit des Lebendigen gegen dessen mechanistische Reduktion auf sein physisches Bestehen als Ding bzw. Gestalt verteidigen. Plessner führt die Grenzrealisierung damit jedoch nicht als hypothetischen Ermöglichungsgrund des lebendigen Seins *überhaupt* ein. Wenn man die Grenzrealisierung nämlich als Fundament des lebendigen Seins überhaupt behauptete, dann verabsolutierte man die selbstbezüglichen Lebensvollzüge. Das hätte zur Folge, daß man das faktische Bestehen des Lebendigen als eines physischen Dings notwendigerweise abblendete. Wenn die Tatsächlichkeit des lebendigen physischen Dings festgehalten werden soll, dann darf seine Heterogenität folglich nicht durch die Hypostasierung der Grenzrealisierung zum Wahrheitsgrund des lebendigen Seins überhaupt verschüttet werden. Ziel der Plessnerschen Deduktion war es dementsprechend nicht, ein neues apriorisches Fundament für die philosophische Erkenntnis zu installieren. Dies gilt gleichermaßen für die Grenzrealisierung wie für ihre Unterfunktion der Positionalität bzw. für den exzentrischen Modus der menschlichen Positionalität. Damit sollte am Ende der Plessnerschen Naturphilosophie folglich weder das natürliche Leben noch ein bestimmtes Verständnis des Menschentums als Wahrheitsgrund philosophischer Erkenntnis herauskommen.[253] Dementsprechend zielte die Plessnersche Deduktion allein darauf, den Doppelaspekt des physischen Bestehens und der lebendigen Erscheinung zu entfundamentalisieren, nicht jedoch zu versöhnen. Die Grenzrealisierung soll daher nicht als Grund des lebendigen Seins überhaupt, sondern allein als Grund dafür nachgewiesen werden, daß ein physisches Ding als besonderes Lebewesen erscheint.

Wenn man die Fundamentalität der Grenzrealisierung bestreitet und die Heterogenität des lebendigen Seins betont, so stellt sich postwendend die Frage nach der Einheit des Lebendigen. Wenn diese Frage nicht beantwortet werden kann, so hätte man nicht die Entfundamentalisierung sondern vielmehr die Steigerung des Doppelaspekts von dinglichem Bestehen und lebendiger Besonderheit zum dualistischen Bruch erreicht. Die Frage nach der Einheit des lebendigen physischen Dings kann auf die Frage nach der Einheit der Grenzbestimmungen als räumlicher Begrenzung des physischen Dings und als Grenzrealisierung lebendiger Selbstbesonderung zugespitzt werden. Man sieht sofort, daß sich im Versuch einer begrifflichen Bestimmung der Grenze das Problem von Einheit und Differenz wiederholt. Entweder wird die Divergenz der Grenzbestimmungen als räumlicher Begrenzung und als Grenzrealisierung dualistisch festgeschrieben oder eine Bestimmung wird als fundamental und die andere als abgeleitet gesetzt. Wenn man diese beiden Fehlalternativen unterlaufen und die Einheit in der Divergenz einsehen will, dann muß man sich auf begrifflicher Ebene mit „Und-“ bzw. „Sowohl-Als auch“- Bestimmungen begnügen. Auf diese Weise wahrt die begriffliche Bestimmung die Gleichursprünglichkeit der Dimensionen dinghaften Bestehens und selbstbezüglicher Erscheinung des Lebendigen und hält damit zugleich den Bezug auf die Einheit als lebendiges physisches Ding fest.

Aufgrund dieser Begrenztheit der begrifflichen Erkenntnis kann die Einheit von Begrenzung und Grenzrealisierung bzw. von Dinghaftigkeit und selbstbezüglicher Erscheinung des Lebendigen nicht direkt aufgewiesen werden. Plessner legt sein Deduktionsunternehmen dementsprechend indirekt an. Er greift nicht unmittelbar auf die Einheit des lebendigen Dings aus, sondern fragt nach den Qualitäten, die am lebendigen Ding in seiner Tatsächlichkeit vorkommen und die das Stattfinden der Grenzrealisierung ermöglichen. Indem er die Eigenschaften aufzeigt, die das Stattfinden der Grenzrealisierung am lebendigen physischen Ding ermöglichen, weist er mittelbar das Zugleich von räumlicher Begrenzung und Grenzrealisierung nach, da erstere inhärent zum physischen Ding gehört. Auf diese Weise kann er die Verschränkung von Kontur und Grenzrealisierung bzw. von physischer Dinghaftigkeit und selbstbezüglicher Erschei-

[253] Vgl. MmN, 147: „Wie dürfen wir hier, wo alles im Fluß ist, auf irgendeine bleibende Synthese hoffen, die nicht schon nach wenigen Jahren überholt ist? Von Überwölbungen ist nichts zu erwarten, außer, daß sie einstürzen.“

nung des Lebendigen aufweisen, ohne das Wesen des Lebendigen zu vergegenständlichen. Den letzten Grund lebendigen Seins hält dieses indirekte Argumentationsverfahren vielmehr offen.

Damit zeigt sich schließlich auch die Grenze von Plessners naturphilosophischer Erkenntnis. Genauso wenig wie sie von einem Wahrheitsgrund ausgehen kann, kann sie in einem letzten Fundament enden. Die Deduktion weist von der Grenzrealisierung allein die Möglichkeit ihres Stattfindens in den qualitativen Merkmalen nach, die am lebendigen Ding in seiner Tatsächlichkeit vorkommen. Wir wissen aus begrifflicher Reflexion, daß das lebendige physische Ding als physisches Ding faktisch bestehen *und* als selbstbezügliche Besonderheit erscheinen kann, indem es seine Grenzen vollzieht. Des weiteren wissen wir aus der Deduktion, daß sich die Qualitäten lebendigen Seins in der alltagsweltlichen Anschauung nachweisen lassen, die das Stattfinden der Grenzrealisierung am lebendigen physischen Ding in seiner Tatsächlichkeit ermöglichen. Aufgrund dieses Nachweises können wir folglich behaupten, daß die Grenzrealisierung wirklich ist und Lebewesen im Alltag zurecht als übergestalthafte Besonderheiten erfahren werden. In der Grenzrealisierung setzt sich das Lebendige also in sich hinein und über sich hinaus und dadurch zu dem Ort in Raum und Zeit in Beziehung, an dem es sich als physisches Ding befindet. Indem es seine Grenzen realisiert, ist das Lebendige nicht nur anschaulich als physisches Ding mit räumlichen Konturen gegeben, sondern erscheint darüber hinaus in seinen Qualitäten als selbstbezügliche Ganzheit. Mehr läßt sich jedoch nicht einsehen. Weder läßt sich die Notwendigkeit der Grenzrealisierung, noch läßt sich die Grundschicht des lebendigen Seins überhaupt einsehen. Indem sich die anschaulich gegebenen Wesensmerkmale lebendigen Seins als die Bedingungen nachweisen lassen, die das Stattfinden der Grenzrealisierung ermöglichen, ist die Wirklichkeit, nicht jedoch die Notwendigkeit der Grenzrealisierung deduziert. Gleichermaßen läßt sich auch keine Erkenntnis davon erzielen, wie die Verschränkung bzw. die Und-Beziehung von räumlicher Begrenzung und lebendiger Grenzrealisierung bestimmt ist. Mit anderen Worten läßt sich keine homogene Wirklichkeit lebendigen Seins bestimmen, in der das dinghafte Bestehen und die selbstbezügliche Erscheinung des Lebendigen versöhnt wären. Daß Plessner den Wahrheitsgrund des lebendigen Seins bis zum Schluß offenhält, bedeutet schließlich nicht, daß er sich zum Verfechter der postmodernen Divergenz avant la lettre macht. Vielmehr ermöglicht ihm dies, den Bezug auf Wahrheit und damit den Rationalitätsanspruch seiner naturphilosophischen Erkenntnis festzuhalten.

Nun müssen wir uns die Deduktion von ihrem anderen Anfang – und d.h. von den *Lebensmerkmalen* her – anschauen. Was bedeutet es also für diese Merkmale lebendigen Seins, daß sie in der Deduktion als Bedingungen ausgewiesen wurden, die das Stattfinden der Grenzrealisierung am lebendigen physischen Ding ermöglichen? Das Ziel, das Plessner mit diesem Nachweis verfolgt, kennen wir. Indem sie als Ermöglichungsbedingungen lebendiger Grenzrealisierung aufgewiesen werden, sind sie für die Erscheinung eines physischen Dings als selbstbezügliches Lebewesen wesensnotwendig. Diesen konstitutiven Status der Lebensmodale gilt es im folgenden weiter zu konkretisieren.

Zunächst lassen sich die Lebensmerkmale, die in ihrer qualitativen Bestimmtheit für das Stattfinden der Grenzrealisierung und damit für die lebendige Selbstbezüglichkeit konstitutiv sind, von bloß indikativen Lebensmerkmalen abheben. Letztere deuten Lebendigkeit für die Alltagserfahrung allein an, ohne es ihr zu verbürgen. Sie mögen solcherart zum lebendigen Sein dazuzugehören, ohne jedoch Aufschluß über dessen spezifische Selbstbezüglichkeit zu vermitteln. In der Abhebung der konstitutiven von den indikativen Lebensmerkmalen kann Plessner das Übergreifen des unsicheren Erkenntnisstatus der letzteren auf den Erkenntnisstatus der ersteren verhindern. Die alltagsweltliche Gegebenheit stellt damit nicht immer schon einen Einspruch gegen den Erkenntnisanspruch der Wesensqualitäten dar.

Zu den indikativen Lebensmerkmalen gehört z.B. die Bewegung oder der Prozeß. Der indikative Status der Bewegung wird deutlich, wenn man an aufziehbares Spielzeug denkt. Der Bär, der von Batterie angetrieben tanzt, oder die Puppe, die mit den Augen klimpert, wirken unendlich viel lebendiger als die Spielzeuge, die sich nicht bewegen. Dennoch ist die Bewegung ein bloß indikatives Lebensmerkmal, da sich ja auch gerade – wie eben dieses Spielzeug – unbelebte Dinge in Bewegung befinden können. Auch am menschlichen Leben lassen sich eine Reihe solcher Qualitäten angeben, die für die Alltagserfahrung menschliches Leben nur anzeigen und nicht verbürgen. Dabei handelt es sich um alle die Merkmale menschlichen Lebens, die für das Stattfinden des exzentrischen Positionalitätsmodus nicht wesensnotwendig sind. Hierzu gehören alle organischen Auszeichnungen, die häufig für Spezifika des menschlichen Lebens genommen werden: der fünfte Greiffinger, der aufrechte Gang, aber auch das menschliche Gehirn oder das menschliche Genom. Mit Plessner – und d.h. zumindest mit dem Plessner der „Stufen" – muß man sagen, daß es natürlich stimmt, daß sich allein der Mensch unter den Lebewesen aufgerichtet und sich dadurch ein weiteres Gesichtsfeld erobert hat. Nur hat dies nichts mit dem spezifisch menschlichen Positionalitätsmodus, bzw. mit der den Menschen charakterisierenden Weise zu tun, sich auf den eigenen Ort in Raum und Zeit zu beziehen. Die menschliche Positionalität ist nämlich als exzentrisch behauptet und damit als durch das nochmalige Gestelltsein in das In-die-eigene-Mitte-Gestelltsein ausgezeichnet worden. Wie wir gesehen haben, betrifft die exzentrische Positionalität damit nicht die menschliche Organisation, sondern allein die menschliche Ichheit in der Spannung von individuellem und allgemeinem Ich. Von seiner Organisation her wurde der Mensch mit Plessner als höheres Tier bezeichnet. Merkmale menschlicher Organisation wie der aufrechte Gang oder der fünfte Greiffinger stellen folglich keine konstitutiven sondern allein indikative Merkmale menschlichen Lebens dar.[254]

Was bedeutet dieser Status als konstitutiver bzw. wesensnotwendiger Lebensmerkmale jedoch genauer in bezug auf diese spezifischen Qualitäten lebendiger Dinge? Die entscheidende Erkenntnis, die die Deduktion vermittelt, besteht in bezug auf die Lebensmo-

[254] Daß Plessner in seinem Spätwerk diese Merkmale menschlicher Organisation in seine Darstellung menschlichen Lebens miteinbezieht, steht im Zusammenhang seiner methodischen Umstellung von der doppelseitigen Deduktion hin zu einem stark an den biologischen Verhaltenswissenschaften ausgerichteten Vorgehen. Vgl. CH, 164ff.

dale darin, sie in ihrer bestimmten inhaltlichen Auszeichnung bzw. in ihrer Qualität als wesensnotwendig für lebendiges Sein auszuweisen. Sie sind damit nicht nur in ihrem Status als Eigenschaften konstitutiv für die dingliche Einheit. Vielmehr machen sie solche Eigenschaften des lebendigen Dinges aus, die als notwendige Bedingungen seiner selbstbezüglichen Erscheinung fungieren. Sie sind damit in ihrer materialen Bestimmtheit zwar durch physikalische und chemische Ursachen hervorgebracht, jedoch in ihrer konkreten Qualität nicht auf das anonyme Geflecht empirischer Wirkkausalität abbaubar. Insofern sie als Ermöglichungsbedingungen der lebendigen Selbstbezüglichkeit fungieren, gehören sie nämlich nicht nur strukturell der übersummenhaften Gestalteinheit, sondern darüber hinaus in ihrer qualitativen Erscheinung der übergestalthaften Einheit lebendiger Selbstbezüglichkeit an. Damit gelingt es Plessner, das Vertrauen der Alltagserfahrung in die allein anschaulich gegebenen Wesensmerkmale lebendigen Seins gegen den mechanistischen Ideologieverdacht zu verteidigen. Die Alltagserfahrung orientiert sich zurecht an den Unterscheidungen zwischen unbelebten und belebten Dingen sowie zwischen Pflanzen, Tieren und Menschen, die sich empirisch nicht rechtfertigen lassen. Gleichermaßen hält sie Bestimmungen wie Fortpflanzung oder Entwicklung zurecht für solche Qualitäten, in denen sich die spezifische lebendige Selbstbezüglichkeit zeigt. Die allein alltagsweltlich gegebenen qualitativen Bestimmungen des lebendigen Seins sind folglich nicht auf Gesetze der Wirkkausalität zu reduzieren, wenn Erkenntnis von der spezifischen Selbstbezüglichkeit des Lebendigen erreicht werden soll.

Schließlich muß in bezug auf die Wesensmerkmale berücksichtigt werden, daß Plessner sie allein als erscheinende Qualitäten rechtfertigt. Plessners Deduktionsziel besteht in bezug auf die Lebensmerkmale darin, von ihnen nachzuweisen, daß sie als allein anschaulich gegebene Qualitäten irreduzibel und d.h. nicht in vorgängige physikalische und chemische Ursachen auflösbar sind. Dies bedeutet zugleich, daß sie nicht für das Ganze des lebendigen Seins genommen werden dürfen. Als Eigenschaften bleiben die erscheinenden Qualitäten zugleich auf das Bestehen des Lebendigen als eines physischen Dings rückbezogen. Dementsprechend betont Plessner, daß das Lebendige physisch als Ding besteht und als selbstbezügliche Besonderheit allein erscheint. Sein Nachweis der Lebensmodale als Ermöglichungsbedingungen der Grenzrealisierung darf folglich nicht vitalistisch überhöht werden. Die lebendige Selbstbezüglichkeit, die in den Qualitäten des Lebendigen stattfindet, darf nicht zum Ganzen des lebendigen Seins verabsolutiert werden, wodurch seine Dinghaftigkeit abgeschnitten würde. Dementsprechend ist auch der Nachweis, daß die Lebensmerkmale in ihrer qualitativen Bestimmtheit irreduzibel sind, kein Einwand gegen ihre empirische Erklärung. Auch muß die empirische Wissenschaft in ihrer Ausrichtung auf die wirkkausale Konstitution und das physische Bestehen des Lebendigen als einer Gestalt nicht um eine Phänomenschau der Qualitäten erweitert werden. Für ihre Fragen nach der Konstitution und dem Bestehen des lebendigen Dinge genügt die messende Methode und die empirisch restringierte Anschauung der empirischen Wissenschaft. Nur darf aus den empirischen Erkenntnissen umgekehrt auch nicht die mechanistische Ideologie abgeleitet werden, daß das Lebendige nichts weiter sei denn ein physisches Ding, dessen qualitative Bestimmtheiten von empirischen Ursachen erwirkt sind. Mit seiner Naturphilosophie hat Plessner folglich nicht nur die mechanistische

Ideologie verabsolutierter Wirkkausalität, sondern auch Köhlers gestalttheoretischen Mechanismus sowie Drieschs Neovitalismus widerlegt. Mit Köhler und gegen Driesch betont Plessner die physische Gestalthaftigkeit des Lebendigen, auf deren Erforschung sich die empirische Biologie zurecht beschränkt. Gegen Köhler und mit Driesch verteidigt Plessner die alltagsweltlich gegebene, übergestalthafte, selbstbezügliche Erscheinung des Lebendigen.

Die letzte Frage, die in bezug auf die Ergebnisse der Deduktion noch offen ist, betrifft das *lebendige physische Ding in seiner inneren Verschränktheit*. Bisher wurde ausführlich diskutiert, wie sowohl die Besonderungsrichtungen lebendiger Organisation und Individualität als auch wie die physische Dinghaftigkeit und die erscheinende Selbstbezüglichkeit verschränkt sind. Offen ist jedoch noch die Frage nach dem Verhältnis der Grenzrealisierung und der Lebensmodale. Was heißt es in bezug auf ihr Verhältnis, daß die Lebensmodale als Ermöglichungsbedingungen der Grenzrealisierung ausgewiesen wurden?

Offensichtlich ist die Grenzrealisierung genauso wie die Lebensmodale am lebendigen physischen Ding auf der Ebene seiner qualitativen Bestimmtheit angesiedelt. Genauso offensichtlich ist allerdings, daß sich die Grenzrealisierung aufgrund ihrer inhaltlichen Bestimmtheit von den anderen Eigenschaften des lebendigen physischen Dings unterscheidet. Indem sich das lebendige Ding im Vollzug seiner Grenzen zu seinem Sein in Beziehung setzt, greift der Grenzvollzug auf das dinghafte Bestehen des Lebendigen über. In diesem Übergreifen wird die Grenzrealisierung zum Grund der selbstbezüglichen Erscheinung des Lebendigen und dadurch zur Fundamentaleigenschaft des lebendigen physischen Dings aus, die alle anderen Eigenschaften durchdringt. (Vgl. SOM, 185) Wie wir oben gesehen haben, begründet Plessner die Wesensnotwendigkeit der qualitativen Bestimmungen des Lebendigen, indem er sie als die Modi nachweist, in denen die Grenzrealisierung stattfindet. Auf diese Weise hält er die Gleichursprünglichkeit von Grenzrealisierung und Lebensmodalen fest. Es stellt gerade die Stärke des Plessnerschen Vorgehens dar, daß er keine Vorgängigkeit zwischen den Lebensmerkmalen als Eigenschaften des Dings und der Grenzrealisierung als Vollzug der Selbstbesonderung behauptet. Wie wir oben gesehen haben, leitet er die Wesensmerkmale gerade nicht vom Grenzvollzug ab. Allein deswegen wird es ihm möglich, am lebendigen physischen Ding zu begreifen, daß sich Lebensmodale und Grenzrealisierung in ihrer Gleichursprünglichkeit wechselseitig tragen. Die Lebensmodale machen solche Eigenschaften des physischen Dings aus, die als Modi fungieren, in denen sich die Grenzrealisierung vollzieht. Als Eigenschaften des Dings ermöglichen sie das Stattfinden der Grenzrealisierung am lebendigen physischen Ding und werden im Grenzvollzug aus den naturkausalen Konstitutionsbedingungen herausgehoben. Umgekehrt stellt die Grenzrealisierung den Grund für die selbstbezügliche Erscheinung des Lebendigen dar und hat an den Lebensmerkmalen zugleich die Bedingungen ihres Stattfindens. Als Grund der selbstbezüglichen Erscheinung des Lebendigen hebt die Grenzrealisierung die Lebensmerkmale als Qualitäten aus der Wirkkausalität heraus und findet zugleich in ihnen ihre Rückbindung an das dinghafte Bestehen des Lebendigen. Indem er den Hiatus zwischen der Grenzrealisierung und den Lebensmodalen festhält, kann Plessner folglich die Verabsolutierung sowohl der Grenzrealisierung als auch der erscheinenden Qualitäten unterlaufen. Auf diese Weise hält er seine naturphilosophische Erkenntnis des lebendigen Dings in der Spannung von dinghaften Bestehen, selbstbezüglicher Erscheinung und Selbstverschränkung im Grenzvollzug.

b. Die naturphilosophische Orientierung

Mit der Rekapitulation der als doppelseitiger Deduktion angelegten Plessnerschen Naturphilosophie sollte deutlich geworden sein, welches Verständnis von philosophischer Orientierung Plessner mit seiner Naturphilosophie *nicht* befriedigen will. Er strebt nicht nach solcher Orientierung, die ihre Einsichten im Ausgang von einem normativen Fundament begründet. Plessner geht es in seiner Naturphilosophie gerade nicht darum, ein überhistorisches anthropologisches Fundament zu entwerfen, von dem aus die historisch bestehenden Ordnungen der menschlichen Dinge normativ beurteilt werden sollten. Nicht nur weiß er um die Einsturzgefahr einer solchen anthropologischen Überwölbung, auch ist er sich dessen bewußt, daß *jede* Bestimmtheit des menschlichen Wesens eine politische Entscheidung beinhaltet und damit in Spannung zum philosophischen Erkenntnisideal stehen muß. (Vgl. MmN, 147f.)

Wie wir aus dem ersten Kapitel dieser Arbeit wissen, zieht er aus dieser Einsicht nicht den Schluß, nun die Endlichkeit bzw. das Geschichtliche oder Politische als Grundschicht von Wirklichkeit überhaupt zu behaupten und den Anspruch auf philosophische Erkenntnis aufzugeben. Vielmehr hatten wir dort gesehen, daß er danach strebt, das Lebensparadigma seiner Zeit von innen heraus zu unterlaufen, um am philosophischen Anspruch auf rationale Orientierung festzuhalten. Des weiteren hat sich gezeigt, daß Plessner die Hypostasierung des Lebensapriori dadurch unterlaufen will, daß er an dessen Brechung – als natürliches Leben und geschichtlicher Lebensvollzug – ansetzt. Wenn wir jetzt danach fragen, inwiefern die Plessnersche Naturphilosophie orientiert, dann müssen wir diese philosophische Haltung zum historischen Apriori seiner Zeit mitberücksichtigen. Das natürliche Leben macht neben dem geschichtlichen Leben die eine der beiden Konkretisierungen des Lebens überhaupt und damit des Sinnhorizonts der Moderne aus. Plessners heterogene Naturphilosophie stellt nun das Doppelprojekt dar, die begriffliche Verdinglichung der Wirklichkeit überhaupt in einem bestimmten Begriff des natürlichen Lebens zu unterlaufen und damit zugleich das Lebendige als ein Ganzes einzusehen, in dem seine physische Dinghaftigkeit und seine lebendige Selbstbezüglichkeit verschränkt sind.

Inwiefern erreicht Plessner mit dieser Position nun aber in seiner vom „Leben“ begeisterten Zeit Orientierung? Am klarsten drückt eine Passage aus „Macht und menschliche Natur“ den Zweck aus, den Plessner philosophisch verfolgt: „Eine neue Verantwortung ist dem Menschen zugefallen, nachdem ihm die Durchrelativierung seiner geistigen Welt den Rekurs auf ein Absolutes wissensmäßig abgeschnitten hat: das Wirkliche gerade in seiner Relativierbarkeit als trotzdem Wirkliches sein zu lassen.“ (MmN, 163) In einer Zeit, die durch die Ideologiekritik hindurchgegangen ist und um die Abbaubarkeit aller qualitativen Bestimmtheiten weiß, versteht sich Plessner derart als Anwalt der Wirklichkeit und d.h.

genauer der qualitativ bestimmten und normativ ausdeutbaren Wirklichkeit.[255] Als Anwalt der Wirklichkeit agiert Plessner in seiner Naturphilosophie, indem er sich allen Versuchen widersetzt, die qualitativ bestimmte Erscheinung des Lebendigen auf ein natürliches Fundament abzubauen. Dieses Eintreten für die Irreduzibilität der qualitativen Erscheinung ist uns immer aufs Neue begegnet.

Bereits in der Diskussion um die unbelebte Natur macht sich Plessner zum Verteidiger des einzelnen Dings gegenüber solchen streng mechanistischen Ansätzen, die allein chemische und physikalische Gesetze kennen. Er widerlegt damit eine Verabsolutierung der Wirkkausalität, die die Auflösung alles eigenständigen Seienden implizierte. Auf diese Weise stellt er sich einer mechanistischen Zersetzung der Alltagserfahrung entgegen, die sich von eigenständigen Dingen mit bestimmten Qualitäten umgeben weiß. Nur indem die Wirklichkeit der Alltagserfahrung nämlich von Dingen zusammengesetzt ist, kann das Seiende in seiner Eigenständigkeit erfahren werden. Wenn die einzelnen Dinge als Bezugspunkte aufgelöst werden, verflüchtigt sich das Seiende als Wirklichkeit *gegenüber* dem Subjekt, den Erscheinungen geht ihr Rückhalt verloren. Die qualitativen Bestimmtheiten von Wirklichkeit können damit allein noch als subjektive Konstruktionen verstanden werden.[256]

---

[255] Vgl. auch Plessners Bemerkung in seinen Brief an Josef König vom 22.2.1928: „Der Mensch kann sich und damit die Welt, das Sein des Seins, noch höher verstehen, nicht hermeneutisch, und vielleicht ist die oben angedeutete Aufrollung einer Position zwischen Ernst und Nichternst, Notwendigkeit und Nichtnotwendigkeit die zum ‚Seinsproblem', zur Welt als dem Nichtseienden, Nichtlebenden, Nichtwesenden und nur in einzelnen Konkretionen Seienden, Lebenden, Wesenden konforme Haltung. Die Welt als das Nichtkreatürliche, Unschöpfbare – Unvergängliche und *doch* nicht Ewige (auch nicht ewig, insofern es zeitigt)."

[256] Es ist die Leistung von Kai Haukes Einführungsschrift, an Plessners Philosophie den Zug einer Verteidigung der Wirklichkeit in den Vordergrund gestellt zu haben. Hauke stellt Plessners Naturphilosophie mit Blick auf dieses Ziel vom Substanzbegriff her dar. Auf dieses Weise versucht er, die qualitative Bestimmtheit von Wirklichkeit gegen ihre Auflösung in Wirkkausalität zu unterlaufen. Der Substanzbegriff genügt allerdings als Grundschicht für das Projekt der Verteidigung von Wirklichkeit nicht, da er bei Plessner die Spannung von Dingkern und Eigenschaften bezeichnet. (Vgl. SOM, 128–137) Er sagt damit gerade nichts über die spezifischen Qualitäten des Lebendigen aus, sondern gilt gleichermaßen für belebte und unbelebte Dinge. Die spezifische Erscheinung des Lebendigen findet demgegenüber auf der Ebene der Eigenschaften als der Ebene qualitativer Bestimmtheit statt. Der Doppelaspekt lebendiger Selbstbesonderung darf damit nicht mit dem Doppelaspekt von Kern und Eigenschaften identifiziert werden. Die Konsequenz seiner Verabsolutierung des Substanzbegriffs besteht bei Hauke besteht darin, daß er vielfache Revisionen und Umarbeitungen in der Substanzauffassung behaupten und vornehmen muß, um die Plessnersche Hypothese lebendiger Grenzrealisierung und die qualitativen Bestimmungen des lebendigen Seins erfassen zu können. (Vgl. Kai Hauke, Plessner zur Einführung, a.a.O., 55ff.) Mit anderen Worten ist Hauke darin zuzustimmen, daß Plessner die neuzeitliche Festlegung auf subjektive Vollzüge zum Sein hin durchbricht. Anstatt den Wahrheitsbezug offenzuhalten, schießt Hauke jedoch über das Ziel hinaus und hypostasiert die Substanz zum neuen Wahrheitsgrund der philosophischen Erkenntnis. Spiegelbildlich zum neuzeitlichen Problem, das Sein des Bewußtseins nicht mehr einsehen zu können, wird Haukes Ansatz mit dem Problem konfrontiert, vom Substanzbegriff nicht nur dem Bewußtsein sondern bereits der selbstbezüglichen Erscheinung lebendiger Dinge nicht mehr gerecht werden zu können.

In der Diskussion um den Unterschied von belebten und unbelebten Dingen steht Plessner erneut für das qualitativ ausdeutbare Wirkliche ein. Wie wir oben gesehen haben, muß er hierfür einen Kampf an zwei Fronten führen und das lebendige Ding gleichermaßen vor seiner Reduktion auf physische Gestalthaftigkeit und vor seiner Auflösung in die Sinnzusammenhänge des Lebens überhaupt in Schutz nehmen. Mit dem lebendigen Ding erreicht Plessner eine Stufe innerhalb des natürlichen Seins, die sich nicht nur als dinghafte Einzelheit, sondern auch in ihren spezifischen Qualitäten – den Lebensmodalen – gegen ihre Auflösung in physikalische und chemische Gesetze widersetzt. Mit seinem Verständnis des Lebendigen als eines lebendigen physischen Dings steht Plessner folglich für solches Seiendes ein, das der Alltagserfahrung als eigenständige Wirklichkeit mit wesensnotwendigen Qualitäten entgegentritt.

Mit seinem Festhalten an der Stufenordnung zwischen Pflanze, Tier und Mensch macht sich Plessner abermals zum Anwalt der Alltagserfahrung von einer inhaltlich ausdeutbaren Wirklichkeit. Während die empirische Biologie nämlich über kein eindeutiges Kriterium verfügt, um zwischen Pflanzen und Tieren zu unterscheiden, und sich auch anschickt, den Unterschied zwischen tierischem und menschlichem Leben einzuziehen, gelingt es Plessner mit seinem Positionalitätsansatz, beide qualitativen Unterschiede festzuhalten.

Mit dem Positionalitätsansatz stehen wir im Kern von Plessners naturphilosophischen Verteidigung des Wirklichen. Die Positionalität hat sich oben als die Rückbezüglichkeit des Lebendigen auf den eigenen Ort in Raum und Zeit ergeben. Vermittelt durch den Grenzvollzug macht der Kern des lebendigen Dings einen absoluten Bezugspunkt aus, von dem das Lebendige auf den Raum und die Zeit ausgreift. Auf diese Weise erobert das Lebendige seinen natürlichen Ort und widersetzt sich damit zugleich seiner vollständigen Objektivierbarkeit. So wird es im Alltag aufgrund seiner doppelaspektischen Erscheinung als Organismus und Individuum als ein solches Ding erfahren, das sich in bezug auf sein Wesen, bzw. den Grund seiner Einheit, der Vergegenständlichung entzieht. Es reicht damit immer über seine jeweilige Gegenwart hinaus. Dieser Widerstand gegen die vollständige Objektivierung steigert sich innerhalb der Stufen des lebendigen Seins. In ihrer unmittelbaren Verschränkung von Individualität und Organisation ist die Pflanze mehr als ihre aktuelle Gestalt und *entzieht* sich damit einem Ausgriff auf das Ganze ihres Seins. Der Kern des Tieres ist im Unterschied zur Pflanze in der Grenzrealisierung nicht nur unmittelbar als absoluter Bezugspunkt seines Orts in Raum und Zeit gesetzt, sondern erscheint darüber hinaus als ein solches positionales Zentrum. Damit stellt sich das Tier dem Blick *entgegen* und *widersetzt* sich insofern der Vergegenständlichung seines Wesens. In ausgezeichneter Weise gilt der Einspruch gegen die Vergegenständlichung schließlich vom Menschen. Menschliches und tierisches Wesen widersetzen sich einer vollständigen Objektivierung. Allerdings steht das menschliche Ich nicht nur in der Mitte des eigenen Organismus sondern zugleich im Nichts und ist deswegen in sich heterogen. Daraus hat sich nun ergeben, daß menschliches Leben im Modus künstlicher Bestimmung des Menschentums bzw. des Lebenshorizonts stattfindet. Zugleich hat sich gezeigt, daß dem Menschen, eben weil ihm ein natürlicher Standpunkt fehlt, auch der archimedische Punkt entzogen ist, von dem aus er sein Wesen endgültig künstlich festlegen könnte.

Damit bedeutet jede kulturelle Bestimmung des menschlichen Wesens eine partikulare Festlegung bzw. eine geschichtliche Gestaltung des Menschentums. Die Natur des menschlichen Wesens bzw. das Menschentum überhaupt entzieht sich jeder endgültigen Festlegung. Damit widersetzt sich der Mensch nicht nur als einzelnes Lebewesen, sondern auch als Gattung der Menschheit seiner vollständigen Bestimmung.

Plessners Haltung, das Wesen von Pflanze, Tier und Mensch gegenüber der verobjektivierenden Erkenntnis freizuhalten, darf nun nicht falsch verstanden werden. Es geht Plessner nicht darum, gegen alle Bestimmung die Unergründlichkeit zu setzen. Dann wäre keine Erkenntnis mehr möglich, da alles Erkennen ein Bestimmen und Festlegen bedeutet. Es geht ihm vielmehr darum, eine solche Erkenntnis zu erarbeiten, die auf die Wirklichkeit nicht übergreift bzw. die Wirklichkeit in ihrer Eigenständigkeit nicht untergräbt. Orientierung leistet die Plessnersche Naturphilosophie folglich nicht dadurch, daß sie den mechanistischen und naturalistischen Reduktionismen seiner Zeit das moralische Objektivierungsverbot bzw. Unergründlichkeitsgebot entgegenstellt. Ein solches normative Eintreten für die Unergründlichkeit mag moralisch auf der richtigen Seiten stehen, den Anspruch auf philosophische Orientierung – und das ist Orientierung durch Erkenntnis – gibt es genauso wie seine Gegner auf. In ihrem Schritt aus der Erkenntnis heraus bleibt solche moralische Selbstbestimmung zur Unergründlichkeit gerade dem engen Erkenntnisbegriff verhaftet, den ihre empiristischen Gegner ansetzen. Indem nämlich Unergründlichkeit bzw. Offenheit als positiver Grundsatz festgelegt wird, ist der Spielraum für das Streben nach Erkenntnis versperrt. Die letzt Entscheidung über die Grundschicht der Wirklichkeit überhaupt wäre der Moral überantwortet.[257]

---

[257] Es ist die Stärke von Heike Kämpfs Arbeiten der letzten Jahre, auf die normative Dimension des Plessnerschen Gedankens der menschlichen Unergründlichkeit hingewiesen zu haben. (Vgl. zuletzt Heike Kämpf, „So wie der Mensch sich sieht, wird er" – Überlegungen zur politischen Verantwortung der philosophischen Anthropologie in Anschluß an Helmuth Plessner, in: Gerhard Gamm u.a. (Hg.), Zwischen Anthropologie und Gesellschaftstheorie – Zur Renaissance Helmuth Plessners im Kontext der modernen Lebenswissenschaften, a.a.O., 217–232.) Problematisch ist allein, daß sie die Normativität der Unergründlichkeit *direkt* einbringen will und dadurch die Möglichkeit philosophischer Erkenntnis verbaut. Derart bleibt ihr Projekt philosophischer Anthropologie dann auch merkwürdig leer. Deren einzige Aufgabe scheint nach Kämpf noch darin zu bestehen, als moralische Instanz die Wissenschaft, gesellschaftliche Selbstverständigung und kulturelle Praktiken dahingehend zu durchforsten, ob das Menschentum festgelegt wird und dadurch Minderheiten unterdrückt werden. (Vgl. ebenda, 218ff. sowie 223f.)

Eine ähnliche normative Transformation findet sich auch bei Gerhard Gamm. „Der sprachlichen Formel von der ‚freien Anerkennung des verbindlich-Nehmens des Unergründlichen' lässt sich […] ein *kriterialer* Sinn entnehmen. […] Danach weist jener Sinn *imperativisch* alle Möglichkeiten ab, unter denen das paradoxe Selbstverhältnis exzentrischer Akteure […] entparadoxiert werden könnte, unter denen die Quelle des Normativen, der *homo absconditus*, verschlossen werden könnte […]." (Gerhard Gamm, Die Verbindlichkeit des Unergründlichen – Zu den normativen Grundlagen der Technologiekritik, in: Ders. u.a. (Hg.), Zwischen Anthropologie und Gesellschaftstheorie – Zur Renaissance Helmuth Plessners im Kontext der modernen Lebenswissenschaften, a.a.O., 197–216, hier: 210.) Indem Gamm die Unbestimmtheit als normatives Fundament *setzt*, wird sie zu einem bestimmten historischen Menschentum: zum menschlichen Wesen des modernen Europäers in seiner substan-

Plessner geht in seiner Naturphilosophie diesen Weg der moralischen Orientierung nicht. Indem er für das natürliche Sein in seiner qualitativen Ausdeutbarkeit eintritt, stellt er sich der theoretischen Erkenntnis nicht entgegen, sondern vertritt ein gegenüber dem neuzeitlichen Wissenschaftsideal breiteres Verständnis von Erkenntnis. Gegenüber der neuzeitlichen Beschränkung der Erkenntnis auf das Gebiet der empirisch überprüfbaren Erkenntnis erbringt Plessner den Nachweis, daß auch die empirisch nicht restringierte Alltagserfahrung Erkenntnis vermittelt. Wie wir gesehen haben, handelt es sich dabei um die Einsicht in die qualitativen Bestimmungen der lebendigen Dinge, die sich der empirisch restringierten Anschauung, auf die sich die empirische Biologie stützt, notwendigerweise entziehen.

Diese alltagsweltlich vermittelte Erkenntnis von der lebendigen Selbstbezüglichkeit macht nun solche Erkenntnis aus, die normative Implikationen beinhaltet. Wie wir gesehen haben, widersetzt sich das Lebendige in seiner positionalen Selbstbezüglichkeit seiner vollständigen Vergegenständlichung. Es wird als ein solches Wesen erfahren, das seinen eigenen Ort in Raum und Zeit behauptet und dem Erkenntnissubjekt entgegentritt. Als ein solches Gegenüber beansprucht es Respekt und Achtung. Mit den Stufen der Positionalität und damit des Widerstand gegen die vergegenständlichende Erkenntnis nimmt der Anspruch auf Respekt zu, den Pflanze, Tier und Mensch der Alltagserfahrung abverlangen. Indem er für diese normativ durchwirkte Erkenntnis des Lebendigen einsteht, widerspricht Plessner gleichermaßen dem szientistischen Erkenntnisbegriff und der Behauptung von einem Primat der Praktischen bzw. der moralischen Selbstverständigung. Gegenüber solchen im luftleeren Raum verorteten Moralgesetzen, die einer normativ entleerten Wirklichkeit entgegengestellt werden, tritt Plessner gerade für die qualitativ erfüllte und normativ ausdeutbare Wirklichkeit lebendiger Dinge ein, die im Alltag begegnen. Schließlich verteidigt Plessner mit seinem Zugriff auf die Wirklichkeit lebendigen Seins jenseits der Gegenüberstellung von wertneutraler Erkenntnis und Moralgesetz den Spielraum, in dem philosophisches Streben nach Wahrheitserkenntnis möglich ist. Indem er die Spannung am lebendigen Sein von dinghaftem Bestehen und selbstbezüglicher Erscheinung nicht überformt, sondern allein nach ihrer Verschränkung fragt, hält er die Frage nach dem letzten Grund der Versöhnung offen. Er gibt damit keine abgeschlossene Theorie, sondern steht vielmehr für die Offenheit ein, in der das philosophische Streben nach Wahrheitserkenntnis allein möglich ist.

---

tiellen Unbestimmtheit. Damit ist sein Standpunkt jedoch eben den substantiellen Festlegungen des Menschentums um nichts überlegen, die er seinerseits kritisiert. Deutlich zeigt sich diese Bindung an das moderne Menschentum in den ethischen Konsequenzen, die er zieht: „Wenn wir exzentrische oder ortlose Wesen sind, dann scheint es unausweichlich zu sein, dass wir uns unter normative Bedingungen gesetzt verstehen müssen, dann müssen wir das, was definitiv unentscheidbar ist, entscheiden (können). Wenn es keine letzte Sicherheit gibt, keine wirkliche Garantie für die Richtigkeit unserer Gründe und Meinungen, keine durch eine externe göttliche oder gesellschaftliche Instanz beglaubigte Wahrheitsnorm, dann müssen wir mit unserem Urteil auch die Verantwortung für dieses Urteil, mit der Entscheidung auch die Verantwortung für diese Entscheidung übernehmen." (Ebenda)

III. Die geschichtsphilosophische Erkenntnis des menschlichen Wesens

1. Die Fragestellung der Geschichtsphilosophie

Meine These von Plessners in sich gebrochener Lebensphilosophie geht von der Gleichrangigkeit seiner Natur- und seiner Geschichtsphilosophie aus. Ich verstehe die Doppelung der Lebensphilosophie als dem Zweck geschuldet, die Bedingtheit durch das moderne Lebensparadigma von innen heraus zu unterlaufen und nach philosophischer Orientierung zu streben. Diese Behauptung der Gleichrangigkeit von Natur- und Geschichtsphilosophie muß sich allerdings einem grundsätzlichem Einwand aussetzen. Zwar hat Plessner mit „Macht und menschliche Natur" und der „Verspäteten Nation" geschichtsphilosophische Arbeiten vorgelegt, damit ist jedoch noch nichts über ihren Status in seinem Gesamtwerk ausgesagt. Dieser Einwand bekommt Gewicht von hoher Stelle: von der Projektskizze, die Plessner im ersten Kapitel der „Stufen" vornimmt. Hier gibt Plessner zwar die „Neuschöpfung der Philosophie" als sein Ziel an. (Vgl. SOM, 68) Auch soll diese Neuschöpfung in zwei Aspekten – in einer horizontalen und einer vertikalen Richtung – verlaufen. Dieser Doppelansatz wird nun jedoch dadurch unterlaufen, daß der Mensch in seiner Selbsterkenntnis als Mittelpunkt angegeben wird. Diese Aussage kann man nun auch so verstehen, daß der Mensch das Fundament der Lebensphilosophie in ihren beiden Achsen darstellen sollte. (Vgl. SOM, 70ff.)

Wenn man die Entwicklung des Plessnerschen Denkens in den 20iger und 30iger Jahren vor Augen hat, erscheint diese Bestimmung seiner Lebensphilosophie als Resultat einer Übergangsphase. Ich werde deswegen zu zeigen versuchen, daß sowohl die gedoppelt vertikal-horizontale Anlage der Lebensphilosophie als auch die von den „Stufen" vermittelten Einsichten die anthropologische Fundierung unmöglich machen, die Plessner zu Beginn dieses Buches noch hat vertreten wollen. Ohne dies ausdrücklich zu markieren, zieht Plessner in der drei Jahre nach den „Stufen" erschienenen Schrift „Macht und menschliche Natur" die Konsequenz aus dieser Unstimmigkeit. Er gibt die anthropologische Fundierung auf und führt die horizontale Achse seiner Lebensphilosophie nun als Geschichtsphilosophie durch, die den Wahrheitsgrund von Wirklichkeit überhaupt nicht mehr anthropologisch festlegen, sondern in der Frage halten will.[258]

[258] Volker Schürmann hat in den letzten Jahren wiederholt auf die systematische Bedeutung von „Macht und menschliche Natur" innerhalb des Plessnerschen Denkens hingewiesen. Schürmanns

Um diesen Wandel des Plessnerschen Denkens nachzuvollziehen, soll zunächst (unter a.) das Projekt einer neu zu schaffenden Lebensphilosophie vorgestellt werden, das Plessner im ersten Kapitel seiner „Stufen“ ankündigt. Es wird sich zeigen, daß dieser Projektentwurf an entscheidenden Stellen zwischen den beiden unvereinbaren Ansätzen einer in sich gebrochenen und einer anthropologisch fundierten Lebensphilosophie changiert. In diesem Zusammenhang sollen die von den „Stufen“ vermittelten Einsichten in die exzentrische Positionalität des Menschen gegen die anthropologische Dimension dieses Projektentwurfs gewendet werden. In einem zweiten Schritt soll (unter b.) die Umstellung und Präzisierung seiner Lebensphilosophie dargestellt werden, die Plessner in „Macht und menschliche Natur“ vornimmt. Hier hat sich der in sich gebrochene Ansatz der Lebensphilosophie gegen die anthropologischen Überreste aus der „Einheit der Sinne“ durchgesetzt. Damit einhergehend wird sich die Fragestellung der Plessnerschen Geschichtsphilosophie als Frage nach dem menschlichen Wesen ergeben.

a. Der zwischen Anthropologie und in sich gebrochener Lebensphilosophie changierende Projektentwurf der „Stufen“

Der Projektentwurf im ersten Kapitel der „Stufen“ unterscheidet am geplanten philosophischen Ansatz zwischen Ziel, Weg und Aspekt. *Ziel* ist natürlich die Neuschöpfung der Philosophie. Warum diese Neuschöpfung notwendig ist, kommt im *Aspekt* zum Ausdruck, unter dem die künftige Philosophie stehen soll: der Lebenserfahrung, wie sie sich in Kulturwissenschaften und Weltgeschichte zeigt. (Vgl. SOM, 68) Hierbei ist konkret an die Diltheysche Lebensphilosophie zu denken. Dilthey steht bei Plessner für eine geisteswissenschaftlich durchgeführte Lebensphilosophie, die das Leben als umfassende Sphäre begreift, die sowohl die Gegenstände als auch die Maßstäbe der Erkenntnis umfaßt. Das Leben tritt damit als die Grundschicht auf, die aus sich schöpferische Ausdrucksleistungen hervorbringt und sich nochmals auf die eigenen Objektivationen bezieht.[259] Daß die von den Geschichts- und den Kulturwissenschaften transportierte Erfahrung des Lebens als

---

Kernthese besteht darin, daß jede Anthropologie eine *politische* Anthropologie ist. Dies bedeutet, daß das Wesen des Menschen bzw. das Fundament unseres Denkens und Handelns umkämpft ist und gegenüber diesem Kampf keine neutrale Position eingenommen werden kann. „Es ist nicht so, daß eine philosophische Anthropologie in und mit ihrer Wesensannahme lediglich (woanders genommene) Einsichten ratifiziert, sondern ihre Wesensannahme *ist* ein Politikum: eine je strittige und umkämpfte Redepraxis als Ausdruck des Kampfes um Anerkennung des Menschen als Menschen, mithin als Ausdruck bestimmter Praktiken des menschlichen Miteinanderumgehens.“ (Vgl. Volker Schürmann, Das Wesen des Menschen als Politikum, in: Matthias Koßler u.a. (Hg.), Von der Perspektive der Philosophie – Beiträge zur Bestimmung eines philosophischen Standpunkts in einer von den Naturwissenschaften geprägten Zeit, Hamburg 2002, 83–99, hier: 90.)

[259] Vgl. SOM, 59: „Erkenntnissubjekt und Erkenntnisgegenstand gehören demselben Leben der einen menschlichen Sphäre an, deren Objektivationen in Taten und Werken nicht von außen gleichsam an sie herangebracht sind und wie Fremdkörper ihr wesensfremd bleiben, sondern aus ihr selbst hervortreiben, weil es zum Wesen des Lebens gehört, sich zu transzendieren und zugleich die Ergebnisse der Selbsttranszendenz wieder in sich hineinzunehmen und aufzulösen.“

umfassender Sphäre zu Beginn des 20. Jahrhunderts eine Umgestaltung bzw. Neuschöpfung der Philosophie fordert, wissen wir bereits aus den Überlegungen des ersten Kapitels dieser Studie. Die neukantianischen Versuche, die Vernunft gegen die Erfahrung der Lebensmacht festzuhalten, mußten Plessner zufolge notwendigerweise zu kurz greifen. Allerdings stellt Plessner zu Beginn der „Stufen" seinen Vorschlag einer Neuschöpfung der Philosophie unter dem Aspekt des Lebens als Subjekt-Objekt noch anders dar, als ich dies im ersten Kapitel rekonstruiert habe. Im Projektentwurf der „Stufen" will Plessner seine vom Lebensapriori gebannte Zeit zur Erkenntnis des Lebens führen und hierfür eine Philosophie des Menschen konzipieren. Er entwickelt den Erkenntnisanspruch seiner Anthropologie im Rückgriff auf den Verstehensbegriff der Geisteswissenschaften. Das geisteswissenschaftliche Verstehen bezieht sich in seinen Objekten auf das Leben in seinen Objektivationen und *ist* als der Verstehens*vollzug* selbst Leben. Philosophie soll nun dadurch Erkenntnis vom Leben als Subjekt-Objekt erreichen, daß sie das Verstehen – und d.h. die Aneignung des Lebens durch das Leben – seinerseits begreift und dadurch das Selbstbewußtsein des Lebens objektiv macht.[260]

Nachdem Plessner die Neuschöpfung der Philosophie als Ziel seines philosophischen Ansatzes und das Leben als den Aspekt angegeben hat, unter dem diese Neuschöpfung gefordert ist, entwirft er schließlich den *Weg*, der hierfür zu beschreiten ist. Der Weg seiner Lebensphilosophie ist genauer ein doppelter, der sich im Menschen kreuzt. Damit gibt Plessner den Menschen als Mittelpunkt seines Projekts an, das Selbstbewußtsein des Lebens zu begreifen. Allerdings changiert diese Plessnersche Auszeichnung des Menschen als Mittelpunkt auf charakteristische Weise. Zunächst behauptet Plessner den Menschen deswegen als Mittelpunkt, weil sich in ihm die beiden heterogenen Aspekte des Lebensapriori kreuzen. Einerseits ist der Mensch Objekt des Lebens, d.h. er hat als körper-leibliches Wesen am natürlichen Leben teil; andererseits ist er Subjekt des Lebens, d.h. er ist schöpferisch, entwirft und bezieht sich deutend auf das Leben. Insofern ist der Mensch seinerseits nicht positiv bestimmt. Er ist allein Umbruchstelle bzw. Hiatus – und macht darin kein Fundament der Philosophie aus. Infolgedessen könnte man sagen, daß die Philosophie *nur* weil sie unter dem historischen Apriori ihrer Zeit – dem Leben – steht, am Menschen ansetzt, da in ihm die beiden heterogenen Aspekte des Lebens ineinander umschlagen. In Plessners Darstellung schwingt jedoch noch die zweite Dimension einer anthropologischen Fundierung mit. Plessner zeichnet das Zugleich von Gegenstand- und Zentrumsein bzw. die psychophysische Indifferenz nämlich als natürliches Selbstverständnis des Menschen und damit als Grundschicht menschlicher Wirklichkeit überhaupt

---

[260] Vgl. SOM, 59: „Leben besteht zwar nicht in dem Wissen von sich, es vollendet sich nur in ihm. Diese Subjekt-Objektivität realisiert sich jedoch nicht in einem spekulativ zu ersinnenden System, und sei es auch ein System, wie das Hegelsche, welches die Geschichte als Bedingung der Möglichkeit der Realisierung dieser Subjekt-Objektivität begriff. Sie realisiert sich nur, *indem* sie sich als Geschichtliches hat oder sich *erfährt*. Geistesgeschichte, Kultur- und politische Geschichte wird das Medium der Selbsterkenntnis, eine Erfahrung und kein erdachtes System mehr vollzieht so die ewig wechselnde Selbstauffassung und Lebensdeutung des Menschen. Die Aufgabe der Philosophie besteht darin, diesen Prozeß des Verstehens selbst wieder zu begreifen und damit das Selbstbewußtsein des Lebens objektiv zu machen."

aus.[261] Damit ist das philosophische Erkennen selbst über den Hiatus hinaus. Der Mensch ist für Plessner solcherart nicht allein deswegen Mittelpunkt, weil in ihm die heterogenen Aspekte des historisch geltenden Lebensapriori ineinander umschlagen. Vielmehr kürt Plessner den Menschen zum Mittelpunkt seiner Lebensphilosophie, weil dieser an und für sich psychophysische Lebenseinheit ist, d.h. weil er als psychophysische Lebenseinheit existiert und sich als solche weiß. Damit hat Plessner den Menschen zum neuen Fundament der Philosophie erhoben. Die Philosophie begründet ihr Vorgehen dann nicht mehr im Rückbezug auf die Meinungen bzw. das historische Apriori ihrer Zeit, sondern durch den Verweis auf diese Identität des natürlichen Seins und des geistigen Selbstverständnisses des Menschen. Während Philosophie im ersten Fall im Wissen um die eigene Geschichtlichkeit nach Wahrheit strebt, ist sie im zweiten Fall über die eigene Geschichtlichkeit hinaus. Plessners Projektskizze läßt sich – wie gesagt – nicht auf eines der alternativen Verständnisse von Lebensphilosophie festlegen.

Für die Bestimmung der Lebensphilosophie in ihren beiden Aspekten setzt Plessner die Auszeichnung des menschlichen Wesens als psychophysischer Lebenseinheit voraus. Er erreicht die inhaltliche Konkretisierung der Lebensphilosophie in ihren beiden Achsen im Ausgang von der Frage nach dem Verhältnis, in dem der Mensch als psychophysisch neutraler Lebenseinheit zu „den mit ihr wesenskoexistierenden Schichten des Daseins, des Seins überhaupt" steht. (SOM, 70) Dieser Fragestellung liegt die von Jacob von Uexküll übernommene Idee von einem apriorischen bzw. gattungsmäßig festgelegten Ineinandergreifen des tierischen Organismus und des tierischen Umfeldes zugrunde. Da Plessner die menschliche Gattungsspezifik in der psychophysisch neutralen Lebenseinheit findet, ergeben sich für ihn zwei menschliche Weltbezüge: das horizontale Verhältnis zur Wirklichkeit, das durch das menschliche Tun, durch Kultur im weitesten Sinne vermittelt ist und das vertikale Verhältnis zur Wirklichkeit, das aus der natürlichen Organisation des Menschen resultiert. Da er die psychophysische Lebenseinheit als Existenzweise des Menschen „an und für sich" voraussetzt, folgert er weiter, daß der Mensch in beiden Wirklichkeitsverhältnissen in dieser psychophysischen Doppelheit auftreten muß. (Vgl. SOM, 70) Dementsprechend soll die Naturphilosophie in vertikaler Hinsicht nach dem Menschen als Subjekt-Objekt der Natur und in die Kulturphilosophie in horizontaler Hinsicht nach dem Menschen als Subjekt-Objekt der Kultur fragen.[262]

---

[261] Vgl. SOM, 70: „Wie aber beginnen? Maßgebend ist dafür natürlich der Aspekt. In seinem Mittelpunkt steht der Mensch. Nicht als Objekt einer Wissenschaft, nicht als Subjekt seines Bewußtseins, sondern als Objekt und Subjekt seines Lebens, d.h. so, wie er *sich selbst* (Herv.; O. M.) Gegenstand und Zentrum ist. […] Nicht als Körper […], nicht als Seele oder Bewußtseinsstrom […], nicht als abstraktes Subjekt […], sondern als psychophysisch indifferente oder neutrale Lebenseinheit existiert der Mensch *‚an und für sich'* (Herv.; O. M.)."

[262] Vgl SOM, 70f.: „Ist die konkrete Situation, in der der Mensch (nicht dieser oder jener, nicht diese Rasse, jenes Volk, sondern der Mensch schlechthin) gestellt ist, zufällig oder wesensnotwendig? […] Wie weit reicht diese Wesenskoexistenz, und wo beginnt der Zufall? Diese Frage läßt sich in doppelter Richtung aufrollen, horizontal, d.h. in der Richtung, welche durch die von ihm gesuchte Beziehung des Menschen zur Welt in seinen Taten und Leiden festgelegt ist, und vertikal, d.h. in

Die interne Brechung der Lebensphilosophie ist freilich verschüttet, wenn das Nebeneinander ihrer beiden Aspekte mit Rückgriff auf den „Menschen schlechthin“ begründet wird. In seiner Projektskizze hält Plessner den Wahrheitsgrund der Wirklichkeit nicht offen, sondern besetzt ihn anthropologisch.[263] Damit hält die Projektskizze die Selbstbegrenzung nicht ein, der sich der Königsche Verschränkungsansatz in bezug auf den Wahrheitsgrund von Wirklichkeit überhaupt verschreibt. Dies betrifft nicht nur den Gesamtansatz der anthropologisch fundierten gedoppelten Lebensphilosophie, sondern – wie sich zeigen wird – auch ihre beiden Aspekte je für sich. Dabei fallen die Konsequenzen im Fall der Kulturphilosophie schwerer ins Gewicht als im Fall der Naturphilosophie. In seiner Projektskizze begreift Plessner die Naturphilosophie in ihrer inhaltlichen Ausrichtung zwar auch im Ausgang von der psychophysisch neutralen Lebenseinheit des Menschen schlechthin, die „Stufen“ führen später jedoch – wie oben rekonstruiert – ein anderes Programm durch. Im Fall der Kulturphilosophie hatte Plessner dagegen mit der „Einheit der Sinne“ das Projekt schon ausgearbeitet, das er in der Projektskizze der „Stufen“ als horizontale Achse seiner neuzuschaffenden Lebensphilosophie vorstellt.

In bezug auf *die Naturphilosophie* geschieht die anthropologische Besetzung des Wahrheitsgrundes innerhalb der Projektskizze bereits durch die inhaltliche Zentrierung auf den Menschen. Dies zeigt sich, wenn man sich am Ziel des Verschränkungsansatzes orientiert: die Verabsolutierung des die Plessnersche Zeit begeisternden Lebensparadigmas dadurch zu unterlaufen, daß man zu dessen Brechung durchfragt und auf diese Weise den Wahrheitsgrund von Wirklichkeit überhaupt offenhält. In bezug auf den Aspekt des natürlichen Lebens muß dies bedeuten, bei der Heterogenität *des Lebendigen* – und nicht beim Menschen – anzusetzen. Wie wir oben gesehen haben, geht Plessner in den „Stufen“ so ja auch wirklich vor, so daß ihm das menschliche Leben nur ein möglicher Modus ist, in dem das natürliche Leben stattfindet.[264] In der Durchführung seiner Naturphilosophie wird Plessner dem Anspruch des Verschränkungsansatzes, das geltende Lebensparadigma in seiner Fassung als natürliches

---

der Richtung, die sich aus seiner naturgewachsenen Stellung in der Welt als Organismus in der Reihe der Organismen ergibt. In diesen beiden Richtungen kann man hoffen, den Menschen als Subjekt-Objekt der Kultur und als Subjekt-Objekt der Natur wirklich zu umfassen, ohne ihn in künstliche Abstraktionen aufzuteilen. Denn der eine Grundaspekt der Lebenserfahrung wird gewahrt, den der Mensch in seiner Existenz zu sich und zur Welt einnimmt: naturgebunden und frei, gewachsen und gemacht, ursprünglich und künstlich zugleich.“

263 Vgl. SOM, 68f.: „Der Zweck heißt: Neuschöpfung der Philosophie, unter dem Aspekt einer Begründung der Lebenserfahrung in Kulturwissenschaften und Weltgeschichte. Die Etappen auf diesem Weg sind: Grundlegung der Geisteswissenschaften durch Hermeneutik, Konstitution der Hermeneutik als philosophische Anthropologie, Durchführung der Anthropologie auf Grund einer Philosophie des lebendigen Daseins und seiner natürlichen Horizonte; [...].“

264 Vgl. SOM, 115f.: „Dabei läßt sich hier nicht programmatisch sagen, welche komplexen Gegenstände im Doppelaspekt erscheinen. Vermutungsweise darf man annehmen, daß es die ‚belebten‘ Dinge der Welt sind, die nicht nur dem Sein angehören, sondern auch das Sein in irgendeinem Sinne als Welt haben, mit ihm und gegen es leben. Diese Vermutung wird sich erst durch die genauere Problemfassung bestätigen.“

Leben zu unterlaufen, auch dadurch gerecht, daß er beim Streit zwischen Köhler und Driesch und damit bei den Meinungen seiner Zeit ansetzt und von dort zur inneren Brechung des lebendigen physischen Dings durchfragt. Vor diesem Hintergrund erscheint die Ausrichtung der Naturphilosophie auf die psychophysische Lebenseinheit des Menschen, die die Projektskizze fordert, als Hypostasierung des „Menschen schlechthin" zum neuen Wahrheitsgrund. Anstelle sich von innen heraus vom geltenden Lebensparadigma zu distanzieren und dadurch mit Bezug auf den offengehaltenen Wahrheitsgrund nach philosophischer Orientierung in der eigenen Zeit zu fragen, will die Projektskizze die psychophysische Lebenseinheit des Menschen als neues Paradigma einsetzen. Auf diese Weise würde nicht nur der Wahrheitsgrund besetzt, sondern zugleich der Rückbezug an die eigene Zeit und das sie begeisternde Lebensparadigma abgeschnitten. Aus beiden Gründen wäre der Anspruch auf philosophische Orientierung aufgegeben.

Vor diesem Hintergrund zeigt sich die innere Entwicklung, die Plessner bei der Abfassung der „Stufen" durchgemacht hat. Überreste der die Projektskizze kennzeichnenden Abhängigkeit der Naturphilosophie von einer anthropologischen Fundierung zeigen sich auch noch im zweiten Kapitel der „Stufen". Die dort vorgestellte Kritik an der neuzeitlichen Philosophie ist auf den Einwand zugespitzt, daß der Mensch unter den Bedingungen des cartesianischen Dualismus nicht als psychophysische Einheit begriffen werden kann. Plessner gibt mit dieser Fokussierung auf den Menschen eher eine Einführung in eine naturphilosophisch angelegte Anthropologie als in eine Philosophie des natürlichen Lebens, die den Menschen in seiner Spezifik gerade in den Zusammenhang mit anderen Lebewesen (d.h. Pflanze und Tier) zurückstellt. Erst zum Ende des zweiten Kapitels befreit Plessner seine Naturphilosophie aus dieser Bindung an die Anthropologie. Das erste Kapitel wollte kritisch von der in den Geisteswissenschaften entdeckten psychophysischen Lebenseinheit zur organisch vermittelten Stellung des Menschen in der Welt zurückfragen, um solcherart die apriorische bzw. natürliche Wesenskorrelation von Mensch und Welt zu entschlüsseln. Demgegenüber verwirft Plessner am Ende des zweiten Kapitels explizit das kritische Vorgehen der „Einheit der Sinne" als eine in der Naturphilosophie ungeeignete Methode: „Die neue Methode (der Naturphilosophie; O. M.) darf nicht so (wie die Ästhesiologie; O. M.) arbeiten, also nicht ‚Kritik', nicht regressive Analytik sein. Positiv ist sie natürlich durch ihren Gegenstand bestimmt. Ihr Gegenstand liegt jedoch nicht zum voraus fest. Er wird [...] seine Umrisse erst mit der Einengung des anfangs gestellten Problems gewinnen." (SOM, 124) Auf diese Weise hat sich Plessner von der Anthropologie emanzipiert. Jetzt ist es ihm möglich, nicht vom allein für den Menschen charakteristischen Doppelaspekt des Psychischen und des Physischen, sondern vom alles leibende Sein auszeichnenden Doppelaspekt physischer Dinghaftigkeit und selbstbezüglicher Erscheinung auszugehen. (Vgl. SOM, 115f.) Damit versucht er nun nicht mehr, einen neuen Sinnhorizont zu entwerfen, sondern stellt sich umgekehrt unter das geltende Lebensapriori (in seiner Konkretisierung als natürliches Leben) und fragt zu dessen interner Brechung durch. Dies systematischen Kapitel der „Stufen" führen dieses Programm der philosophischen Orientierung in bezug auf das geltende Apriori natürlichen Lebens – wie oben rekonstruiert – durch.

Kehren wir nun zur Projektskizze zurück, um danach zu fragen, wie sie den Wahrheitsgrund im Falle der Kulturphilosophie anthropologisch besetzt. Die inhaltliche Ausrichtung der Kulturphilosophie auf die Frage nach dem Menschen als Subjekt-Objekt der Kultur hält sich innerhalb der Grenzen des Verschränkungsansatzes. Wenn man nämlich im Ausgang vom geschichtlichen Lebensvollzug zu dessen Brechung durchfragt, so ergibt sich – wie sich im folgenden Kapitel noch genauer zeigen wird – die Heterogenität der menschlichen Macht, das eigene Wesen entwerfen zu können, *und* der menschlichen Ohnmacht, als Lebewesen den Gesetzen des natürlichen Lebens unterworfen zu sein. Der Mensch als Subjekt-Objekt der Kultur steht folglich nur deswegen im Zentrum der horizontalen Kulturphilosophie, weil sich in ihm die beiden heterogenen Aspekte des geschichtlichen Lebensvollzugs überschneiden. Das Wesen des Menschen und damit der letzte Wahrheitsgrund des geschichtlichen Lebens überhaupt wird auf diese Weise offengehalten. Die Projektskizze anthropologisiert dieses Programm nun jedoch durch die Art, wie sie die beiden Aspekte des Seins als Subjekt und Objekt der Geschichte zueinander in Beziehung setzt. Die Gleichursprünglichkeit beider Aspekte wäre dann gewahrt, wenn der Mensch gleichermaßen als Zurechnungssubjekt des geschichtlichen Lebens *und* als geschaffenes Resultat der kulturellen Objektivationen und damit gleichermaßen als natürlich und geschichtlich angesprochen wird. Genau diesen Weg schlägt Plessner in der Projektskizze jedoch nicht ein. Er orientiert sich vielmehr an seiner fünf Jahre früher verfaßten Ästhesiologie.

In der „Einheit der Sinne“ versteht Plessner den Menschen zunächst wie gefordert insofern als *Subjekt* der Kultur, als dieser die kulturell-geistigen Selbstverständnisleistungen als Zurechnungssubjekt hervorbringt. Dieses menschliche Subjektsein bindet Plessner nun seinerseits in einen umfassenden Wirklichkeitszusammenhang zurück, von dem es seine Bestimmung erfährt. Im Sinne Uexkülls geht er von einer durch die Sinne vermittelten Eingepaßtheit des Menschen in seine Welt aus. Die Sinne bilden die Brükke zwischen dem Geist und dem Körperleib und infolgedessen zwischen dem Geist und der körperlichen Welt. Als *Objekt* der Kultur versteht Plessner den Menschen folglich nicht wie gefordert aufgrund dessen Geschichtlichkeit, sondern aufgrund dessen natürlicher Eingepaßtheit in die Welt. Er nimmt in seiner Ästhesiologie an, daß die Sinnesqualitäten als materiales Apriori das für den Menschen natürliche Aussehen der Welt bestimmen. In Anschluß daran behauptet er die apriorische Konkordanz von Sinnlichkeit und Geistigkeit. Mit den Sinneskategorien will er nämlich ein apriorisches Strukturgeflecht aufweisen, das die Beziehung des Menschen zur Welt ordnet und darin alle kulturellen Leistungen trägt. Dementsprechend beansprucht er, in der „Einheit der Sinne“ eine anthropologisch konstituierte Hermeneutik geleistet zu haben.[265]

Indem er die „Einheit der Sinne“ als Vorbild für die horizontale Kulturphilosophie begreift, gibt Plessner die Gleichursprünglichkeit der Aspekte des Subjekt- und des Ob-

[265] Vgl. SOM; 65f.: „Eine Theorie der Geisteswissenschaften, welche die Wirklichkeit des menschlichen Lebens in ihrer Spiegelung durch den Menschen begreiflich machen sucht, ist nur als philosophische Anthropologie möglich. Denn allein eine Lehre von den Wesensformen des Menschen in seiner Existenz liefert das Substrat und die Mittel zu einer allgemeinen Hermeneutik.“

jektseins am kulturellen Leben auf. Das Objektsein der natürlichen Eingepaßtheit in die Welt trägt vielmehr das Subjektsein der kulturellen Selbstverständigung. Damit bestimmt Plessner die Verschränkung der menschlichen Subjekt-Objektivität inhaltlich als apriorisches bzw. „innere(s) Konformitätssystem, welches zwischen den symbolischen Formen und der physischen Organisation herrscht". (SOM, 72) Den Wahrheitsgrund menschlicher Wirklichkeit überhaupt hält Plessner folglich auch in der horizontalen Achse nicht offen, sondern besetzt ihn abermals anthropologisch im Rückgriff auf die Idee der psychophysischen Lebenseinheit des Menschen. In der Projektskizze, die er im ersten Kapitel der „Stufen" zeichnet, orientiert sich Plessner folglich weder in der vertikalen Achse der Naturphilosophie noch in der horizontalen Achse der Kulturphilosophie an der Selbstbegrenzung seines von König übernommenen Verschränkungsansatzes.

Wie wir gesehen haben, hat dieses Selbstmißverständnis in der Projektskizze in bezug auf die Naturphilosophie deswegen keine weiteren Konsequenzen, da sich Plessner bei der Durchführung seiner Naturphilosophie in den systematischen Kapiteln der „Stufen" an den Verschränkungsansatz hält. Wie sieht es nun aber in bezug auf die Kulturphilosophie aus, von der Plessner zu der Zeit, in der er die Projektskizze verfaßt, ja mit der „Einheit der Sinne" von 1923 bereits eine anthropologisch fundierte Fassung veröffentlicht hatte? Die Spannung, die sich in der Projektskizze in ihrem Changieren zwischen einer in sich gebrochenen und einer anthropologisch fundierten Lebensphilosophie findet, wird durch die naturphilosophischen Erkenntnisse der „Stufen" noch unterstrichen. Wie wir oben – im Zusammenhang der sog. anthropologischen Grundgesetze – gesehen haben, stellt Plessner am Ende der „Stufen" das Verhältnis von der natürlichen Exzentrizität und den Wesensmerkmalen der Kultur nämlich keineswegs im Sinne einer natürlichen Fundierung dar. Es hat sich vielmehr gezeigt, daß er das Wesensmerkmal menschlicher Kultur als einen Modus versteht, in dem die exzentrische Positionalität am menschlichen Leben in seiner Tatsächlichkeit stattfindet. Gemäß seines methodischen Ansatzes einer doppelseitigen Deduktion hält Plessner hier den Wahrheitsgrund der menschlichen Wirklichkeit überhaupt gerade offen. Darüber hinaus widersetzt er sich mit seinem Nachweis von der Wirklichkeit der exzentrischen Positionalität allen theoretischen Ansätzen, den letzten Wahrheitsgrund menschlicher Wirklichkeit überhaupt positiv zu bestimmen. Dies betrifft auch seine früheren Vorstellungen von einem apriorischen durch die Sinne vermittelten Eingepaßtsein des Menschen in die Welt. Dementsprechend charakterisiert er die exzentrische Positionalität menschlicher Natur gerade nicht mehr über die organisch vermittelte Eingespieltheit mit dem Medium sondern über das Hinaussein über dieses zentrische Ineinandergreifen. Analog dazu gibt er – wie gesehen – auch im Methodischen den archimedischen Standpunkt frei, von dem aus das Ganze menschlicher Wirklichkeit zu bestimmen wäre.

Vor dem Hintergrund der naturphilosophischen Einsichten kann das in der Ästhesiologie behauptete Konformitätssystem von Sinnlichkeit und Geistigkeit allein eine Überlegung zur Balance beider Aspekte des menschlichen Daseins *innerhalb* eines bestimmten historisch geltenden Sinnhorizonts ausmachen. Damit kommt ihm jedoch nicht mehr der Status von apriorischen Kategorien der Übereinstimmung von Sinnlichkeit und Geistigkeit zu. Auch kann eine solche vom historischen Apriori der eigenen

Zeit abhängige Theorie nicht mehr die mit der vertikalen Naturphilosophie gleichursprüngliche horizontale Achse der Plessnerschen in sich gedoppelten Lebensphilosophie ausmachen.

Nun läßt sich verstehen, was Plessner meint, wenn er in seiner „Selbstdarstellung" im Rückblick feststellt, daß er die „Einheit der Sinne" zu neukantianisch durchgeführt habe.[266] Das Neukantianische dieser Schrift besteht darin, das Objektsein bzw. die Zurückgestelltheit der geistigen Selbstverständigung in die Wirklichkeit mit den Sinnen – und d.h. nochmals mit Leistungen des Subjekts – zu identifizieren.[267] Dies ergibt eine doppelte Schwierigkeit. Zum einen werden dadurch die Sinne insofern überschätzt, als sie zum materialen Apriori des menschlichen Weltverhältnisses hypostasiert werden. Zum anderen wird die geschichtliche Wirklichkeit unterschätzt, in die das Subjekt mitsamt seiner Sinne und damit einhergehend die philosophische Selbstverständigung eingelassen ist.[268] In seiner „Anthropologie der Sinne" aus den 70iger Jahren überarbeitet Plessner dementsprechend seine Ästhesiologie in einer Weise, die auf den Grundlegungsanspruch verzichtet.[269]

Vor dem Hintergrund dieser zweifachen Spannung, in der die „Einheit der Sinne" sowohl zum Gesamtprojekt der in sich gebrochenen Lebensphilosophie als auch zu den

[266] Vgl. Helmuth Plessner, Selbstdarstellung, in: Ders., GS X, Frankfurt/M. 1985, 302–341, hier: 321f.

[267] Vgl. EdS, 21: „Nach unserer Theorie gehören [...] die Sinnesqualitäten gerade vermöge ihrer Totalrelativität auf die Einheit der Person als Verbindungsweise von Körper und Seele zum objektiven Sein der Dinge, wenn auch freilich nicht zu ihrem absoluten Sein, weil die Sinnesqualitäten die möglichen Modi der Materie sind. Die Einheit der Person in ihrer Mannigfaltigkeit ist auf diese Weise ein Index für die Objektivität der sinnlichen Grundeigenschaften der erscheinenden Welt. Das (sinnlich vermittelte; O. M.) Aussehen unserer Welt hängt also nicht an unserem Bewußtsein, sondern unser Bewußtsein am Aussehen, die Modi der Objektivität sind im strengsten Sinne Entsprechungen, wahre Gegenbilder des Existenztypus der menschlichen Person."

[268] Vor diesem Hintergrund kann ich Heike Delitz' Bemühungen nicht folgen, die „Einheit der Sinne" auch gegen Plessners Selbsteinschätzung als zweite Achse der Lebensphilosophie – sie spricht von der „Kongenialität" der „Einheit der Sinne" und der „Stufen" – zu verteidigen. Indem sie die Plessnersche Revision auf biographische Gründe – die „Einsichten des Forscherlebens" und „die Enttäuschung über die ausbleibende Resonanz" – zurückführt, entgeht ihr das systematische Problem, das Plessner selbst mit dem Stichwort der „neukantianischen Fesseln" benennt. Vgl. Heike Delitz, Spannweiten des Symbolischen – Helmuth Plessners Ästhesiologie des Geistes und Ernst Cassirers Philosophie der symbolischen Formen, in: Deutsche Zeitschrift für Philosophie, 53 (2005) 6, 917–936.

[269] Vgl. Helmuth Plessner, Anthropologie der Sinne, in: Ders., GS III, Frankfurt/M. 1980, 317–393. In Anschluß an die „Anthropologie der Sinne" arbeitet Hans-Peter Krüger die für das menschliche Dasein konstitutive Divergenz der leiblichen und körperlichen Sinne heraus. Während die Körpersinne auf Gegenständlichkeit ausgerichtet sind, beziehen sich die Leibsinne auf Zuständlichkeit. Entscheidendes Gewicht legt Krüger mit dem späten (im Unterschied zum frühen) Plessner darauf, daß die apriorische Zuordnung der Sinne im menschlichen Dasein auseinanderbricht, so daß die menschliche Urteilskraft – bzw. die „Geistsinne" – immer schon auf ein Mißverhältnis der körperlichen und leiblichen Sinne reagiert. Vgl. Hans-Peter Krüger, Zwischen Lachen und Weinen, Bd. I, a.a.O., 35ff.

Erkenntnissen der Naturphilosophie steht, ergeben sich zwei Fragen. Zunächst drängt sich die Frage auf, was in den „Stufen“ zwischen dem ersten Kapitel und der Durchführung der Naturphilosophie ab dem dritten Kapitel geschehen ist. In Anschluß daran müssen wir uns (unter b.) die Frage stellen, wie sich Plessner nach Beendigung der „Stufen“ zur Kulturphilosophie als horizontaler Achse seiner Lebensphilosophie stellt.

Wenn man die „Stufen“ und die nachfolgenden Schriften – und das sind in erster Linie „Macht und menschliche Natur“ von 1931 und „Die Verspätete Nation“ von 1935 – vor Augen hat, erscheint die Projektskizze, die Plessner im ersten Kapitel der „Stufen“ gibt, als Produkt einer Übergangsphase. Von Plessners Entwicklung von der „Einheit der Sinne“ zu der endgültigen Fassung der „Stufen“ geben seine Briefe an Josef König einigen Aufschluß. Zur Jahreswende 1924/25 bezeichnet Plessner das Leben in Anlehnung an Hegel noch als den „Äther der Vermittlung“. (KPB, 73) Er geht zu diesem Zeitpunkt folglich noch davon aus, auf das Leben als Versöhnungssphäre zurückgreifen zu können. Seine Naturphilosophie bezeichnet er dementsprechend noch als „Kosmologie des Lebens“. (KPB, 71) Im April 1926 hat er zwar den Arbeitstitel verändert, der neue Titel – „Kosmologie des Leibes“ (KPB, 129) – drückt jedoch immer noch das natürliche Eingepaßtsein des Menschen in das Medium aus. Derselbe Brief enthält zwei weitere aufschlußreiche Aussagen. Zum einen erzählt er König, daß er das erste Kapitel seiner Naturphilosophie abgeschlossen habe. Es handelt sich bei diesem zeitlich als erstes abgefaßten Kapitel um das zweite Kapitel der Endfassung. Dem entspricht dessen Ausrichtung auf das Problem der psychophysischen Einheit als einer spezifisch anthropologischen Problemstellung, die noch – wie oben bereits erwähnt – aus der Ästhesiologie stammt. Unserer obigen Feststellung, daß sich am Ende des zweiten Kapitels (genauer in II.7. und II.8.) die Verschiebung hin zum Verschränkungsansatz vollzieht, entspricht die Tatsache, daß Plessner diese letzten Unterkapitel später umgearbeitet haben muß.[270] Zum anderen enthält dieser Brief einen wichtigen Hinweis auf den entscheidenden Umbruch im Plessnerschen Philosophieverständnis. So können wir dort nämlich lesen: „Ich habe jetzt eine Pause im Schreiben gemacht, um endlich – ihr Buch zu lesen.“ (KPB, 130) Und weiter: „Ich bin heute schon sicher, daß Sie eine neue Möglichkeit von Philosophie mit Ihrer Verschränkung aufgewiesen haben.“ (KPB, 131)

Die für das Philosophieverständnis des reifen Plessner so entscheidende Lektüre von Königs „Begriff der Intuition“ fällt also in den Entstehungsprozeß der „Stufen“.[271] Das zweite Kapitel ist noch vor der Lektüre von König abgefaßt und in seinen Schlußabschnitten wahrscheinlich danach überarbeitet worden. Die Kapitel eins sowie drei bis sieben sind nach der König-Lektüre verfaßt. Es ist zu vermuten, daß Plessner zunächst – und

---

[270] Auf diese Umarbeitung deutet der Umstand hin, daß Plessner den Titel des Unterkapitels II.7. revidiert. Während er es im Brief an König noch unter der Überschrift „Ausblicke: Grundlegung der Tierpsychologie; Umwertung des Bewußtseinsbegriffs“ ankündigt, betitelt er es in der veröffentlichten Fassung der „Stufen“ als „Die Forderung nach einer Revision des cartesianischen Alternativprinzips im Interesse der Wissenschaft vom Leben“. Vgl. KPB, 125 bzw. SOM, 107.

[271] Vgl. zur Erinnerung Plessners explizite Verweise auf König in den „Stufen“ SOM, 12: „Diese Situation der Exzentrizität [...] als Boden und Medium der Philosophie zum ersten Mal bestimmt zu haben, ist das Verdienst des Buches ‚Der Begriff der Intuition‘ (Halle 1926) von Josef König.“

schon unter dem Einfluß Königs – das erste Kapitel geschrieben hat. Hier vermischen sich noch Plessners früheres anthropologisches Denken und der Königsche Verschränkungsansatz. Daß die Projektskizze im ersten Kapitel der „Stufen" zwischen dem Verschränkungsansatz der in sich gebrochenen Lebensphilosophie und dem anthropologischen Selbstverständnis der Ästhesiologie changiert, ist vor dem Hintergrund dieses Entstehungsprozesses der „Stufen" nicht mehr allzu erstaunlich.[272] Die Konzeption der in sich gebrochenen vertikal und horizontal angelegten Lebensphilosophie ist noch von Plessners anthropologischem Ansatz im Ausgang von der psychophysischen Lebenssubstanz des Menschen überlagert.[273] Die systematischen Kapitel drei bis sieben der „Stufen", in denen

[272] Nur weil Michael Weingarten Plessners Philosophie von vornherein auf eine Anthropologie festlegt und die Umstellung zwischen der Ästhesiologie zu den „Stufen" übersieht, kann er Königs Kritik an der „Einheit der Sinne" auch auf die „Stufen" beziehen und meinen, daß König von der Verschränkung, Plessner dagegen einseitig vom Aspekt des Seins ausgehe. Vgl. Michael Weingarten, Philosophische Anthropologie als systematische Philosophie – Anspruch und Grenzen eines gegenwärtigen Denkens, in: Gerhard Gamm u.a. (Hg.), Zwischen Anthropologie und Gesellschaftstheorie – Zur Renaissance Helmuth Plessners im Kontext der modernen Lebenswissenschaften, a.a.O., 15–31, hier: 23: „Die Unterbestimmung der Philosophischen Anthropologie *als Philosophie* zeigt sich also darin, dass sie, um vom seiend-Sein *eines Seienden*, bspw. des Menschen, bestimmt und begründet reden zu können, irgendeinen Begriff von Sein sowie des Verhältnisses von Sein und Seiendem investieren muss, ohne aber darüber begriffliche begründet Auskunft zu geben. [...] Genau hier setzt der Widerspruch ein, den Josef König immer wieder gegen die Philosophische Anthropologie, insbesondere Plessners als Philosophie erhoben hat."

[273] Dementsprechend ist Birgit Sandkaulen nicht zuzustimmen, daß Plessner in der Zeit zwischen der Grenzschrift und den „Stufen" Vertrauen in die anthropologische Fundierung gefaßt hätte. Vgl. Birgit Sandkaulen, Helmuth Plessner: Über die „Logik der Öffentlichkeit", in: Internationale Zeitschrift für Philosophie, Heft 2 (1994), 255–273. Sie geht in ihrer Plessnerinterpretation von den „Grenzen der Gemeinschaft" aus und betont, daß diese frühe Behandlung der gesellschaftlichen Ordnung der Dinge über sich hinausweist. Die „Stufen" sollen nun – so Sandkaulen – die naturphilosophische Anthropologie liefern, die die gesellschaftliche Divergenz fundiert. Sandkaulen arbeitet zurecht zwei wesentliche Probleme heraus, die sich aus der anthropologischen Fundierung der gesellschaftlichen Divergenz aus der menschlichen Offenheit ergeben. „Die naturalistische Widerlegung der Gemeinschaftsidee zusammen mit der anthropologisch verabsolutierten Gesellschaftsidee etablieren ein Bild ‚des' Menschen, das [...] kein Bild sein will und gerade insofern doch eins ist. [...] Die prinzipielle Offenheit der anthropologischen Begründung erscheint so als die *Entgrenzung* der Moderne auf den Menschen schlechthin [...]." (270) Zugleich ergibt sich nach Sandkaulen aus der naturphilosophischen Festlegung des Menschen auf die Offenheit und die daraus resultierende Macht, das eigene Wesen hervorzubringen, das weitere Problem der Verabsolutierung der Geschichtlichkeit, die alles Übergeschichtliche schluckt. (271ff.) Mit ihrer Kritik trifft Sandkaulen den wunden Punkt der Versuche, gesellschaftliche Offenheit naturphilosophisch fundieren zu wollen. Allerdings ist davon nur die Lesart getroffen, die – wie Sandkaulen selbst – Plessner auf die naturphilosophische Fundierung festlegt und dadurch die Heterogenität unterschlägt, von der Plessner die eigene Philosophie selbst betroffen weiß. Nur wenn die naturphilosophische Fundierung der gesellschaftlichen Offenheit behauptet wird, kehren sich die Naturphilosophie und die Philosophie des politischen bzw. geschichtlichen Lebensvollzugs gegeneinander. Zum einen wird dann der eigene geschichtliche Standpunkt der Philosophie nicht reflektiert und mit dem Zwang zum Entwer-

Plessner seine Naturphilosophie durchführt, sind dann eindeutig unter dem Gesichtspunkt der Hiatusgesetzlichkeit konzipiert, die Plessner von König übernommen hat.[274] In diesen Kapiteln gelingt es Plessner, sowohl inhaltlich (mit der Grenzhypothese) als auch methodisch (mit der doppelseitigen Deduktion), den letzten Wahrheitshorizont offen- und damit zugleich die Erkenntnis des menschlichen Seins in der Brechung zu halten.

b. Das Projekt einer als Geschichtsphilosophie durchgeführten Kulturphilosophie

Was wird nun nach der Niederschrift der „Stufen" aus der zweiten, der horizontalen Dimension der Plessnerschen Lebensphilosophie? Wenn nicht das ganze Neuschöpfungsunternehmen zusammenbrechen soll, so muß sich das durch die kulturellen Leistungen vermittelte Verhältnis des Menschen zur Welt in einer von der Ästhesiologie grundsätzlich unterschiedenen Weise begreifen lassen. Die Erkenntnis des Menschen als Subjekt-Objekt der Kultur darf nicht auf eine apriorische Bestimmung des menschlichen Wesens zielen, wie dies in der „Einheit der Sinne" mit ihrem Konformitätssystem von Sinnlichkeit und Geistigkeit geschehen ist. Es läßt sich darüber hinaus positiv präzisieren, daß sich die Kulturphilosophie selbst in den Hiatus stellen und damit das menschliche Wesen in seiner Heterogenität freigeben muß. Plessner hat diesen Schluß selbst gezogen. Direkt nach Abschluß der „Stufen" können Plessner die Konsequenzen seines Ansatzes der in sich gebrochenen Lebensphilosophie in bezug auf deren horizontale Kulturphilosophie allerdings noch nicht im Einzelnen aufgegangen sein. Dies zeigt sich deutlich in einem Brief, den Plessner am 22.2.1928 an König schreibt. In diesem Brief wendet Plessner gegen Heidegger die „intelligible Zufälligkeit" des je eigenen philosophischen Ausgangspunktes ein, für die sich dieser mit seiner Verabsolutierung der Geschichtlichkeit blind gemacht habe. Gegenüber Heidegger fordert Plessner, daß die Exzentrizität auch noch auf den eigenen philosophischen Ansatz anzuwenden sei. (Vgl. KPB, 176ff.) In direktem Widerspruch dazu will er die *Notwendigkeit* seines naturphilosophischen Vorgehens mit dem Verweis auf die exzentrische Positionalität menschlichen Lebens begründen.[275] Damit begeht Plessner offensichtlich genau denselben Fehler, den

fen des eigenen menschlichen Wesens aus der Offenheit die europäische Moderne, die den Glauben an eine substantielle Bestimmung des Menschen verloren hat, zur natürlichen Grundschicht menschlicher Wirklichkeit überhaupt verabsolutiert. Zum anderen wird umgekehrt – so auch bei Sandkaulen (Vgl. 271) – in der inhaltlichen Festlegung des Menschen auf die Macht aus der Offenheit die natürliche Ohnmacht des Menschen unterschlagen.

[274] Wenn Plessner die Hiatusgesetzlichkeit als Verfahren seiner doppelseitigen Deduktion behandelt, verweist er abermals ausdrücklich auf König. Vgl. SOM, 208ff.

[275] Vgl. Vgl. KPB, 175: „Ich sehe die ‚intelligible Zufälligkeit' des naturphilosophischen Ansatzes, das noch nicht innerliche Geführtsein der ‚Methode' vollkommen und will darüber hinaus, – aber nur, um es zu legitimieren; um zu begründen, daß die exzentrische Position die Legitimation (nicht *auch* eines naturphilosophischen Ansatzes ist, wie ich es bei der Niederschrift des Buches und der Einleitung noch glaubte, sondern) *nur* eines naturphilosophischen Ansatzes ist." Sowie KPB, 177: „Er (Heidegger; O. M.) gibt seinem Subjekt (= Dasein) Welt im Modus des Inseins gleich mit; isoliert

er Heidegger attestiert: für sich doch noch ein letztes Mal den archimedischen Standpunkt zu beanspruchen, von dem aus das Ganze der Wirklichkeit zu überblicken ist, um es als in sich heterogen zu bestimmen. Zum Zeitpunkt der Niederschrift dieses Briefes hatte Plessner wohl weder eingesehen, daß eine naturphilosophische Fundierung der Exzentrizität bedeutete, sich selbst jenseits der Exzentrizität zu stellen – noch daß er in den „Stufen" solch eine Fundierung auch gar nicht erbracht hat. Erst in den Arbeiten an der geplanten Anthropologie, die Plessner in demselben Brief an König ankündigt, müssen ihn die Konsequenzen seiner in sich gebrochenen Lebensphilosophie aufgegangen sein. (Vgl. KPB, 182) Infolgedessen hat er sich der Frage nach dem menschlichen Wesen nicht mehr in einer naturphilosophisch fundierten, sondern in einer geschichtsphilosophisch durchgeführten Anthropologie gestellt. Diese Geschichtsphilosophie führt Plessner in seinen wichtigsten Arbeiten aus den Jahren nach der Vollendung der „Stufen" durch: in „Macht und menschliche Natur" und in den Groninger Vorlesungen zum „Schicksal deutschen Geistes im Ausgang seiner bürgerlichen Epoche". Indem er die Frage nach dem menschlichen Wesen in der Schnittstelle von geschichtlicher Macht und natürlicher Ohnmacht geschichtsphilosophisch angeht, rückt seine Geschichtsphilosophie in den 30iger Jahren innerhalb des Gesamtansatzes der in sich gebrochenen Lebensphilosophie an die Stelle der horizontalen Kulturphilosophie.

Mit der Frage nach dem Menschen als Subjekt-Objekt der kulturellen Objektivationen zielt die Geschichtsphilosophie auf die künstlichen Sinnhorizonte, in denen die Menschen ihr (von Natur nicht festgelegtes) Wesen finden. In bezug auf die Frage nach dem orientierenden Horizont bzw. dem Wesen des Menschen verweist die Naturphilosophie folglich an die Geschichtsphilosophie. Dabei darf nun allerdings nicht die Einschränkung übersehen werden, die mit der geschichtsphilosophischen Behandlung der Frage nach dem orientierenden Horizont einhergeht. Die Geschichtsphilosophie fragt nicht direkt nach dem menschlichen Wesen überhaupt, sondern allein nach dem *historischen* Menschentum, in dem sich eine Zeit wiederfindet. Mit dieser Selbstbegrenzung hält die Plessnersche Geschichtsphilosophie die Frage nach dem menschlichen Wesen offen und läßt damit zugleich neben sich Raum für die Naturphilosophie. Von hier aus ergibt sich zum einen die Grundfrage der Plessnerschen Geschichtsphilosophie und zum anderen ein eindeutiges Verständnis von Plessners Unternehmen einer Neuschöpfung von Philosophie.

Die Grundfrage der Geschichtsphilosophie bezieht sich auf die Erkenntnis des *historischen Apriori*, in dem eine Zeit ihr menschliches Wesen findet. Dabei muß die Spannung im Begriffskompositum des „historischen Apriori" berücksichtigt werden, das weder einen natürlichen Horizont noch ein bloßes historisches Konstrukt ausmacht. Vielmehr zielt der Begriff des historischen Apriori auf das Paradox, in dem sich die Geschichtsphilosophie bewegt: daß der Mensch als Zurechnungssubjekt der kulturellen Leistungen und

es aber und gliedert es wieder aus, indem er Existenz jedem anderen, etwa naturdinglichen, Sein mit derselben Verve gegenüberstellt, wie Rickert die Kultur- den Naturdingen. Dagegen wenden Sie sich ja auch scharf: auch der Mensch *ist*. Dies eben, in der Exzentrizität nur strukturell gefaßt, muß Prinzip der Philosophie selbst werden und ergibt eine Naturphilosophie als Rahmen und Basis der ganzen Philosophie."

zugleich seinerseits als deren Geschöpf anzusprechen ist. In der Durchführung seiner Geschichtsphilosophie fragt Plessner nach dem Sinnhorizont, in dem seine eigene Zeit ihr menschliches Wesen und damit den Bezugspunkt für ihre Orientierung findet. Konkret führt Plessner seine Geschichtsphilosophie folglich als geistesgeschichtliche Erkenntnis des historischen Sinnhorizonts durch, in dem der deutsche Zeitgeist zu Beginn des 20. Jahrhunderts sein menschliches Wesen findet. Zwei Gründe sprechen meiner Ansicht nach für die inhaltliche Ausrichtung der Geschichtsphilosophie auf den historischen Sinnhorizont der *eigenen Zeit*. Zunächst wäre die geschichtsphilosophische Ausrichtung auf die Erkenntnis der Sinnhorizonte *aller* überlieferten historischen Epochen und Kulturen gleichermaßen vorstellbar. Der erste Einwand gegen diese Ausrichtung der Geschichtsphilosophie auf die Weltgeschichte bezieht sich auf ein schlichtes Faktum. Plessner hat eine solche Geschichtsphilosophie, die sich der Weltgeschichte vermittels der überlieferten historischen Apriori annimmt, nicht geschrieben. Eine Geistesgeschichte seiner Zeit hat er dagegen geschrieben: „Die verspätete Nation".[276] Ein zweiter Einwand gegen die Ausrichtung der Geschichtsphilosophie auf die Weltgeschichte scheint mir schwerwiegender zu sein. Dieser betrifft den Orientierungsanspruch der Plessnerschen Philosophie. Zur Orientierungsaufgabe der Plessnerschen Lebensphilosophie kann seine Geschichtsphilosophie nur dann beitragen, wenn sie die Bindung an die eigene Zeit aufrecht erhält und deswegen konkret nach dem historischen Sinnhorizont fragt, der die eigene Zeit tatsächlich orientiert. Demgegenüber erreicht die geistesgeschichtliche Einsicht in die Menschenbilder der unterschiedlichsten historischen Epochen und Kulturen keine Orientierung in bezug auf den eigenen Sinnhorizont. Die Pointe des Plessnerschen Strebens nach Orientierung besteht aber gerade darin, ein doppeltes Verhältnis zum Lebensparadigma als dem eigenen Sinnhorizont einzunehmen. Nur indem Plessner nämlich in der Distanzierung die Rückbindung an das Apriori der eigenen Zeit festhält, kann er für die eigene Zeit Orientierung erreichen. Demgegenüber setzte sich eine geistesgeschichtliche Erforschung der Weltgeschichte in ihren unterschiedlichen Weltbildern über die Rückbindung an den eigenen Sinnhorizont hinaus. Sie gibt damit nicht nur die Reflexion auf die eigene Geschichtlichkeit auf, sondern begibt sich auch der Möglichkeit konkreter Orientierung in der eigenen Zeit. Sie kann allein noch herausfinden, daß das Verständnis vom eigenen Menschsein in anderen Kulturen anders war, das eigene Selbstverständnis folglich relativ ist. Damit erreicht sie keine Orientierung, sondern bekräftigt vielmehr den historistischen Skeptizismus in seiner Relativierung der historischen Menschentümer zu bloßen Konstruktionen.

[276] Man kann sich fragen, wie schwer dieser Einwand wiegt, da bekannt ist, daß Plessner noch bis ins hohe Alter vorhatte, seine Anthropologie zu schreiben. Wenn es richtig ist, daß auf das menschliche Wesen allein in historischer Brechung zugegriffen werden kann, dann hätte diese von Plessner geplante Anthropologie geschichtsphilosophisch vorgehen müssen. Somit ließe sich vermuten, daß Plessner seine vollständige Geschichtsphilosophie nie geschrieben hat. Andererseits darf die „anthropologische Wende" nicht übergangen werden, die Plessner nach 1936 wieder in Distanz zur geschichtsphilosophischen Durchführung seiner Anthropologie bringt. Damit sind wir in bezug auf seine Geschichtsphilosophie doch wieder an „Die verspätete Nation" verwiesen.

Indem Plessner die horizontale Kulturphilosophie in den 30iger Jahren als Geschichtsphilosophie durchführt, gewinnt schließlich das Gesamtprojekt der Plessnerschen Neuschöpfung von Philosophie als in sich gebrochener Lebensphilosophie an Konturen. Die Königsche Philosophie der Verschränkung hat sich gegenüber den anthropologischen Tendenzen aus der „Einheit der Sinne" durchgesetzt. Explizit legt sich Plessner auf die Gebrochenheit der Lebensphilosophie *ohne* fundierenden Mittelpunkt am Ende von „Macht und menschlicher Natur" fest: „Exzentrische Positionalität als Durchgegebenheit in das Andere seiner Selbst im Kern des Selbst ist die offene Einheit der Verschränkung des hermeneutischen in den ontisch-ontologischen Aspekt: der Möglichkeit, den Menschen zu verstehen, und der Möglichkeit, ihn zu erklären, *ohne* die Grenzen der Verständlichkeit mit den Grenzen der Erklärbarkeit zur Deckung bringen zu können [...]." (MmN, 231)[277] Die Naturphilosophie und die Geschichtsphilosophie stoßen folglich aus verschiedenen Richtungen zum Menschen in der Brechung seines natürlichen *und* geschichtlichen Lebens vor. Die Naturphilosophie begreift den Menschen in der exzentrischen Heterogenität seines nochmals gegen sich gerichteten Ichs, dem ein letzter archimedischer Standpunkt entzogen ist. Die Geschichtsphilosophie zielt auf den historischen Sinnhorizont, in dem Plessners eigene Zeit ihr menschliches Wesen wiederfindet. Damit halten sich beide Dimensionen in den Grenzen, die sich der Verschränkungsansatz auferlegt hat, und halten den Wahrheitsgrund von Wirklichkeit überhaupt offen. Indem sich das naturphilosophische Erklären auf die exzentrische Gebrochenheit und das geschichtsphilosophische Verstehen auf das historische Apriori beschränkt, weisen beide Dimensionen der Plessnerschen in sich gebrochenen Lebensphilosophie über sich hinaus auf das Wesen des Menschen, in dem die natürliche Lebenssubstanz und die geschichtliche Lebensdeutung versöhnt sind. Die in sich gebrochene Lebensphilosophie enthält sich dadurch einer Bestimmung der versöhnenden Einheit bzw. einer begrifflich gefaßten Anthropologie.[278] Auch in bezug auf das

[277] Vgl. in bezug auf Plessners Verstehensbegriff: Heike Kämpf, Die Exzentrizität des Verstehens – Zur Debatte um die Verstehbarkeit des Fremden zwischen Hermeneutik und Ethnologie, Berlin 2003, hier insb.: 295–384. Heike Kämpf entwickelt im Anschluß an Plessner einen solchen Verstehensbegriff, „der die Fremdheit als strukturelles Moment enthält" (9). Auf diese Weise will sie das Problem der Gadamerschen Hermeneutik unterlaufen, Fremdes nur als Neues und nicht als Fremdheit erfahrbar zu machen. „Wenn man auf die oben formulierte Kritik des Interpretationismus zurückblickt, erschien gerade die fehlende grundlegende Verunsicherung des Interpreten als Machtausübung im Sinne der Bestimmung des Anderen, die dessen Freiheit nicht gerecht zu werden vermag. Diese Unerschütterlichkeit des Standpunkts des Interpreten wird durch die exzentrische Position entgründet, sie läßt Verunsicherungen zu und verunmöglicht abrundende definitorische Bestimmungen im Verstehen." (339) Mit diesem exzentrischen Verstehensbegriff will sie schließlich den Wissenschaftsanspruch der Ethnologie transformieren. Exzentrisches Verstehen fordere nämlich die „Dekultivierungsbewegung" ein, „im Bemühen um ein Fremdverstehen mißtrauisch gegen die eigenen gegenstandskonstituierenden Ausschlußgesten zu bleiben, um dem Anders-Verstehen anderer näher zu kommen". (343)

[278] Indem Joachim Fischer Plessner als einen Vertreter der Philosophischen Anthropologie begreift, werden ihm die „Stufen" zum alleinigen Schlüsseltext und damit zugleich die Plessnersche Naturphilosophie zum Fundament seiner Anthropologie. Damit einhergehend stellt Fischer „Macht und

weitere Problem, wie der Status des Menschen als Mittelpunkt zu verstehen sei, schafft „Macht und menschliche Natur" Klarheit gegenüber der changierenden Projektskizze im Anfangskapitel der „Stufen": „Ding und Macht kollidieren, indem sie in der Undbeziehung das Kompositum Mensch bilden, das in Transparenz die durch Nichts vermittelte Einheit seines offenen Wesens ausmacht." (MmN, 227)[279]

Schließlich ändert sich mit der konsequenten Durchführung der Hiatusgesetzlichkeit das Verhältnis von der philosophischen Erkenntnis und dem durch die Kulturwissenschaften und die Weltgeschichte entdeckten Lebensapriori. In der Projektskizze der „Stufen" gibt Plessner als Erkenntnisaufgabe der Philosophie noch an, auf das geisteswissenschaftliche Verstehen zu reflektieren und darin dem Selbstbewußtsein des Lebens Objektivität zu verschaffen. Damit nimmt er das Leben noch als „Äther der Versöhnung" in Anspruch. Dies kulminiert in der ambivalenten Bestimmung des menschlichen Mittelpunktseins, insofern der Mensch nicht eine bloße Schnittstelle darstellen, sondern als psychophysische Lebenseinheit die Grundschicht von Wirklichkeit überhaupt aus

---

menschliche Natur" als Plessners Reaktion auf die Krise dar, in der sich der Denkansatz der Philosophischen Anthropologie zu Beginn der 30iger Jahre befunden habe. Plessner habe sich an die Lebensphilosophie von Dilthey und Misch angelehnt, um das Projekt der Philosophischen Anthropologie wieder ins Gespräch zubringen. Dieses Mal sollte es nicht wie in den „Stufen" von der Natur, sondern von der anderen Seite der geschichtlichen Lebenserfahrung her durchbuchstabiert werden. In seiner Fokussierung auf die Gesamtströmung der Philosophischen Anthropologie entgeht Fischer jedoch der nicht mehr auf Anthropologie reduzierbare Clou dieses in sich gedoppelten Ansatzes von Naturphilosophie und Geschichtsphilosophie. Indem Fischer den Ausgang vom geschichtlichen Lebensvollzug als einen bloß strategischen versteht, muß ihm die philosophische Bedeutung der Plessnerschen Reflexion auf die Geschichtlichkeit verborgen bleiben. „Er (Plessner; O. M.) gewann eine politische und eine kulturanthropologische Perspektive der Philosophischen Anthropologie, aber verstieg sich in Fragestellungen, die nicht durchgearbeitet waren, war okkupiert von der Polemik und blieb im Programmatischen stecken. Es gelang ihm nicht die Verklammerung der Aspekte am Phänomen durchzuführen. Auf diese Weise vermochte er nicht den Denkansatz der Philosophischen Anthropologie zu stabilisieren in der geistigen Landschaft dieser Jahre." (Joachim Fischer, Philosophische Anthropologie, a.a.O., 59) Fischers Überspringen der Plessnerschen Reflexion auf die Geschichtlichkeit von Philosophie schlägt nun jedoch auf sein Plessnerbild zurück. Er stellt Plessner als Anthropologen dar, der nicht mehr auf die Geschichtlichkeit des eigenen philosophischen Ansatzes reflektiert. Die exzentrische Positionalität wird ihm dadurch zum normativen Fundament. (Vgl. Joachim Fischer, Exzentrische Positionalität, a.a.O., 279f.) Gegen diese Verabsolutierung der Exzentrizität ist nun mit dem Plessner aus „Macht und menschliche Natur" festzuhalten, daß Formalisierung keine Lösung für das Apriorismusproblem darstellt. Gegenüber der Verabsolutierung der exzentrischen Positionalität muß vielmehr die menschliche Unergründlichkeit festgehalten werden. Wenn man die Exzentrizität als Grundschicht menschlichen Lebens festlegt, so hypostasiert man darin den modernen Formalismus zum natürlichen Wesen des Menschen.

[279] Vgl. darüber hinaus: MmN, 231: „Diese Unstimmigkeit (von naturphilosophischem Erklären und geschichtsphilosophischem Verstehen; O. M.) tritt an der Gebrochenheit der menschlichen Transparenz hervor, von der man, da die Grenzen der Verständlichkeit und des Lebens mit den Grenzen der Erklärbarkeit und des Vorhandenseins nicht zusammenfallen, nicht sagen kann, wer für sie verantwortlich zu machen ist: das Leben in Kündung und Deutung oder die physische Natur."

machen soll. Sobald Plessner das eigene Philosophieren konsequent im Hiatus hält, gibt er einen solchen „Äther der Versöhnung" frei. Damit ändert sich das Verhältnis der Plessnerschen Lebensphilosophie zum Aspekt des Lebensparadigmas, unter dem sie stattfindet. Sie will nicht mehr dadurch Erkenntnis sein, daß sie die Selbstobjektivierung des Lebens, die in den Kulturwissenschaften geschieht, ihrerseits noch objektiviert. Vielmehr weiß sie um die Geschichtlichkeit des Lebensapriori als historischem Sinnhorizont. *Unter* dem Aspekt des historisch geltenden Lebensparadigmas kann sie den Rationalitätsanspruch von Philosophie folglich allein im Streben nach Wahrheitserkenntnis aufrechterhalten. Damit wird die Plessnersche Lebensphilosophie zu dem Projekt, im Ausgang von den geltenden Meinungen bzw. dem historischen Lebensparadigma nach philosophischer Orientierung zu streben, indem sie in der Doppelheit ihrer vertikalen Naturphilosophie *und* ihrer horizontalen Geschichtsphilosophie den letzten Wahrheitsgrund von Wirklichkeit überhaupt offenhält. Dieses Verhältnis von Plessners Projekt einer Neuschöpfung der Philosophie zum historischen Apriori des Lebens relativiert nochmals den Mittelpunktstatus des Menschen. Der Mensch wird nämlich *allein unter dem historischen Apriori des Lebens* zur Schnittstelle von Sein und Vollzug. Dagegen machte z.B. in der Neuzeit die Vernunft die Schnittstelle des erklärbaren Seins und der verstehbaren Selbstdeutungen aus.[280]

2. Die Diskussion um Anfang und methodische Anlage der Geschichtsphilosophie in „Macht und menschliche Natur"

Im folgenden haben wir uns dem Problem zu stellen, wie die geschichtsphilosophische Erkenntnis des menschlichen Wesens methodisch angelegt sein muß, um dem Verschränkungsansatz zu entsprechen. Die Einschränkung, die die Frage nach dem menschlichen Wesen als Gegenstand der Geschichtsphilosophie erfährt, liegt auf der Hand. Es wird nicht nach der Natur des Menschen bzw. nach dem menschlichen Wesen überhaupt gefragt, sondern allein Erkenntnis von dem Sinngefüge angestrebt, in dem eine Epoche – genauer: Plessners eigene Epoche – ihr menschliches Wesen findet. Allerdings darf man mit dieser Historisierung nicht über das Ziel hinausschießen und die Bestimmtheiten des menschlichen Wesens kurzerhand zu historischen Konstruktionen erklären. Vielmehr muß man die Spannung ernst nehmen, die sich bereits im Begriff des

[280] Aufgrund der obigen Überlegungen kann ich Ernst Wolfgang Orth nicht zustimmen, der die Frage, „ob Plessner nicht auch wie Heidegger ‚das Ende der Philosophie' proklamiert, um die ‚Aufgabe des Denkens' zu postulieren, […] vorsichtig bejahen […]" will. (Ernst Wolfgang Orth, Helmuth Plessners Anthropologiekonzeption und sein Begriff von Wissenschaft und Philosophie, in: Jürgen Friedrich u.a. (Hg.), Unter offenem Horizont. Anthropologie nach Helmuth Plessner, a.a.O., 67–74, hier: 73) Orth nimmt zunächst hypothetisch an, daß Plessner seine Anthropologie als Erste Philosophie konzipiert. (68) Mit Verweis auf Plessners These von der Gleichursprünglichkeit von Philosophie und Anthropologie gibt er diese Annahme jedoch zurecht auf. (70) Nur weil er Plessner weiterhin auf Anthropologie verpflichtet, kommt er zu den Ergebnis, daß Plessner das traditionelle Philosophieverständnis verabschiede.

historischen Apriori ausdrückt. In ihm verschränken sich nämlich die beiden Aspekte des Geschichtlichen und des Apriorischen. Es drückt sich in ihm einerseits die Vorstellung aus, daß die Geschichtlichkeit auch vor der Ebene des Wesens bzw. des Apriorischen nicht halt macht. Der Sinnhorizont kann offensichtlich nur dann orientieren, wenn er zur geschichtlichen Wirklichkeit in Beziehung steht. Andererseits ist dieser Idee der Geschichtlichkeit die antagonistische Idee von der Apriorizität des Wesens beigeordnet. Gleichfalls kann der Sinnhorizont nämlich nur dann orientieren, wenn er einen nicht in Geschichtlichkeit auflösbaren Maßstab ausmacht. Damit steht die Geschichtsphilosophie vor der Herausforderung, die historischen Apriori in ihrem geschichtlichen Gelten und in ihrem übergeschichtlichen Gültigkeitsanspruch einzusehen.

Den Unterschied zwischen Qualitäten und den Bedingungen ihres Stattfindens kennen wir bereits aus den „Stufen". Dort hatte sich von den Wesensmerkmalen lebendigen Seins gezeigt, daß sie sich, obzwar ihre Konstitutionsbedingungen vollständig angebbar sind, in ihrer qualitativen Bestimmtheit dennoch nicht auf diese physischen und chemischen Bedingungen ihrer Konstitution reduzieren lassen.[281] Die Wesensmerkmale lebendigen Seins sind folglich in ihrem Bestehen zwar aus physikalischen und chemischen Bedingungen erklärbar, in ihrer Qualität dagegen irreduzibel. Im jetzigen Fall der historischen Bestimmungen menschlichen Wesens verschärft sich das Problem allerdings aufgrund des zeitlichen Wandels, in den das Menschentum seinerseits begriffen ist. Damit unterscheidet sich das Menschentum wesentlich von den Wesensmerkmalen lebendigen Seins, deren qualitative Erscheinung keinem internen Wandel unterworfen ist. Die entscheidende Herausforderung, vor der die Geschichtsphilosophie steht, besteht folglich darin, das Menschentum (bzw. das menschliche Wesen) zwar als im geschichtlichen Wandel begriffen, nicht jedoch als bloß historisches Konstrukt zu fassen. Das Menschentum muß folglich in seiner geschichtlichen Wirklichkeit eingesehen und darf weder zur natürlichen Notwendigkeit verabsolutiert noch zur historischen Möglichkeit relativiert werden.

Die inhaltliche Herausforderung, die von der Verschränkung des Geschichtlichen und des Apriorischen ausgeht, setzt sich ins Methodische hinein fort. Wenn am historischen Apriori die Gleichursprünglichkeit des Geschichtlichen und des Apriorischen ernst genommen werden soll, so kann nicht mehr mit der neuzeitlichen Gegenüberstellung von apriorischer Subjektivität und empirischem Material gearbeitet werden. Hierbei ist nicht nur die Apriorizität des Erkenntnissubjekts, sondern auch die Aposteriorizität des Erkenntnisobjekts problematisch. Zum einen drückt sich im Gedanken der *Geschichtlichkeit* die Einsicht aus, daß die Zeitlichkeit nicht notwendig vor der Form bzw. vor den Strukturen der Subjektivität halt macht. Die Herausforderung, die von der Geschichtlichkeit ausgeht, wird vielmehr erst dann in ihrem vollen Umfang

---

[281] Vgl. SOM, 158f.: „Wir gehen darin sogar weiter als die naturwissenschaftlichen Logiker, wenn wir die restlose Zurückführbarkeit aller organischen Modale auf physikalisch-chemische Bedingungen für nicht nur theoretisch möglich und praktisch durchführbar, sondern geradezu für wesensnotwendig erklären. Aber wir fassen den Begriff Modal enger, wenn wir es in seiner *Qualität* für unbedingt unauflösbar und irreduzibel halten und damit sagen, daß es als solches nie aufhört, auch wenn seine physikalisch-chemischen Bedingungen exakt angegeben worden sind."

ernst genommen, wenn man sie nicht nur auf das empirische Material der faktischen Geschichte in der Abfolge ihrer Epochen, sondern darüber hinaus auf die Subjektivität bzw. das Erkennen selbst rückbezieht. Damit hat sich zunächst das Übergreifen der Geschichtlichkeit auf die Form bzw. die subjektiven Strukturen des Erkennens gezeigt – worin das Selbstverständnis des Historismus erreicht wäre. Die Geschichtsphilosophie wird in ihrem methodischen Vorgehen offensichtlich von keinem apriorischen Fundament ausgehen dürfen. Zum anderen wird die Einsicht in das Übergreifen der Geschichtlichkeit auf die subjektiven Strukturen des Erkennens durch eine antagonistische Einsicht ergänzt. Die Geschichtsphilosophie darf nämlich durch ihre methodische Anlage das Übergeschichtliche nicht von vornherein aus ihrem Erkenntnisgegenstand und d.h. aus der faktischen Geschichte ausschließen. Auf den überzeitlichen Aspekt am Material verweist der Umstand, daß die kulturellen Leistungen nicht bloß als künstliche Konstruktionen, sondern zugleich als *Entdeckungen* erfahren werden. Ein Aspekt an der in sich heterogenen Wirklichkeit – wie etwa das Sein, die Vernunft oder das Leben – wird als ein solcher Horizont entdeckt, unter dem sich die Wirklichkeit zu einem ausdeutbaren Kosmos zusammenschließt. Nur wenn man am tatsächlichen Bestehen der Sinnhorizonte festhält, die allein entdeckt und nicht konstruiert werden können, zeigt sich ihre Übergeschichtlichkeit. Sie lassen sich damit nicht auf die historischen Bedingungen ihrer Konstitution reduzieren. Nur aufgrund dieser Eigenständigkeit können die Sinnhorizonte als übergeschichtlicher Rahmen fungieren, der das Denken und Handeln der historischen Epochen orientiert. Das methodische Vorgehen muß folglich in einer solchen Weise auf die faktische Geschichte als ihr Material ausgreifen, die deren Verfaßtheit nicht von vornherein auf das Empirisch-Zeitliche reduziert. Die Geschichtsphilosophie muß vielmehr auch in ihrem methodischen Vorgehen das Zugleich von Geschichtlichkeit und Apriorizität ihres Gegenstandes offenhalten. Sie steht damit unter einer doppelten Anforderung. Weder darf sie den eigenen Ausgangspunkt zum apriorischen Grund von Geschichte hypostasieren, noch darf sie die Tatsächlichkeit der geschichtlichen Sinnhorizonte in historische Kontingenz auflösen.

Das historische Apriori in seiner Doppelaspektivität von Geschichtlichkeit und Apriorizität macht den Gegenstand der Geschichtsphilosophie aus, in bezug auf den ihr methodisches Vorgehen zu entwickeln ist. Zwar wissen wir, daß es sich bei den historischen Apriori um solche Sinnhorizonte handelt, die den orientierenden Rahmen für den *menschlichen* Lebensvollzug bilden, was das spezifisch Menschliche ist, steht jedoch genau infrage. Damit stehen wir zu Beginn der Geschichtsphilosophie vor einem Problem, dem wir auch schon im Zusammenhang der Naturphilosophie begegnet sind: daß das philosophische Erkenntnisstreben sein methodisches Vorgehen nach seinem Gegenstand ausrichten muß, der seinerseits jedoch vorab nicht feststeht. Im folgenden muß es in einem ersten Schritt (unter a.) darum gehen, das methodische Vorgehen der Plessnerschen Geschichtsphilosophie zu rekonstruieren. Hierfür ist mit Plessner von der Diskussion in der Geschichtswissenschaft seiner Zeit auszugehen und nach solch einem methodischen Ansatz zu fragen, der auf das historische Apriori in seiner Komplexizität – und d.h. in seiner Doppelaspektivität – auszugreifen vermag. In einem zweiten Schritt (unter b.) ist in re nach dem Verständnis geschichtlichen Menschseins zu fragen, das sich Plessner aufgrund der methodischen Anlage seiner Geschichtsphilosophie zeigt.

a. Das geschichtsphilosophische Prinzip menschlicher Unergründlichkeit

Die kommenden Überlegungen sollen die geschichtsphilosophische Methode behandeln, die es ermöglicht, auf die historischen Apriori auszugreifen. Hierfür muß der Herausforderung entsprochen werden, das Menschentum in seiner historischen Tatsächlichkeit zu erfassen. In seiner methodischen Selbstverständigung geht Plessner von den Meinungen seiner Zeit, und d.h. von der ihm zeitgenössischen Diskussion innerhalb der Geschichtswissenschaft, aus. Genauer handelt es sich dabei um das empiristisch-aprioristische Dilemma, in das die Geschichtswissenschaft nach dem Auseinanderbrechen der Hegelschen Geschichtsphilosophie geraten ist.

Die Hegelsche Geschichtsphilosophie steht bei Plessner für die Versöhnung von Vernunft und Wirklichkeit, in der die geschichtliche Wirklichkeit in ihrer Tatsächlichkeit geschluckt ist. Zunächst zeigt die Hegelsche Geschichtsphilosophie, daß die Annahme, daß Vernunft die apriorischen Strukturprinzipien von Wirklichkeit überhaupt ausmache, in keinem notwendigen Widerspruch zur Vorstellung von geschichtlichen Wandel steht. Hegel unterläuft den Gegensatz von Vernunft und geschichtlichem Wandel, indem er die Vernunft als Subjekt und Zweck des geschichtlichen Wandels annimmt. Er sieht die Vernunft als dasjenige an, das sich hinter dem Rücken der historischen Akteure und vermittels ihrer Handlungen „listig“ realisiert. Der geschichtliche Wandel kann damit zugleich selbst als vernünftig, und d.h. als teleologische Entwicklung ausgezeichnet werden, deren Dynamik durch den Zweck der Realisierung von Vernunft in der Zeitlichkeit bestimmt ist. Diesem Verständnis von Geschichtlichkeit hält Plessner entgegen, daß es der Geschichte den Ernst nehme. Zum einen werden alle diejenigen Phänomene am faktischen Geschehen als bloße Kontingenz ausgeschieden, die der Entwicklung der Vernunft widersprächen. Zum anderen degradiert die „Denkweise, im Wirklichen der Geschichte Vernunft zu sehen, die Geschichte zum Schauplatz […], auf dem ein überweltliches Drama des absoluten Geistes zur Aufführung kommt, die Völker nach Stichworten gleichsam im rechten Augenblick auftreten und wieder verschwinden […].“ (MmN, 232) Der Geschichte wird folglich ihre Tatsächlichkeit genommen, indem die unterschiedlichen Epochen allein als Attribute des Geistes ohne Eigengewicht erscheinen. Die Versöhnung von Vernunft und Wirklichkeit, für die Hegel Pate steht, verliert mit der sich ausbreitenden Erfahrung geschichtlicher Kontingenz ihre Glaubwürdigkeit. Die Geschichtlichkeit wird vielmehr als letzte nicht mehr vernünftig ausdeutbare Macht erfahren. Damit stehen nun sowohl die Vernünftigkeit der eigenen europäischen Wirklichkeit als auch die Verwirklichung der Vernunft in der Weltgeschichte infrage.

Mit dem Auseinanderbrechen der Versöhnung von Vernunft und Wirklichkeit sieht Plessner ebenfalls die Geschichtsphilosophie sich in eine empiristische und eine aprioristische Partei gabeln. Gegenüber der teleologischen Geschichtsbetrachtung profiliert sich die klassische historische Schule (in Anschluß an Ranke) als Gegenposition neutraler Wissenschaftlichkeit. Das Selbstverständnis der eigenen Epoche wird auf sein bloß faktisches Gelten reduziert und zugleich keine teleologische Entwicklung, sondern die Gleichheit der Epochen vor Gott angenommen. Die Geschichtsphilosophie wandelt sich derart zur positiven Wissenschaft, die sich am Ideal empirischer Forschung orientiert. Je mehr sie sich Detailproblemen und einzelnen Epochen zuwendet, desto weniger wird ihr eine Gesamtschau der menschlichen Weltgeschichte möglich. Damit einhergehend verliert sie ihre Fähigkeit zur Orientierung in der Wirklichkeit.[282] Einem ausschließlich empirischen Vorgehen fehlt nämlich ein Maßstab. Dem Empirismus ist es insofern nicht möglich, aus der Fülle der kulturellen Objektivationen den Schritt über das empirische Geschehen hinaus zum Wesen des Menschen bzw. zu dem vorgängigen Sinnhorizont zu machen, der das Denken und Handeln der Menschen erst ermöglicht.[283] Die Universalität menschlicher Natur ist zugunsten der Vielheit der historischen Selbstverständigungsleistungen aufgegeben. Ein Verständnis vom Wesen des Menschen und d.h. genauer von den „Bedingungen der Ansprechbarkeit von etwas als Mensch“ (MmN, S, 153) kann das empirische Material allein nicht vermitteln. Das empirisch gegebene Material spricht ja nicht von selbst, sondern muß befragt werden. Das empirische Vorgehen muß folglich eine Grenzziehung zwischen Menschlichem und Nicht-Menschlichem bzw. eine bestimmte Vorstellung dessen in Anspruch nehmen, was überhaupt als Mensch angesprochen werden soll, um die historischen Quellen zum Sprechen zu bringen. Damit ist die geschichtswissenschaftliche Forschung jedoch über das rein empirische Vorgehen hinaus. Zugleich geraten die empirischen Erkenntnisse von den historischen Menschentümern ihrerseits in Abhängigkeit von dem Begriff menschlichen Wesens, den der Historiker unter der Hand in Anspruch nimmt. Wenn dennoch Erkenntnis vom menschlichen Wesen möglich sein soll, dann kommt folglich alles auf die apriorischen Bedingungen an, die das Ansprechen von etwas als Mensch ermöglichen.[284]

---

[282] Vgl. VN, 129f.: „Mit Ranke konstituiert sich die Geschichte als positive, empirische Wissenschaft im Gegensatz zur Philosophie der Geschichte: Schildern, wie es gewesen ist, unter Verzicht auf jede wie immer geartete transzendente Deutung; die Ereignisse aus ihnen selber verstehen ohne Hintergedanken, ohne Symbolik und doppelten Schriftsinns. [...] Beginnt der Historiker aber die Bedingtheit der herkömmlichen Bewertungen und Abgrenzungen durch eine traditionell gewordene Historie und ihre politischen oder religiösen Interessen zu durchschauen, so haben die Tatsachen Kraft gewonnen, die Einheit des Geschichtsverlaufs aufzulösen. Ranke selbst war gläubiger Protestant und dadurch gegen die Relativierung des eigenen Geschichtsbildes geschützt. Er zweifelte nicht an der Möglichkeit der Objektivität seiner eigenen Forschungen. Gerade aus seinem Glauben heraus gewann er die Freiheit zu dieser Objektivität [...] Rankes Geschichtswissenschaft dagegen steht unter keiner Verheißung mehr. Eine wissenschaftlich ernüchterte, zu vielen Perspektiven aufgebrochene Geschichtsschreibung können aber nur Menschen ertragen, die fest in einem Glaube verankert sind. Ungläubige wird sie unsicher machen und zum Zweifel an der eigenen Lebensrichtung bringen.“

[283] Vgl. MmN, 151: „Offenbar ist solche Wesenslehre des Menschen keine empirische Disziplin. Denn aus der Erfahrung etwas von der Vorstellung erkennen, die selber der Erfahrung vom Menschen und ihrer Auswertung zugrundegelegt werden soll, heißt einem unendlichen Zirkel verfallen.“

[284] Volker Schürmann verweist darauf, daß sich der Plessnersche Einwand gegen den Empirismus allein auf die empirische Erforschung des menschlichen Wesens bzw. der menschlichen Erfahrung

Die aprioristische Partei innerhalb der geschichtswissenschaftlichen Diskussion seiner Zeit wird Plessner zufolge allerdings von ebenso großen Schwierigkeiten eingeholt. Der aprioristische Ansatz ist nicht nur blind für die eigene Geschichtlichkeit und muß sich deswegen den Vorwurf gefallen lassen, der eigenen Zeit in ihrer historischen Auffassung vom Menschentum nach dem Mund zu reden.[285] Darüber hinaus müssen die apriorischen Bestimmungen des menschlichen Wesens notwendigerweise an der oben formulierten Herausforderung scheitern, die orientierenden Sinnhorizonte bzw. die Bestimmungen des menschlichen Wesens in ihrer historischen Wirklichkeit zu begreifen. Indem transzendentale Bedingungen in Anspruch genommen werden, die es erst ermöglichen sollen, etwas als Mensch anzusprechen, wird der Ernst der Geschichte gekappt. Die empirisch auffindbaren Wesensbestimmungen könnten allein noch als Veranschaulichungen des ewig Menschlichen begriffen werden, das sich in ihnen entäußerte.[286] Plessner richtet seine Kritik am Apriorismus gegen beide in seiner Zeit dominanten Strömungen innerhalb der Geschichtsphilosophie: sowohl gegen die Versuche, die Vernunft als Wahrheitsgrund der menschlichen Wirklichkeit überhaupt festzuhalten, als auch gegen die Vorstöße, die Geschichtlichkeit zu verabsolutieren. Während er erstere ein inhaltlich bestimmtes Apriori formulieren sieht, attestiert er letzteren die Inanspruchnahme eines formalen Apriori.

Wie den Positivismus der historischen Schule versteht Plessner auch die neukantianische Kultur- und Geschichtsphilosophie als Versuch, sich von deren teleologischen Annahmen der Hegelschen Geschichtsphilosophie zu befreien. Im Unterschied zur Hegelschen Geschichtsphilosophie hält der Neukantianismus Plessner zufolge die inhaltlich Bestimmung des Geschichtsprozesses offen. Der Geschichtsprozeß stellt allein noch einen Wechsel der historischen Gestaltungen dar, in denen die ewige Vernunft verwirklicht ist. Die eigene Zeit soll dabei nur eine Ausgestaltung der Subjektivität unter anderen ausmachen. Plessner kritisiert diese neukantianische Neutralität am Beispiel von Rickerts Kulturphilosophie. Zum einen wird nicht auf die Geschichtlichkeit des eigenen Standpunkts – weder auf sein historisches Gewordensein noch auf seine Perspektivität – reflektiert. Mit anderen Worten wird sowohl das Hineinreichen der Vergangenheit in die Gegenwart, und das besagt das historische Gewordensein des

---

überhaupt bezieht. Zwar gehe jedes empirische Forschungsprojekt von einem bestimmten Vorbegriff seines Forschungsgegenstandes aus, dieser Vorbegriff könne jedoch bei allen Gegenständen außer dem menschlichen Wesen seinerseits nochmals zum Gegenstand empirischer Forschung gemacht werden. Vgl. Volker Schürmann, Unergründlichkeit und Kritik-Begriff – Plessners Politische Anthropologie als Absage an die Schulphilosophie, in: Deutsche Zeitschrift für Philosophie, 45 (1997) 3, 345–361, hier: 347.

285 Vgl. MmN, 147: „Wie dürfen wir hier, wo alles im Fluß ist, auf irgendeine bleibende Synthese hoffen, die nicht schon nach wenigen Jahren überholt ist? Von Überwölbungen ist nichts zu erwarten, außer, daß sie einstürzen."

286 Vgl. MmN, 151: „Aber apriorisch kann diese Wesenslehre vom Menschen auch nicht sein. Sie wäre dann nicht imstande, den Hervorgang der zeitlosen, apriorischen Wahrheiten und Verbindlichkeiten aus dem Leben im Horizont der Geschichte und ihrer Erfahrung begreiflich zu machen […]."

eigenen Standpunkts, als auch das Einwirken der Gegenwart in die Vergangenheit, und das heißt die ständige Umprägung der Geschichte, abgeblendet.[287] Zum anderen wird der Geschichte durch die Idee des harmonischen Nebeneinander der Kulturkreise ihr Ernst genommen. Die Zeitlichkeit ist aus dem Kosmos der in den Kulturen realisierten ewigen Werte verdrängt. „Was den wahrhaft aufwühlenden Sinn der Geschichte ausmacht, daß sie nicht nur die Bühne ist, auf der nach irgendeinem Zusammenhang Träger außerzeitlicher Werte kommen und gehen, einen gewiß einsinnig gerichteten, einmaligen Ablauf dramatischer Zuspitzung vollbringend, daß sie vielmehr Ort der Erzeugung und Vernichtung der Werte, des Unerzeugbaren, Unzerstörbaren selber ist, war bei Rickert in ein friedliches Verhältnis zwischen Ewigkeit und Zeitlichkeit unter dem Bild der Trägerschaft umgedeutet. Je nach ihrer psychophysischen Verfassung ließen die Individuen (und Zeiten) durch ihre Stellungnahme bald dieses, bald jenes Stückchen Werthimmel in ihrem faktischen Verhalten durchscheinen." (MmN, 170) Wenn Plessner die Rickertsche Geschichtsphilosophie folglich für das inhaltliche Apriori kritisiert, das sie in Anspruch nimmt, so macht er gegen sie geltend, daß sie sich die Möglichkeit verbaut, das Menschentum in seiner historischen Tatsächlichkeit zu erfassen. Die Sinnhorizonte, in denen die Epochen ihr menschliches Wesen finden, erscheinen allein im Status der Möglichkeit: als kulturelle Kostümierungen der ewigen Vernunft, die das wahre Wesen des Menschen ausmacht. Damit einhergehend verbaut es sich Rickert Plessner zufolge zugleich, auf die Geschichtlichkeit der eigenen Anthropologie zu reflektieren.[288]

---

[287] Vgl. MmN, 170: „Rickerts Kulturphilosophie war wohl eine Philosophie im Interesse, aber nicht aus dem Geiste der Geschichte. Sie hatte gewissermaßen nur thematisch-gegenständlich von dieser Entdeckung des 19. Jahrhunderts Besitz ergriffen, ohne sich von ihr ergreifen und in ihren Denkmitteln umgestalten zu lassen. Sie hatte nicht verstanden, daß man sich ihr auch thematisch nur nähern konnte, wenn man aus ihr für sich selber lernte und am eigene Denken die Konsequenzen ihrer Erkenntnis zog. So blieb Rickert halb im 18. Jahrhundert stecken: ein zeitloser Kosmos ewig gleichmöglicher Werte (die Platonische Ideenwelt in Lotzescher Transkription) einem zeitlosen Transzendentalsubjekt ewig möglicher Stellungnahmen gegenüber; zwischen ihnen ein flutendes μηον, der Limes der Wirklichkeit."

[288] Während Heike Kämpf die Forderung, die Verabsolutierung des eigenen Menschentums zu unterlaufen, als moralisches Anliegen formuliert, betont Hans Peter Krüger die Dimension der Selbsterkenntnis. Vgl. Heike Kämpf, „So wie der Mensch sich sieht, wird er" – Überlegungen zur politischen Verantwortung der philosophischen Anthropologie im Anschluß an Helmuth Plessner, in: Gerhard Gamm u.a. (Hg.), Zwischen Anthropologie und Gesellschaftstheorie – Zur Renaissance Helmuth Plessners im Kontext der modernen Lebenswissenschaften, a.a.O., 217–231. Sowie Hans-Peter Krüger, Die Leere zwischen Sein und Sinn: Helmuth Plessners Heidegger-Kritik in „Macht und menschliche Natur" (1931), in: Wolfgang Bialas u.a. (Hg.), Die Weimarer Republik zwischen Metropole und Provinz, a.a.O., 177–199, hier: 189: „Wenn Plessner von der ‚wertedemokratischen Gleichstellung aller Kulturen in ihrer Rückbeziehung auf den einen schöpferischen Lebensgrund' spricht, so nicht, weil er ein Vorurteil für den Westen hat oder dem protestantischen Bekenntnis-Spiel folgt, ein guter Mensch sein zu wollen, sondern weil er diese Gleichstellung für die Konsequenz aller an Kant anschließenden Kant-Überwindungen bis Dilthey in unserer eigenen Kultur hält. Das Selbstverständnis durch vereinheitlichende Sinnbestimmung als Seinsbestimmung und

Plessner zeigt jedoch darüber hinaus, daß sich auch die Position, die die substantielle Bestimmung des Menschentums als Vernunft durch eine formale Bestimmung ersetzt, nicht aus den aprioristischen Verstrickungen befreien kann.[289] Ihrem Selbstverständnis nach ist die *formale* bzw. prozessuale Bestimmung des menschlichen Wesens dem Streben geschuldet, alle historischen und kulturellen Selbstverständigungsleistungen umgreifen zu können. Die Formalisierung der menschlichen Wesensbestimmung bzw. die Reduktion des letzten Sinnhorizonts auf die Dimension der Vollzüge zielt auf Universalität in bezug auf die kulturelle Breite aller möglichen Weisen des Menschseins.[290] Für Plessner fungiert – wie bereits im ersten Kapitel dieser Arbeit dargestellt – Heidegger als Gewährsmann für dieses pragmatische Verständnis des menschlichen Wesens. Die Heideggersche Bestimmung des menschlichen Wesens findet Plessner in dessen Auszeichnung der menschlichen Existenz als einer solchen Seinsweise, der es um ihr Sein geht und die sich selbst auslegend entwirft. Damit gesteht Plessner Heidegger explizit zu, daß dieser für das eigene Philosophieren keine Vorzugsstellung beanspruchen muß, sondern es seinerseits noch als eine ausgezeichnete Möglichkeit der menschlichen Existenz zu relativieren vermag. Plessners Kritik setzt nun jedoch an der unausgesprochenen Theorie an, die hinter Heideggers Daseinsanalyse steht: daß die menschliche Existenz durch die Zeitlichkeit bestimmt ist. Diese Beschränkung der menschlichen Wirklichkeit auf die zeitlichen Vollzüge ist nämlich alles andere als unschuldig. Vielmehr hypostasiert Heidegger auf diese Weise die Lebenssituation des modernen individualisierten Europäers, der sich selbst fraglich geworden ist, zur Grundschicht von menschlicher Wirklichkeit überhaupt.[291]

---

damit auch durch dualistischen Ausschluß des Anderen ist *selbst*, und zwar zugleich in der eigenen Kulturtradition, fraglich geworden."

[289] Volker Schürmann weist darauf hin, daß alle – material oder formal angelegte – apriorische Anthropologie deswegen zu kurz greift, weil sie den geschichtlichen Ort verdecke, an dem sie steht. Vgl. Volker Schürmann, Unergründlichkeit und Kritik-Begriff, a.a.O., 351: „Plessner ist entschieden der Ansicht, daß man zwar eine Wesensbestimmung nicht nicht haben kann, daß aber eine Wesensbestimmung *als* Wesensbestimmung prinzipiell nur eine besondere, eine partikulare Bestimmung sein kann. Ein Apriorismus nun trägt dieser Besonderheit in der Durchführung nicht eigens Rechnung, wodurch die faktisch besondere Bestimmung als vermeintlich *allgemeine* jeglichen Mensch-seins verhandelt und suggeriert wird. Und deshalb ist jeder Apriorismus, und auch ein nur methodisch gemeinter, die Absolutsetzung eines eigentlichen Mensch-seins, und damit eine Zweiteilung der Gattung in solche Exemplare, die dieses eigentliche Mensch-sein erreicht haben, und solche, die es nicht erreicht haben."

[290] Vgl. MmN, 154f.: Die „Setzung des Wesens in ein Wie schafft sich von vornherein den Raum, alles was Menschenantlitz trägt, als gleichberechtigte Ausformungen und Weisen des Menschseins zu verstehen. Hier besteht nicht der Zwang zu einer konkreten Angabe des Wesens, sondern nur der Zwang, das eigentlich Menschliche mit einer Struktur zu decken, die formal und dynamisch genug sein muß, um die in der *ganzen* Breite ethnologischer und historischer Erfahrung ausgelegte Mannigfaltigkeit als mögliche Modi des Faktisch-werdens dieser Struktur sichtbar zu machen."

[291] Vgl. MmN, 159: „Im Enderfolg kommt mit der apriorischen Anthropologie so oder so eine Verabsolutierung bestimmter menschlicher Möglichkeiten heraus. Schon der Katholik z.B. wird die Heideggersche Angabe des Sinnes von Existenz ablehnen müssen. Und wie erst müssen sich die

Das Ergreifen und Entwerfen der eigenen Existenz ebenso wie die Relativierung von Erkenntnis zur Lebensdeutung erweisen sich allein *Ausdruck* des modernen Zeitgeistes, der das Vertrauen in jede Transzendenz verloren hat. Das Dasein stellt folglich keine Verfaßtheit dar, die allem menschlichen Leben zukommt. Infolgedessen eignet es sich auch nicht als Maßstab, um die unterschiedlichen Weisen des Menschentums zu erschließen. Vielmehr wird das Selbstverständnis des modernen säkularen Europas mit seinem Transzendenzverlust und seiner freigesetzten Individualität als menschliches Wesen vorausgesetzt, vor dem substantiell gebundene Kulturen als unaufgeklärt, totalitär, ans „Man" verfallen erscheinen müssen.[292] Plessner gelingt es, das empiristisch-aprioristische Dilemma zu unterlaufen, indem er an der gedoppelten Herausforderung festhält, die vom historisch wirklichen Menschentum ausgeht: daß das Menschentum allein in historischen Konstellationen wirklich ist, ohne sich deswegen jedoch in das Geflecht historischer Kausalitäten auflösen zu lassen. Die Brechung innerhalb der Einheit von menschlichem Wesen und kultureller Pluralität darf folglich von keiner Seite her verstellt werden.

Eine analoge Problemformulierung wurde oben für die Plessnersche Naturphilosophie erarbeitet. Plessners Grenzhypothese wurde als Grund dafür angegeben, daß ein physisches Ding als selbstbezügliches Lebewesen erscheint. Die Herausforderung, vor der die Geschichtsphilosophie steht, wird nun dadurch gegenüber der Naturphilosophie verschärft, daß die Umbruchstelle, an der die heterogenen Dimensionen menschlichen Seins ineinander umschlagen, ihrerseits nicht mehr in re bestimmt werden kann. Ein solcher Versuch würde den Fehler des formalen Apriorismus bloß wiederholen: mißzuverstehen, daß jede apriorische Bestimmung der menschlichen Wirklichkeit überhaupt,

---

Aspekte außereuropäischer Kulturen und Daseinssysteme dagegen ausnehmen; zu deren Sinn der eminente ‚Mangel' an Individualität, Personalität und Freiheit zu Möglichkeiten gehört, eine ‚Verfallenheit an das Man', – deren eigener Lebenssinn damit eben nicht getroffen wird, wenn er in solcher Perspektive erscheint." Vgl. dazu auch Hans-Peter Krüger, Die Leere zwischen Sein und Sinn: Helmuth Plessners Heidegger-Kritik in „Macht und menschliche Natur" (1931), a.a.O., hier insb.: 188f. sowie 192f.

292 Vgl. MmN, 157f.: „Sind die anderen Auslegungsformen nicht mit der eigenen nicht nur gleich möglich, als ‚transzendental zufällige' Formen der Verfallenheit, sondern auch gleichberechtigt? Wenn nicht, dann sind eben die Träger von Kulturen, welche keine Möglichkeit zur Übernahme des eigenen Schicksals, zur Personalität, ja letzten Endes sogar zu Metaphysik im griechisch-christlichen Sinne haben, keine Menschen oder Menschen nur im Latenzzustand. Sie sind günstigstenfalls in einem Zustand natürlicher Unerlöstheit, aber auch nur, sofern man eben ihnen eine natürliche Bekehrbarkeit zubilligt. Sind aber die anderen Auslegungsformen mit der eigenen gleichberechtigt, dann hebt sich der Universalitätsanspruch der eigenen Daseinsauslegung auf. Dann ist es *unser* Wesen, hier und heute, was die Existentialanalyse in der Ausrichtung auf das Eigentlich-Menschliche wahrhaft nur in den Blick bekommt. Und das besonders Schwierige daran ist nicht das Auftreten des Universalitätsanspruchs in der Blickrichtung dieser einseitigen Daseinsform, sondern die Bestimmung des Verhältnisses der Daseinsformen untereinander. Denn was erlaubt nur dann noch die Einheit der Vergleichshinsicht, indem ich sie alle als Formen des Daseins, des Menschentums beurteile? Nur die Gleichheit dessen, was Menschenantlitz trägt? Womöglich doch nur somatische Kriterien des homo sapiens et faber als einer Erscheinung im Rahmen sinnlicher Erfahrung?"

selbst wenn sie sich auf eine formale Strukturbeschreibung begrenzt, nicht neutral ist, sondern ein bestimmtes historisches Menschentum propagiert.

Die einzige Möglichkeit, auf die Menschentümer in ihrer historischen Wirklichkeit ausgreifen zu können, besteht folglich darin, das philosophische Vorgehen auch methodisch in der Frage zu halten. Dies darf nun gerade nicht als Sich-Stellen in die Zeitlichkeit oder in die Geschichtlichkeit gefaßt werden. Es hat sich vielmehr gezeigt, daß solch eine Verabsolutierung der geschichtlichen Offenheit zum letzten Sinnhorizont menschlichen Lebens ihrerseits eine apriorische Schließung darstellt. Sich methodisch in der Frage zu halten, muß vielmehr bedeuten, den Wahrheitsgrund menschlicher Wirklichkeit auch noch gegenüber seiner Bestimmung als geschichtlich offenzuhalten. Um dieser Anforderung zu entsprechen, stellt Plessner seine Geschichtsphilosophie unter das *Prinzip menschlicher Unergründlichkeit.* Es ist nun entscheidend, das Unergründlichkeitstheorem allein als Prinzip zur methodischen Selbstdistanzierung und nicht als Aussage in re über die menschliche Wirklichkeit überhaupt zu fassen.[293] Die Idee menschlicher Unergründlichkeit als materiale Aussage über die menschliche Wirklichkeit überhaupt zu fassen, bedeutet nämlich nichts anderes, als das formale Apriori menschlicher Geschichtlichkeit zu vertreten: daß dem Menschen eine substantielle Bestimmung entzogen ist und er sich deswegen immer aufs Neue selbst entwerfen muß. Unter dem *Methodenprinzip* menschlicher Unergründlichkeit unterläuft Plessner folglich auch noch *die apriorische Bestimmung*, daß die menschliche Wirklichkeit unergründlich sei. Indem er solcherart versucht, den unter der Hand transportierten Annahmen vom Ganzen menschlicher Wirklichkeit zu entgehen, hält er die Frage nach dem menschlichen Wesen sowohl gegenüber aprioristischen Festlegungen als auch gegenüber empiristischen Verflüchtigungen fest.

Unter dem Unergründlichkeitsprinzip setzt sich Plessner der historischen Wirklichkeit aus, um von ihr eine Antwort auf die Frage nach dem Sinnhorizont zu erhalten, in dem eine Epoche ihr menschliches Wesen findet.[294] Plessner legt sein geschichtsphilosophisches Projekt, das Menschentum in seiner historischen Wirklichkeit einzusehen, folglich als *Geistesgeschichte* an. Dementsprechend kann er in „Macht und menschliche Natur" behaupten, daß es die „Geistesgeschichte (sei; O. M.), mit der allein die Philosophie ihre systematische Arbeit verrichten kann". (MmN, 174) Der Begriff der Geistesgeschichte muß hier in seinem traditionellen Verständnis als Bezeichnung für die Geschichte genommen werden, die der Geist selbst durchmacht. Die Plessnersche Geistesgeschichte macht folglich keine Unterdisziplin neben der Sozial-, der Wirtschafts- oder der Kulturgeschichte aus. Sie hält vielmehr am umfassenden Anspruch der Geschichtsphilosophie auf

---

[293] Vgl. MmN, 190f.: „Theoretisch definitiv ist die Wesensbestimmung des Menschen als Macht oder als offene Frage nur insoweit, als sie die Regel gibt, eine inhaltliche oder formale Fixierung als ... *fernzuhalten*, welche seine Geschichte in die Vergangenheit und in die Zukunft hinein einem außergeschichtlichen Schema der Geschichtlichkeit unterwerfen möchte."

[294] Vgl. MmN, 186: „Das schöpferische Leben darf nur bedeuten die jeweilige menschliche Wirklichkeit, wie sie restlos in unsere Erfahrung eingeht; nicht einmal einen in ihr liegenden Quellgrund, dessen schöpferische Fähigkeit diesseits der Geschichte als eine zeitlos zeitigende Struktur von der Philosophie zu formulieren oder, wenn nicht rational, doch schauend zu fixieren wäre."

die Erkenntnis des menschlichen Wesens fest. Die Plessnersche Geschichte des Geistes stellt die Geschichte der Sinnhorizonte bzw. der Daseins- und Gesichtskreise dar, in denen die unterschiedlichen Epochen ihr Menschentum und damit ihre Orientierung im Leben finden.[295]

b. Das historische Apriori als Gegenstand der als Geistesgeschichte durchgeführten Geschichtsphilosophie

Nachdem sich der letzte Abschnitt mit der methodischen Anlage von Plessners Geschichtsphilosophie beschäftigt hat, richten sich die folgenden Überlegungen auf ihren Gegenstand. Es stellt sich die Frage, wie die Geschichte aussieht, auf die die Plessnersche Geschichtsphilosophie unter dem Prinzip menschlicher Unergründlichkeit ausgreift.

In keinem Fall werden wir ein teleologisches Geschichtsverständnis zu erwarten haben. Einen letzten Sinn bzw. Endzweck der Geschichte zu bestimmen, bedeutete, eine apriorische Theorie des menschlichen Wesens zu entwerfen. Dies zu unterlaufen ist nun aber ja gerade das ausgemachte Ziel von Plessners Unergründlichkeitsprinzip. Dementsprechend kritisiert Plessner gleichermaßen Hegels positive und Rickerts negative Geschichtsteleologie dafür, der Geschichte ihre Tatsächlichkeit bzw. ihren Ernst genommen zu haben. Wir werden aber von Plessner auch umgekehrt keine Verabsolutierung des geschichtlichen Wandels vorgesetzt bekommen. Die als letzter Wahrheitsgrund menschlichen Seins gesetzte Prozessualität bedeutet die Herrschaft der Zeit und damit der politischen Entscheidungen, über denen es keine verpflichtende Instanz mehr gibt. Die Möglichkeit von sachlicher Selbstverständigung wäre geschluckt, die theoretischen Begriffe erführen ihre Politisierung zu polemischen Begriffen, die ihren Sinn aus einer konkreten historischen Konfliktsituation erlangten.

Die Hypostasierung der Geschichtlichkeit bzw. des Politischen zum letzten Horizont von Wirklichkeit impliziert, daß alle Sinnhorizonte als bloße geschichtliche Konstruktionen erscheinen. Die inhaltliche bzw. qualitative Bestimmtheit der Sinnhorizonte kann damit nicht mehr festgehalten werden, sie löst sich vielmehr in die Bezüge der Zeitlichkeit auf. Ein Blick auf Carl Schmitts „Begriff des Politischen“ zeigt dies sehr deutlich.[296] Mit seiner Hypostasierung des Politischen zum letzten Horizont und mit der

---

[295] Daß Plessner die Frage nach dem qualitativ bestimmten Menschentum geistesgeschichtlich beantworten will, mag auf den Einfluß von Max Weber zurückgehen. Zu Webers nicht-positivistischer Grundfrage nach den Typus Mensch, der je geschichtlich wirklich ist vgl.: Wilhelm Hennis, Max Webers Fragestellung, Tübingen 1987. Zu dem Einfluß des Kreises um Max Weber auf Plessner vgl.: Kersten Schüßler, Helmuth Plessner – eine intellektuelle Biographie, a.a.O., 16ff.

[296] Vgl. Carl Schmitt, Der Begriff des Politischen, Berlin 1963, 31: „[...] alle politischen Begriffe (haben; O. M.) einen *polemischen* Sinn; sie haben eine konkrete Situation im Auge, sind an eine konkrete Situation gebunden, deren letzte Konsequenz eine [...] Freund-Feindgruppierung ist, und werden zu leeren und gespenstischen Abstraktionen, wenn diese Situation entfällt.“ Auf Seite 32 spricht Schmitt darüber hinaus von der „unvermeidlichen ‚Unsachlichkeit‘ aller politischen Entscheidungen, die nur der Reflex der allem politischen Verhalten immanenten Freund-Feindunterscheidung ist [...].“

Absage an alles Außerpolitische kann Schmitt im Unterschied zu dem von ihm bekämpften Liberalismus den Ernst der politischen Konflikte begreifen. Er zahlt dafür jedoch den Preis, theoretisch nicht mehr einsehen zu können, um welche Inhalte politisch gekämpft wird. Mit anderen Worten bejaht Schmitt den Kampf unabhängig vom Zweck, für den gekämpft wird.[297] Vor dem Hintergrund der Plessnerschen Kritik an der Teleologie und an der verabsolutierten Geschichtlichkeit ist zu erwarten, daß Plessner seinerseits die menschliche Geschichte in einer Weise versteht, die ihr weder ihren Ernst noch ihren Inhalt nimmt.

Um zu verstehen, wie sich die menschliche Geschichte unter dem Unergründlichkeitsprinzip zeigt, muß man sich daran erinnern, daß es sich hierbei allein um ein Methodenprinzip und um keine materiale Aussage über das menschliche Sein handelt. Mit welchen Inhalten die Plessnersche Geschichtsphilosophie zu tun hat, zeigt sich dann, wenn man die Selbstdistanzierung unter dem Unergründlichkeitsprinzip nicht als ein Sich-Stellen ins Nichts versteht. Wenn man Selbstdistanzierung als Sich-Herausstellen aus dem eigenen Sinnhorizont und damit aus jeder Perspektive faßt, dann bricht man den Kontakt zur Wirklichkeit überhaupt ab. Damit zöge man zwischen dem eigenen Erkenntnisstandpunkt im Nichts und der geschichtlichen Wirklichkeit als Erkenntnisobjekt einen unüberwindbaren Graben ein. In dieser Frontstellung des wissenschaftlichen Blicks aus dem Nichts und des empirischen Materials der Geschichte bleiben nur die – wie wir gesehen haben – ungangbaren Alternativen des Empirismus und des Apriorismus.

Hinter den Plessnerschen Einwänden gegen Empirismus und Apriorismus steht folglich die Einsicht, daß sich die Kluft zwischen heterogenem empirischen Material und universaler Bestimmung des menschlichen Wesens, wenn sie einmal gezogen ist, nicht mehr überwinden läßt. Die Schwierigkeit, vor der Plessner steht, besteht nun darin, daß er aus dieser mit Hegel geteilten Überzeugung, nicht mehr die Hegelsche Konsequenz ziehen und den Weg der Versöhnung von tatsächlichem Geschehen und begrifflichen Sinnstrukturen einschlagen kann. Plessners Kritik an der Entwirklichung der Geschichte durch die Hegelsche Geschichtsphilosophie kennen wir. Zunächst verschiebt Plessner jedoch die Fragestellung ganz in Hegelscher Tradition. Dem Anspruch auf Erkenntnis stellt er sich dann allerdings in einer Weise, die den Punkt der Versöhnung (im Unterschied zu Hegel) gerade offenhält. Rekonstruieren wir diese Überlegung im Detail.

Aus dem Scheitern jeder begrifflich-apriorischen Bestimmung des menschlichen Wesens als heuristischem Maßstab der historischen Erkenntnis ergibt sich für Plessner die

---

[297] Vgl. bereits Leo Strauss, Anmerkungen zu Carl Schmitt, Der Begriff des Politischen, (1932) In: Ders., Gesammelte Schriften, Bd. 3, Stuttgart u.a. 2001, 217–242, hier: 236f.: „Politisch-sein heißt ausgerichtet-sein auf den ‚Ernstfall'. Daher ist die Bejahung des Politischen als solchen die Bejahung des Kampfes als solchen, ganz gleichgültig, *wofür* gekämpft wird. Damit ist gesagt: wer das Politische als solches bejaht, verhält sich *neutral* gegenüber allen Freund-Feind-Gruppierungen. [...] er hat nicht den *Willen* zur ‚Neutralisierung', zur Vermeidung der Entscheidung um jeden Preis, sondern er ist gerade zur Entscheidung gespannt – als Gespanntheit zu *gleichgültig welcher* Entscheidung macht sie von der ursprünglich um der Neutralität willen eröffneten Möglichkeit eines Jenseits aller Entscheidungen Gebrauch."

Notwendigkeit, die Erkenntnissituation selbst anders zu begreifen. Es kann nicht darum gehen, einen Standpunkt im Nichts zu beanspruchen und ein bestimmtes Verständnis des menschlichen Wesens als heuristischen Maßstab zu behaupten, der den Zugang zum empirischen Material des historischen Menschentums eröffnen soll. Wie wir gesehen haben, versperrt eine solche apriorische Bestimmung des menschlichen Seins gerade den Zugang zur geschichtlichen Wirklichkeit. Gegenüber diesem neuzeitlichen Verständnis eines voraussetzungslosen Anfangs in der Wissenschaft hält Plessner die körper-leibliche Wirklichkeit des Historikers fest. Damit verändert sich die gesamte Problemstellung. Der Historiker steht als körper-leibliche Person nicht im Nichts bzw. in transzendentaler Frontstellung gegenüber der Wirklichkeit; er steht folglich auch nicht vor der Herausforderung, diesen Bruch zur Empirie hin überwinden zu müssen. Er steht vielmehr immer schon in einer Perspektive bzw. unter einem orientierenden Horizont, der ihm seine Lebensführung überhaupt erst ermöglicht. Indem der Historiker in einer Perspektive steht, ist er auch immer schon in der Welt.

Damit haben wir ein Verständnis des Erkenntnisproblems jenseits der Alternative von Apriorismus und Empirismus erreicht. Man darf sich nun allerdings nicht dazu verleiten lassen, zu meinen, das Immer-schon-in-der-Welt-Stehen sei die Plessnersche Antwort auf das Erkenntnisproblem. Es ist vielmehr erst die – richtig gestellte – Formulierung des Problems. Indem wir nämlich immer schon in einer Perspektive sind, sind wir zwar in der Welt, Erkenntnis können wir jedoch in bezug auf unsere Deutungen nicht beanspruchen. Die Hegelsche Lösung, einen Prozeß der Selbstverständigung des Geistes anzunehmen, der in die Identität seines Für-sich-Seins mit seinem An-sich-Sein mündet, ist für Plessner im 20. Jahrhundert nicht mehr gangbar. Wir kennen allerdings aus unseren bisherigen Überlegungen zur Naturphilosophie auch schon Plessners eigene epistemologische Haltung: in der je eigenen Perspektive zu dieser Perspektive Distanz zu bekommen und auf diese Weise nach Erkenntnis zu streben.[298] Es gilt folglich zu beachten, daß man in der Selbstdistanzierung doppelt vorkommt: nicht nur an Subjektstelle desjenigen, der sich distanziert, sondern zugleich auch an Objektstelle dessen, wovon man sich distanziert. Dies läßt sich in bezug auf Plessners Geschichtsphilosophie konkretisieren, indem die bisher ausgelegten Argumentationsfäden zusammengeführt werden. Nur so viel ist hier schon klar, daß es sich bei dieser Distanznahme innerhalb der Perspektive des Geisteshistorikers um eine Selbstdistanzierung handeln muß, die durch das Unergründlichkeitsprinzip vermittelt ist und die nicht ins voraussetzungslose Nichts münden darf. Wenn das Erkenntnisstreben den Kontakt zur Wirklichkeit nicht abbrechen will, dann muß es sich vielmehr von der je eigenen Perspektive distanzieren und zugleich die Rückbindung an sie festhalten.

---

[298] Vgl. Plessners Diskussion der Erkenntnissituation in seinen Metaphysikvorlesungen: EdM, 62: „Was gehört zum Bewußtsein der Wirklichkeiten? Distanz! Wenn wir die Fähigkeit des Abstandnehmens von dem Wirklichen nicht hätten, dann würden wir das Wirkliche niemals als wirklich erfahren können. […] Also nur in der Distanz wird gewissermaßen der Gegenstand in seiner Eigenständigkeit freigelegt. Das ist eigentlich etwas vollkommen anderes als die Theorie, die immer wieder sich der Realität durch ein blindes Abbrechen der Bewußtseinsfront nach vorne versichern will. Das geht niemals."

Die Perspektive des Historikers zeichnet Plessner als durch die Idee geprägt aus, daß der Mensch als Zurechnungssubjekt bzw. als Schöpfer seiner Welt fungiere. Nur in dieser Perspektive rückt die Geschichte als die Dimension von Wirklichkeit in den Vordergrund, in der das Menschentum praktisch entworfen wird. Diese Geschichtshaltung, die den Menschen als Macht, sich selbst hervorzubringen, anspricht, affirmiert Plessner in einem ersten Schritt. (Vgl. MmN, 185ff.) Die Geschichtshaltung, die uns oben bereits als formales Apriori begegnet ist, versteht die menschliche Unergründlichkeit als inhaltliche Bestimmung menschlichen Seins: daß dem Menschen von Natur aus ein letzter Sinnhorizont entzogen ist. Die Abwesenheit eines natürlichen Lebenshorizonts eröffnet den Spielraum für die geschichtliche Macht, hinter den eigenen Rücken zurückzugreifen und noch den apriorischen Rahmen hervorzubringen, unter dem alles individuelle Denken und Handeln geschieht. Aus der Unergründlichkeit ist „der Mensch" an die Geschichte verwiesen, um von den kulturellen Objektivationen den Grund zu erhalten, der ihn und seine Umwelt trägt. Plessner faßt diese Angewiesenheit auf die kulturellen Leistungen als menschliche Gemeinschaftsoffenheit. (Vgl. MmN, 231) In den kulturellen Leistungen erobern sich „die Menschen" eine ausdeutbare Umwelt der Vertrautheit, die von der offenen in sich heterogenen Welt abgehoben ist. Sie stehen damit in einem künstlich geschlossenen Kosmos, von dem sie die Bestimmung ihres Wesens und der sie umgebenden Umwelt erfahren. „In seiner *Unbestimmtheit* zu sich gestaltet sich ihm (dem Menschen; O. M.) der merkwürdige Horizont, innerhalb dessen ihm alles bekannt, vertraut und natürlich, seinem Wesen gemäß und notwendig, außerhalb dessen ihm alles unbekannt, fremdartig und unnatürlich, seinem Wesen widrig und unverständlich erscheint." (MmN, 192)

Vor dem Hintergrund der Unergründlichkeit menschlicher Wirklichkeit erweist sich der Vertrautheitshorizont nicht als apriori, sondern als im geschichtlichen Vollzug festgelegt. Dies bedeutet nun jedoch nicht nur, daß „die Menschen" gemeinschaftsoffen bzw. an kulturelle Selbstverständigungsleistungen verwiesen sind, um von diesen die Bestimmung ihres Wesens zu erhalten. Darüber hinaus impliziert das geschichtliche Vollzogensein des Sinnhorizonts, daß die ausdeutbare Umwelt und die unheimliche Welt gleichursprünglich sind. Da die Einhegung der Vertrautheitssphäre immer aufs Neue zu vollziehen ist, sind das Eigene und das fremde Offene in einander verschränkt.[299] Einerseits wirken das Eigene und Vertraute als tradierte Schemata kulturel-

[299] Wolfgang Pircher, Norbert Axel Richter und Heiner Bielefeldt machen anhand der Plessnerschen Überlegung zur Verschränkung von Umwelt und Welt deutlich, inwiefern Plessner den von Schmitt entlehnten Begriff der Freund-Feind-Beziehung transformiert. Pircher betont, daß Plessner die Freund-Feind-Unterscheidung anthropologisch verallgemeinert, insofern er sie als Moment geschichtlicher Selbstkonstitution begreift: daß mit der Einhegung einer *bestimmten* Vertrautheitssphäre die Abgrenzung gegen Anderes einhergeht, das als unheimlich erscheint. (Vgl. Wolfgang Pircher, „Pflicht zur Macht": Helmuth Plessner und Carl Schmitt, in: René Weiland (Hg.), Philosophische Anthropologie der Moderne, Weinheim 1985, 154–164, hier insb.: 163f.) Norbert Axel Richter betont darüber hinaus, daß mit dieser Verallgemeinerung eine „politisch-operationale Entschärfung" einhergeht. (Norbert Axel Richter, Unversöhnte Verschränkung – Theoriebeziehungen zwischen Carl Schmitt und Helmuth Plessner, in: Deutsche Zeitschrift für Philosophie, 49 (2001) 5,

ler Selbstverständigung in die Gegenwart hinein; andererseits stehen „die Menschen" vor der Herausforderung einer in der Gegenwart zu bewältigenden Situation.[300] Das Zusammenstimmen von den tradierten Schemata der Vertrautheit und der offenen Situation der Gegenwart ist nicht vorab (bzw. a priori) sichergestellt, sondern – dies meint genau die menschliche Geschichtsmacht – immer aufs Neue zu leisten.[301]

Plessner bleibt bei der unmittelbaren Identifikation mit dem Verständnis des Menschen als Macht jedoch nicht stehen. Vielmehr hatten wir oben gesehen, daß er mit seinem Prinzip menschlicher Unergründlichkeit gerade danach strebt, auch das formale Apriori der Geschichtshaltung noch zu unterlaufen, um sich den Blick auf die histori-

783–799, hier: 794.) „Aus der ‚Verschränkung der Perspektiven im Miteinander und Gegeneinander' folgt nicht das Miteinander von Freund und Feind, sondern die Anerkennung des Feindes als eines Gegenspielers in einem Spielraum, den man selber hat und dem anderen lässt. In diesem politischen Möglichkeitsspielraum wird die Zivilisierung des politischen Kampfes möglich, weil sich hier exzentrische Handlungsformen denken lassen, die die Vernichtung des einen oder anderen Gegners bei voller Anerkennung ihrer Gegensätzlichkeit ausschließen. Das könnte die kreative Pointe von Plessners politischer Anthropologie sein, und sie beruht auf der Figur der unversöhnten Verschränkung." (Ebenda, 798) In ähnlicher Argumentation kommt Heiner Bielefeldt zu dem Schluß, daß die Freund-Feind-Relation für Plessner „nicht das Letztkriterium des Politischen" ausmache. (Heiner Bielefeldt, Kampf und Entscheidung: politischer Existenzialismus bei Carl Schmitt, Helmuth Plessner und Karl Jaspers, Würzburg 1994, 92) Er betont, daß bei Plessner der Andere bedrohlich sei, „weil er mir nahe ist, weil mir in seiner Fremdheit meine *eigene Fremdheit* vor Augen tritt". (Ebenda) Indem Plessner das Eigene und das Fremde als gleichermaßen wirkliche (aber nicht notwendige) Menschentümer begreift, unterlaufe er die Verabsolutierung der Freund-Feind-Unterscheidung. „Die paradoxe Aufgabe ist die, daß der Mensch im notwendigen Kampf um die Behauptung seiner selbst und seiner kulturellen Vertrautheitssphäre gleichzeitig auch für das ‚Jenseits' dieser Vertrautheit verantwortlich sein soll. [...] Dadurch wird der Kampf nicht reflexiv ‚aufgehoben', sondern im Gegenteil die Möglichkeit des Kampfes gerade aufrechterhalten. Denn diese Möglichkeit ist für die Wahrung des Humanum, um der Vielheit des Menschen willen, konstitutiv. Zugleich ändert sich der Charakter des Kampfes: Die Gegensätze nationaler, kultureller oder weltanschaulicher Art werden relativiert, auch wenn sie nicht direkt überbrückt werden können." (Ebenda, 93)

[300] Vgl. MmN, 192: „Wo diese Horizontlinie läuft, kann er (der Mensch; O. M.) nicht vorausbestimmen und liegt nicht eher fest, als bis es durch ihn festgelegt wird. Die Festlegung durch ihn trägt jedoch (wiederum notwendig nach dem Prinzip der offenen Immanenz in der ‚natürlichen' Daseinslage zwischen seiner Vergangenheit und seiner Zukunft) den Charakter eines Festhaltens an einer schon getroffenen Festlegung oder eines Revoltierens gegen sie, also geschichtlich relevanten Charakter."

[301] Vgl. MmN, 197f.: „Immer schon besteht eine künstliche und doch natürliche, eine aus der Überlieferung ehrwürdige und zugleich verengende Eingrenzung der einheimischen Sphäre gegen die offene Fremde, die beständig gezogen, erneuert, verändert werden muß und nur die schwankende Frontlinie darstellt, auf der dem Gegner in tausend Gestalten das zum Leben Nötige abgerungen, abgetrotzt, abgebetet, abgelistet werden muß. In beständigen Umbrüchen erobert so der Mensch *zwischen* Umwelt und Welt, *zwischen* der heimischen Zone vertrauter Verweisungen und Bedeutungsbezüge, die ‚immer schon' verstanden worden sind, und der unheimlichen Wirklichkeit der bodenlosen Welt seine Umwelt aus der Welt. An der Verschränkung zeigt er sich als Meister."

schen Apriori in ihrer Wirklichkeit zu eröffnen. Wir müssen folglich rekonstruieren, wie es Plessner in einem zweiten Schritt gelingt, sich mit Bezug auf das Unergründlichkeitsprinzip von innen heraus von der Geschichtshaltung zu distanzieren. Es muß sich dabei um solch eine Selbstdistanz handeln, die den Rückhalt an der Geschichtsperspektive auf die menschliche Macht und damit den Kontakt zur geschichtlichen Wirklichkeit nicht abbricht.

Zunächst beruht die Haltung der Selbstdistanzierung von der Perspektive, in der man steht, auf der Einsicht, daß jede Perspektive in ihrer Bestimmtheit Dimensionen an ihrem Gegenstand eröffnet und andere damit zugleich verdeckt. Dies ist im Fall der geschichtlichen Haltung deswegen problematisch, weil sie derart in ihrer spezifischen Perspektive vor der Erkenntnis über das menschliche Wesen entscheidet. In der Selbstdistanzierung von der eigenen Perspektive soll es nun gelingen, die verdeckte Dimension mit zu berücksichtigen. Wir müssen also an der geschichtlichen Perspektive selber den blinden Fleck finden, der auf das verweist, was sie ihrerseits verstellt. Dies zeigt sich im nochmaligen Rückblick auf das menschliche Schöpfertum als dem Prinzip der geschichtlichen Haltung. Das menschliche Schöpfertum bezeichnet nämlich nichts anderes als den geschichtlichen Lebensvollzug bzw. den Vollzug des Sich-Selbst-Entwerfens. Die geschichtliche Perspektive stellt folglich allein die Innenperspektive auf die geschichtliche Selbstverständigung über das eigene menschliche Wesen dar. Nicht beantwortet werden kann damit jedoch die Frage nach dem Sein des geschichtlichen Lebensvollzugs. Die Perspektive des Geschichtsdenkens zeigt sich derart als Verlängerung der Innenperspektive der Bewußtseinsphilosophie. (Vgl. MmN, 209) Wie sich im Ausgang von den Strukturen des Bewußtseins die Frage nach dem Sein des Bewußtseins nicht mehr beantworten läßt, so ist der Geschichtsperspektive das Sein der geschichtlichen Lebensvollzüge verschlossen.[302] Erst wenn das Sein als gleichursprünglich mit dem geschichtlichen Vollzug mitberücksichtigt wird, ist die Doppelaspektivität erreicht, die es ermöglicht, nach den Modi zu fragen, in denen beide verschränkt sind.

Das Mittel bzw. der Gesichtspunkt, unter dem diese Selbstdistanzierung innerhalb der Geschichtsphilosophie erreicht werden soll, wurde oben bereits angegeben: die von Dilthey entlehnte Hypothese menschlicher Unergründlichkeit. Im folgenden wird sich auch zeigen, inwiefern Plessner in seiner Aneignung des Unergründlichkeitsprinzips von Dilthey entfernt.[303] Die Unergründlichkeitshypothese wurde als ein solcher Gesichtspunkt

[302] Vgl. Plessners Heideggerkritik im Brief an Josef König vom 28.2.1928: KPB, 177: „Heidegger spottet über die Philosophen, welche es möglich machen wollten, ein weltloses Subjekt anzunehmen. Er gibt seinem Subjekt (= Dasein) Welt im Modus des Inseins gleich mit; isoliert es aber und gliedert es wieder aus, indem er Existenz jedem anderen, etwa naturdinglichen, Sein mit derselben Verve gegenüberstellt, wie Rickert die Kultur- den Naturdingen. Dagegen wenden Sie sich ja auch scharf: auch der Mensch *ist*."

[303] Jan Beaufort weist auf den Unterschied zwischen Plessners und Diltheys Hermeneutik hin. Dilthey gehe von der Einheit des Erlebens in einem Gemeinwesen aus und könne dadurch nicht mitsehen, daß die inhaltliche Selbstverständigung in politische Bezüge integriert ist. Diltheys – von Beaufort als geisteswissenschaftlich gekennzeichnete – Hermeneutik eigene sich deshalb allein für Zeiten

eingeführt, der die Versöhnung von übergeschichtlichem menschlichen Wesen und geschichtlicher Pluralität offenhält. Nur weil die Unergründlichkeitshypothese den Punkt der Versöhnung gegenüber allen Festlegungen freihält, unterläuft sie den Fehler, dem auch der formale Apriorismus noch unterlegen ist: eine apriorische Bestimmung des menschlichen Lebens dem Erkenntnisunternehmen voranzustellen, wodurch die faktische Geschichte zum bloß empirischen Material gestempelt wird.[304] Jetzt stellt sich die Frage, inwiefern sich die Unergründlichkeitshypothese als Mittel eignet, in der Geschichtsperspektive von dieser Distanz zu bekommen. Die entscheidende Funktion der Unergründlichkeitshypothese besteht darin, daß sie alle Festlegungen des menschlichen Wesens abhält. Derart widersetzt sie sich der Verabsolutierung des geschichtlichen Lebensvollzugs zum Wahrheitsgrund von menschlicher Wirklichkeit überhaupt. Unter der Unergründlichkeitshypothese verschafft sich Plessner folglich die Möglichkeit, die Selbstabschließung der geschichtlichen Haltung zu durchbrechen.[305]

---

der Blüte, nicht jedoch für Perioden des Verfalls. Demgegenüber reflektiere Plessner auch die politischen Zusammenhänge, die wertgebundene Gemeinwesen durchzögen. Beides versöhne Plessner gerade in keiner übergeordneten Einheit mehr. Plessners Hermeneutik charakterisiert Beaufort deswegen als humanwissenschaftlich. Vgl. Jan Beaufort, Die gesellschaftliche Konstitution der Natur, a.a.O., 222ff.

304 Vgl. MmN, 161: „Und nur sofern wir uns unergründlich nehmen, geben wir die Suprematiestellung gegen andere Kulturen als Barbaren und bloße Fremde, geben wir auch die Stellung der Mission gegen die Fremde als die noch unerlöste unmündige Welt auf und entschränken damit den Horizont der eigenen Vergangenheit und Gegenwart auf die zu den heterogensten Perspektiven aufgebrochene Geschichte. [...] Relativ auf das eigene Wert- und Kategoriensystem erblickt die Geisteswissenschaft, die um die Errungenschaft dieser Blickstellung weiß, darin einen Fortschritt, ohne ihn zum Maßstab ihrer Objekte zu machen und ohne in ihm einen stellen Prozeß zu sehen, der den Gang des Geistes bis zu einer nunmehr erreichten endgültigen und absoluten Freiheit vorangetragen hätte."

305 Gerade weil Gerhard Arlt „Macht und menschliche Natur" den „Stufen" beiordnet und die Hypothese menschlicher Unergründlichkeit innerhalb des Plessnerschen Denkens betont, muß seine Bestimmung der menschlichen Unergründlichkeit als *viertes* anthropologisches Grundgesetz verwundern. (Vgl. Gerhard Arlt, Der Mensch als Macht – Helmuth Plessner zum hundertsten Geburtstag, in: Philosophisches Jahrbuch 1993, München; 114–130, hier: 118.) Aus der Perspektive der Naturphilosophie ist nicht verständlich, inwiefern die menschliche Unergründlichkeit als weitere Ermöglichungsbedingung der Exzentrizität angesprochen werden sollte. Es ist nicht einmal verständlich, was sie über „die natürliche Künstlichkeit", „die vermittelte Unmittelbarkeit" und „den utopischen Standort" hinaus aussagen sollte. Aus geschichtsphilosophischer Perspektive muß die Einreihung der menschlichen Unergründlichkeit in die anthropologischen Grundgesetze und d.h. in die Wesensmerkmale menschlichen Lebens schon deswegen als schief erscheinen, weil sie das Zugleich von geschichtlicher Macht und natürlicher Ohnmacht von der Seite des natürlichen Lebens aus untergräbt. Während Arlt diese Situierung der menschlichen Unergründlichkeit als viertes anthropologisches Grundgesetz 1996 in „Anthropologie und Politik" noch beibehält, gibt er sie 2001 in „Philosophische Anthropologie" auf. (Vgl. Gerhard Arlt, Anthropologie und Politik – Ein Schlüssel zum Werk Helmuth Plessners, München 1996. Sowie: Ders., Philosophische Anthropologie, Stuttgart 2001, hier insb. zu den jetzt drei anthropologischen Grundgesetzen: 121ff.) Nun heißt es vorsichtiger, allerdings auch sehr unpräzise: „Plessners Strukturtheorie des Lebendigen mündet ein in eine *Theorie der Geschichte und der Macht*. Erst die Synthese vom machttheoretischen Konzept

Aber was schaut Plessner jenseits der Geschichtsperspektive? Hinter dem Vollzug Selbstentwerfens erscheint der *Aspekt des natürlichen Seins*.[306] Unter der Hypothese menschlicher Unergründlichkeit zeigt sich folglich neben der geschichtlichen Macht als gleichursprünglicher Aspekt menschlichen Lebens die *natürliche Ohnmacht*.[307] Indem Plessner seine Geschichtsphilosophie unter die Unergründlichkeitshypothese stellt, hält er innerhalb der Geschichtsperspektive die prinzipielle Spannung am Lebensapriori von geschichtlichem Lebensvollzug *und* natürlichem Sein fest.

Genauso wie die Geschichtshaltung im ersten Schritt seiner Überlegungen bejaht er in diesem zweiten Schritt den naturalistischen Blick auf den Menschen. Die natürliche Ohnmacht des Menschen besteht darin, daß er ein lebendiges physisches Ding und damit ein Seiendes unter Seienden *ist*. Für den naturalisierenden Blick auf den Menschen bezeichnet die menschliche Unergründlichkeit die Begrenztheit der kulturell-geschichtlichen Selbstverständigungsleistungen, die der prinzipiell anders gearteten Wirklichkeit des Menschen als Lebewesen aufsitzen. Unergründlich meint in diesem Fall unergründlich für die geistige Introspektion, deren Selbstverständigungsleistungen den anonymen Gesetzen der menschlichen Natur fremd gegenüberstehen.[308] Samt

---

mit der Theorie der Organismen und des Leibkörpers ergibt ein zureichendes Bild der Plessnerschen Intentionen – gleichsam deren Vollendung in einer ‚*politischen Anthropologie*'. […] Die Wurzellosigkeit und Gleichgewichtslosigkeit exzentrischer Lebensform verschärft sich hier (in „Macht und menschliche Natur"; O. M.) zur grundsätzlichen Unbestimmtheit und Unergründlichkeit." (129f.)

306 Vgl. MmN, 228f.: „Jede Lehre, die das erforschen will, was den Menschen zum Menschen macht, […] und die methodisch oder im Ergebnis an der Naturseite menschlicher Existenz vorbeisieht oder sie unter Zubilligung ihrer Auch-Wichtigkeit als das Nicht-Eigentliche bagatellisiert, für die Philosophie oder für das Leben als das mindestens Sekundäre behandelt, ist falsch, weil im Fundament zu schwach, in ihrer Anlage zu einseitig, in der Konzeption von religiösen und metaphysischen Vorurteilen beherrscht. Gerade weil die geschichtliche Weltansicht ihr Fundament, den Menschen, in Rücksicht auf eine unvorhersehbare, d.h. nur geschichtlich erfahrbare Änderung seines Selbst und seiner Selbstauffassung unbestimmt läßt, führt sie aus der schulmäßigen Dogmatisierung eines (keineswegs methodisch-apriorisch verfahrenden) Hermeneutik heraus und gibt den Blick in ganz andere Bezirke des philosophischen Nachdenkens frei […]."

307 Vgl. MmN, 225: „Die Unentscheidbarkeit der Frage, ob Philosophie oder Anthropologie oder Politik den Primat hat, welche der geschichtlichen Weltsicht entspricht – sie ist in ihrem Prinzip der Unergründlichkeit des Menschen von vornherein abgelegt –, kommt selber als ein Grundcharakter der menschlichen Lebenssituation in ihrer *Transparenz* zum Vorschein. Mensch-Sein ist das Andere seiner selbst Sein. Erst seine Durchsichtigkeit in ein anderes Reich (d.i. der natürliche Lebenszusammenhang; O. M.) bezeugt ihn als offene Unergründlichkeit."

308 Vgl. MmN, 225f.: „So als das Andere seiner selbst *auch* er selbst ist der Mensch ein Ding, ein Körper, ein Seiender unter Seienden, welches auf der Erde vorkommt, eine Größe der Natur, ihren Schwerkrafts- und Fallgesetzen, ihren Wachstums- und Vererbungsgesetzen wie ein Stück Vieh unterworfen, mit Maß und Gewicht zu messen, bluthaft bedingt, dem Elend und der Herrlichkeit einer blinden Unermeßlichkeit ausgeliefert. Blind wie sie steigen aus ihr in seinem Bezirk die Gewalten der Triebe und stoßen ihn, letzten Endes *berechenbar*, in die Bahn der lebendigen, sterblichen Dinge. Darum hat der Mensch nicht bloß einen Körper, den er wie einen Mantel dereinst ablegen kann, sondern er ist Körper, in demselben Range wie er der mächtige Verantwortliche ist.

seinen geistigen Selbstverständigungsleistungen ist der Mensch, da er Lebewesen ist, den Gesetzen der lebendigen Natur ausgeliefert, denen er sich nicht entwinden kann.[309] Nun zeigen sich die kulturellen Horizonte, mit denen sich die Epochen identifizieren, als Instrumente, die es dem Mängelwesen Mensch ermöglichen, sein natürliches Überleben zu bewältigen.[310] Die Eignung für diese Funktion erscheint nun als Kriterium, das über sein Fortbestehen entscheidet. Hinter dem politischen Handeln der Menschen zeigen sich damit leibliche Faktoren als maßgebliche Antriebskräfte, die auch noch in die normative Selbstverständigung hinein fortwirken.[311]

Nun läßt sich einsehen, wie es Plessner gelingt, sich mit Bezug auf Unergründlichkeitshypothese von der Geschichtshaltung von innen heraus zu distanzieren und sich damit zugleich den Zugang zur Geschichte in ihrer Tatsächlichkeit zu erschließen. Unter dem Prinzip menschlicher Unergründlichkeit unterläuft Plessner die Verabsolutierung der geschichtlichen Macht zum letzten Horizont der menschlichen Wirklichkeit überhaupt. Derart zeigt sich ihm hinter bzw. neben der geschichtlichen Macht zugleich die natürliche Ohnmacht des Menschen. Die Selbstdistanzierung unter dem Unergründlichkeitsprinzip meint folglich nicht, aus der Geschichtshaltung hinauszuspringen, um sich entweder in die Voraussetzungslosigkeit neuzeitlicher Wissenschaftlichkeit oder in das verabsolutierte natürliche Leben des menschlichen Mängelwesens (und den damit einhergehenden Handlungsmaximen) zu stellen. Das Verhältnis von Macht und Ohnmacht soll auf keinen der beiden Aspekte reduziert werden, was einer apriorischen Festlegung des menschlichen Wesens gleichkäme. Vielmehr hält Plessner unter der Unergründlichkeitshypothese die Rückbindung an die Perspektive auf die geschichtliche Macht fest, entgrenzt sich aber zugleich den Blick auf die natürliche Ohmacht in ihrer Gleichursprünglichkeit. In dieser in sich gedoppelten Perspektive auf die geschichtliche Macht *und* die natürliche Ohnmacht hält Plessner den Wahrheitsgrund menschlicher Wirklichkeit überhaupt in der Frage – und entspricht insofern dem Me-

---

Physisch ist er sich ebenso nah – und fern, wie seine einheimischen Regionen der Lebendigkeit ihm nah – und fern sind. Er ist auch das, worin er sich nicht selbst ist, und er ist es in keinem äußerlicheren und geringeren und nachgeordneten Sinne."

[309] Vgl. MmN, 226f.: „In seiner Macht scheint der Mensch also auf seine Ohnmacht oder seine Dinghaftigkeit durch. Er ist eigentlich auch Körper. Von diesem Körper läßt sich der Mensch bis in's Letzte bestimmen, auch wenn er dagegen den Kampf aufnehmen kann, mit seinen Begierden, Krankheiten in Konflikt gerät. Geburt, Abstammung, Tod haben über ihn Gewalt und stellen sich mit dem gleichen Anspruch auf Essentialität und Universalität, wie ihn der dem Menschen einheimische Bezirk des sich selber aussprechenden Lebens erhebt, seiner Macht entgegen."

[310] MmN, 227: „[...] in der scheinenden Durchgegebenheit der unergründlichen Macht auf die ‚Schicht' des ohnmächtigen Ausgeliefertseins an die Naturgesetze verlieren die einheimischen Horizonte des von sich zu sich kündenden Lebens die methodisch-existentielle Nahestellung und rükken an die äußerste Peripherie."

[311] Vgl. MmN, 227: „Politisch bedeutet die Durchgegebenheit des Menschen in die Ebene eines naturwissenschaftlich berechenbaren Seins, das in der Verkürzung der politische relevanten Augenblicklichkeit vom Wissen der Wissenschaft allerdings *nie eingeholt* (Herv.; O. M.) werden, aber *auch nie überholt* (Herv.; O. M.) werden kann, das Rechnen mit einem voraussagbaren Geschehen; [...]."

thodenprinzip menschlicher Unergründlichkeit. „Keines von beiden (Macht und Ohnmacht; O. M.) ist das Frühere. Sie setzen einander nicht mit und rufen einander nicht logisch hervor. Sie tragen einander nicht und gehen nicht ontisch auseinander hervor. Sie sind nicht ein- und dasselbe, nur von zwei Seiten aus gesehen. Zwischen ihnen klafft Leere. Ihre Verbindung ist Undverbindung und Auchverbindung.“ (MmN, 225)[312] Dieser in sich gedoppelte Anfang in der Geschichtsphilosophie öffnet das Erkennen für die Wirklichkeit menschlicher Geschichte. Unter der Unergründlichkeitshypothese wird es möglich, nach den historischen Apriori bzw. nach den historischen Menschentümern zu fragen, in denen die geschichtliche Macht und die natürliche Ohnmacht verschränkt sind. Allein indem Plessner nämlich die Hypostasierung auch noch eines formalen Apriori zum Wahrheitsgrund menschlicher Wirklichkeit überhaupt unterläuft, vermag er, die historischen Apriori in ihrer *Tatsächlichkeit* zu erfassen. Unter der Unergründlichkeitshypothese wird der Wahrheitsgrund der menschlichen Wirklichkeit überhaupt in seiner Entzogenheit präsent gehalten. Vor dem Hintergrund dieses abwesenden letzten Grundes zeigen sich die historischen Apriori in der ganzen Schwere ihrer Wirklichkeit: als die Modi, in denen die Verschränkung der geschichtlichen Macht und der natürlichen Ohnmacht stattfindet und die ihrerseits weder auf den einen noch auf den anderen Aspekt zu reduzieren sind. Plessner weist damit einen Mittelweg innerhalb der Geschichtsphilosophie zwischen den teleologischen Ansätzen, die historischen Apriori im Rückgriff auf einen apriorischen Zweck der Geschichte als notwendig nachzuweisen und den historistischen Ansätzen, sie auf die bloße Möglichkeit eines geschichtlichen Konstrukts zu reduzieren. Mit dieser Ausrichtung auf die historischen Apriori in ihrer Tatsächlichkeit verschreibt sich die Plessnersche Geschichtsphilosophie dem Anspruch, *das Wirkliche* bzw. *Tatsächliche* gegen die Versuche seiner Auflösung in die ewigen Gesetze einer übergeschichtlichen Vernunft oder der verabsolutierten Zeitlichkeit zu *verteidigen*. Dementsprechend formuliert Plessner seinen geschichtsphilosophischen Anspruch: „Eine neue Verantwortung ist dem Menschen zugefallen, nachdem ihm die Durchrelativierung seiner geistigen Welt den Rekurs auf ein Absolutes wissensmäßig abgeschnitten hat: das Wirkliche gerade in seiner Relativierbarkeit als trotzdem Wirkliches sein zu lassen.“ (MmN, 163)

Die historischen Apriori bzw. die historischen Menschentümer haben damit keine Grundlage in der umfassenden menschlichen Geschichte – sei sie nun vernünftig strukturiert oder eine ewige Wiederkehr des Gleichen – aus. Plessner dreht das Verhältnis von menschlicher Geschichte und historischen Apriori vielmehr um. Nicht die Geschichte überhaupt sondern die historischen Apriori sind das Erste für die geschichtsphilosophische Erkenntnis. Sie stellen nämlich die Modi dar, in denen die Verschränkung von Macht und Ohnmacht und damit das menschliche Wesen historisch wirklich ist. Vor dem Hintergrund des entzogenen Wahrheitsgrundes zeigen sich die historisch wirklichen Menschentümer in ihrer Bestimmtheit und damit zugleich in ihrer Begrenztheit: sowohl gegenüber dem menschlichen Wesen überhaupt als auch gegenüber dem

---

[312] Auf diese gedoppelte Anlage seiner Geschichtsphilosophie verweist bereits der Titel seiner geschichtsphilosophischen Programmschrift: „Macht *und* menschliche Natur“ (Herv.; O. M.).

einzelnen Menschen, der an ihnen teilhat. Die historischen Apriori erscheinen derart in ihrer Bestimmtheit als eine historisch verwirklichte Möglichkeit des Menschseins.[313] Sie stellen sich als die historisch wirklichen Sinnhorizonte dar, unter denen die Menschen zu einer bestimmten Zeit und an einem bestimmten Ort ihr Leben führen, ohne darin jedoch ganz aufzugehen, bzw. in ihrem persönlichen Wesen determiniert zu sein. In dieser Begrenztheit in ihrer inhaltlichen Bestimmtheit und gegen die sie tragenden Personen weisen die historischen Menschentümer immer auch über sich hinaus. In ihrer Abfolge erscheinen sie solcherart als Antwort auf die Begrenztheit des ihnen historisch vorausgehenden Menschentums. Die menschliche Geschichte erweist sich auf diese Weise als mittelbar über die historischen Menschentümer in ihrem Über-sich-Hinaus-Treiben konstituiert. Plessners Verständnis der menschlichen Geschichte stellt damit einen dritten Weg zwischen den Extremen einer teleologisch vorbestimmten Entwicklung und eines ewigen Auf-der-Stelle-Tretens dar: als eine Entwicklung, die Schritt für Schritt von den historischen Menschentümern freigesetzt wird. Jeder Epochenschritt ist dabei nicht a priori festgelegt, sondern ein unter den konkreten Bedingungen des vorausgegangenen Menschentums und der natürlichen Lebensbedingungen politisch ausgekämpftes Verschränkungsgeschehen.

Abschließend muß noch die methodische Frage geklärt werden, an welche Entitäten innerhalb der menschlichen Geschichte sich Plessner als Träger der historischen Apriori bzw. der historischen Menschentümer wendet. Es muß sich dabei offensichtlich um eine Größe zwischen der universalen Idee der Menschheit überhaupt und dem einzelnen menschlichen Lebewesen handeln. Die Antwort auf die Frage nach dem Träger der historischen Apriori darf nicht den Fehler des Apriorismus wiederholen und ein bestimmtes Verständnis menschlicher Wirklichkeit als heuristischen Maßstab voraussetzen. Es muß vielmehr abermals an der Heterogenität von geschichtlicher Macht und natürlicher Ohnmacht angesetzt werden, die in den Menschentümern ihre historisch wirkliche Verschränkung erfahren. Plessner verweist auf die *Völker* als Träger der historischen Menschentümer. Das Volk findet sich nämlich gerade in der Schnittstelle des natürlichen Überlebens und der kulturellen Selbstverständigung. Weder darf man mit Plessner von einer natürlichen Volkssubstanz ausgehen, die sich in der Geschichte durchsetzt, noch darf man die kulturelle Selbstverständigung verabsolutieren und dabei das natürliche Überleben übersehen. In dieser natürlich-kulturellen Brechung fungiert das Volk bei Plessner folglich *allein* als Träger der historischen Apriori innerhalb der Geschichte.[314] Die inhaltliche Bestimmung seines Daseins- und Gesichtskreises erfährt

---

313 Vgl. MmN, 231f.: „Nach dem Prinzip der Unbestimmtheitsrelation zu sich oder der offenen Frage kann der Mensch nicht nur die Notwendigkeit, in einer Gemeinschaft bzw. Gesellschaft überhaupt existieren zu müssen, sondern auch die Notwendigkeit der *Partikularität* seiner Existenz in gegeneinander gestellten Völkern mit verschiedenen Sprachen und Sitten, also verschiedenen Vertrautheitssphären und Traditionen begreifen."

314 Vgl. MmN, 231: „Diese Unstimmigkeit (von erklärbarer Ohnmacht und verstehbarer Macht des Menschen; O. M.) tritt an der Gebrochenheit der menschlichen Transparenz hervor, von der man, da die Grenzen der Verständlichkeit und des Lebens mit den Grenzen der Erklärbarkeit und des Vorhandenseins nicht zusammenfallen, nicht sagen kann, wer für sie verantwortlich zu machen ist:

das Volk von dem in ihm verwirklichten Menschentum. Die Grenzen des historischen Apriori sind damit zugleich die Grenzen des Volks. Es ist als partikulares Menschentum nach oben und unten begrenzt: sowohl gegenüber dem menschlichen Wesen überhaupt als auch gegenüber den einzelnen Personen, die in ein Volk hineingeboren werden, ohne darin ganz aufzugehen. So leben die Einzelnen unter dem Lebenshorizont ihres Volkes und sind zugleich darüber hinaus. Welche Art Mensch bzw. welches Menschentum in einem Volk zu einer bestimmten Zeit bestimmend ist, läßt sich allein in geistesgeschichtlicher Forschung einsehen.[315]

3. „Die verspätete Nation" als Durchführung der Plessnerschen Geistesgeschichte

Das folgende Kapitel soll die Plessnersche Studie „Das Schicksal deutschen Geistes im Ausgang seiner bürgerlichen Epoche" bzw. „Die verspätete Nation" als geistesgeschichtliches Forschungsunternehmen darstellen, das den Daseins- und Gesichtskreis des deutschen Volkes nach dem Ersten Weltkrieg zum Gegenstand hat. Es gliedert sich zu diesem Zweck in vier Unterkapitel. Zunächst sollen (unter a.) Fragestellung und methodisches Vorgehen der „Verspäteten Nation" in ihrer Übereinstimmung mit der geschichtsphilosophischen Selbstverständigung dargestellt werden, die Plessner in „Macht und menschliche Natur" erreicht. Die folgenden Unterkapitel sollen die Plessnersche Geistesgeschichte in ihren inhaltlichen Erkenntnissen vom deutschen Menschentum rekonstruieren, das zu Plessners Zeit zur Disposition steht. Plessner setzt in seinem Projekt, das menschliche Wesen zu erforschen, das nach dem Ersten Weltkrieg in Deutschland umkämpft ist, doppelt an: sowohl bei den aktuellen Herausforderungen der Gegenwart, unter denen das deutsche Volk sein Leben zu bewältigen hat, als auch bei dem historisch tradierten Menschentum. (Vgl. b. und c.) Vor dem Hintergrund sowohl der aktuellen Lebensherausforderung als auch der tradierten Selbstverständigungsschemata wird es (unter d.) mit Plessner möglich, den Konflikt herauszuarbeiten, in dem seine Zeit um das Menschentum kämpft, das sie künftig orientieren soll.

a. Die Fragestellung und das methodische Vorgehen der „Verspäteten Nation"

Die kommenden Überlegungen sollen „Die verspätete Nation" sowohl in ihrer Fragestellung als auch in ihrem methodischen Vorgehen als Durchführung der geistesgeschichtlichen Selbsterkenntnis darstellen, die in Anschluß an „Macht und menschliche Natur" von Plessner zu erwarten ist.

---

das Leben in Kündung und Deutung oder die physische Natur. *Diese Gebrochenheit* der menschlichen Transparenz ist der beschränkte Daseins- und Gesichtskreis eines *Volkes* oder die *Volkhaftigkeit* der menschlichen Existenz."

[315] Vgl. MmN, 232: „Die Zersplitterung aber in gerade diese und keine anderen Völker ist ein pures Faktum der ethnobiologischen und historischen Erfahrung."

Die *Fragestellung* stellt bereits der ursprüngliche Titel „Das Schicksal deutschen Geistes im Ausgang seiner bürgerlichen Epoche“ vor. Plessner will in dieser Schrift folglich den Daseins- und Gesichtskreis des deutschen Volkes behandeln, der im Ausgang der bürgerlichen Epoche, und d.h. nach dem Ersten Weltkrieg, umkämpft ist. Er nimmt sich damit das Projekt vor, das Menschentum in der historischen Gestalt seines Volkes zu seiner Zeit geistesgeschichtlich zu erforschen. Es handelt sich folglich um die geistesgeschichtliche Durchführung der philosophischen Frage nach Selbsterkenntnis bzw. nach Erkenntnis des eigenen Menschseins. Zwar wird nicht das menschliche Wesen überhaupt sondern allein das Menschentum in einer bestimmten geschichtlichen Gestaltung erforscht; dabei handelt es sich jedoch konkret um das Menschentum, das in den politischen Auseinandersetzungen in Plessners Gegenwart umkämpft war. Wie wir oben gesehen haben, macht der Sinnhorizont, unter dem ein Volk steht, eine immer aufs Neue zu vollziehende Verschränkung des kulturell vermittelten Selbstverständnisses und der Herausforderungen des natürlichen Überlebens aus. Unter den Herausforderungen der aktuellen Gegenwart werden die tradierten Deutungsschemata übernommen oder aufgegeben. „Die verspätete Nation“ zielt damit in ihrer inhaltlichen Ausrichtung auf die Verschränkung des tradierten Daseins- und Gesichtskreis und der Gegenwartsherausforderungen, in der das deutsche Volk nach dem Ersten Weltkrieg über das eigene Menschentum entscheidet.

Die *methodische Anlage* der „Verspäteten Nation“ steht unter dem Gesichtspunkt, den Plessner in „Macht und menschliche Natur“ für die geistesgeschichtliche Beantwortung der Frage nach dem menschlichen Wesen in seiner historischen Wirklichkeit erarbeitet hat: der Hypothese menschlicher Unergründlichkeit. Mit seinem gedoppelten Anfang bei den Herausforderungen seiner Gegenwart *und* bei den aus der Vergangenheit tradierten Vertrautheitshorizonten hält Plessner die Grundschicht menschlicher Wirklichkeit überhaupt offen. Mit diesem Doppelansatz kann Plessner die Eigenständigkeit der Gegenwart in den Blick bringen. Er unterläuft damit gleichermaßen einen historischen Determinismus, in dem die Gegenwart geschichtlich festgelegt ist, als auch einen Determinismus des aktuellen Überlebens hier und jetzt, der ganz von dem Menschentum absieht, dessen Überleben auf dem Spiel steht. In dieser Gebrochenheit von tradiertem Menschentum und Herausforderungen des Überlebens zeigt sich die Gebrochenheit von geschichtlicher Macht und natürlicher Ohnmacht *innerhalb* der Sphäre des Geschichtlichen. Wir wissen aus Plessners geschichtsphilosophischen Überlegungen, daß er den Hiatus von geschichtlicher Macht und natürlicher Ohnmacht gerade dadurch festhält, daß er das menschliche Wesen offenhält. Er verteidigt folglich die *Grenze* von Geschichte und Natur, indem er sie nicht positiv bestimmt, sondern in der Frage hält. Für die geistesgeschichtliche Forschung bedeutet dies zunächst, daß der Aspekt menschlicher Natur *nicht direkt* eingeführt werden kann – dies hieße nur wieder, eine überhistorische Natur des Menschen zu hypostasieren. *Indirekt* kann die „natürliche Rückwand“ des geschichtlichen Geschehens dagegen sehr wohl berücksichtigt werden. Dies geschieht in Plessners Doppelansatz bei dem aus der Vergangenheit überlieferten Sinnhorizont und der Gegenwart der aktuellen Lebensherausforderungen. Plessner reflektiert derart darauf, daß der einzelne Mensch nie ganz in dem kulturellen Horizont, unter dem er lebt, aufgeht. Vielmehr lebt der einzelne Mensch unter einem tradierten Vertrautheitshorizont, von dem er sein Menschentum erfährt, und ist zugleich über diesen hinaus. In ihrem Wesen von Natur nicht festgelegt sondern an Kultur verwiesen erfahren „die Menschen" ihr Menschentum von einem aus der Vergangenheit tradierten Vertrautheitshorizont. Zugleich *sind* sie jedoch auch und müssen als körper-leibliche Wesen ihr natürliches Leben in einer aktuellen Situation bewältigen. Plessner wird seiner Hypothese menschlicher Unergründlichkeit folglich in der Geistesgeschichte gerecht, indem er keine Seite – weder den tradierten Vertrautheitshorizont noch die aktuelle Lebenssituation – zum Fundament hypostasiert, das eine bestimmte Weise des Menschentums erzwingt. Indem er einen Determinismus sowohl des geschichtlichen Selbstverständnisses als auch des aktuellen Überlebens unterläuft, vermag er zur Gegenwart in ihrer Offenheit vorzudringen, die über ihr Menschentum zu entscheiden hat und nicht bloß äußeren Mächten folgt.

Berücksichtigte man allein den aus der Vergangenheit tradierten Vertrautheitshorizont, so überspränge man die Dimension des natürlichen Seins: daß ein Volk in einer bestimmten Situation überleben und sich sein tradierter Vertrautheitshorizont bei der Bewältigung dieser konkreten Situation bewähren muß. Ein Vorgehen, das sich allein auf das geschichtliche Entstandensein des Menschentums beschränkte, könnte folglich nicht verstehen, daß ein Vertrautheitshorizont den aktuellen Lebensbedingungen, in denen er orientiert, zugleich ausgeliefert ist. Es beruhte in seiner methodischen Anlage auf dem Fehler des formalen Apriorismus, das geschichtliche Selbstentwerfen zu verabsolutieren. Damit geriete man in die Perspektive eines geschichtlichen Determinismus, der die Offenheit der Gegenwart verstellte. Infolgedessen unterschlüge solch eine historistische Perspektive den Ernst der Geschichte. Sie deckte die Durchgegebenheit der historischen Menschentümer an die Herausforderungen des natürlichen Überlebens zu. Die Gegenwart machte allein noch die letzte Konsequenz des aus der Vergangenheit tradierten Menschentums aus.

Wenn umgekehrt allein die Gegenwartsherausforderungen in Betracht gezogen würden, so unterschlüge man das geschichtliche Gewordensein des in einem Volk verwirklichten Menschentums, das sich in dieser bestimmten Lebenssituation befindet. Man ginge derart von einer übergeschichtlichen Natur der Menschen aus, die überall und zu jeder Zeit auf bestimmte Lebensherausforderungen in einer bestimmten Weise reagierte. Ein solches Vorgehen, das sich allein auf die aktuellen Lebensbedingungen konzentriert, könnte folglich nicht verstehen, daß unter den Bedingungen einer konkreten Lebenssituation nicht nur über das jeweilige Menschentum entschieden wird, sondern daß auch umgekehrt in diese Entscheidung der geschichtlich tradierte Vertrautheitshorizont hineinwirkt. Über den Ernst der Gegenwart wäre vergessen, für welches menschliche Selbstverständnis es um sein historisches Überleben ginge. Dementsprechend widersetzt sich Plessner bereits im ersten Satz der „Verspäteten Nation" den Versuchen, das deutsche Verhalten nach dem Ersten Weltkrieg aus den aktuellen Herausforderungen abzuleiten, unter denen das deutsche Volk sein Leben zu bewältigen hatte. „Die Erschütterung des Staates, der Wirtschaft und der Gesellschaft Deutschlands durch die Ereignisse der letzten zwanzig Jahre erklärt zwar die Leidenschaft, mit welcher das

Volk seine Existenz zu verteidigen sucht, nicht aber die doktrinäre Haltung, zu der sich die Leidenschaft steigert, und vor allem nicht das ideologische Rüstzeug der Doktrinen selbst.“ (VN, 34) Weder die aktuellen Lebensbedingungen noch die Tradition *erzwingen* nach Plessner folglich ein bestimmtes Verständnis des eigenen Menschentums.

Demgegenüber kann Plessner mit seinem doppelten Anfang von der Gegenwart und vom geschichtlich tradierten Selbstverständnis zu dem Konflikt vordringen, in dem in seiner Zeit um das in die Zukunft hinein zu verwirklichende Menschentum gekämpft wird.[316] Indem Plessner in den Blick bekommt, unter welchen aktuellen Lebensbedingungen *und* unter dem Horizont welcher tradierten Deutungsschemata das deutsche Volk steht, kann er zu den möglichen Modi vordringen, beides zu verschränken. Allein durch seinen Doppelansatz versetzt sich Plessner mit anderen Worten in die Lage, die von seiner Zeit zu leistenden Verschränkungsaufgaben zu benennen, in der diese über ihren künftig geltenden Gesichts- und Daseinskreis entscheidet. Indem er mit seinem Doppelansatz die Verabsolutierung sowohl der aktuellen Lebensbedingungen als auch des tradierten Menschentums unterläuft, hält er den Verschränkungsvollzug als Entscheidung und damit als *historische Wirklichkeit* fest. Er dringt zu der Schicht an der tradierten Vertrautheitssphäre vor, die seine Zeit unter den aktuellen Lebensbedingungen aneignen oder aufgeben muß. Auf diese Weise kann er einsehen, um welches qualitative Verständnis des Menschentums in seiner Zeit gekämpft wird.[317] Wie sie sich entscheiden soll, kann er allerdings nicht bestimmen. Wollte er solch eine normative Anleitung geben, so löste er die Tatsächlichkeit des geschichtlichen Geschehens in die Notwendigkeit eines hypostasierten Apriori auf. Diese Grenze gegenüber dem Normativen, die der geistesgeschichtlichen Erkenntnis gezogen ist, stellt das Tribut dar, zu dem das Unergründlichkeitsprinzip verpflichtet. Es wird sich am Ende der vorliegenden

---

316 Vgl. VN, 14: „Die elektrische Energie bildet sich nicht ohne das Gefälle und die Umsetzungsmöglichkeit von Energie in Energie. Was in solcher Konstellation aus Regen und Bächen in Elektrizität umgesetzt werden kann, bleibt in aller Formveränderung sich gleich: Natur. Historische Konstellationen sind grundsätzlich anderer Art. Hier geht es um Einflüsse, Traditionen und Überlieferungen, echte und falsche, Träume und Erwartungen. Die Vorstellung von dem, was man sein will, und der Appell an die Phantasie, die ihrerseits schon an dem Bild der eigenen Geschichte sich vorgebildet hat, wirken zugleich nach vorwärts und rückwärts. Sie rufen Quellen, sie rufen den Regen, sie schaffen den Stau.“

317 Vgl. VN, 43f.: „Dieses Schicksalsbild ist nie zufällig. Es ändert sich im Laufe der geschichtlichen Entwicklung, durch die es wesentlich bestimmt wird. Aber die jeweils beherrschenden Züge in dem Bilde stammen nicht nur aus dem, was geschehen ist, sondern ebenso sehr aus den zu überwindenden Konflikten, aus den Hoffnungen und Wünschen, aus dem, was noch zu geschehen hat. Nicht die Geschichte als vergangene Wirklichkeit, sondern das lebendige und kämpferische Verhältnis zu ihr prägt das Schicksalsbild eines Volkes in einer bestimmten Epoche. [...] Nur darum ist der Mensch und bleibt der Mensch ein geschichtliches Wesen, daß er auf der Suche nach seiner Wurzel (welche wieder nur eine geschichtlich entstandene und vergehende Haltung zu sich selber ist) etwas findet, das für eine bestimmte Epoche seiner Vergangenheit die Wurzel war und allenfalls für eine kurze Strecke Dasein noch die Wurzel ist; daß er aber, wenn er sie ausgräbt, schon eine neue treibt und damit den Schwerpunkt des Daseins verschiebt. Subjekt und Objekt der Revolution fallen nie zusammen. Der Mensch ist in unvorhersehbarer Weise und Richtung immer über sich hinaus.“

Studie allerdings zeigen, daß das Plessnersche Gesamtprojekt der in sich gebrochenen Lebensphilosophie diese Orientierungsleistung in bezug auf die Herausforderungen seiner Zeit zu erbringen vermag – ohne sich deswegen in den archimedischen Wahrheitsstandpunkt stellen zu müssen.

Vor diesem Hintergrund läßt sich „Die verspätete Nation" in ihrer groben Einteilung rekonstruieren. Ihr erstes Kapitel skizziert die Lebenssituation des deutschen Volkes nach dem Ersten Weltkrieg. Die folgenden Kapitel zwei bis elf greifen auf die in die Gegenwart hineinwirkende Vergangenheit zurück. Sie stellen die Weltfrömmigkeit mit ihrem innerweltlichen Streben, durch Bildung zum ganzen Menschen zu werden, als das spezifisch deutsche Menschentum vor. Sie zeigen, daß sich dieses deutsche Bildungsideal seit dem 18. Jahrhundert ausgebildet hat und im Laufe des 19. Jahrhunderts immer grundsätzlicher infragegestellt wurde. Das letzte Kapitel zwölf dringt schließlich zu der Frage vor, in bezug auf die sich das deutsche Volk nach dem Ersten Weltkrieg bestimmen muß. Unter der existentiellen Verunsicherung durch den Ersten Weltkrieg steht das tradierte deutsche Menschentum als Ganzes zur Disposition. „Die verspätete Nation" ist in ihrer Anlage folglich auf die Erkenntnis des Konflikts ausgerichtet, in dem nach dem Ersten Weltkrieg um das Menschentum gekämpft wird, das im deutschen Volk künftig wirklich sein soll.

b. Die aktuellen Lebensherausforderungen nach dem Ersten Weltkrieg

Methodisch muß die Plessnersche Darstellung dem Anspruch genügen, die Gegenwart auf das Hineinragen der Vergangenheit hin durchsichtig zu machen. Nur wenn die Gegenwart nicht als in sich fertiger Block, sondern als in die Vergangenheit verwoben verstanden wird, erscheinen die aktuellen Lebensbedingungen nicht als Ursachen, die eine bestimmte Reaktion erzwingen. Plessner hält die Heterogenität der Gegenwart dadurch fest, daß er sie im Ausgang von der Herausforderung bzw. der Frage darstellt, vor die sie gestellt ist. Wie sich seine Zeit entscheidet, interessiert an dieser Stelle noch nicht und auch Plessner schiebt diese Frage in seiner Eingangsdarstellung „Nach dem Kriege" ausdrücklich auf. (Vgl. VN, 26ff.)

Plessner bestimmt die *Eigenart seiner Gegenwart* als „einer gegen die Tradition grundsätzlich veränderten Lage" (VN, 36) in dreifacher Weise: durch den Niedergang der europäischen Vormachtstellung, die Politisierung des inner- und zwischenstaatlichen Lebens und den Verlust des Vertrauens in die europäische Aufklärungstradition. (Vgl. VN, 36)

Den *Niedergang der europäischen Vormacht* zeigt Plessner am Selbstverhältnis von Europa sowie an seinem Verhältnis zu den anderen Kontinenten auf. Im Zentrum seiner Überlegung steht die Dialektik der europäischen Aufklärung. Unter dem Ideal menschlicher Selbstbestimmung, das seiner griechisch-christlichen Tradition entstammt, hat Europa wissenschaftlich, technisch und politisch die Welt erobert. Es hat sich derart der äußeren Bedingtheit durch die offene Welt entwunden und die eigenen zivilisatorischen und technischen Prinzipien ausgedehnt. Am erfolgreichsten wird die europäische Tradition der Selbstbestimmung in der formalisierten neuzeitlichen Wissenschaft und Zivilisation. Zugleich ermöglicht diese Formalisierung jedoch auch die Ablösbarkeit der wissenschaftlichen und technischen Ergebnisse vom europäischen Ethos menschlicher Selbstbestimmung. Plessner zeigt, daß sich diese Formalisierung zur bloßen Methode zu Beginn des 20. Jahrhunderts gegen das europäische Ethos der Selbstbestimmung selbst wendet. Aufgrund dieser Neutralisierung gelingt es anderen Kulturen, die europäische Wissenschaft, Zivilisation und Technik dem eigenen Ethos einzuverleiben.[318] Diese Kulturen übernehmen die Instrumente nicht jedoch das Selbstverständnis der griechisch-christlichen Tradition Europas. Den gleichen Prozeß der dialektischen Wendung der zivilisatorischen Leistungen gegen das europäische Ethos zeigt sich im Selbstverhältnis Europas. In der Formalisierung der Erkenntnis zur Methode und in der Ablösbarkeit der Technik von der Theorie werden die Ergebnisse der Wissenschaft zum neutralen Instrument des Lebens. Damit verkehrt sich die moderne Form der Wissenschaft und der Zivilisation – ursprünglich unter dem Ethos menschlicher Selbstbestimmung hervorgebracht – zu einer neuen Form von Heteronomie. Sie wird zu einem blinden Ermächtigungszusammenhang, in dem die Ausrichtung auf die menschliche Freiheit geschluckt ist. Die Kultur „formalisiert sich zum bloßen Instrument des Lebens, zur Waffe oder zum Spazierstock, je nach Bedürfnis. Sie verliert ihren humanistischen Geist […].“ (VN, 38f.)

Die *Politisierung des inner- und zwischenstaatlichen Lebens* versteht Plessner im Zusammenhang der Kritik am Christentum. Er bezieht sich auf die immer weiter reichende Infragestellung des Christentums seit der Reformation über die Naturwissenschaften und die historische Bibelkritik bis zur geisteswissenschaftlichen Aufdeckung der historischen Grundlagen christlicher Religiosität. (Vgl. VN, 39ff.) In der Zurückdrängung der Religion sind die ethischen Grundlagen zersetzt, die die zivilisatorischen Umwälzungen auf einen letzten Zweck ausrichten und sie darin zugleich begrenzen können.[319] Mit dem Glaubwürdigkeitsverlust des Christentums ist die Gegenüberstellung von europäischen Christen und außereuropäischen Heiden inhaltlich entleert. Der Wettstreit Europas mit den anderen Kulturen ist dadurch Plessner zufolge auf die Dimension bloßer Macht reduziert.[320]

---

[318] Vgl. VN, 39: „Japan hat gezeigt, wie ein nichtchristliches Land, außerhalb jeder Beziehung zum Griechentum, mit dem europäischen Fortschrittssystem fertig werden kann, ohne sich und seine Überlieferung aufzugeben. Es hat die Erfindungen und Arbeitsmethoden nach ihrer instrumentalen Bedeutung übernommen, aber keinen Versuch gemacht, das abendländische Ethos des Humanismus, der kapitalistischen Rechenhaftigkeit oder des faustischen Titanismus mitzuübernehmen. Es bedient sich des Europäismus zur Verteidigung gegen den Europäismus und lebt daneben sein überliefertes, eigentliches Leben ohne Fortschrittsideologie und Menschheitsutopien.“

[319] Vgl. VN; 38: „Wo also in einer Kultur die Religion der Umwälzung in der Praxis keine Grenzen setzt (wie sogar in den christlichen Ländern für die Medizin z.B. beim Impfzwang oder bei der Sterilisierung), automatisiert sich die industrielle und ineins damit die wissenschaftliche Organisation des Lebens.“

[320] Vgl. VN, 40: „In dem Maße, als die europäische Intelligenz das Vertrauen auf eine absolute, außerweltliche Verankerung des Lebens verlor und das Leben aus ihm selber zu leben und zu beurteilen unternahm, mußte sich der Gegensatz des Christen gegen die Heiden auflösen. Eine Religion,

In Deutschland findet Plessner das Zentrum der politischen und intellektuellen *Skepsis gegenüber der europäischen Aufklärungstradition.* (Vgl. VN, 40) Das Ideal der Aufklärung, sich aus eigener Kraft aus dem Zustand natürlicher Heteronomie zu befreien, wird zu Beginn des 20. Jahrhunderts als korrumpiert wahrgenommen. Das Wirtschaftssystem wird als bloßes Machtgefüge erfahren, das allein durch den Zwang der Profitsteigerung bestimmt ist. Der Staat erscheint als leeres Verfahren, dessen sich die gesellschaftlichen Interessen bemächtigen. Erkenntnis stellt sich für Plessners Zeitgenossen als nicht weniger ideologisch dar denn die Selbstbestimmung der Praxis. Sie steht vielmehr unter dem Ideologieverdacht, mit ihrem Anspruch auf Voraussetzungslosigkeit die diesseitigen Lebensinteressen zu verbergen, denen sie in Wahrheit dient.

Entscheidend ist nun, daß Plessner nicht allein den politischen und wirtschaftlichen Ruin Deutschlands durch den Ersten Weltkrieg für die Radikalität des deutschen Protests gegen die europäische Aufklärung verantwortlich macht. Selbstverständlich berücksichtigt er die politische und wirtschaftliche Krisensituation in Deutschland nach dem Ersten Weltkrieg. Die Schwierigkeiten, vor denen die Weimarer Republik steht, sind allgemein bekannt. Die Kriegskosten und die Reparationszahlungen belasten den deutschen Staat stark. Die bürgerlichen Schichten sind mit der Weltwirtschaftskrise verarmt, die Arbeitslosigkeit liegt Anfang der 30iger Jahre bei sechs Millionen. Die deutschen Staatsgrenzen stimmen mit den deutschen Volksgrenzen unter der Nachkriegsordnung und ihrem Verbot der „großdeutschen“ Vereinigung von Deutschland und Österreich und mit den auferlegten Gebietsabtretungen an Frankreich, Polen und Dänemark weniger überein denn je. Die liberal-demokratische Staatsverfassung ist schließlich ein Resultat des verlorenen Krieges und der damit zusammenhängenden Abdankung des deutschen Kaisertums und keine von einer breiten Schicht der Staatsbürger erkämpfte Ordnung. Daß Deutschland nach dem Ersten Weltkrieg jedoch zum Ort radikaler Infragestellung der europäischen Aufklärung wurde, vermag dieser soziologische Zugriff nicht zu erfassen.[321]

---

so gut wie die andere, stand dann gegen Religion, eine Kultur, so gut wie die andere, gegen Kultur im gemeinsamen Horizont der Gleichberechtigung als gleich ursprüngliche Positionen im und zum Leben. So engte sich die Basis des Anspruchs auf die Führerstellung unter den Völkern ganz natürlich auf das wissenschaftliche, technische und wirtschaftliche Können ein. Europas Prinzipat mußte zu einer Frage des besseren Könnens werden und wird damit schließlich eine bloße Machtfrage.“

[321] Vgl. VN, 44: „Die sogenannte Krise mag oberflächlichere und tiefere Ursachen haben, konjunkturelle oder strukturelle, so kann sie jedenfalls nicht die Art und Weise erklären, wie ein Land darauf reagiert. Tatsache ist, daß die Arbeitslosigkeit auf dem Hintergrund des verlorenen Krieges die längst bestehende Skepsis gegen kapitalistische Wirtschaftsordnung und imperialistische Politik nur verschärfen und in allen Volksschichten verbreiten konnte. Tatsache ist ferner, daß die Kriegspropaganda der Entente, der Vertrag von Versailles und das Koalitionsspiel der republikanischen Parteien die Begriffe von Freiheit, Demokratie, Selbstbestimmungsrecht der Völker, Fortschritt und Weltfrieden, mit einem Wort das Wertsystem des politischen Humanismus westlicher Prägung bodenlos entwertet haben. Aber die Wirkung des Krieges und der Nachkriegsgeschichte erklären diese Tatsachen allein nicht.“

Um die deutschen Reaktionen auf die Wirkungen der Kriegs- und Nachkriegszeit zu verstehen, verweist Plessner „auf die eigentümliche Resonanz, die sie an dem Schicksalsbild deutscher Geschichte finden“. (VN, 44f.) Plessner arbeitet diesen geschichtlich entstandenen *Resonanzboden* hier zunächst in Abgrenzung gegen das liberale Selbstverständnis des Westens heraus. In seiner Gegenwart der Zwischenkriegszeit macht Plessner drei Grundachsen aus, in denen das tradierte deutsche Selbstverständnis quer zum westlichen Modell liberaler Nationalstaatlichkeit steht, das die politische Ordnung Europas nach dem Ersten Weltkrieg bestimmt. Auf allen drei Ebenen sieht Plessner die deutsche Geistestradition und die Lebensherausforderungen im Deutschland der Zwischenkriegszeit auf spezifische Weise ineinandergreifen.

Das *erste Resonanzfeld* bewegt sich auf der *Ebene politischer Organisation.* Noch das Weimarer Deutschland steht in der Spannung von Reichstradition und Nationalstaatlichkeit. Plessner verweist in diesem Zusammenhang auf die Einzigartigkeit Deutschlands im nationalstaatlich gegliederten Europa, insofern die deutschen Volks- und Staatsgrenzen nicht zusammenfallen. Die Einteilung Europas, die historisch aus dem Mittelalter stammt, wird in der Tradition der Aufklärung ideell gefaßt: als gegründet in dem Ideal der Selbstbestimmung der Völker. Diese Idealisierung der faktischen politischen Einteilung Europas im Rückgriff auf das Ideal nationaler Selbstbestimmung gerät an der Existenz Deutschlands an seine Grenzen. Die Zersplitterung des deutschen Volks in verschiedenen Staaten bildet einen Einwand gegen die normative Rechtfertigung der europäischen Staatenordnung durch das Ideal der Selbstbestimmung der Völker.[322]

Plessner betont in diesem Zusammenhang, daß die fehlende nationale Einheit keineswegs allein den äußeren Bedingungen staatlicher Zerstückelung, sondern ebenso wesentlich der innerdeutschen Spannung von zwei unversöhnten Traditionslinien geschuldet ist. Traditionell stehen sich die katholische Reichslinie der Habsburger und der preußische Staat protestantischer Konfession gegenüber. Auch im beginnenden 20. Jahrhundert fehlt ein gemeinsames politisches Ideal, unter dem diese widerstreitenden Traditionslinien zur nationalen Einheit Deutschlands hätten versöhnt werden können.

In seinem Streben nach nationaler Selbstbestimmung sieht Plessner Deutschland die nationale Gliederung Europas infragestellen und den Ersten Weltkrieg auslösen. Zugleich versteht Plessner die deutsche Niederlage nicht als Resultat bloß militärischer Überlegenheit der Ententemächte. Deutschland mußte scheitern, da es „die Weltmächte des politi-

---

322 Vgl. VN, 50: „Wie auch immer: die Verteilung deutschen Volkstums quer durch die europäischen Staatsgrenzen stellt eine Tatsache dar, die eine Lösung entweder im Sinne der vornationalen ökumenischen Reichsidee oder im Sinne der nachnationalen Organisation der Vereinigten Staaten von Europa verlangt, in jedem Falle eine Unzeitgemäßheit, weil von Vorgestern oder von Übermorgen. Weil aber das heutige Europa durch seinen politischen Humanismus an der Nationalstaatlichkeit festhält, stellt es die Verteilung des deutschen Volkstums vor die Entscheidung, zwischen seinen Prinzipien zur Wahrung nationaler Autonomie oder dem alten Staatensystem zu wählen. Entscheidet es sich für seine Prinzipien, so muß es sie dem deutschen Volkstum auch zugestehen, und es wählt die territoriale Revolution. Entscheidet es sich für die alten Staatsgrenzen, so verleugnet es seine eigenen Rechtsgrundlagen.“

schen Humanismus“ zum Gegner hatte, „in dessen Zeichen die alten Nationen und Amerika die Verteilung der Erde rechtfertigen konnten“. (VN, 41) Demgegenüber zielte Deutschland selbst – so Plessner – allein auf die Wiederherstellung der alten Macht. Da es für kein politisches Ideal eintrat, konnte es keine Begeisterung entzünden und mußte den Krieg verlieren. Die Niederlage ist für Deutschland Plessner zufolge nun ihrerseits deswegen untragbar, da sie sinnlos ist, keine Lösung für die deutsche Frage weist. Deutschland ist zerstückelter denn je, die „großdeutsche“ Lösung von den Friedensverträgen untersagt. Plessner betont, daß die Friedensordnung der deutschen Bevölkerung vor Augen führe, daß unter dem politischen Ideal der Nationalstaatlichkeit keine deutsche Einheit zu erreichen sei. Die deutsche Einheit ist nicht nur im nationalstaatlich gegliederten Europa unmöglich; auch hat sich das Ideal nationaler Selbstbestimmung als ungeeignet erwiesen, die widerstrebenden deutschen Traditionen zu versöhnen. Dementsprechend versteht Plessner den deutschen Protest gegen die Versailler Friedensverträge als „Protest gegen das geschichtliche Verhängnis, das einem zentraleuropäischen Staat weit mehr aus Gründen seiner vieldeutigen Tradition als durch einfache Gewalt den Weg zur nationalen Einheit verwehrt. In ihm sucht Deutschland nach einer neuen Existenzform für sich selbst in einem national durchgegliederten Europa und entfesselt damit einen Konflikt zwischen seinen ihm geschichtlich zugefallenen Möglichkeiten und der humanistischen Ideologie Westeuropas.“ (VN, 41f.) Die Verunsicherung durch den Ersten Weltkrieg verbindet sich folglich mit der Selbstverunsicherung, die aus der ungeklärten politischen Organisation Deutschlands resultiert.

Die *zweite Verzahnung* des tradierten deutschen Selbstverständnisses und der Herausforderungen der Gegenwart ist *im Kulturellen* angesiedelt. Plessner verweist in diesem Zusammenhang auf die Spezifik des deutschen Kulturbegriffs. In Abgrenzung gegen das nüchterne Kulturverständnis der westeuropäischen Nationen, hebt Plessner dessen emphatische Bedeutung hervor. In der deutschen Kultur sieht Plessner ins Weltliche abgedrängte Energien nach Erfüllung streben. Indem die sinnstiftende Kraft der Vernunft zu Beginn des 20. Jahrhunderts an Glaubwürdigkeit verloren hat, wendet sich das weltfromme Streben nach einem letzten Grund von Wirklichkeit überhaupt den Schichten des natürlichen Lebens zu. Im Horizont des Lebens erscheint das Volk als einzige Rechtfertigungsquelle politischer Herrschaft. Die demokratisch-rechtsstaatliche Verfassung von Weimar wird damit in einer Zeit realisiert, in der die Menschen ihr eigenes vitalistisches Selbstverständnis in ihr nicht wiederfinden können. Sie erscheint vielmehr als künstlicher Apparat, dem die Verankerung in der gewachsenen Tradition des deutschen Volkes fehlt.

Als *drittes* spricht die Infragestellung nach dem Ersten Weltkrieg *die Selbstunsicherheit des deutschen Geistes* an. Plessner macht dies an der Selbstinfragestellung der Philosophie in bezug auf ihre Orientierungsfähigkeit fest. Die ausgezeichnete Rolle, die der Philosophie in der deutschen Selbstverständigung zukommt, führt Plessner auf den fehlenden Rückhalt des deutschen Geistes sowohl an der Religion als auch an einer Staatsidee zurück. Im Unterschied zu den westlichen Nationen, die sich religiös und politisch verstehen, übernimmt innerhalb der deutschen Selbstverständigung die Philosophie seit dem 18. Jahrhundert den „Weltberuf“ der Lebensorientierung. Mit dem

Glaubwürdigkeitsverlust aller übergeschichtlichen Autoritäten verliert die philosophische Erkenntnis zu Beginn des 20. Jahrhunderts das Wahrheitsfundament, von dem aus sie allgemeingültige Aussagen über das Ganze der Wirklichkeit treffen könnte. Philosophische Erkenntnis wird derart im ersten Drittel des 20. Jahrhunderts als in den Kampf der Weltanschauungen zurückgestellt erfahren. Mit der Selbstinfragestellung der Philosophie aufgrund ihrer Endlichkeit geht das Erstarken der politischen Weltanschauungen einher, die im Zeichen der vitalen Bedürfnisse des Volkes beanspruchen, dem Denken und Handeln die orientierende Richtung vorzugeben. Die deutsche Skepsis gegen die europäischen Werte menschlicher Selbstbestimmung steht folglich auch im Zusammenhang der Infragestellung der Philosophie in ihrem Weltberuf vernünftiger Lebensorientierung.[323]

Auf diesen drei Grundachsen erstreckt sich der geschichtliche Resonanzboden, vor dem die Niederlage im Ersten Weltkrieg für die deutsche Selbstverständigung ihre grundlegende Bedeutung erfährt. Nur aufgrund des Ineinandergreifens der aktuellen Lebensherausforderungen und der tradierten Selbstverständigung konnte die Niederlage im Ersten Weltkrieg die existentielle Bedeutung für Deutschland bekommen, die sich im deutschen Protest gegen Versailles ausdrückt. Um schärfer zu fassen, inwiefern die deutsche Auseinandersetzung mit Westeuropa eine Auseinandersetzung mit sich selbst über das eigene Menschentum darstellt, wendet sich Plessner im Hauptteil seiner Studie zur deutschen Vergangenheit seit der Neuzeit zurück. Nachdem er in dem hier wiedergegebenen ersten Schritt seiner Studie seine Gegenwart auf die Traditionslinien aus der Vergangenheit hin durchsichtig macht, geht er nun den umgekehrten Weg. Im Hauptteil seiner Studie (den Kapiteln zwei bis elf) fragt er aus seiner Gegenwart zurück, um das aus der Vergangenheit tradierte deutsche Menschentum auszuleuchten. In diesem wechselseitigen Bezug der Gegenwart und der Vergangenheit aufeinander verschafft sich Plessner die Möglichkeit, die Grundachse des tradierten deutschen Menschentums herauszuarbeiten, um deren Erhalt bzw. Abschaffung in seiner Zeit gestritten wird. Er kann auf diese Weise nicht nur den Ernst der politischen Konflikte seiner Gegenwart als Kampf um das künftige Menschentum begreifen; er verschafft sich vielmehr damit zugleich die Möglichkeit, die inhaltliche Bestimmtheit des Menschentums einzusehen, um das gekämpft wird.

c. Der geschichtliche Rückgriff auf die Tradition deutschen Geistes

Die folgende Darstellung widmet sich Plessners geistesgeschichtlicher Erforschung des tradierten Daseins- und Gesichtskreises des deutschen Volkes. Die Bestimmung ihres methodischen Vorgehens verdankt die Plessnersche Geistesgeschichte ihrem Gegenstand: dem aus der Vergangenheit tradierten deutschen Menschentum. Um zum menschlichen Wesen vorzudringen, das in Deutschland seit der Neuzeit historisch

[323] Vgl. VN, 47: „Für das Verhältnis des deutschen Protestes gegen die Nachkriegsordnung im Zeichen des politischen Humanismus Westeuropas ist die Verdrängung der idealistischen Philosophie durch die neuen Wirklichkeitswissenschaften und die in ihrem Gefolge einsetzende Selbstausschaltung der Philosophie aus den lebensbestimmenden Mächten von entscheidender Wichtigkeit.“

verwirklicht ist, setzt Plessner bei seiner eigenen geschichtlichen Involviertheit in der Gegenwart an. Um in einer Zeit, in der dieses politisch umkämpft ist, geistesgeschichtliche Erkenntnis vom tradierten deutschen Menschentum zu erreichen, muß sowohl dessen Verabsolutierung als auch dessen historische Relativierung unterlaufen werden. Die geistesgeschichtliche Erkenntnis muß sich mit anderen Worten in die Lage versetzen, das tradierte deutsche Menschentum als *historische Wirklichkeit* und damit weder als deutsche Natur noch als bloß kontingentes Konstrukt zu erfassen. Nur wenn es Plessner gelingt, das tradierte Menschentum im Status der historischen Wirklichkeit zu halten, kann er die Politisierung seiner geschichtsphilosophischen Erkenntnis durch die aktuellen Konflikte seiner Zeit unterlaufen. Damit zugleich wird es ihm möglich, die Entscheidung seiner Zeit über das künftig geltende deutsche Menschentum als offene Frage und nicht als historische Zwangsläufigkeit zu behandeln.

Um das tradierte deutsche Menschentum im Status historischer Wirklichkeit zu erfassen, legt Plessner seinen geistesgeschichtlichen Rückgriff doppelt an. Er greift sowohl von außen auf den Daseins- als auch von innen auf den Gesichtskreis des deutschen Volkes zurück. Auf diese Weise kann er am deutschen Menschentum sowohl seine Sinndimension als auch sein tatsächliches Bestehen einsehen. Er unterläuft damit sowohl die Hegelsche Relativierung des Tatsächlichen zu bloßen Konstitutionsbedingungen der geistigen Selbstverständigung, als auch die junghegelianische Relativierung der geistigen Sinngehalte zum bloßen Überbau der politischen und wirtschaftlichen Verhältnisse. Mit seinem gedoppelten Zugriff auf den Daseins- *und* den Gesichtskreis des deutschen Volkes hält er den Wahrheitsgrund menschlicher Geschichte offen. In der Abhebung gegen den vakanten Wahrheitsgrund menschlicher Wirklichkeit überhaupt gelingt es Plessner, das tradierte deutsche Menschentum im Status historischer Wirklichkeit zu begreifen. Er spricht es als den historisch wirklichen Modus an, in dem der Gesichtskreis bzw. die inhaltliche Selbstverständigung und der Daseinskreis bzw. die politische, soziale und kulturelle Wirklichkeit verschränkt sind. Solcherart ist es auf keine der beiden Dimensionen abbaubar, sondern bewegt sich in der Ebene irreduzibler historischer Tatsächlichkeit.[324]

Vor diesem Hintergrund wird der Aufbau von Plessners geistesgeschichtlichem Rückblick in der „Verspäteten Nation" durchsichtig, an dem sich die folgende Rekonstruktion (in ihren Abschnitten A. und B.) orientiert. Der erste Teil der geistesgeschichtlichen Untersuchung erforscht in äußerer Perspektive den Daseinskreis des deutschen Volkes. Plessner widmet sich hier der politisch-kulturellen Wirklichkeit, die sich in Deutschland seit der Neuzeit ausgebildet hat. Er stellt an der äußeren Wirklichkeit die Bedingungen des Entstehens, der Verwirklichung und der Infragestellung der welt-

[324] Vgl. VN, 14: „Diese Kräfte (das sind die politischen, religiösen und sozialen Tatbestände der deutschen Geschichte; O. M.) sollten unbeschadet ihres gemeinsamen Anteils an den damaligen Entscheidungen und ihrer tiefgehenden Resonanz im deutschen Volk weder über einen Leisten geschlagen werden, als handelte es sich um gewissermaßen immer verfügbar gewesene Spannungsenergien aus einem geschichtlich gewordenen Reservoir, um Anlagen des deutschen Charakters, noch um bloße ephemere Klangfiguren ausschließlich des damaligen Erregungszustandes. Vielmehr haben sie sich selbst [...] aneinander geformt."

frommen deutschen Kultur dar. (Vgl. VN, Kap. zwei bis sieben) Der zweite Teil der Studie nimmt den dazu antagonistischen Weg von innen und stellt die innere Entwicklung der vernünftigen Lebensorientierung dar. Diese inhaltliche Selbstverständigung findet in Deutschland – wie Plessner zeigt – in der Philosophie statt. Dementsprechend wendet sich der zweite Teil der „Verspäteten Nation“ zur Untersuchung des Gesichtskreises an die innere Entwicklung des philosophischen Denkens. (Vgl. VN, Kap. acht bis elf) Dieser Aufbau der „Verspäteten Nation“ ist mit einem Verständnis von Geistesgeschichte als Unterdisziplin der Geschichtswissenschaft nicht zu vereinbaren. Vielmehr umfaßt Plessners Studie – wie in seinen programmatischen Überlegungen gefordert – die Dimensionen äußerer Wirklichkeit in ihrer Gleichursprünglichkeit mit der geistigen Selbstverständigung im engeren Sinne, um sich auf diese Weise Zugang zum deutschen Geist im weiteren Sinne des in Deutschland verwirklichten Menschentums zu verschaffen.

(A.) Der Daseinskreis des tradierten deutschen Menschentums

Im Ausgang von den Grundachsen des deutschen Protests gegen das eigene Schicksal nach dem Ersten Weltkrieg greift Plessner auf den Daseinskreis aus, der aus der Vergangenheit in die Weimarer Gegenwart tradiert wird. Er untersucht zunächst auf politischer und dann auf religiöser Ebene, wie sich seit Beginn des 18. Jahrhunderts das deutsche Bildungsideal hat durchsetzen können. (Vgl. α. bzw. β.) In einem dritten Schritt zeigt er, wie dieses weltfromme Kulturverständnis mit seiner Realisierung zugleich untergraben wurde. (Vgl. γ.)

(α.) Der Ausfall politischer Orientierung

In seiner Gegenwart nach dem Ersten Weltkrieg zeigt Plessner, daß Deutschland quer zur Wirklichkeit und zum Selbstverständnis des westlichen Nationalstaatsmodells steht. Im folgenden soll Plessners geistesgeschichtlicher Rückgriff auf die politische Geschichte Deutschlands rekonstruiert werden, die verständlich macht, warum der Plessnerschen Gegenwart ein positives Verhältnis zur demokratischen Rechtsstaatlichkeit des Westens verwehrt ist. Es wird sich zeigen, daß das deutsche Volk über keinen Rückhalt an einer Rechtsidee verfügt. Der deutsche Daseinskreis ist vielmehr wesentlich durch den Ausfall eines rechtlichen Sinnhorizonts gekennzeichnet, der die Lebensführung hätte orientieren können.[325]

[325] Vgl. VN, 46: „So muß die Untersuchung von der bedeutsamen Tatsache ihren Ausgang nehmen, daß das Deutsche Reich in keiner seiner Traditionen ein Verhältnis zu der Rechts- und Staatsidee dieser für Entstehung und Ausbildung der modernen Nationen entscheidenden Jahrhunderte hat. Als eine Gründung des 19. Jahrhunderts ohne Staatsidee fiel die nur bedingt nationalstaatliche Konsolidierung des deutschen Volkes in die Zeit einer bereits vorgeschrittenen Skepsis an dem Wertsystem des Humanismus. Der Mangel einer Staatsidee hielt den Antagonismus der beiden Reichstraditionen im deutschen Bewußtsein wach. Das im Zuge der Verweltlichung immer stärker werdende Nationalbewußtsein fand in Deutschland auch nach der Bismarckschen Reichsgründung keine Form und keinen Halt an einer Staatsidee, wie schon Jahrhunderte früher Frankreich, England und

In bezug auf die *staatliche Organisation* fragt Plessner nach den *politischen* Konstellationen, die dafür verantwortlich waren, daß Deutschland bis in seine Weimarer Gegenwart hinein kein positives Verhältnis nationalstaatlichen Rechtsverständnis hat aufbauen können. Den Beginn der Entfremdung Deutschlands von Westeuropa siedelt Plessner im 17. Jahrhundert an. Während die westeuropäischen Staaten eine aufgeklärte Rechtsstaatstradition entwickelten, wurde in Deutschland kein neuzeitliches Staats- und Völkerrecht ausgebildet. Die Glaubensspaltung verhinderte es, daß der Gedanke einer deutschen Nation hätte aufkommen können. Oberhalb der Fürsten konnte sich keine nationale Staatlichkeit konstituieren. Zugleich war die bürgerliche Schicht nach dem Dreißigjährigem Krieg zu verarmt, um wirtschaftlich zu einem eigenständigen Machtfaktor aufsteigen zu können. In dieser politischen Konstellation konnte sich innerhalb des deutschen Staats- und Völkerrechts die Tradition des Natur- bzw. Vernunftrechts nicht durchsetzen. Die Idee eines Staates, der seine Legitimation aus dem überzeitlichen Fundament menschlicher Natur oder Vernunft gewinnt, und an dem die fürstliche Macht ihre Grenzen hat, fand in Deutschland keine Verwirklichung. Auch die Religion bildete aufgrund der Glaubensspaltung und der politischen Indifferenz des Luthertums keine Gegenmacht zu den Fürsten. Das Abhängigkeitsverhältnis der Untertanen vom Landesherrn wurde folglich weder rechtsstaatlich noch religiös gebrochen. (Vgl. VN, 51) Preußen entwickelte zwar ein staatliches Selbstverständnis, dies verstärkte nach Plessner jedoch nur die in Deutschland vorherrschende Tendenz, staatliche Ordnung als bloße Machtorganisation ohne legitimierende Rechtsidee zu verwirklichen. (Vgl. VN, 52)

Die nationale Einigung Deutschlands im 19. Jahrhunderts stand vor der doppelten Herausforderung, sowohl das protestantische Preußen und das katholische Habsburg als auch den Nationalstaatsgedanken und die Reichstradition zu versöhnen. Bismarcks „kleindeutsche" Lösung versteht Plessner als Kompromiß, der realpolitisch die dynastischen Ansprüche der Habsburger und der deutschen Landesfürsten und ideell die Idee staatlicher Organisation und die deutsche Reichsidee berücksichtigte. (Vgl. VN, 48f.) Die Reichsidee konnte nicht aufgegeben werden, insofern sie den nationalen Anspruch Deutschlands ausdrückt, auch die Deutschen zu vertreten, die außerhalb der „kleindeutschen" Staatsgrenzen in Österreich, Frankreich usw. lebten. Die entscheidende Herausforderung hat die Bismarcksche Lösung mit ihrem Interessensausgleich nach Plessner jedoch unterlaufen: eine eigene Staatsidee auszubilden, in der die heterogenen Ansprüche hätten aufgehoben werden können. Damit stand das deutsche Reich für keine überpolitische Idee, von der es die Bestimmung und die Grenzen seiner Machtpolitik hätte erhalten können.[326] Deutschsein stellt für Plessner bis in seine Zeit hinein kein

die Vereinigten Staaten ihn gefunden hatten. Als Ersatz dafür und zugleich im Hinblick auf die Inkongruenz zwischen Reichsgrenzen und Volkstumsgrenzen übernahm der romantische Begriff des Volkes die Rolle einer politischen Idee."

[326] Vgl. VN, 53: „[…] jede Großmacht braucht eine Rechtfertigung, um Anerkennung und nicht bloß Furcht zu wecken, und Bismarcks Werk hatte wohl das Recht des historischen Schicksals, aber nicht die Rechtfertigung im Zeichen einer Idee für sich. Das neue Reich appellierte nicht wie Frankreich und England an die Phantasie der Völker, an ihre Zukunftserwartung, ihren Mensch-

Bekenntnis dar, sondern „war und ist einfach Ausdruck einer Wirklichkeit“. (VN, 53) Auf dieses Fehlen einer Rechtsidee führt Plessner die Charakteristika des Preußentums zurück: das unversöhnte Nebeneinander von preußischer Grundsatz- und Prinzipientreue und extremen Realismus in Fragen politischer und ökonomischer Macht. Demgegenüber wurde jede Berufung auf überpolitische Ideale im Politischen in Deutschland unter Ideologieverdacht gestellt.[327]

Wie oben dargestellt, sieht Plessner das deutsche Streben, das von Bismarcks „kleindeutscher“ Lösung nur aufgeschobene Problem nationaler Einheit zu bewältigen, in den Ersten Weltkrieg führen. Jetzt sehen wir deutlicher, daß hier die beiden unterschiedlichen Staatstraditionen Deutschlands und Westeuropas aufeinandertreffen. Während der Westen für die Verteidigung des politischen Humanismus eintritt, fehlt Deutschland solch ein ideeller Bezug auf ein überpolitisches Ideal. Ohne eine solche Rechtfertigung der eigenen Politik scheitert Deutschland nach Plessner an der Mobilisierung geistiger Kräfte und muß unterliegen.[328] In Weimar trifft die republikanische Verfassung schließlich auf kein Verständnis bei der Bevölkerung. Sie wird als Import von außen wahrgenommen, da sie über keinen Rückhalt in der deutschen Staatstradition verfügt.

Diese verspätete Staatsgründung kann die deutschen Vorbehalte gegen die westeuropäische Aufklärungstradition nicht allein erklären. Vielmehr muß hinter die Ebene institutioneller Organisation zu den *ideellen Grundlagen* zurückgefragt werden, die der Ausbildung eines aufgeklärten Rechtsverständnisses entgegenstanden. Um zu verstehen, weshalb dem deutschen Rechtsverständnis die aufgeklärte Staats- bzw. Rechtsidee fremd bleibt, fragt Plessner deswegen nach der *überpolitischen Legitimationsgrundlage* der staatlichen Organisation. Er beantwortet diese Frage mit Hilfe eines historischen Vergleichs der westlichen und der deutschen Staatsperspektive hinsichtlich ihrer konfessionellen Unterschiede.[329] Der Fokus seines Vergleichs richtet sich auf das Verhält-

---

heitsglauben. Es diente keinem werbenden Gedanken. Es stand für nichts, von dem es überragt wurde.“

[327] Vgl. VN, 55: „Theodor Fontane hat für die Engländer geprägt: sie sagen Christus, aber sie meinen Kattun. Darüber sollte man jedoch nicht vergessen, daß im Einzelfall die Berufung auf die großen Grundsätze des Christentums und der Menschenrechte verlogen sein kann, ohne damit schon die Grundlage, von der aus sie allein möglich ist, in Frage zu stellen. Deutschland jedenfalls hat immer Kattun gesagt, wenn es Kattun meinte. Ein Vorteil ist das nicht. Es ist aber auch nicht einmal sicher, ob es menschlich höher steht. Denn diese Unverbrämtheit und Direktheit entspricht einem realen Mangel und entspringt nicht nur einer Stärke. Echte und große Politik ist ohne Rechtfertigung durch einen zündenden Gedanken, in dessen Auftrag sie geführt wird, nicht möglich.“

[328] Vgl. VN, 54: „Ein großes Volk kann nicht gegen eine Koalition von Weltmächten, deren Basis im 17. und 18. Jahrhundert liegt, mit dem Argument seiner puren Existenz sich durchsetzen. Der Platz an der Sonne ist für andere kein Argument. Wenn das Reich als ein Spätprodukt des realistischen 19. Jahrhunderts nichts anderes in die Waagschale zu werfen hatte als das Dasein eines in viele Staaten zersplitterten Volkes, so mußte es sich über die Problematik dieser ‚Ehrlichkeit‘ klar sein.“

[329] Vgl. VN, 65: „Ein Vergleich der westlichen mit der deutschen Staatsperspektive auf dem Hintergrund der konfessionellen Gegensätze zwischen Katholizismus-Calvinismus und Luthertum macht Deutschlands Gegensatz zum Westen, seinen Protest gegen den politischen Humanismus Westeuropas von der ideellen Seite her durchsichtig. Denn daß die politische Ideenentwicklung in

nis, das die verschiedenen Länder zur Säkularisierung einnehmen. Der Prozeß der Säkularisierung durchdringt katholische wie protestantische Länder gleichermaßen. Er setzt mit der innerreligiösen Kritik am Gottesgnadentum ein, steigert sich zur Verankerung der Staatsform im natürlichen bzw. vernünftigen Recht und endet in der funktionalen Auffassung des Staates als bloßer Methode zur Sicherung des Gemeinwohls. (Vgl. VN, 67f.) Entscheidend ist nun, zu welchem Moment der Säkularisierung die Ausbildung des Nationalstaates stattfindet.

Die englische Revolution ereignet sich im 17. Jahrhundert und damit zu einem Zeitpunkt, als sich der Puritanismus in England in Freikirchen organisiert und vom Feudalsystem emanzipiert hat. Die Institutionalisierung des Rechtsstaats steht folglich in England unter dem Gesichtskreis des puritanischen Nonkonformismus. Die französische Revolution steht als Produkt des französischen 18. Jahrhunderts im Zeichen des Kampfes der Aufklärung gegen den ersten und zweiten Stand. Die französische Revolution beruft sich derart auf die Vernunft als Quelle wahrer, nicht von Herrschaftsinteressen korrumpierter Legitimität. In beiden – der englischen und der französischen – Revolution wird eine Sphäre des staatlichen Rechts geschaffen, die sich mit Bezug auf die persönliche Freiheit (im religiösen bzw. aufgeklärten Verständnis) legitimiert. Dementsprechend stellt nicht die Herkunft des Volkes sondern das Geschehen der Revolution als verfassungskonstituierendes Geschehen den zentralen Referenzpunkt innerhalb des westlichen Geschichtsbildes dar. Hier erfährt der Staat seine Legitimation durch Rekurs auf das überpolitische Fundament der Religion bzw. der Vernunft. Die Rechtssphäre begrenzt sich darin gegenüber dem Überpolitischen, an dem die Menschen als vernünftige bzw. als religiöse Wesen teilhaben. Beide Traditionen sind infolgedessen an einer formalen Staatlichkeit interessiert, die die Freiheit des Individuums respektiert. Beide haben den Staatsvertrag zum Ideal, in dem der Mensch zum politischen Bürger *wird.* Diese Traditionen können nun auch die weitere Säkularisierung (über den Puritanismus und die Aufklärung hinaus) ertragen, da sie in ihrem geschichtlich tradierten Selbstverständnis ein positives Verhältnis zum formalisierten Recht haben. (Vgl. VN, 68f.)

Die Nationsbildung fand in Deutschland nun erst zu einem Zeitpunkt statt, als die Säkularisierung auch über das Vernunftideal der Aufklärung hinweggegangen war. Darüber hinaus haben die Glaubensspaltung und das Luthertum in Deutschland bereits in der frühen Neuzeit auf der vorpolitischen Ebene kirchlicher Organisation die Übernahme der beiden westeuropäischen Traditionen – des Puritanismus und der Aufklärung

---

Deutschland kein Verhältnis zu den Leitbegriffen des Natur- und Völkerrechts und der aufklärerischen Humanitätsbewegung finden konnte, läßt sich aus der unglücklichen Verspätung der deutschen politischen Geschichte allein nicht erklären. Warum sucht sie für das, was der Gang der Dinge ihr vorenthalten hat, andere begriffliche Maßstäbe? Wie kommt es zu der eigentümlichen Rolle des Volksgedankens im politischen Bewußtsein und zu der von westlicher Staatsauffassung so völlig verschiedenen Bewertung der Geschichte für den Staat? Auf diese Fragen, die für Deutschlands ideelle Entfremdung von der westlichen Welt entscheidend sind, gibt eine Analyse des abstrakten Staatsgedankens keine Antwort. Man muß auf die religiösen Triebkräfte zurückgehen, welche an der Bildung der modernen nationalen Welt, wenn auch vielfach gegen ihren Willen und über ihre Kraft, beteiligt gewesen sind und den Gang der Verweltlichung doppelsinnig bestimmt haben."

– verhindert. Die Glaubensspaltung setzte der Durchdringung von Christentum und Staatlichkeit Grenzen, die durch das preußische Luthertum nach der deutschen Einigung noch verstärkt wurden. Das politische Leben in Deutschland geriet damit unter die Herrschaft religiöser Indifferenz. (Vgl. VN, 77) Dadurch bildete das Religiöse in Deutschland im Unterschied zu England keine Grenze für das Politische. Genauso wenig eignete sich das Religiöse jedoch als Gegner, gegen den sich die Aufklärung mit ihrem Vernunftideal (wie in Frankreich) hätte absetzen können. Damit fehlte der Rückhalt an einem Übergeschichtlichen, der die Ausbildung einer eigenständigen Sphäre der Rechtsstaatlichkeit ermöglicht hätte. Die Sphäre deutscher Staatlichkeit wurde infolgedessen als abhängig vom geschichtlichen Herkommen des Volks erfahren.[330] Die Begrenzung des Politischen gegenüber einem Überpolitischen wird auch am einzelnen Menschen nicht gezogen. Das Private, das sich der öffentlichen Sphäre staatlicher Herrschaft entzieht, kann nur als vorpolitisches Partikularinteresse und nicht als Teilhabe an der überpolitischen Sphäre der Religion bzw. der Vernunft verstanden werden. Unter den Bedingungen fehlender Präsenz eines Überpolitischen konnte sich in Deutschland folglich keine in sich begrenzte Sphäre der Rechtsstaatlichkeit ausbilden. Die Neutralität rechtlicher Verfahren konnte genauso wenig verstanden werden wie der Respekt gegenüber der Sphäre privater Individualität. „Als Ausgleich dazu bildete sich im Zuge der Verweltlichung des Politischen, die ein allgemein europäischer Vorgang ist, das Bewußtsein vom Volkstum als dem eigentlichen Staatsträger und schließlich sogar Staatszweck.“ (VN, 71) In einer Tradition, die Verständnis weder für die Ausbildung eines eigenständigen Rechtsstaats noch für die Begrenzung staatlicher Macht gegenüber dem Individuum aufbringt, kann der Sinn der Apparathaftigkeit des modernen Staats nicht verstanden werden. Vor dem Hintergrund deutschen Volkstums muß die moderne Parteiendemokratie als unorganischer Betrieb ohne substantielle Bestimmung erscheinen. (Vgl. VN, 69)

Plessner arbeitet folglich einen für Deutschland spezifischen Traditionsausfall sowohl auf der Ebene staatlicher Organisation als auch auf der Ebene ihrer ideellen Legitimationsgrundlage heraus. Der politische Alltag in Deutschland hat sich zum Machtstaat ohne Rechtsidee entwickelt. Damit einhergehend kann das politische Leben in Deutschland nicht identitätsstiftend wirken.

---

[330] Vgl. VN, 71: „Die geschichtlich leicht erklärbare Selbstunsicherheit der Deutschen hat ihnen jede Art von Staat verdächtig gemacht, in dessen sozusagen permanenten Ursprung eine Umwertung des Menschen durch einen reinen Rechtsakt steht. Gerade weil sie in keiner staatlichen Tradition zur Ruhe kommen und in ihrer politischen Ideenbildung um keine Ruhelage schwingen, tiefer gefährdet, weil tiefer verlassen als irgendeines der alten Völker, suchen sie nach einem realen Halt in ihrer Geschichte, und, da sie ihn dort nicht finden, noch vor, noch unter der Geschichte. Darum sind sie von vorgestern oder von übermorgen und haben kein Heute. Ihr Boden ist beständige Bewegung ohne die Möglichkeit echter Gegenwart.“

(β.) Die Abdrängung der religiösen Energien ins Kulturelle

Um die religiösen Erwartungen zu begreifen, die in die kulturelle Tätigkeit in Deutschland einfließen, blickt Plessner auf die Ursprünge der deutschen Weltfrömmigkeit zurück. Er erforscht dabei zunächst die Bedingungen kirchlicher Organisation, die neben dem Ausfall einer Rechtstradition für die Hinwendung zur kulturellen Lebensorientierung verantwortlich waren.[331] Im Anschluß daran widmet er sich den inneren Grundlagen der Weltfrömmigkeit, die dem Luthertum entstammen.

Plessner weist die Glaubensspaltung in Deutschland und die lutherische Staatskirche in Preußen als die *institutionellen Bedingungen der Weltfrömmigkeit* aus. Die eigentümliche Konsequenz der Glaubensspaltung bestand darin, die Selbstverständlichkeit im Religiösen aufzuheben. Unter den Bedingungen des Konfessionsgegensatzes wird das Religiöse ins Weltliche hineingezogen, es zeigt sich als abhängig von weltlichen Bedingungen. Erst indem die je eigene Konfession ihre Selbstverständlichkeit verloren hat, wird ihre Aneignung für den Einzelnen zur Herausforderung. Aus dem Aneignungsproblem auf einen Glaubwürdigkeitsverlust beider Konfessionen zu schließen, hieße allerdings, eine vorschnelle Konsequenz aus dem Gesichtskreis des 20. Jahrhundert zu ziehen. Von der frühen Neuzeit zeigt Plessner, daß das Problem der Aneignung vielmehr als Aufgabe wahrgenommen wurde, für die eigene Konfession unter den Bedingungen ihres Infragestehens einzutreten. Derart setzte die Glaubensspaltung religiöse Energien frei. An dieser Stelle betont Plessner nun, daß der lutherische und der puritanische Protestantismus verschiedene Wege beschreiten. Im holländischen und angelsächsischen Puritanismus entwickelte sich eine breite Bewegung freikirchlichen Lebens, die die religiösen Energien auf konfessionelle Fragen lenkte und an diese bis ins 20. Jahrhundert band. Demgegenüber ist das Luthertum den Weg der staatskirchlichen Organisation gegangen. Dies sieht Plessner als Grund dafür an, daß das Luthertum die freigesetzten religiösen Energien der Einzelnen nicht zu binden vermochte, sondern vielmehr in weltliche Bezirke abdrängte. (Vgl. VN, 73f.) Das Gemeindeleben der lutherischen Kirchen konnte Plessner zufolge den Einzelnen historisch so lange fesseln, wie die deutsche Zerstückelung in Kleinstaaten

---

[331] Vgl. VN, 46f.: „Indem die Untersuchung dieser Linie (der staatlichen Konstitution; O. M.) folgt, hat sie zugleich im Auge zu behalten, daß eine zweite Linie ihren Verlauf mit bestimmt. Diese zweite Linie entspringt in dem für Deutschland wiederum eigentümlichen religiös-konfessionellen Dualismus zwischen Katholizismus und protestantischer Zwangsstaatskirche bei fehlendem freikirchlichem Glaubensleben. Aus ihm entwickelt sich eine zugleich verhängnisvolle und befruchtende Verdrängung der religiösen Energien in die innerweltliche Geistigkeit, deren Ausdruck die romantische Haltung der deutschen Kultur im 19. Jahrhundert ist. Die im konfessionellen 17. Jahrhundert, in den Anfängen des rationalistischen 18. Jahrhunderts herrschende kirchlich-theologische Gebundenheit weicht keiner rein innerweltlichen Aufklärung, sondern einer innerweltlichen Weltfrömmigkeit, einem säkularisierten Protestantismus. Seine Ausdrucksform ist das Suchen nach einer irgendwie artgemäßen oder personengebundenen Weltanschauung im Bereich der Philosophie, der Wissenschaft. Die zweite Linie endet also in der Erkenntnis von der religiösen Funktion einer weltanschaulich gehaltenen Kultur und der besonderen Bedeutung der Philosophie für sie bzw. das nationale Bewußtsein."

bestand. Die kirchliche Organisation innerhalb der Fürstentümer war noch überschaubar und nahe am Einzelnen. Die staatliche Einigung unter preußischer Führung hatte nach Plessner zur Konsequenz, daß die Kirche zu einer bürokratischen Institution anwuchs, die die Nähe zum Einzelnen verlor. Plessner betont, daß sich der Protestantismus mit seinem Prinzip der Persönlichkeit im Unterschied zum Katholizismus nicht mit der Anonymität einer Institution verträgt, die aufgrund ihrer Größe vom Einzelnen entfremdet ist. Mit dem Ausfall rechtlich-politischer Orientierung geht in Deutschland folglich der Ausfall kirchlich-religiöser Orientierung einher.

Die religiösen Energien, die nicht mehr an die Staatskirche gebunden waren, wurden, da sich in Deutschland kein freikirchliches Leben ausgebildet hatte, in weltliche Bezirke abgedrängt. Besonders die innerweltliche Selbstverständigung in Philosophie, Wissenschaft und Kunst bot sich nach Plessner als weltlicher Ersatz an, um die Durchgeistigung der weltlichen Existenz zur Persönlichkeit anzustreben. Dem deutschen Geistesleben wird derart eine religiöse Funktion zuteil, in ihm werden die Erwartungen und Hoffnungen verfolgt, die die lutherische Kirche geweckt hat, ohne sie noch hat befriedigen können. (Vgl. VN, 76) Plessner hebt die Weltfrömmigkeit als deutsche Besonderheit sowohl gegenüber den neuen freikirchlichen Glaubensrichtungen als auch gegenüber der „echten“ ungläubigen Aufklärung ab. Er verweist darauf, daß sich ihre religiöse Funktion im deutschen Begriff der Kultur niederschlägt. „Kultur, der deutsche Inbegriff für geistige Tätigkeit und ihrem Ertrag im weltlichen Felde, ist ein schwer zu übersetzendes Wort. Es deckt sich nicht mit Zivilisation, mit Kultiviertheit und Bildung oder gar Arbeit. Alle diese Begriffe sind zu nüchtern oder zu flach, zu formal bzw. ‚westlich‘ oder an eine andere Sphäre gebunden. Ihnen fehlt die Schwere, die trächtige Fülle, das seelenhafte Pathos, das sich im deutschen Bewußtsein des 19. und 20. Jahrhunderts mit diesem Wort verbindet und seine oft emphatische Verwendung verständlich macht. Obzwar eine durchaus im weltlichen Rahmen gehaltene, für weltliche Güter gültige Prägung, bewahrt es doch Zusammenhang mit dem religiösen Untergrunde […].“ (VN, 82) Vor allem drückt sich die religiöse Idealisierung des kulturellen Lebens in der Wirklichkeit des deutschen Geisteslebens seit dem späten 18. Jahrhundert sowohl hinsichtlich seines Anspruchs als auch hinsichtlich seiner Leistungsfähigkeit aus. Die deutsche Philosophie, die in diesen Epochen das Zentrum der Weltfrömmigkeit gebildet hat, entzieht sich in ihrem Erkenntnisinteresse und ihrer Personengebundenheit auf charakteristische Weise nüchtern aufgeklärter Verwissenschaftlichung. In diesem Zusammenhang erscheinen die Lebenswege von Schelling, Hegel und Hölderlin in ihrem gemeinsamen Gang von der theologischen Ausbildung im Tübinger Stift in die Philosophie bzw. Kunst geradezu als Musterbiographien, in denen sich die Weltfrömmigkeit gegen ihre konfessionelle Bindung kehrt, um sich der innerweltlich-kulturellen Betätigung zuzuwenden. Die allgemeine Anerkennung der innerweltlichen Lebensorientierung durch Bildung zeigt sich in der Hochachtung, die Künstler und Wissenschafter in Deutschland erlebt haben. Die „Männer des Geistes“ wurden als die Verkörperung des deutschen Bildungsideals angesehen, durch innerweltliche Erkenntnis zum ganzen Menschen zu werden. Bis ins späte 19. Jahrhundert galten Schiller und Goethe als die Leitfiguren, zu denen die Menschen emporschauten. In Schillers ästhetischen

Briefen wird das deutsche Bildungsideal, innerweltlich – über die Kunst – zum ganzen Menschen zu werden, explizit als Ideal vorgestellt.

Die *ideellen Grundlagen deutscher Weltfrömmigkeit* wurden vom Protestantismus geschaffen und haben in der weltlichen Betätigung fortgewirkt. Plessner zeigt, daß die ideelle Grundlage der Weltfrömmigkeit in der lutherischen Heiligung des irdischen Tuns angelegt ist. Nicht eine bestimmte Tätigkeit aufgrund ihres spezifischen Zwecks – etwa das mönchische Leben – sondern das Tätigsein überhaupt wird religiös ausgezeichnet. Diese inhaltliche Unbestimmtheit, mit der das weltliche Tätigsein ausgezeichnet wird, eröffnet den Übergang vom innerkirchlichen zum außerkirchlichen weltfrommen Leben. Da allein die Gesinnung zählt, mit der eine Tätigkeit ausgeführt wird, kann auch irdische Arbeit zum Heil führen.

In der religiösen Idealisierung der Berufsarbeit sieht Plessner alle wesentlichen Aspekte des deutschen Kulturverständnisses angelegt. Die Betonung der rechten Tatgesinnung anstelle der inhaltlichen Bestimmtheit der Tätigkeit hat die Formalisierung der Arbeit ermöglicht. Die Verbindung von Frömmigkeit und Berufsarbeit bewirkt die schöpferische Innigkeit, die sich auf das Tätigsein selbst übertragen hat.[332] Diese ideelle Bestimmung der irdischen Arbeit sieht Plessner nun in der kulturellen Tätigkeit weiterbestehen. Das innerweltliche Streben nach Erlösung findet Plessner gleichermaßen in den großen gedanklichen und künstlerischen Werken, in denen die kulturell führenden Schichten eine Synthese von Welt und Ewigkeit angestrebt haben, als auch in den revolutionären Eschatologien, die ihre Anhängerschaft in der Industriearbeiterschaft rekrutiert haben.[333]

Das Fortleben des Protestantismus in der deutschen Kultur zeigt sich nach Plessner auf charakteristische Weise in ihrem fehlenden Bezug zur Aufklärung und zum Katholizismus. Die Blütezeit der Aufklärung fiel nicht nur – wie bereits festgestellt – mit einer Epoche des politischen Niedergangs Deutschlands zusammen, das sich erst zu einem Zeitpunkt zur staatlichen Einheit zusammengeschlossen hat, als die Ideale der Aufklärung schon an Überzeugungskraft verloren hatten; auch auf kultureller Ebene konnte sich die Aufklärung in Deutschland nicht durchsetzen. Indem der Übergang zwischen

[332] Vom Calvinismus sieht Plessner sich das Luthertum dadurch unterscheiden, daß in jenem der Erfolg eine wesentliche Rolle für die religiöse Sanktionierung der Arbeit spielt. Aufgrund der zentralen Rolle des Erfolges sind im Calvinismus andere Berufsfelder in den Vordergrund getreten als im Luthertum. Darüber hinaus bekam durch das Erfolgskriterium „die weltliche Arbeit calvinischer Prägung eine Nüchternheit, welche jeden Enthusiasmus, der auf Ableitung religiöser Energien in andere als kirchliche oder geschäftlich vorgesehene Formen beruht, unterbindet, mindestens erschwert". (VN, 84)

[333] Vgl. VN, 85: „Beide Ersatzformen des christlichen Bewußtseins im Gesichtskreis der Welt, in großen Systemen gedanklich und künstlerisch ausgesprochen, sind bis in ihre durchsichtigsten Extreme, die den Kampf gegen das Christentum und eine christlich legitimierte Gesellschaft wirklich aufnahmen, bis Nietzsche und Marx Zeugen für die noch unterirdisch fortwirkende christliche Tradition. Ein echtes, schuldloses Heidentum, das sich für Marx und Nietzsche jenseits des Horizontes, dem ihr Kampf gilt, als der kommende Zustand des befreiten Menschen abzeichnet, braucht weder Eschatologie noch Theologie, auch keine auf eigene Faust."

inner- und außerkirchlicher Weltfrömmigkeit fließend verlief und von der Kultur die Befriedigung religiöser Funktionen erwartet wurde, konnte die Aufklärung mit ihrer Trennung von Religion und säkularer Wirklichkeit in Deutschland keine Begeisterung wecken.[334] Den Katholizismus sieht Plessner gleichfalls durch die Synthese von Weltlichkeit und lutherischer Frömmigkeit aus der deutschen Kultur verdrängt. Die völlige Isolierung des Katholizismus führt Plessner auf das Schillern der deutschen Kultur zwischen weltlicher Betätigung und lutherischer Frömmigkeit zurück. Nicht die Weltlichkeit sieht Plessner damit als den Aspekt an, der dem Katholizismus die Teilhabe an der deutschen Kultur verwehrt. Im säkularen Frankreich etwa weiß sich der Katholizismus in der öffentlichen Diskussion durchaus zu behaupten. Plessner verweist in diesem Zusammenhang auf die Strategien der Jesuiten, die Aufklärung von innen heraus zu bekämpfen. Was den Katholizismus aus dem deutschen Geistesleben ausschließt, besteht nach Plessner gerade im „Mangel einer wirklich neutralen Weltlichkeit“. (VN, 89) Indem die deutsche Kultur „verweltlichter Protestantismus“ war, konnte der Katholizismus sich mit ihr nicht im Streit um das gute Leben auseinandersetzen, wie ihm dies sowohl mit echter, d.h. aufgeklärter, Weltlichkeit als auch mit echtem, d.h. innerkirchlichem, Protestantismus möglich gewesen wäre. Wollte er folglich von der lutherischen Wirklichkeit deutscher Kultur nicht überrannt werden, blieb ihm – Plessner zufolge – allein der Rückzug auf sich selbst.[335]

(γ.) Der Verfall der deutschen Weltfrömmigkeit

Nachdem Plessner mit dem Ausfall der Traditionen aufgeklärter Rechtsstaatlichkeit und gelebten Glaubens die Bedingungen herausgearbeitet hat, unter denen sich die Weltfrömmigkeit als Daseinskreis des deutschen Volkes hat ausbilden können, fragt er in einem weiteren Schritt danach, wieso das deutsche Bildungsideal im Laufe des 19. Jahrhunderts in die Krise geraten ist. Hierfür untersucht er sowohl die Realität weltlicher Arbeit als auch die kulturelle Selbstrechtfertigung der deutschen Kultur.

Die irdische Tätigkeit, der sich die weltfromme Haltung im 19. Jahrhundert hingegeben hat, ist durch die Industrialisierung geprägt. Die weltfromme Haltung fand ihre *Wirklichkeit* derart in den Arbeitsprozessen des Hochkapitalismus. Die industrielle Revolution, die sich im 19. Jahrhundert ereignet hat, faßt Plessner als Umbruch zweier Weltalter. Der noch aus dem Mittelalter stammende und für unveränderlich genommene

---

[334] Vgl. VN, 86f.: „Noch in seinen ‚aufgeklärtesten‘ Positionen wahrt deutscher Geist seine Bindung an die evangelische Frömmigkeit. Das evangelische Pfarrhaus gibt bis ins 19. Jahrhundert die Richtung an. Auch wenn seine Söhne nicht bei der Theologie bleiben, tragen sie doch mit ihrem Herzen den Geist des Vaterhauses weiter in die Welt.“

[335] Vgl. VN, 89: „Die religiöse Spannung im weltlichen Berufsleben, der Mangel einer wirklich neutralen Weltlichkeit macht dem Katholizismus eine Mitwirkung an der ‚Kultur‘ ohne Vorbehalt unmöglich. Denn diese Kultur ist säkularisiertes Luthertum, nicht säkularisiertes Christentum. Sie atmet in ihrer Innerlichkeit und Freude am Schöpferischen, in ihrem Pathos der persönlichen Ursprünglichkeit, in ihrem kämpferischen Enthusiasmus, ihrer spekulativen Tiefe und dem leidenschaftlichen Ungenügen an einer bestehenden Ordnung lutherischen Geist ewigen Protestantentums.“

Lebensrahmen wurde bis in seine letzten Auswirkungen für die Menschen überwunden. Das 19. Jahrhundert hat darin nach Plessner die letzten Konsequenzen des Verweltlichungsprozesses erlebt, den die Renaissance und die Kopernikanischen Wende in den neuzeitlichen Wissenschaften ausgelöst hatten. Die grundlegende Veränderung, die sich im 19. Jahrhundert vollzog, zieht ihre revolutionäre Kraft aus zwei Eigenarten. Zum einen bedeutet die Verbindung von Wissenschaft und Wirtschaft, die in der Industrialisierung stattgefunden hat, die Veränderung der menschlichen Existenz von ihrer materialen Seite her. Die Revolution der Arbeit unterscheidet sich darin für Plessner von allen früheren Revolutionen, die durch eine Idee gewirkt haben. Die industrielle Revolution hat ihre alle Lebensbereiche durchdringende Kraft entfaltet, indem sie den Menschen die in solchem Umfang nie dagewesene Macht verschafft hat, das Sein bzw. die natürliche Ordnung der Dinge zu verändern. Zum anderen resultiert die revolutionäre Kraft der Industrialisierung in ihrer Dauerhaftigkeit. So ist die grundlegende Überbietung der menschlichen Möglichkeiten nicht in einer bestimmten Entdeckung geschehen, sondern hat sich ein um das andere Mal wiederholt. Immer aufs Neue sind derart in der industriellen Revolution Bedingungen menschlichen Lebens gesprengt worden, die bis dato für zeitlos erachtet worden sind.

In der Verbindung von Wissenschaft und Wirtschaft steht die Industrialisierung für ein Wirtschaftssystem, das auf Wachstum verpflichtet ist. Plessner betont, daß das Problem der Rentabilität im Industriezeitalter nicht statisch sondern allein expansiv bewältigt werden konnte, indem neue Möglichkeiten der Produktion und neue Absatzmärkte für die Produkte erschlossen wurden. Die industrialisierte Wirtschaftsform griff damit einhergehend immer weiter in das soziale Miteinander ein. Nicht nur wurden die Menschen in ihrer ganzen Existenz vom Industriekreislauf in Anspruch genommen, auch die soziale Ordnung hat sich auf grundlegende Weise verändert.[336] Im Prozeß der Industrialisierung gewann die Selbstüberbietung – und d.h. konkret: der Machtzuwachs – eine Eigendynamik. Darin hat sich das Verhältnis der Menschen zum Sein bzw. zu den Dingen in grundsätzlicher Weise verändert. Das Sein wurde in die Vollzüge kultureller Tätigkeit hineingezogen. Infolgedessen hat sich das Sein bzw. die Natur als fremde Wirklichkeit auflöst, der die Menschen ausgeliefert sind.[337]

Ebenso grundlegend wie die Lebensweise wurde das Ethos der Menschen vom Hochkapitalismus ergriffen. Der deutsche Fortschrittsglaube des 19. Jahrhunderts war Plessner zufolge in den Erfolgen der Industrialisierung mit ihrer wiederholten Überbietung des bis dahin geltenden Lebensrahmens verankert. Der Fortschritt wurde als der Prozeß immer umfassenderer Macht des Menschen über die Natur bejaht. Dieses

[336] Vgl. VN, 98f.: „So erlebten sich die Menschen des 19. Jahrhunderts durch die Revolution der Existenzversorgung und der Bedürfnisse an einem Wendepunkt der Geschichte wie die Menschen zur Zeit des Kopernikus und des Kolumbus. Sie waren in einen Prozeß der industriellen Entwicklung geraten, der ihre ganze Existenz in Anspruch nahm und ihr immer einseitiger das Schema der Doppelrolle von Produzent und Konsument aufpreßte."

[337] Vgl. VN, 99: „Und je mehr der Mensch die Ruhe im Kreislauf seiner Existenzversorgung verlor, desto geistloser und gleichgültiger wurden die Dinge, um die es ihm in seiner Unruhe geht: Dinge der puren Existenz ohne einen über sie hinaus weisenden Sinn."

Forschrittsethos des Hochkapitalismus bedeutet damit eine inhaltliche Entleerung des Fortschrittsideals der klassischen Aufklärung. Nicht nur die ursprünglich religiöse Ausrichtung, sondern auch der Bezug auf die Freiheit und die Vernunft sind im Fortschrittsethos des Hochkapitalismus aufgegeben. Der Fortschritt steht damit für einen Prozeß der Rationalisierung, der über keinen Rückhalt mehr am inhaltlich bestimmten Zweck menschlicher Freiheit verfügt. Die Rationalität wird zur bloßen Methode, um neue technische Möglichkeiten zu erschließen, ohne noch an einen über sie hinausweisenden Zweck gebunden zu sein.[338] Diese Abkoppelung der Rationalisierung von seiner Ausrichtung auf den Zweck menschlicher Freiheit traf sich mit der Verweltlichung des Menschen in den Wissenschaften. In den neuen Wissenschaften der empirischen Biologie und der empirischen Geisteswissenschaften wurde im 19. Jahrhundert – nach der Offenbarung und der Vernunft – schließlich der Mensch seinerseits zum Objekt empirischer Forschung gemacht und auf diese Weise in die weltlichen Bezüge eingeordnet. Plessner betont, daß diese Verendlichung des Menschen, der der Aufklärung und der Biedermeierzeit noch als überweltliche Lebensachse galt, ihn in der Spätaufklärung als Bezugspunkt disqualifiziert hat.

Plessner weist folglich auf verschiedenen Ebenen nach, daß sich der Industrialisierungsprozeß mit seinem inhaltlich entleerten Fortschrittsparadigma dialektisch gegen die Ideale der Aufklärung gewendet hat. In der Phase der Industrialisierung hat sich der Rationalisierungsvorgang, der angetreten ist, den Menschen aus seiner natürlichen Ohnmacht zu befreien, in einen anonymen Prozeß verkehrt, in dem alle letzten Zwecke unter Ideologieverdacht stehen. Der Zuwachs an Macht, den die industrielle Revolution erreicht hat, bedeutet folglich nach Plessner aufgrund seines allein instrumentellen Charakters nicht den Zuwachs an Freiheit, den sich die Aufklärung ursprünglich versprochen hatte. Plessner sieht in ihm vielmehr seinerseits die Quelle neuer Ohnmacht, insofern die Menschen der Eigendynamik der instrumentellen Vernunft ausgeliefert sind. Mit den aufkommenden wirtschaftlichen Problemen und der zunehmenden Einsicht in den instrumentellen Charakter des Fortschrittsparadigmas wurde dessen Fragwürdigkeit am Ende des 19. Jahrhunderts Plessner zufolge allgemein erlebt. Daß die großen kulturellen Werke des ausgehenden 19. Jahrhunderts skeptisch nicht nur gegenüber dem Fortschrittsoptimismus sondern auch noch gegenüber den Grundlagen der Aufklärung mit ihren Idealen menschlicher Freiheit und Gleichheit sind, führt Plessner auf die Erfahrung zurück, einem anonymen Ermächtigungsprozeß ausgeliefert zu sein.[339] Nach dem Ersten Weltkrieg und seinen desaströsen Auswirkungen auf die

[338] Vgl. VN, 99f.: „In der hochkapitalistischen Wirtschaftsethik und Denkweise bekommt die aufklärerische Orientierung des Menschen auf die natürliche Entfaltung seiner Anlagen und ihre Steigerung durch die Wissenschaft ein anderes Gesicht und einen anderen Sinn. Sie verliert den ursprünglich religiösen, schließlich den rationalistisch verwandelt religiösen Halt und wird zu einer gegen Religion und Vernunftglauben indifferenten *Methode*. Die rechenhafte Behandlung des Wirklichen löst sich in dem Maße ihrer technisch-ökonomischen Verwendbarkeit sogar noch von dem aufklärerischen Ideal fortschreitender Vervollkommnung der menschlichen Zustände.“

[339] Vgl. VN, 100: „Mit der wachsenden Erkenntnis des rein instrumentalen Charakters der modernen rationalen Methoden wächst aber auch das Bewußtsein ihrer Fragwürdigkeit. Denn dem Zuwachs

europäische Wirtschafts- und Sozialordnung setzte sich die Fortschrittsskepsis allgemein durch. Das aufklärerische Ideal menschlicher Selbstbefreiung durch Rationalisierung wurde als von der sozialen Wirklichkeit widerlegt erfahren. In Deutschland hat die Aufklärungsskepsis deswegen Plessner zufolge grundlegender als in anderen europäischen Ländern durchgegriffen, da die Ideale der Aufklärung über keinen Rückhalt an der Wirklichkeit rechtlicher Organisation verfügten.[340]

Von der Neutralisierung der Zivilisation sieht Plessner schließlich auch die deutsche Weltfrömmigkeit infragegestellt. Diese Hingabe an das irdische Tun konnte nämlich nur so lange die Verklärung der eigenen Existenz versprechen, als das Berufsleben seinerseits als auf einen es übersteigenden Zweck ausgerichtet erfahren wurde. Als der irdische Beruf dagegen zur bloßen Technik in einer anonymen von Rentabilitätsgedanken bestimmten Gesellschaftsordnung geworden ist, konnte er die religiöse Funktion nicht mehr ausüben, dem Einzelnen seine Idealisierung zur Persönlichkeit zu ermöglichen.

Die Legitimierung ihrer Existenz hat die weltfromme Haltung im 19. Jahrhundert in der geschichtlichen Reflexion auf das eigene Herkommen gesucht. Ausdruck dieser Selbstverständigung im Rückgriff auf die historische Herkunft ist nach Plessner zunächst die nationale Einigung Deutschlands. „Eine uralte heilige Form, das Reich, sollte neu und anders wieder entstehen, das Leben der einzelnen Länder auf die neue Existenz sich umstellen. Die Gründung des modernen Großstaates nach dem Muster der Nationalstaaten, sogar mit einem aus allgemeinen und geheimen Wahlen gebildeten Parlament, erfolgte im Zeichen einer historisch empfundenen Idee.“ (VN, 106) Indem die deutsche Einigung unter der Idee des Reiches stattgefunden hat, sucht sie Halt an etwas, das, wie Plessner betont, vergangen, historisch geworden ist. Plessner charakterisiert diese Anlehnung an die eigene Herkunft, die gerade keine Verbindung mehr zur Gegenwart hatte, als „Verlegenheitshistorismus“. (Vgl. VN, 107) Im Politisch-Rechtlichen begreift er die geschichtliche Besinnung als Ersatzfunktion für den fehlenden Halt an einer Rechtsidee. Im Gegeneinander der unterschiedlichen Traditionslinien konnte sich, wie oben dargestellt, keine Tradition der Rechtsstaatlichkeit ausbilden. Die Ausbalancierung der kontrahierenden historischen Interessen in der nationalen Einheit sollte deswegen im Rückgriff auf das Faktum des deutschen Volkstums in seinem natürlich-

---

an Macht entspricht kein Zuwachs an Freiheit. Er vertausendfacht den menschlichen Wirkungsgrad, versklavt aber den einzelnen an eine lebens- und freiheitsfeindliche Gesellschaftsordnung. Das Bewußtsein des Endes, welches aus allen großen Menschen des letzten Jahrhunderts spricht, wächst mit der Erkenntnis von der verlorenen Freiheit. Ein Freiheitsverlust an den anonymen ökonomisch-industriellen Umbildungsprozeß, der alle mit sich reißt, ohne etwas anderes zu schaffen als Anweisungen auf kommenden Machtzuwachs, drückt das persönliche Selbstgefühl. Er untergräbt auch noch die in die großen Zeiten der Erklärung der Menschenrechte zurückreichenden letzten Wurzeln des Fortschritts- und Entwicklungsglaubens, aus denen einstmals die Impulse für den Aufschwung des Industrialismus gekommen waren.“

[340] Vgl. VN, 101: „Der Fortschrittsglaube des wissenschaftlichen und industriellen Spezialismus ersetzte ihm (Deutschland; O. M.) den Mangel eines politischen Fortschrittsglaubens. Versagte einmal die Wirtschaft, so mußte sich zeigen, daß Deutschland der Industrialismus zum geistigen Schicksal geworden war.“

geschichtlichem Herkommen geschehen.[341] Plessner zeigt, daß das historische Streben nach dem Halt an der eigenen geschichtlichen Herkunft über die rechtlich-politische Sphäre hinaus auch die kulturelle Selbstverständigung durchzieht. Baustil und Kunstgewerbe der Gründerzeit spiegeln diese kulturelle Suche nach geschichtlicher Rechtfertigung wider. Auch im kulturellen Bereich wurde versucht, Traditionslinien – aus der Gotik, der Renaissance und der Klassik – aufzufrischen und der Gegenwart damit ein eindeutiges Herkommen zu verschaffen. Plessner hebt hervor, daß diese historische Besinnung im Kulturellen die Funktion einer Verdeckung ausgeübt hat. Was es zu verdecken galt, zeigt sich, wenn man sich an die politische und soziale Situation des Bürgertums erinnert, das diesen kulturellen Aufschwung finanziert hat. Im staatlichen Gefüge verfügte Deutschland gerade über keine Tradition der politischen Partizipation des Dritten Standes. Der Machtzuwachs des Bürgertums geschah vielmehr durch den wirtschaftlichen Aufschwung und damit außerhalb des tradierten staatlichen Machtapparats. Darüber hinaus stellte die industrielle Produktionsweise in der Phase des Hochkapitalismus, die dem Bürgertum zu seinem wirtschaftlichen Aufschwung verholfen hat, ihrerseits eine spezifisch traditionslose Erwerbsform dar. Wie wir gesehen haben, wurden in der raschen Abfolge der Neuerungen ein ums andere Mal für übergeschichtlich genommene Lebensformen abgebaut und damit Traditionsbestände gerade aufgegeben.[342] Die historistische Fassade sollte Plessner zufolge also einen Machtzuwachs überdecken und rechtfertigen, der sich nicht nur außerhalb der tradierten Sphäre politischer Macht entfaltet, sondern aufgrund seiner Eigendynamik gewachsene Lebensformen gerade zerstört hat. Die geschichtliche Besinnung sollte dem 19. Jahrhundert als einer Epoche Orientierung vermitteln, die vom Traditionszerfall geprägt war.

Das historische Herkommen sollte das gegenwärtigen Leben nicht zu rechtfertigen, sondern ihm auch ein Ziel und eine Bestimmung verschaffen.[343] Hieraus resultiert die Bedeutung, die der Geschichtsschreibung im 19. Jahrhundert zugesprochen wurde. Plessner beobachtet einen charakteristischen Wandel in der Geschichtsschreibung

---

[341] Vgl. VN, 109: „Ein Volk, das nicht in seiner Gegenwart ruhen kann, gesichert durch eine starke, stetige Tradition, wie sie die alten, westlichen Nationen haben, ist gezwungen, diesen Mangel bewußt auszugleichen. Es ist darauf verwiesen, seinem Dasein einen Sinn aus den Quellen des eigenen Werdens zu erarbeiten.“

[342] Vgl. VN, 107: „Man merkt der Kraftlosigkeit und Unsicherheit des Butzenscheibenstils seine Ersatzfunktion nur allzu deutlich an. Dieser bürgerliche Renaissancismus verdeckte die geschichtliche Ratlosigkeit einer Schicht, deren zunehmende ökonomische Macht in keinem vorgezeichneten Verhältnis zum neuen Reich stand. Ja, dieser Verlegenheitshistorismus war in einem noch tieferen Sinne wurmstichig, weil er zugleich mit der politischen Funktionslosigkeit des neuen Bürgertums die völlig neuartige, im eminenten Sinne traditionslose Erwerbsart des Kapitalismus und Industrialismus zu verdecken hatte.“

[343] Vgl. VN, 112: „Die Geschichte sollte die Gegenwart rechtfertigen und damit den zu treffenden Entscheidungen ihr Ziel vorgeben. […] An die Stelle der überweltlichen Autorität des göttlichen Heilsplans war die innerweltliche Autorität der Geschichte getreten, wenn auch immer noch in bedeutsamer Einschränkung auf den Aspekt menschlicher Freiheit und Entscheidung. Geschichte erschien so, daß man etwas mit ihr anfangen konnte.“

sowohl hinsichtlich ihrer inhaltlichen Ausrichtung als auch hinsichtlich ihrer methodischen Form. Auf inhaltlicher Ebene setzt Plessner das Geschichtsbild zu der Zeit in Verhältnis, die in ihm Halt gesucht hat. Durchgängig wird darin nach Zielen und Zwekken gefragt, die geschichtlich gewachsen und deswegen den raschen Veränderungen der Gegenwart entzogen sind. Das Geschichtsbild wandelte sich nun im Laufe des 19. Jahrhunderts in Abhängigkeit davon, welche Kräfte die jeweilige Gegenwart bestimmt und von der Geschichte Orientierung verlangt haben. Plessner unterscheidet die Geschichtsbilder der Restauration, der industriegläubigen Massen und der geistigen Oberschicht, die am Ende des 19. Jahrhunderts ihren Untergang erlebte. Während die Restauration die gewachsenen Traditionen des eigenen Volkes gegen die verrechtlichte Nationalstaatlichkeit gewendet hat, wurde auf dem Höhepunkt der industriellen Revolution ein positives Geschichtsbild verlangt, das den Fortschritt in der Lebensbeherrschung ausdrückt. Die geistig-kulturelle Oberschicht, die sich am Ende des 19. Jahrhunderts dem Zivilisationsprozeß entfremdet wußte, fand sich schließlich in einer Verfallsgeschichtsschreibung wieder. (Vgl. VN, 109ff.) Formal hat sich die Geschichtsschreibung in Bezug auf das Verständnis wissenschaftlicher Erkenntnis verändert. (Vgl. VN, 113) Zu Beginn des 19. Jahrhunderts war die Geschichtsschreibung noch Universalgeschichte im Horizont der Philosophie. Im Laufe des 19. Jahrhunderts hat sie sich zur positiven Wissenschaft gewandelt. Von einer ihre Zeit orientierenden und rechtfertigenden Selbstverständigung wurde die Geschichtsschreibung damit zur nüchternen empirischen Forschung.

Mit der Verwissenschaftlichung des historischen Bewußtseins und mit der Entfremdung vom zivilisatorischen Wandel wurde die weltfromme Suche nach einem letzten Grund Plessner zufolge in die vorgeschichtlichen Bereiche des natürlichen Lebens getrieben.[344] Dieser Aufwertung des natürlichen Lebens gegenüber der Geschichte als orientierendem Bezugspunkt entspricht im Wissenschaftlichem die verstärkte Zuwendung zur empirischen Biologie als neuer Leitwissenschaft. Die Geschichte wurde am Ende des 19. Jahrhunderts und im Rahmen dieser neuen Lebensperspektive zunehmend als Last erfahren, von der es sich um des gegenwärtigen Lebens willen zu befreien galt. Ein deutliches Beispiel für diese Spannung, die zwischen der Bindung an eine geschichtliche Tradition und dem aktuellen Lebensvollzug erfahren wurde, gibt Nietzsches Historienschrift.

---

[344] Vgl. VN, 113: „Je mehr sie sich von ihrer halb noch überweltlichen Autorität befreite und gegen außerhistorische Maßstäbe und starre Vernunftschemata ankämpfte, in desto schärferen Konflikt mit ihrer eigenen Idee wurde sie getrieben. Historische Forschung und universalhistorische Aufgabe traten auseinander. Um ihr gerecht zu werden, mußten andere innerweltliche Wissenschaften das historische Material unter leitende Gesichtspunkte bringen. Die positive Geschichtswissenschaft war dazu immer weniger imstande, je rückhaltloser sie sich dem (der Naturwissenschaften entlehnten) Ideal einer rein empirischen Tatsachenerkenntnis hingab. So übernahmen Ökonomie und Biologie die Perspektivenbildung und Bewertung, während die gewissermaßen innergeschichtliche Erkenntnis, die allen Dimensionen menschlicher Existenz gleiches Recht im Bilde einer Zeit zugesteht, an dieser Objektivität die epochale Gliederung des geschichtlichen Ablaufs verlor und im Historismus unterging."

Plessner untersucht die Arbeitsprozesse und die historische Rückbesinnung, um zu begreifen, wodurch die weltfromme Haltung im 19. Jahrhundert in die Krise geriet. Auf beiden Ebenen – in der Wirklichkeit der industrialisierten Arbeitsprozesse und in der ideellen Legitimation der weltfrommen Existenz durch das Geschichtsdenken – zeichnet er eine parallele Entwicklung nach. Mit der industriellen Revolution haben nicht nur die Arbeitsprozesse ihre Ausrichtung auf den Menschen verloren, zugleich ist damit auch ihre Funktion innerhalb des weltfrommen Selbstverständnisses fraglich geworden. Von der Hingabe an den weltlichen Beruf kann keine Erfüllung mehr erwartet werden, wenn er dem anonymen Machtzusammenhang neutraler Zivilisation dient. Parallel dazu hat mit der Ernüchterung des historischen Bewußtseins nicht nur die Historiographie ihre Orientierungsfunktion eingebüßt; indem die kulturelle Selbstverständigung Halt an der vorgeschichtlichen Dimension des natürlichen Lebens gesucht hat, stand damit zugleich vielmehr das weltfromme Streben nach kultureller Idealisierung des endlichen Lebens überhaupt infrage. Wenn die biologischen Gesetze der individuellen und geschichtlichen Selbstbestimmung die Richtung vorgeben, dann ist vom weltlichen Leben keine Verklärung zur Persönlichkeit mehr zu erwarten. Das Streben nach einem innerweltlichen Halt wurde durch die Sinnentleerung der Zivilisation und durch die Ernüchterung der Historiographie zur empirischen Wissenschaft in die vorgeschichtliche Schicht des natürlichen Lebens abgedrängt. Innerhalb des Politischen hat sich die Suche nach einem Halt unterhalb des geschichtlichen Wandels in der Hinwendung zum Leben des Volkes geäußert. Wenn sich diese Reduktion des Menschseins auf das natürliche Leben durchsetzt, dann ist das deutsche Menschentum mit seinem Ideal, innerweltlich durch Bildung zum ganzen Menschen zu werden, aufgegeben. Das weltfromme Kulturverständnis ist damit zur Jahrhundertwende sowohl in der Ebene seiner politischen und sozialen Wirklichkeit als auch in der Ebene seiner geschichtlichen Selbstlegitimierung in die Krise geraten.

(B.) Der Gesichtskreis des tradierten deutschen Menschentums

Nachdem das letzte Unterkapitel nach dem Daseinskreis gefragt hat, soll nun der Gesichtskreis des tradierten deutschen Menschentums thematisiert werden. Wie die methodischen Vorüberlegungen gezeigt haben, kann es allein einer solcherart doppelt von außen *und* von innen ansetzenden Geistesgeschichte gelingen, beide Aspekte am historisch tradierten Menschentum zu begreifen: sein historisches Gelten *und* sein qualitatives Selbstverständnis. Um das deutsche Menschentum in seiner historischen Tatsächlichkeit zu erfassen, macht Plessner es sich derart als Daseins- *und* Gesichtskreis des deutschen Volkes zum Gegenstand. Nachdem er es von außen als das weltfromme Menschentum eingesehen hat, das von den Institutionen des Rechts, der Wirtschaft, der Kultur und der Religion freigesetzt wurde, stellt er sich nun in den Gesichtskreis der weltfrommen Selbstverständigung hinein. Das Vorherige hat gezeigt, daß unter den Bedingungen der kirchlichen Organisation in Deutschland die religiösen Energien in die weltlichen Bereiche und insbesondere in die Philosophie abgedrängt worden sind. Dementsprechend setzt Plessner nicht bei der Theologie sondern bei der philosophischen Selbstverständigung an, um das weltfromme Streben nach Lebensorientierung von innen heraus zu verstehen. Plessner thematisiert die philosophische Selbstverständigung im Ausgang von der Entwicklung des Denkens, die im 20. Jahrhundert in die Selbstinfragestellung des deutschen Bildungsgedankens gemündet ist.

Plessner bestimmt die interne Logik der philosophischen Selbstverständigung in Deutschland seit dem 18. Jahrhundert als Verweltlichungsprozeß. Er begreift diesen geistigen Verweltlichungsprozeß als eine in sich gedoppelte Entwicklung. Zum einen stellt der Vorgang der Verweltlichung innerhalb der philosophischen Systeme eine Ersatzfolge dar. Der Mechanismus des Ersatzes zeichnet die Verweltlichung als einen solchen Vorgang aus, in dem der ursprüngliche Glaubensgehalt nicht einfach verloren geht, sondern in gewandelter Gestalt in einer neuen Sinndimension wiederersteht. Die religiöse Sehnsucht nach einem Rückhalt bzw. nach einem Wahrheitsgrund der kulturellen Leistungen findet derart seit dem 18. Jahrhundert ihre Befriedigung nicht mehr in der Religion sondern durch die unterschiedlichen ihre Zeit begeisternden philosophischen Weltgebäude.[345] Zum anderen stellt der Verweltlichungsprozeß einen Prozeß immer erneuter Emanzipation dar. Das Streben nach Befreiung von religiöser Bindung steigerte sich innerhalb des Verweltlichungsvorgangs zum Streben nach Emanzipation von jeder Bindung. Der Infragestellung der außerweltlichen Autoritäten folgte die Infragestellung der innerweltlichen Autoritäten der Vernunft und der Universalgeschichte.[346] Der Verweltlichungsvorgang erscheint insofern als Prozeß sich immer wieder aufs Neue selbst überbietender Emanzipation.

In dieser Doppelperspektive auf den Verweltlichungsprozeß als Ersatzfolge und als Emanzipationsvorgang kann Plessner die beiden Ebenen des Strebens sowohl nach einem absoluten Halt kultureller Selbstverständigung als auch nach Befreiung von jeder bestimmten Bindung berücksichtigen. Auf diese Weise gelingt es ihm schließlich, in seiner Zeit den sich verselbständigenden Zivilisationsprozeß und den Biologismus als gemeinsamen Endpunkt dieses Verweltlichungsprozesses in seinen beiden Dimensionen der Emanzipation von aller Bindung und der Sehnsucht nach absoluten Halt zu begreifen. An dieser Spannung droht das deutsche Ideal der vernünftigen Orientierung in Plessners Gegenwart zu zerbrechen.

Plessner stellt diesen in sich gedoppelten Verweltlichungsvorgang in vier Hinsichten dar, die im folgenden rekonstruiert werden sollen: als Zerfall des christlichen Zeitverständnisses in der inneren Entwicklung der Universalgeschichte, als Zersetzung zu-

---

[345] Vgl. VN, 117: „Verweltlichung eines Glaubens bedeutet aber nicht nur den Verlust seiner ursprünglichen Substanz, den gewisse Formen und Funktionen überdauern, um sich allmählich mit weltlichem Gehalt zu füllen. Sie bedeutet auch die Wiedergeburt des alten Geistes nach dem Zerfall seiner früheren Überzeugungen, Inhalte und Formen in einer ganz neuen Überzeugungsdimension. In dieser Hinsicht spiegelt sie den in vielen geschichtlichen Vorgängen wirksamen Mechanismus des Ersatzes irgendwie überlebter Dinge durch lebensfrische Äquivalente."

[346] Vgl. VN, 134: „So natürlich es scheint, daß jede verlorengegangene Autorität durch eine neue Autorität ersetzt wird und jede spätere der Erde und den Sinnen näher liegt, so seltsam berührt es zugleich, daß diese im biologischen Materialismus mündende Ersatzfolge von dem Willen nach Freiheit beseelt ist und den Menschen nicht nur vom Christentum, sondern schließlich von allen Bindungen losmachen will."

nächst der überweltlichen Autorität Gottes und in Anschluß daran der innerweltlichen Autorität der Vernunft und schließlich als Selbstinfragestellung der Philosophie in bezug auf ihre Orientierungsfunktion.

(α.) Der Zerfall des christlichen Zeitverständnisses in der inneren Entwicklung der Universalgeschichte

Der Universalgeschichte spricht Plessner deswegen eine zentrale Stellung im Verweltlichungsprozeß zu, da in ihrer internen Entwicklung der christliche Glaube an Erlösung erst in weltliche Gestalt transformiert und dann ganz abgebaut wird. Mit der Universalgeschichte bildet sich zu Beginn des 19. Jahrhunderts eine Ersatzform der christlichen Heilsgeschichte aus, in der die Hoffnung auf Erlösung ins Innerweltliche transponiert wird. Am Ende des 19. Jahrhunderts durchschaut Nietzsche, daß der Gedanke der vom Menschen unabhängigen Sinnhaftigkeit der weltlichen Existenz seine Kraft aus dem christlichen Erlösungsgedanken zieht. Dies bildet den Abschluß dieser verweltlichten Heilsgeschichte bildet.

Die Bindung der Universalgeschichte an die christliche Heilsgeschichte besteht nach Plessner so lange, wie der Gedanke vom Ende der Geschichte durch innere Selbstüberwindung festgehalten wird. Die Idee vom Ende der Geschichte bedeutet zugleich das Gerichtetsein der Geschichte auf diesen Endpunkt der Geschichtlichkeit in der Zeit. Das telos gibt der Geschichte derart seit ihrem Anfang, und d.h. seit dem Eintreten der Offenbarung in die Zeit, ihre Richtung vor und wird stufenweise durch die zeitlichen Ereignisse in der Welt realisiert. Der Gedanke vom Ende der Geschichte markiert folglich zugleich Abschluß und Zweck der Geschichte. Die Universalgeschichte bezeichnet damit sowohl material als auch strukturell das Ganze der Weltgeschichte. Aufgrund ihrer teleologischen Ausrichtung ist sie substantiell bestimmt und macht nicht bloß die Gesamtheit des Geschehens in der Zeit aus. In dieser substantiellen Bestimmtheit tradiert die Universalgeschichte das christliche Zeitverständnis. Die Historiographie der Universalgeschichte verschiebt die Ordnung christlicher Heilsgeschichte mit ihren „Etappen der Schöpfung, des Sündenfalls, der Verheißung und Erscheinung des Erlösers, des Erlösertodes und damit der Befreiung von der Sündenschuld als der Gewähr für Christi Wiederkunft am Ende der Zeiten“ (VN, 120) in die innerweltliche Geschichte. Plessner weist nun nach, daß sich die Emanzipation der Geschichtsschreibung von der Bindung an die heilsgeschichtliche Ordnung in drei Etappen vollzieht.

Auf der *ersten Stufe* bleibt die Blickrichtung und die Zeiteinteilung der Heilsgeschichte gewahrt. (Vgl. VN, 121ff.) Die Hegelsche Geschichtsphilosophie steht bei Plessner für dieses substantielle Verständnis der Weltgeschichte. Plessner verweist auf zwei grundlegende Entscheidungen in der Anlage der Hegelschen Philosophie der Weltgeschichte. Zum einen behauptet Hegel mit seinem Verständnis von der Weltgeschichte, in der sich die Idee der Freiheit realisiert, die Identität von Ewigkeit und Endlichkeit. Die Weltgeschichte stellt damit die Verklärung der irdischen Notwendigkeit dar. Was dem Anschein nach allein Machtinteressen geschuldet ist, erweist sich seiner Wahrheit nach als Geschehen, in dem sich die Vernunft hinter dem Rücken der Akteure realisiert. Zum anderen verweist Plessner darauf, daß die Hegelsche Geschichtsphilosophie das Ziel verfolgt, „die im Bewußtsein der frühbürgerlichen Gesellschaft brüchig gewordene Autorität der Heilswahrheiten durch eine philosophischen Begründung [...] (zu stützen; O. M.), indem das Grunddogma der Dreieinigkeit zum Leitmodell der Logik des ganzen Weltprozesses umgedeutet wird". (VN, 122) Plessner zeigt nun, daß das Hegelsche System von innen an der internen Spannung seines Geistbegriffs zerbricht und zugleich von außen in seiner Stabilität durch die ökonomische Revolution der bürgerlichen Gesellschaft untergraben wird. Die Versöhnung der Geschichte als historischer Wirklichkeit und ihres heilsgeschichtlichen Zwecks der Erlösung kann in der Nachfolge Hegels nicht mehr festgehalten werden.

Auf der *zweiten Stufe* emanzipiert sich die Universalgeschichtsschreibung zwar von der Idee einer substantiellen Bestimmung der Weltgeschichte, die Vorstellung von einem gerichteten Prozeß behält sie jedoch bei. (Vgl. VN, 126ff.) Als Beispiele dieser liberal-aufgeklärten Geschichtsschreibung in der Perspektive eines allgemeinen Fortschritts nennt Plessner Comte und St. Simon. In Deutschland findet er dieses Geschichtsverständnis allein in den Überzeugungen des aufstrebenden Bürgertums verankert, das jedoch politisch ohne Einfluß war. Auf dieser Stufe ist die Vorstellung von Geschichte nicht mehr von der Überzeugung bestimmt, daß sich das Absolute in der Geschichte realisiert. Dementsprechend wird die Weltgeschichte weder in ihrem Anfang noch in ihrem Ende scharf umgrenzt. Als einziges Leitprinzip kennt diese aufgeklärte Geschichtsschreibung die Idee des Fortschritts, der als Steigerung von Wissen und Können und insofern als Zuwachs an Freiheit verstanden wird. Das Wertsystem, dem die Fortschrittsgeschichte verbunden ist, ist damit ganz innerweltlich; die Idee der Erlösung durch die Geschichte ist aufgegeben.

Auf der *dritten Stufe* emanzipiert sich die Geschichtsschreibung auch noch von der Idee des Fortschritts. (Vgl. VN, 129ff.) Plessner sieht Ranke und seine historische Schule diesen Schritt zur Geschichtsschreibung als einer positiven, empirischen Wissenschaft einleiten. Die Historiographie versteht sich nun in expliziter Abgrenzung gegen die Philosophie der Geschichte. Mit der Freigabe auch noch der formalen Bestimmung der Geschichte als Ganzer gewinnt das tatsächliche Geschehen an Kraft, die Einheit des Geschichtsverlaufs aufzulösen. Es entsteht eine sich immer weiter spezialisierende Wissenschaft, die auf die Erkenntnis von Detailproblemen ausgerichtet ist. Damit zugleich hat sie jedoch ihre Orientierungsfunktion aufgegeben. Mit der Emanzipation vom heilsgeschichtlichen Zeitverständnis tun sich die Probleme des Nihilismus auf. Die Zukunft verliert ihren vom Menschen unabhängigen Sinn, wodurch wiederum der Gegenwart das Woraufhin bzw. ihre Gerichtetheit abhanden kommt.

Mit dem Nihilismus sieht Plessner den Biologismus einhergehen. Indem die Geschichtsschreibung den Heilsbezug aufgibt, gibt sie die Funktion der Lebensorientierung für andere Mächte frei. Plessner zeigt, daß sich die Suche nach einem letzten Sinnhorizont der geschichtlich-kulturellen Selbstbestimmung, nachdem sie jede Vorstellung vom Ganzen der Geschichte verloren hat, ab Ende des 19. Jahrhunderts der biologischen Entwicklungsgeschichte zuwendet. Da kein übergeschichtliches Fundament und nicht einmal mehr das Ganze der Geschichte als richtungsweisender Rahmen Geltung beanspruchen kann, wird Orientierung diesseits der Geschichtlichkeit bzw.

vorgeschichtlich in den Gesetzen der Natur gesucht.[347] Mit dem Verfall jeder geistigen Autorität geht folglich die Wendung an die vitale Schicht der Gene, Triebe und Rasseneigenschaften einher, an die die kulturellen Objektivationen in ihrer Vielheit rückgebunden sind. Ohne Rückhalt an der Wirklichkeit des liberalen Rechtsstaats und dem Christentum stärker entfremdet als die westeuropäischen Staaten ist Deutschland Plessner zufolge in einzigartiger Weise vom biologischen Naturalismus in Bann gezogen. (Vgl. VN, 132f.) Der Preis, der für diese Orientierung an der vitalen Bindung zu entrichten ist, ist offensichtlich: die Freiheit individueller und kultureller Selbstbestimmung wird preisgegeben.[348] Damit zugleich bedeutet die Hinwendung zur Weltanschauung im Namen des natürlichen Lebens die Aufgabe des deutschen Menschentums mit seinem Streben durch Erkenntnis zum ganzen Menschen zu werden. Die Verabsolutierung des natürlichen Lebens reduziert nicht nur den menschlichen Geist auf das natürliche Leben, sondern läßt auch das Streben nach Wahrheitserkenntnis überflüssig erscheinen, da die Natur eine eindeutige Sprache spricht.

(β.) Die Zersetzung der außerweltlichen Autorität Gottes als eines transzendentalen Scheins

In einem zweiten Schritt weist Plessner den Verweltlichungsprozeß als Vorgang der Emanzipation von der überweltlichen Autorität Gottes nach. Das diese Entwicklung antreibende Ziel besteht nach Plessner in der Befreiung des Bewußtseins. Als spezifische Grundstruktur dieses Emanzipationsprozesses arbeitet Plessner den Ideologieverdacht gegen die Transzendenz heraus. Es ereignet sich im Ideologieverdacht keine bloße Einsicht in die Irrtümlichkeit bestimmter bisheriger Annahmen. Vielmehr wird die Grundachse des bisherigen Gesichtskreises, zu dessen inhaltlichem Selbstverständnis Überzeitlichkeit gehört, auf verborgene weltliche bzw. diesseitige Gesetze zurückgeführt.[349] Der Ideologieverdacht deckt hinter dem allgemein als transzendent angenom-

[347] Vgl. VN, 131: „Diese Abwanderung der Interessen in die biologische Entwicklungsgeschichte war die Antwort auf die aus jedem überweltlichen oder innerweltlichen Heilsbezug gelöste und ernüchterte Geschichtswissenschaft. [...] Sobald die Historie einmal dazu übergegangen war, den alten Standort des Abendlandes und des Mittelmeeres gewissermaßen aus astronomischer Perspektive zu betrachten, mußten die gewohnten Zusammenhänge zu Naturphänomenen werden: Letzter Triumph einer skeptisch gewordenen Kultur, ihre eigene Geschichte wie mit dem Fernrohr anzuschauen, um auch noch über sich selbst und über die Skepsis hinauszusein. Ihn erkauft sie nur mit äußerster Unbeteiligtheit, d.h. naturwissenschaftlicher Anschauungsweise."

[348] Vgl. in Anschluß an das letzte Zitat VN, 131: „Völker und Kulturen, ihre Religionen und Erkenntnisse, Staaten und Moralen durchschauen, nicht nur bis in ihre Vergeblichkeit, bis in die unter ihrer schönen Decke sich abmühende Ohnmacht des Menschen, sondern tiefer bis in ihr eigenes verborgenes Diesseits, das ihnen unbewußt, sie am Schnürchen zieht: die materiellen Interessen des gerade herrschenden Gesellschaftssystems, die Triebe und Triebveränderungen, Vererbung und Rasse –, solche Entlarvungen hat eine Kultur nötig, die, um von ihrer Skepsis nicht erdrückt zu werden, einen Halt am Sein diesseits von Gut und Böse braucht, und nicht an der Freiheit."

[349] Vgl. VN, 135: „Ein freier Mensch werden heißt also zunächst, gegen sich selber Verdacht bekommen und auf die innere Überzeugungskraft des eigenen Bewußtseins und Gewissens keinen Wert

menen Wahrheitsgrund die verborgene diesseitige Grundschicht auf, auf die das Ewige zurückgeführt wird.[350] Es soll nun nicht nur das Scheitern des bisherigen Selbstverständnisses abgebaut werden, sondern die bis dato verborgene Grundachse der Wirklichkeit in ihrer Wahrheit erkannt und in ihr Recht gesetzt werden. Innerhalb des Vorgangs der Emanzipation von jeder außerweltlichen Autorität, der seinen Anfang von der Kopernikanischen Wende der Transzendentalphilosophie nimmt, weist Plessner eine charakteristische Radikalisierung nach. Er arbeitet drei Stufen der Befreiung vom transzendentalen Schein heraus.

Auf der *ersten Stufe* will die kritische Philosophie vom Betrug befreien, den der fehlerhafte Vernunftgebrauch im Theoretischen verursacht: nämlich die im Theoretischen bloß ordnenden Vernunftideen für Erfahrung konstituierende Erkenntnisbegriffe zu nehmen und ihnen die Seele, die Welt und Gott als äußere Gegenstände zuzusprechen. (Vgl. VN, 144) In der Kopernikanischen Wende der Transzendentalphilosophie findet Plessner den Ausgangspunkt und das Sinnbild des Prozesses, innerhalb dessen immer aufs Neue überweltliche Autorität als transzendentaler Schein auf das Mißverständnis der eigenen menschlichen Situation in der Welt zurückgeführt wird. Zwei wesentliche Aspekte lassen die transzendentalphilosophische Wende als Sinnbild des Ideologieverdachts gegen die bis dato selbstverständliche Stellung des Menschen in der Welt erscheinen. Zum einen geht die Transzendentalphilosophie von der Undurchsichtigkeit des Bewußtseins für sich selbst aus. An ihren Ergebnissen sind die vermittelnden Akte des Verstandes und der Vernunft nicht ablesbar. Wie die Erfahrungsgegenstände als Dinge an sich erscheinen, werden die Vernunftideen für die objektiven Gegenstände Gottes, der Seele und der Welt genommen. Zum anderen verbirgt sich in der theoretischen Weltansicht der Vernunft eine praktische Gebrauchsbestimmung. Um zur wahren Erkenntnis von Wirklichkeit zu gelangen, muß folglich auf die Bewußtseinsgesetze reflektiert werden, die sich zwischen das Erkenntnissubjekt und das Erkenntnisobjekt schieben und für den im Alltag selbstverständlichen Augenschein verantwortlich sind.[351] Mit der kritischen Reflexion auf die

---

mehr legen; dann aber durch eine Verlagerung der bisherigen Achse der menschlichen Existenz, durch eine Kopernikanische Wendung gleichsam, den verdächtigen, bisher gültigen Welt- und Selbstaspekt auf das nun nicht mehr verdeckte bestimmende Wesen in der eigenen Existenz zurückführen oder relativieren, d.h. als Ideologie entlarven."

[350] Vgl. VN, 135: „An den Gedanken einer verborgenen diesseitigen Wirklichkeit, die dem Augenschein des unmittelbaren Bewußtseins völlig zuwiderläuft, ihn aber als notwendigen Trugaspekt begreiflich macht, haben vier Jahrhunderte Naturwissenschaft die Menschen gewöhnt."

[351] Vgl. VN, 136: „Wenn die alte Philosophie, die unter der Herrschaft christlicher Jenseitsvorstellungen stand, gewisse transzendente Bereiche als dem menschlichen Auge prinzipiell verborgen und für die Erkenntnis nicht durchdringbar ansprach, so hat Kant ihr eine Lehre des *verborgenen Diesseits* gegenübergestellt. Was daran allgemein überrascht, entspricht formal dem Überraschungsmoment der Kopernikanischen Lehre: das scheinbar unmittelbar Gewisse des diesseitigen Daseins, in dem der Mensch mit seinem irdischen Organen überall hin kann, enthüllt sich als Schein eines notwendig falschen Bewußtseins. Der Mensch bekommt Zugang zu einer ihm verborgenen, aber nicht jenseitigen, sondern seltsamerweise diesseitigen Tiefe."

Grenzen der Vernunft kann der transzendentale Schein als Betrug *entlarvt* werden. Die *Illusion bleibt* jedoch auch nach dieser Aufdeckung bestehen, da der transzendentale Schein in der Natur der Vernunft begründet ist.[352]

Auf der *zweiten Stufe* – die die Hegelsche Philosophie bildet – soll der transzendentale Schein in der Geschichte des Geistes, die ihren Abschluß in der Hegelschen Philosophie selbst findet, *getilgt* werden. (Vgl. VN, 144f.) Im Hegelschen Denken betrifft der transzendentale Schein das Selbstmißverständnis der Bewußtseinseinstellungen, die noch nicht hinter ihre Geistnatur gekommen sind. Der transzendentale Schein macht damit allein einen Ausschnitt der umfassenden widersprüchlichen Welt des Geistes aus. Jede Bewußtseinshaltung und gleichermaßen der Zeitgeist jeder Epoche macht ein in sich kohärentes Ganzes aus, in dem alle Sinnelemente zu einander in Beziehung stehen. Die Entwicklung des Geistes findet hinter dem Rücken der Akteure und der Epochen statt, in denen sich der Geist realisiert. Der absolute Geist, der sich im Gang der Geschichte durch die Epochen verwirklicht, stellt insofern das verborgene Diesseits dar, das die unterschiedlichen Bewußtseinsansichten begründet. Erst wenn sich der Geist vollkommen in der Geschichte realisiert hat, d.h. wenn seine begriffliche Bestimmung und seine Wirklichkeit versöhnt sind, kann er in philosophischer Kontemplation als die umfassende Sphäre der Versöhnung erkannt werden, in der die unterschiedlichen Bewußtseinsgestalten aufgehoben sind. Erst jetzt – nach der geschichtlichen Entäußerung des Geistes – und allein in philosophischer Erkenntnis wird es folglich möglich, den Geist als die diesseitige Grundstruktur einzusehen, der die früheren defizitären Bewußtseinsgestalten und ihre Welten getragen hat. Diesen Bewußtseinsgestalten selbst blieb der Geist, obgleich er ihren Wahrheitsgrund ausgemacht hat, verschlossen. Sie waren scheinhaft, insofern sie nicht hinter den Geist als ihren Wahrheitsgrund gekommen sind und sich deswegen über das Ganze der Wirklichkeit geirrt haben.[353]

---

[352] Vgl. KrV, B 354: „Die transzendentale Dialektik wird also sich damit begnügen, den Schein transzendentaler Urteile aufzudecken, und zugleich zu verhüten, daß er nicht betriege; daß er aber auch (wie der logische Schein) sogar verschwinden und ein Schein zu sein aufhöre, das kann sie niemals bewerkstelligen. Denn wir haben es mit einer *natürlichen* und unvermeidlichen *Illusion* zu tun, die selbst auf subjektiven Grundsätzen beruht, und sie als objektive unterschiebt […]. Es gibt also eine natürliche und unvermeidliche Dialektik der reinen Vernunft, nicht eine, in die sich etwa ein Stümper, durch Mangel an Kenntnisse, selbst verwickelt, oder die irgend ein Sophist, um vernünftige Leute zu verwirren, künstlich ersonnen hat, sondern die der menschlichen Vernunft unhintertreiblich anhängt, und selbst, nachdem wir ihr Blendwerk aufgedeckt haben, dennoch nicht aufhören wird, ihr vorzugaukeln, und sie unablässig in augenblickliche Verirrungen zu stoßen, die jederzeit gehoben zu werden bedürfen.“

[353] Vgl. Georg Wilhelm Friedrich Hegel, Vorlesungen über die Geschichte der Philosophie, in: Ders., Werke, Bd. 20, Frankfurt/M. 1986, 460: „In der Einheit den Gegensatz, und in dem Gegensatz die Einheit zu wissen, dies ist das *absolute Wissen*; und die Wissenschaft ist dies, diese Einheit in ihrer ganzen Entwicklung durch sich selbst zu wissen. Dies ist nunmehr das *Bedürfnis der allgemeinen Zeit und der Philosophie*. Es ist eine neue Epoche in der Welt entsprungen. Es scheint, daß es dem Weltgeiste jetzt gelungen ist, alles fremde gegenständliche Wesen sich abzutun und endlich sich als absoluten Geist zu erfassen und, was ihm gegenständlich wird, aus sich zu erzeugen und es, mit Ruhe dagegen, in seiner Gewalt zu behalten. Der Kampf des endlichen Selbstbewußtseins mit dem

Während der transzendentale Schein nach Hegel zu einer bestimmten (nämlich: seiner) Epoche in philosophischer Erkenntnis überwunden werden kann, soll er nach Marx auf der *dritten Stufe* zu einer bestimmten nahe bevorstehenden Epoche *von der Praxis getilgt* werden. (Vgl. VN, 145) Der transzendentale Schein soll durch die Revolution der Klassenverhältnisse überwunden werden. Das revolutionäre Element stellt damit eine Größe dar, die im Bereich geschichtlich zu realisierender Tat angesiedelt ist. Das verborgene Diesseits bilden bei Marx die menschlichen Lebensvollzüge hier und jetzt, in die die bewußten Selbstverständigungsleistungen integriert sind. Die bewußte Selbstverständigung ist so lange scheinhaft, als die konkrete Lebenssituation der Menschen von der menschlichen Substanz entfremdet ist. Die Religion bezeichnet nach Marx eben dieses Selbstverständnis der Menschen, die sich noch nicht als Zentrum ihrer Wirklichkeit erkannt haben.[354] Aufgrund ihrer Rückgebundenheit an die politischen und sozialen Verhältnisse im Diesseits ist die Religion nicht durch philosophische Kritik sondern allein durch politische Praxis zu widerlegen.[355] Mit der Überwindung der menschlichen Selbstentfremdung im Diesseits verpufft auch der transzendentale Schein der Religion. In theoretischer Erkenntnis kann allein noch das Subjekt benannt werden, von dem der revolutionäre Umsturz der diesseitigen Verhältnisse ausgehen wird. Den Beweis ihrer Richtigkeit muß diese Erkenntnis von der Wirklichkeit selbst erhalten.[356]

Wie in bezug auf die Universalgeschichte arbeitet Plessner folglich auch innerhalb des Vorgangs, in dem die überweltliche Autorität Gottes als transzendentaler Schein

absoluten Selbstbewußtsein, das jedem außer ihm erschien, hört auf. Das endliche Selbstbewußtsein hat aufgehört, endliches zu sein; und dadurch andererseits das absolute Selbstbewußtsein die Wirklichkeit erhalten, der es vorher entbehrte. Es ist die ganze bisherige Weltgeschichte überhaupt und die Geschichte der Philosophie insbesondere, welche nur diesen Kampf darstellt und da an ihrem Ziele zu sein scheint, wo dies absolute Selbstbewußtsein, dessen Vorstellung sie hat, aufgehört hat, ein Fremdes zu sein, wo also der Geist als Geist wirklich ist. Denn er ist dies nur, indem er sich selbst als absoluter Geist weiß; und dies weiß er in der Wissenschaft."

354 Vgl. Karl Marx, Zur Kritik der Hegelschen Rechtsphilosophie. Einleitung, in: Marx Engels Werke, Bd. 1, Berlin 1970, 378–391, hier: 378: „Das *religiöse* Elend ist in einem der *Ausdruck* des wirklichen Elendes und in einem die *Protestation* gegen das wirkliche Elend. Die Religion ist der Seufzer der bedrängten Kreatur, das Gemüt einer herzlosen Welt, wie sie der Geist geistloser Zustände ist. Sie ist das *Opium* des Volks."

355 Vgl. Karl Marx, Thesen über Feuerbach, in: Marx Engels Werke, Bd. 3, a.a.O., 5–7, hier: 5: „Die Frage, ob dem menschlichen Denken gegenständliche Wahrheit zukomme – ist keine Frage der Theorie, sondern eine *praktische* Frage. In der Praxis muß der Mensch die Wahrheit, i.e. Wirklichkeit und Macht, Diesseitigkeit seines Denkens beweisen."

356 Vgl. VN, 144: „Was den spekulativen Philosophen in einem Buch gelungen zu sein schien, die Identität von Subjekt und Objekt, vollzieht die Revolution. Bewußtseinsüberbau und ökonomischer Unterbau, Theorie und Praxis fallen dann zusammen und beenden jede Ideologie. Wie das Bewußtsein nach dieser Revolution aussehen wird, kann deshalb niemand sagen. Nur eines ist sicher: insoweit als der Selbstwiderspruch der Produktionskräfte gegen die Teilung der Arbeit beseitigt ist, fehlt das Interesse der Klasse, sich gegen das Allgemeininteresse zu behaupten, und damit der Anlaß zur Ideologienbildung mit Hilfe irgendwelcher Jenseitigkeiten. Die klassenlose Gesellschaft braucht keine überzeitlichen Illusionen mehr."

überwunden werden soll, eine spezifische Steigerung heraus. Während Kant davon ausgegangen ist, daß zwar der Betrug nicht jedoch die Illusion verhindert werden kann, die der fehlerhafte Vernunftgebrauch hervorruft, will Hegel in philosophischer Kontemplation auch die Illusion noch überwinden. Marx gibt sich schließlich nicht mehr mit einer bloß kontemplativen Überwindung des transzendentalen Scheins zufrieden, sondern will die diesseitigen Bedingungen seines Stattfindens in revolutionärer Praxis tilgen. Damit ist bei Marx das tradierte deutsche Menschentum mit seinem Streben, durch Erkenntnis zum ganzen Menschen zu werden, zugunsten der praktischen Realisierung des ganzen Menschen aufgegeben.

(γ.) Der Ideologieverdacht gegen die innerweltliche Autorität der Vernunft

Parallel zum Ideologieverdacht gegen die Autorität der Transzendenz arbeitet Plessner am Verweltlichungsvorgang der Neuzeit den weiteren Ideologieverdacht gegen die innerweltliche Autorität des Bewußtseins heraus. Auch hier weist Plessner eine interne Steigerung nach. Den Ausgangspunkt und die Grundstruktur der Infragestellung menschlichen Bewußtseins in seiner Selbstverständlichkeit findet Plessner abermals in der Kantischen Transzendentalphilosophie. Die Verstandestheorie, vermittels derer Kant der Philosophie den sicheren Gang der Wissenschaft weisen wollte, erfährt im Laufe des 19. Jahrhunderts eine ideologiekritische Wendung, in der schließlich die Möglichkeit von Erkenntnis überhaupt infragegestellt wird.

In seiner Rekonstruktion der Ausgangssituation bei Kant knüpft Plessner an dem Grundgedanken der Kopernikanischen Wende an, daß sich die Möglichkeit von Erkenntnis nicht im unmittelbaren Ausgriff auf die Gegenstände, sondern allein in der Reflexion auf ihre Bedingungen in den Verstandesgesetzen einsehen lasse. Die Bedingung der Möglichkeit von Erkenntnis beruht damit nicht auf der Anpassung des Verstandes an die Dinge, als ob diese jenen am Gängelband führten, sondern umgekehrt auf den Gesetzen, die der Verstand den sinnlich gegebenen Anschauungen vorschreibt. (Vgl. KrV B XIIIff.) Diese Kopernikanische Wende des philosophischen Blicks auf die Verstandeskategorien als Ermöglichungsbedingungen von Erkenntnis legt hinsichtlich der Erkenntnissituation zwei Grundaxiome fest, an die der Ideologieverdacht gegen Erkenntnis überhaupt am Ende des 19. Jahrhunderts anknüpfen wird. Zum einen führt die Transzendentalphilosophie den Unterschied zwischen den in der Erfahrung erreichten Gegenständen als bloßen Erscheinungen und den Dingen an sich selbst ein, die in der Erfahrung niemals gegeben sind. Die vom Verstand vermittelte Wirklichkeitserfahrung gilt zwar für alle vernunftbegabten Wesen, sie ist jedoch insofern scheinhaft, als sie nichts über die Dinge an sich selbst aussagt. Zum anderen tritt das Wirken der Verstandeskategorien am Endprodukt der Verstandeserkenntnis nicht auf, so daß die Vermitteltheit der Erfahrung durch das Bewußtsein an der Erfahrung selbst nicht faßbar ist. Infolgedessen meint das Alltagsverständnis, mit Dingen an sich selbst zu tun zu haben, wo ihm allein Erscheinungen gegeben sind. Das Alltagsbewußtsein ist insofern notwendig scheinhaft.[357] Damit ist der Mensch

[357] Vgl. VN, 147: „Er (der Verstand; O. M.) verschafft ihm (dem einzelnen Menschen; O. M.) also den Zugang zur Wirklichkeit. Indem er das aber tut, verbergen sich die Mittel, nämlich die Kategorien,

ein ideologisches Wesen, das der Belehrung „über seine ihm verborgene Diesseitsnatur bedürftig“ (VN, 148) ist, um hinter die Ermöglichungsbedingungen seiner Erkenntnis zu kommen.

Kant unterbindet die erkenntniszerstörende Gefahr, die in der Scheinhaftigkeit der alltäglichen Verstandesansicht liegt, indem er von den Verstandeskategorien Allgemeingültigkeit behauptet. Das Alltagsbewußtsein ist insofern zwar notwendig scheinhaft, da diese falsche Wirklichkeitsansicht aber von allen vernunftbegabten Wesen geteilt wird, kann die Allgemeingültigkeit als neues Wahrheitskriterium dienen.

In dem Moment jedoch, als sich dieser Anspruch auf Allgemeingültigkeit der Verstandesbegriffe historisch nicht mehr halten läßt, zeigt sich die ideologiekritische Gewalt, über die die Kopernikanische Wende verfügt. Die Vermitteltheit der Wirklichkeitserfahrung wird derart am Ende des 19. Jahrhunderts gegen den Gültigkeitsanspruch jeder Bewußtseinsansicht gerichtet. Als Epoche, die wissenschaftlich gebildet gegen jede Autorität skeptisch geworden ist, macht ihr Ideologieverdacht auch vor der Vernunft nicht halt.

Der Verdacht gegen die Objektivität des Bewußtseins erhält sowohl inner- als auch außerphilosophische Unterstützung. (Vgl. VN, 150ff.) Innerphilosophisch wird die Skepsis gegen die Allgemeingültigkeit der von Kant aufgezählten Kategorien durch das Argument ihrer transzendentalen Zufälligkeit genährt. Die transzendentale Zufälligkeit besagt, daß kein letzter Grund angegeben werden kann, von dem sich die Kategorien ableiten ließen, so daß ihre Notwendigkeit allein ihrer Funktion als Ermöglichungsbedingung von Erfahrung geschuldet ist. Damit werden auch solche Kategoriensysteme vorstellbar, die von unserem Denken in prinzipieller Weise divergieren. (Vgl. VN, 151) Die Erkenntnisse, die die neuen Wissenschaften der empirischen Biologie und der empirischen Geisteswissenschaften liefern, untermauern außerphilosophisch diesen Zweifel an der Allgemeingültigkeit der von Kant aufgelesenen Kategorien. Die Geisteswissenschaften weisen eine Vielheit historisch bestehender Erfahrungsstile und damit die Gebundenheit des Denkens an seinen historischen Ort nach. Die empirische Biologie stellt die Einzigartigkeit des menschlichen Weltbezugs überhaupt infrage, indem sie den Menschen als Lebewesen erforscht. Aufgrund der biologischen Erkenntnisse drängt sich die Frage nach dem Zusammenhang des menschlichen Bewußtseins und seines biologischen Seins auf. Zugleich bricht mit dieser biologisch-historischen Infragestellung der Verstandeskategorien in ihrer Allgemeingültigkeit jeder selbstverständliche Halt der menschlichen Erkenntnisfähigkeit weg.[358]

---

deren Aufgabe es ja auch ist, sich in ihrer Funktion auszugeben und insofern darin zu verschwinden. Dadurch erzwingen sie den verkehrten Anschein, daß die Wirklichkeit früher als unsere Begriffe ist, daß sie unmittelbar in das menschliche Einzelbewußtsein hineinragt und die Begriffe ihr als schwache Abbilder und Gegenleistungen von seiten des erkennenden Subjekts folgen.“

[358] Vgl. VN, 153f.: „Es gibt keine natürliche Sicherung wider den Verdacht gegen die Objektivität. Das System ihrer Bedingungen läßt sich nicht in einem diesseitigen Nirgendwo gegen das historisch-biologische Sein des Menschen isolieren. Nachdem Geschichte und Biologie ihre letzten romantischen Perspektiven durchschaut und verlassen haben, d.h. zu nüchternen Einzelwissenschaften geworden sind, die Geschichte ihren Europäismus und die Biologie ihren Anthropozentrismus

Der Ideologieverdacht gegen das Bewußtsein als Bewußtsein zielt sowohl auf das Sein, das dem Bewußtsein gegeben ist, als auch auf das Sein, das dem Bewußtsein seinerseits zukommt. Der Kategorialapparat des Bewußtseins fungiert selektierend und prägend und vermittelt deswegen eine falsche Ansicht der Wirklichkeit. Das Bewußtsein schließt damit bestimmte Aspekte des Bestehenden von vornherein von der Erfahrbarkeit aus und drückt allem Erfahrenen seinen Stempel auf. Diese Perspektivität des Bewußtseins wird nun deswegen als Ideologie hinterfragt, da die Verantwortung des Bewußtseins an dem von ihm vermittelten Wirklichkeitsbild nicht ablesbar ist, so daß die Erscheinungen im Alltag für die wahre Ansicht der Wirklichkeit genommen werden. Darüber hinaus greift der Ideologieverdacht auch das Sein an, das dem Bewußtsein selbst zukommt. In seinem Anspruch auf Objektivität bzw. auf Allgemeingültigkeit überspringt das Bewußtsein nämlich die eigene Gebundenheit an einen konkreten Ort in der Wirklichkeit. Es verdeckt damit die Grenzen, die ihm von seinem historisch-biologischen Sein gezogen sind.[359]

Nachdem die innerweltlichen Autoritäten der Vernunft, des Bewußtseins und der Universalgeschichte als ideologisch kompromittiert entschleiert worden sind, gewinnt die Dimension des Vitalen um die Jahrhundertwende an Überzeugungskraft. Das Vitale – und darunter werden konkret Hirnprozesse, Triebe, Rasseneigenschaften usw. verstanden – wird damit als Basis für den ideologiekritischen Abbau der vom Bewußtsein vermittelten Wirklichkeitsansichten in Anspruch genommen. Die geltenden Verstandeskategorien erscheinen auf diese Weise als Funktionen des natürlichen Lebens. Die Bewußtseinsansichten werden als Objektivationen begriffen, in denen sich das natürliche Leben entäußert. Das Bewußtsein wird damit ganz ins Vitale zurückgestellt und der Geltungsanspruch des vom Bewußtsein vermittelten Wirklichkeitskontakts als abhängig von den Gesetzen des natürlichen Lebens gesetzt. Auch auf dieser Ebene zeigt sich die innerphilosophische Infragestellung des deutschen Menschentums mit seinem Bildungsideal. Auch hier verschließt die verabsolutierte Natur die Möglichkeit, durch Bildung zum ganzen Menschen zu werden.

(δ.) Die Infragestellung der philosophischen Orientierung

Dieser letzte Abschnitt soll die Infragestellung des philosophischen Orientierungsanspruchs an dem Verweltlichungsprozeß aufzeigen, den die deutsche Selbstverständi-

---

sozusagen als Kinderkrankheiten überwunden haben, ist die letzte Schranke vor der totalen Relativierung des Menschen gefallen.“

[359] Vgl. VN, 154f.: „Notwendigerweise falsch ist hier das Bewußtsein als Bewußtsein, weil er seine (geschichtliche und naturhafte) Seinsgebundenheit an einen bestimmten realen Standort *überspringt* und in dem Anspruch auf Objektivität seiner Welt sich in ein Nirgendwo stellt, als sei sein Stil der einzig mögliche. Falsch ist das Bewußtsein, weil es sein In-Relation-Stehen zu einem bestimmten Existenztyp und Standort nicht in seiner Weltbildung selber mit zum Ausdruck bringen kann. Es verdeckt in seinem formalen Zug nach Unabhängigkeit und Selbstverständlichkeit nicht nur die eigene Verantwortung für den von ihm erzeugten Weltverband seiner Werte und Dinge, sondern auch die faktisch begrenzte Verantwortungsfähigkeit.“

gung in der Neuzeit durchmacht. Plessner wendet sich mit der philosophischen Lebensorientierung dem Zentrum des deutschen Menschentums zu. Indem die Philosophie Zweifel an ihrem Weltberuf bzw. an ihrer Fähigkeit bekommt, durch Erkenntnis in bezug auf das ganze menschliche Leben zu orientieren, untergräbt sie direkt das deutsche Menschentum mit seinem Bildungsideal.

Dieser Prozeß mündet im 20. Jahrhundert in den Anspruch seitens der politischen Weltanschauung, die Lebensorientierung zu übernehmen. Das Bisherige hatte dargestellt, daß sich die deutsche Selbstverständigung der Schicht des Vitalen zuwendet. Plessner versteht den „volksbiologischen Aufbruch" nach dem Ersten Weltkrieg als Konsequenz aus dem Ideologieverdacht gegenüber allen überzeitlichen Autoritäten. Das Volk, das sein Überleben in einer konkreten Entscheidungssituation sichern muß, wird zum obersten Prinzip der „biologischen Politik" erhoben, um den Nihilismus abzuwehren.[360] Indem die Politik den Zwang zur Entscheidung in der konkreten Situation, in der das Volk steht, als letztes verbliebenes Mittel gegen den Nihilismus propagiert, gerät sie mit dem tradierten deutschen Menschentum und seinem philosophischen Zentrum in Konflikt. Das philosophische Streben nach Orientierung durch Erkenntnis muß als überflüssig erscheinen, wenn der Verlust eines überhistorischen Rückhalts mit einem Dezisionismus beantwortet wird, dem es allein um die Bewältigung der aktuellen Lebenssituation geht, in der das eigene Volk steht. Um zu verstehen, wie es zu dieser Infragestellung der Philosophie durch die politische Ideologie im Namen des völkischen Überlebens kommen konnte, zeichnet Plessner die innerphilosophische Erschütterung nach, die diesem außerphilosophischen Angriff vorgearbeitet hat.

Der erste Schlag wird der Philosophie nach Plessner durch die Ausbildung des Wissenschaftssystems seit dem 17. Jahrhundert versetzt. Mit dem Machtverfall des heiligen römischen Reichs und der Kirche setzt sich der im Ansatz prinzipiell verschiedene Lebenshorizont der Vernunft durch. Unter dem Sinnhorizont der Vernunft erfahren die Völker und die Wissenschaft eine grundsätzliche Umgestaltung, im Zuge derer die menschliche Selbstbestimmung zur entscheidenden Instanz wird. Die Einzelwissenschaften bilden sich als eigenständige Disziplinen außerhalb des aristotelisch-christlichen Erkenntnisrahmens aus. Für die Philosophie bedeutet die folgende Ausgliederung immer weiterer Sachgebiete eine zunehmende Formalisierung. Dieser Prozeß der Formalisierung

---

[360] Vgl. VN, 168: „Ein Staat ohne Gott, und sei es in letzter weltlicher Verwandlung: ohne die Idee Gerechtigkeit, eine Wissenschaft ohne die Kraft zur Wahrheit, können keine Achtung und keinen Gehorsam mehr verlangen. Sie versagen gewiß nicht instrumental, aber um so mehr vor dem Herzen der Menschen, welche hoffen müssen, um leben zu können. Deshalb reißt der Staat schließlich, bevor die Nacht hereinbricht, die Instinkte des Gehorsams und der Einsatzbereitschaft an sich und bildet einen künstlichen Schutzwall gegen die auflösenden Kräfte; künstlich insofern, als er keine transzendente oder rational-moralische Autorität dafür in die Waagschale wirft, sondern in dem Bewußtsein, daß es mit jeder fraglosen Autorität vorbei ist, den nackten Zwang der Tatsachen einer begrenzten Situation zur Autorität erhebt. [...] Die normlos gewordene Entscheidung hat nichts mehr über sich, sondern nur noch etwas vor sich: eine konkrete Lage, die gemeistert sein will. Und sie hat hinter sich keine allgemeinen Rückgriffsmöglichkeiten und Rechtfertigungen aus abstrakten Idealen mehr, sondern nur noch eine massive Realität: das Volk und seinen Selbsterhaltungstrieb."

der philosophischen Erkenntnis mündet im 19. Jahrhundert schließlich in den Verlust der Zuständigkeit für irgendein bestimmtes Sachgebiet.[361] Philosophie kann damit Plessner zufolge seit dem 19. Jahrhundert nicht mehr in dem Sinne Selbsterkenntnis sein, daß sie Einsichten in die Grundschicht der Wirklichkeit überhaupt liefert und damit der einzelwissenschaftlichen Arbeit vorausgeht.

Mit der zunehmenden Spezialisierung der Wissenschaften und der Zurückdrängung der philosophischen Erkenntnis, die auf das Ganze der Wirklichkeit gerichtet ist, gehen seit dem 18. Jahrhundert Versuche einher, die Philosophie aufzulösen und empirische Forschung an ihre Stelle zu setzen. Kant unternimmt mit seinem kritischen Verfahren den Versuch, am traditionellen Anspruch der Philosophie auf Wahrheitserkenntnis unter den Bedingungen der einzelwissenschaftlichen Spezialisierung festzuhalten. (Vgl. VN, 175f.) Das kritische Vorgehen beschränkt die Philosophie auf den indirekten Kontakt zur Welt, den direkten Kontakt zur Welt gibt sie an die Wissenschaften und den praktischen Lebensvollzug frei. Auf diese Weise respektiert die Philosophie nicht nur die Selbstbestimmung der wissenschaftlichen Erkenntnis und des praktischen Lebensvollzugs, sie gewinnt damit zugleich auch Distanz von den Kämpfen auf beiden Gebieten. Die wissenschaftliche Erkenntnis und der praktische Lebensvollzug machen das Material für die philosophische Kritik aus. Die Philosophie legt dabei die Bedingungen fest, unter denen die Erkenntnis den Ansprüchen auf Allgemeingültigkeit und der Lebensvollzug den Ansprüchen der praktischen Vernunft genügt. Die Wissenschaft und die praktische Lebensführung sind folglich material freigegeben, müssen jedoch die Grenzen respektieren, die die kritische Philosophie zieht, wenn sie ihren eigenen Ansprüchen nicht zuwiderhandeln wollen. Hierin ist der Grundstein für die klassische deutsche Philosophie und damit für den Höhepunkt der deutschen Philosophie mit ihrem Anspruch, durch Erkenntnis das menschliche Leben als Ganzes vernünftig zu orientieren, erreicht. Der Kantische Versuch, der Philosophie ihre Würde als Hüterin der Wahrheitserkenntnis im indirekten kritischen Verfahren zu sichern, kann sich historisch jedoch nur so lange halten, wie die Vernunft selbstverständliche Geltung besitzt und d.h. bis ins ausgehende 19. Jahrhundert.

Das 19. Jahrhundert ist als Epoche von der Dynamisierung und Liberalisierung des Lebens geprägt; Leistungswerte werden höher eingeschätzt als Seinswerte, an der Lebenshaltung zählt die Weise mehr als der Zweck. (Vgl. VN, 176) In diesem Sinne beanspruchen die Einzelwissenschaften und das praktische Leben am Ende des 19. Jahrhunderts das Recht zur Selbstkritik. Darüber hinaus wird es mit der immer weiterreichenden Divergenz der Wissenschaften unmöglich, einen Überblick über den aktuellen Gesamtstand der Wissenschaften zu erreichen. Ein Durchgang durch die Wissenschaften zu den die Forschung anleitenden Prinzipien ist damit nicht mehr zu leisten. Schließlich verfällt die Idee der Vernunft als Rückhalt der kritischen Philosophie in den

[361] Vgl. VN, 173: „Je größer die Zugeständnisse der Philosophie an die natürliche Verselbständigung der einzelnen Wissenschaften wurden, desto formaler wurde sie. Je weniger sie noch materialiter zu sagen hatte, desto abstrakter mußte sie den Rückhalt ausgestalten, den das bewegliche Element der suchenden Forschung an ihr braucht.“

historischen, soziologischen und biologischen Analysen. Das Prinzip der Kritik wird damit in die Auseinandersetzungen der Wissenschaften und des Lebens hineingezogen.

Die Philosophie zu Plessners Zeit nach dem Ersten Weltkrieg ist auf mehrfacher Ebene infragegestellt. Zum einen erfährt sie die Geschichte als den Ort, der über das Gelten der orientierenden Sinnhorizonte entscheidet. Diese Erfahrung des Gebundenseins an einen konkreten Ort in der Geschichte stellt die Philosophie von innen heraus in ihrem Anspruch auf Orientierung durch Wahrheitserkenntnis infrage. Das Wissen um die eigene Endlichkeit nährt in der Philosophie selbst die Zweifel an ihrer Fähigkeit, dem Leben eine überhistorische Ausrichtung vorzugeben und damit ihrem Anspruch genügen zu können, durch Erkenntnis zu orientieren. Ihr Weltberuf bzw. ihr Anspruch auf vernünftige Orientierung im Leben scheint nicht mehr einlösbar zu sein. Der philosophischen Beschäftigung bliebe dann allein noch ihr Schulberuf – und d.h. die museale Pflege der philosophischen Tradition und der von ihr aufgeworfenen Probleme.[362] Darüber hinaus stehen die Philosophen sozial infrage, da sie sich kein spezifisches Sachgebiet haben bewahren können. In einer Arbeitsgesellschaft, deren Berufsgliederung die Bedürfnisse der Gesellschaft widerspiegelt, muß das philosophische Streben nach Selbsterkenntnis als unnütz erscheinen. (Vgl. VN, 169f.) Schließlich geht mit der Selbstinfragestellung seitens der Philosophie bezüglich ihrer Fähigkeit zur vernünftigen Orientierung die Selbstgewißheit seitens der politischen Ideologie einher, weltanschauliche Orientierung leisten zu können. Die politische Orientierung geschieht dann freilich nicht mehr unter dem Gesichtspunkt des Wahrheitskriteriums sondern als bloße Dezision, in der über die aktuellen Lebensherausforderungen, vor denen das eigene Volk steht, entschieden wird.[363]

Plessner begreift das Infragestehen der Philosophie zu seiner Zeit als die Schicksalsfrage, in der das deutsche Volk über sein künftiges Menschentum entscheidet. Da das deutsche Volk über keinen Rückhalt an einer Staatsidee oder an einer fest verankerten sakralen Tradition verfügt, sondern in das Streben nach Orientierung durch Erkenntnis gestellt

[362] Vgl. VN, 178f.: „Ein Verständnis der zeitgenössischen Philosophie, besonders wenn es sich auf Deutschland beschränkt, muß diese Selbstunsicherheit der Philosophen, die auf der Suche nach ihrem verlorenen Beruf sind, als eine treibende Kraft des Philosophierens in heutiger Zeit in Ansatz bringen. [...] Denn wir können nicht mehr so einfach von ewigen Bedürfnissen und Anlagen der menschlichen Natur sprechen, wie es unhistorischen Köpfen bequem war, und ihnen ‚die' Philosophie mit ihren einzelnen Fächern zuordnen. Wer nicht begreift, daß der Mensch kein bloßer Schauspieler ist, der die Szenen der Weltgeschichte in verschiedener Kostümierung und Maske spielt und sich nur abzuschminken braucht, um als das zu erscheinen, was er wirklich ist; wer nicht sieht, daß der Mensch die Aufführung selber ist und mit allem der Geschichte angehört, selbst mit der Idee vom Menschen ein Produkt ihrer Kämpfe, für den freilich kann sich alles auf einer Ebene abspielen und etwa die Logik von Aristoteles die Vorstufe der Logik von Sigwart sein. Ihm muß die bewegende Frage der gegenwärtigen deutschen Philosophie jedenfalls verborgen bleiben. Selbst wenn die von der Zeit überholte klassische Position im Recht wäre, ist sie ungeeignet, diese Zeit, die nicht mehr an sie glaubt, zu verstehen."

[363] Vgl. VN, 169: „Als nach ihrer Absicht letzte und wahre Antwort auf den Nihilismus gerät die politische Ideologie in Widerstreit mit der Philosophie. In dem Anspruch auf den Charakter einer Weltanschauung stößt die politische Ideologie der normlosen Entscheidung auf die Domäne des Philosophierens."

ist, ist es von grundlegender Bedeutung, ob am Ideal philosophischer Orientierung festgehalten, oder ob die philosophische Erkenntnis zugunsten einer Weltanschauung im Namen des natürlichen Lebens aufgegeben wird.[364]

d. Der Konflikt der Plessnerschen Gegenwart um das künftige deutsche Menschentum

Plessners Verständnis des Konflikts seiner Zeit um das künftige deutsche Menschentum baut auf die Einsichten in das tradierte deutsche Menschentum und in die aktuellen Lebensherausforderungen auf. Sein gedoppelter Rückgriff auf den tradierten Daseins- *und* Gesichtskreis des deutschen Volks, liefert ein klares Bild vom deutschen Menschentum in seiner äußeren Wirklichkeit und seiner inneren Selbstverständigung. In äußerer Perspektive hat sich der Daseinskreis des deutschen Volkes als durch einen doppelten Ausfall sowohl einer rechtsstaatlichen als auch einer kirchlichen Tradition ausgezeichnet dargestellt. Ohne Rückhalt an einer Sphäre autonomer Rechtsstaatlichkeit oder gelebten Glaubens wird das Streben nach Lebensorientierung in Deutschland seit der Neuzeit in die außerkirchlichen Bereiche der Kunst und Wissenschaft abgedrängt. Mit seiner politischen und sozialen Ausgestaltung beginnt im 19. Jahrhundert zugleich die Aushöhlung des deutschen Bildungsideals. Mit den industrialisierten Arbeitsprozessen, der Symbiose von Wissenschaft und Ökonomie, der bloß pragmatischen Reichsgründung und der Kultur des Historismus entsteht solch eine Welt, die nur noch wenig Raum dafür bietet, sich durch innerweltliche Tätigkeit zur Persönlichkeit zu bilden. Im verstehenden Zugriff von innen auf den Gesichtskreis des deutschen Volks hat Plessner einen Verweltlichungsprozeß nachgewiesen, der in die Selbstinfragestellung der Philosophie als des Zentrums des deutschen Bildungsideals mündet. Am Verweltlichungsprozeß, den die Philosophie durchmacht, treten seine Zielvorstellungen der Selbstbestimmung und der Bindung an einen letzten diesseitigen Wahrheitsgrund auseinander. In beider Vereinseitigung – dem substantiell entleerten Freiheitsstreben und der Verabsolutierung des natürlichen Lebens – ist die Offenheit für das Streben, sich durch Erkenntnis zur Persönlichkeit zu bilden, aufgegeben. Auf den Ebenen des Daseins- und des Gesichtskreises bzw. in der Gestaltung äußerer Wirklichkeit und in der inneren Selbstverständigung zeichnet sich eine parallele Entwicklung ab. In dieser Parallelent-

[364] Vgl. VN, 183f.: „In anderen Ländern, für welche Philosophie nicht die Rolle im gesamten geistigen Leben spielt wie für Deutschland, wird diese Frage (nach dem Fortbestehen der Philosophie; O. M.) nur die unmittelbar betroffenen Kreise der philosophisch Interessierten erregen. In Deutschland ist sie eine Angelegenheit seiner nationalen Bildung, eine Sache seiner Kultur. Es geht in ihr nicht um ein bloßes Stück seiner Tradition, sondern um ihre Achse und ihr Rückgrat. Aus Gründen der Vorzugsstellung der Philosophie im geistigen Leben Deutschlands ist sie das wichtigste, wenn auch darum gerade von philosophischer Seite nicht gern in den Mittelpunkt gerückte Problem ihrer Gegenwart. An ihm hängt nicht der bloße Egoismus der Fachleute und nicht das bloße Pietätsgefühl für eine ehrwürdige Überlieferung. Als eine Schicksalsfrage zugleich für die Philosophie und den deutschen Geist ist sie der Ausdruck einer allgemeinen Erschütterung der Fundamente, auf denen das soziale, das staatliche und das kulturelle Leben Deutschlands ruht.“

wicklung drückt sich das tradierte deutsche Menschentum mit seiner Fokussierung der Orientierungserwartung auf innerweltliche Erkenntnis und mit seiner Selbstinfragestellung aus. Dieses Menschentum umfaßt gleichermaßen die äußere Welt, in der das deutsche Volk lebt und seine innere Selbstverständigung.

Die aktuellen Herausforderungen, vor die das deutsche Volk nach dem Ersten Weltkrieg in bezug auf sein Überleben gestellt ist, hat Plessner als vielschichtige – politische, soziale, ökonomische und kulturelle – Entsicherung beschrieben. Das tradierte deutsche Menschentum in seiner Selbstinfragestellung und die Entsicherungen des politischen, kulturellen und sozialen Lebens nach dem Ersten Weltkrieg greifen folglich ineinander. Unter den Bedingungen der Destabilisierung nach der Niederlage und mit der Frage konfrontiert, wie die menschlichen Dinge künftig geordnet werden sollen, steigert sich die Spannung innerhalb des tradierten deutschen Menschentums zum Konflikt: das zivilisatorische Emanzipationsstreben und das antizivilisatorische Streben nach Bindung durch das natürliche Leben kämpfen nun gegeneinander.[365] Plessner sieht das tradierte deutsche Menschentum mit seinem philosophischen Kern von beiden Richtungen bedroht: sowohl vom sich verselbständigenden Zivilisierungsprozeß als auch von den antizivilisatorischen Kräften. Indem sich die Zivilisierung zum inhaltlich entleerten Bemächtigungsprozeß zu verkehren droht, verliert sie ihre Ausrichtung auf den Zweck der Freiheit und stellt damit das Ideal deutscher Kultur infrage, Erlösung innerweltlich und aus eigener Kraft zu erreichen. Philosophie im deutschen Verständnis mit ihrer Ausrichtung auf das Ganze menschlicher Wirklichkeit wird durch die Verselbständigung der industriellen Revolution und deren Fragmentierung der Erfahrung untergraben. (Vgl. VN, 186ff.)

Umgekehrt treffen sich die antizivilisatorischen Kräfte im Bestreben, die Zwischenposition der innerweltlichen Religiosität abzubauen, die die deutsche Kultur auszeichnet. Die gegen die Zivilisation gerichteten Kräfte setzen der entleerten Zivilisation eine substantielle Bestimmung der menschlichen Existenz entgegen. In der Wirklichkeitssphäre, die sie zur eigentlichen erklären, divergieren sie. Es können der Staat, die Kirche oder die Produktionsverhältnisse sein. Gemeinsam ist ihnen jedoch der Wille, eine gemeinschaftliche Ordnung zu institutionalisieren, die den Nihilismus der entleerten Zivilisation zugunsten einer substantiellen Bestimmung des Menschentums überwindet. Im Kampf gegen die entleerte Zivilisation wird auch die Zwischenposition der deutschen Kultur nicht mehr akzeptiert. Plessner betont, daß die Väter der Zivilisationskritik in ihrer Skepsis gegenüber der Redlichkeit von Philosophie übereinstimmen.[366]

---

[365] Vgl. VN, 179: „Sie (die deutsche Nachkriegsgeneration; O. M.) ist in die Entscheidung für oder gegen die Tradition im Ganzen gestoßen worden. Sie macht Erschütterungen durch wie vielleicht keine deutsche Generation seit den Zeiten der Französischen Revolution. Herausgehoben durch die Macht des Schicksals, durch die Größe des Unglücks hat sie Anspruch darauf, für sich gesehen zu werden. Ein Philosophieren kann ihr nur in dem Maße gewachsen sein, als es die Kraft aufbringt, die Entscheidung für oder gegen die Tradition, auch ihre eigene, wenn nicht herbeizuführen, so doch zu rechtfertigen oder zu bekämpfen."

[366] Vgl. VN, 196f.: „Die Tatsache der drei Radikalismen (der Theologie, der Ökonomie und der Politik; O. M.) aber bleibt bestehen. Wie weit sie sich durchsetzen werden, diese Frage hat mit ihrer

Das innerweltliche Streben nach Erkenntnis des Ganzen wird als ideologischer Überbau kritisiert und soll ideologiekritisch als verweltlichtes Christentum auf seinen geschichtlichen Ort abgebaut werden. Im Konflikt zwischen sinnentleerter Zivilisation und der Festlegung des Menschentums auf einen bestimmten Aspekt droht die philosophische Orientierung nach dem Ersten Weltkrieg zerrieben zu werden.[367]

Dieser Infragestellung von außen hat die innere Entwicklung der Philosophie vorgearbeitet, indem sie immer weniger imstande war, im Leben zu orientieren. Dies liegt zum einen an der Statusveränderung des kritischen Verfahrens. In dem Moment, in dem historisch die selbstverständliche Gültigkeit der Vernunft wegbricht, verändert sich auch der Status der indirekten (über die Wissenschaften und die Praxis vermittelten) Wirklichkeitsbeziehung. Philosophische Überlegung kann die Ermöglichungsbedingungen von Erkenntnis und Selbstbestimmung jetzt nicht mehr a priori festlegen, sondern allein noch in der nachträglichen Reflexion auf das empirische Vorgehen in den Wissenschaften und auf die praktische Selbstbestimmung aufsuchen. Mit dieser neukantianischen Wendung hat die Ermöglichungsfrage allein noch wissenschaftstheoretischen, jedoch keinen orientierenden Sinn mehr. (Vgl. VN, 203) Die akademische Philosophie gibt insofern ihre Weltanschauungsfunktion zugunsten der Verwissenschaftlichung ihrer Erkenntnis auf. Zum anderen bedeutet die Erfahrung der Geschichtlichkeit eine grundsätzliche Erschütterung des philosophischen Orientierungsanspruchs. Plessner sieht alle ihm zeitgenössischen philosophischen Ansätze darin übereinstimmen, daß die Garantien übergeschichtlichen Sinns nicht mehr festhaltbar sind. Damit geht die allgemein geteilte Zustimmung zu Max Webers Diagnose von der Pluralität der Weltanschauungen einher, die sich bei Plessner in der geschichtlichen Divergenz der Menschentümer wiederfindet.[368] Philosophische Er-

---

Wirkung auf die geistige Lage Deutschlands nichts zu tun. Genug, daß sie ideell da sind und damit dem deutschen Kulturbegriff jede Zukunftsmöglichkeit bestreiten. Denn jeder von ihnen bestreitet die von konfessioneller Ungebundenheit, verweltlichter protestantischer Religiosität und politischer Neutralität lebende Weltanschauungskultur im ganzen. [...] Eine Erneuerung der Gemeinschaft aus dem Geist der Konfession unterbindet jede philosophische Kultur mit der gleichen Strenge wie eine zu unbekannten Daseinsmöglichkeiten vorstoßende Revolution im Sinne von Marx oder von Nietzsche. Gerade in dem Mißtrauen gegen die Redlichkeit und ‚Gesundheit‘ des Philosophierens sind sich alle einig.“

[367] Vgl. VN, 197: „Für die Philosophie als Instanz des deutschen Bewußtseins ist durch dieses dreifache In-Frage-Gestelltsein die gleiche Lage geschaffen, wie sie für die Philosophie als Beruf durch die berufsspezialistische Arbeitsgemeinschaft heraufbeschworen worden ist. Sie ist überholt und damit funktionslos geworden. Ihr Sinn und ihre Lebensmöglichkeit sind doppelt bedroht, von dem Fachspezialismus der modernen Zivilisation und von den gegen diese Zivilisation gerichteten Kräften. Ihrer inneren Geschichte und ihrer selbst wieder geschichtlich entstandenen Verbundenheit mit dem deutschen Geist folgend kann sie sich weder auf die eine noch auf die andere Seite schlagen, ohne sich aufzugeben.“

[368] Vgl. VN, 205f.: „Von welchem Ausgangspunkt auch das wissenschaftliche Philosophieren in Deutschland seine Probleme aufgerollt hat, ob von Kant oder Brentano, von der naturwissenschaftlichen oder der geisteswissenschaftlichen Fragestellung, von Objektivitäts- oder von Wertfragen her, stets ist es die Bahn gezogen, in welche es der Autoritätsverlust der modernen Epoche hinein-

kenntnis steht damit zu Beginn des 20. Jahrhunderts *unter dem Paradigma des Lebens*. Sie wird als an einem bestimmten Ort stehend und in die sie übersteigenden Zusammenhänge des Lebens integriert erfahren, die die Philosophie ihrerseits nicht einfach zu überspringen vermag. Die äußere Infragestellung der Philosophie durch die zivilisatorischen und antizivilisatorischen Kräfte trifft folglich auf die innere Selbstinfragestellung der Philosophie, die um ihre eigene Endlichkeit weiß.

Philosophische Orientierung wird zu Plessners Zeit im neuzeitlichen Verständnis einer apriorischen Erkenntnis der Wirklichkeit überhaupt und der vernünftigen Handlungsmaximen aufgegeben. Damit steht nach dem Ersten Weltkrieg die deutsche Kultur als innerweltliches Streben, durch Erkenntnis ein ganzer Mensch zu werden, zur Disposition. In dieser Situation tut sich eine letzte Entscheidung auf: philosophische Orientierung *in ihrer Endlichkeit* zu bejahen oder abzulehnen.[369] Aufgrund der zentralen Stellung, die der Philosophie innerhalb der kulturellen Selbstverständigung in Deutschland zukommt, sieht Plessner seine Zeit in der Auseinandersetzung über die Frage, ob Philosophie in ihrer Endlichkeit auch künftig die zentrale Instanz der Orientierung bleiben soll oder nicht, über das künftige deutsche Menschentum entscheiden. Es handelt sich nach Plessner bei dieser Entscheidung um eine Antwort auf die Frage, ob das tradierte deutsche Menschentum als Ganzes fortzusetzen oder aufzugeben sei.

An der philosophischen Orientierung in ihrer Endlichkeit festzuhalten, kann in Deutschland nach dem Ersten Weltkrieg allein bedeuten, für einen Zwischenzustand zwischen verabsolutierter Zivilisation und der „Rekonfessionalisierung“ von Wirklichkeit im Namen einer der antizivilisatorischen Radikalismen (der Theologie, Ökonomie oder Politik) einzutreten. Bejahung der philosophischen Orientierung in ihrer Endlichkeit heißt damit, den fortschreitenden Zivilisationsprozeß und die Pluralisierung der Weltanschauungen als Verfaßtheit der Moderne anzuerkennen *und* dennoch am ganzen Menschen als Fluchtpunkt festzuhalten. Ohne noch eine positive Bestimmung des letzten Wahrheitsgrundes angeben zu können, kann die Philosophie, die um ihre Endlichkeit weiß, dafür eintreten, den Wahrheitsgrund – und d.h. unter dem Lebensapriori das Wesen des Menschen – offen- und damit als Bezugspunkt der Zivilisation und der wissenschaftlichen Spezialisierung festzuhalten. Damit liefert sich die Philosophie den geschichtlichen Mächten aus und distanziert sich von innen heraus vom Sinnhorizont

---

zwang. Überall mündet es in die gleiche Situation, mögen sie die einzelnen Schulen, Richtungen, Köpfe auch noch so verschieden interpretieren. […] Selbst die prinzipiellen Gegensätze […] stellen die Gemeinsamkeit zwischen ihnen nicht in Frage: Das Feld der Philosophie ist ‚diesseits‘ jeder Entscheidung. Sie alle tragen das Zeichen der epochalen Enttäuschung an sich, das Bewußtsein der entgötterten Welt am Ende der Hoffnung: aufgebrochen die Geschichte zu lauter Perspektiven von gleichem Wert und gleich bedingter Notwendigkeit, fragmentarisch und inselhaft ‚das Sein, das sich selbst besitzt‘, der Mensch in einem uferlosen Meer des Seins. Sie alle wollen den Menschen als endliches Wesen unter anderen endlichen Wesen in einer Welt begreifen, offen gegen unendliche Möglichkeiten, die nur aus sich selber zu verstehen sind.“

[369] Vgl. VN, 207: „Eben weil heute wissenschaftliche Philosophie die Lebensführung aus der Hand geben muß, öffnet sich dem solcher Verantwortung Bewußten die letzte Alternative zwischen einer Bejahung seiner geschichtlichen Endlichkeit oder ihrer grundsätzlichen Verneinung.“

ihrer Zeit. Im Wissen um das eigene Stehen an einem geschichtlichem Ort bewahrt sie sich auf diese Weise eine reservatio mentalis.[370] Diese philosophische Haltung, die den Wahrheitsbezug offenhält, begrenzt sowohl die zivilisatorische Aneignung von Wirklichkeit als auch die historistische und pragmatistische Relativierung des geistigen Lebens von innen heraus.[371]

Die andere Alternative sieht Plessner in seiner Zeit darin, aus der Einsicht in die Endlichkeit der Philosophie den Schluß zu ziehen, das gesamte Unternehmen der philosophischen Orientierung aufzugeben. Die Unmöglichkeit, philosophisch eine positive Bestimmung des letzten Wahrheitsgrundes zu liefern, der der Erkenntnis und dem praktischen Leben eine feststehende Richtung anwiese, wird dann mit der positiven Setzung des Lebens zum letzten Sinnhorizont alles Denkens und Handelns beantwortet. Dies bedeutete den Bruch mit der Tradition deutscher Kultur zu vollziehen, sich innerweltlich durch Erkenntnis zum ganzen Menschen zu bilden. Die konfessionelle und politische Ungebundenheit, die in Deutschland seit der Neuzeit den Rahmen für das kulturelle Streben nach Erkenntnis des letzten Wahrheitsgrundes eröffnet hat, wird derart zugunsten eines neuen „politischen Konfessionalismus“ aufgegeben. Die Basis für die nationale Einheit wird unterhalb der geschichtlichen Pluralität in der Schicht des natürlichen Lebens des Volkes gesucht. (Vgl. VN, 210) Der Blutglaube soll die religiöse Funktion einer politischen Weltanschauung übernehmen. Die biologische Weltsicht will damit dem Leben die positive Richtung anweisen, der sich die moderne Philosophie im Wissen um die eigene Endlichkeit enthält. Die rassenmäßige Festlegung wird als die substantielle Bestimmtheit ausgegeben, von der sich die geistige Tradition immer weiter entfremdet hat und zu der es aus der bestimmungslosen Zivilisation zurückzukehren

---

[370] 1920 hat Plessner für die reservatio mentalis noch den von Carl Schmitt entlehnten Begriff der Politischen Romantik gebraucht, wie in Kersten Schüßlers intellektueller Biographie nachzulesen ist. Daß Plessner diesen Begriff nicht beibehalten hat, mag darin begründet sein, daß er um die Gefahr von dessen Ideologisierung wußte. Schüßler zeigt anhand der Zeitungsartikel, die Plessner zu Beginn der 20iger Jahre geschrieben hat, wie Plessner die Haltung der reservatio mentalis (bzw. der Politischen Romantik) in der politischen Diskussion seiner Zeit einnimmt. Vgl. Kersten Schüßler, Helmuth Plessner, a.a.O., 38ff.

[371] Vgl. VN, 207: „Der erste Weg der Philosophie im Sinne und in der Richtung der noch offen gelassenen Möglichkeiten ihrer Tradition führt an den inneren Anfang menschlichen Daseins, in seine Situationsgebundenheit, in den Zwang, sich irgendwelchen Werten und Zusammenhängen auszuliefern, wenn es die Situation meistern will. Er überantwortet den Menschen faktisch geschichtlichen Mächten, gibt ihm aber darin den Halt an dem Bewußtsein seiner eigenen inneren Freiheit oder Existenz, d.h. er hält sein Verantwortungsgefühl wach. Gesehen auf dem Hintergrund einer Zeit, in der alles fraglich und unsicher geworden ist, bedeutet dieser letzte Vorbehalt die reservatio mentalis des persönlichen Geistes, der sich in der Verflachung durch Industrialismus, Staat, Politik und Wissenschaft die Würde und die Unverlierbarkeit des Seins, das sich selbst und als Selbst besitzt, retten will. Gesehen auf dem Hintergrund der sich alles unterwerfenden Wissenschaft bedeutet die reservatio mentalis zugleich die Erkenntnis einer Grenze der Vergegenständlichung und Relativierung, eine äußerste Grenze für jede Zersetzung des geistigen Lebens, mag sie ausgehen von empirischen Disziplinen wie Geschichte oder Soziologie oder von apriorischen Forschungen wie Phänomenologie und Ontologie.“

gelte.[372] Plessner stellt Ludwig Klages als den Intellektuellen vor, der diesen Bruch mit der gesamten europäischen Tradition des Geistes theoretisch am entschiedensten vertritt. (Vgl. VN, 208f.)

Die Einsicht, daß seine Zeit vor die Herausforderung gestellt ist, sich für oder gegen die Weiterführung der philosophischen Lebensorientierung entscheiden zu müssen, macht das Ergebnis der „Verspäteten Nation" aus. Mit dem doppelten Ausgang bei den Herausforderungen, unter denen seine Zeit ihr Leben zu bewältigen hat, und bei dem aus der Vergangenheit tradierten deutschen Menschentum kann Plessner in dieser Schrift zeigen, daß das deutsche Bildungsideal als Ganzes unter den Bedingungen seiner Zeit infragesteht. In der Entscheidung über die Philosophie wird folglich das Menschentum mitgetroffen, das im deutschen Volk realisiert ist.

Zu diesem Konflikt, vor dem seine Zeit steht, vorgedrungen zu sein, benennt zugleich die Grenzen der geistesgeschichtlichen Erkenntnis. Eine normative Entscheidung in diesem Konflikt vermag sie nicht mehr vorzugeben. Dementsprechend können wir in der „Verspäteten Nation" selbst lesen: „Es ist *hier* (Herv.; O. M.) nicht unsere Sache für oder gegen die Philosophie einzugreifen." (VN, 184) Für eine Seite kann allein jenseits den Grenzen der geistesgeschichtlichen Erkenntnis Partei ergriffen werden. Der Schluß dieser Arbeit wird den Gesamtansatz der Plessnerschen in sich gebrochenen Lebensphilosophie als einen solchen Versuch darstellen, unter dem modernen Lebensparadigma für philosophische Orientierung und damit für das tradierte deutsche Menschentum einzustehen.

4. Die Orientierungsfunktion der Geschichtsphilosophie

Das jetzige Schlußkapitel soll in einem ersten Schritt (unter a.) den Gesamtaufbau der Plessnerschen Geschichtsphilosophie rekapitulieren. Vor diesem Hintergrund läßt sich in Anschluß daran (unter b.) nach der Orientierungsleistung fragen, die Plessners als Geistesgeschichte durchgeführte Geschichtsphilosophie leistet.

a. Rückblick auf die Geschichtsphilosophie

Inhaltlich strebt die Plessnersche Geschichtsphilosophie Einsicht in die historischen Menschentümer an. Plessner fragt in seiner Geschichtsphilosophie damit nicht nach der Bestimmtheit von Geschichte überhaupt, da er um die Einseitigkeit sowohl der Ansätze weiß, die versuchen, die Weltgeschichte teleologisch auf einen letzten Zweck ausgerichtet zu behaupten, als auch der Positionen, die die Geschichte ganz in die Kontingenz der Geschichtlichkeit auflösen wollen. Gegenüber diesen apriorischen Festlegungen betont

[372] Vgl. VN, 209f.: „Dieser neue Glaube an die Macht des Blutes als der eigentlichen Wurzel und Bestimmung des Menschen in den Grenzen eines rassisch gehaltenen Volkes bildet die letzte Antwort auf die Verfallsgeschichte griechisch-christlicher Überlieferung im Blick auf Deutschlands politische und geistige Lage."

Plessner die Unergründlichkeit menschlicher Wirklichkeit überhaupt und fragt nach dem Menschentum in seiner historischen Wirklichkeit. Um eine Antwort auf die systematische Frage der Philosophie nach dem Wesen des Menschen zu finden, legt Plessner seine Geschichtsphilosophie infolgedessen als empirische Geistesgeschichte an. (Vgl. MmN, 174)

Plessner stellt seinen empirischen Ausgriff auf das historische Menschentum unter das methodische Prinzip menschlicher Unergründlichkeit. Auf diese Weise gelingt es ihm, die Frontstellung von Empirismus und Apriorismus zu unterlaufen. Plessners methodische Selbstbestimmung geht von dem Umstand aus, daß der Historiker immer schon in einer bestimmten Perspektive auf die Wirklichkeit steht – nämlich in der Perspektive auf das geschichtliche Selbstentwerfen bzw. auf das menschliche Schöpfertum. Wenn nun in dieser Perspektive nicht bloß weltanschauliche Deutungen sondern Erkenntnis von den historischen Apriori in ihrer Wirklichkeit erreicht werden soll, dann kommt alles darauf an, die Verabsolutierung der geschichtlichen Macht zu unterlaufen. Ansonsten verabsolutierte man nämlich das moderne europäische Menschentum, dem eine substantielle Bestimmtheit entzogen und das deswegen darauf verwiesen ist, sich geschichtlich hervorzubringen, zur eigentlichen bzw. wahren Bestimmtheit menschlicher Wirklichkeit überhaupt. Damit geriete man in einen formalen Apriorismus und wäre mit der Bestimmung des menschlichen Wesens schon vor der geistesgeschichtlichen Erkenntnis fertig. Plessner unterläuft die Steigerung des geschichtlichen Lebens zur Grundschicht von Wirklichkeit überhaupt, indem er sich in der Geschichtsperspektive unter den Gesichtspunkt menschlicher Unergründlichkeit stellt. Auf diese Weise gelingt es ihm, die von der geschichtlichen Macht verdeckte Dimension der natürlichen Ohnmacht mitzusehen.

Unter der Unergründlichkeitshypothese verschafft sich Plessner die Möglichkeit, in geistesgeschichtlicher Forschung auf die historischen Menschentümer als die Modi auszugreifen, in denen die Verschränkung der geschichtlichen Macht *und* der natürlichen Ohnmacht des Menschen stattfindet. Unter dem Prinzip menschlicher Unergründlichkeit zeigen sich die historisch wirklichen Menschentümer in ihrer Bestimmtheit und damit zugleich in ihrer Begrenztheit: sowohl gegenüber dem menschlichen Wesen überhaupt als auch gegenüber dem einzelnen Menschen, der an ihnen teilhat. Sie stellen sich als die historisch wirklichen Sinnhorizonte dar, unter denen die Menschen einer bestimmten Kultur und Epoche ihre Leben führen, ohne darin jedoch ganz aufzugehen. In dieser doppelten Begrenztheit weisen die historischen Menschentümer immer auch über sich hinaus. In ihrer Abfolge erscheinen sie solcherart als Reaktionen auf die Defizienz des ihnen je vorausgehenden Selbstverständnisses. Das Über-Sich-Hinaus-Treiben der Menschentümer erweist sich auf diese Weise als Grund für das Vorwärtsstreben der menschlichen Geschichte. In ihrer inhaltlichen Bestimmtheit erscheint die menschliche Geschichte unter dem Plessnerschen Unergründlichkeitsprinzip als *mittelbar* durch die historischen Menschentümer in ihrer Abfolge konstituiert. Jeder Epochenschritt ist damit nicht a priori durch einen letzten Zweck der Geschichte festgelegt, sondern ein unter den konkreten Bedingungen des vorausgegangenen Menschentums sowie der aktuellen Lebensbedingungen aufs Neue politische ausgekämpftes Verschränkungsgeschehen.

Um in dieser historisch gebrochenen Frage nach dem menschlichen Wesen dennoch philosophische Selbsterkenntnis und keine neutrale Gesamtschau menschlicher Geschichte zu erreichen, fokusiert Plessner seine Geistesgeschichte auf die Frage nach dem *Menschentum*, das *in seiner Zeit* wirklich ist. „Die verspätete Nation" wurde als der Text dargestellt, in dem Plessner die geistesgeschichtliche Erforschung des Menschentums durchführt, das in seiner eigenen Zeit – d.h. in Deutschland nach dem Ersten Weltkrieg – umkämpft ist.

In ihrer Anlage läßt sich „Die verspätete Nation" im Ausgang vom Gesichtspunkt menschlicher Unergründlichkeit bzw. dem Bestreben verstehen, in der geistesgeschichtlichen Forschung die Gleichursprünglichkeit von geschichtlicher Macht und natürlicher Ohnmacht des Menschen zu wahren. Die Entscheidung, vor der seine Zeit steht, stellt damit den Vollzug der Verschränkung von Macht und Ohnmacht dar. Um die gegenwärtige Entscheidung offen- und die Tatsächlichkeit dieses künftig geltenden Menschentums festzuhalten, darf keine Dimension des menschlichen Seins als determinierende Grundschicht menschlicher Wirklichkeit überhaupt in Anspruch genommen werden. Nun kann die natürliche Ohnmacht des Menschen innerhalb der Geistesgeschichte jedoch nicht direkt eingeführt werden. Solch ein Versuch müßte nämlich bestimmte Aspekte der menschlichen Existenz a priori als Natur bzw. als Grundschicht menschlicher Wirklichkeit – und damit als Zweck der Weltgeschichte – voraussetzen. Indirekt kann die natürliche Ohnmacht innerhalb der Geistesgeschichte dagegen sehr wohl in Anschlag gebracht werden. Dies geschieht, indem der Hiatus zwischen dem historisch tradierten Menschentum *und* den gegenwärtigen Herausforderungen des natürlichen Überlebens festgehalten wird. Welche materialen Aspekte an der menschlichen Existenz – die Religion, die Wirtschaft, die Kultur oder politische Machtverhältnisse – auf der Seite des tradierten Menschentums und welche auf der Seite der Gegenwartsherausforderungen zu verorten sind, kann a priori nicht bestimmt werden. Indem Plessner doppelt und d.h. gleichermaßen bei den aktuellen Lebensherausforderungen, unter denen seine Zeit nach dem Ersten Weltkrieg steht, und bei dem aus der Vergangenheit tradierten Sinnhorizont ansetzt, verschafft er sich die Möglichkeit, die Offenheit der gegenwärtigen Entscheidung über das Menschentum festzuhalten, das in seiner Zeit umkämpft ist. Umkämpft ist folglich der Modus, in dem die geschichtliche Macht und die natürliche Ohnmacht künftig verschränkt sein sollen.

Als Ergebnis erreicht „Die verspätete Nation" Einsicht in den aktuellen Konflikt, in dem sich das deutsche Volk nach dem Ersten Weltkrieg in bezug auf sein künftiges Menschentum befindet. Es handelt sich dabei um die Frage, ob das seit der Neuzeit in Deutschland ausgebildete Ideal, durch weltliche Tätigkeit und insbesondere durch kulturelle Bildung zur Persönlichkeit bzw. zum ganzen Menschen zu werden, unter den Bedingungen der Moderne tradiert oder aufgegeben wird. Im Mittelpunkt des deutschen Bildungsideals steht die Philosophie, so daß die Infragestellung der Philosophie durch die politische Weltanschauung den zentralen Konflikt darstellt, in dem nach dem Ersten Weltkrieg die künftige Gestaltung des deutschen Menschentums verhandelt wird. (Vgl. VN, 188)

Unter der aktuellen Lebenssituation nach dem Weltkrieg als einer Situation grundsätzlicher Verunsicherung steigert sich die Spannung innerhalb des philosophischen Orientierungsstrebens zwischen den heterogenen Bestrebungen nach Emanzipation und nach substantieller Bindung zum Konflikt. Zur Disposition steht die Tradition oder die Aufgabe des deutschen Menschentums, das seit dem 18. Jahrhundert durch das Streben bestimmt ist, durch Bildung zum ganzen Menschen zu werden. Es handelt sich um einen Konflikt unter dem Lebensparadigma. Entweder wird unter dem Lebensapriori und im Wissen um die Endlichkeit der Philosophie am Bildungsgedanken festgehalten oder das Leben wird zur Grundschicht von Wirklichkeit überhaupt verabsolutiert, so daß Orientierung allein noch weltanschauliche Dezision im Namen des Lebens bedeuten kann. Unter den Bedingungen der Moderne das deutsche Menschentum zu tradieren, meint folglich, im Wissen um die eigene Endlichkeit am Ideal festzuhalten, durch Erkenntnis zum ganzen Menschen zu werden. Die Tradierung der philosophischen Orientierung stellt damit ein Plädoyer für eine Zwischenposition zwischen entgrenzter Zivilisation und zivilisationskritischen Gemeinschaftsutopien dar. Sie bezeichnet die Haltung, im Wissen um die Bindung der Philosophie an ihren historischen Ort den fortschreitenden Prozeß der Zivilisation und der Pluralisierung als Verfaßtheit der Moderne anzuerkennen *und* am ganzen Menschen als Ideal des Wissens und Handelns festzuhalten. Demgegenüber bedeutet die Weltanschauung im Namen des Lebens – und d.h. im politischen Kontext im Namen des völkischen Überlebens – die Aufgabe des seit der Neuzeit ausgebildeten deutschen Menschentums. Hier wird ein Versöhnungszustand angestrebt, in dem das Menschentum durch die Zugehörigkeit zum deutschen Volk in seiner allein bluthaften biologischen Schicht bestimmt ist. Die Versöhnung soll immer schon wirklich sein, so daß bildende Erkenntnis politisch verschlossen wird.

b. Die geschichtsphilosophische Orientierung

Bevor die Orientierungsleistung der Plessnerschen Geschichtsphilosophie positiv bestimmt werden kann, soll zunächst ein Blick darauf geworfen werden, worin sie nicht bestehen kann. Nach der Orientierungsfunktion der Plessnerschen Geschichtsphilosophie darf nämlich nicht in dem Sinne gefragt werden, als könne sie ein normatives Fundament vermitteln, an dem die historischen Selbstverständigungsleistungen zu messen wären. Für ein solches normatives Fundament könnte allein das Plessnersche Prinzip menschlicher Unergründlichkeit gehalten werden. Das Unergründlichkeitsprinzip müßte dann als geschichtsphilosophische Formulierung der naturphilosophischen Erkenntnis menschlicher Exzentrizität behauptet werden. Diese Interpretation der Unergründlichkeit hätte weitreichende Konsequenzen sowohl für die Plessnersche Geschichtsphilosophie als auch für das Gesamtprojekt seiner Lebensphilosophie. Mit dieser Identifikation von Exzentrizität und Unergründlichkeit behauptete man die Divergenz als letzten Wahrheitsgrund menschlicher Existenz. In ihrem Gesamtansatz wäre die Plessnersche Philosophie damit keine in sich gebrochene, sondern eine anthropologisch fundierte Lebensphilosophie. In naturphilosophischer Reflexion würde eingesehen, daß dem Menschen von Natur aus ein letzter Grund entzogen ist und diese Erkenntnis sollte nun als normatives Fundament dienen, um die historisch gegebenen Ordnungsformen der menschlichen Dinge dahingehend zu untersuchen, ob sie diese Offenheit zuließen oder unterdrückten. Alle substantiellen Bestimmungen des Menschseins wären demnach als historische Epochen der Unterdrückung zu kritisieren.

Drei Gründe sprechen meiner Ansicht nach dagegen, die Orientierungsleistung, die die Plessnersche Lebensphilosophie erbringt, im Rückgriff auf die Unergründlichkeitshypothese als einer qualitativen Auszeichnung menschlichen Seins überhaupt zu bestimmen. Zum einen blendet eine einseitig naturphilosophisch angelegte Lebensphilosophie die eigene Geschichtlichkeit bzw. Gebundenheit an das historische Apriori der eigenen Kultur und Zeit ab. Dieses epistemische Problem, daß die Philosophie ihrerseits an einem bestimmten Ort in Raum und Zeit steht und über keinen archimedischen Standpunkt verfügt, kann durch keine inhaltlichen Behauptungen über die Natur des Menschen entkräftet werden. [373]

---

[373] Gesa Lindemann löst daher die exzentrische Positionalität vom Menschen als Naturwesen ab. Sie geht aber in ihren Bestimmungen zu weit. Lindemanns Überlegungen setzen damit ein, daß auf epistemischer Ebene ein archimedischer Standpunkt entzogen sei. Daher kann nach Lindemann überhaupt keine qualitative Bestimmung des menschlichen Wesens geben werden. Die Bindung der exzentrischen Positionalität an das menschliche Dasein stelle nun jedoch eine qualitative Bestimmung des menschlichen Wesens und deswegen einen Selbstwiderspruch dar. Dieser Selbstwiderspruch könne nur dadurch unterlaufen werden, daß man die These der exzentrischen Positionalität vom menschlichen Dasein abkoppele. Die vom menschlichen Dasein abgelöste exzentrische Positionalität bedeutet für Lindemann eine „Radikalisierung der Notwendigkeit des Deutens" gegenüber der klassischen Soziologie. (Gesa Lindemann, Die Grenzen des Sozialen – Zur sozio-technischen Konstruktion von Leben und Tod in der Intensivmedizin, a.a.O., 45.) „Kommunikative Deutung [...] bezieht sich darauf, daß ein Gegenüber nicht unmittelbar zugänglich ist, sondern daß Verstehen einen Akt der Deutung physischer Zeichen beinhaltet. Plessner geht noch einen Schritt weiter, wenn er darauf insistiert, daß diese Deutung eine grundlegende Deutung impliziert: Eine Deutung, die die Komplexität des Gegenüber erschließt, eine entscheidende Deutung, die den Kreis derjenigen festlegt, deren Verhalten als kommunikativ aufgefaßt werden muß." (Ebenda) Die radikalisierte Deutung soll sich folglich nicht auf das Verstehen eines Gegenüber beziehen, sondern vielmehr entscheiden, wer überhaupt als Gegenüber bzw. als Person soziokultureller Interaktionen zugelassen und was als nicht-menschlicher Körper ausgeschlossen wird. Mit ihrer Abkoppelung der exzentrischen Positionalität vom menschlichen Dasein entledigt sich Lindemann des natürlichen Seins. Sie verabsolutiert damit – entgegen ihrer Polemik gegen eine inhaltliche Bestimmung des menschlichen Wesens – unter der Hand das geschichtliche Deuten zur Grundschicht von Wirklichkeit überhaupt. Die Frage nach der qualitativen Bestimmung bzw. nach dem „Was" des Menschen muß sie folglich deswegen nicht mehr stellen, weil sie sie bereits beantwortet hat. Von hier will Lindemann in empirischer Soziologie erforschen, wo die Grenze zwischen Menschlichem und Nicht-Menschlichem gezogen wird, die diejenigen Körper, die zu den soziokulturellen Deutungen zugelassen sind, von denen abhebt, die davon ausgeschlossen sind. „Als Anthropologie ist seine (Plessners; O. M.) Theorie paradox. Statt dessen aber ermöglicht sie es, diese Fragen zu soziologisieren. An die Stelle der beiden Fragen – *wer* ist ein ‚Mensch' und *was* ist der ‚Mensch' – treten die Fragen: 1. Wie wird in Gesellschaften die Deutung reguliert, durch die festgelegt wird, *wer* in den Bereich des Sozialen gehört und *was* aus diesem Bereich ausgeschlossen wird? 2. Wie wird in Gesellschaften die Umweltbeziehung derjenigen Entitäten reguliert, die in den personalen Seinskreis

Darüber hinaus haben die Überlegungen zu Plessners Naturphilosophie ergeben, daß die Grenzrealisierung und damit einhergehend ihre Konkretisierung als exzentrischer Positionalitätsmodus nicht den Grund des lebendigen bzw. konkret des menschlichen Seins überhaupt ausmachen. (Vgl. II.4. und II.7.) Die Verabsolutierung der Grenzrealisierung (und der exzentrischen Positionalität) bedeutete, die lebendige Selbstbezüglichkeit, die in der qualitativen Erscheinung des Lebendigen stattfindet, für das Ganze seiner Wirklichkeit zu nehmen. Auf diese Weise beginge man jedoch den vitalistischen Fehler, das faktische Bestehen des Lebendigen als eines physischen Dings zu überspringen. Man konstruierte eine Sphäre lebendiger Selbstbezüglichkeit, der die Rückbindung an das Lebendige in seiner physischen Dinghaftigkeit fehlte. Demgegenüber wurde oben gezeigt, daß die Plessnersche Naturphilosophie die Grenzrealisierung allein als die Bestimmtheit des Lebendigen begreift, die es diesem als einem physischen Ding ermöglicht, zugleich als überdinghaftes selbstbezügliches Lebewesen zu erscheinen. Die Grenzrealisierung hatte sich mit anderen Worten als der am lebendigen physischen Ding vorkommende Grund dafür ergeben, daß sich seine selbstbezügliche Erscheinung nicht auf sein dinghaftes Bestehen und damit auf seine Gestalthaftigkeit reduzieren läßt; sie ist damit jedoch gerade nicht als Grundschicht des lebendigen Seins überhaupt nachgewiesen worden.

---

gehören?“ (Ebenda, 36f.) Daß man ihr *mit Plessner* zurecht entgegenhalten kann, daß wir auch *sind*, zeigt sich an ihrer Umdeutung der exzentrischen Positionalität. Die exzentrische Positionalität am menschlichen Dasein auszuweisen, verlangt deswegen keinen archimedischen Standpunkt, da es sich um einen Schritt der doppelseitigen Deduktion von Grenzrealisierung und alltagsweltlich gegebenen Wesensmerkmalen und um keine Ableitung aus einem letzten Grund handelt. Vielmehr unterläuft die doppelseitige Deduktion gerade die Hypostasierung eines Wahrheitshorizonts. Darüber hinaus handelt es sich bei der am menschlichen Dasein ausgewiesenen exzentrischen Positionalität auch um keine Bestimmung des menschlichen Wesens, sondern allein um den Grund, der es einem physischen Ding ermöglicht, in der exzentrischen Rückbezüglichkeit auf den eigenen Ort im Hier und Jetzt *zu erscheinen*. Damit ist der von Lindemann konstruierte Selbstwiderspruch hinfällig. V.a. aber wird Lindemann der *Struktur* der exzentrischen Positionalität nicht gerecht – unabhängig davon, ob es nun möglich ist, diese am menschlichen Dasein aufzuweisen oder nicht. Sie reduziert exzentrische Positionalität auf Mitweltlichkeit und d.h. auf „die Differenz, von der her die Relativierung des leiblichen Selbst stattfindet, wodurch die Absolutheit der je unterschiedlichen Perspektiven entwertet wird.“ (Ebenda, 39) Mit dieser Deutung der exzentrischen Positionalität wird der gegenläufige zweite Zug an ihr unterschlagen: daß nämlich nicht nur die Mitwelt die Person, sondern auch umgekehrt die Person die Mitwelt trägt. Diese Einseitigkeit kommt dadurch zustande, daß Lindemann Exzentrizität zum Zugleich von Unmittelbarkeit und intersubjektiver Vermitteltheit vereinfacht und vergißt, daß auch die unmittelbare Leiblichkeit nicht in der Luft hängt. Vielmehr ist die exzentrische Positionalität die *doppelte* Abhebung des *Körperseins*, des Körperhaben und des Außerhalb-des-Körpers-Stehens. Aufgrund dieser doppelten Brechung ist weder die einzelne Person noch die Mitwelt vorgängig, sondern beide sind in ihrer Gleichursprünglichkeit verschränkt. Eine empirische Soziologie, die den Menschen einseitig von der Mitwelt bzw. den soziokulturellen Deutungen her thematisiert, greift folglich notwendigerweise zu kurz. Joachim Fischer hat gegenüber Gesa Lindemann die Dimension des natürlichen Seins bereits geltend gemacht. Vgl. Joachim Fischer, Rezension von Gesa Lindemann, Die Grenzen des Sozialen, in: Soziologische Revue, Konstanz 27 (2004) 2, 227–232.

Schließlich sprechen auch unsere Überlegungen zur Plessnerschen Geschichtsphilosophie gegen die Identifikation von exzentrischer Positionalität und menschlicher Unergründlichkeit und deren Hypostasierung zum normativen Fundament der Geschichtsphilosophie. In der Annahme der Unergründlichkeit als Spezifikum menschlicher Existenz behauptete man nämlich ein formales Apriori. Damit setzte man sich jedoch den Einwänden aus, die oben gegen Heidegger ins Feld geführt wurden: daß die Situation des modernen Europäers, dem ein substantielles Verständnis des Menschentums abhanden gekommen ist, zur Natur des Menschen verabsolutiert wird. Unter Voraussetzung einer solchen formalen Bestimmung des Menschentums wird die geistesgeschichtliche Erforschung vergangener Epochen dementsprechend auch nichts grundsätzlich Neues in der Geschichte finden, sondern stets die vorausgesetzte formale Bestimmung des Menschen bestätigen. Diese sich als offen darstellende Position zeigt sich daher in Wahrheit als ein höchst geschlossenes Selbstverständnis, das Alternativen ausschließt. Indem bereits vorab über das menschliche Wesen als offen entschieden ist, können die historisch wirklichen Menschentümer allein noch als Konkretisierungen des geschichtlichen Selbstentwerfens aus der Offenheit verstanden werden. Nicht nur ist dann die gegenläufige Dimension der natürlichen Ohnmacht des Menschen abgeschnitten. Darüber hinaus vermittelte die Geistesgeschichte keine Erkenntnis vom menschlichen Wesen; dieses stünde ja bereits als Grundschicht des geschichtlichen Sich-Entwerfens aus der Unergründlichkeit fest. Die Geistesgeschichte diente folglich allein der Selbstbestätigung.[374] Sie könnte nur zu dem Ergebnis führen, daß traditionelle Epochen und Kulturen mit ihrem substantiellen Verständnis des Menschentums die menschliche Offenheit noch nicht begriffen hätten, bzw. den Menschen in seinem Wesen festlegten, ihn folglich

---

[374] Stephan Pietrowicz tritt affirmativ für das hier kritisierte Verhältnis von exzentrischer Positionalität und modernem Selbstverständnis ein. In der exzentrischen Positionalität findet er die transzendentale Obdachlosigkeit der Moderne auf den Begriff gebracht. Zugleich behauptet er die exzentrische Positionalität als transzendentale Ermöglichungsbedingung menschlichen Seins. Beides verknüpft er mit dem klassischen teleologischen Argument, „daß in der momentanen und von Plessner vorgefundenen historischen Situation [...] die Exzentrizität des Menschen ein Höchstmaß an Ausdruck gefunden hat und von daher ihrer begrifflichen Fassung Vorschub leistet. Oder negativ ausgedrückt: In solchen Kulturen, die den Durchbruch zur Subjektivität und damit zur Selbstreflexion noch nicht vollzogen haben, und in solchen geschichtlichen Zeiten, die für den (abendländischen) Menschen durch höhere normative Sicherheit gekennzeichnet waren, wäre es schwieriger bzw. unmöglich gewesen, die Exzentrizität als die Grundbedingung menschlichen Seins so deutlich zu fassen und auf den Begriff zu bringen." (Stephan Pietrowicz, Philosophische Anthropologie und Geschichte – Helmuth Plessners Geschichtsverständnis der Moderne und der Begriff der exzentrischen Positionalität, in: Günter Dux und Ulrich Wenzel (Hg.), Der Prozeß der Geistesgeschichte, Frankfurt/M. 1994, 45–63, hier: 59f.) Mit diesem teleologischen Kunstgriff schafft Pietrowicz die Eigenständigkeit sowohl der Naturphilosophie als auch der Geschichtsphilosophie zugleich ab. Inhaltlich blendet er an der exzentrischen Positionalität den Aspekt des natürlichen Seins ab: daß der Mensch nicht nur im Nichts steht, sondern zugleich ein Körper ist und einen Leib hat. Am geschichtsphilosophischen Prinzip der Unergründlichkeit übersieht er, daß es auch die Verabsolutierung der modernen Offenheit unterläuft. Vgl. auch: Ders., Helmuth Plessner. Genese und System seines philosophisch-anthropologischen Denkens, Freiburg u.a. 1992, 485f.

unterdrückten, totalitär wären. Demgegenüber muß man jedoch gerade im Sinne der Unergründlichkeitshypothese festhalten, daß die moderne Offenheit ihrerseits ein historisches Menschentum darstellt. Sie ist damit den traditionellen Menschentümern bzw. den substantiellen Bestimmungen des Menschseins gleichgestellt und geht ihnen nicht als normatives Fundament ihrer Beurteilung voraus.

Gegenüber dieser Rückbindung der Geschichtsphilosophie an die Naturphilosophie hat die vorliegende Arbeit für ihre Gleichrangigkeit argumentiert und den Plessnerschen Ansatz als in sich gebrochene Lebensphilosophie charakterisiert. Dies hat unmittelbare Konsequenzen für die von der Plessnerschen Lebensphilosophie vermittelten Orientierungsleistungen. Es bedeutet zunächst, daß auch in bezug auf das Verhältnis der exzentrischen Positionalität und der menschlichen Unergründlichkeit der Hiatus zwischen dem naturphilosophischen Erklären und dem geschichtsphilosophischen Verstehen gewahrt werden muß. (Vgl. MmN, 225ff.) Der exzentrische Modus, in dem sich das menschliche Leben auf seinen Ort in Raum und Zeit bezieht, soll also nicht identisch mit der menschlichen Unergründlichkeit sein. Beides ist nicht versöhnbar, verweist jedoch aufeinander. Die Struktur exzentrischer Positionalität ist nicht der Grund der im geschichtlichen Wandel begriffenen Künstlichkeit; allerdings findet sie – wie das erste anthropologische Grundgesetz gezeigt hat – in ihr statt. Die geschichtliche Macht zum Selbstentwerfen ist umgekehrt nicht die Vollzugssphäre, die die Naturverständnisse aus sich heraussetzt, sondern die Ermöglichungsbedingung für das Stattfinden der exzentrischen Positionalität. Auch im Verhältnis der exzentrischen Positionalität und dem Wesensmerkmal der in geschichtlichen Wandel begriffenen Künstlichkeit hält Plessner seinen Ansatz der doppelseitigen Deduktion durch und unterläuft damit die Hypostasierung moderner Offenheit zum Wahrheitsgrund.

Wie wir wissen, wird Plessner dem Entzogensein eines letzten Grundes in seiner Geschichtsphilosophie dadurch gerecht, daß er die Unergründlichkeit nicht als normatives Fundament zur Beurteilung der historischen Apriori in Anspruch nimmt. Vielmehr hatte sich die menschliche Unergründlichkeit als das Methodenprinzip erwiesen, das es dem Geisteshistoriker ermöglicht, auf das Menschentum in seiner historischen Wirklichkeit auszugreifen.

Nun wissen wir aus den bisherigen Überlegungen allein, daß die Orientierungsfunktion, die die Plessnersche Geschichtsphilosophie erfüllt, nicht darin bestehen kann, ein normatives Fundament zu vermitteln. Allerdings hat sich im Laufe der gesamten Arbeit immer wieder gezeigt, daß Plessner philosophische Orientierung in bezug auf das Lebensparadigma als den Sinnhorizont leisten will, der in seiner Zeit historisch gilt. Die Geistesgeschichte hat genauer die Herausforderung aufgetan, in bezug auf die Plessners Zeit zu entscheiden hat: das seit der Neuzeit ausgebildete deutsche Menschentum mit seinem Streben, durch bildendes Wissen zum ganzen Menschen zu werden, zu tradieren oder aufzugeben. Entweder wird an der philosophischen Orientierung als Zentrum der deutschen Kultur im Wissen um ihre Endlichkeit bzw. ihre Integration in übergreifende Lebenszusammenhänge festgehalten, oder der Erkenntnisanspruch wird zugunsten eines politischen Dezisionismus im Namen des völkischen Lebens aufgegeben. In bezug auf diese Herausforderung seiner Zeit zu orientieren, stellt die Aufgabe dar, der sich der

Gesamtansatz der Plessnerschen in sich gebrochenen Lebensphilosophie stellt. Dementsprechend soll diese Frage erst im Zusammenhang des Rückblicks auf meine Gesamtarbeit beantwortet werden.

Jetzt ist die Frage nach der spezifischen Orientierungsfunktion genauer zu beantworten, die die Geschichtsphilosophie innerhalb des Gesamtprojekts der in sich gebrochenen Lebensphilosophie ausübt. Wir haben hier folglich allein mit dem Lebensparadigma in seiner Konkretisierung als geschichtlicher Lebensvollzug zu tun und müssen danach fragen, inwiefern die Plessnersche Geschichtsphilosophie in bezug auf das als geschichtliche Macht konkretisierte Lebensapriori Orientierungswissen bietet. Das Grundprinzip der Plessnerschen Geschichtsphilosophie besteht – wie wir gesehen haben – darin, unter dem Prinzip menschlicher Unergründlichkeit auf die historischen Apriori als die Modi auszugreifen, in denen die Verschränkung von geschichtlichem Selbstentwerfen und überhistorischem natürlichem Sein historisch wirklich ist. Inwiefern Plessner mit dieser geschichtsphilosophischen Haltung in seiner Zeit philosophische Orientierung erreicht, zeigt sich, wenn man die historischen Konstellationen berücksichtigt, in denen Plessner sich bewegt. Der Ansprechpartner der Plessnerschen Geschichtsphilosophie ist der historistische Relativismus.

Plessner formuliert seinen Einspruch gegen den Historismus weder als logische Widerlegung noch im Sinne des politischen Dezisionismus im Namen des natürlichen Überlebens. Er reflektiert darauf, daß der akademische Verweis auf die Unhintergehbarkeit der Vernunft und auf die Selbstwidersprüchlichkeit des historistischen Skeptizismus in einer Zeit, in der die Vernunft den Status des selbstverständlich geltenden Sinnhorizonts eingebüßt hat, den historistischen Ideologieverdacht gerade bestärken muß. (Vgl. VN, 150ff.) Er geht nun allerdings genauso wenig den Weg der politischen Weltanschauung im Namen des völkischen Überlebens, um dem historistischen Relativismus entgegenzutreten. Der Erfahrung, daß die kulturellen Selbstverständigungsleistungen und sittlichen Institutionen geschichtlich hervorgebracht und deswegen historisch relativ sind, stellt die politische Ideologie die Unveränderbarkeit des vorgeschichtlichen natürlichen Lebens entgegen. (Vgl. VN, 168ff.) Im Volk, das auf seine allein biologische Schicht reduziert wird, findet die politische Ideologie nach dem Ersten Weltkrieg den Rückhalt, um nach dem Verlust der überhistorischen Autoritäten die konkrete Lebenssituation zu bewältigen. Für Selbstbestimmung und bildende Erkenntnis läßt diese Selbstüberantwortung an die Gesetze des völkischen Überlebens keinen Platz mehr.

Plessner wählt in der Widerlegung des Historismus einen dritten Weg gegenüber der Berufung auf die Unhintergehbarkeit der Vernunft seitens der liberalen Wissenschaft und des weltanschaulichen Dezisionismus im Namen des natürlichen Überlebens. Wie gesehen, widerlegt er den Historismus vielmehr von innen heraus. Zwar nimmt er dessen Einsicht ernst, daß das übergeschichtliche Sein in geschichtliche Vollzüge integriert ist; damit zugleich hält er jedoch unter der Unergründlichkeitshypothese am Hiatus von natürlichem Sein und geschichtlichem Selbstentwerfen fest. Auf diese Weise unterläuft Plessner die historistische Verabsolutierung der Geschichtlichkeit zum Wahrheitsgrund von menschlicher Wirklichkeit überhaupt.

Unter dem Methodenprinzip menschlicher Unergründlichkeit erweist sich die Idee geschichtlicher Macht nun ihrerseits als eine Dimension des Lebensparadigmas, das das beginnende 20. Jahrhundert bestimmt. Plessner widerlegt den Historismus folglich, indem er die von diesem verabsolutierte Geschichtlichkeit kritisch auf ihren Status als *historisch wirklichen* Lebenshorizont begrenzt. Damit gelingt ihm ein dreifacher Schachzug. Zunächst kann er den historistischen Relativismus unterlaufen. Wenn die geschichtliche Macht nämlich auf bloß historische Geltung begrenzt wird, dann verfügt sie nicht mehr über die zersetzende Kraft, alle historisch wirklichen Menschentümer in bloß geschichtliche Konstruktionen aufzulösen. Mit seiner Geschichtsphilosophie steht Plessner in seiner durch den historischen Relativismus geprägten Zeit für das Eigengewicht der Wirklichkeit – und d.h. für die historisch wirklichen Menschentümer – ein. (Vgl. VN, 158) Indem er unter der Unergründlichkeitshypothese die Grundschicht der menschlichen Wirklichkeit überhaupt offenhält, verteidigt er die Irreduzibilität der historischen Menschentümer in ihrer Tatsächlichkeit. Plessners Geschichtsphilosophie richtet sich folglich gegen die historistische Auflösung aller qualitativ bestimmten Menschentümer in geschichtliche Lebensvollzüge, wodurch deren Orientierungsfunktion geschluckt wird.[375] Plessner macht sich auf diese Weise zum Anwalt für die Wirklichkeit der historischen Menschentümer als den konkreten Sinnhorizonten, die den Völkern Lebensorientierung vermitteln.[376]

Darüber hinaus verteidigt Plessner mit der Begrenzung der Geschichtlichkeit auf ihren Status historischer Wirklichkeit die Offenheit der Gegenwart gegen Vorstellungen der historischen Determiniertheit. Die Grundschicht menschlicher Wirklichkeit überhaupt offenzuhalten, bedeutet nämlich zugleich, auf die Begrenztheit des je historisch tradierten Menschentums zu reflektieren und die Herausforderungen des gegenwärtigen Überlebens gleichermaßen ernst zu nehmen. Wie ein Volk sich unter den Bedingungen sowohl des historisch tradierten Menschentums als auch der aktuellen Lebensherausforderungen in die Zukunft hinein entwirft, ist damit weder durch seine Vergangenheit noch durch die Anforderungen seines natürlichen Überlebens bedingt. Das gegenwärti-

375 Joachim Fischer stellt Plessners Widerlegung des historischen Relativismus in „Macht und menschliche Natur" im intellektuellen Diskussionszusammenhang von Dilthey, Weber und Schmitt dar. Vgl. Joachim Fischer, Plessner und die politische Philosophie der zwanziger Jahre, in: Politisches Denken, Jahrbuch 1992, Tübingen, 53–78, hier: 67ff.

376 Dementsprechend ist Lolle Nauta nicht zuzustimmen, der meint, Plessner vertrete einen kulturalistischen Relativismus. Vgl. Lolle Nauta, Plessners Anthropologie der bürgerlichen Gesellschaft, ihr rationaler Kern und ihre historische Grenze, in: Wolfgang Eßbach u.a. (Hg.), Plessners „Grenzen der Gemeinschaft", Frankfurt/M. 2002, 275–293. Nauta kommt zu dieser Behauptung, weil er Plessner am Anspruch mißt, ob dieser Menschenrecht und d.h. ein überhistorisches Naturrecht begründen könne. Da Plessner unter der Unergründlichkeitshypothese eine überhistorische Bestimmung des Menschentums – und der ihm zukommenden Rechte – unterlasse, sei er Kulturrelativist. (Vgl. 288f.) Aufgrund seiner naturrechtlich-neuzeitlichen Fragestellung übersieht Nauta die eigentliche Pointe der Plessnerschen Geschichtsphilosophie: daß er unter der Unergründlichkeitshypothese den relativistischen Abbau der historisch orientierenden Sinnhorizonte im Allgemeinen und des Lebenshorizonts der Moderne im Besonderen widerlegt.

ge Entscheiden über das eigene Menschentum wird damit in seinem Eigengewicht erfaßt.

Indem er die Geschichtlichkeit in ihrem Status als Aspekt des modernen Lebensparadigmas hält, kann Plessner schließlich die Orientierungsleistung sichtbar machen, die sie als Sinnhorizont der deutschen Moderne erbringt. Im Theoretischen vermittelt die Begeisterung für das geschichtliche Leben die Perspektive des Historikers. In der „Verspäteten Nation" erreicht Plessner – wie wir gesehen haben – dadurch geistesgeschichtliche Selbsterkenntnis vom historischen Menschentum seiner Zeit, daß er die Selbstabschließung der Geschichtshaltung von innen heraus unterläuft. Im Praktischen eröffnet die Begeisterung für die Geschichtlichkeit die Möglichkeit einer „allmählichen Überwindung der Absolutsetzung des eigenen Volkstums". (MmN, S, 233) Wenn das Paradigma des geschichtlichen Lebensvollzugs nämlich in den Grenzen seiner historischen Geltung für die deutsche Moderne gehalten wird, dann erweist es sich als mit anderen historischen Menschentümern gleichrangig. Damit kann Plessner die Idee nationaler Selbstbestimmung gegenüber der Gefahr ihrer Selbstverabsolutierung zum letzten Zweck des politischen Handelns verteidigen. In diesem gegen die eigene Selbstverabsolutierung gerichteten Sinne ist Plessners berühmte These zu verstehen, daß „Europa siegt, indem es entbindet". (MmN, 164) Von dieser Selbstbegrenzung des eigenen Menschentums auf seine Geltung nach innen und d.h. für das eigene Volk und für die eigene Zeit sieht Plessner die Chance ausgehen, die Politik in ihren Mitteln und Zielen zu zivilisieren.[377]

[377] Vgl. MmN, 233: „Die Kampfmittel werden andere und die Ziele werden relativer. Aber der Kampf verliert weder an Schärfe noch sein Gewicht für die letzten menschlichen Entscheidungen."

Schluß: Zur vernünftigen Orientierung der in sich gebrochenen Lebensphilosophie

Die vorliegende Studie ist von der modernen Infragestellung der Philosophie in ihrem klassischen Anspruch auf vernünftige Orientierung ausgegangen. Vor diesem Hintergrund hat sie Plessners in sich gebrochene Lebensphilosophie als Versuch rekonstruiert, unter den Bedingungen der Moderne am Anspruch auf Wahrheitserkenntnis festzuhalten. Zum Schluß bleibt uns noch zu verstehen, inwiefern der Plessnersche Ansatz einer in sich gebrochenen Lebensphilosophie nun in bezug auf die Herausforderungen seiner Zeit auf spezifisch philosophische Weise orientiert. Um auf diese Frage eine Antwort zu erzielen, soll im folgenden zunächst der Gesamtansatz der in sich gebrochenen Lebensphilosophie rekapituliert werden. In einem zweiten Schritt ist auf den Konflikt um das künftig geltende deutsche Menschentum zurückzukommen und danach zu fragen, inwiefern Plessners in sich gebrochene Lebensphilosophie in bezug auf diese Herausforderung seiner Zeit vernünftige Orientierung verschafft. Abschließend wird sich das von mir vorgestellte Philosophieverständnis innerhalb der Entwicklung des Plessnerschen Werks verorten lassen: zwischen der Bekanntschaft mit Josef Königs Ansatz der Verschränkung im Jahr 1926 und der sich im holländischen Exil etwa zehn Jahre später vollziehenden Wende hin zur Philosophischen Anthropologie, der die exzentrische Positionalität als normatives Fundament dient.

Der Anfang, den Plessner in seiner Philosophie macht, hat seine Begründung in der Reflexion auf das Verhältnis von Philosophie und Wirklichkeit überhaupt. Dieses Verhältnis wird in der Moderne zum Problem, da die Apriorizität von Vernunft an selbstverständlicher Glaubwürdigkeit verloren hat und die Vernunft als in die übergreifenden Zusammenhänge des natürlichen und geschichtlichen Lebens integriert erfahren wird. Von der Infragestellung der Vernunft ist nun die Philosophie in ihrem Erkenntnisanspruch mitbetroffen. Das erste Kapitel der vorliegenden Studie rekonstruiert, daß die Plessnersche „Neuschöpfung von Philosophie" einen dritten Weg jenseits von Neukantianismus und Existentialismus in bezug auf die Frage bahnt, wie unter diesen spezifisch modernen Bedingungen am Anspruch auf philosophische Orientierung festgehalten werden kann. Plessner teilt zwar die existentialistische Kritik, daß der Neukantianismus von seiner eigenen Integration in die Lebensvollzüge abstrahiere; das existentialistische Selbstverständnis, die Zusammenhänge des wirklichen Lebens zum Wahrheitshorizont zu verabsolutieren und damit einhergehend den philosophischen Anspruch auf Erkenntnis ad acta zu legen, teilt er jedoch nicht. Er reflektiert zwar auf das eigene Stehen in der konkreten geschichtlichen Perspektive seiner Zeit, strebt nun aber gerade danach, deren Verabsolutierung von innen heraus zu unterlaufen, um auf diese Weise am Erkenntnisanspruch von Philosophie festzuhalten.

Plessner knüpft für dieses Projekt einer Neuschöpfung der Philosophie, wie er selbst explizit bemerkt, an Josef Königs Idee der Verschränkung an. (Vgl. SOM, 12) Die Idee der Verschränkung zieht die Konsequenz aus dem Scheitern der Hegelschen Philosophie. Innerphilosophisch wurde das Versagen des die eigenen Voraussetzungen einholenden philosophischen Systems an der Entwirklichung des tatsächlich Bestehenden festgemacht. So heißt es bei Plessner: „Wie die romantische Denkweise, im Wirklichen der Geschichte Vernunft zu sehen, die Geschichte zu dem Schauplatz degradiert, auf dem ein überweltliches Drama des absoluten Geistes zur Aufführung kommt, die Völker nach Stichworten gleichsam im rechten Augenblick auftreten und wieder verschwinden, so nimmt sie damit dem Wirklichen die Relativität, das Unbestimmte und damit die Macht, das, was geschehen ist, durch die eigene Kraft ins Unvorhersehbare hinein zu ändern." (MmN, 232) Gegen die Versöhnung von Vernunft und Wirklichkeit wird folglich auf dem Eigenrecht des Wirklichen in seiner inkommensurablen Tatsächlichkeit beharrt. Gleichzeitig weiß König (und mit ihm Plessner) um das Recht der Hegelschen Kritik sowohl an der neuzeitlichen Subjektphilosophie, die die Wirklichkeitszusammenhänge abblendet, als auch an einem Realismus, der die Vermitteltheit durch subjektive Vollzüge meint unmittelbar überspringen zu können. Aus dem Scheitern der Versöhnung von Vernunft und Wirklichkeit darf, mit anderen Worten, weder die neukantianische noch die existentialistische Konsequenz gezogen werden, entweder die Vernunft oder die Lebenswirklichkeit zum letzten Wahrheitsgrund zu verabsolutieren. In diesem Sinne stimmen König und Plessner dem berühmten Hegelschen Diktum zu, daß „das Wahre nicht als *Substanz*, sondern ebenso sehr als *Subjekt* aufzufassen und auszudrücken" sei.[378] Ihre entscheidende Abgrenzung von Hegel besteht einzig in ihrem Verständnis des „ebenso". Hegel versteht es als Identität bzw. Einheit und kann deswegen die Selbstfundierung des Geistes konstruieren – allerdings zum Preis der Entwirklichung des Tatsächlichen. Um diesen Preis nicht zahlen zu müssen und dennoch die beiden Seiten der Substanz und der Subjektivität in den Blick zu bekommen, fassen König und Plessner das „ebenso" nicht als Einheit sondern als *Zugleich*. Sie stellen damit der Versöhnung von Ewigkeit und Endlichkeit bzw. der Einheit von Einheit und Differenz die Verschränkung von Ewigkeit und Endlichkeit bzw. die Und-Beziehung von Einheit und Differenz entgegen.

Dies macht nur scheinbar eine bloß geringfügige Umstellung aus. Tatsächlich bedeutet es, daß König und Plessner das Wahre – nämlich die Versöhnung von Substanz und Subjekt – nicht als Ausgangspunkt der Philosophie bestimmen, sondern den Wahrheitsgrund offen- und damit als Bezugspunkt festhalten. Dies erreichen sie, indem sie von der Heterogenität von Zeitlichem *und* Ewigem ausgehen. Entscheidend ist dabei zu berücksichtigen, daß die Verschränkung keine bloße Divergenz meint. Es stellt nicht

[378] Vgl. Georg Wilhelm Friedrich Hegel, Phänomenologie des Geistes, in: Ders., Werke, Bd. 3, Frankfurt/M. 1986, 22f.

nur eine Unterbietung Hegels dar, in postmoderner Manier der Versöhnung die Pluralität entgegenstellen zu wollen und zu behaupten, daß Hegel die Endlichkeit bzw. die Differenz ignoriert hätte. Auch bedeutete die Position der Divergenz eine Fortsetzung der junghegelianischen Tradition, die endlichen Lebensvollzüge und damit den eigenen unmittelbar erlebten Sinnhorizont zur Grundschicht von Wirklichkeit überhaupt zu hypostasieren. Demgegenüber nimmt die Idee der Verschränkung die Gleichursprünglichkeit von Zeitlichem und Ewigem ernst. In der Heterogenität von Zeitlichem und Ewigem wird derart nicht nur beider Verabsolutierung unterlaufen, sondern ihr Zugleich als Bezugspunkt offengehalten. Das Wahre wird folglich nicht als Standpunkt der Philosophie in Anspruch genommen, sondern gerade in seiner Entzogenheit als Bezugspunkt und Maßstab verteidigt.

Um *unter* dem Lebensparadigma am Rationalitätsanspruch von Philosophie festzuhalten, distanziert sich Plessner *von innen* heraus von diesem in seiner Zeit geltenden Sinnhorizont. Dies gelingt ihm, indem er im Sinne der Verschränkungsidee zur Brechung des Lebensparadigmas als natürlichen Seins *und* geschichtlichen Lebensvollzugs durchfragt. Er übernimmt damit bewußt die Rückgebundenheit der Philosophie an den Sinnhorizont ihrer Zeit und strebt zugleich danach, dessen Verabsolutierung zum Wahrheitsgrund zu unterlaufen, um am Rationalitätsanspruch von Philosophie festhalten zu können. Hierbei kommt es darauf an, die Doppelstruktur von Rückbindung und Distanzierung zu sehen, die das Verhältnis der Plessnerschen Philosophie zum Apriori ihrer Zeit kennzeichnet. In der Distanzierung vom historischen Sinnhorizont der Moderne verschafft sich Plessner die Möglichkeit, im Unterschied zu bloßer Weltanschauung nach philosophischer Erkenntnis zu streben. In der Rückbindung der Erkenntnis an den Sinnhorizont der eigenen Zeit unterläuft er umgekehrt die Selbstabschließung der Philosophie gegen die Wirklichkeit, wodurch sie zum bloßen Schulbetrieb verkäme. In dieser Doppelrichtung zeigt sich die spezifische Heterogenität im Verhältnis der Plessnerschen Philosophie zu ihrer Zeit, die es ihr allein ermöglicht, beiden Ansprüchen von Philosophie auf *Erkenntnis* und auf *Orientierung* in der Welt zu genügen.

Die Pointe der in sich heterogenen Haltung der Plessnerschen Philosophie zeigt sich abermals im Vergleich mit der Hegelschen Philosophie. Hegel wollte den beiden Ansprüchen auf Erkenntnis und auf Orientierung in seiner Zeit dadurch entsprechen, daß er die Vernunft als wirklich und die Wirklichkeit als vernünftig begriff.[379] Indem er davon ausgeht, daß sich die Vernunft in der Wirklichkeit realisiert und in seiner Zeit geschichtlich zu sich gekommen ist, kann er von seinen philosophischen Erkenntnissen beanspruchen, daß sie ihre Zeit orientieren. Die Bestimmungen von Wirklichkeit, die die Philosophie vorfindet, wenn sie die Wirklichkeit als vernünftig ansieht, sind damit nämlich keine Gesetze des bloß faktisch Bestehenden sondern Gestaltungen der Vernunft und haben insofern einen normativen Index. Auf diese Weise kann Hegel die beiden Fliegen mit einer Klappe schlagen: er kann für seine Überlegungen sowohl beanspruchen, daß sie Erkenntnis und nicht bloße Vorstellungen erreichen, als auch daß

---

[379] Vgl. Georg Wilhelm Friedrich Hegel, Grundlinien der Philosophie des Rechts oder Naturrecht und Staatswissenschaft im Grundrisse, in: Ders., Werke, Bd. 7, Frankfurt/M. 1986, 24.

sie Lebensorientierung vermitteln und nicht in der Beschreibung des faktisch Bestehenden steckenbleiben. Wenn der tragende Grund des Hegelschen Systems – d.h. der Geist als Sphäre der Versöhnung von Vernunft und Wirklichkeit – nicht mehr überzeugt, droht die Philosophie auf eine der beiden Seiten zu kippen. Entweder vermag sie nur noch zu beschreiben, was faktisch ist, wodurch sie ihren Orientierungsanspruch zugunsten ihres Erkenntnisanspruchs aufgibt; oder sie macht sich zum Sprachrohr des Zeitgeistes, spricht den Menschen aus dem Herzen und gibt damit den Anspruch auf Erkenntnis auf.

Wenn Plessner am Anspruch philosophischer Orientierung durch Erkenntnis festhalten will, ohne das Wirkliche – wie Hegel – in seiner Tatsächlichkeit aufzulösen, dann kann er folglich weder beanspruchen, daß die Einsichten in das Wirkliche *immer schon* orientieren, da dieses selbst vernünftig ist, noch darf er sich auf eine der beiden Seiten – der wertneutralen Erkenntnis oder dem herrschenden Zeitgeist – schlagen. Er muß sich vielmehr der Herausforderung stellen, sich vom geltenden Sinnhorizont seiner Zeit zu distanzieren, um Erkenntnis zu erreichen, und sich *zugleich* auf ihn rückzubeziehen, um Lebensorientierung zu vermitteln. Genau dieser Anforderung entspricht Plessner mit dem in sich heterogenen Verhältnis, in das er seine Philosophie zur Wirklichkeit überhaupt setzt. Er geht nicht mehr von der Versöhnung von Vernunft und Wirklichkeit aus. Infolgedessen kann er das historisch geltende Apriori zwar noch als orientierenden Sinnhorizont seiner Zeit erfassen, nicht mehr jedoch als vernünftig in Anspruch nehmen. Um dennoch philosophische Erkenntnis und keine bloße Weltanschauung im Sinne des Zeitgeistes zu erreichen, muß er folglich nach Distanz von dem Sinnhorizont streben, der seine Zeit orientiert. In *bloßer* Distanz erreicht man jedoch keine Orientierung in der eigenen Zeit mehr, sondern im besseren Falle wertneutrale Erkenntnis, im schlechteren Falle Utopien aus „reiner" Vernunft, die die Wirklichkeit gegen sich haben. Demgegenüber hält Plessner *in der* Distanz die Rückbindung an den historisch geltenden Sinnhorizont fest. Er macht damit mit beiden Aspekten am Anspruch philosophischer Orientierung in ihrer Gleichberechtigung ernst: mit dem Streben nach Distanz, um sich unter den Maßstab der Wahrheit und nicht des Zeitgeistes zu stellen *und* mit dem Leben in der je eigenen Gegenwart, aus der heraus nach vernünftiger Orientierung verlangt wird. Er versucht dem Anspruch auf philosophische Orientierung in der eigenen Zeit folglich dadurch gerecht zu werden, daß er sich *zugleich* in *und* außer den Sinnhorizont seiner Zeit stellt. Die Position, die darauf reflektiert, daß den beiden Ansprüchen auf Erkenntnis und auf Orientierung genügt werden muß, ohne daß der Hegelsche Weg der Versöhnung noch offenstünde, ist in sich heterogen und kann infolgedessen begrifflich auch immer nur in Formulierungen des „Sowohl-Als Auch" rekonstruiert werden.

Inwiefern vermittelt Plessners in sich gebrochene Lebensphilosophie nun Orientierung in der Entscheidung über das künftige Menschentum, vor die seine Zeit gestellt ist? Wie wir oben gesehen haben, steht im Zentrum dieses Konflikt die Frage, ob angesichts des Wissens um die Endlichkeit von Philosophie das deutsche Bildungsideal festzuhalten oder ob dieses zugunsten der politischen Weltanschauung aufzugeben sei. Gerade da Plessner auf die Endlichkeit von Philosophie und d.h. zugleich auf die Gebundenheit des Philosophierens an vorphilosophische Voraussetzungen reflektiert, stellt er in „Macht und menschliche Natur“ die Forderung auf, entschlossen für das tradierte Menschentum einzutreten. Es handele sich bei der Orientierung durch Erkenntnis um „eine Haltung, welche um die Gefährlichkeit dieser vie expérimentale, um die Zerbrechlichkeit ihrer sozialen, ethnischen, ökonomischen Basis weiß, die sich nicht von selbst in die Zukunft erstrecken wird, wenn ihr nicht die einzelnen Menschen durch Erziehung und ständige schöpferische Arbeit an den für wichtig genommenen Problemen vorausgehen“. (MmN, 219)[380] Vor diesem Hintergrund läßt sich das von uns zu beantwortende Interpretationsproblem zu der Frage konkretisieren, inwiefern der gedoppelte natur- und geschichtsphilosophische Ansatz ein Plädoyer für das tradierte deutsche Menschentum und sein Streben bedeutet, durch Bildung zum ganzen Menschen zu werden.

An keiner Stelle des Plessnerschen Ansatzes findet sich ein positiver Entwurf eines Lebens als ganzer Mensch. Dies ist aber von Plessner auch gar nicht zu erwarten, setzte solch ein positiv entfalteter Entwurf guten Lebens doch ein normatives Fundament philosophischer Erkenntnis voraus. Eine derartige Bestimmung des letzten Wahrheitsgrundes von Wirklichkeit überhaupt zu unterlaufen, war nun jedoch gerade Plessners ausgemachtes Ziel. Wenn die in sich gebrochene Lebensphilosophie dennoch im Konflikt um das künftig geltende Menschentum für das deutsche Bildungsideal eintreten soll, durch Erkenntnis zum ganzen Menschen zu werden, so kann dies folglich allein negativ geschehen. Wir müssen also nicht nach einer positiven Bestimmung menschlicher Ganzheit sondern vielmehr nach dem Bezug auf menschliche Ganzheit ex negativo fragen. Genauer muß die Idee des ganzen Menschen als Fluchtpunkt für die Selbstverständigung unter dem modernen Lebensparadigma auftreten. Schauen wir uns in bezug auf diese Frage nochmals die beiden Achsen der in sich gebrochenen Lebensphilosophie sowie ihr Miteinander an.

Die Naturphilosophie erklärt das menschliche Leben im Ausgang von der exzentrischen Positionalität. Wie wir gesehen haben, ist die exzentrische Positionalität durch die strukturelle Entzogenheit eines letzten Wahrheitsgrundes gekennzeichnet. Es hat sich

---

[380] Axel Honneth will in seiner Rezension zu Rüdiger Krammes Plessner-Schmitt-Vergleich das Plessnersche Projekt einer philosophischen Anthropologie gegen Kramme in Schutz nehmen, indem er es von den Aussagen unterscheidet, in denen er Plessner von Schmitt verführt sieht. (Vgl. Axel Honneth, Plessner und Schmitt – Ein Kommentar zur Entdeckung ihrer Affinität, Wiederabdruck in: Wolfgang Eßbach u.a. (Hg.), Plessners „Grenzen der Gemeinschaft“, a.a.O., 21–28.) Die gefährliche Nähe Plessners zu Schmitt attestiert Honneth nun genau den Plessnerschen Überlegungen zur Rückgebundenheit an das eigene Menschentum bzw. den Sinnhorizont des eigenen Volkes. Allerdings übersieht Honneth, daß es sich dabei um eine Rückgebundenheit *in der Distanz* handelt. In dieser Heterogenität von Distanz *und* Rückbindung will Plessner *philosophische* Orientierung *in der eigenen Zeit* erreichen. Indem Honneth nur die Gebundenheit sieht, behauptet er einen Bruch gegenüber Plessners Grenzschrift und deren Kritik an den Gemeinschaftsutopien und findet in „Macht und menschliche Natur“ die Auffassung vertreten, „daß sich das Volk einmal als politische Gesinnungsgemeinschaft hinter den Befehl eines Führers soll stellen können“. (Ebenda, 28) Vgl. zu Honneths Rezension auch: Hans-Peter Krüger, Angst vor der Selbstentsicherung, a.a.O., 273, Anm. 6, sowie Norbert Axel Richter, Unversöhnte Verschränkung, a.a.O., 791f.

gezeigt, daß der Bezug auf den entzogenen Wahrheitsgrund im Konflikt von Kultur und Religion stattfindet. Die Verfaßtheit menschlichen Lebens unter dem exzentrischen Positionalitätsmodus legt es nahe, sich weder einseitig auf die Seite kultureller Verabsolutierung der Endlichkeit noch einseitig auf die Seite religiöser Inanspruchnahme des Wahren sondern sich in das philosophische Streben nach Einsicht in den entzogenen Wahrheitsgrund menschlichen Lebens zu stellen. Es wäre nun allerdings ein Fehler zu behaupten, daß damit das philosophische Streben nach Wahrheitserkenntnis als Entwurf guten Lebens naturphilosophisch *begründet* sei. Eine solcher Versuch, eine Konzeption guten Lebens naturphilosophisch zu begründen, nähme den archimedischen Wahrheitsstandpunkt in Anspruch, den offenzuhalten das erklärte Ziel des König-Plessnerschen Verschränkungsansatzes ausmacht.

Die Geschichtsphilosophie versteht das nach dem Ersten Weltkrieg umkämpfte deutsche Menschentum als durch die Spannung zwischen der offenen Erkenntnis und Selbstbestimmung einerseits und der Sehnsucht nach substantieller Bindung andererseits ausgezeichnet. Diese Verfaßtheit des deutschen Menschentums legt es nahe, sich weder auf die Seite der leerlaufenden Offenheit von Zivilisation und Wissenschaftsbetrieb noch auf die Seite der politischen Installierung einer bestimmten Substanz des Menschseins sondern vielmehr abermals in das Streben nach Einsicht in den entzogenen Wahrheitsgrund menschlichen Lebens zu stellen. Allerdings kann auch die geschichtsphilosophische Perspektive das philosophische Streben nach Wahrheitserkenntnis nicht rechtfertigen. Solch ein geschichtsphilosophischer Begründungsversuch bliebe abhängig von dem tradierten deutschen Menschentum, das zu Plessners Zeit jedoch gerade infragesteht. In der geschichtsphilosophischen Perspektive kann mit anderen Worten gezeigt werden, *wie* am Bildungsideal als dem tradierten deutschen Menschentum festgehalten werden könne: nämlich im philosophischen Streben nach Wahrheitserkenntnis. *Daß* am Bildungsideal als auch künftig geltendes deutsches Menschentum festgehalten werden soll, kann die Geschichtsphilosophie jedoch nicht mehr einzufordern. Genau solch ein normativer Nachweis ist jedoch in Plessners Gegenwart gefordert. Die Geschichtsphilosophie kann ihn deswegen nicht erbringen, weil sie dafür auf eine Bestimmung menschlicher Wirklichkeit überhaupt zurückgreifen müßte. Das Ganze der menschlichen Wirklichkeit offenzuhalten, bildet jedoch gerade das Ziel des geschichtsphilosophischen Methodenprinzips menschlicher Unergründlichkeit.

Da die Naturphilosophie keine Bestimmung des menschlichen Wesens bzw. der menschlichen Natur erreicht, verweist sie auf den Schritt in die Geschichtsphilosophie und d.h. konkret in die normative Auszeichnung eines bestimmten geschichtlichen Menschentums; sie kann diesen Schritt, ein bestimmtes geschichtliches Menschensein als gutes, da der menschlichen Natur entsprechendes Leben auszuweisen, jedoch nicht mehr vollziehen. Umgekehrt weist die Geschichtsphilosophie hinter die geschichtlichen Menschentümer auf die Natur des Menschen zurück. Ihr bleibt es jedoch ebenfalls verwehrt, hinter die historisch geltenden Menschentümer zurückzutreten, um solcherart ein bestimmtes geschichtliches Menschentum als gutes Leben zu fundieren. Mit ihrer gemeinsamen Einsicht in die Entzogenheit eines letzten Wahrheitsgrundes legen sie allerdings beide solch einen Lebensentwurf nahe, der dieser Bedingung gerecht wird.

Auf diese Weise zeichnen sowohl die Natur- als auch die Geschichtsphilosophie das philosophische Streben nach Einsicht in den letzten Wahrheitsgrund als Entwurf guten Lebens aus. Beide stimmen darin überein, daß sie diese Konzeption guten Lebens nicht mehr philosophisch fundieren können. Die Rechtfertigung, an der die Natur- und die Geschichtsphilosophie je für sich scheitern, gelingt ihnen allerdings in ihrem Miteinander. In ihrer gemeinsamen Einsicht in die menschliche Bezogenheit auf einen letzten Wahrheitsgrund, der zugleich vakant bleibt, verweisen sie nämlich aufeinander und rechtfertigen sich insofern *gegenseitig*. Diese gegenseitige Rechtfertigung darf selbstverständlich weder als Ableitung noch als Rückschluß von natürlichem Leben und historisch realisiertem Menschentum verstanden werden, wodurch je eine Seite als normatives Fundament der je anderen Seite vorausgesetzt würde. Die Pointe der wechselseitigen Rechtfertigung von Natur- und Geschichtsphilosophie durcheinander besteht gerade darin, eine Deduktionsstrategie unter den Bedingungen der Endlichkeit von Philosophie darzustellen. In dieser Situation, die einen apriorischen Entwurf guten Lebens unmöglich macht, kommt dem *wechselseitigen Verweis aufeinander* und der *Parallelität* der natur- und der geschichtsphilosophischen Einsichten besondere Bedeutung zu. Indem das philosophische Streben nach Wahrheitserkenntnis im Rahmen der heterogenen und eigenständigen Ansätze der Natur- und der Geschichtsphilosophie als bester Umgang mit der Situation des entzogenen Wahrheitsgrundes erscheint, bestärken sie sich durcheinander. Selbstverständlich kann dadurch der Sinnhorizont der Moderne nicht übersprungen werden. Die gegenseitige Stabilisierung der Plessnerschen Natur- und Geschichtsphilosophie in ihrer gemeinsamen Einsicht in das philosophische Streben nach Wahrheitserkenntnis als bester Lebensform bleibt an das Lebensparadigma rückgebunden. Unter den Bedingungen der Moderne und d.h. unter dem Lebensparadigma erscheint die philosophische Wahrheitssuche als beste Lebenshaltung. Es ist folglich keine apriorische und deswegen immer und überall geltende Erkenntnis, sondern die Einsicht in das gute Leben, die an den modernen Sinnhorizont des Lebens rückgebunden bleibt. Unter den Bedingungen der Moderne kann die in sich gebrochene Lebensphilosophie mit ihrer Einsicht in das philosophische Wahrheitsstreben als Konzeption guten Lebens allerdings Gültigkeit beanspruchen.

Mit dem Ausweis der philosophischen Wahrheitssuche als Ideal guten Lebens vermittelt der Plessnersche Gesamtansatz einer in sich gebrochenen Lebensphilosophie philosophische Orientierung in bezug auf die Herausforderung, vor der seine Zeit steht. Im Konflikt um das künftig in Deutschland geltende Menschentum macht sich Plessner auf diese Weise mit Bezug auf die Bedingungen der Moderne zum Anwalt des tradierten deutschen Bildungsideals mit seinem philosophischen Zentrum. Bei Plessners Orientierungsleistung handelt es sich nun um keine politische Stellungnahme sondern um eine spezifisch philosophische Position in diesem Grundkonflikt seiner Zeit. Eine politische Stellungnahme zugunsten des Bildungsideals setzte die Erosion des tradierten Selbstverständnisses, sich durch Erkenntnis im Leben zu orientieren, nur fort und arbeitete damit der politischen Weltanschauung in die Arme. Diesen Fehler begeht Plessner nicht, sondern verteidigt das tradierte Selbstverständnis rationaler Orientierung auf philosophische Weise. Indem er den eigenen Standpunkt nicht verabsolutiert, sondern den Wahrheitsgrund von Wirklichkeit offen- und damit als Bezugspunkt festhält, unterläuft er die Politisierung der eigenen Orientierungsleistung. Er rechtfertigt sie – wie wir gerade gesehen haben – ebenfalls mit Bezug auf den vakanten Wahrheitsgrund. Auf diese Weise gelingt es ihm, solche Orientierung im Konflikt seiner Zeit zu vermitteln, die sowohl den Rückbezug auf das Lebensparadigma als auch den Bezug auf Wahrheit als Maßstab festhält. Damit entspricht er den Ansprüchen spezifisch philosophischer Lebensorientierung.

Plessners Eintreten für das tradierte deutsche Menschentum, sich innerweltlich zum ganzen Menschen zu bilden, zeigt sich schließlich an der negativen Präsenz der Idee des ganzen Menschen im Zentrum der in sich gebrochenen Lebensphilosophie. Daß von Plessner kein positiver Entwurf eines Lebens als ganzer Mensch zu erwarten ist, wurde oben bereits mit Rekurs auf das Selbstverständnis des Verschränkungsansatzes begründet. Ein negativer Verweis auf den ganzen Menschen findet sich dagegen sehr wohl in der von Plessner neugeschaffenen Philosophie.

Zunächst zeigt sich in der Schnittstelle von Natur- und Geschichtsphilosophie der Mensch in seiner irreduziblen *Tatsächlichkeit*. Wie wir gesehen haben, ist das Wesen des Menschen weder im Ausgang von seinem natürlichen Leben noch im Ausgang von seinem geschichtlichen Selbstentwerfen zu bestimmen. Aus beiden Richtungen – dem naturphilosophischen Erklären und dem geschichtsphilosophischen Verstehen – wird der Wahrheitsgrund menschlicher Wirklichkeit überhaupt offengehalten und dadurch von beiden Seiten her der Zugang zum tatsächlich stattfindenden Zugleich von natürlichem Sein und geschichtlicher Selbstbestimmung eröffnet. Die Naturphilosophie stößt zu diesem Zugleich in den sog. „anthropologischen Grundgesetzen“, die Geschichtsphilosophie im historischen Menschentum vor. Der Bruch zwischen den natur- und den geschichtsphilosophischen Erkenntnissen und d.h. zwischen den Strukturbestimmungen menschlichen Lebens, die in den menschlichen Lebensmodalen stattfinden, und der qualitativen Bestimmung menschlichen Wesens in den historischen Menschentümern bleibt erhalten. „Ding und Macht kollidieren, indem sie in der Undbeziehung das Kompositum Mensch bilden, das in Transparenz die durch Nichts vermittelte Einheit seines offenen Wesens ausmacht.“ (MmN, 227) Indem Plessner die Wirklichkeit des Menschen als Verschränkung bzw. Undverbindung konzipiert, tritt er für ihre *irreduzible Tatsächlichkeit* ein. Allein das menschliche Wesen eignete sich als Reduktionsbasis, auf die die Wirklichkeit des Menschen abgebaut werden könnte; dieses wird in der Brechung von Natur und Geschichte aber gerade gegenüber einer begrifflichen Festlegung freigehalten.

Einerseits kann Plessner die menschliche Wirklichkeit nur deswegen in ihrer Tatsächlichkeit festhalten, weil er den Wahrheitsgrund menschlicher Wirklichkeit offenhält; andererseits und damit zugleich verweist das als menschliche Wirklichkeit tatsächlich stattfindende Zugleich von Natur und Geschichte auf einen letzten Grund, in dem beide versöhnt sind. Mit anderen Worten Plessner macht sich, indem er für die menschliche Wirklichkeit in ihrer irreduziblen Tatsächlichkeit eintritt, zugleich zum Anwalt für die philosophische Frage nach der Versöhnung des natürlichen Lebens und des geschichtlichen Selbstbestimmens – und damit für die Frage nach dem ganzen Menschen. Wenn diese Frage auch unter den Bedingungen des modernen Lebensparadigmas und im Wissen um die Endlichkeit philosophischer Erkenntnis nicht mehr zu beantworten ist, so bleibt sie doch als Frage und damit zugleich als Fluchtpunkt und Maßstab der vernünftiger Selbsterkenntnis unabweisbar. Vernünftige Selbsterkenntnis meint dann freilich keine Theorien über die Wirklichkeit sondern vielmehr die Überprüfung der letzten Sinnhorizonte, auf denen man – mitsamt solcher Theorien – steht. Der Maßstab für solche Selbstüberprüfung kann nun deswegen nicht mehr positiv bestimmt werden, da er dadurch in die Sinnzusammenhänge zurückgestellt würde, die gerade mit Bezug auf ihn überprüft werden sollen. Er kann damit nicht mehr als ein Fluchtpunkt sein.[381] Ein solcher Fluchtpunkt muß er aber sein. Er muß mit anderen Worten in seiner Vakanz zugleich an den zu überprüfenden Sinnzusammenhang rückgebunden bleiben. Nur dann eröffnet er den Spielraum für solche Selbstüberprüfung und stellt kein leeres begriffliches Konstrukt dar, das man genauso gut herauskürzen könnte.

Die Anforderung an einen letzten Maßstab erfüllt die Frage nach dem ganzen Menschen, die Plessners in sich gebrochene Lebensphilosophie offenhält. Damit läßt sich Plessners Einstehen für das tradierte deutsche Menschentum weiter konkretisieren. Indem er die Frage nach dem ganzen Menschen gerade in ihrer Unabschließbarkeit verteidigt, steht er für sie als Maßstab vernünftiger Selbstverständigung unter dem Lebensparadigma ein. In diesem Bezug auf die Frage nach dem ganzen Menschen wird gleichermaßen das Leerlaufen der Zivilisation und des Wissenschaftsbetriebs sowie die politische Implementierung einer bestimmten substanzhaften Bindung unterlaufen. In der Ausrichtung auf die Frage nach dem ganzen Menschen wird folglich die wahrhafte Offenheit bildender Selbsterkenntnis jenseits von Bestimmungslosigkeit und qualitativer Festlegung erreicht. Es ist eine Offenheit, die nur durch den Bezug auf den ganzen Menschen als den Wahrheitsmaßstab erreicht werden kann, der den modernen Sinnhorizont des Lebens transzendiert. Nur weil sich Plessners gebrochene Lebensphilosophie ex negativo auf die Frage nach dem ganzen Menschen, in dem natürliche Ohnmacht und geschichtliche Macht versöhnt sind, bezieht, kann sein philosophisches Erkenntnisstreben bilden. Auf diese Weise verschafft Plessners Neuschöpfung der Philosophie dem tradierten deutschen Menschentum in seiner Zeit und d.h. unter den Bedingungen des modernen Lebensparadigmas Gegenwart – und verteidigt es damit angesichts seiner Infragestellung durch die politische Weltanschauung.

Abschließend läßt sich nun das von mir vorgestellte Plessnerbild innerhalb seiner intellektuellen Entwicklung situieren. Es handelt sich dabei um das Philosophieverständnis, das Plessner etwa zwischen 1926 und 1936 vertritt. Die entscheidende Umstellung gegenüber dem Frühwerk ist auf Plessners Begegnung mit Josef König und seinen Ansatz der Verschränkung zurückzuführen. Aus ihrem Briefwechsels geht hervor, daß Plessner im Frühjahr 1926 Königs „Begriff der Intuition“ gelesen hat und spätestens zu diesem Zeitpunkt davon überzeugt war, daß „Sie (d.h. Josef König; O. M.) eine neue

[381] Diese Einsicht, daß der letzte Maßstab philosophischer Selbstüberprüfung sich notwendigerweise einer inhaltlichen Bestimmung entzieht, verdanke ich Markus Kartheininger. Vgl. Markus Kartheininger, Heterogenität. Politische Philosophie im Frühwerk von Leo Strauss, Frankfurt/M. 2006, hier insb.: 292ff.

Möglichkeit von Philosophie mit Ihrer Verschränkung aufgewiesen haben." (KPB, 131) Das Obige hat gezeigt, daß sich Plessners Neuschöpfung von Philosophie von dieser neuen Möglichkeit von Philosophie leiten läßt.

Demgegenüber argumentiert Plessner in der Mitte der 20er Jahre noch anthropologisch. In seiner „Einheit der Sinne" von 1923 will er darstellen, daß das menschliche Bewußtsein in das qualitativ bestimmte Bild der Welt eingelassen ist, das die menschlichen Sinne vermitteln. Mit den Sinnesqualitäten will er die „Fundamentalbeziehung zur Umwelt" herausarbeiten, die das menschliche Personsein kennzeichnet. (Vgl. EdS, 19ff.) Die qualitative Verfaßtheit der menschlichen Welt soll dem Existenztypus der menschlichen Person entsprechen. Zu diesem Zeitpunkt kennt Plessner die exzentrische Brechung des menschlichen Positionalitätsmodus noch nicht, die eine apriorische Bestimmung der menschlichen Umweltbeziehung unmöglich macht. Genauso wenig reflektiert er auf die Endlichkeit der Philosophie, sondern nimmt, indem er eine apriorische „Strukturtheorie der menschlichen Person" leisten will, unter der Hand einen archimedischen Standpunkt in Anspruch.

In der Grenzschrift von 1924 greift Plessner auf die psychophysische Einheit der menschlichen Person als normativem Fundament zurück, um die anthropologischen Voraussetzungen einer Revision zu unterziehen, in denen der für die Gemeinschaftsutopien spezifische Wertrigorismus gründet. (Vgl. GdG, 23f.) Plessner betont hier die Zweideutigkeit der menschlichen Seele, die sowohl danach strebt, sich zu bestimmen und verstanden zu werden, als auch sich jeder endgültigen Festlegung zu entziehen und immer mehr zu sein als ihre je aktuelle Gestalt. (Vgl. GdG, 62ff.) In dieser Schrift kündigt Plessner bereits eine binnen Jahresfrist erscheinende naturphilosophische Kosmologie an, „in deren Zusammenhang die Darstellung der Prinzipien der Anthropologie gehört". (GdG, 12) Zu diesem Zeitpunkt geht Plessner vom Primat der Naturphilosophie und von der Möglichkeit aus, die Zweideutigkeit der menschlichen Seele, die ihm in seiner politischen Philosophie als Maßstab dient, naturphilosophisch einholen zu können. Er will die Gebrochenheit der menschlichen Seele auf diese Weise offensichtlich als natürliche Bestimmung des menschlichen Wesens auszeichnen, um im Politischen von dem Gemeinschaftsideal behaupten zu können, daß es im Widerspruch zur menschlichen Natur stünde.

Bis zum Erscheinen seiner angekündigten Naturphilosophie vergehen schließlich vier Jahre. Am Ende dieser Frist gibt Plessner den Primat der Naturphilosophie zugunsten der in sich gebrochenen Lebensphilosophie im Sinne der Verschränkung auf. Zu Beginn des dritten Kapitels der vorliegenden Studie habe ich den Versuch unternommen, diese Umstellung anhand des Briefwechsels zwischen König und Plessner sowie der Entstehungsgeschichte der „Stufen" zu rekonstruieren. Hier zeigt sich, daß Plessner die ganze Tragweite dieser Umstellung erst nach Abschluß der „Stufen" überblickt haben kann. Daß Königs Idee der Verschränkung einen so großen Einfluß auf Plessner gehabt hat, kann darauf hindeuten, daß Plessner selbst Zweifel an einer anthropologischen Fundierung von Philosophie gehegt haben mag. Dem würde entsprechen, daß er sich bereits in seiner Habilitationsschrift „Untersuchungen zu einer Kritik der philosophischen Urteilskraft" gegen jeden Versuch stellt, der Philosophie ein apriorisches Fundament zu verschaffen. Darüber hinaus muß es ihm in der Ausarbeitung seiner Naturphilosophie zum Problem geworden sein, daß die inhaltliche Einsicht, daß dem menschlichen Dasein ein archimedischer Standpunkt entzogen ist, im Widerspruch zu einer wie auch immer gearteten apriorischen Fundierung philosophischer Erkenntnisse steht. Im Anschluß an die Königsche Idee der Verschränkung entwickelt Plessner die in sich gebrochene Lebensphilosophie, die die vorliegende Arbeit rekonstruiert hat. Der vertikalen Richtung seiner Naturphilosophie wird die horizontale Richtung einer Geschichtsphilosophie beigeordnet. Der Mensch tritt nicht mehr als apriorisches Zentrum sondern allein noch als Schnittstelle bzw. als mittelbarer Fluchtpunkt auf, in dem sich die beiden Aspekte des modernen Lebensparadigmas kreuzen.

Mit dieser Verschiebung geht einher, daß Plessner in der horizontalen Achse, das Projekt seiner „Einheit der Sinne" aufgibt, auf der Ebene der Sinne apriorische Qualitäten herauszuarbeiten, die den Horizont menschlicher Expressivität bilden. Mit „Macht und menschliche Natur" und der „Verspäteten Nation" verwehrt sich Plessner einen archimedischen Standpunkt und stellt die horizontale Achse seiner Lebensphilosophie von einer anthropologisch fundierten Kulturphilosophie auf die geistesgeschichtliche Erforschung der historisch geltenden Menschentümer um. In bezug auf die politische Ordnung der menschlichen Dinge haben wir gesehen, daß der Plessner der in sich gebrochenen Lebensphilosophie für die Verschränkung von gesellschaftlicher und gemeinschaftlicher Ordnung eintritt. Da er über keinen archimedischen Standpunkt verfügt, von dem aus er eine Ordnung der Versöhnung entwerfen könnte, kann er sich allein zum Anwalt der Dimension menschlichen Miteinanders machen, die historisch nicht verstanden wird. In seiner von den Gemeinschaftsutopien begeisterten Zeit tritt er für das gesellschaftliche Streben nach Mittelbarkeit und Distanz ein. Seine Verteidigung der Gesellschaft erscheint jetzt als dem Bestreben geschuldet, mittelbar für das Ideal der Verschränkung von Gemeinschaft und Gesellschaft einzutreten, ohne ein normatives Fundament in Anspruch zu nehmen.

Die erneute Verschiebung zum Spätwerk muß in der zweiten Hälfte der 30er Jahre stattgefunden haben. Während Plessner im Wintersemester 34/35 in dem Vorlesungszyklus zum „Schicksal des deutschen Geistes im Ausgang seiner bürgerlichen Epoche" das in Deutschland historisch wirkliche Menschentum untersucht, hält er am 30. Januar 1936 seine Antrittsvorlesung an der Universität Groningen unter dem Titel: „Die Aufgabe der Philosophischen Anthropologie". Das Feld der Philosophischen Anthropologie ist für Plessner jetzt „‚der' Mensch in ‚der' Welt, die ein Durchbruch zum offenen Horizont ist und deren Vieldeutigkeit und Unergründlichkeit [...] Menschen das Bewußtsein gaben, ‚Menschen' zu sein". (PA, 35) Das Verständnis des Menschen, das Plessner hier ins Zentrum seiner Philosophischen Anthropologie stellt, bezieht sich auf dessen psychophysische Indifferenz. In dieser Brechung sei der Mensch unergründlich, und es stelle den spezifischen Zweck der Philosophischen Anthropologie dar, für die Sicherung dieser Unergründlichkeit einzutreten. (Vgl. PA, 39) Damit nimmt Plessner die menschliche Doppelaspektivität nun wieder – ähnlich wie in der Grenzschrift – als normatives Fundament in Anspruch, um die menschliche Unergründlichkeit gegenüber Tendenzen der Selbstermächtigung zu verteidigen. Mit dieser direkten inhaltlichen

Bestimmung des menschlichen Wesens geht das methodische Selbstverständnis einher, den Menschen als „Reduktionsbasis“ der philosophischen Erkenntnis in Anspruch zu nehmen. Damit hat sich Plessner, wenn auch in der negativen Fassung der Unergründlichkeit, wieder ein apriorisches Fundament für seine philosophischen Überlegungen verschafft.

In seiner Untersuchung „Lachen und Weinen“ von 1941 wird Plessners Transformation seiner gebrochenen Lebensphilosophie zur Philosophischen Anthropologie noch deutlicher. Nicht nur betont Plessner, daß es seine Untersuchung des menschlichen Ausdrucks „auf Erkenntnis menschlichen Wesens abgesehen hat“. (LW, 213) Darüber hinaus gibt er in diesem Text eine solche Fassung der exzentrischen Positionalität, in der diese zum Horizont wird, in dem wir Menschen mit allen unseren Selbstverständigungsleistungen immer schon stehen. Solch einen letzten Wahrheitshorizont zu unterlaufen, war demgegenüber gerade das explizite Ziel, dem sich Plessner in den „Stufen“ verschrieben hat. Dementsprechend tritt die exzentrische Positionalität in den „Stufen“ nicht als Bestimmung des menschlichen Wesens oder als Wahrheitsgrund menschlicher Lebensvollzüge auf. Die exzentrische Positionalität stellt nicht den Grund des menschlichen Seins überhaupt sondern allein den Grund dafür dar, daß ein physisches Ding als menschliches Lebewesen erscheinen kann. Indem sich die „Stufen“ einer Bestimmung des menschlichen Wesens auch noch in der negativen Fassung als unergründlich enthalten, unterlaufen sie zugleich das Umkippen solch einer Wesensbestimmung zum Methodenprinzip bzw. zur „Reduktionsbasis“ der philosophischen Erkenntnis. In „Lachen und Weinen“ kehrt Plessner nun wieder zum Verständnis psychophysischer Indifferenz zurück, durch das er das Wesen des Menschen in seinem anthropologischen Frühwerk ausgezeichnet hat. „[...] die Situation meines Daseins ist doppeldeutig: als Körperleib – im Körperleib.“ (LW, 240) Damit stellt sich Plessner mit seinem eigenen Erkennen in den exzentrischen Blickpunkt, „von dem aus es (das menschliche Lebewesen; O. M.) beides ist“. (SOM, 365) Der Plessnersche Blickwinkel hat sich folglich geändert. Die exzentrische Positionalität wird nicht mehr naturphilosophisch als ein Modus begriffen, in dem sich ein Lebendiges zu seinem Hier und Jetzt in Beziehung setzt. Vielmehr stellt Plessner sie jetzt als Wahrheitshorizont des Menschen dar, der sich sowohl unmittelbar als Leib als auch in soziokultureller Vermittlung als Körper erfährt.

Im Unterschied zur in sich gebrochenen Lebensphilosophie zieht Plessner in seinem anthropologischen Spätwerk zwar nicht den Hiatus zwischen organischem Leben und geistiger Selbstverständigung, jedoch die Brechung zwischen dem naturphilosophischen Erklären und dem kulturphilosophischen Verstehen ein. Indem er die psychophysische Indifferenz zum Sinnhorizont menschlichen Lebensvollzugs erklärt, stellt er sich mit seinen eigenen philosophischen Überlegungen nicht nur wieder in den archimedischen Standpunkt der Wahrheit, sondern er verschafft sich damit zugleich auch einen ungebrochenen Übergang von den naturphilosophischen Einsichten in die kulturphilosophischen Einsichten. Die Naturphilosophie soll nun das normative Fundament für die kulturphilosophische Erkenntnis der geistigen Selbstverständigung bereitstellen. Indem Plessner die exzentrische Positionalität derart als Grundschicht menschlicher Wirklichkeit festsetzt, ist in seinem Denken für eine gleichursprüngliche geschichtsphilosophische Achse kein Platz mehr. In der „Frage nach der Conditio humana“ kommt die Geschichtlichkeit allein noch von ihrem natürlichen Ursprung her in den Blick. (Vgl. CH, 216f.) Die Conditio humana selbst versteht Plessner jetzt als „elementarste, gegen alle Deutungen invariante Daseinsweise“, die er „unterhalb ihrer geschichtlichen Prägungen“ ansiedelt. (CH, 209)

In seinem Spätwerk gibt Plessner folglich die Heterogenität seiner Philosophie auf, insofern er das eigene geschichtliche Stehen in einem bestimmten historischen Kontext nicht mehr mitreflektiert. Statt dessen wird die exzentrische Doppelstellung „als Körperleib – im Körperleib“ zur Grundschicht menschlicher Wirklichkeit überhaupt, ohne daß Plessner nochmals darauf reflektiert, diese Bestimmung als Anfang gesetzt zu haben. Einhergehend mit dieser Selbstimmunisierung gegen die Endlichkeit der Philosophie ändert sich die Orientierungsleistung, die die Plessnersche Spätphilosophie erbringen will. Sie nimmt die exzentrische Positionalität als normatives Fundament in Anspruch. Jetzt fordert Plessner die menschliche Unergründlichkeit *direkt* als Grenze menschlicher Selbstermächtigung ein. (Vgl. PA, 45) Wenn man nach den Gründen für Plessners Rückwendung zur anthropologischen Fundierung fragt, so wird man nicht umhin können, sie in der veränderten historischen Situation zu verorten. Zwar findet sich die Wende von einer negativ zu einer positiv angelegten Philosophie bei vielen Philosophen. Platon, Hegel, Heidegger, Leo Strauss machen wie Plessner den Schritt vom aufsteigenden Streben nach Erkenntnis zur Welterkenntnis im Ausgang von einem apriorischen Fundament. Diese Parallele ist nicht von der Hand zu weisen und dieser Zyklus einer philosophischen Biographie mag auch für Plessner eine gewisse Rolle gespielt haben. Gerade da Plessner philosophische Orientierung an die eigene Zeit rückgebunden hat, darf jedoch die Rolle nicht unterschätzt werden, die das Ende der bürgerlichen Epoche deutschen Geistes für sein Philosophieren gespielt hat. Wir haben gesehen, daß Plessner im Konflikt um das deutsche Menschentum für das tradierte Bildungsideal mit seinem philosophischen Zentrum eingetreten ist. Wir haben auch gesehen, daß er darauf reflektiert, daß diese vernünftige Lebensorientierung eines bestimmten politischen und sozialen Kontextes bedarf. Indem sich das deutsche Volk 1933 gegen diese Tradition und für den politischen Dezisionismus im Namen seines völkischen Lebens entschieden hat, ist für Plessner die politische Wirklichkeit weggebrochen, innerhalb derer spezifisch philosophische Lebensorientierung möglich ist. Wenn Plessner 1937 schreibt, es gelte „der ständig rücksichtsloser werdenden Anmaßung der Politiker, Ökonomen, Ärzte, in Sachen Sterilisation, Eugenik, Rassenpolitik, Menschenzüchtung, d.h. dem Können des Menschen, sein Schicksal zu spielen, eine Schranke zu setzen“ (PA, 50f.), dann stellt dies eine notwendige politische Stellungnahme in einer Zeit dar, die für philosophische Orientierung kein Platz mehr gelassen hat.

Siglen- und Literaturverzeichnis

a. Übersicht der verwendeten Siglen:

- CH: Helmuth Plessner, Die Frage nach der Conditio humana, in: Ders., GS VIII, Frankfurt/M. 1983, 136–217.
- EdM: Helmuth Plessner, Elemente der Metaphysik, hg. v. Hans-Ulrich Lessing, Berlin 2002.
- Enz: Georg Wilhelm Friedrich Hegel, Enzyklopädie der philosophischen Wissenschaften, in: Ders., Werke, Bd. 8 bis 10, Frankfurt/M. 1986.
- ES: Helmuth Plessner, Einheit der Sinne, in: Ders., GS III, Frankfurt/M. 1980, 7–315.
- GdG: Helmuth Plessner, Grenzen der Gemeinschaft, in: Ders., GS V, Frankfurt/M. 1981, 7–133.
- GS: Helmuth Plessner, Gesammelte Schriften, Frankfurt/M. 1980–1985.
- MmN: Helmuth Plessner, Macht und menschliche Natur, in: Ders., GS V, Frankfurt/M. 1981, 135–234.
- KPB: Josef König und Helmuth Plessner, Briefwechsel 1923–1933, hg. v. Hans-Ulrich Lessing u. Almuth Mutzenbecher, Freiburg u.a. 1994.
- KdU: Immanuel Kant, Kritik der Urteilskraft, in: Ders., Werke, Bd. 8, Frankfurt/M. 1977.
- KrV: Immanuel Kant, Kritik der reinen Vernunft, in: Ders., Werke, Bd. 3 und 4, Frankfurt/M. 1977.
- LW: Helmuth Plessner, Lachen und Weinen, in: Ders., GS VII, Frankfurt/M. 1982, 201–387.
- PA: Helmuth Plessner, Die Aufgabe der Philosophischen Anthropologie, in: Ders., GS VIII, Frankfurt/M. 1983, 33–51.
- SOM: Helmuth Plessner, Die Stufen des Organischen und der Mensch, in: Ders., GS IV, Frankfurt/M. 1981.
- VäD:Helmuth Plessner, Vitalismus und ärztliches Denken, in: Ders., GS IX, Frankfurt/M. 1985, 7–27.
- VN: Helmuth Plessner, Die verspätete Nation, in: Ders., GS VI, Frankfurt/M. 1982, 7–223.

b. Literaturverzeichnis:

Adorno, Theodor W., Soziologie und empirische Forschung, in: Klaus Ziegler (Hg.), Festschrift für Helmuth Plessner: Wesen und Wirklichkeit des Menschen, Göttingen 1957, 254–260.

Arlt, Gerhard, Der Mensch als Macht – Helmuth Plessner zum hundertsten Geburtstag, in: Philosophisches Jahrbuch 1993, München, 114–130.

Ders., Anthropologie und Politik – Ein Schlüssel zum Werk Helmuth Plessners, München 1996.

Ders., Philosophische Anthropologie, Stuttgart 2001.

Beaufort, Jan, Die gesellschaftliche Konstitution der Natur – Helmuth Plessners kritisch-phänomenologische Naturphilosophie in *Die Stufen des Organischen und der Mensch*, Würzburg 2000.

Ders., Dialektische Naturphilosophie – Schopenhauers und Plessners Naturphilosophie im Vergleich, in: Schopenhauer-Jahrbuch, Bd. 84, Würzburg 2003, 57–73.

Bielefeldt, Heiner, Kampf und Entscheidung: politischer Existenzialismus bei Carl Schmitt, Helmuth Plessner und Karl Jaspers, Würzburg 1994.

Bollnow, Otto Friedrich, Die philosophische Anthropologie und ihre methodischen Prinzipien, in: Roman Rocek u.a. (Hg.), Philosophische Anthropologie heute, München 1972, 19–36.

Cassirer, Ernst, Versuch über den Menschen – Einführung in eine Philosophie der Kultur, Hamburg 1996.

Delitz, Heike, Spannweiten des Symbolischen. Helmuth Plessners Ästhesiologie des Geistes und Ernst Cassirers Philosophie der symbolischen Formen, in: Deutsche Zeitschrift für Philosophie, Berlin 53 (2005) 6, 917–936.

Driesch, Hans, Philosophie des Organischen. Gifford-Vorlesungen gehalten an der Universität Aberdeen in den Jahren 1907–1908, Leipzig 1921.

Ders., „Physikalische Gestalten" und Organismen, in: Hans Vaihinger und Raymund Schmidt (Hg.), Annalen der Philosophie und philosophischer Kritik, Bd. 5, Heft 1, Leipzig 1925, 1–11.

Eßbach, Wolfgang u.a. (Hg.), Plessners „Grenzen der Gemeinschaft" – Eine Debatte, Frankfurt/M. 2002.

Fahrenbach, Helmut, „Lebensphilosophische" oder „existenzphilosophische" Anthropologie? Plessners Auseinandersetzung mit Heidegger, in: Dilthey-Jahrbuch Bd. 7, Göttingen 1990/91, 71–111.

Ders., „Philosophische Anthropologie" und „Existenzerhellung". Ein nachträglicher Diskurs zwischen H. Plessner und K. Jaspers, in: Jürgen Friedrich u.a. (Hg.), Unter offenem Horizont – Anthropologie nach Helmuth Plessner, Frankfurt/M. u.a. 1995, 75–94.

Fischer, Joachim, Plessner und die politische Philosophie der zwanziger Jahre, in: Politisches Denken, Jahrbuch 1992, 53–78.

Ders., Philosophische Anthropologie – Zur Bildungsgeschichte eines Denkansatzes, Göttingen 2000.

Ders., Exzentrische Positionalität – Plessners Grundkategorie der Philosophischen Anthropologie, in: Deutsche Zeitschrift für Philosophie, 48 (2000) 2, 265–288.

Ders., Panzer oder Maske – „Verhaltenslehre der Kälte" oder Sozialtheorie der „Grenze", in: Wolfgang Eßbach u.a. (Hg.), Plessners „Grenzen der Gemeinschaft" – Eine Debatte, Frankfurt/M. 2002, 80–102.

Ders., Rezension von: Gesa Lindemann, Die Grenzen des Sozialen, in: Soziologische Revue, Konstanz 27 (2004) 2, 227–232.

Ders., Der Identitätskern der Philosophischen Anthropologie, in: Hans-Peter Krüger und Gesa Lindemann (Hg.), Philosophische Anthropologie im 21. Jahrhundert. Ein Streit über ihre Leistungsfähigkeit, Berlin 2006, 63–82.

Friedrich, Jürgen u.a. (Hg.), Unter offenem Horizont. Anthropologie nach Helmuth Plessner, Frankfurt/M. 1995.

Ders., Überlegungen zu: Plessner und Moderne, in: Ders. u.a. (Hg.), Unter offenem Horizont. Anthropologie nach Helmuth Plessner, Frankfurt/M. 36–48.

Gamm, Gerhard u.a. (Hg.), Zwischen Anthropologie und Gesellschaftstheorie – Zur Renaissance Helmuth Plessners im Kontext der modernen Lebenswissenschaften, Bielefeld 2005.

Ders., Die Verbindlichkeit des Unergründlichen – Zu den normativen Grundlagen der Technologiekritik, in: Ders. u.a. (Hg.), Zwischen Anthropologie und Gesellschaftstheorie – Zur Renaissance Helmuth Plessners im Kontext der modernen Lebenswissenschaften, Bielefeld 2005, 197–216.

Ders., „Abgerissenes Bruchstück eines ganzen Geschlechts" – Philosophische Anthropologie in der Leere des zukünftigen Menschen, in: Hans-Peter Krüger und Gesa Lindemann (Hg.), Philosophische Anthropologie im 21. Jahrhundert. Ein Streit über ihre Leistungsfähigkeit, Berlin 2006, 103–121.

Giamusso, Salvatore, „Der ganze Mensch" – Das Problem einer philosophischen Lehre vom Menschen bei Dilthey und Plessner, in: Dilthey-Jahrbuch Bd. 7, Göttingen 1990/91, 112–138.

Ders., Plessners Verständnis der Moderne. Geschichtsphilosophie und Anthropologie beim frühen Plessner, in: Jürgen Friedrich u.a. (Hg.), Unter offenem Horizont. Anthropologie nach Helmuth Plessner, Frankfurt/M. 1995, 182–196.

Gutmann, Mathias, Der Lebensbegriff bei Helmuth Plessner und Josef König. Systematische Rekonstruktion begrifflicher Grundprobleme einer Hermeneutik des Lebens, in: Gerhard Gamm u.a. (Hg.), Zwischen Anthropologie und Gesellschaftstheorie – Zur Renaissance Helmuth Plessners im Kontext der modernen Lebenswissenschaften, Bielefeld 2005, 125–157.

Habermas, Jürgen, Anthropologie, in: A. Diemer u.a. (Hg.), Philosophie, Frankfurt/M. 1958, 18–35.

Hammer, Felix, Glauben an den Menschen. Helmuth Plessners Religionskritik im Vergleich mit Max Schelers Religionsphilosophie, in: Dilthey-Jahrbuch. Bd. 7, Göttingen 1990/91, 140–165.

Hauke, Kai, Plessner zu Einführung, Hamburg 2000.

Ders., Plessners Kritik der radikalen Gemeinschaftsideologie und die Grenzen des deutschen Idealismus, in: Wolfgang Eßbach u.a. (Hg.), Plessners „Grenzen der Gemeinschaft" – Eine Debatte, Frankfurt/M. 2002, 103–130.

Hennis, Wilhelm, Max Webers Fragestellung, Tübingen 1987.

Hegel, Georg Wilhelm Friedrich, Differenz des Fichteschen und Schellingschen Systems der Philosophie, in: Ders., Jenaer Schriften, Bd. I, Hamburg 1979.

Ders., Phänomenologie des Geistes, in: Ders., Werke, Bd. 3, Frankfurt/M. 1989.

Ders., Grundlinien der Philosophie des Rechts oder Naturrecht und Staatswissenschaft im Grundrisse, in: Ders., Werke, Bd. 7, Frankfurt/M. 1986.

Ders., Enzyklopädie der philosophischen Wissenschaften, in: Ders., Werke, Bd. 8 bis 10, Frankfurt/M. 1986.

Ders., Vorlesungen über die Geschichte der Philosophie, in: Ders., Werke, Bd. 18 bis 20, Frankfurt/M. 1971.

Holz, Hans Heinz, Mensch – Natur. Helmuth Plessner und das Konzept einer dialektischen Anthropologie, Bielefeld 2003.

Honneth, Axel, Plessner und Schmitt – Ein Kommentar zur Entdeckung ihrer Affinität. Rezension zu Rüdiger Kramme, Helmuth Plessner und Carl Schmitt, Wiederabdruck in: Wolfgang Eßbach u.a. (Hg.), Plessners „Grenzen der Gemeinschaft" – Eine Debatte, Frankfurt/M. 2002, 21–28.

Horkheimer, Max, Bemerkungen zur philosophischen Anthropologie, in: Kritische Theorie, Bd. I, Frankfurt/M. 1968.

Jacobi, Friedrich Heinrich, David Hume über den Glauben, oder Idealismus und Realismus. Ein Gespräch, in: Ders., Werke, Bd. 2, Leipzig 1815, 3–310.

Kämpf, Heike, Helmuth Plessner: eine Einführung, Düsseldorf 2001.

Dies., Die Exzentrizität des Verstehens. Zur Debatte um die Verstehbarkeit des Fremden zwischen Hermeneutik und Ethnologie, Berlin 2003.

Dies., „So wie der Mensch sich sieht, wird er" – Überlegungen zur politischen Verantwortung der philosophischen Anthropologie im Anschluß an Helmuth Plessner, in: Gerhard Gamm u.a. (Hg.), Zwischen Anthropologie und Gesellschaftstheorie – Zur Renaissance Helmuth Plessners im Kontext der modernen Lebenswissenschaften, Bielefeld 2005, 217–231.

Kant, Immanuel, Werke, hg. v. Wilhelm Weischedel, Frankfurt/M. 1977.

Ders., Kritik der reinen Vernunft, in: Ders., Werke, Bd. 3 und 4, Frankfurt/M. 1977.

Ders., Kritik der Urteilskraft, in: Ders., Werke, Bd. 8, Frankfurt/M. 1977.

Ders., Was heißt: sich im Denken orientieren? In: Ders., Werke, Bd. 5, Frankfurt/M. 1977, 267–283.

Kartheininger, Markus, Heterogenität. Politische Philosophie im Frühwerk von Leo Strauss, München 2006.

Köhler, Wolfgang, Die physische Gestalt in Ruhe und im stationären Zustand. Eine naturphilosophische Untersuchung, Erlangen 1924.

König, Josef, Begriff der Intuition, Halle 1926.

Ders. und Helmuth Plessner, Briefwechsel 1923–1933, hg. v. Hans-Ulrich Lessing u. Almuth Mutzenbecher, Freiburg u.a. 1994.

Kramme, Rüdiger, Helmuth Plessner und Carl Schmitt: eine historische Fallstudie zum Verhältnis von Anthropologie und Politik in der deutschen Philosophie der zwanziger Jahre, Berlin 1989.

Krüger, Hans-Peter, Die Leere zwischen Sein und Sinn: Helmuth Plessners Heidegger-Kritik in „Macht und menschliche Natur" (1931), in: Wolfgang Bialas u.a. (Hg.), Die Weimarer Republik zwischen Metropole und Provinz, Weimar u.a. 1996, 177–199.

Ders., Angst vor der Selbstentsicherung – Zum gegenwärtigen Streit um Helmuth Plessners philosophische Anthropologie, in: Deutsche Zeitschrift für Philosophie, 44 (1996) 2, 271–300.

Ders., Zwischen Lachen und Weinen, Bd. I.: Das Spektrum menschlicher Phänomene, Berlin 1999.

Ders., Das Spiel zwischen Leibsein und Körperhaben – Helmuth Plessners Philosophische Anthropologie, in: Deutsche Zeitschrift für Philosophie, 48 (2000) 2, 289–317.

Ders., Zwischen Lachen und Weinen, Bd. II.: Der dritte Weg Philosophischer Anthropologie und die Geschlechterfrage, Berlin 2001.

Ders., Die Grenzen der positiven Bestimmung des Menschen: Der „homo absconditus", in: Frank Vogelsang (Hg.), Ecce Homo – Was ist der Mensch? – Forschung und Anwendung im Bereich der Biotechnologien, Mühlheim an der Ruhr 2003.

Ders., Die Aussetzung der lebendigen Natur als geschichtliche Aufgabe in ihr, in: Deutsche Zeitschrift für Philosophie, 52 (2004) 1, 77–83.

Ders., Das Hirn im Kontext exzentrischer Positionierungen – Zur philosophischen Herausforderung der neurobiologischen Hirnforschung, in: Deutsche Zeitschrift für Philosophie, 52 (2004) 2, 257–293.

Ders., Existenz als exzentrische Lebensform? – Überlegungen zum Vergleich der Philosophien von Karl Jaspers und Helmuth Plessner, in: Anton Hügli u.a. (Hg.), Einsamkeit, Kommunikation und Öffentlichkeit, Basel 2004.

Ders. und Gesa Lindemann (Hg.), Philosophische Anthropologie im 21. Jahrhundert. Ein Streit über ihre Leistungsfähigkeit, Berlin 2006.

Ders., Die Fraglichkeit menschlicher Lebewesen – Problemgeschichtliche und systematische Dimensionen, in: Ders. und Gesa Lindemann (Hg.), Philosophische Anthropologie im 21. Jahrhundert. Ein Streit über ihre Leistungsfähigkeit, Berlin 2006, 15–41.

Ders., Die Antwortlichkeit in der exzentrischen Positionalität – Die Drittheit und die dritte Person als philosophische Minima, in: Ders. und Gesa Lindemann (Hg.), Philosophische Anthropologie im 21. Jahrhundert. Ein Streit über ihre Leistungsfähigkeit, Berlin 2006, 164–183.

Ders., Ausdrucksphänomen und Diskurs. Plessners quasitranszendentales Verfahren, Phänomenologie und Hermeneutik quasidialektisch zu verschränken, in: Ders. und Gesa Lindemann (Hg.), Philosophische Anthropologie im 21. Jahrhundert. Ein Streit über ihre Leistungsfähigkeit, Berlin 2006, 187–214.

Lethen, Helmut, Verhaltenslehren der Kälte – Lebensversuche zwischen den Kriegen, Frankfurt/M. 1994.

Lindemann, Gesa, Die Grenzen des Sozialen – Zur sozio-technischen Konstruktion von Leben und Tod in der Intensivmedizin, Frankfurt/M. 2001.

Dies., Der methodische Ansatz der reflexiven Anthropologie Helmuth Plessners, in: Gerhard Gamm u.a. (Hg.), Zwischen Anthropologie und Gesellschaftstheorie – Zur Renaissance Helmuth Plessners im Kontext der modernen Lebenswissenschaften, Bielefeld 2005, 83–98.

Dies., Soziologie – Anthropologie und die Analyse gesellschaftlicher Grenzregimes, in: Hans-Peter Krüger und Gesa Lindemann (Hg.), Philosophische Anthropologie im 21. Jahrhundert. Ein Streit über ihre Leistungsfähigkeit, Berlin 2006, 42–62.

Dies., Die dritte Person – das konstitutive Minimum der Sozialtheorie, in: Hans-Peter Krüger und Gesa Lindemann (Hg.), Philosophische Anthropologie im 21. Jahrhundert. Ein Streit über ihre Leistungsfähigkeit, Berlin 2006, 125–145.

Marx, Karl, Thesen über Feuerbach, in: Marx Engels, Werke, Bd. 3, Berlin 1970, 5–7.

Ders., Zur Kritik der Hegelschen Rechtsphilosophie, Einleitung, in: Marx Engels, Werke, Bd. 1, Berlin 1970, 378–391.

Nauta, Lolle, Plessners Anthropologie der bürgerlichen Gesellschaft, ihr rationeller Kern und ihre historische Grenze, in: Wolfgang Eßbach u.a. (Hg.), Plessners „Grenzen der Gemeinschaft" – Eine Debatte, Frankfurt/M. 2002, 275–294.

Orth, Ernst Wolfgang, Philosophische Anthropologie als Erste Philosophie. Ein Vergleich zwischen Ernst Cassirer und Helmuth Plessner, in: Dilthey-Jahrbuch, Bd. 7, Göttingen 1990/91, 250–271.

Ders., Helmuth Plessners Anthropologiekonzeption und sein Begriff von Wissenschaft und Philosophie, in: Jürgen Friedrich u.a. (Hg.), Unter offenem Horizont. Anthropologie nach Helmuth Plessner, Frankfurt/M. 1995, 67–74.

Pietrowicz, Stephan, Helmuth Plessner. Genese und System seines philosophisch-anthropologischen Denkens, Freiburg u.a. 1992.

Ders., Philosophische Anthropologie und Geschichte – Helmuth Plessners Geschichtsverständnis der Moderne und der Begriff der exzentrischen Positionalität, in: Günter Dux und Ulrich Wenzel (Hg.), Der Prozeß der Geistesgeschichte, Frankfurt/M. 1994, 45–63.

Pircher, Wolfgang, „Pflicht zur Macht" – Helmuth Plessner und Carl Schmitt, in: René Weiland (Hg.), Philosophische Anthropologie der Moderne, Weinheim 1995, 154–164.

Plessner, Helmuth, Gesammelte Schriften, hg. v. Günter Dux u.a., Frankfurt/M. 1980–1985.

Ders., Vitalismus und ärztliches Denken, in: Ders., Gesammelte Schriften, Bd. IX, Frankfurt/M. 1985, 7–27.

Ders., Über die Erkenntnisquellen des Arztes, in: Ders., Gesammelte Schriften, Bd. IX, Frankfurt/M. 1985, 45–55.

Ders., Untersuchungen zu einer Kritik der philosophischen Urteilskraft, in: Ders., Gesammelte Schriften, Bd. II, Frankfurt/M. 1981, 7–321.

Ders., Einheit der Sinne, in: Ders., Gesammelte Schriften, Bd. III, Frankfurt/M. 1980, 7–315.

Ders., Grenzen der Gemeinschaft, in: Ders., Gesammelte Schriften, Bd. V, Frankfurt/M. 1981, 7–133.

Ders., Die Stufen des Organischen und der Mensch, in: Ders., Gesammelte Schriften, Bd. IV, Frankfurt/M. 1981.

Ders., Elemente der Metaphysik, hg. v. Hans-Ulrich Lessing, Berlin 2002.

Ders., Macht und menschliche Natur, in: Ders., Gesammelte Schriften, Bd. V, Frankfurt/M. 1981, 135–234.

Ders., Die Frage nach dem Wesen der Philosophie, in: Ders., Gesammelte Schriften, Bd. IX, Frankfurt/M. 1985, 96–121.

Ders., Die verspätete Nation, in: Ders., Gesammelte Schriften, Bd. VI, Frankfurt/M. 1982, 7–223.

Ders., Die Aufgabe der Philosophischen Anthropologie, in: Ders., Gesammelte Schriften, Bd. VIII, Frankfurt/M. 1983, 33–51.

Ders., Lachen und Weinen, in: Ders., Gesammelte Schriften, Bd. VII, Frankfurt/M. 1982 201–387.

Ders., Die Frage nach der Conditio humana, in: Ders., Gesammelte Schriften, Bd. VIII, Frankfurt/M. 1983, 136–217.

Ders., Immer noch Philosophische Anthropologie? In: Ders., Gesammelte Schriften, Bd. VIII, Frankfurt/M. 1983, 235–246.

Ders., Das Ärgernis des Denkens – Zum Thema: Schuld und Aufgabe der Philosophie, in: Ders., Gesammelte Schriften, Bd. IX, 320–324.

Redeker, Hans, Helmuth Plessner oder Die verkörperte Philosophie, Berlin 1993.

Richter, Norbert Axel, Unversöhnte Verschränkung – Theoriebeziehungen zwischen Carl Schmitt und Helmuth Plessner, in: Deutsche Zeitschrift für Philosophie, 49 (2001) 5, 783–799.

Rocek, Roman u.a. (Hg.), Philosophische Anthropologie heute, München 1972.

Sandkaulen, Birgit, Helmuth Plessner: Über die „Logik der Öffentlichkeit“, in: Internationale Zeitschrift für Philosophie 2 (1994), 254–273.

Schloßberger, Matthias, Die Erfahrung des Anderen – Gefühle im menschlichen Miteinander, Berlin 2005.

Schmitt, Carl, Der Begriff des Politischen, Berlin 1963.

Schürmann, Volker, Unergründlichkeit und Kritik-Begriff – Plessners Politische Anthropologie als Absage an die Schulphilosophie, in: Deutsche Zeitschrift für Philosophie, 45 (1997) 3, 345–361.

Ders., Zur Struktur hermeneutischen Sprechens – Eine Bestimmung in Anschluß an Josef König, Freiburg u.a. 1999.

Ders., Heitere Gelassenheit – Grundriß einer parteilichen Skepsis, Magdeburg 2002.

Ders., Das Wesen des Menschen als Politikum. Was philosophische Anthropologie sein könnte, in: Matthias Koßler u.a. (Hg.), Von der Perspektive der Philosophie – Beiträge zur Bestimmung eines philosophischen Standpunkts in einer von den Naturwissenschaften geprägten Zeit, Hamburg 2002, 83–99.

Ders., Anfangs-Erfahrung – Eine Serie mit 11 Folgen in Anschluß an Feuerbach, in: Kurt Röttgers u.a. (Hg.), Anfänge und Übergänge, Essen 2003, 84–98.

Ders., Natur als Fremdes, in: Gerhard Gamm u.a. (Hg.), Zwischen Anthropologie und Gesellschaftstheorie – Zur Renaissance Helmuth Plessners im Kontext der modernen Lebenswissenschaften, Bielefeld 2005, 33–52.

Schüßler, Kersten, Helmuth Plessner, Eine intellektuelle Biographie, Berlin 2000.

Strauss, Leo, Anmerkungen zu Carl Schmitt, Der Begriff des Politischen, in: Ders., Gesammelte Schriften, hg. v. Heinrich Meier, Stuttgart u.a. 2001.

Weber, Marcel, Hans Drieschs Argumente für den Vitalismus, in: Philosophia Naturalis 36 (1999), 263–293.

Weber, Max, Wissenschaft als Beruf, Stuttgart 1995.

Weiland, René (Hg.), Philosophische Anthropologie der Moderne, Weinheim 1995.

Weingarten, Michael, Philosophische Anthropologie als systematische Philosophie – Anspruch und Grenzen eines gegenwärtigen Denkens, in: Gerhard Gamm u.a. (Hg.), Zwischen Anthropologie und Gesellschaftstheorie – Zur Renaissance Helmuth Plessners im Kontext der modernen Lebenswissenschaften, Bielefeld 2005, 15–31.

von Weizsäcker, Viktor, Über Gesinnungsvitalismus, in: Ders., Gesammelte Schriften, Bd. II, Frankfurt/M. 1998, 359–367.

Personenverzeichnis

www.ingramcontent.com/pod-product-compliance
Lightning Source LLC
LaVergne TN
LVHW081328011026
849161LV00013BB/2868